"十四五"时期国家重点出版物出版专项规划项目

集成电路科学与工程前沿

"芯"制造
—— 集成电路制造技术链

赵巍胜 王新河 林晓阳 等 ◎ 编著

Chip Manufacturing
Technology Chain of IC Manufacture

人民邮电出版社
北京

图书在版编目（CIP）数据

"芯"制造：集成电路制造技术链 / 赵巍胜等编著. -- 北京 : 人民邮电出版社, 2024. -- (集成电路科学与工程前沿). -- ISBN 978-7-115-65446-5

Ⅰ. TN405

中国国家版本馆CIP数据核字第202496HB77号

内 容 提 要

本书立足集成电路制造业，以全方位视角，按产业链上游、中游、下游逐级剖析，采用分形理论框架，系统地绘制出集成电路制造业的立体知识树。在内容组织方面，本书以实际应用为导向，涵盖集成电路设计、生产制造及封装测试三大关键环节，聚焦芯片的尖端制造技术和先进封装技术，以分形逻辑详细介绍产业链的每一个环节。

本书共12章。第1章为绪论，简要介绍集成电路制造技术的发展历程，集成电路制造业的概况、产业链结构与特点，以及发展趋势。第2章～第10章深入探讨先进制造的工艺与设备，首先具体介绍芯片制造的单项工艺、关键材料、系统工艺，以及芯片设计与工艺的协同优化，随后详细介绍光刻机、沉积与刻蚀设备、化学机械抛光，以及其他关键工艺设备与工艺量检测设备。第11章、第12章分别介绍芯片封装与测试，以及先进封装与集成芯片制造技术。

本书可供集成电路、微电子、电子科学与技术等相关专业的研究生和高年级本科生学习，也可供相关专业高校教师和集成电路行业的研究人员、工程师等阅读。

◆ 编　著　赵巍胜　王新河　林晓阳　等
　　责任编辑　贺瑞君
　　责任印制　马振武

◆ 人民邮电出版社出版发行　北京市丰台区成寿寺路11号
　　邮编　100164　电子邮件　315@ptpress.com.cn
　　网址　https://www.ptpress.com.cn
　　涿州市般润文化传播有限公司印刷

◆ 开本：787×1092　1/16
　　印张：28　　　　　　　2024年9月第1版
　　字数：646千字　　　　2024年9月河北第1次印刷

定价：150.00元

读者服务热线：(010)81055410　印装质量热线：(010)81055316
反盗版热线：(010)81055315

前　言

随着信息化时代的飞速发展，集成电路制造业已成为推动现代科技创新的基础性产业，并作为重要引擎加速着正蓬勃兴起的人工智能科技革命进程。集成电路制造业是技术和人才高度密集的产业，因此，持续学习能力和创新能力成为构建产业核心竞争力的关键因素。

近年来，随着国内集成电路产业体系的快速发展，特别是"集成电路科学与工程"作为一级学科的确立，该领域的知识内涵得到了极大的丰富。然而，在学科和课程建设过程中，我们发现传统的专业体系在适应产业需求方面存在不足，原有学科间的融合也有待加强。为此，本书结合集成电路制造技术和产业特性，致力于构建一个全面、系统的集成电路制造技术知识体系，旨在培养具有跨学科视野的专业人才，以更好地满足产业发展的需要。

本书以集成电路制造业的前沿技术为核心，以全产业链为主线，深入介绍从上游到下游的各个环节，并进一步细化这些环节。本书聚焦基础问题与核心技术，打破学科界限，强调软件与硬件的融合，整合多学科知识，并梳理产业结构，绘制出涵盖集成电路制造及其相关服务的完整技术图谱。本书整体结构和内容要点如图1所示。

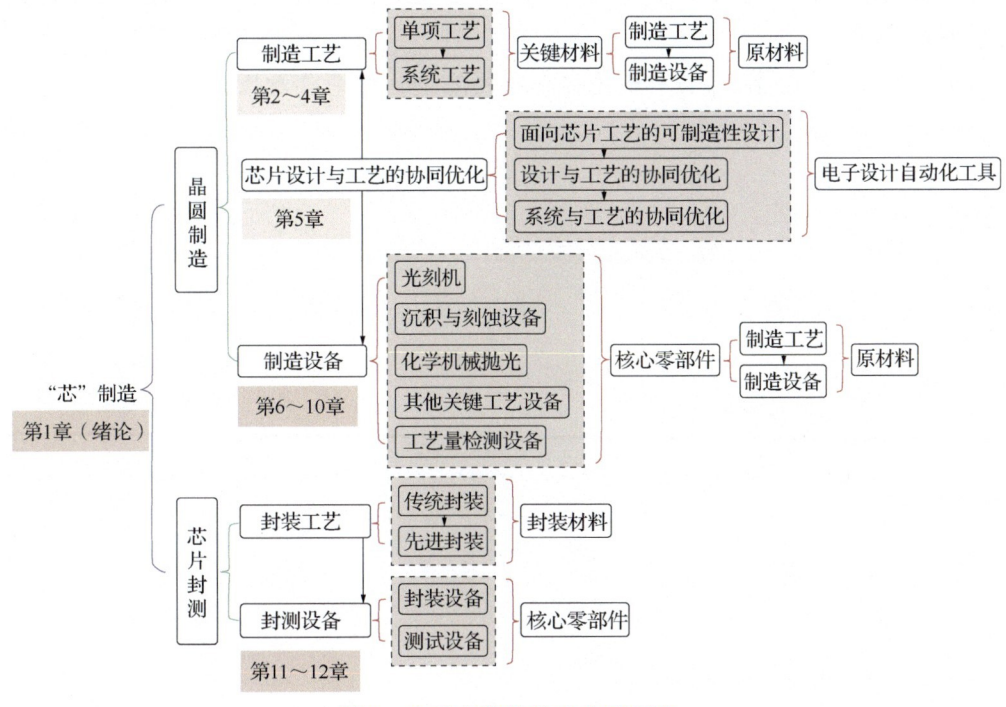

图1　本书整体结构和内容要点

本书的特色在于将学术知识与产业实践紧密结合，采用"以线为链、分形推进"的编写方法，从具体应用出发，逐步深入集成电路制造的各个环节并剖析其上下游关联，最终构建集成电路制造业的全景图。这种方式既能保证内容的深度，又能兼顾知识的广度，可以帮助读者深入理解集成电路制造的完整流程，从而开拓产业视野，避免单一视角的认知局限。希望本书能促进学术界与产业界的深度融合，缩短理论研究与实际应用的距离，并对培养更多集成电路产业的高素质专业人才有所帮助。

在阅读本书时，请注意以下 3 点。

（1）综合运用：建议查阅相关资料，并与实际相结合进行学习，以便更直观地理解复杂的概念和技术细节。

（2）批判思维：在吸收知识的同时，有意识地培养独立思考的能力，批判性地看待集成电路技术的发展趋势。

（3）持续更新：集成电路是一个快速发展的领域，建议定期查阅最新的研究成果和技术进展，以保持知识的时效性。

本书由赵巍胜领衔，王新河、林晓阳、常晓阳负责章节组织和统稿。第 1 章由常晓阳、王新河共同撰写，第 2 章由张慧、史可文、郑东尧、肖浒柟共同撰写，第 3 章由张婕、杨光共同撰写，第 4 章由彭守仲、芦家琪共同撰写，第 5 章由伍连博、王雪岩、潘彪共同撰写，第 6 章由郑翔宇撰写，第 7 章由林晓阳、常晓阳共同撰写，第 8 章由李栋撰写，第 9 章由黄阳棋、于跃东共同撰写，第 10 章由王新河、赖剑春共同撰写，第 11 章由常晓阳、王新河共同撰写，第 12 章由李栋撰写。在编写本书的过程中，我们得到了多位行业专家的支持与指导。在此，向所有支持本书编写的同仁表示衷心感谢！

由于水平及时间所限，书中难免存在不足之处，恳请读者指正。

编者

目 录

第 1 章 绪论 1

本章重点 1
1.1 集成电路制造技术发展历程 1
1.2 现代集成电路制造业概况 6
1.3 集成电路制造业产业链结构与特点 7
1.4 集成电路制造业发展趋势 8

第 2 章 芯片制造的单项工艺 12

本章重点 12
2.1 热氧化工艺 13
    2.1.1 热氧化机理与工艺 13
    2.1.2 热氧化工艺中 SiO_2 的性质及用途 15
    2.1.3 氧化层的质量检测 16
2.2 图形化工艺 17
    2.2.1 光刻原理与工艺 17
    2.2.2 刻蚀原理及工艺 19
    2.2.3 图形化工艺流程 23
    2.2.4 多重图形技术 24
    2.2.5 新型图形化技术：纳米压印光刻 27
2.3 掺杂工艺 29
    2.3.1 掺杂原理 29
    2.3.2 热扩散掺杂 29
    2.3.3 离子注入掺杂 31
2.4 薄膜沉积工艺 33
    2.4.1 CVD 34
    2.4.2 PVD 36
    2.4.3 ALD 38
    2.4.4 其他薄膜沉积技术 39

2.4.5 芯片制造中的薄膜 40
2.5 互连工艺 43
2.5.1 互连工艺概述 44
2.5.2 铝互连工艺 48
2.5.3 铜互连工艺 48
2.6 辅助性工艺 50
2.6.1 清洗工艺 50
2.6.2 CMP 52
2.6.3 晶圆检测技术 54
2.7 本章小结 54
思考题 55
参考文献 55

第 3 章 芯片制造的关键材料 57
本章重点 57
3.1 硅晶圆材料 58
3.1.1 半导体材料的发展 58
3.1.2 硅衬底材料 59
3.1.3 硅晶圆材料与制备工艺 60
3.1.4 硅晶圆材料市场发展现状 63
3.2 宽禁带半导体材料 64
3.2.1 SiC 材料及制造工艺 64
3.2.2 GaN 材料及制造工艺 69
3.2.3 宽禁带半导体材料的应用成果 72
3.2.4 宽禁带半导体材料的发展趋势及关键问题 74
3.3 工艺耗材 75
3.3.1 电子特气 75
3.3.2 靶材 79
3.3.3 光刻胶 81
3.3.4 掩模版 84
3.3.5 显影液 86
3.4 辅助性材料 87
3.4.1 抛光液 88
3.4.2 湿法刻蚀液 90

3.4.3　电镀液 ··········· 91

3.5　本章小结 ··········· 92

思考题 ··········· 93

参考文献 ··········· 93

第 4 章　芯片制造的系统工艺 ··········· 95

本章重点 ··········· 95

4.1　逻辑芯片系统工艺 ··········· 95

 4.1.1　基于 CMOS 的系统工艺 ··········· 96

 4.1.2　SOI 工艺 ··········· 100

 4.1.3　先进逻辑工艺 ··········· 104

 4.1.4　SoC 工艺 ··········· 108

4.2　存储芯片系统工艺 ··········· 110

 4.2.1　DRAM 工艺 ··········· 111

 4.2.2　Flash 工艺 ··········· 114

 4.2.3　新型非易失性存储器工艺 ··········· 117

4.3　特色工艺 ··········· 120

 4.3.1　模拟集成电路工艺 ··········· 121

 4.3.2　功率器件工艺 ··········· 123

 4.3.3　MEMS 工艺 ··········· 124

4.4　本章小结 ··········· 128

思考题 ··········· 128

参考文献 ··········· 128

第 5 章　芯片设计与工艺的协同优化 ··········· 131

本章重点 ··········· 131

5.1　芯片设计 ··········· 131

 5.1.1　芯片设计产业概述 ··········· 131

 5.1.2　"分久而合"：芯片设计和制造的产业发展历程及趋势 ··········· 132

 5.1.3　芯片设计流程综述 ··········· 134

 5.1.4　芯片设计工具 ··········· 136

 5.1.5　从芯片设计到芯片制造 ··········· 137

5.2　面向芯片工艺的可制造性设计 ··········· 142

 5.2.1　DFM ··········· 142

5.2.2　面向避免随机性制造缺陷的芯片设计 ················· 143
　　5.2.3　面向避免系统性制造缺陷的芯片设计 ················· 145
　　5.2.4　面向 DFM 的 EDA 工具 ································· 147
5.3　设计与工艺的协同优化 ·· 149
　　5.3.1　工艺流程建立过程中的 DTCO ························· 149
　　5.3.2　芯片设计中的 DTCO ······································ 155
　　5.3.3　面向 DTCO 的 EDA 工具 ································ 166
　　5.3.4　STCO 与趋势展望 ··· 167
5.4　本章小结 ·· 169
思考题 ··· 169
参考文献 ·· 169

第 6 章　光刻机 ··· 171

本章重点 ·· 171
6.1　概论 ··· 171
6.2　光刻机的发展历程 ·· 172
　　6.2.1　接近/接触式光刻机 ··· 174
　　6.2.2　投影式光刻机 ·· 175
　　6.2.3　扫描/步进式投影光刻机 ···································· 176
　　6.2.4　光刻分辨率的原理及提升 ·································· 177
6.3　光刻机的产业应用 ·· 179
　　6.3.1　光刻机的工艺制程 ·· 179
　　6.3.2　前道光刻机应用 ·· 180
　　6.3.3　后道光刻机应用 ·· 181
　　6.3.4　其他工艺光刻机应用 ·· 182
6.4　光刻机的整机系统 ·· 183
　　6.4.1　光刻机的基本结构 ·· 184
　　6.4.2　光刻机的性能指标 ·· 184
　　6.4.3　光刻机的技术挑战 ·· 187
6.5　光刻机的光源 ·· 188
　　6.5.1　汞灯光源 ·· 189
　　6.5.2　准分子激光器 ·· 190
6.6　光刻机的工作台系统 ··· 192
　　6.6.1　工件台/掩模台系统 ·· 192

6.6.2 工件台/测量台系统 ... 194
6.7 光刻机的其他关键子系统 ... 194
6.7.1 照明系统 ... 195
6.7.2 投影物镜系统 ... 197
6.7.3 调焦调平系统 ... 199
6.7.4 对准系统 ... 200
6.7.5 光刻机环境控制系统 ... 201
6.8 计算光刻 ... 202
6.8.1 光学邻近效应校正 ... 202
6.8.2 光源掩模协同优化 ... 204
6.8.3 反演光刻 ... 205
6.9 EUV 光刻机技术 ... 206
6.9.1 EUV 光刻原理 ... 207
6.9.2 EUV 光刻机系统与关键技术 ... 207
6.9.3 EUV 光刻机软件及计算光刻 ... 211
6.9.4 EUV 光刻技术路线与挑战 ... 212
6.9.5 EUV 光刻机产业图谱 ... 213
6.10 本章小结 ... 214
思考题 ... 214
参考文献 ... 214

第 7 章 沉积与刻蚀设备 ... 217
本章重点 ... 217
7.1 沉积设备 ... 217
7.1.1 CVD 设备的类型与应用 ... 219
7.1.2 PVD 设备的类型与应用 ... 222
7.1.3 ALD 设备的类型与应用 ... 227
7.1.4 先进沉积设备的发展趋势 ... 231
7.2 等离子体刻蚀设备 ... 232
7.2.1 CCP 刻蚀设备与应用 ... 234
7.2.2 ICP 刻蚀设备与应用 ... 235
7.2.3 其他刻蚀设备 ... 237
7.2.4 先进刻蚀设备的发展趋势 ... 239
7.3 沉积与刻蚀设备的核心子系统 ... 241

- 7.3.1 真空系统 ... 241
- 7.3.2 热管理与温度控制系统 ... 246
- 7.3.3 气体流量控制系统 ... 248
- 7.3.4 晶圆传送系统 ... 249
- 7.3.5 射频电源及其匹配系统 ... 251
- 7.3.6 原位监测系统 ... 252
- 7.3.7 其他关键组件 ... 255

7.4 技术供应 ... 256
- 7.4.1 AMAT ... 256
- 7.4.2 泛林集团 ... 257
- 7.4.3 国内半导体设备公司 ... 258
- 7.4.4 MKS ... 258
- 7.4.5 Edwards ... 259
- 7.4.6 Advanced Energy ... 260
- 7.4.7 国内零部件公司 ... 260

7.5 本章小结 ... 260

思考题 ... 260

参考文献 ... 261

第 8 章 化学机械抛光 ... 262

本章重点 ... 262

8.1 抛光的基本概念与定性术语 ... 262
- 8.1.1 抛光的基本概念 ... 262
- 8.1.2 抛光的层次 ... 263

8.2 抛光的应用场景与分类 ... 264
- 8.2.1 抛光的应用场景 ... 265
- 8.2.2 非机械抛光 ... 266
- 8.2.3 机械抛光 ... 268
- 8.2.4 CMP 的发展历程 ... 272

8.3 化学机械抛光 ... 273
- 8.3.1 CMP 的工艺原理 ... 273
- 8.3.2 CMP 的质量评价指标 ... 274
- 8.3.3 CMP 的质量影响因素与关键工艺参数 ... 275
- 8.3.4 温度控制 ... 276

		8.3.5 压力控制	276
		8.3.6 转速控制	277
		8.3.7 终点检测	277
		8.3.8 CMP 后清洗	279
		8.3.9 CMP 的优缺点	280

8.4 CMP 的设备与耗材 280
8.4.1 设备组成 280
8.4.2 抛光液 281
8.4.3 抛光垫 284
8.4.4 设备市场及主流厂商 285

8.5 CMP 的应用 287
8.6 CMP 的质量测量与故障排除 288
8.7 本章小结 291
思考题 292
参考文献 292

第 9 章 其他关键工艺设备 294

本章重点 294
9.1 离子注入机 294
9.1.1 概述 294
9.1.2 离子注入机的发展现状 295
9.1.3 离子注入机的工作原理 296
9.1.4 关键组成与技术 296

9.2 热处理设备 300
9.2.1 概述 300
9.2.2 发展现状与未来趋势 303
9.2.3 关键组件与技术 305
9.2.4 主要原材料与零部件 310

9.3 清洗设备 311
9.3.1 概述 311
9.3.2 发展现状与未来趋势 311
9.3.3 关键技术 312
9.3.4 主要原材料与零部件 313

9.4 本章小结 315

思考题 315
参考文献 315

第 10 章　工艺量检测设备 317

本章重点 317
10.1　应用场景与基本分类 317
10.2　基本技术内涵 319
  10.2.1　工艺量检测原理 319
  10.2.2　量测类设备 331
  10.2.3　缺陷检测原理 341
  10.2.4　缺陷检测类设备 345
10.3　上游关键技术 347
  10.3.1　运动控制与定位技术 347
  10.3.2　激光器 348
  10.3.3　电子源 349
  10.3.4　X 射线源 352
  10.3.5　离子源 352
  10.3.6　光学散射中的正问题与逆问题 353
10.4　技术供应 355
  10.4.1　国际情况 355
  10.4.2　国内情况 355
10.5　本章小结 356
思考题 356
参考文献 357

第 11 章　芯片封装与测试 358

本章重点 358
11.1　封装与测试的技术类型与应用 358
  11.1.1　封装的类型与基本分类 359
  11.1.2　测试的应用场景与基本分类 361
11.2　封装工艺 363
  11.2.1　减薄划切工艺 363
  11.2.2　引线键合工艺 366
  11.2.3　倒装焊工艺 367

11.2.4　其他工艺 369
11.3　封装设备 370
　　11.3.1　减薄划切设备 370
　　11.3.2　引线键合设备 372
　　11.3.3　倒装焊设备 373
　　11.3.4　其他设备 374
11.4　测试设备 377
　　11.4.1　测试机 377
　　11.4.2　分选机 378
　　11.4.3　探针台 378
　　11.4.4　封装质检设备 379
11.5　封装工艺材料 381
　　11.5.1　封装基板材料 381
　　11.5.2　芯片黏结材料 382
　　11.5.3　热界面材料 383
　　11.5.4　包封保护材料 385
11.6　技术供应 386
　　11.6.1　封测技术情况 386
　　11.6.2　封装设备供给情况 386
　　11.6.3　测试设备供给情况 387
　　11.6.4　封装材料供给情况 387
11.7　本章小结 388
思考题 388
参考文献 388

第 12 章　先进封装与集成芯片制造技术 390

本章重点 390
12.1　先进封装技术 390
　　12.1.1　先进封装的概念 390
　　12.1.2　先进封装的类型 392
　　12.1.3　先进封装的应用 394
12.2　先进封装的设计要素 394
　　12.2.1　先进封装的总体设计 395
　　12.2.2　电性能优化设计 396

		12.2.3 热性能优化设计	398
		12.2.4 机械性能优化设计	399
	12.3	先进封装工艺及相关设备	400
		12.3.1 RDL 工艺及相关设备	401
		12.3.2 TSV 工艺、TGV 工艺及相关设备	406
		12.3.3 键合工艺及相关设备	413
		12.3.4 激光精密加工及相关设备	418
		12.3.5 等离子表面改性及去胶设备	421
	12.4	先进封装材料及设备耗材	425
		12.4.1 先进封装中介层	425
		12.4.2 硅通孔界面材料	426
		12.4.3 电镀材料	429
		12.4.4 临时键合胶	431
	12.5	本章小结	433
思考题			433
参考文献			433

第 1 章 绪 论

21 世纪以来,新一轮科技革命和产业变革正在成为现实,以云计算、大数据、人工智能(Artificial Intelligence,AI)、物联网(Internet of Things,IoT)为核心的新一代信息技术与传统制造业、服务业相互融合的步伐加快,正在引发国际产业分工大调整,重塑竞争格局,改变国家力量对比。集成电路技术自 20 世纪 60 年代发端以来,一直是新一代信息技术最基础、最关键的核心技术,也是国际科技产业竞争的焦点。集成电路制造则是微纳世界的宏大工程,是人类科技的前沿代表。本章将引导读者立足产业角度,了解集成电路制造业的过去、现在和未来,讨论集成电路制造业的特点、技术链及发展趋势等。希望本章能够帮助读者体会到集成电路制造业的产业链之广、之深,以及其蓬勃发展带给人类的影响。

本章重点

知识要点	能力要求
集成电路制造业体系	了解集成电路的发展历程
集成电路制造业的总体情况	熟悉行业的基本情况
集成电路制造业的结构与特点	了解集成电路制造业的基本结构和发展特点
集成电路制造业的发展趋势	了解集成电路制造业近年来的发展趋势

1.1 集成电路制造技术发展历程

集成电路技术自 1958 年诞生以来,已有 60 多年的发展历程。在当今信息化社会中,集成电路技术无疑是最重要的基础支撑。集成电路技术是如何由开始的不成熟,一步一步发展为今天高科技皇冠上的技术明珠?本节将从材料、设备、工艺器件、产业应用等方面,一步步讲述 60 多年来集成电路的发展。

集成电路技术的发展从半导体材料的发现和研究开始,正是这些发现和研究打开了信息社会的大门。

1. 半导体材料

1833 年,英国科学家迈克尔·法拉第(Michael Faraday)在测试硫化银(Ag_2S)特性时,发现了硫化银的电阻随着温度的上升而降低的特异现象(表现出负温度系数的特性),这是人类发现的半导体的第一个特征。

1839 年,法国科学家埃德蒙·贝克雷尔(Edmond Becquerel)发现半导体和电解质接触形成的结,在光照下会产生电压,这就是后来人们熟知的光生伏特效应,简称光伏效应。这是人类发现的半导体的第二个特征。

1873 年,英国的威洛比·史密斯(Willoughby Smith)发现硒(Se)晶体材料在光照下电导增加的光电导效应,这是人类发现的半导体的第三个特征。

1874 年，德国物理学家费迪南德·布劳恩（Ferdinand Braun）观察到某些硫化物的电导与所加电场的方向有关：在某些硫化物两端加一个正向电压，它是导通的；如果把电压极性反过来，它就不导电。这就是半导体的整流效应，这是人类发现的半导体的第四个特征。同年，出生在德国的英国物理学家亚瑟·舒斯特（Arthur Schuster）又发现了铜（Cu）与氧化铜（CuO）的整流效应。

虽然半导体的这 4 个特征在 1880 年以前就先后被科学家发现，但半导体这个名词大概到了 1911 年才被科尼斯伯格（J. Konigsberger）和维斯（I. Weiss）首次使用。后来，关于半导体的整流理论、能带理论、势垒理论才在众多科学家的努力下逐步完善。

1947 年，美国贝尔实验室全面总结了半导体材料的上述 4 个特征。在 1880—1947 年这长达 67 年的时间里，由于半导体材料难以被提纯到理想的程度，因此半导体材料研究和应用进程非常缓慢。此后，四价元素锗（Ge）和硅（Si）成为科学家最关注并大力研究的半导体材料，而在肖克莱（W. Shockley）发明锗晶体管的数年后，人们发现硅（Si）更加适合生产晶体管。此后，硅成为应用最广泛的半导体材料，并一直延续至今。这也是美国加利福尼亚州北部成为硅工业中心后，被称为"硅谷"的原因。

2. 从电子管到晶体管

1904 年，英国物理学家约翰·安布罗斯·弗莱明（John Ambrose Fleming）发明了世界上第一个电子管，它是一个真空二极管。

1906 年，美国工程师李·德·福雷斯特（Lee de Forest）在弗莱明真空二极管的基础上多加入了一个栅极，发明了另一种电子管。它是一个真空三极管，使得电子管在检波和整流功能之外，还具有了放大和振荡功能。

1947 年，美国贝尔实验室的巴丁（J. Bardeen）、布拉顿（W. Brattain）、肖克莱（W. Shockley）三人发明了点触型晶体管，这是一个 NPN 锗（Ge）晶体管。他们三人因此项发明获得了 1956 年诺贝尔物理学奖。

1950 年，在蒂尔（G. K. Teal）和利特尔（J. B. Little）研究成功生长大单晶 Ge 的工艺后，威廉·肖克利（W. Shockley）于 1950 年 4 月制成第一个双极结型晶体管——PN 结型晶体管。现在的晶体管，大部分仍是这种 PN 结型晶体管。

1952 年，实用的结型场效应晶体管（Junction Field-Effect Transistor，JFET）被制造出来。JFET 是一种用电场效应来控制电流的晶体管。到了 1960 年，有人提出用二氧化硅（SiO_2）改善双极性晶体管的性能，就此金属-氧化物-半导体（Metal-Oxide-Semiconductor，MOS）场效应晶体管诞生。艾塔拉（M. Atalla）也被认为是 MOS 场效应晶体管（MOSFET）的发明人之一。

晶体管的发明是微电子技术发展历程中的一个里程碑。晶体管的发明使人类步入了飞速发展的电子信息时代。到目前为止，它的应用已长达 70 多年。

3. 集成电路步入殿堂

1958 年，美国德州仪器（TI）的杰克·基尔比（Jack Kilby）与美国仙童半导体（Fairchild Semiconducotr）的罗伯特·诺伊斯（Robert Noyce）间隔数月分别发明了集成电路，成为世界微电子学发展的开端。诺伊斯是在基尔比发明的基础上，发明了可商业生产的集成电路，使半导体产业由"发明时代"进入了"商用时代"。基尔比因为发明集成电路（见图 1.1）

于 2000 年获得了诺贝尔物理学奖。诺伊斯是仙童半导体（1957 年成立）和英特尔（Intel）（1968 年成立）的创办人之一。他是伟大的科学家，是集成电路发展过程中的重要人物，于 1990 年去世，未能在 2000 年与基尔比分享当年的诺贝尔物理学奖。但是，他们都被誉为"集成电路之父"。

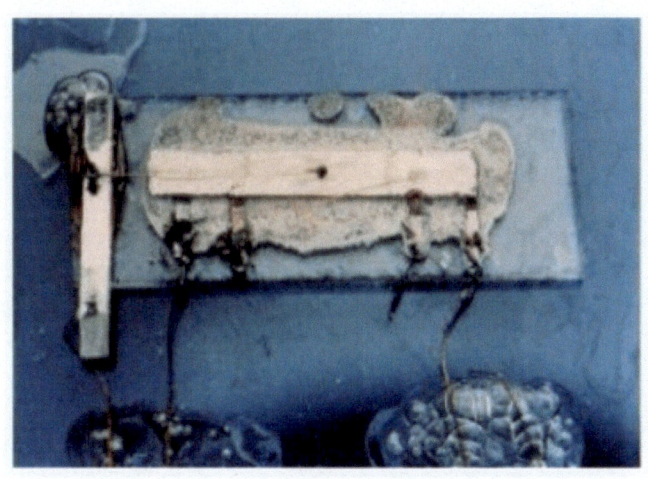

图 1.1　杰克·基尔比发明的第一块集成电路

1962 年，美国无线电公司（Radio Corporation of America，RCA）的史蒂文·霍夫施泰因（Steven Hofstein）、弗雷德里克·海曼（Frederic Heiman）研制出了可批量生产的 MOSFET，并实验性地将 16 个 MOSFET 集成到了一个芯片上，这是全球第一个真正意义上的 MOS 集成电路。

1963 年，仙童半导体的弗兰克·万拉斯（Frank M. Wanlass）和萨支唐（C. T. Sah）首次提出了 CMOS 电路技术。他们把 NMOS 和 PMOS 连接成互补结构：两种极性的 MOSFET 一关一开，几乎没有静态电流，适合逻辑电路。1963 年 6 月，万拉斯为 CMOS 申请了专利，但是几天之后，他就离开了仙童半导体。首款 CMOS 电路芯片是由 RCA 研制。CMOS 电路技术为大规模集成电路的发展奠定了坚实基础。

1964 年，Intel 创始人之一戈登·摩尔（Gordon Moore）提出了著名的摩尔定律（Moore's Law）。该定律预测了集成电路技术的发展趋势：当价格不变时，集成电路上可容纳的元器件的数量每隔 18~24 个月便会增加一倍，性能也将提升一倍。后来 50 多年集成电路技术的发展证明了摩尔定律基本上还是准确的。

1966 年，RCA 研制出 CMOS 集成电路和第一块 50 门的门阵列集成电路。

1967 年，美国应用材料（Applied Materials，AMAT）成立，现已成为全球最大的半导体设备制造公司之一。

1967 年，贝尔实验室的江大原（Dawon Kahng）和施敏（Simon Sze）博士共同发明了非挥发存储器。这是一种浮栅 MOSFET，是可擦除可编程只读存储器（Erasable Programmable Read-Only Memory，EPROM）、电可擦除可编程只读存储器（Electrically EPROM，EEPROM）、闪速存储器（Flash Memory，简称闪存、Flash）的基础。

1968 年，IBM 的罗伯特·登纳德（Robert H. Dennard）发明了单晶体管动态随机存取存储器（Dynamic Random Access Memory，DRAM）。

4. 商业化应用，主角登场

1971年，Intel推出全球第一款微处理器芯片——Intel 4004，如图1.2所示。它是一款4位的中央处理单元（Central Processing Unit，CPU）芯片，采用MOS工艺制造，集成了2250个晶体管。这是集成电路技术发展过程中的一个里程碑。

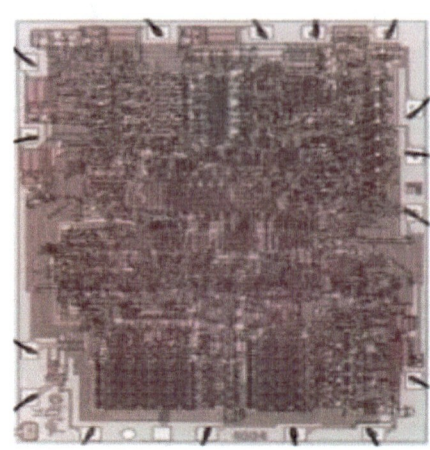

图1.2　Intel 4004 CPU芯片的显微照片

1976年，16kbit DRAM和4kbit静态随机存取存储器（Static Random Access Memory，SRAM）问世。

1978年，Intel发布了新款16位微处理器——Intel 8086，开创了x86架构计算机时代。x86架构既是一种不断扩充和完善的CPU指令集，也是一种CPU芯片内部架构，还是一套个人计算机（Personal Computer，PC）的行业标准。

1980年，日本东芝（Toshiba）的舛冈富士雄（Fujio Muoka）发明了NOR闪速存储器（NOR Flash Memory），简称NOR闪存（NOR Flash）。1987年，他又发明了NAND闪速存储器（NAND Flash Memory），简称NAND闪存（NAND Flash）。

1981年，IBM推出了全球第一台PC。这台PC采用了Intel 8088，主频为4.77MHz，操作系统采用了微软（Microsoft）公司的MS-DOS。IBM PC的研制项目主管是唐·埃斯特利奇（Don Estridge），他被誉为"IBM PC之父"。

从IBM PC开始，PC真正走进了人们的工作和生活，它标志着计算机应用普及时代的开始，也标志着PC消费驱动集成电路技术创新和产业发展时代的开启。也是在1981年，256kbit DRAM和64kbit CMOS SRAM问世。

1985年，微软推出了Windows操作系统。

1989年，Intel推出了Intel 80486微处理器。1Mbit DRAM进入市场。

1992年，64Mbit DRAM正式问世。

1993年，Intel推出奔腾CPU芯片，标志着计算机的"奔腾"时代到来。

1997年，IBM开发出芯片铜互连技术。

1999年，胡正明教授成功开发出鳍式场效晶体管（FinFET）技术。他被誉为3D晶体管之父。当晶体管的尺寸小于25nm时，传统的平面晶体管尺寸已经无法缩小，FinFET的出现将晶体管立体化，晶体管密度才能进一步加大，让摩尔定律在今天延续传奇。

2000 年，Intel 开始推出奔腾Ⅳ系列 CPU。

2006 年，Intel 酷睿 CPU 时代来临，多核心 CPU 步入发展的快车道。

2007 年，苹果（Apple）推出 iPhone 手机，树立了智能手机的样板。从此之后，智能手机都以平板+触屏的面貌出现。它促进了移动智能终端（包括智能电话、平板电脑等）的普及，对移动互联网产业发展起到重要的促进作用。之后，移动互联网逐步替代桌面互联网，成为驱动集成电路产业发展的主要力量。

5. 虎跃龙腾，高潮迭起

1991 年，ARM 于英国剑桥成立，这是移动互联网时代的伟大公司。

1993 年，IBM 推出了全球第一款触屏手机——IBM Simon，它是一款单色的笔触式触屏智能手机，被公认为全球首款触屏智能手机。

1999 年，摩托罗拉（Motorola）推出了智能手机 A6188。它是一部触屏手机，并且是第一部可中文手写识别输入的智能手机。

2003 年，安迪·鲁宾（Andy Rubin）等人创建了安卓（Android）公司，并组建了 Android 团队。

2005 年，Intel 放弃了手机业务，后来发现自己丢掉了一个移动互联网的时代。

2005 年，联发科（MTK）抓住了手机业务的机会，赶上了移动互联网时代的快车。

2007 年 11 月，谷歌（Google）向外界展示了名为 Android 的操作系统。同时，谷歌宣布建立一个全球性的手机生态联盟，该联盟由 34 家集成电路制造商、手机制造商、软件开发商、电信运营商共同组成。谷歌还与 84 家硬件厂商、软件厂商及电信营运商一起组成了开放的手持设备联盟，来共同研发和改良 Android 系统。谷歌的开源操作系统 Android 与苹果的封闭操作系统 iOS 形成了移动互联网时代的操作系统双雄——苹果系和安卓系。

2007 年至今，移动互联网推动集成电路技术飞速发展。在这期间，新技术发明和创新层出不穷，最引人瞩目的是摩尔定律的延续，工艺节点从 45nm 一路发展到 3nm（见图 1.3），而最让世人惊叹的光刻机从深紫外（Deep Ultraviolet，DUV）走向了极紫外（Extreme Ultraviolet，EUV）。

未来已来，AI 预训练大模型、具身智能、AI+医疗/制造/驾驶/教育等应用的快速发展，显著推动了半导体行业的市场需求与技术迭代。英伟达、高通、华为、Intel、三星、台积电、阿斯麦（ASML）等公司仍在不断续写着半导体行业的传奇，新技术、新发明也正引领这个时代走向未来。

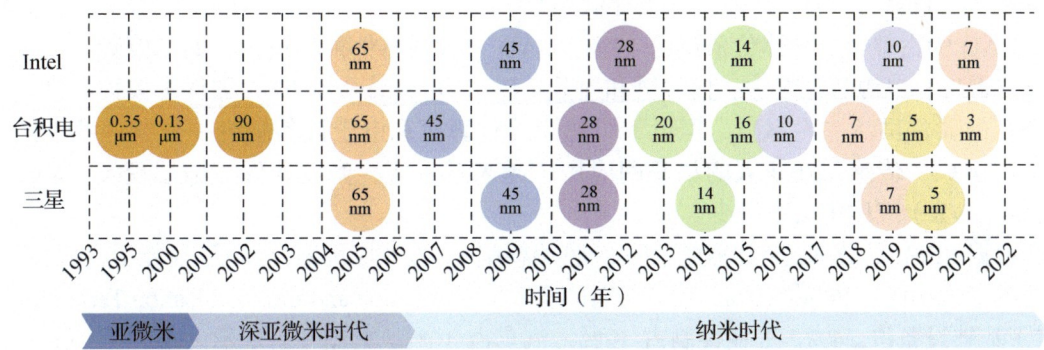

图 1.3 集成电路工艺节点的发展

1.2 现代集成电路制造业概况

全球集成电路产业链主要包括以下环节：EDA（Electronic Design Automation，电子设计自动化）/IPC（Intellectual Property Core，知识产权核）、集成电路设计、半导体制造设备和材料，以及制造［细分为前道（晶圆制造）、后道（封装与测试）］。

根据国际半导体设备与材料产业协会（Semiconductor Equipment and Materials International，SEMI，现称国际半导体产业协会）的数据，总部设在美国的企业在集成电路设计、EDA/IPC方面处于领先地位；美国、欧洲、日本的企业在设备领域领先；日本、韩国等国家与地区的企业在半导体材料方面占比较高；韩国京畿道、庆尚北道等地区，以及中国台湾的企业在先进芯片制造领域领先，几乎占了全部先进的逻辑芯片产量，中国大陆的企业则在晶圆制造领域不断发力；封装与测试主要集中于中国台湾的企业。整体价值方面，美国因在设计和设备方面的优势，占有38%的份额；欧洲、日本、韩国各占约11%的份额；中国约占22%的份额，其中大陆与台湾地区各占约11%。

笼统而言，芯片有三十多种，但产业界一般分为三大类别：逻辑芯片、存储芯片、DAO［Discrete、Analog and Others，代表分立器件、模拟器件及其他器件（如光电器件和传感器）］。狭义的集成电路包括逻辑芯片和存储芯片，不包括集成度相对不那么高的DAO。因而，尽管人们将"芯片"作为"集成电路"的通俗称呼，实际上"芯片"的概念比狭义的"集成电路"更广泛。在本书中，"芯片"和"集成电路"这两个称呼都会使用，其中"集成电路"特指逻辑芯片和（或）存储芯片。此外，由于行业习惯，人们通常用芯片中最核心的材料"半导体"来指代芯片（如"半导体产业"就是指"芯片产业"，"半导体设备"就是指用来制造芯片的设备），本书会根据具体场景采用不同的称呼。

逻辑芯片是处理"0"和"1"的数字芯片，是所有设备计算和处理功能的构建模块，约占整个半导体价值链的30%。逻辑芯片类别主要包括：微处理器［如CPU、图形处理单元（Graphics Processing Unit，GPU）和应用处理器（Application Processor，AP）］、微控制器（Microcontroller Unit，MCU）、通用逻辑器件［如现场可编程门阵列（Field Programmable Gate Array，FPGA）］，以及连接器件（如Wi-Fi和蓝牙芯片）。

存储芯片用来存储数据和代码信息，主要有DRAM和NAND Flash两大类，约占整个半导体价值链的9%。DRAM只能暂时存储数据和程序代码信息，存储容量一般比较大；NAND Flash即便掉电也可以长期保存数据和代码，手机中的SD卡和PC中的固态硬盘（Solid State Disk，SSD）都使用这类存储芯片。

DAO约占整个半导体价值链的17%。DAO包含的器件种类较多，如二极管、三极管等分立器件；电源管理芯片、信号链和射频（Radio Frequency，RF）器件等模拟器件。其他类别的器件虽然占比不高，但也不可忽视（计算机和电子设备缺少一个器件就无法工作）。例如，传感器在新兴的物联网应用中越来越重要，光电器件在虚拟现实（Virtual Reality，VR）应用中必不可少。

根据SEMI的数据，全球集成电路产业总体销售额按照应用划分如下：智能手机占26%，消费电子占10%，PC占19%，信息与通信技术（Information and Communication Technology，ICT）基础设备占24%，工业控制占12%，汽车占10%，如图1.4所示。不同类别的芯片在不同的应用场景中占比有所不同，例如 DAO 在智能手机和消费电子中的价值占比约为 1/3，而在工业和汽车应用领域中的价值占比则高达 60%。以上占比情况，将会随着生成式人工智能、自动驾驶汽车等新兴技术的快速发展而产生巨大的变化。

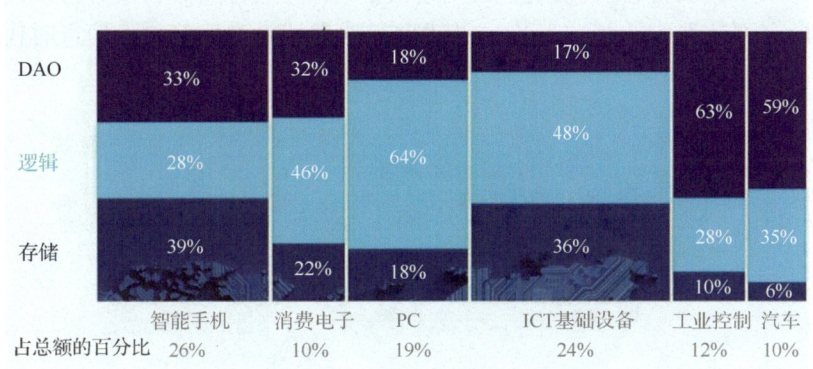

图 1.4　全球集成电路产业按应用划分的销售额占比（2019 年）

1.3　集成电路制造业产业链结构与特点

从全球竞争格局的角度看，集成电路产业的头部效应比较明显，少数代表性企业占据了市场的主导地位。当前，全球集成电路市场主要被美国、韩国、日本等国家与地区的企业占据。

在集成电路工艺代工方面，台积电以超过 60% 的市场份额稳居龙头地位，特别在先进制程方面的份额不断扩大。在集成电路设备方面，以高端光刻机市场为例，目前 ASML 一家独大，掌握着 EUV 光刻机 100% 的市场份额，而单台 EUV 光刻机的平均售价就超过 9.5 亿元人民币。在光刻机前三大厂商［ASML、尼康（Nikon）、佳能（Canon）］中，ASML 独占约 80% 的市场份额，其中 EUV 光刻机营收占据了该公司整体收入的近一半。在全球半导体材料领域，日本半导体企业占据绝对的优势，在芯片生产过程所需的 19 种必要半导体材料中，日本企业在 14 种材料的市场份额都处于行业领先。以光刻胶材料为例，以住友化学工业株式会社（简称住友）为代表的日本企业拿下全球 72% 的光刻胶市场。对于封装环节所需的半导体材料，日本企业的垄断更加严重。例如塑料板、陶瓷板、焊线及封装材料等，日本企业均占据 80% 以上的市场份额。

集成电路制造产业链的结构与发展趋势是上下游耦合性越来越强。集成电路作为半导体产业的核心，由于其技术复杂性，产业结构高度专业化。随着产业规模的迅速扩张，产业竞争加剧，分工模式进一步细化。目前，市场产业链可以分为 IC 设计、IC 制造和 IC 封装测试 3 个主要板块。随着技术的不断发展，以芯粒（Chiplet）为代表的先进封装技术越来越受到关注，将 IC 设计、IC 制造和 IC 封装测试的关系绑定得更加紧密，新技术的发展趋势将头部的设计企业、制造厂商，以及后端封测厂商更加紧密地耦合在一起，为后摩尔时代的技术发展提供了更多可能。

集成电路作为信息产业基石，对整个信息社会的方方面面都具有巨大的推动作用。如图 1.5 所示，整个集成电路制造及信息产业链的结构如同倒金字塔，底部每年约 1600 亿美元产值的集成电路（设备及材料）产业，支撑了每年超过 5000 亿美元产值的半导体产业和几万亿美元的电子系统产业，最终支撑了几十万亿美元的软件、网络、电商及大数据应用等信息产业。虽然集成电路产业的体量相对不大，但它有成百上千倍的放大作用。集成电路产业具有"一代设备、一代工艺和一代产品"的行业特点。若没有持续发展的集成电路设备，就没有不断迭代的制造工艺，也就没有越来越先进的芯片，信息时代的繁荣更是无从谈起。

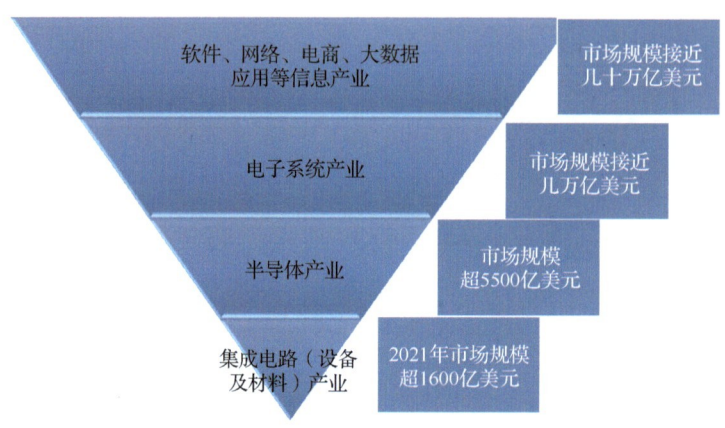

图 1.5　集成电路制造及信息产业链的倒金字塔结构

1.4　集成电路制造业发展趋势

1965 年，当摩尔发表他的"摩尔定律"时，芯片是在 1.25in（约 30mm）的晶圆上制造出来的。半个世纪以来，芯片制造商一直遵循摩尔定律的节奏开发和制造芯片，在这个过程中将更多功能集成到单个芯片上，从而推动了计算机、智能手机和其他电子产品的发展和普及。

从发展进程来看，集成电路产业在全球范围完成了两次明显的产业转移，目前正处于第三次产业转移。

第一次产业转移是美国的装配产业向日本转移。在 20 世纪 80 年代，美国将技术含量、利润较低的封装测试部门剥离，将测试工厂转移至日本等其他国家和地区。

第二次产业转移是日本的集成电路制造业向韩国京畿道、庆尚北道等地区，以及中国台湾地区转移。20 世纪 90 年代，日本难以继续满足 DRAM 技术升级和晶圆厂建设的资金需求，韩国企业趁机确立了市场中的存储芯片霸主地位。同时，中国台湾企业利用代工厂（Foundry）优势逐步取代 IDM（Integrated Device Manufacture）模式。由于越来越明确的产业链分工，OSAT（封装和测试的外包）也逐渐出现。

第三次产业转移是韩国京畿道、庆尚北道等地区，以及中国台湾地区的集成电路制造业向中国大陆转移。经过 2008—2012 年的低谷后，全球半导体行业规模在 2013 年开始复苏。由于国产化需求上升和下游消费电子设备需求的增长，我国已成为世界第一大半导体消费市场。

在第三次产业转移中，我国的封装产业正在蓄力发展。受下游需求旺盛影响，封装厂的产能利用率保持高位，出现产能供不应求的情况，盈利能力明显提升。我国政府高度重视，发布了促进集成电路产业和软件产业高质量发展的政策，全面优化完善高质量发展芯片和集成电路产业的有关政策。

随着时间的推移，芯片制造商开始转向更大的晶圆尺寸，因为更大的晶圆单次流片可以切割出更多的裸芯片（晶圆上的单个芯片单元，又称裸片、裸Die），从而可以降低单芯片成本。从2000年开始，芯片制造商开始从200mm（8in）晶圆升级到现在的300mm（12in）晶圆。最初，建造200mm晶圆厂的成本为7亿～13亿美元，而建造300mm晶圆厂的成本约为20亿美元。与此同时，以台积电为首的晶圆代工厂模式开始引起产业界的重视，他们不设计和销售自己的芯片，而专门为外部客户提供芯片制造服务。许多芯片制造商不再能够和愿意负担开发新工艺和建造先进晶圆厂的费用，于是选择了fab-lite模式，即将部分芯片制造外包给晶圆代工厂，而高通、英伟达和Xilinx等采用Fabless（无晶圆厂）模式的设计公司则乘着代工的"东风"快速发展，成长为比IDM厂商更有竞争力的芯片供应商。

随着代工的兴起，晶圆制造开始从美国和欧洲向亚洲转移。根据半导体行业协会（Semiconductor Industry Association，SIA）与波士顿咨询公司（BCG）的报告统计，中国台湾企业现已成为全球晶圆制造产能的领头羊，2020年占有22%的份额，其次是韩国企业（21%）、日本企业（15%）、中国大陆企业（15%）、美国企业（12%）和欧洲企业（9%）。

另外，通过对半导体IDM企业和Fabless企业的分析可知，美国半导体IDM企业、Fabless企业的半导体总销售额仍处于全球领先位置。图1.6所示为2021年全球IDM企业和Fabless企业的半导体销售份额对比。图中，半导体市场总份额是按公司总部所在地划分的半导体市场的全球总份额（该数据不包括纯代工厂）。

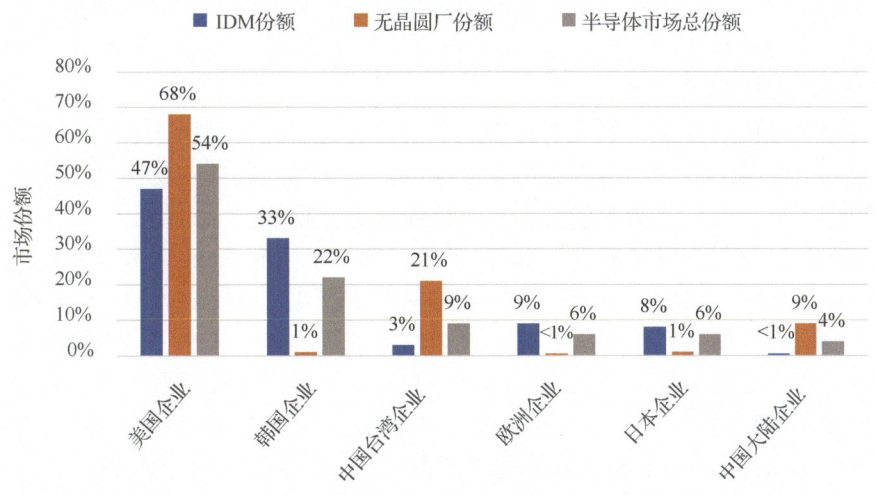

图1.6　IDM企业和Fabless企业的半导体销售份额对比（数据来源：SIA，2021年）

2021年，美国企业占据了全球半导体市场销售总额（IDM企业和Fabless企业销售额的总和）的54%，其次是韩国企业占据22%的份额。中国台湾地区的半导体企业凭借Fabless企业的良好表现占全球半导体市场销售额的9%，而欧洲企业和日本企业均为6%（中国台湾企业在半导体行业的市场份额于 2020 年首次超过欧洲企业）。中国大陆企业仅占全球半导体销售的 4%。如果对这 4% 的销售份额进一步细分，中国大陆芯片设计（Fabless）企业的市场销售份额占比为 9%，IDM 低于 1%。

韩国和日本 Fabless 企业的销售份额非常低。总体而言，总部设在美国的公司在 IDM、Fabless 方面在整体半导体市场的份额表现出了巨大优势。

如图 1.7 所示，日本企业在 1990 年占据了全球半导体市场份额的近一半，但 1990—2021 年，这一份额急剧下降，到 2021 年仅为 6%。虽然欧洲企业的市场份额下降幅度没有日本企业那么大，但 2021 年欧洲企业在全球半导体市场的份额也只有 6%，低于 1990 年的 9%。

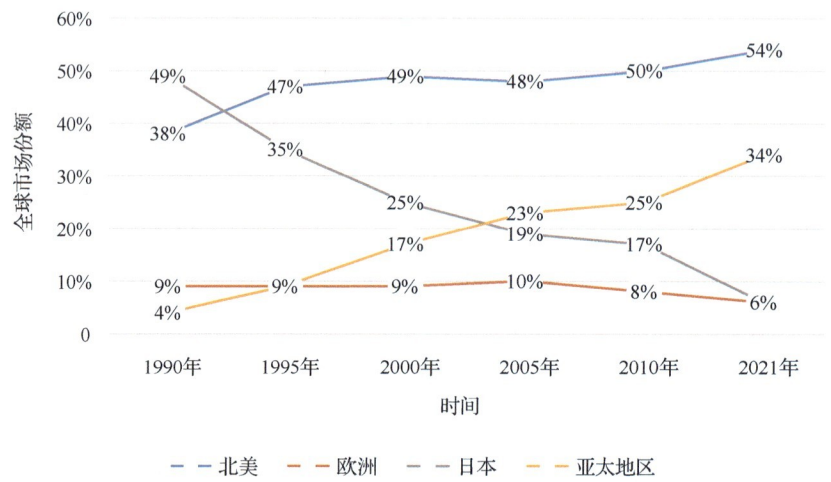

图 1.7　IDM 企业和 Fabless 企业的发展趋势（数据来源：SIA）

与 1990—2021 年日本和欧洲企业的半导体市场份额下滑形成对比的是，美国和亚太地区企业的市场份额自 1990 年以来一直在攀升。亚太地区企业的半导体市场份额从 1990 年的 4% 上升到 2021 年的 34%。

随着后摩尔时代的到来，集成电路制造业的发展也面临着前所未有的大变局，新的技术层出不穷，市场对芯片的性能要求也越来越高，未来芯片制造业的发展充满着机遇与挑战。本节梳理了未来芯片制造业的发力点，以应对这些挑战。

（1）加快先进制程的发展速度。2022 年 6 月，三星宣布 3nm 制程芯片已经实现了量产；台积电在 2022 年第四季度实现了 3nm 芯片的量产化，并将在 2025 年末推进 2nm 芯片的量产，以应对生成式人工智能芯片对算力的迫切需求。在未来，制程更小的芯片还是主流的发展趋势，而且头部晶圆制造厂商已经布局了许多相关技术和专利。截至本书成稿之时，我国在先进制程上还处于追赶状态。中国大陆的晶圆厂商有中芯国际、华润微电子有限公司（简称华润微）、华虹半导体等专业晶圆代工厂商。以中芯国际为代表的国内晶圆厂商已经实现了 7nm 的量产，正在向更先进的制程寻求突破，但与国际最先进水平仍然存在着代际的差距。

（2）高端集成电路设计和先进封装。随着芯片制程的不断缩小，芯片制造难度在以指数级增长。除了在更小的制程上发力，利用先进封装技术可以在不改变制程的情况下实现芯片性能的提升，因此先进封装成为众多头部厂商争相入场的领域。随着先进封装的发展，整体的芯片制造业都会有重大的变革，设计、工艺、封装流程都会有颠覆性改变，未来的高端芯片设计将有可能向先进封装靠拢。

（3）关键设备和材料。由于半导体产业具有"一代设备、一代工艺和一代产品"的行业特点，高端半导体设备的研制也是芯片制造的风向标，因此在未来，高端半导体设备的研发投入将会持续增加，向着以工艺为基准、多设备互联协作的方向发展。在半导体材料方面，随着工艺的发展，相应的材料也会跟进。

（4）宽禁带半导体。宽禁带半导体在未来的半导体产业中有着不可或缺的地位，在高速通信、功率器件制造、下游工控、新能源车、光伏风电等领域都具有广泛的应用前景。未来，宽禁带半导体制造设备、器件设计等领域都将会迎来蓬勃发展的时期。

（5）半导体技术与 AI 技术共生。半导体工艺的演进，直接推动了计算能力的指数级增长，专用人工智能芯片、高带宽内存、存算一体等技术的突破，为人工智能的快速发展提供了硬件基础，而人工智能反过来加速了芯片的设计与良率的优化，两者的深度融合将推动半导体与 AI 的共生与创新的螺旋式发展。

第 2 章　芯片制造的单项工艺

芯片制造是利用氧化、光刻、刻蚀、薄膜沉积等技术，将复杂的电路和电子元器件雕刻在硅片上，同时利用扩散或离子注入混合技术，将需要的部分转化为有源器件。芯片的制造过程分为前道工序和后道工序。前道工序是指晶圆制造厂的加工过程，即在空白的硅片上完成电路的加工，出厂的产品依然是完整的圆形硅片。如图 2.1 所示，前道工序包括晶圆加工、氧化、光刻、刻蚀、掺杂、薄膜沉积、互连等工艺，其中光刻、刻蚀、掺杂、薄膜沉积工艺往往反复进行；后道工序是指封装和测试的过程，即在封测厂中将圆形的硅片切割成单独的芯片颗粒，完成外壳的封装，最后完成终端测试，出厂为芯片成品。后道工序具体包括减薄、划片、装片、键合等封装工艺，以及终端测试等。本章重点介绍前道工序中所涉及的芯片制造单项工艺，包括热氧化工艺、图形化工艺、掺杂工艺、薄膜沉积工艺、互连工艺与辅助性工艺[1]。

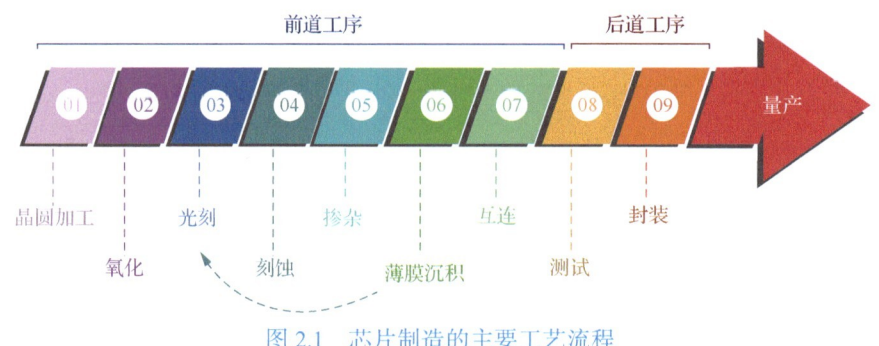

图 2.1　芯片制造的主要工艺流程

本章重点

知识要点	能力要求
热氧化工艺	1. 掌握热氧化工艺的机理与工艺 2. 了解 SiO_2 的性质与用途
图形化工艺	1. 掌握光刻的原理、主要参数和工艺类型 2. 掌握刻蚀的原理、主要参数和工艺类型 3. 理解图形化工艺的流程步骤 4. 了解 4 种多重图形技术 5. 了解纳米压印技术
掺杂工艺	1. 掌握掺杂工艺原理 2. 了解热扩散和离子注入两种掺杂方法
薄膜沉积工艺	1. 掌握 CVD 的原理、特点以及工艺 2. 掌握 PVD 的两种主要方法：蒸发和溅射 3. 了解 ALD 的相关原理 4. 了解其他薄膜沉积技术 5. 理解芯片制造中不同类型的薄膜制备

知识要点	能力要求
互连工艺	1. 了解互连的基本原理 2. 掌握铝互连工艺 3. 掌握铜互连工艺
辅助性工艺	1. 了解清洗工艺 2. 了解抛光工艺

2.1 热氧化工艺

1957 年，人们发现二氧化硅（SiO_2）中硼（B）、磷（P）、砷（As）、锑（Sb）等掺杂元素的扩散系数比在硅（Si）中小得多，于是在 1960 年正式使用 SiO_2 作为扩散型晶体管的掩蔽模，由此推动了 SiO_2 平面制程的诞生。Si 表面高质量 SiO_2 膜的简单实现是半导体 Si 材料获得广泛应用的重要因素之一，同时 SiO_2 和 Si 之间完美的界面特性进一步成就了集成电路的"硅时代"。Si 在长时间与氧气接触后会发生氧化作用，从而生成 SiO_2，而集成电路制造中需要的是高纯度的 SiO_2，要经过特定工艺（氧化工艺）制备。目前最常用的工艺是热氧化，即在高温条件下，Si 晶圆与生长特定厚度 SiO_2 薄膜的含氧物质（氧、水蒸气等氧化剂）发生氧化反应。热氧化工艺操作简单，制备的氧化层致密，具有很好的掩蔽作用[2]。

2.1.1 热氧化机理与工艺

在无定形的 SiO_2 网络中，Si 在 SiO_2 中的扩散系数比氧小几个数量级。在热氧化过程中，除 Si 晶圆表面的几个分子层外，氧化反应会发生在 SiO_2/Si 界面处，使氧化剂穿过氧化层运动到 SiO_2/Si 界面，并与 Si 发生反应，这就是热氧化反应的机理。

热氧化是通过扩散和化学反应来完成的，如图 2.2 所示。因为硅片表面对氧原子的亲和力非常高，所以当经过严格清洗的硅片表面处于高温的氧化气氛中时，硅片表面的 Si 原子会和氧化剂快速反应形成 SiO_2 氧化层。氧化层会阻隔氧化剂直接接触硅片表面，后续氧化剂到达 SiO_2/Si 界面后，继续与 Si 原子发生化学反应，生成 SiO_2，使氧化层不断加厚，通过扩散作用穿过已生长的 SiO_2 氧化层。热氧化工艺主要有以下 3 个步骤：①氧化剂到达硅片表面并发生反应；②氧化剂对生成的氧化层进行扩散渗透，到达 SiO_2/Si 界面；③氧化剂与 Si 在 SiO_2/Si 界面处发生氧化反应，生成 SiO_2。氧化反应由 Si 衬底表面向 Si 衬底纵深依次进行，需要消耗 Si 衬底，使得氧化层不断增厚，是一种本征氧化法。由于在氧化物生长过程中，SiO_2/Si 界面不断向 Si 衬底内部迁移，接触到的杂质较少，因此热氧化工艺可用于制备具有较低缺陷密度的高质量 SiO_2 薄膜。

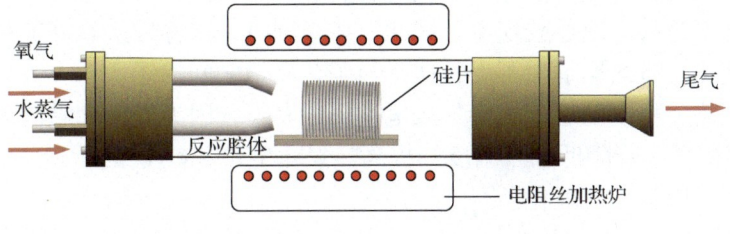

图 2.2 热氧化工艺示意

通常，根据引入反应管中的氧化剂的不同，热氧化可分为干氧氧化、水蒸气氧化、湿氧氧化等。大致过程：先将石英玻璃反应管加热到一定温度（通常使用的温度为900~1200℃），再将硅片放入反应管，通过加热电阻丝在加热炉内进行热氧化。

（1）干氧氧化是以干燥、纯净的氧气为氧化气氛，令氧气直接与高温下的硅片发生氧化反应。SiO_2的反应方程式为$Si+O_2=SiO_2$。氧化过程中，已形成的SiO_2/Si界面层阻止了O原子与Si表面的直接接触。O原子以扩散方式通过SiO_2层并到达SiO_2/Si界面，与Si原子发生反应，生成新的SiO_2层。干氧氧化产生的SiO_2氧化膜干燥致密，表面为非极性硅氧烷（Si—O—Si）结构，具有良好的光刻胶润作用，光刻时不易产生悬浮胶，但不足之处在于氧化层生长缓慢。

（2）水蒸气氧化是以高纯水蒸气为氧化气氛，也可将以适当比例混合的高纯氢气和氧气通入氧化炉，在高温下合成水蒸气。首先，水分子与硅片表面的Si原子反应生成SiO_2初始层，反应方程式为$Si+2H_2O=SiO_2+2H_2\uparrow$。随后，水分子与Si的反应有两个过程：一个是水分子通过氧化层对Si原子进行氧化，使Si原子在SiO_2/Si界面进行氧化；另一个是水分子先在SiO_2表面反应，生成硅烷醇（Si—OH），反应方程式为$H_2O+Si—O—Si=2(Si—OH)$。在到达SiO_2/Si界面后，生成的硅烷醇扩散到与Si原子反应的SiO_2层，使SiO_2膜增厚，反应方程式为$Si—Si+2(Si—OH)=2(Si—O—Si)+H_2\uparrow$。该方法制备的$SiO_2$氧化膜疏松，成膜质量不如干氧氧化，特别是氧化层表面呈极性的硅烷醇，极易吸附水，与光刻胶的黏附性差，但由于SiO_2网络会在水蒸气氧化过程中不断被削弱，在SiO_2中水分子或硅烷醇的扩散速度加快，因此，在氧化层表面呈极性的硅烷醇的扩散速度比氧原子的扩散速度要快，所以水蒸气氧化的速度要比干氧氧化快得多。

（3）湿氧氧化。先令干燥、纯净的氧气经过一个水浴瓶，使氧气通过加热的高纯度去离子水，以携带一定量的水蒸气，再通入氧化炉。水蒸气的含量由水浴瓶中高纯度去离子水的温度（简称水浴温度）和氧气量决定。湿氧氧化既有干氧氧化的作用，又有水蒸气氧化的作用。水蒸气氧化时，氧化物质是大气压的水蒸气；在干氧氧化时，氧化物质是一个标准大气压（约为$1.01325×10^5 Pa$）的干氧；在湿氧氧化时，氧化物质是水和氧的混合物。它们的比例可以根据生产需要和器件要求调节，氧气对生长速度的影响随着水蒸气比例的增加而降低。因此，湿氧氧化的速度介于干氧氧化和水蒸气氧化之间，与水蒸气氧化的速度比较接近。此外，随着水浴温度的增加，湿氧氧化的速度会越来越接近水蒸气氧化。湿氧氧化速度较快，但在光刻时容易出现表面沾润不佳的硅烷醇和光刻胶水，这些胶水会导致杂质的重新分布。

在实际生产中，较厚的SiO_2层常采用干湿氧-干氧相结合的氧化方法制备，即湿氧氧化是在干氧氧化一段时间后进行的，这对保持硅片表面的完整和SiO_2/Si界面的高品质都有好处。湿氧氧化后再通入一段时间的干氧，可使表面的硅烷醇或表面吸附的水分子转化为硅氧烷，使湿氧生长的SiO_2趋向干氧氧化膜的性质，使SiO_2表面与光刻胶的接触得到改善，在光刻时不容易出现浮胶现象。因此，在光刻时，这种方法较好地利用了干氧氧化和湿氧氧化的优点，有效地解决了生长速度与工艺质量之间的矛盾。

随着集成电路（特别是超大规模集成电路）的发展，因为横向和纵向加工尺寸在等比例缩小，所以需要进一步降低加工温度和提高热氧化生长SiO_2层的质量。硅热氧化工艺的改进和发展主要方向是掺氯氧化。

掺氯氧化是在进行SiO_2薄膜生长的氧化气氛中添加微量氯元素，能降低钠离子（Na^+）

沾污，抑制 Na^+ 漂移，获得高质量的氧化膜，提高器件的电性能和可靠性。常用的氯源有高纯度的干燥氯气（Cl_2）、氯化氢（HCl）气体，以及高纯度的三氯乙烯（C_2HCl_3，液态）。其中，由于氯化氢气体和氯气都是腐蚀性较强的气体，因此在生产上使用越来越多的是三氯乙烯。三氯乙烯在高温下会分解生成氯气和氯化氢气体，而三氯乙烯本身的腐蚀性不及上述两种气体，所以在掺氯氧化过程中，用三氯乙烯作为氯源材料更有发展前途。由于水的存在会使氯气不能与氧化膜结合，不能起到使可动的 Na^+ 下降、清洁氧化膜的作用，硅片表面易被腐蚀，所以一般采用干氧氧化的方式进行混氯氧化。由于氯气进入 SiO_2 薄膜，会使其中 SiO_2 的结构发生形变，氧化物质扩散速度增加，因此掺氯氧化的生长速度比一般的干氧氧化稍大。

2.1.2 热氧化工艺中 SiO_2 的性质及用途

利用热氧化工艺生长的 SiO_2 薄膜具有不固定的玻璃状结构，基本单位为 Si—O 四面体，该四面体的中心为硅原子，4 个顶点为氧原子。将相邻的两个四面体通过一个桥键氧原子连接在一起，就形成了没有规则排列的立体网状结构。Si 晶圆表面生长的 SiO_2 薄膜不仅与 Si 衬底具有良好的亲和性和可加性，还具备许多优异的物理和化学性质，具体表现如下。

（1）绝缘特性。虽然 Si 是半导体材料，但 SiO_2 是一种电阻率高（可高达 $10^{15} \sim 10^{16} \Omega \cdot cm$），禁带宽度大（约为 0.9eV），介电强度可达 $10^6 \sim 10^7 V/cm$，介电常数约为 3.9，且能承受较高电压的良好绝缘和介电材料。

（2）掩蔽性质。SiO_2 中常见杂质（如 B、P、As 等Ⅲ-Ⅳ族元素）的扩散系数要比它们在 Si 中的扩散系数小得多。SiO_2 做掩蔽膜要有足够的厚度：对于特定的杂质、扩散时间、扩散温度等条件，有最小掩蔽厚度。

（3）化学稳定性。SiO_2 是 Si 化合物中最稳定的，属于酸性氧化物，不溶于水。它能耐多种强酸腐蚀，但极易与氢氟酸（HF）反应，而氢氟酸不会对 Si 本身产生腐蚀作用。被氢氟酸腐蚀的化学方程式为

$$SiO_2 + 4HF = SiF_4 + 2H_2O$$
$$SiF_4 + 2HF = H_2SiF_6$$

六氟硅酸（H_2SiF_6）是一种可溶于水的络合物，很容易通过光刻技术选择性腐蚀 SiF_6。利用 SiO_2 薄膜的上述特性，结合光刻工艺、刻蚀工艺、掺杂工艺和各种薄膜沉积工艺，可以制造出各种不同性能的半导体器件和不同功能的集成电路。因此，SiO_2 薄膜在集成电路中扮演着非常重要的角色。

热氧化工艺是获得低界面缺陷密度、高质量 SiO_2 薄膜最常用的氧化工艺，利用该工艺生长的 SiO_2 薄膜已在集成电路制造中得到广泛应用，主要用途如下。

1. 定域掺杂的掩蔽层

在制造半导体器件的各区（如晶体管的源漏区）时，最常见的方法是先在 Si 晶圆表面热氧化生长一层 SiO_2 薄膜，经光刻显影后，再刻蚀掉所需掺杂区域表面的 SiO_2 薄膜，从而形成掺杂窗口，最终通过窗口选择性地将杂质注入相应的区域。SiO_2 对杂质的扩散起到掩蔽作用，使 SiO_2 薄膜在杂质扩散时既可作为掩蔽层使用，也可与光刻胶和 Si_3N_4 层一起作为离子注入阻挡层使用。

2. 保护与钝化层

在硅片表面生长一层 SiO_2 薄膜，一方面可以避免硅片表面受到机械破坏，在制造过程中沾染杂质，起到保护作用；另一方面，有了这层 SiO_2 薄膜，硅片表面和 PN 结就可以与环境气氛隔离，从而减少环境气氛对硅片表面性质的影响，使器件稳定性和可靠性提高，起到钝化效果。

3. 元器件的重要组成部分

（1）MOSFET 的绝缘栅材料。在集成电路制造工艺中，通常用 SiO_2 薄膜作为 MOSFET 的绝缘栅材料，即作为漏/源极的导通沟道覆盖的栅氧化层。这是由于 SiO_2 薄膜具有较高的电阻率和较高的介电强度，几乎不存在漏电流。

（2）电容器的介质材料。SiO_2 具有较大的介电常数、较高的击穿电压和较小的电容温度系数，这些优越的性能决定了 SiO_2 是一种优质的电容器介质材料。

4. 隔离与绝缘介质

集成电路制造过程中有两种隔离方法：PN 隔离和介质隔离。其中，介质隔离一般选用 SiO_2 薄膜作为隔离其他器件的场氧化膜。因为 SiO_2 的漏电流很小，岛与岛之间的隔离电压较高，寄生的电容量较小，所以用 SiO_2 作为隔离介质的集成电路的转换速度相对来说要好一些。CMOS 工艺中的场氧化膜就是 SiO_2 薄膜，用来隔离 CMOS 和 PMOS 晶体管的有源区。SiO_2 是一种使器件与器件之间绝缘的良好绝缘体，也是一种电极引线，可以作为绝缘介质在电极引线和硅器件之间使用。此外，对于多层金属布线结构，SiO_2 可作为绝缘介质用于上、下两层金属之间，防止金属之间发生短路。

5. 应力缓冲层

当 Si_3N_4 薄膜直接沉积在 Si 衬底上时，界面会存在极大应力，通常先采用热氧化工艺在 Si 衬底上生成一层厚度很薄的 SiO_2，再沉积 Si_3N_4 薄膜形成 $Si_3N_4/SiO_2/Si$ 结构，从而消除 Si_3N_4 与衬底之间的应力。

根据作用的不同，Si 材料器件中的 SiO_2 的厚度差别是很大的。薄氧化层主要用于 MOS 器件中的栅氧化层，而厚氧化层则主要用于场氧化层。

2.1.3 氧化层的质量检测

通过热氧化工艺在硅片表面生长氧化层的质量及性能指标应满足使用要求，需要在氧化后进行检测，主要包括以下 4 个方面。

（1）厚度。要求在指标范围之内，而且要均匀、一致。比色法、磨蚀法可在对厚度测量的精度要求不高时使用；在精度要求较高的情况下，可采用双光干涉法，电容-电压法两种方法。在精度高达 10Å 时使用椭圆偏振仪测量也是现在常使用的高精度方法之一。不均匀的氧化层厚度（又称膜厚）不仅影响氧化层对扩散杂质的掩蔽作用和绝缘性，而且容易在刻蚀时使局部产生污渍，导致刻蚀不均匀。提高膜厚均匀度，要控制好氧气的流量，确保氧气和水蒸气的气压均匀地环绕在反应管中的硅片周围；炉温要稳定，保证恒温区足够长；注意控制好洗澡的温度；做好氧化前硅片的处理工作，确保清洁质量及硅片表面的品质。

（2）表面质量。要求氧化层表面无瑕疵、无斑点、无裂纹、无白色雾状、无碎花、无针眼。通常，通过在聚光灯下目测或者镜检发现各种缺陷。斑点出现在氧化层上会让设备性能变差，甚至会让制造出来的芯片失效。有些凸起的斑点会影响光刻的对齐精度，造成光刻品质不佳，所以必须确保硅片的表面没有颗粒。反应管多为石英玻璃材质，在高温下时间长了容易老化，内壁会产生带污渍的颗粒硅片，因此需要及时清洗、更换。操作上应注意避免硅片表面溅起水滴；硅片清洗后要晾晒，不能有任何水渍。针孔会使氧化层扩散时的掩蔽作用失效，造成晶体管漏电增加、耐受电压降低，甚至被击穿，也会造成氧化层下方的金属电极引线和区域短路，从而使器件变坏或报废。硅片表面必须保证无位错层，才能减少针孔；要平整、有光泽。因此，需在器件工艺全过程加强清洁加工。

（3）氧化层层错。氧化层的层错会使氧化层出现针孔等，导致 PN 结反方向漏电增多，耐受电压降低，甚至被击穿，最终使器件发生故障或失效。在 MOS 器件中，载流子迁移率下降，Si/SiO_2 系统中的层错可能会导致跨导和开关速度受到影响。因此，为了确保硅片表面的抛光质量和表面清洁质量，可以采用掺氯氧化和吸杂技术，将瑕疵引入硅片背面或产生更大的应力，以减少氧化层的层错。

（4）Si/SiO_2 系统电荷。包括 Si/SiO_2 系统中的固定电荷、界面态、可动 Na^+ 和电离陷阱等，全都可以通过电容-电压法检测出来[3-4]。

2.2 图形化工艺

图形化是芯片制造过程中非常重要的工序之一，是指利用光刻和刻蚀技术，将器件和电路设计图形转移到硅片表面的工艺过程。该工艺过程有两个目标：一个是在硅片表面建立图形，即根据集成电路设计的要求，生成尺寸精确的特征图形；另一个是精确定位硅片表面的图形。也就是说，只要硅片表面上整个电路图形的位置是正确的，各部分之间在电路图形上的相对位置就一定是精确的。

2.2.1 光刻原理与工艺

光刻技术的发展使得线材的宽度不断缩小，集成度不断提高，从而使器件不断缩小，芯片的性能也不断提高。光刻三要素为掩模版、光刻机和光刻胶。掩模版又称光罩，基板多采用透明的石英玻璃，图形采用金属铬作为遮光层。根据电路设计在掩模版上形成所需要的图形，最终的图形通常是采用多个掩模版按照特定的顺序在硅片表面一层一层叠加建立起来的。光刻机又称掩模对准曝光机，是生产大规模集成电路的核心设备，本书第 6 章将对光刻机进行详细介绍。首先，利用光刻机发出的紫外光通过具有几何图形的掩模版对涂有光刻胶的硅片进行曝光，光刻胶经过曝光后自身性质和结构会发生变化，然后通过显影液把曝光后可以溶解的光刻胶去除，就可以将掩模版上的几何图形转移到覆盖在晶圆表面的光刻胶上。

在光刻工艺中，主要的参数如下。

（1）特征尺寸。特征尺寸一般是指 MOSFET 的最小栅长，常用作描述器件工艺技术的节点。特征尺寸的缩小能够使单片硅片上布局更多的芯片，从而使得制造成本降低、盈利水平提高。

（2）分辨率与焦深。分辨率表征区分硅片上两个邻近特征图形的能力。焦深表征光焦点周围的一个范围，在这个范围内图像连续地保持清晰。因此在芯片制造中，既要获得更好的分辨率来形成特征尺寸的图形，又要保持合适的焦深。

（3）套刻精度。光刻工艺要求硅片表面存在的图形与掩模版上的图形精确对准，衡量该特性的指标就是套刻精度。套形错误会影响到硅片表面整体布局对不同图形的宽容度（套准容差）。套准容差过大会降低电路密度，使芯片性能下降，从而限制器件的特征尺寸。

（4）工艺宽容度。在光刻工艺过程中，由于设备的设定、材料的种类、人为的操作、机器的对齐、材料随时间的稳定性等原因，许多工艺具有一定的可变性。工艺宽容度是指能够对符合特定要求的产品进行始终如一的处理的光刻工艺的能力。高的工艺宽容度意味着：在生产过程中，即使所有工艺发生变化，器件在规定范围内也能达到特征尺寸要求。

光刻工艺包括正性光刻和负性光刻两种基本类型。掩模版上相同的图形可以通过正性光刻复制到硅片上，而负性光刻则是把与掩模版上相反的图形复制到硅片表面。

1. 正性光刻

光照下主要发生降解反应的光刻胶为正胶。当硅片表面覆盖一层正胶时，曝光后被紫外光照射区域的光刻胶会因溶于显影液而被去除，而不透明的掩模版下没有被曝光的光刻胶仍保留在硅片上。保留下来的光刻胶在曝光前已被硬化，它将留在硅片表面，作为后续工艺的保护层。如图 2.3 所示，转移到硅片表面的光刻胶上的图形与掩模版一样。该工艺具有固有分辨率较高、抗干法刻蚀能力和抗热处理能力强，且阶梯式覆盖性好等优点；缺点是黏附性较差，耐湿腐蚀能力较差，费用较高。

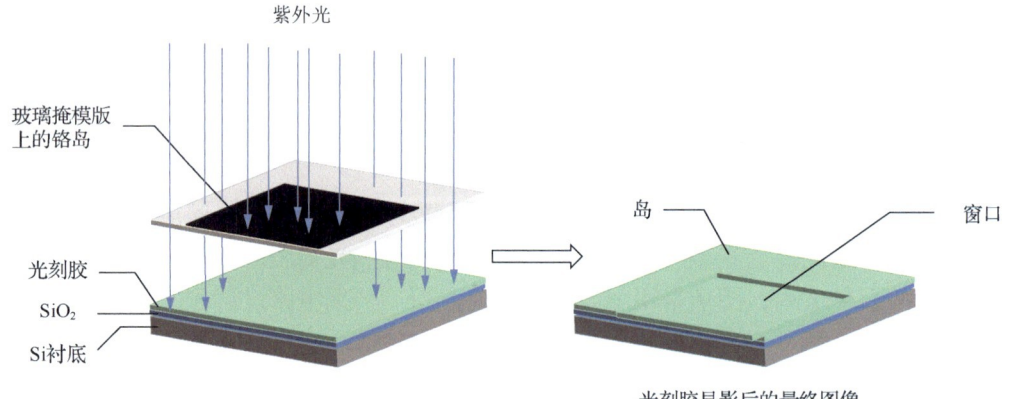

图 2.3　正性光刻的原理

2. 负性光刻

光照下主要发生交联反应的光刻胶为负胶。负性光刻的基本特征：由于交联反应，曝光后光刻胶会变硬，因此在显影液中，光刻胶会变得难以溶解。曝光后，掩模版上不透明的铬岛下的光刻胶溶于显影液被去除，而被紫外光照射区域的光刻胶被保留。因此，在负性光刻工艺中，转移到硅片表面光刻胶上的图形与掩模版相反，如图 2.4 所示。负性光刻工艺的优点是感光速度极高、黏附性和抗腐蚀性极好，且成本相对较低；缺点是分辨率偏低，不适用于细线条光刻。

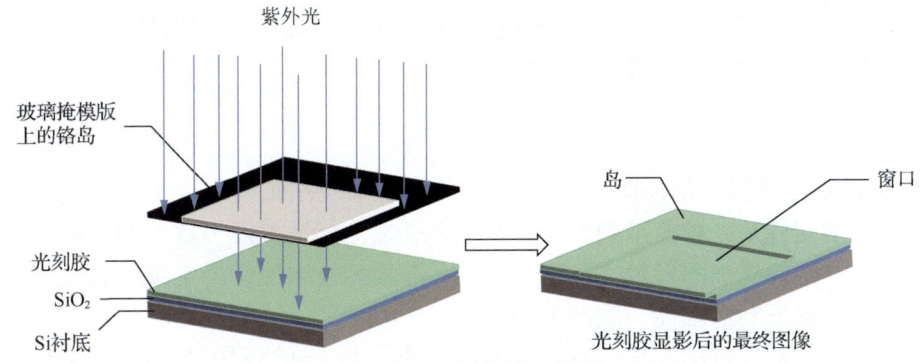

图 2.4 负性光刻原理图

2.2.2 刻蚀原理及工艺

在硅片表面形成光刻胶图形之后，下一步通常是通过刻蚀工艺将该图形转移到光刻胶下面的 SiO₂ 薄膜。刻蚀工艺就是利用化学、物理或"化学+"物理的方法，有选择地把没有被光刻胶掩蔽的局部 SiO₂ 薄膜去除，从而在薄膜上得到与光刻胶完全一致的图形。刻蚀工艺的参数主要有 4 个：刻蚀速度、方向性、选择比和刻蚀均匀性。

（1）刻蚀速度指目标材料在单位时间内刻蚀出的厚度。通常要求硅片在制造过程中要有很高的刻蚀速度，而且刻蚀速度越高的硅片就意味着产量越高，但过高的刻蚀速度可能会让技术变得难以驾驭。刻蚀速度是由被刻蚀材料的类型、刻蚀机器的结构配置、刻蚀气体和工艺参数设定等工艺和设备变量来决定的。

（2）方向性指沿各个方向的刻蚀速度之比，可分为各向同性和各向异性，如图 2.5 所示。各向同性刻蚀是在所有方向上（横向和垂直方向）以相同的刻蚀速度进行刻蚀，往往会导致被刻蚀材料在掩模版下面产生钻蚀现象，带来线宽损失。只向一个方向进行的刻蚀称为各向异性刻蚀。对精细尺寸的图形来说，希望刻蚀剖面是各向异性的，即刻蚀只在垂直于硅片表面的方向进行，只有很少的横向刻蚀。这种垂直的侧壁有利于在硅片表面制作高密度的刻蚀图形[5-6]。

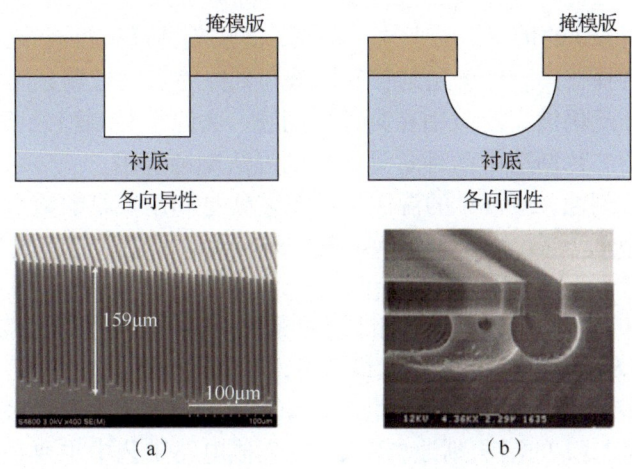

图 2.5 方向性示意与电镜图像
（a）各向异性 （b）各向同性

（3）选择比又称抗刻蚀比，是刻蚀过程中刻蚀材料与掩蔽层（如光刻胶）的刻蚀速度之比。选择比 S_R 可以通过式（2.1）计算：

$$S_R = \frac{E_f}{E_r} \qquad (2.1)$$

其中，E_f 为被刻蚀材料的刻蚀速度，E_r 为掩蔽层材料的刻蚀速度。

（4）刻蚀均匀性是一种衡量刻蚀工艺在整个硅片上刻蚀深度一致性的参数。刻蚀均匀性与刻蚀速度、选择比、图形尺寸和密度有关。非均匀性刻蚀会产生额外的过刻蚀，保持刻蚀的均匀性是保证制造性能一致的关键。

从工艺分类上看，目前芯片制造中有湿法刻蚀和干法刻蚀两种基本刻蚀工艺。

1. 湿法刻蚀

湿法刻蚀是用液体化学试剂（如酸碱溶剂等）以化学的方式去除硅片表面没有被光刻胶掩蔽的材料，如图 2.6 所示。湿法刻蚀包括 3 步：①刻蚀剂扩散至硅片表面；②刻蚀剂与暴露在外的薄膜发生化学反应，生成可溶解的生成物；③生成物以扩散的方式离开硅片表面。以上 3 个步骤中最慢的步骤决定了刻蚀速度，被称为速度限制步骤。

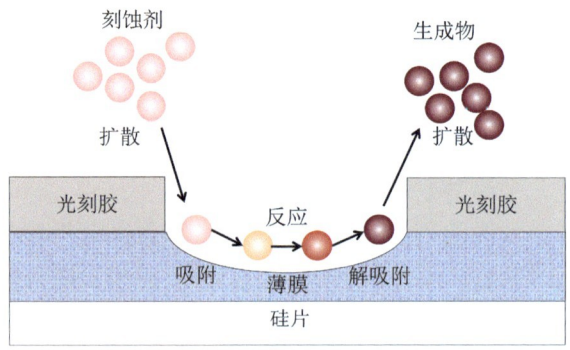

图 2.6　湿法刻蚀原理图

从控制图形形状和尺寸的准确性角度看，由于湿法刻蚀是各向同性刻蚀，即横向与纵向的刻蚀速度一样，因此容易出现钻蚀现象。在形成特征图形方面，湿法刻蚀一般只被用于尺寸较大（大于 3μm）的情况。由于这一特点，湿法刻蚀远远没有干法刻蚀的应用广泛。但由于湿法刻蚀的选择比高，易于光刻胶的掩蔽和刻蚀终点的控制，且操作简单、成本低，适合大批量加工，因此仍被广泛应用在刻蚀层间膜、去除干法刻蚀残留物和颗粒等工艺步骤中。下面简单介绍芯片制造中两种常见材料的湿法刻蚀应用。

（1）SiO_2 的湿法刻蚀。最常见的湿法刻蚀工艺就是利用氢氟酸溶剂腐蚀 SiO_2。氢氟酸能在常温下与 SiO_2 快速反应，且不会对 Si 产生刻蚀效应，化学方程式为

$$SiO_2 + 6HF = H_2SiF_6 + 2H_2O$$

刻蚀温度一定时，刻蚀速度取决于刻蚀液的配比和 SiO_2 掺杂情况。掺磷浓度越高，刻蚀越快，掺硼则相反。SiO_2 刻蚀速度对温度最敏感，温度越高、刻蚀越快。为了获得稳定的刻蚀速度，SiO_2 的刻蚀液一般用氢氟酸、氟化铵（NH_4F）与纯水（去离子水）按一定比例配制。

（2）氮化硅（Si_3N_4）的湿法刻蚀。Si_3N_4 在集成电路工艺中主要是作为场氧化层在进行氧化生长时的掩蔽膜及器件完成主要制备流程后的保护层。可使用加热到 180℃的磷酸（H_3PO_4）溶液刻蚀 Si_3N_4，刻蚀速度与 Si_3N_4 的生长方式有关。由于高温 Si_3N_4 会造成光刻

胶的剥落，因此在进行有图形的 Si_3N_4 湿法刻蚀时，必须使用 SiO_2 作掩模。一般来说，Si_3N_4 的湿法刻蚀大多应用于整面的剥除。对于有图形 Si_3N_4 的刻蚀，则应采用干法刻蚀的方式。

2. 干法刻蚀

干法刻蚀是利用刻蚀气体中产生的等离子体，与暴露在等离子体中的硅片进行物理和化学反应，从而刻蚀掉硅片上暴露的外表材料的一种技术。该工艺技术的突出优点是各向异性，即横向刻蚀速度远远小于纵向刻蚀速度，即横向几乎不被刻蚀，因此可以获得非常准确的特征图形。超大规模集成电路的微细化加工工艺，要求能够严格地控制加工尺寸，在硅片上完成非常准确的图形转移。由于在图形转移上的突出表现，干法刻蚀已成为亚微米尺寸下器件刻蚀的主要工艺。在特征图形的制作上，干法刻蚀已取代了湿法刻蚀。

干法刻蚀的机制分为离子轰击与化学反应两个部分，根据刻蚀原理的不同，可分为物理性刻蚀、化学性刻蚀和物理化学性刻蚀，下面分别进行介绍。

1. 物理性刻蚀

刻蚀气体通常采用氩气（Ar），先利用辉光放电将氩气电离成带正电的氩离子（Ar^+），再通过偏压将氩离子加速，轰击在被刻蚀物的表面，从而使被刻蚀物的原子逸出，该过程完全是物理上的能量转移，故称为物理性刻蚀，又称为离子束刻蚀（Ion Beam Etching，IBE），如图 2.7 所示。物理性刻蚀具有非常好的方向性，可实现强各向异性刻蚀，边缘横向刻蚀现象极微，可获得接近垂直的刻蚀轮廓。但是，由于离子是全面、均匀地轰击在硅片上，光刻胶和被刻蚀材料同时被刻蚀，因此刻蚀选择比偏低。同时，被击出的物质并非挥发性物质，这些物质容易二次沉积在被刻蚀薄膜的表面及侧壁。

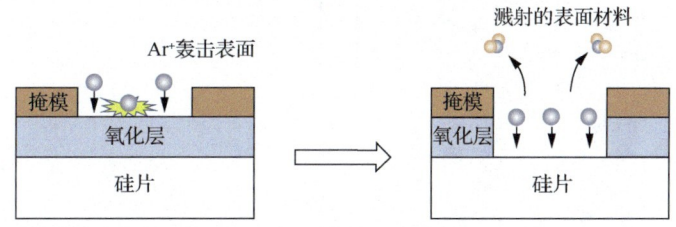

图 2.7　物理性刻蚀的原理

2. 化学性刻蚀

刻蚀气体通常采用氟系或氯系气体[如四氟化碳（CF_4）]，过程是利用等离子体将刻蚀气体电离并形成带电离子、分子及反应性很强的原子团，扩散至硅片表面后可快速与被刻蚀薄膜的表面原子反应，生成具有挥发性的反应产物。因这种刻蚀完全利用化学反应，故称为化学性刻蚀，又称等离子体刻蚀，如图 2.8 所示。该方法具有较高的光刻胶掩模和被刻蚀材料的选择比，但离子的能量很小、各向异性差、刻蚀速度慢。

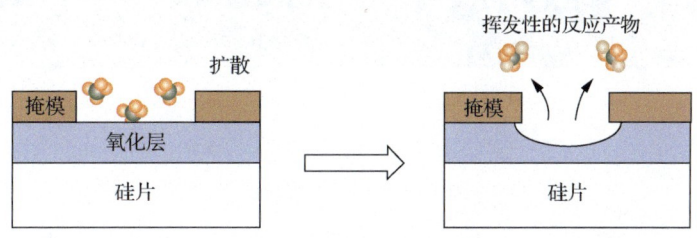

图 2.8　化学性刻蚀原理

3. 物理化学性刻蚀

物理化学性刻蚀结合了物理性的离子轰击与化学反应，又称反应离子刻蚀（Reactive Ion Etching，RIE）。该方法兼具优异的各向异性及较高的选择比，且刻蚀速度较快。

随着集成电路元器件尺寸的不断缩小，摩尔定律的极限越来越临近，应用高深宽比刻蚀工艺可以制备更加精细的微纳结构，可以在硅片的垂直方向上制造更多的空间，从而放置更多的电子元器件。然而，仅依靠等离子体环境下的各向异性刻蚀很难得到高质量的刻蚀形貌（尤其是沟槽结构），可能会导致侧壁不平滑、钻蚀等问题。高深比刻蚀（High Aspect Ratio Etching，HAR，又称深硅刻蚀）工艺可以在高深宽比刻蚀中得到较好的形貌效果，解决上述问题[7]。

截至本书成稿之时，应用最广泛、发展最成熟的深硅刻蚀工艺是由 Laemer 和 Schilp 发明，并由 Robert Bosch GmbH 在 1996 年申请专利的交替往复式工艺，称为 Bosch 工艺。该工艺在反应离子刻蚀工艺中加入了与之交替进行的沉积过程，能够保护侧壁不被刻蚀，在保持高刻蚀选择比的情况下获得了高深宽比。基于 Bosch 工艺的反应离子刻蚀工艺将整个刻蚀过程分解为碳氟聚合物沉积、钝化层刻蚀、硅刻蚀这 3 个独立的加工过程，并按顺序交替循环。其中，碳氟聚合物沉积过程经化学反应形成高分子钝化膜；在钝化层刻蚀过程中，等离子体对钝化膜进行轰击，属于物理刻蚀；在硅刻蚀过程中，自由基与硅发生反应，属于化学刻蚀。深硅刻蚀的原理如图 2.9 所示。采用反应离子刻蚀与 Bosch 工艺相结合的方法，得到的深槽形貌如图 2.10 所示[8]。

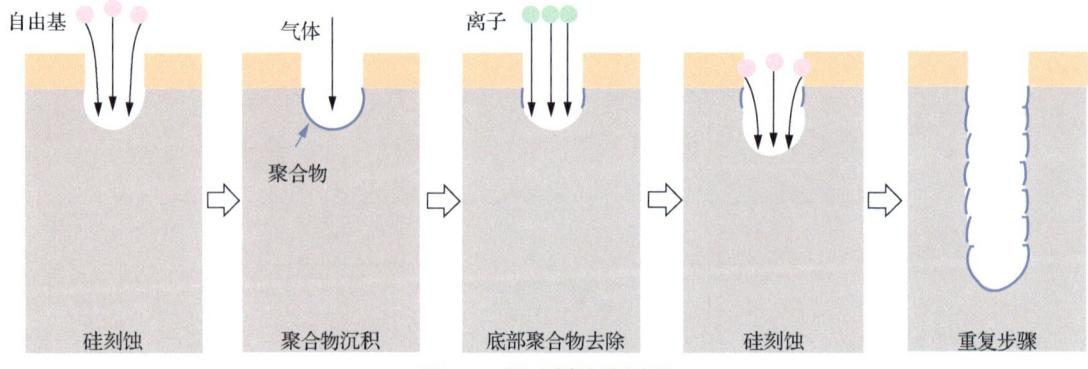

图 2.9　深硅刻蚀的原理

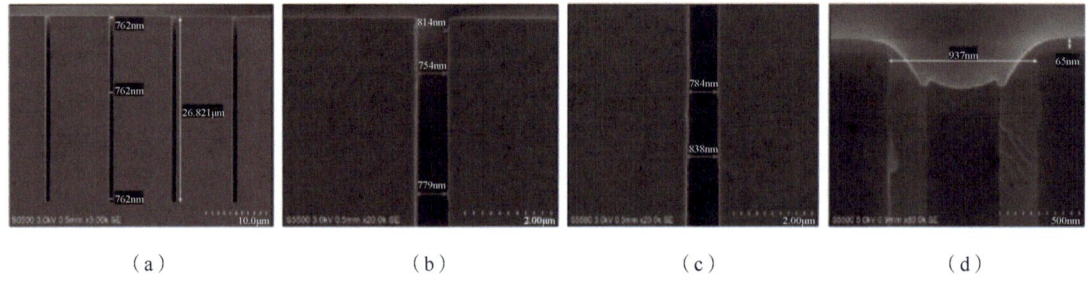

（a）　　　　　　　　（b）　　　　　　　　（c）　　　　　　　　（d）

图 2.10　反应离子刻蚀与 Bosch 工艺衔接刻蚀的深槽形貌（SEM 图像）
（a）整体形貌　（b）上部形貌　（c）衔接处形貌　（d）填充及回刻结果

为了改善刻蚀对深宽比的依赖性，一方面可延长硅刻蚀的刻蚀时间，增加反应气体，并为反应气体扩散和反应产物脱离提供更多时间；另一方面可通过提高钝化层刻蚀和硅刻蚀过程中的极板功率，提高等离子体的垂直角度和入射能量，加强等离子体垂直轰击能力，从而改善深沟槽底部的刻蚀情况。当开口尺寸随刻蚀深度的增加而增大时，表明当前侧壁钝化层厚度不足以保护横向不被刻蚀，因此需要增加碳氟聚合物沉积或者减小钝化层刻蚀。该工艺最大限度地减少了沉积和刻蚀之间由于延迟效应所带来的相互影响，确保了较高的刻蚀速度和选择比，同时减小了横向钻蚀和侧壁粗糙度，从而得到了高度垂直的侧壁[8]。

2.2.3 图形化工艺流程

图形化工艺的流程如图 2.11 所示。

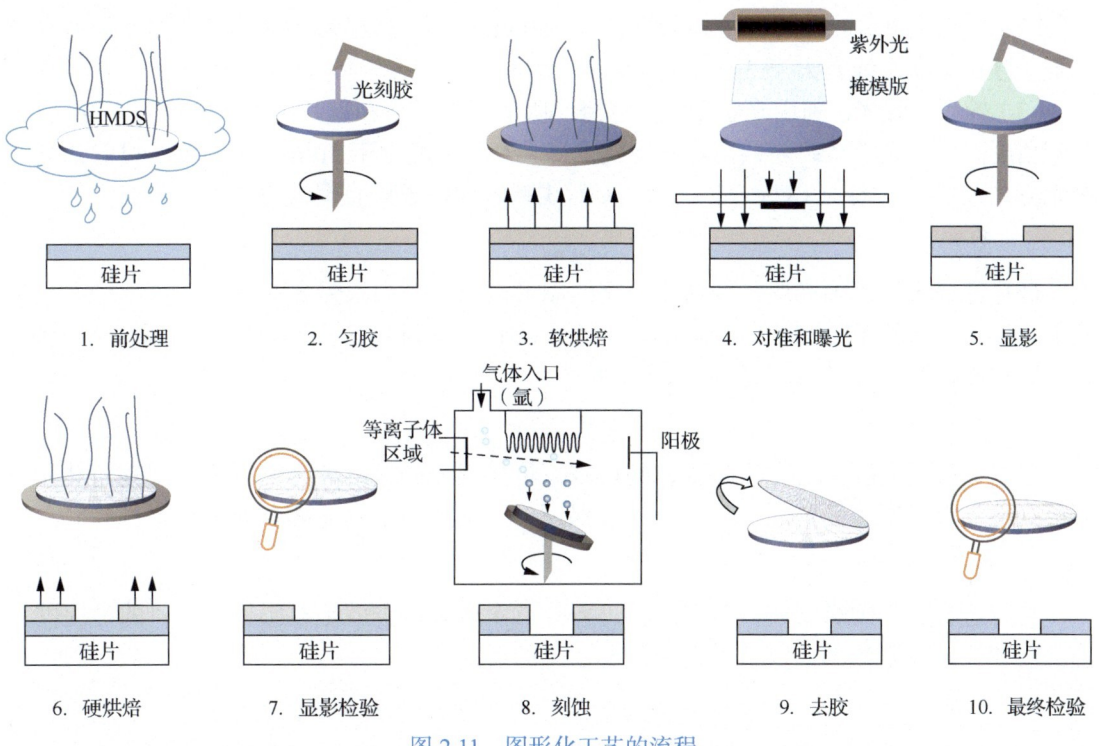

图 2.11 图形化工艺的流程

1. 前处理

为确保光刻胶和硅片表面良好的黏附性，必须对硅片表面进行前处理，包括以下 3 个阶段。

（1）微粒清除：通过清洗去除硅片表面吸附的颗粒状污染物。

（2）脱水烘焙：由于亲水表面与光刻胶的黏附性差，在 150~200℃ 的温度下对硅片进行烘烤以去除表面水分，增强光刻胶与硅片的黏附性。

（3）涂底胶：通常采用蒸气涂布的方式在硅片表面喷涂六甲基二硅烷（HMDS），HMDS 和硅片表面的—OH 发生反应，变亲水表面为疏水表面，提升光刻胶的黏附性。

2. 匀胶

光刻胶通常采用旋涂方式，在硅片表面得到一层厚度均匀的光刻胶膜。光刻胶膜的厚度为 0.5～1.5μm。影响胶厚的最主要因素为光刻胶的黏度及旋转速度。匀胶工艺需防止硅片外边缘部分的光刻胶堆起或降低堆起高度，这种堆起会在曝光和刻蚀过程中造成图形的变形。

3. 软烘焙

软烘焙是一种以蒸发掉光刻胶中一部分溶剂、消除胶膜的机械应力为目的的加热过程。

4. 对准和曝光

对准是将所需图形在硅片表面进行定位或对准，而曝光的目的是通过汞弧灯或其他辐射源将图形转移到光刻胶图层上。曝光方式有接触式、接近式和投影式。

（1）接触式曝光：硅片与掩模版紧密接触，光衍射效应小、分辨率高，但对准困难，易摩擦（使掩模版图形变形），掩模版寿命短且成品率低。

（2）接近式曝光：硅片与掩模版保持 5～50μm 间距，掩模版不易损坏，但光衍射效应严重、分辨率低，线宽大于 3μm。

（3）投影式曝光：利用光学系统，将掩模版的图形投影在硅片表面，掩模版不受损伤、套刻精度高，但光学系统复杂、对物镜成像要求高，一般用于 3μm 以下光刻。目前常见的曝光方式包括光学曝光（UV、DUV）、X 射线曝光和电子束直写式曝光。

5. 显影

硅片完成定位和曝光后，器件或电路的图形被以曝光和未曝光区域的形式记录在光刻胶上。通过对未聚合光刻胶的化学分解来使图形显影，即利用显影液溶解掉未聚合光刻胶，就可以把掩模版图形转移到光刻胶。

6. 硬烘焙

经过显影后的胶膜会变软膨胀，硬烘焙可将光刻胶通过溶液蒸发固化，使其与硅片表面更好地黏合，同时使其进一步聚合，以保证下一道刻蚀工序能够顺利进行。

7. 显影检验

在经过显影和硬烘焙后，对图形化过程的首次质量检查就是显影检验。目的是提供工艺性能和工艺控制数据，以及挑选出需要返工的硅片。

8. 刻蚀

通过刻蚀去除被光刻胶覆盖局部的薄膜，将光刻胶上的图形精确地转移到硅片表面。

9. 去胶

经过刻蚀之后，就不再需要作为刻蚀阻挡层的光刻胶层了，去胶就是从硅片表面去除光刻胶的步骤。

10. 最终检验

在基本的图形化工艺过程中，最终步骤是检验。硅片首先在白光或 UV 照射下接受表面自检，以检查污点和大的微粒污染。随后，通过显微镜检验或自动检验，检查缺陷、图形变形、线宽控制、对准情况等。

2.2.4 多重图形技术

生产效率和光刻分辨率是光刻技术的两个核心指标。生产效率决定光刻技术对集成电路工业的经济价值。光刻分辨率决定集成电路的集成度、速度、功耗等性能参数。为获得理想的分辨率、突破更小节点图形技术的瓶颈，多年来技术人员不断探索和开发波长更短的曝光光源及大数值孔径光学透镜。经过 30 多年的发展，光刻所采用的光波波长已经从近紫外（near Ultraviolet，near-UV）区进入 EUV 区，相应的最小图形分辨率也从 20 世纪 70 年代的几微米发展到现在的几纳米。

193nm 光刻波长已经达到了分辨率极限，不能再简单地通过降低曝光波长来获得曝光精度。更短波长的 EUV 光刻技术需要解决高昂的成本问题。数值孔径从传统光刻技术的 0.3 提升到浸入式光刻技术的 1.35 后，很难再有突破。电子束直写技术和纳米压印光刻技术都面临低效的生产率问题。

1997 年，Steven J. B.等人首先提出双重图形技术（Double Patterning Technology，DPT），通过拆分版图进行两次曝光，有效降低了制作小尺寸图形的难度，获得工艺界的广泛认同。

为降低对光刻波长的依赖性，双重图形技术成为 EUV 光刻技术成熟之前的过渡技术。即便 EUV 光刻技术投入商用，未来仍可以通过结合双重图形技术、多重图形技术实现更小的工艺节点。

多重图形技术的原理：将一个密度较大的掩模版图形（简称版图）按一定规律拆分为两个或多个密度较小的版图，使拆分后的每个版图都满足光刻可分辨（在每一层中都不出现最小间距），以保证芯片制造能够顺利进行。其中，间距指两个相邻对象之间的最小距离。

图形拆分过程可以视为有条件的间距问题，需在设计规则基础上定义一些拆分规则，如最小允许周期、最小允许线间距、最小允许拐角至拐角距离等。违反拆分规则的位置被称为冲突，拆分过程就是消除冲突的过程。拆分模式可分为两类：一种模式允许引入切割解决冲突，称为缝合；另一种模式不允许引入切割，只能自然分解或重新设计版图，称为非缝合。对于一些复杂图形，往往需要引入切割才能满足拆分规则的要求。

多重图形技术包括光刻-刻蚀-光刻-刻蚀（Litho-Etch- Litho-Etch，LELE）工艺、光刻-冻结-光刻-刻蚀（Litho-Freeze-Litho-Etch，LFLE）工艺、自对准双重图形成像（Self-Aligned Double Patterning，SADP）工艺，以及自对准四重图形成像（Self-Aligned Quadruple Patterning，SAQP）工艺。

1. LELE 工艺

首次光刻上胶之前，将硅片表面氧化两次以产生两种不同材料的氧化层。在第一次曝光后，先刻蚀掉氧化层 1 并除去剩余的光刻胶，再进行第二次涂胶、曝光、刻蚀。LELE 工艺的流程如图 2.12 所示。

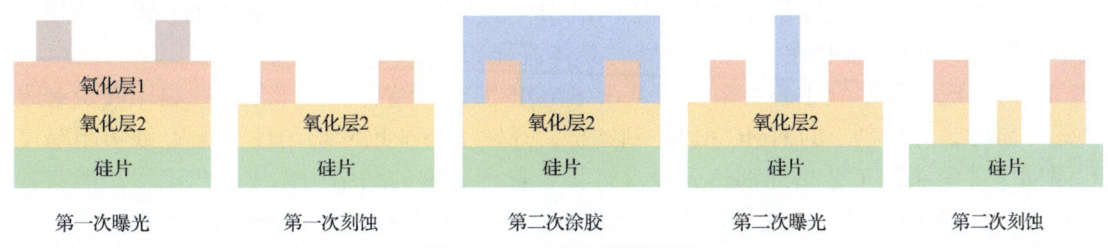

图 2.12 LELE 工艺的流程

LELE 工艺可以解决套刻精度问题，但耗费时间，且实现多重图形的成本会随增加的光刻-刻蚀循环步骤倍增，难以成为工业生产的主流。

2. LFLE 工艺

在首次曝光之后，需要进行冷冻处理，待留下的光刻胶表层形成保护膜，再继续下一次涂胶与曝光。LFLE 工艺减轻了第二次曝光对第一次曝光的影响，流程如图 2.13 所示。

图 2.13　LFLE 工艺的流程

LFLE 工艺较 LELE 工艺节省了一道刻蚀工序，但由于最终的刻蚀需要刻蚀两次光刻剩余的光刻胶，因此对刻蚀的要求较高。

3. SADP 工艺

SADP 工艺主要是通过生长侧壁产生双重图形。由于侧壁存在于第一次显影所留下的光刻胶外，因此它们与第一次生成的结果自动对齐。首次曝光和显影后，对第一层氧化保护膜进行刻蚀，通过沉积形成侧壁。在除去剩余的氧化层（氧化层 1）后，对氧化层 2 进行刻蚀并在硅片上获得图形。SADP 工艺的流程如图 2.14 所示。

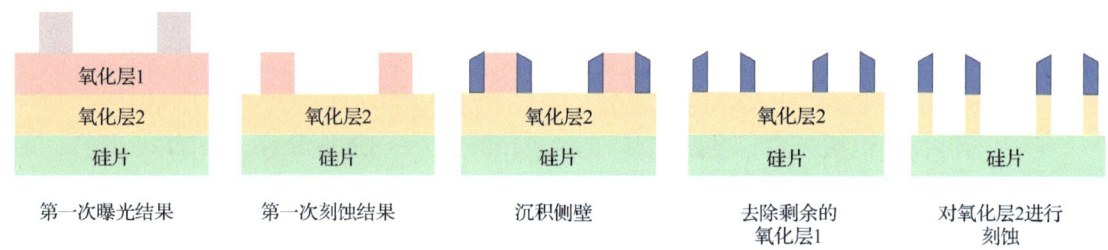

图 2.14　SADP 工艺流程

与其他工艺相比，SADP 工艺就降低重叠误差角度而言具有显著优势。

4. SAQP 工艺

SAQP 工艺与 SADP 工艺相似，相当于连续使用两次 SADP 工艺，且较 SADP 工艺在成本上增加不多。由于具有自对准特性，SAQP 工艺可以通过结合工业界的自动工艺控制技术来获得较好的套刻精度，更受青睐，具体流程如图 2.15 所示。

上海集成电路研发中心有限公司基于 SAQP 工艺，结合北方华创科技集团股份有限公司（简称北方华创）的 NMC 612D 刻蚀机，开发了特征尺寸均匀性、线宽/线边粗糙度和周期漂移等关键工艺指标都达到要求且符合量产要求的鳍结构集成工艺流程，能有效解决 193nm 浸没式光刻机受到的限制，可以通过两侧侧壁图形化使鳍的密度提升 4 倍。SAQP 工艺需要通过刻蚀实现多次图形转移，对刻蚀工艺要求很高，采用国产鳍刻蚀设备可优化关键刻蚀工艺参数。工艺流程中芯轴 1 的形貌、芯轴 2 的形貌、鳍的形貌和具有 24nm 周期的鳍的周期漂移结果如图 2.16 所示[9]。

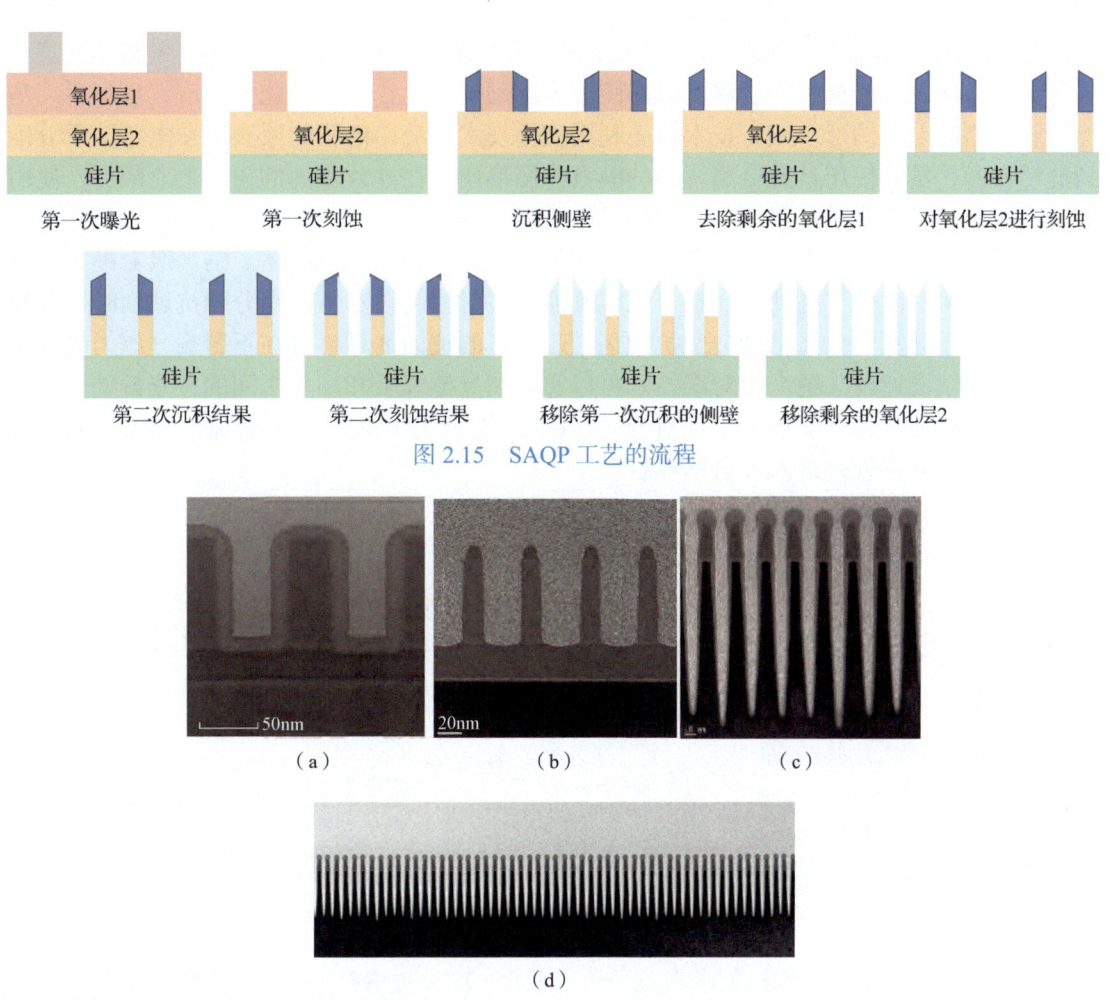

图 2.15 SAQP 工艺的流程

图 2.16 鳍结构的形貌（电镜图）

(a) 芯轴 1 的形貌　(b) 芯轴 2 的形貌　(c) 鳍的形貌　(d) 鳍的周期漂移结果

2.2.5　新型图形化技术：纳米压印光刻

纳米压印光刻（Nanoimprint Lithography，NIL）技术是美国普林斯顿大学华裔科学家周郁在 1995 年首先提出的。这项技术具有生产效率高、成本低、工艺过程简单等优点，已被证实是纳米尺寸大面积结构复制方面最有前途的下一代光刻技术之一。截至本书成稿之时，该技术能实现分辨率为 5nm 以下的光刻。NIL 技术主要包括热压印、紫外压印及微接触印刷，是加工聚合物结构最常用的方法。它先采用高分辨率电子束等方法将结构复杂的纳米结构图形制在印章上，然后用预先图形化的印章使聚合物材料变形，从而在聚合物上形成结构图形。

NIL 技术应用举例：佳能研发的 NIL 技术是以机械复制品为基础，将印刷技术和微电子制造技术结合，采用电子束刻蚀技术，避免了光的衍射。它可以解决光学衍射带来的分辨率限制，使电子线路宽度更小。理论上，它的分辨率要高于 EUV 光刻机。

由于 NIL 技术的电路图形是直接转移形成的，因此需要纳米级控制技术来精确定位掩模版和硅片，消除颗粒污染物和其他操作。

佳能 NIL 技术的工作原理如图 2.17 所示。传统光刻技术首先将用于曝光的树脂涂覆到硅片表面，然后将掩模版上绘制的电路图形投影到硅片上，并发生化学反应。显影后，消除树脂，创建电路图形。NIL 技术首先利用喷墨技术将液体树脂的液滴根据电路图形分配到硅片表面，然后使用具有电路图形的模具将图形压印在硅片表面的树脂上。最后，使用紫外光固化树脂并形成电路图形，将模具从树脂上移除[10]。

为了更好地实现 NIL 技术，佳能研发了压印抗蚀剂喷射控制技术、纳米级对准技术和颗粒控制技术，改善了抗蚀剂材料。压印抗蚀剂喷射控制技术可以在分配抗蚀剂时计算最佳分布并根据计算的分布精确分配抗蚀剂。改善后的抗蚀剂材料可在不影响分离力的情况下显著提高填充速度。纳米级对准技术可以实时测量掩模版和硅片之间的位置偏差，通过使用激光照射使硅片热变形来实现对准。颗粒控制技术可以使空气平稳流入 NIL 设备，并采用颗粒消除装置处理进入设备的颗粒。

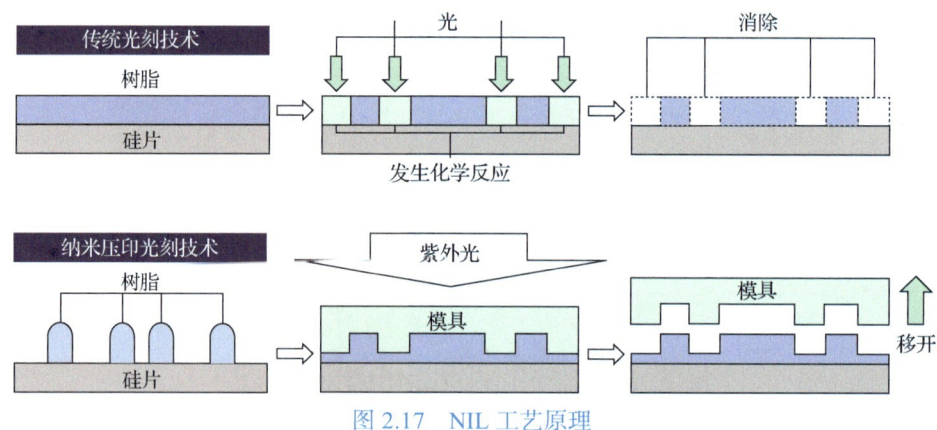

图 2.17　NIL 工艺原理

NIL 设备是 EUV 光刻机的潜在竞争者。截至本书成稿之时，NIL 已经可以实现大面积量产，而大日本印刷株式会社（DNP）展示了一幅电子显微镜照片，显示 NIL 技术已经可以达到 14nm 的线宽分辨率，相当于具备 5nm 芯片制程的能力。图 2.18 所示为微型模压单元。

此外，佳能通过 NIL 技术成功地将半导体制造中曝光工艺的功耗抑制在传统方法的 1/10 左右 [见图 2.19（a）]，因此，这项技术能够通过包括

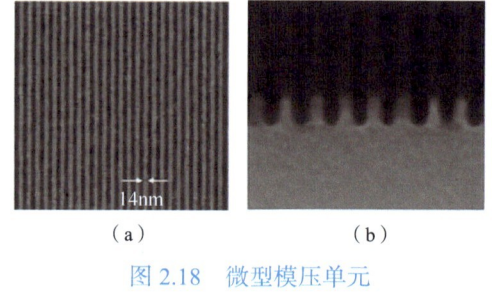

图 2.18　微型模压单元
（a）上面画像　（b）断面画像

降低成本在内的方法，为半导体制造商实现碳中和做出重大贡献。目前，根据 DNP 披露的情况，NIL 设备的大规模生产已经达到可用水平。根据 DNP 披露的成本数据，NIL 设备的成本仅相当于浸没式 DUV 光刻机的 60%，相当于 EUV 光刻机的 77%[见图 2.19（b）]。同时，NIL 技术已经展示出在高精度半导体图形成形上匹敌 EUV 光刻机的能力。佳能在 2022 年 10 月 6 日宣布，将在宇都宫大学建设半导体光刻设备的新工厂，预计 2025 年上半年建成，预计在 2025 年上半年建成。该工厂将生产用于半导体光刻的 NIL 设备。不出意外的话，佳能会在不久的将来完成一个看似不可能的任务——用 NIL 设备取代 EUV 光刻机![11]

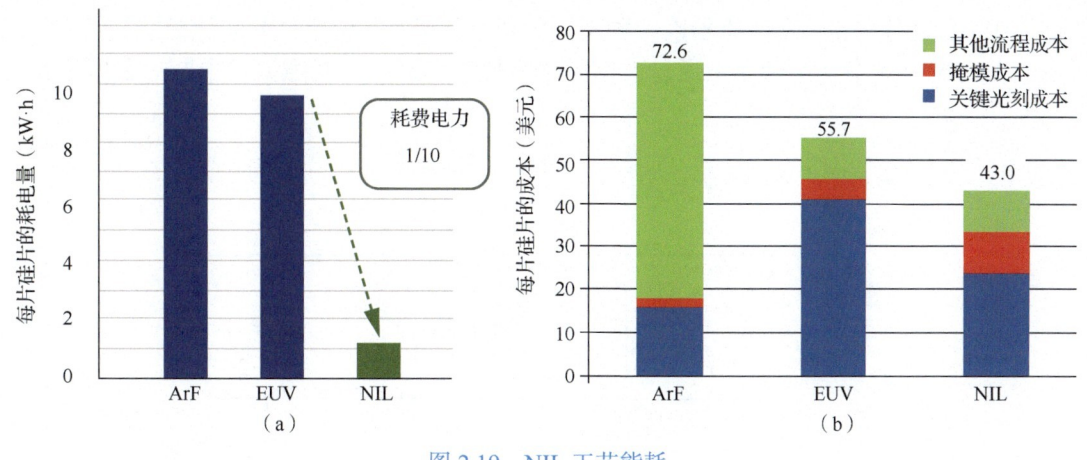

图 2.19　NIL 工艺能耗
（a）曝光工艺功耗　（b）制造设备时的成本比较

2.3　掺杂工艺

在集成电路的制造过程中，掺杂是在硅片规定的区域内引入所需杂质（如磷、硼等），并达到数量可控、分布符合要求的目的，以实现半导体电学特性的改变。本节主要介绍半导体掺杂的基础知识，并介绍两种常用的芯片制造掺杂技术，分别是热扩散掺杂和离子注入掺杂。

2.3.1　掺杂原理

硅片本身的载流子浓度很低，想要导电就需要有空穴或电子，因此需要引入其他Ⅲ-Ⅴ族元素，诱导出更多空穴和电子，形成 P 型或者 N 型半导体。掺杂的杂质不同于沾污的杂质，常见的杂质包括硼、磷、砷、锑等。在制造所有半导体器件时都必须采用掺杂工艺，通过掺杂可以在硅衬底上形成不同类型的半导体区域，构成各种器件结构，如 MOSFET 的源、漏区等。在芯片的集成制造中，主要的掺杂方法为热扩散掺杂和离子注入掺杂[11]。

2.3.2　热扩散掺杂

热扩散掺杂是指利用分子在高温下的扩散运动，使掺杂原子从浓度高的杂质源向体硅中扩散，从而形成一定的分布。扩散发生的必要条件包括：一种材料的浓度必须高于另一种材料的浓度；系统内部有足够的能量使高浓度的材料进入或通过另一种材料。也就是说，当掺杂的硅片暴露接触面的杂质原子浓度比硅片内更高时，就会发生扩散现象，称为固态扩散。

热扩散掺杂工艺通常分两个步骤进行：预淀积和再分布。

1. 预淀积

预淀积是指在高温下，利用杂质源对硅片上的掺杂窗口进行扩散，在窗口处形成一层较薄但具有较高浓度的杂质层。该步骤在炉管中进行，硅片位于炉管的恒温区。掺杂源位于杂质源箱中，以所需的浓度送到炉管，如图 2.20 所示。在炉管中，杂质原子扩散到裸露的硅片中。在硅片内部，掺杂原子以两种不同的机制运动：空位模式和间隙模式，如图2.21所示。在空位模式中，掺杂原子通过占据晶格空位来运动。在间隙模式中，掺杂原子在晶格间运动。

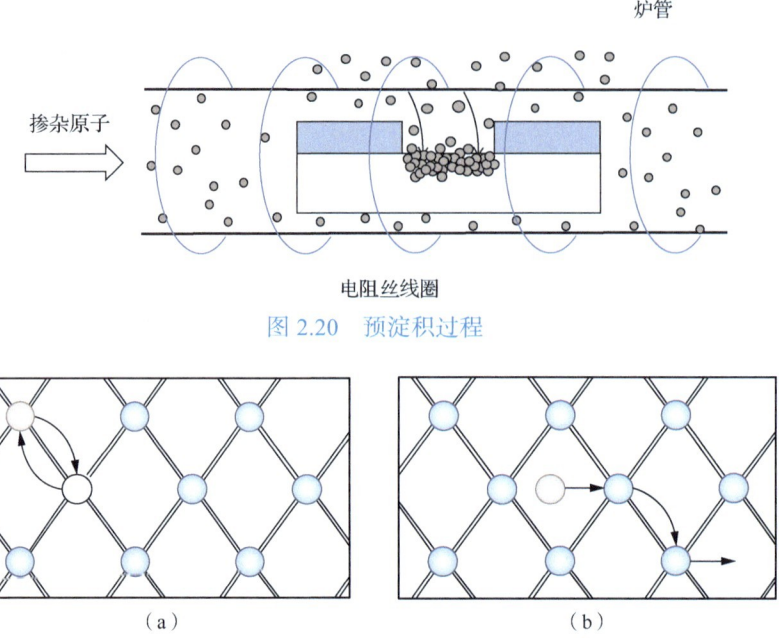

图 2.20　预淀积过程

图 2.21　扩散模式
（a）空位模式　（b）间隙模式

预淀积工艺受特定杂质的扩散率和杂质在硅片材料中的最大固溶度影响。扩散率越高，杂质在硅片材料中的运动速度越快。最大固溶度是特定杂质在硅片材料中所能达到的最大浓度，因此为了保证硅片的最大掺杂量，在预淀积步骤中，会将杂质浓度设置为比硅片材料的最大固溶度更高的水平。

2. 再分布

再分布是将预淀积形成的表面杂质层作为杂质源，在高温下将这层杂质向硅片内扩散，从而限制表面源的扩散，通常再分布的时间较长。通过再分布，可在硅衬底上形成一定的杂质分布和结深，同时在暴露的硅片表面再生长新的氧化层，如图2.22所示。

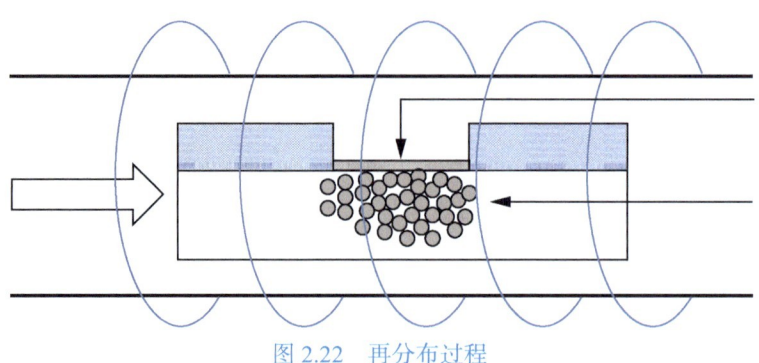

图 2.22　再分布过程

热扩散掺杂的局限性包括：表面浓度与扩散深度相关；通常只能获得高斯分布或余误差分布；难以精确控制杂质的浓度和位置。器件尺寸的不断缩小要求对杂质浓度进行精确控制，需要应用新的掺杂工艺替代热扩散掺杂。

2.3.3 离子注入掺杂

离子注入掺杂是一种物理过程，在掺杂窗口处，掺杂离子被注入体硅中，而其他不需要掺杂的区域，掺杂离子被硅表面的保护层屏蔽，从而完成选择性掺杂，如图 2.23 所示。由于离子进入硅晶体后，会带来很大范围的晶格破坏，因此要使这些晶格破坏得以恢复，必须在离子注入后进行退火处理。

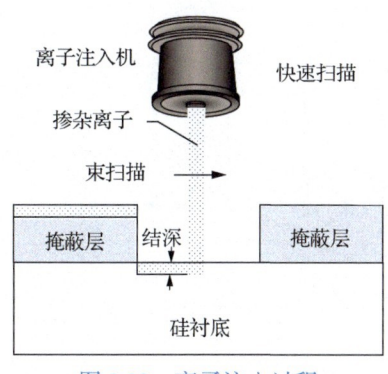

图 2.23　离子注入过程

1. 离子注入的优势

超大规模集成电路的发展要求特征图形的尺寸更小，电路器件之间的距离更近。在这样的趋势下，热扩散掺杂工艺已经开始制约先进电路的生产。在热扩散掺杂的预淀积和再分布过程中，会发生横向扩散，导致各区间接触短路。热扩散的高温还会导致晶体损伤，进而引发器件失效。离子注入掺杂不仅克服了热扩散掺杂的限制，还提供了以下额外优势。

（1）掺杂离子更加纯净。离子注入掺杂是在真空系统中进行的，同时使用高分辨率的质量分析器，能够保证掺杂离子具有极高的纯度。

（2）掺杂离子浓度不受固溶度的限制。原则上，任何元素都可成为掺杂元素，并可以达到常规方法无法达到的掺杂浓度。对于那些常规方法不能掺杂的元素，离子注入掺杂技术也并不难实现掺杂。

（3）注入掺杂离子的浓度和深度分布精确、可控。离子注入掺杂工艺中，注入的离子数决定于积累的束流，深度分布则由加速电压控制，这两个参数可以由外界系统精确测量、严格控制。

（4）注入掺杂离子时，衬底温度可自由选择。离子注入掺杂工艺中，根据需要既可以在高温下掺杂，也可以在室温或低温条件下掺杂。

（5）可实现大面积均匀注入。离子注入系统中的束流扫描装置可以保证在很大的面积上具有很高的掺杂均匀性。

（6）离子注入掺杂的深度小，一般在 1μm 以内。

此外，高精度、高均匀性的离子注入掺杂技术，可使集成电路的良率得到大幅提升。离子注入掺杂工艺已成为半导体器件和集成电路生产的关键工艺之一，理论和工艺都日趋完善。离子注入机已被广泛装备在制造半导体器件和集成电路的生产线上。

2. 晶体损伤

在进行离子注入掺杂时，硅片的晶体结构会因射入离子的碰撞而受损，包括晶格损伤、损伤群簇和空位-间隙。晶格损伤发生在入射离子与本物质原子发生碰撞并取代原物质原子的晶格位置时。损伤群簇发生在被替位的本物质原子继续替代其他本物质原子的位置，从而产生成簇的被替代的原子时。空位-间隙是离子注入产生的常见缺陷，当本物质原子被入射离子撞击出本来位置，停留在非晶格位置时，将产生这种缺陷，如图2.24所示。

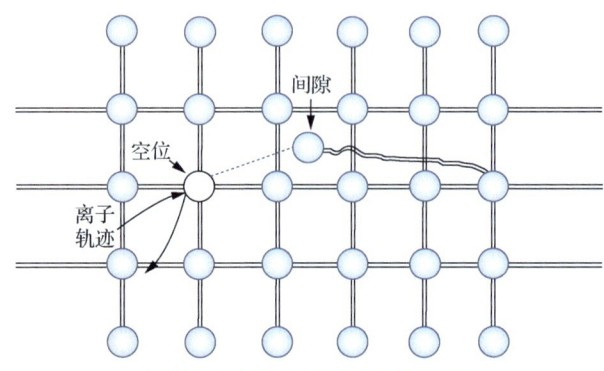

图 2.24 空位-间隙损伤的机理

3. 退火

退火可以加热被掺杂的硅片，修复晶格缺陷，也可以像图2.25所示的那样，使掺杂原子移动到晶格上激活。硅片退火的基本方法有两种，即高温炉退火和快速热退火。高温炉退火是用高温炉把硅片加热至 800~1000℃，并保持 30min。该方法会导致杂质的扩散。快速热退火具有升温极快、持续时间短的优点，可以更好地实现晶格缺陷的修复，使杂质激活，同时使杂质扩散最小[12]。

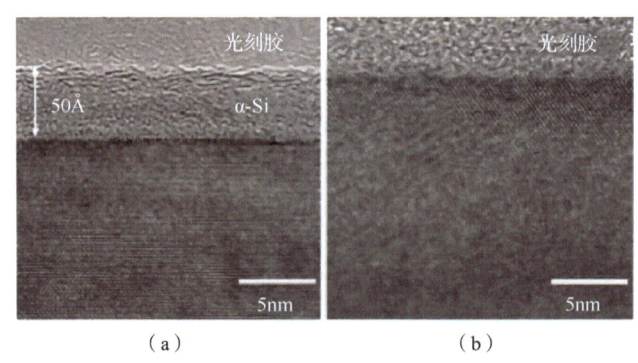

图 2.25 离子注入后及退火后的硅片形貌
（a）离子注入后的硅片形貌　（b）退火后的硅片形貌

4. 离子注入的应用

（1）倒掺杂阱。MOS 器件的一个重要设计选择是倒掺杂阱，它的注入杂质浓度峰值在硅片表面下一定深度处，如图 2.26 所示。倒掺杂阱的另一种形式是垂直调节阱。高能离子注入使倒掺杂阱中较深处的杂质浓度较大，从而改进了晶体管抵抗闩锁效应和穿通的能力。

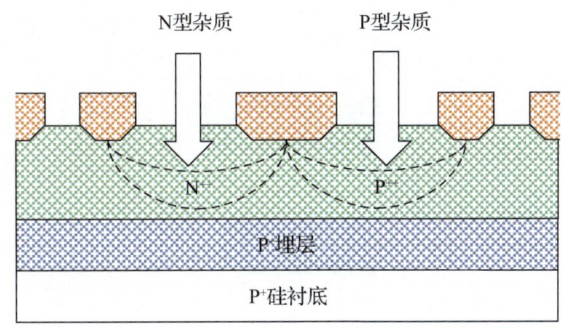

图 2.26 倒掺杂阱

（2）超浅结。随着集成电路运行速度和封装密度不断提高，MOS 器件的沟道长度需要等比例地减小。为保持器件的电学性能，关键的器件要素必须随之缩小。超浅结的形成可使源漏区结深与沟道长度相应缩小，并可用大束流低能注入实现横向杂质剖面的准确控制。

（3）绝缘体上硅（Silicon On Insulator，SOI）。SOI 是一种重要的纵向隔离方式，在绝缘层上进行隔离。硅片表面的器件被 SOI 中的绝缘层有效隔离。SOI 具有许多优点，包括完全消除闩锁效应、减少热载流子和减少寄生电容等。注氧隔离（Separation by Implanted Oxygen，SIMOX）技术是一种 SOI 技术。采用 SIMOX 技术时，会有一层水平的氧化层（称为埋氧化层）埋在硅片中。首先，注入高浓度的氧原子。随后，通过高温退火使氧与硅发生反应，在硅片表面下形成连续的 SiO_2 层，这就是埋氧化层。CMOS 硅片结构对比如图 2.27 所示。

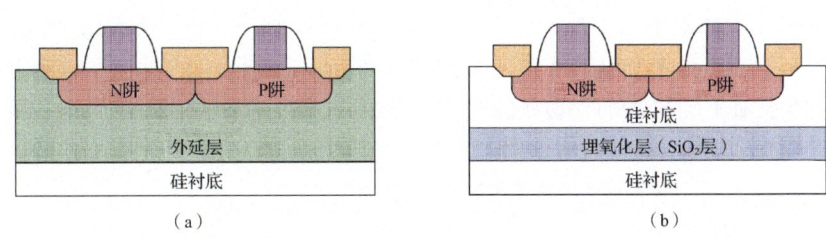

图 2.27 CMOS 硅片结构对比
(a) 普通的 CMOS 硅片结构 (b) 具有 SIMOX 埋氧化层的 CMOS 硅片

2.4 薄膜沉积工艺

在芯片制造过程中，要运用各种类型的薄膜来达到特定的作用，半导体器件实际是由图形化的薄膜组成。集成电路薄膜沉积工艺可以按照反应方式分为化学气相沉积（Chemical Vapor Deposition，CVD）、物理气相沉积（Physical Vapor Deposition，PVD）、原子层沉积（Atomic Layer Deposition，ALD）及其他薄膜沉积工艺，如图 2.28 所示。

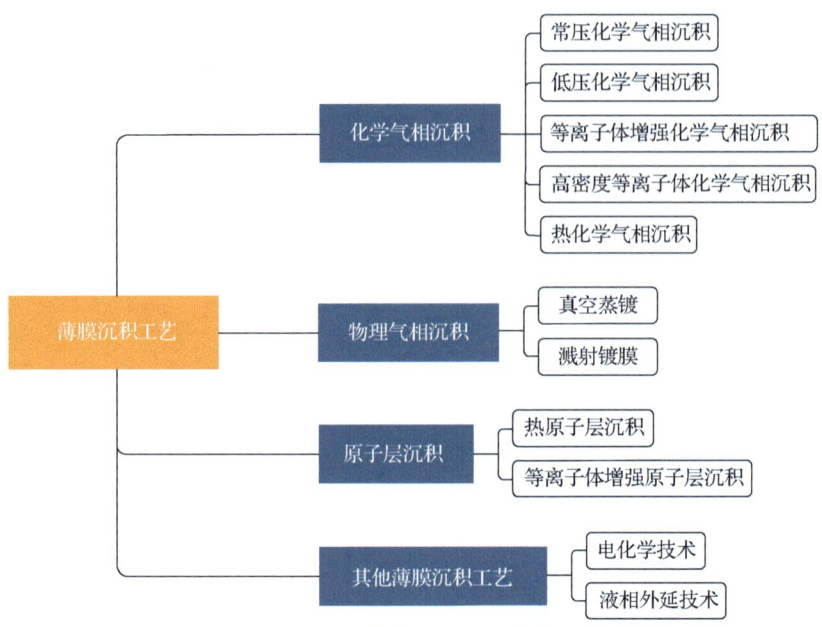

图 2.28 薄膜沉积工艺分类

2.4.1 CVD

CVD 是近几十年发展起来的主要应用于无机新材料制备的一种技术。CVD 是一种以气体为反应物（前驱体），通过气相化学反应在硅片表面生成固态物质沉积的技术。它可以利用气相间的反应，在不改变衬底材料成分和不削弱衬底材料强度的条件下，赋予材料表面一些特殊的性能[13]。

1. CVD 的原理

CVD 是把含有构成薄膜元素的气态反应剂或液态反应剂的蒸气及反应所需其他气体引入反应室，在硅片表面发生化学反应，并把固体产物沉积到该表面，从而生成薄膜的过程。

采用 CVD 工艺制备薄膜包括 4 个主要阶段，如图 2.29 所示。①反应气体向硅片表面扩散；②反应气体吸附于硅片表面；③在硅片表面发生化学反应；④气态副产物脱离硅片表面。

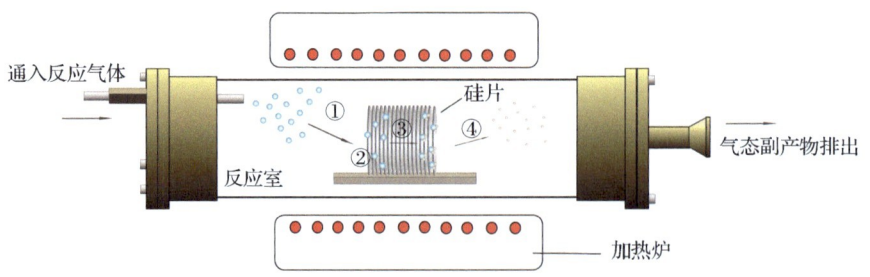

图 2.29 CVD 工艺制备薄膜的过程示意

在 CVD 工艺过程中运用适宜的反应方式，并选择相应的温度、气体组成、浓度、压力等参数，就能得到具有特定性质的薄膜。薄膜的组成、结构与性能还会受到 CVD 工艺过程中输送性质（包括热、质量及动量输送）、气流性质（包括运动速度、压力分布、气体加热等）、衬底种类、表面状态、温度分布状态等因素的影响。

2. CVD 的特点

①在室温或高温下，通过气态的初始化合物之间的气相化学反应形成固体物质，并将其沉积在硅片表面。②可以在常压或真空条件下进行薄膜沉积，通常真空沉积膜层质量较好。③采用等离子和激光辅助技术可以显著地促进化学反应，使沉积可在较低的温度下进行。④薄膜的化学成分可以随气相组成的改变而变化，从而获得梯度沉积物或混合镀层。⑤可以控制薄膜的密度和纯度。⑥通过各种反应，可以形成多种金属、合金、陶瓷和化合物涂层。

3. CVD 的类型

下面根据 CVD 的研发历程，分别介绍几种 CVD 技术及设备。

（1）常压化学气相沉积（Atmospheric Pressure CVD，APCVD）。APCVD 是指在一个标准大气压下进行化学气相沉积的方法，这是化学气相沉积最初所采用的方法。APCVD 的优点是具有高沉积速度，而连续式生产更是具有相当高的产出数。其他优点有良好的薄膜均匀度，并且可以沉积直径较大的芯片。APCVD 的缺点与限制则是需要快速的气流。通常在集成电路制程中，APCVD 只适用于成长钝化层。此外，粉尘也会卡在沉积室壁上，因此需要经常清洗沉积室。

（2）低压化学气相沉积（Low Pressure CVD，LPCVD）。LPCVD 是在反应器中将反应气体沉积时的操作压力降至 133Pa 以下的一种方法。LPCVD 采用的低压高热环境提高了反应室内气体的扩散系数和平均自由程，使薄膜均匀性、电阻率均匀性、沟槽覆盖填充量等都有了很大的提高。此外，气体物质在低压环境中传输速度较快，可以通过边界层迅速将衬底扩散的杂质和反应副产物带出反应区，反应气体则可通过边界层迅速到达衬底表面进行反应，因此可以在提高生产效率的同时有效抑制自掺杂。LPCVD 广泛用于二氧化硅、低应力氮化硅、多晶硅、磷硅玻璃、硼磷硅玻璃、掺杂多晶硅、石墨烯、碳纳米管等多种薄膜的沉积。

（3）等离子体增强化学气相沉积（Plasma Enhanced CVD，PECVD）。PECVD 是借助微波或射频等使含有薄膜成分原子的气体电离，在局部形成等离子体，而等离子体化学活性很强，很容易发生反应，在硅片表面沉积出所期望的薄膜。利用等离子体的活性来促进反应，这样在温度较低的情况下就会发生化学反应。PECVD 的主要优点是沉积温度低，对晶体结构和物理性质的影响小；膜的厚度及成分均匀性好；膜组织致密、针孔少；膜层的附着力强；应用范围广，可制备各种金属膜、无机膜和有机膜。

（4）高密度等离子体化学气相沉积（High-Density Plasma Chemical Vapor Deposition，HDPCVD）。HDP CVD 能够在沉积温度较低的情况下产生比传统 PECVD 更高的等离子密度和质量。此外，HDPCVD 提供了近乎独立的离子通量和能量控制，以提高沟槽或孔洞的填充能力。HDPCVD 设备还有一个显著的优势：可以转化为等离子刻蚀用的 ICP-RIE 设备。在预算或系统占用空间受限的情况下，这样做的好处是显而易见的。大多数芯片厂商在 HDPCVD 制程出来之前，通常采用 PECVD 填充绝缘介质。这种工艺在 0.8μm 以上的区间填充效果很好，但在 0.8μm 以下的区间中做高深宽比填充时，会产生一个夹缝，一步一个空。HDPCVD 的诞生，源自探索在同一反应室内同步进行沉积和刻蚀工艺，以同时满足高深宽比间隙填充和控制成本的过程。

（5）热化学气相沉积（Temperature CVD，TCVD）。TCVD 是在高温条件下，通过激活化学反应，使气相生长的一种方法。广泛应用的金属有机化学气相沉积、氯化物化学气相沉积、氢化物化学气相沉积等，均属于 TCVD 的范围。TCVD 按化学反应的形式可分为以下三大类。

化学输运法：含有构成薄膜元素的物质在源区与另一种固体或液态物质反应并生成气体，再经相反的热反应生成所需材料，并在一定温度下输运至生长区。在输运过程中，正向反应为热反应；在晶体生长过程中，反向反应为热反应。

热解法：通过生长温度为 1000～1050℃ 的热分解反应，将含有构成薄膜元素的某种易挥发物质输运至生长区，从而生成所需物质。

合成反应法：生长区的几种气态物质对生长物质进行反应的过程。

在上述 3 种方法中，块状晶体的生长一般采用化学输运法，热分解法通常用于薄膜材料的生长，合成反应法则在上述两种情况中均适用。TCVD 应用于各种半导体材料，如 Si、GaAs、Inp、各种氧化物等。TCVD 的应用有合成金刚石薄膜等。

2.4.2 PVD

PVD 是指在真空条件下，采用物理方法，将源材料表面气化成气态原子、分子或部分电离为离子，并通过等离子体在硅片表面沉积具有某种特殊功能的薄膜的技术。PVD 的 3 个关键步骤：①气相物质的产生，即从源材料发射粒子（气相原子、分子、离子）；②气相物质的输运，即激发粒子输运到硅片；③气相物质的沉积，即气相离子在硅片表面成膜。

PVD 的方法主要有真空蒸镀和溅射镀膜。

1. 真空蒸镀

真空蒸镀的基本原理是在真空条件下，先使金属、金属合金或化合物蒸发，然后沉积在硅片表面。其中，蒸发是通过电阻加热、高频感应加热，或用高能电子束、激光束、离子束轰击的方式，使靶材（又称镀料）转换为气相。真空蒸镀是 PVD 中使用最早的技术，如图 2.30 所示。

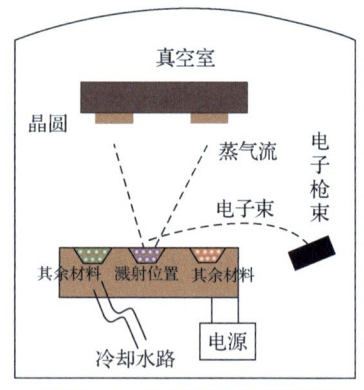

图 2.30 真空蒸镀工艺示意

真空蒸镀的基本工艺过程如下。

（1）前处理：包括硅片表面的清洁和预处理两个环节。具体的清洁方法有清洗剂清洗、化学溶剂清洗、超声波清洗、离子轰击清洗等。除静电、涂底漆等都是具体的预处理。

（2）装炉：包括真空室清洗和镀件挂件清洗，以及硅片卡扣安装、蒸发源调试工作。

（3）抽真空：一般先将真空泵粗抽至 6.6Pa 以下，较早开启扩散泵，待弥散泵受热后即可。高阀充分预热后打开，采用扩散式抽放，使之在底部达到 6×10^{-3}Pa 的真空状态。

（4）烘烤：将硅片表面烘烤至所需温度。

（5）离子轰击：真空度一般为 $10\sim10^{-1}$Pa，离子轰击电压为 200V～1kV 负高压。

（6）预熔：调节电流，除去镀料中的气体，使镀料预熔。

（7）蒸发沉积：按要求调节蒸发电流，直至所需沉积过程结束。

（8）降温：在真空室内将硅片降温至一定温度。

（9）出炉：取件后，关闭真空室，抽真空至 1×10^{-1}Pa，并将扩散泵降温至允许温度，才可关闭维持泵和冷却水路。

（10）后处理：涂面漆等。

2. 溅射镀膜

用动能为几十电子伏以上的粒子或粒子束轰击固体表面，靠近表面的一部分原子因吸收入射粒子的能量而脱离靶材、进入真空环境的现象，称为溅射。溅射镀膜是利用溅射现象，使脱离靶材的粒子落在硅片表面，从而形成薄膜的沉积技术。溅射过程主要包括：溅射出靶材原子，产生二次电子，溅射清洗，离子被电子中和并以原子的形式从阴极表面反射，离开阴极表面。被溅射出阴极表面的靶材原子的主要状态包括：被散射回阴极；被电子或亚稳原子碰撞电离，以中性原子的形式沉积到硅片表面，即溅射镀膜过程。溅射镀膜过程为物理过程，使用的工艺气体主要为氩气等惰性气体（又称稀有气体）。使用惰性气体可以避免工艺气体与目标产物发生反应。

溅射镀膜的基本原理：在充氩气（Ar）的真空条件下，使氩气进行辉光放电，这时氩原子被电离成氩离子（Ar^+），氩离子在电场力的作用下，加速轰击以镀料制作的阴极靶材，靶材会被溅射出来而沉积到硅片表面。溅射镀膜可分为直流溅射、射频溅射和磁控溅射。如果采用直流辉光放电，就是直流溅射；如果采用射频辉光放电，就是射频溅射；如果采用磁控辉光放电，就是磁控溅射。

由于薄膜性能要求不断提高，溅射镀膜也在不断改进或迭代。目前，应用最广泛的是磁控溅射，（见图 2.31），正逐渐成为集成电路金属膜生成的主流方法。磁控溅射过程是入射粒子和靶材原子的碰撞过程。入射粒子在靶中经历复杂的散射过程，和靶材原子碰撞，把部分动量传给靶材原子，此靶材原子又和其他靶材原子碰撞，形成级联过程。在这种级联过程中，硅片表面附近的某些靶材原子获得向外运动的足够动量，离开靶被溅射出来。

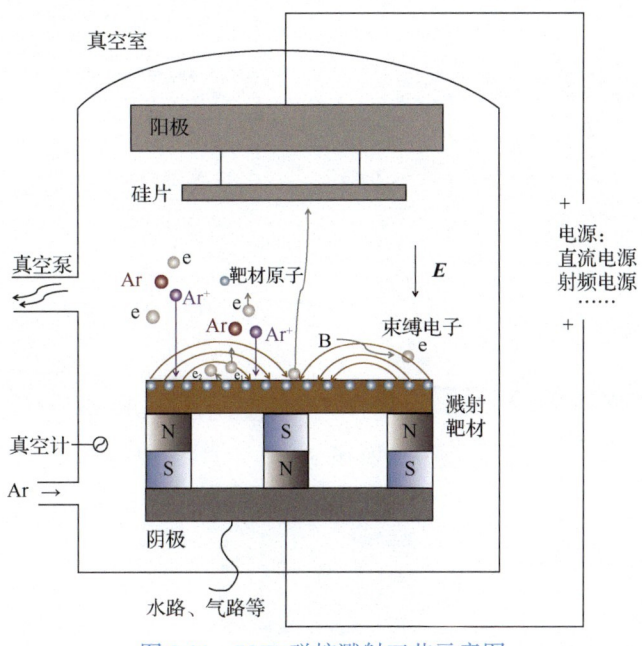

图 2.31　PVD 磁控溅射工艺示意图

2.4.3 ALD

ALD 是一种可以将材料逐层镀在硅片表面的方法。ALD 与 CVD 有相似之处,但 ALD 中每次反应只沉积一层原子。该技术的优点是可以保证优异的沉积均匀性,并实现厚度的高度可控。在集成电路领域,ALD 设备可以用来沉积互连的线势垒层,制备电磁记录的磁头,沉积 DRAM 的介电层、MRAM 的介质层等,应用范围广泛。ALD 是一种真正的纳米生长技术,能够实现原子尺度的超薄膜沉积。

ALD 是通过将气相前驱体以脉冲形式通入反应器,使之吸附在硅片表面并发生反应,从而形成沉积薄膜的一种方法。该方法要求硅片表面对沉积反应需要的前驱体物质有吸附作用。ALD 的优点主要体现为前驱体的饱和化学吸附特性、反应过程的有序性和表面控制性、沉积过程的精确性和可重复性,以及较高的膜层质量(超薄、致密、均匀,且吸附力较高)。ALD 的一个生长周期通常生长 0.9~1Å,具有较好的可重复性,可以在低温下生长,同时对环境的要求不高。下面以采用 ALD 技术沉积三氧化二铝(Al_2O_3)薄膜为例,介绍 ALD 的工作原理。工艺流程如下:在设备内通入水蒸气,在硅片表面附着一层羟基(—OH),羟基与前驱体三甲基铝($Al(CH_3)_3$,TMA)的甲基(—CH_3)发生置换反应,形成气体产物 CH_4,进而被真空系统抽走;当表面所有的羟基被置换后,硅片表面便留下了单原子层的 Al_2O_3,之后重复上述过程,即可形成厚度精准的 Al_2O_3 薄膜,如图 2.32 所示。图 2.33 展示了在具有深沟槽的衬底上采用 ALD 技术制备的 Al_2O_3 薄膜的横截面。可以看到,Al_2O_3 薄膜十分均匀地生长在沟槽上,沟槽的微结构得到了很好的复型[14]。

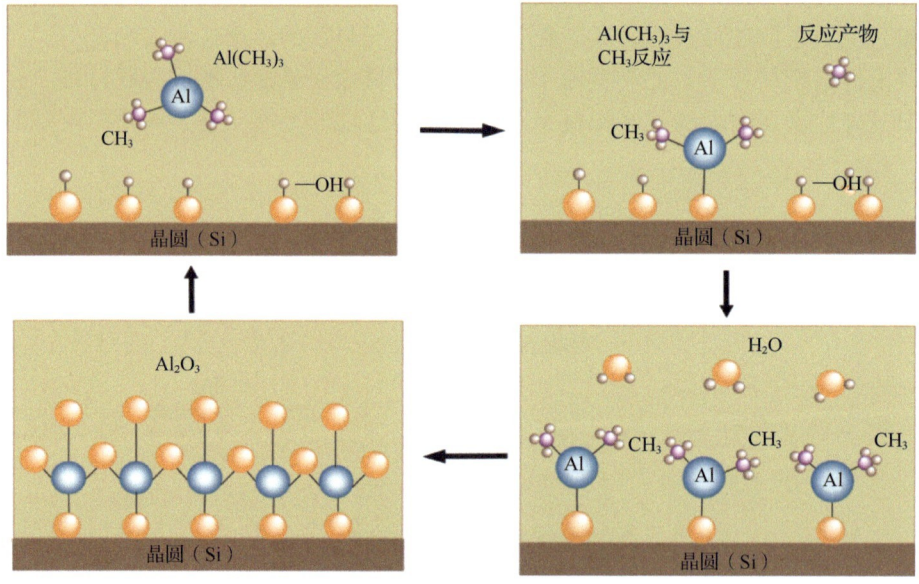

图 2.32 采用 ALD 技术沉积 Al_2O_3 薄膜的工艺流程

图 2.33 采用 ALD 技术沉积 Al_2O_3 薄膜的横截面(SEM 图像)

目前，集成电路设计已经转向 3D 结构，对膜层的沉积提出了更高的要求。ALD 在具备生长超薄外延层和异质结构能力的同时，还可以获得比较陡峭的界面，可以在多孔或 3D 高深宽比的结构表面沉积薄膜，成为构建 FinFET 的主要技术。

2.4.4 其他薄膜沉积技术

除了 2.4.1～2.4.3 小节介绍的 3 种薄膜沉积技术，还有其他薄膜沉积技术，本小节简单介绍以下两种。

1. 电化学沉积

电化学沉积（Electrochemical Vapor Deposition，EVD）是指在外电场作用下电流通过电解质溶液，使溶液中的正负离子迁移，并在电极上发生得失电子的氧化还原反应，从而形成镀层的技术。在阴极发生金属离子的还原反应而获得金属镀层，称为电镀。在阳极发生阳极金属的氧化反应而形成合用的氧化膜，称为金属的电化学氧化，简称金属的电氧化。

EVD 是一种以 CVD 为基础，对致密膜进行进一步制备的技术。采用 EVD 技术制备的膜厚度均匀、附着力强，可在不需要更高沉积温度的情况下，使膜的厚度每小时增加 5～10μm，适用于以各种金属氧化物和铜为材料的、各种厚度的膜，在各种氧化物燃料电池的制造过程中得到了广泛的应用。

2. 液相外延技术

液相外延（Liquid Phase Epitaxy，LPE）是在固体衬底表面从过冷饱和溶液中析出固相物质，从而生长半导体单晶薄膜的技术，最早由 Nclson 在 1963 年发明并用于 GaAs 单晶薄膜的外延生长。LPE 的基础溶质在液态溶剂中的溶解度随着温度的下降而降低，那么饱和溶液在冷却时会析出溶质。当衬底与饱和溶液接触时，溶质可在衬底上沉积生长，外延层的组分（包括掺杂）由相图来决定。整个外延薄膜的结晶生长过程是一个非平衡的热力学过程，溶液中溶质的过饱和度是溶质成核、生长的驱动力。LPE 技术已广泛用于生长 GaAs、GaAlAs、InP 和 GaInAsP 等半导体材料，制作发光二极管、激光二极管和太阳能电池等。按照冷却方式的不同，LPE 分为稳态外延生长和瞬态外延生长。

稳态外延生长是将温度较高的源硅片和温度较低的衬底分别分布在液态饱和溶液的两端，构成温度梯度差，如图 2.34 所示。溶质 As 在衬底表面逐渐沉积生长，而由于溶解度会随温度下降而降低，因此溶质会在源硅片端与衬底端之间形成浓度梯度。溶质从源硅片到衬底表面的驱动力就是溶质在溶液中的浓度梯度，溶解度与外延薄膜在衬底上的生长速度是一样的。稳态外延生长的最大缺点是溶液中的对流容易造成溶质浓度梯度的改变，导致外延层厚度不均。

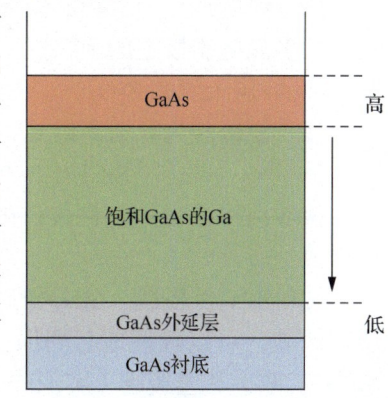

图 2.34 稳态外延生长示意

瞬态外延生长用于制备百纳米到几微米的薄外延层，厚度比稳态外延生长均匀。溶液的降温方式有平衡降温、分步降温、过冷法及两相解液降温等。在瞬态生长过程中，衬底与饱和溶液在外延薄膜生长前不进行接触,而是先将系统加热到高于与溶液初始组成对应的液相线温度,再使衬底与饱和溶液接触并开始冷却。

2.4.5 芯片制造中的薄膜

芯片制造中涉及各种各样的薄膜,主要可以划分为介质膜、金属膜和半导体膜三大类。

1. 介质膜

介质膜不导电,可利用菲涅尔公式,可通过具有一定折射率的材料及等倾干涉的条件,实现反射波相长,从而获得较大的反射率。介质膜存在干涉效应,并具有随波长或厚度的变化而呈现周期性变化的性质。在半导体器件和集成电路中,介质膜常被用作钝化保护,如多层布线的中间介质层等,常见的介质膜材料有 SiO_2、Al_2O_3、Ti_2O_3、Fe_2O_3、PSG、BSG、SiN_x 等。下面对 SiO_2 和 SiN_x 介质膜进行介绍。

(1) SiO_2 介质膜。除热氧化外,SiO_2 介质膜的制备方法通常还有蒸发法、离子束辅助沉积法、反应溅射法、TCVD 法等。在微电子器件和光学器件中,SiO_2 介质膜是重要的基础薄膜材料之一,它的电学特性以采用热氧化法得到的最好。

无掺杂的 SiO_2 介质膜常用作隔离金属的介电层、注入及扩散的掩蔽层、场氧化物等;P 掺杂的 SiO_2 介质膜常用作金属层间的隔离材料、器件表面保护层;P、As 或 B 掺杂的 SiO_2 介质膜可用作固态扩散源。

以硅烷为源的低温(300~500℃)CVD 法的化学反应式为(以 P 掺杂的 SiO_2 介质膜为例)

$$SiH_4 + O_2 \rightarrow SiO_2 + 2H_2 \text{(450℃)}$$
$$4PH_3 + 5O_2 \rightarrow 2P_2O_5 + 6H_2 \text{(450℃)}$$

该方法的反应温度较低,可在 APCVD 或 LPCVD 反应炉中进行,适合在 Al 膜上沉积 SiO_2。

以四乙氧基硅烷($Si(OC_2H_5)_4$,简称 TEOS)为源的中温(500~700℃)CVD 法的化学反应式为

$$Si(OC_2H_5)_4 \rightarrow SiO_2 + 副产物\text{(700℃)}$$

该方法的优点为沉积的薄膜台阶覆盖性良好,适合用来制备均匀性和台阶覆盖性要求较高的多晶硅栅极上的绝缘层,缺点为 TEOS 在常温下为液体,含有较多 C 杂质原子,不适合在 Al 层上沉积 SiO_2。

以二氯硅烷为源的高温 CVD 法的化学反应式为

$$SiCl_2H_2 + 2N_2O \rightarrow SiO_2 + 2N_2 + 2HCl \text{(900℃)}$$

该方法可获得均匀性极佳的介质膜,可作为覆盖多晶硅的绝缘膜,缺点则是存在 Cl 污染。

(2) SiN_x 介质膜。SiN_x 介质膜可以在一些场景中替代 SiO_2 介质膜,这是因为 SiN_x 的质地较硬,可以较好地起到保护作用。例如,SiN_x 介质膜可用作保护层(阻止水蒸气与 Na^+ 的扩散)和遮蔽层(实现硅表面场氧化物的选择性生长),具有绝缘性好、抗氧化能力强等优点。SiN_x 的不足之处在于它的流动性不如氧化物,而且比较难刻蚀(采用等离子体刻蚀工艺可以克服刻蚀方面的限制)。

利用氮化的方法生长 SiN_x 介质膜非常困难，通常采用以二氯硅烷为源的中温 LPCVD 工艺，或以硅烷与氨气（或氮气）为源的低温 PECVD 工艺进行沉积。

以二氯硅烷为源的中温（750℃）LPCVD 工艺的化学反应方程式为

$$3SiCl_2H_2 + 4NH_3 = Si_3N_4 + 6H_2 + 6HCl$$

采用该工艺生成的薄膜均匀性好、产量高、含 H 量低（8%），可获得完全化学组成的 Si_3N_4 薄膜，多用于覆盖器件的保护层和遮蔽层。

以硅烷与氨气或氮气为源的低温（250℃）PECVD 工艺的化学反应方程式为

$$SiH_4 + NH_3 \rightarrow SiN_x + H_2$$

$$SiH_4 + N_2 \rightarrow SiN_x + H_2$$

该工艺的优点是制备温度低，适合在制作完成的器件上沉积保护层；缺点是含有高浓度的 H（20%~25%），不能获得标准化学配比的氮化硅[15]。

在 CMOS 制造中，会采用轻掺杂漏（Lightly Doped Drain，LDD）注入工艺，为了防止源漏区大剂量的离子注入过于靠近沟槽，造成沟槽过短，甚至源漏区连通，需要在多晶硅栅的两侧形成侧壁。这时，就可以采用 Si_3N_4。图 2.35 所示为 Si_3N_4 介质膜侧壁。

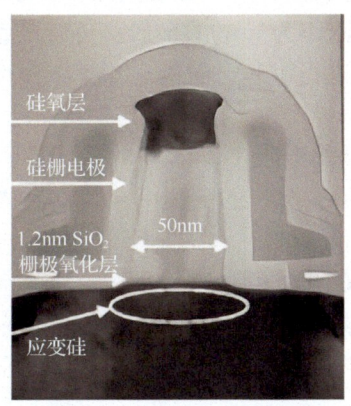

图 2.35 Si_3N_4 介质膜侧壁

2. 半导体膜

半导体膜是指由半导体材料形成的薄膜。通常将禁带宽度小于 2eV 的材料称为半导体。随着禁带宽度的不同，半导体在室温下的电导率也会有所不同。半导体是微电子和光电子器件的主要材料，而在大规模集成电路芯片中，随着器件的集成度越来越高、尺寸越来越小，半导体膜成为这类器件的基本组成部分。常见的半导体膜材料有 Si、Ge、GaAs、GaP、AlN、InAs 等。

根据制备技术和结构的不同，半导体膜可分为单晶半导体膜、多晶半导体膜和无定形半导体膜。其中，多晶半导体膜是由晶粒按某种分布构成的。这些晶粒取向是随机分布的。在晶粒内部，原子按周期排列，而晶粒边界存在着大量缺陷。多晶半导体膜具有不同的电学和光学特性。下面对多晶硅半导体膜进行具体介绍。

多晶硅是被广泛应用于信息技术领域的功能材料，兼具单晶硅和氢化非晶硅的优点[16]。在集成电路行业中，多晶硅的应用包括：

（1）芯片制造通常使用多晶硅作为 MOS 器件的栅极（而非铝栅极），这主要是由于铝原子在电场作用下会迁移到氧化膜上，因此采用多晶硅作为栅极材料可靠性更高。

（2）浅联系材料：保证与单晶硅形成欧姆接触的浅结接触材料作为形成浅结的杂质扩散源。

（3）多层金属导通材料。

（4）高电阻值材料。

通常，多晶硅是在LPCVD反应炉中利用硅烷的热分解生成，化学反应方程式为

$$SiH_4 \rightarrow Si + H_2（温度：500\sim650℃）$$

常用的LPCVD方法：①在25～130Pa压强下使用100%的硅烷作为反应气体；②利用氨气作为稀释硅烷的气体，将硅烷浓度控制在20%～30%。

3. 金属膜

金属膜可导电，具有良好的塑性、韧性和强度，以及对环境和物料的适应性，且不具有任何周期性的性质。它的折射率很小，长波区域的特性与短波区域相比有所增强。金属膜在半导体技术中最普遍的用途就是表面连线。将各个器件连接到一起的材料、连线过程一般称为金属工艺。根据器件的复杂度和性能要求，电路可能采用单层金属或多层金属系统，并使用铝合金或铜作为导电的金属。传统的铝（Al）和铝合金等金属导体，采用真空蒸镀或溅射镀膜技术进行沉积，而铜（Cu）作为难熔金属一般采用EVD技术进行沉积。

（1）铝的沉积。铝具有较低的电阻率，且与SiO_2的黏附性极佳，是集成电路中最常用的互连金属。纯净的铝很少使用，沉积的铝膜中一般都会掺入一定量的铜（0.5～1wt.%，目的是降低铝的电迁移）和硅（1wt.%，目的是降低硅在铝膜中的扩散）。铝膜的沉积常用直流磁控溅射技术，很少使用CVD技术。

（2）铜的沉积。铜膜的优点为电导率高、电致迁移抵抗能力较强，缺点则是缺乏可行的干法刻蚀工艺，并且不像铝有自我钝化氧化物，与介质的黏附性差。铜的沉积工艺为PVD、CVD或EVD[17]。

EVD过程包括两个部分，即化学过程和电学过程。它的基本原理是将硅片（作为阴极），以及用于补充溶液中铜离子（Cu^{2+}）的铜块（作为阳极）预先放入硫酸铜溶液，使溶液中的铜离子向阴极移动，从而在阴极（硅片）表面获得电子，并在外加直流电源的作用下形成铜膜。

在实际的电化学工艺中，电场在曲率半径较小的地方较强，再加上阻挡层和铜种子层本身工艺缺陷所产生的悬垂效应，就容易产生"孔洞"。为了得到没有"孔洞"的填充效果，目前，工业界主要采用含有Cl^-的低酸硫酸铜溶液为母液，并加入多种有机添加剂作为电镀液。目前，工业界用得较多的有3种添加剂，分别为加速剂、抑制剂和平整剂。在它们的共同作用下，铜化学电镀工艺才可以达到比较好的填充效果。加速剂主要是一些分子量较小的有机高分子化合物，它们比较容易到达孔槽内部，加速铜的填充效果，达到超级填充的目的。抑制剂和平整剂主要是大分子的有机化合物，它们的作用都是抑制铜膜的生长，区别在于抑制剂主要阻止电镀过程中过早封口，增加化学电镀的填充能力，而平整剂主要是抑制表面微观结构的不均匀造成的过度电镀效应，从而降低随后化学机械抛光（Chemical Mechanical Polishing，CMP）的工艺难度。随着线宽的不断缩小，对填洞能力的

要求也越来越高，人们随之研发了大量具有高填洞能力的添加剂。当然，随着种类和技术的不断更新，添加剂所使用的浓度也有很大的差别。

生产级的铜化学电镀系统包括硅片清洗、铜电镀、洗边和退火。

（1）硅片清洗。硅片清洗是对整个批次或者单一硅片进行化学品的浸泡或者喷洒，以去除脏污的工艺，主要目的是清除硅片表面的污染物，如微尘颗粒、有机物、无机物及金属离子等。相关技术中，硅片清洗是通过喷淋设备，对硅片喷洒基于氟化物的化学药剂进行，由于化学药剂中包含氟元素，因此会对硅片表面的各种薄膜（如半导体、金属、氧化物、氮化物等薄膜）造成微量的刻蚀。

（2）铜电镀。铜电镀是将硅片悬置于含硫酸铜的电镀液中，并与阴极（负电极）相连，如图 2.36 所示。通过施加电流，电镀液中的 Cu^{2+} 在硅片表面形成铜膜，同时氢气在阳极释放[18]。

$Cu^{2+} + H_2O \rightarrow Cu（固态）+ O_2（气态）+ H_2（气态）$

为了确保电镀液的新鲜和稳定，需要定期从中央供液槽放掉一部分（10%~50%）电镀液，并由自动供液系统向中央供液槽补充硫酸铜溶液（母液）和各种添加剂。自动量测系统对电镀液中的各种有机和无机成分进行测量，并把测量结果和标准值进行对比，如果实测结果偏高，则通过加入去离子水进行稀释，如果偏低，则继续加入母液或添加剂，使整个电镀过程保持稳定。

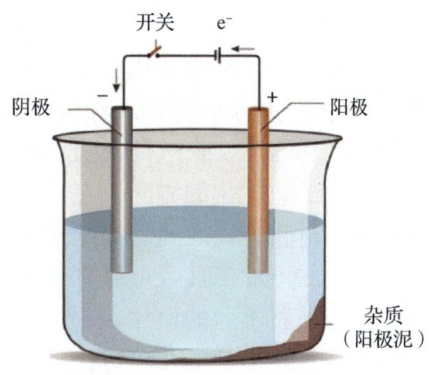

图 2.36　铜电镀

（3）洗边。在生长过程中，PVD 铜种子层中的铜会长到硅片的边缘，甚至会长到硅片的背面，对后续工艺机台产生金属污染。另外，在阻挡层局部较弱的地方，铜会向介电材料扩散，从而造成失效，以及硅片边缘的 PVD 阻挡层和种子层不均匀。而且，边缘不均匀的铜种子层与后续的薄膜存在黏附性问题，易产生脱落，成为颗粒缺陷的来源。因此，铜化学电镀之后的洗边非常有必要。

（4）退火。电镀之后的铜晶粒非常小，通常直径小于 0.1μm，此时铜膜的电阻率比较高。而且在室温条件下，铜晶粒会在自退火效应下逐渐长大。CMP 速度对铜晶粒非常敏感，与小晶粒相比，大晶粒的研磨速度可以提高 20%以上。因此，大小随时间变化的铜晶粒会使 CMP 工艺变得不稳定。另外，大晶粒降低了薄膜中晶界的数量，可以大大提高铜线的电迁移可靠性。鉴于上述原因，铜化学电镀工艺中的铜必须经过退火处理才可以进行随后的工艺。退火后，铜膜的电阻率降低约 20%，且厚度越大，退火温度越高，铜膜达到稳定所需的时间越短。晶粒的大小也会由退火前的约 0.1μm 成长到超过 1μm，且退火后的晶相分布比较杂乱。

因此，退火过程可以用来增加晶粒尺寸，降低电阻，提升电子迁移可靠性及 CMP 的稳定性。但是，过度的退火会增加 CMP 之后的缺陷，合适的退火方式变得格外重要。

2.5　互连工艺

集成电路中的成千上万个器件都是通过各种各样的电学连接来形成复杂功能的电路，

这种电学连接就是本节要介绍的互连工艺。互连工艺通常是指芯片制造过程中在绝缘介质层上沉积金属膜，通过图形化和填充等过程形成互连金属线。互连工艺包括薄膜沉积、光刻、刻蚀和抛光等工艺，是一种典型的集成工艺。芯片制造过程中的互连工艺通常都是用导电性比较好的金属或半导体材料来实现的，这些材料需要具有电阻率低、黏附性好、易于制备和图形化、可靠性高等特点。芯片制备工艺中采用较多的两种互连工艺分别是铝互连工艺和铜互连工艺，本节会详细介绍这两种工艺。此外，本节还会简要地介绍下一代新型互连工艺等。

2.5.1 互连工艺概述

互连工艺又称金属化工艺，是大规模集成电路的基础。随着超大规模集成电路器件密度的提升，如何减小信号传播延迟是互连工艺的重大挑战。信号传播的延迟问题可以简单地用 RC 延迟模型来进行说明，因此，随着工艺节点的推进，降低互连电阻和寄生电容始终是互连工艺优化的方向。在金属材料的选择方面，如何确保足够高的导电性，以及如何降低不同材料连接之间的欧姆接触电阻是主要的关注点。同时，材料本身的化学稳定性、工艺制备的可加工性及可靠性等都是在实际工艺中需要不断尝试和改进的地方。不同部位的金属伴随着不同的尺寸、接触环境及前后工艺匹配等因素，所以采用的金属材料也不同。本小节从互连工艺的几个特征类型出发，简要介绍互连工艺的发展概况和原理。

在芯片制造的互连工艺中，人们对不同互连形式的金属连接有不同的称谓。一般地，互连（Interconnect）表示芯片与芯片之间，以及器件和封装后道工艺中普通的金属连接；接触（Contact）是指硅晶体管与第一层金属之间在硅表面的连接；通孔（Via Hole）[①]又称金属填充塞，一般是指在一层金属与另一层金属间形成的连接，通常采用金属膜保持导通。除互连金属、接触层金属、通孔外，互连工艺还包括层间介质（金属线之间的绝缘介质层）和防止金属扩散的阻挡层金属等，如图 2.37 所示。下面详细地介绍各个部分的作用和基本原理。

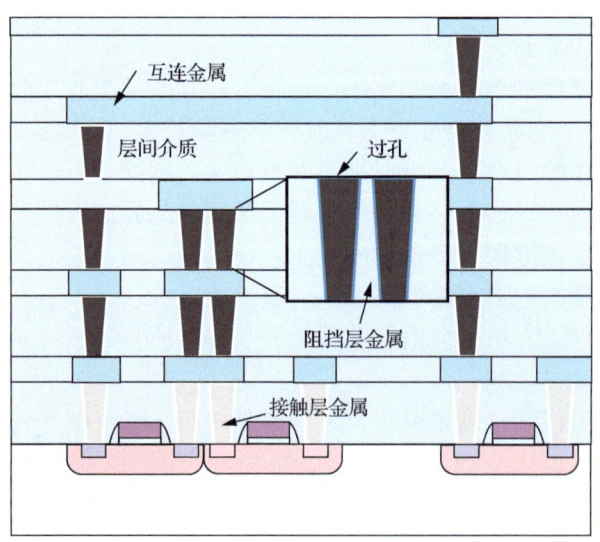

图 2.37 互连工艺的横截面示意

---

① 当仅穿透多层 PCB 内的不同层时，又称过孔。

1. 互连金属

互连金属线是芯片中器件连接的主要导线。在芯片制造技术，最基本的诉求就是降低功耗，因此提升互连金属的导电率是需要优先考虑的问题。通常在一定尺寸情况下，薄膜的导电性和块体金属材料的导电性是正相关的。只有当特征尺寸达到材料的晶粒尺寸时，薄膜的导电性才会发生急剧变化。这和薄膜导电中电子受到的表面散射作用增强、不同晶粒大小带来的晶界散射，以及接触的绝缘层界面对电子的散射有关。图 2.38 所示为铜的电阻率随线宽变化的示意，可以看出，线宽较小时，铜的电阻率会受晶界、表面/界面的影响急剧增加，这为互连金属的选择提供了指导依据。一般地，互连金属会在较外层的互连区域使用，特征尺寸都比较大，主要考虑因素仍然是本征的块体导电率。表 2.1 所示为常见金属的熔点和电阻率。考虑到制备成本等因素，常用的互连金属是铝和铜，相关工艺流程和细节将在 2.5.2 小节和 2.5.3 小节详细介绍。

表 2.1 常见金属的熔点和电阻率[19]

材料	熔点（℃）	电阻率（μΩ·cm）
银（Ag）	962	1.59
铜（Cu）	1083	1.68
金（Au）	1064	2.24
铝（Al）	660	2.65
钴（Co）	1495	6.24
镍（Ni）	1453	6.84
钛（Ti）	1670	42.00

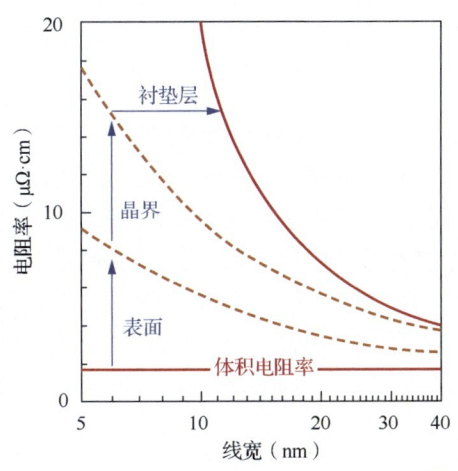

图 2.38 铜的电阻率随线宽变化的示意[20]

2. 通孔

除导电性以外，金属材料的黏附性、可沉积和加工性、化学稳定性，以及与介质层的共融性等都是限制互连工艺中材料选择的因素。例如：在铝互连工艺中，由于铝本身的沉积工艺受限，溅射的铝膜不具有良好的空隙填充能力，不能用作互连工艺中通孔（通常具有很高的深宽比）的填充薄膜，而钨（W）具有优秀的深孔填充能力，常在传统的芯片制造中用作通孔的填充薄膜，即钨塞。钨塞的导电性很好，原因是钨在沉积过程中形成的晶粒通常较大，电子传输过程受晶界散射和界面散射作用较小，因此钨塞的电阻率比较低。如图 2.39 所示，可以大致看出，在尺寸小于 7nm 时，钨的电阻率明显优于铜（或 TaN/Cu/TaN）。此外，钨本身的抗电迁移能力强，也常被用作硅和第一层金属之间的阻挡层。随着工艺节点的进一步缩小，最下层的金属通孔的开口也相应变得更小，而钨本身的沉积晶粒较大，因此钨塞工艺也遇到了填充和导电的问题。目前，在先进节点或更小尺寸的通孔中，人们开始考虑其他填充薄膜（如高温回流铝），而更上层的金属通孔由于尺寸比较大，主要采用铜互连的双大马士革工艺制备，可以极大地降低成本。

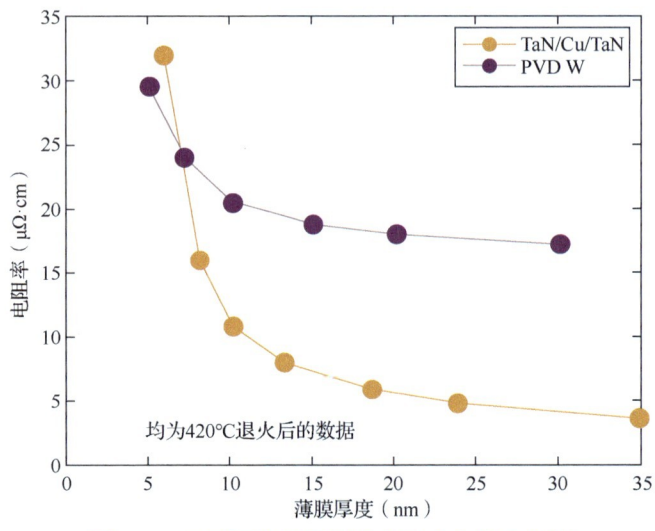

图 2.39　不同厚度金属膜的电阻率变化示意[21]

3. 层间介质

层间介质一般是指隔开金属层与金属层的绝缘材料，它的作用是区分不同器件或金属的不导电部分。随着工艺线宽的逐渐减小，层间介质的寄生电容会带来互连工艺或芯片工作中的信号延迟，降低芯片性能。寄生电容与绝缘介质的介电常数正相关，降低绝缘层的介电常数即可降低互连工艺中的寄生电容。因此，开发低介电常数的层间介质材料（简称低介电常数介质）是互连工艺中的一个主要优化方向。SiO_2 的相对介电常数为 3.8～4.0，空气的相对介电常数最小（接近 1）。因此，低介电常数介质的优化方向逐渐由掺杂到多孔再到气隙。典型的低介电常数介质有氟硅玻璃、含硅聚合物、硅氧碳、多孔 SiO_2 等。

4. 阻挡层金属

在介绍阻挡层金属之前，需要简要介绍一下金属-半导体的欧姆接触问题。通常情况下，金属和半导体的两种接触方式是欧姆接触和肖特基接触。欧姆接触是指接触面的电阻值远小于半导体本身的电阻值，伏安特性满足欧姆定律。肖特基接触则是与 PN 结相似，具有整流特性。因此在互连工艺中，器件与金属的接触要尽可能地采用低欧姆接触电阻的方式：一方面靠近金属的一层半导体，做成重掺杂（高载流子浓度）；另一方面增加接触面积。

早期的铝互连工艺中，为了提高铝和硅之间的欧姆接触效率，会采用加热的方法使铝和硅之间形成硅铝合金，以获得比较好的导电性。实际上，这种铝硅合金也是金属硅化物。铝互连过程中的加热虽然改善了铝和硅之间的接触电阻,但是铝硅界面容易形成结穿通现象,引起器件的短路等问题。因此,需要采用阻挡层金属来避免结穿通现象。阻挡层金属一般采用高熔点金属,作用是阻止层上下材料的互相混合,同时具有良好的导电性。芯片制造中常用的高熔点金属有钛、钨、钽、钼、钴、铂,以及它们的高熔点合金或氮化物等,其中钛钨合金(TiW)、钛/氮化钛(Ti/TiN)等都是目前大规模集成电路铝互连工艺中常用的阻挡层金属。铜互连工艺中,铜的扩散能力高于铝,一般考虑采用氮化钽、钽硅氮、氮化钨等作为铜互连的阻挡层材料,更先进工艺节点的阻挡层金属材料也在逐步开发中。

5. 接触层金属

接触层金属(金属硅化物)的主要目的是提升金属和硅之间的接触导电性,因此通常用在第一层金属和晶体管的源、漏、栅极之间。金属硅化物一般是高熔点金属与硅之间发生反应,形成的高热稳定性、高导电性的材料。金属硅化物通常是将金属沉积在硅表面,通过快速热退火(Rapid Thermal Annealing,RTA)的方法形成。表 2.2 列出了芯片制造中常见金属硅化物的反应温度和电阻率。综合考虑加工难度和导电性,随着工艺节点的降低,目前金属硅化物的选择逐渐发生变化,从 0.25μm 节点的 Ti-Si 到 0.18μm 节点的 Co-Si,再到 65nm 工艺节点及以下的 NiPt-Si,优化的原则是在更兼容的加工工艺下得到更小的电阻率。

自对准金属硅化物(Silicide)制备是一种采用两次 RTA 工艺,同时在有源区和多晶硅栅表面形成金属硅化物的模块工艺,是目前先进工艺节点下常用的互连工艺,基本流程如图 2.40 所示。具体而言,是在完成源漏离子注入的基础上,先沉积高熔点金属,通过第一次较低温度的 RTA 形成电阻率比较高的金属硅化物,并采用湿法刻蚀去除多余的金属,然后经过第二次较高温度的 RTA,形成低电阻率的金属硅化物,实现接触层金属的制备。自对准金属硅化物最大的好处是避免了套准误差,降低了工艺难度,但多次 RTA 工艺的引入可能会引起氧化物沾污等问题,影响器件性能。

表 2.2　芯片制造中常见金属硅化物的反应温度和电阻率

金属硅化物	反应温度(℃)	电阻率(uΩ·cm)
TiSi$_2$	350～700	60.0～80.0
CoSi	500	147.0
Ni$_2$Si	250	24.0
NiSi	250	10.5
NiSi$_2$Pt	400	14.0～16.0

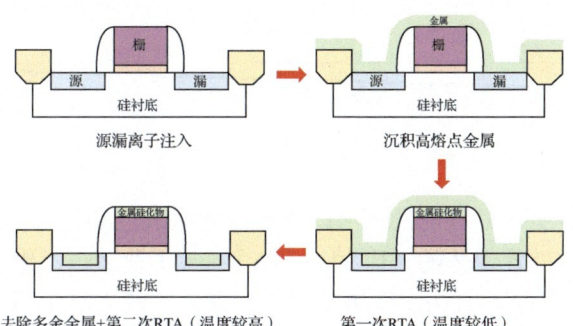

图 2.40　自对准金属硅化物制备的基本流程

本小节详细介绍了互连工艺的分类和基本原理。在互连工艺中，大部分金属材料或介质材料都采用单层薄膜沉积技术，这些都在 2.4 节进行了非常详细的介绍，这里不再赘述。与之不同的互连金属线工艺存在独特的工艺特征和工艺问题，下面将分为铝互连工艺和铜互连工艺两个部分进行详细介绍。

2.5.2 铝互连工艺

芯片制造中最早采用的互连材料就是铝。铝具有很低的电阻率，成本低廉，与不同半导体类型的硅都能形成比较好的欧姆接触。在二氧化硅和硅上的黏附性较好，可以用多种金属沉积技术和刻蚀技术进行加工，在 20 世纪 60～70 年代主要作为接触和通孔材料。

铝比较容易与二氧化硅反应，在加热的情况下生成氧化铝附着层，一方面可以比较好地黏附在硅片上；另一方面在湿法刻蚀等情况下不影响下层薄膜，与芯片制造工艺具有非常好的兼容性，是早期互连工艺的主要材料。简单来说，铝互连工艺分为沉积金属、刻蚀图形、沉积介质隔离三大步，前期主要采用钨塞作为通孔填充。这一集成工艺涉及的主要单项工艺包括：铝合金的真空蒸镀或溅射镀膜工艺、钛和氮化钛阻挡层的 PVD 和 CVD 工艺、氧化氮介质的 CVD 工艺、钨的 CVD 工艺，以及抛光工艺等。其中，钨塞的主要作用是解决铝互连过程中空隙填充能力差的问题，钛和氮化钛主要作为阻挡层金属。

传统的铝互连工艺存在明显的不足。例如：铝、硅之间会相互扩散，在加热过程中，铝硅界面的硅会溶于铝中，形成空洞，且铝会进一步填充空洞，形成铝钉，导致 PN 结短路，这一现象被称为结穿通，如图 2.41 所示。这一问题可以有两种解决方法：在铝中添加硅；采用增加阻挡层金属的方法。第一种方法可以降低硅在铝中的溶解度，但是硅铝合金中硅的含量很有限，硅在铝中凝聚形成节结，会增大器件的金属化接触电阻，降低可靠性。此外，为了改善铝互连工艺中的电迁移问题，铝铜合金作为导线材料得到了芯片制造行业的广泛采用，一定含量的铜可以有效地降低铝导线的电迁移问题。但是铜很难刻蚀，刻蚀铝合金后剩下的铜同样会导致侵蚀现象和电迁移问题等。

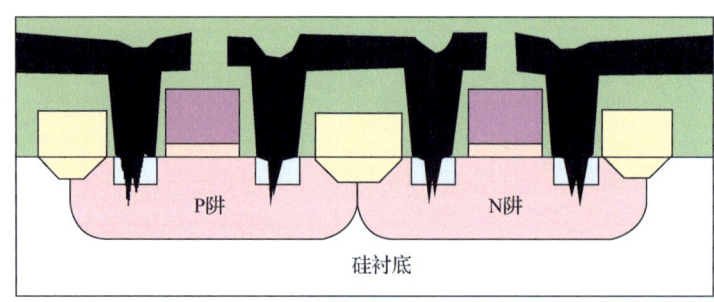

图 2.41 铝互连工艺的结穿通现象示意

2.5.3 铜互连工艺

与铝相比，铜具有更好的导电性，可以有更高的集成度和良好的抗电迁移能力。表 2.3 所示为铝互连工艺和铜互连工艺的对比[22]，在 0.18μm 工艺节点，铜互连工艺开始被采用，到 0.13μm 工艺节点则占据了 100%。采用基于铜互连工艺的大马士革工艺方法处理铜金属可以有效地减少 20%～30% 的工艺步骤，是当前芯片制造中主要的互连技术。随着集成电路工艺节点的不断优化,芯片中集成的晶体管数量增多,需要进一步缩短器件之间的互连距离,提高导电率;介质材料和紧凑的金属导线也可能会带来显著的 RC 延迟,降低芯片的性能。这就要求采用导电率更高的金属导线材料和介电常数更小的介质层工艺等,而铜金属的高导电率容许每一层的金属具有更大的集成度。此外,铜也是一种软金属,具有良好的抗电迁移的能力,解决了铝互连工艺的可靠性问题。由于铜存在的难刻蚀问题,因此工业界开发了双大马士革工艺,解决了铜互连的问题。

表 2.3 铝互连工艺和铜互连工艺对比[22]

特性/工艺	铝互连	铜互连
节点	≥0.18μm(0.18μm 工艺节点中占 79%)	≤0.18μm(0.18μm 工艺节点中占 21%)
电阻率	3.200μΩ·cm	1.678μΩ·cm
抗电迁移	弱	强
抗侵蚀	强	弱
刻蚀工艺	可以	不可以
化学机械抛光工艺	可以	可以

大马士革工艺源自传统的工匠镶嵌工艺,于 1997 年被 IBM 发明并应用。这种工艺是先在介质层上刻蚀金属导线需要的图形,然后填充金属,从而实现多层金属互连,主要特点是不需要进行金属层的刻蚀。双大马士革工艺则是指将金属线和通孔结合起来都用大马士革工艺来做的铜双镶嵌工艺。图 2.42 所示为典型的铜双大马士革工艺流程。具体过程为:①沉积二氧化硅,介质保护;②沉积氮化硅刻蚀阻挡层,利用选择比刻蚀控制不同地方的刻蚀终点;③通孔图形化和刻蚀,刻蚀通孔所在位置的氮化硅层;④沉积二氧化硅,介质保护;⑤互连导线的图形化,光刻图形化互连区域;⑥刻蚀互连槽和通孔,利用选择比刻蚀,互连区域刻蚀终点停在氮化硅层,通孔区域刻蚀终点停在器件电极层;⑦沉积阻挡层金属,保护阻挡层金属向硅层的扩散;⑧沉积铜种子层,用于下一步生长高质量铜电极;⑨沉积铜电极层,采用电镀的方法生长铜;⑩采用抛光工艺清除多余的铜电极层,确定互连电极图形,完成铜金属化过程。双大马士革工艺在芯片制造业能极大地减少工艺步骤,减少工艺生产过程的错误,提高芯片制造的效益。

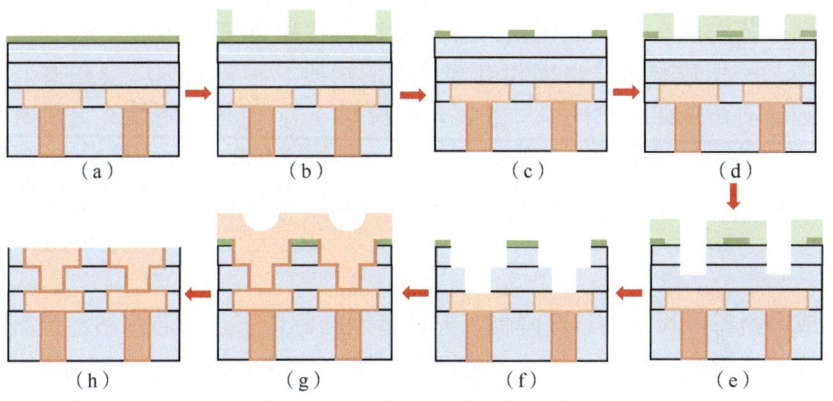

图 2.42 典型的铜双大马士革工艺流程

随着芯片制造工艺的进一步优化，当器件的临界尺寸小于 20nm 后，铜导线的电阻率将会呈指数趋势增加，极大地降低芯片性能，因此需要发展新型互连工艺。部分电阻率更低的金属材料（如钴、钼、钌、钽氮化物等）逐渐在先进节点芯片中得到应用，加工工艺会逐渐地回归到传统刻蚀工艺中。单层互连的工艺很难满足芯片在先进节点的全部需求，这里通常采用多层金属混合层来实现。然而，不同金属的沉积和工艺参数的不同，会进一步加深混合金属化工艺的复杂性，因此该工艺目前只在部分半导体公司或某个单独工艺节点得到应用，还没有形成完整的产业界共识。截至本书成稿之时，新型的互连工艺（主要是接触层金属的优化等）仍然在不断尝试和更换中。

除金属材料的互连工艺外，科研界还提出了一种新型的碳纳米管互连工艺的设计。这种工艺利用了碳纳米管优异的机械、电学等性能。由于单根碳纳米管的电阻值为千欧量级，因此在大规模集成电路中通常采用多根并联的方式使用。然而，碳纳米管互连工艺最大的难点在于还没有相对成熟的工艺能够在水平（与硅片平面平行）的两个方向上生长出较长的、紧密排列的碳纳米管束。目前，主要采用 PECVD 或电子/离子束辐照的方法来实现碳纳米管互连工艺。采用碳纳米管材料作为芯片的互连工艺导线材料，可以提高导线的导电性，降低功耗。此外，作为 3D 互连工艺的材料时，碳纳米管可提供的电流密度比铜互连工艺高出 3 个数量级。

2.6 辅助性工艺

在集成电路单项工艺的介绍中，除光刻、刻蚀、薄膜和互连工艺（金属化工艺）以外，还存在大量的辅助性工艺，这些辅助性工艺同样支撑并影响着整个集成电路芯片制备的过程和良率。本节介绍 3 种典型的辅助性工艺：清洗工艺、CMP 及晶圆检测技术。

2.6.1 清洗工艺

在芯片制造过程中，有一个最重要的影响芯片良率和功能的因素——沾污。控制沾污问题是当前晶圆厂制备芯片时提高良率的必要条件。清洗是控制晶圆沾污的主要环节。以一个典型的 45nm 逻辑芯片的制造工艺（2007 年）为例，在全流程的 450 个工艺步骤中，清洗工艺的数量可以达到 119 个，占整个工艺制备流程的 15%～20%。因此，清洗工艺在晶圆制造中非常重要。

介绍清洗工艺之前，简单地概括下芯片制造过程中常见的沾污。沾污一般是指在芯片制造过程中，一切危害芯片良率和电学性能的物质。尽管晶圆厂会在整个工艺流程中严格控制晶圆的沾污（如净化间、厂务、人员控制等），但是沾污始终无法避免。一旦晶圆表面被沾污，必须通过清洗工艺来进行清除。芯片常见的沾污主要分为 5 类：颗粒、金属杂质、有机物、自然氧化层和静电。如何在芯片制造过程中有效地控制沾污问题是非常关键的一步，清洗工艺主要就是针对清除芯片制造过程中的上述沾污来进行设计和优化的。

随着集成电路特征尺寸的逐渐降低，先进节点的制造工艺对芯片沾污控制的要求越来越高。当前的芯片制造过程中，清洗工艺已占据整个集成电路工艺的 20% 以上，目的是最大限度地清除芯片制备过程中的各种沾污，提升芯片制备良率，降低成本。因此，清洗工艺是集成电路工艺中非常重要的辅助工艺之一。清洗工艺主要以湿法清洗为主，早在 20 世纪 80 年代，产业界就致力于采用干法清洗取代湿法工艺，但迄今为止没有一种能完全取代湿法清洗的方法。本小节以典型的 RCA 清洗工艺为例，详细地介绍 1 号标准清洗液、2 号标准清洗液、3 号标准清洗液的发展历程、化学配比、用途和原理等。不同清洗液的配料分子式和用途对比见表 2.4。

表 2.4 不同清洗液的配料分子式和用途

名称	主要化学配料	分子式	用途
1 号标准清洗液（SC-1）	氢氧化铵/过氧化氢/去离子水	$NH_4OH/H_2O_2/H_2O$	去除颗粒、有机物沾污
2 号标准清洗液（SC-2）	盐酸/过氧化氢/去离子水	$HCl/H_2O_2/H_2O$	去除金属杂质沾污（不含铜）
3 号标准清洗液（SPM）	硫酸/过氧化氢/去离子水	$H_2SO_4/H_2O_2/H_2O$	去除有机物沾污、金属杂质沾污（不含铜）
稀氢氟酸（DHF）	氢氟酸/去离子水	HF/H_2O	去除自然氧化层、金属杂质沾污（不含铜）
缓冲氢氟酸（BHF）	氟化铵/氢氟酸/去离子水	$NH_4F/HF/H_2O$	去除自然氧化层

RCA 清洗工艺是目前工业界应用最广泛的湿法清洗工艺，由美国 RCA 的 Kern 和 Puotinen 在 1965 年发明，并于 1970 年发布。RCA 清洗工艺是基于一系列化学溶液有序浸入实现的，主要有 1 号标准清洗液、2 号标准清洗液，以及改进后的 3 号标准清洗液等。

1 号标准清洗液是由氢氧化铵（氨水）、过氧化氢（双氧水）与去离子水（纯水）按照一定比例组成的混合液。2 号标准清洗液则是盐酸、双氧水与去离子水的组合。3 号标准清洗液（又称 Piranha 或 SPM）采用浓硫酸替代 2 号标准清洗液中的盐酸，增强了清洗能力。这 3 种清洗液都是以双氧水为基础，一般在 80℃左右配置，现用现配，存放时间不超过 20min。

由上述配比和原料可以看出，1 号标准清洗液是碱性溶液，能够比较有效地去除颗粒和有机物沾污，基本原理是利用氧化颗粒或电学排斥来达到清洗的目的，如图 2.43 所示。简单来说，双氧水是强氧化剂，会使晶圆表面的颗粒氧化，生成易溶于溶液的氧化物，从而脱离晶圆表面；溶液中的氢氧根也会侵蚀晶圆表面，使晶圆积累负电，排斥颗粒等在晶圆表面的多次沉积。2 号标准清洗液的主要目的是去除晶圆表面的金属杂质。它采用盐酸作为原料，提供酸性溶液和强氧化能力，可使金属氧化为离子，融入强氧化性的酸液中，被溶液带走，达到清除金属杂质的目的。3 号标准清洗液是一种非常强效的清洗溶液，主要用于清除有机物沾污。它的工作原理是利用浓硫酸能使不溶于水的有机物（如光刻胶等）发生脱水的性质，使有机物进一步溶于水。根据不同的组分配比，3 号标准清洗液可以发展出多种类型。

在上述 5 种沾污中，静电一般采用静电防护来去除，不采用清洗工艺；颗粒、有机物和金属杂质都可以被 1 号、2 号和 3 号标准清洗液有效去除。剩下的自然氧化层则通常在最后一步采用氢氟酸（HF）溶液来去除。氢氟酸能够清除自然氧化物，在晶圆表面形成以氢原子为主的表面层，这种表面层在空气中具有较好的稳定性，可避免晶圆再次氧化。根据原料和配比的不同，常见的氢氟酸溶液主要有两种：稀氢氟酸（DHF）和缓冲氢氟酸（BHF）。

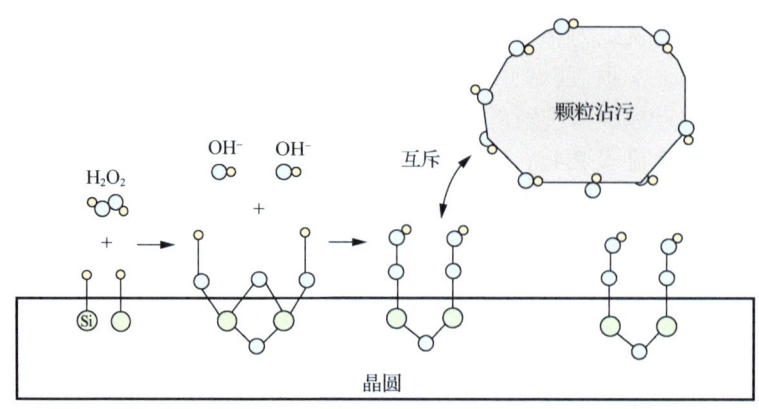

图 2.43　1 号标准清洗液去除颗粒沾污的基本原理[23]

标准的 RCA 清洗工艺流程如图 2.44 所示。由于在清洗过程中不同的清洗液可能会带来一些新的沾污问题，因此产业界通常会调整清洗液的使用顺序，辅以相关的去离子水冲洗和甩干，就得到了一个标准的 RCA 清洗工艺流程。典型的 RCA 硅片清洗通常按照 "3 号标准清洗液→稀氢氟酸→1 号标准清洗液→2 号标准清洗液" 的步骤开展。相关的清洗液配比、工艺温度和清洗时间等会根据不同晶圆厂及实际工艺需求进行调整。

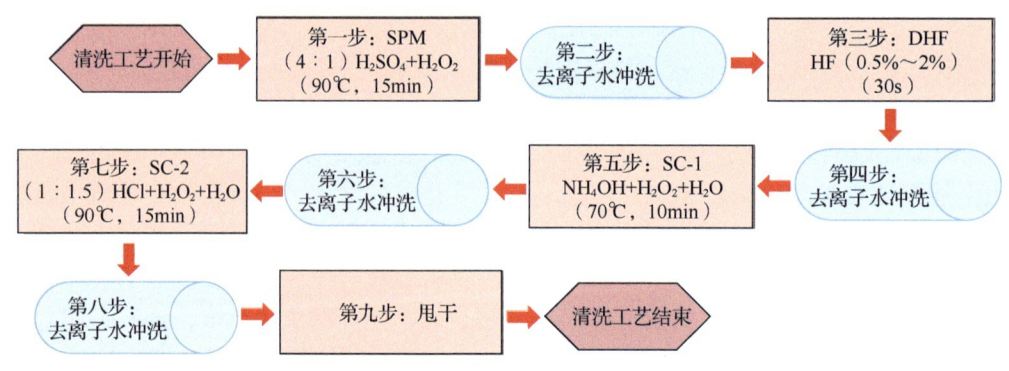

图 2.44　标准的 RCA 清洗工艺流程

2.6.2　CMP

CMP 是抛光（又称平坦化）工艺的一项主要技术，主要目的是使晶圆表面粗糙度降低，获得平整的表面。最早于 20 世纪 80 年代，由 IBM 开发出来，用于解决多层互连问题。在互连工艺中，尤其是多层 3D 互连方法的提出，使得高密度晶体管内部互连及大规模集成电路成为可能。然而，不同层薄膜沉积带来的晶圆表面亚微级的起伏，为后续工艺（尤其是图形化工艺）等带来了极大的问题（如失去对线宽的控制），进一步影响了芯片的良率和可靠性。因此，抛光工艺是超大规模集成电路制造的关键工艺。采用抛光工艺前后的芯片截面示意如图 2.45 所示。

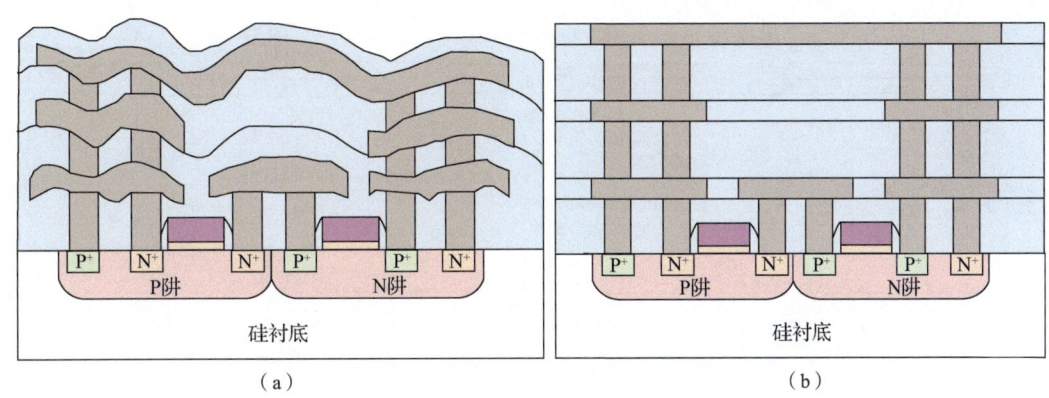

图 2.45 采用抛光工艺前后的芯片截面示意
(a) 未抛光的芯片截面 (b) 抛光后的芯片截面

抛光工艺通常分为平滑化、部分抛光、局部抛光和全局抛光等。其中，CMP 工艺是目前行业中公认的唯一能提供全局抛光的方法，主要是通过晶圆和抛光垫之间的相对运动来实现的。晶圆和抛光垫之间有磨料，抛光时施加一定压力，通过化学腐蚀和机械研磨等多方面的综合作用，即可获得高质量晶圆表面。图 2.46 所示为 CMP 工艺的原理示意。抛光液是由精细研磨颗粒和化学品组成的液体状混合物，包括磨料、络合剂、氧化剂等。抛光垫主要采用多孔的聚亚氨酯材料制成，表面有微凸峰和微孔，起到贮存和运输抛光液的作用。一般来说，抛光垫的使用寿命为 45～75h。CMP 工艺中一般配置终点检测，当检测到材料已达到预设厚度时，CMP 工艺停止。常见的 CMP 终点检测方法有电机电流终点检测和光学终点检测。

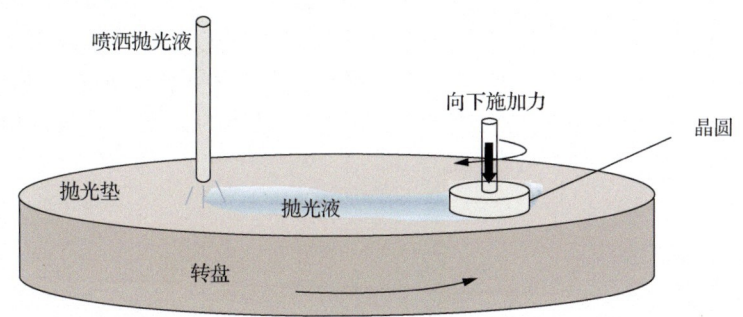

图 2.46 CMP 工艺的原理示意[25]

CMP 的机理：首先，晶圆表面材料与某种特定的抛光液发生化学反应，生成一种比较容易去除的表面层；随后，该表面层会在与抛光液、抛光垫的机械相对运动过程中被磨去。因此，CMP 的微观机理是化学反应和机械运动共同作用的结果。CMP 工艺通常会用来抛光 SiO_2 或金属（见图 2.47）。

SiO_2 CMP 工艺的基本原理：抛光液中的水与 SiO_2 发生水合反应，生成氢氧键，可以有效地降低 SiO_2 的硬度、机械强度和化学耐久性；进一步抛光过程中，晶圆表面发生摩擦，局部发热，使 SiO_2 的硬度降低，使得发生水合反应的表面层 SiO_2 比较容易被机械去除；此外，凹凸不平的表面中，凸起的部分受到的局部压力更大，抛光去除速度也会更快，最终达到全局抛光的目的。

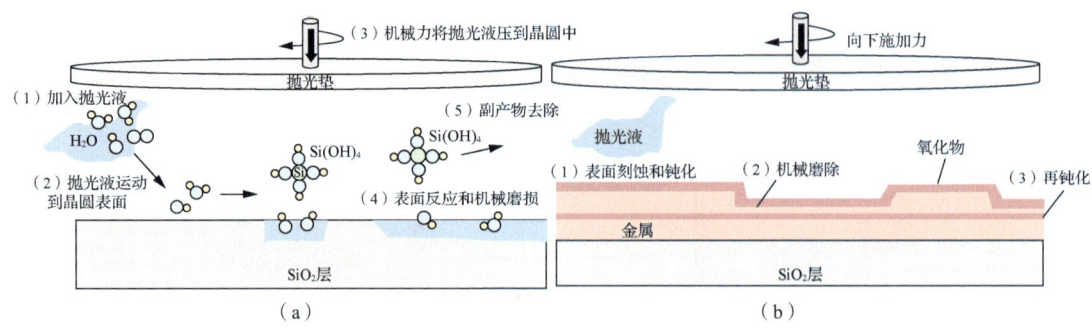

图 2.47 SiO$_2$ CMP 工艺和金属 CMP 工艺的基本原理[25]
(a) SiO$_2$ CMP 工艺 (b) 金属 CMP 工艺

金属 CMP 工艺的基本原理和 SiO$_2$ CMP 工艺的不同之处在于化学反应的部分：抛光液中的磨料会与金属表面发生氧化反应，生成一层比较容易被机械研磨去除的表面层。如在铜互连 CMP 工艺中，氧化反应生成的主要是氧化铜和氢氧化铜，它们会被机械运动去除，露出新的金属表面，周而复始。同样，凸起的部分受压更大、速度更快，最终可实现抛光效果。通常情况下，CMP 工艺结束后会再次用去离子水作为抛光液来研磨清洗，主要目的是去除 CMP 过程中可能产生的划痕或颗粒等。

2.6.3 晶圆检测技术

在芯片制造工艺中，除了清洗工艺和 CMP 工艺这两种辅助性工艺，晶圆检测技术同样重要。芯片制造过程中的检查是初步判定工艺成功的主要方法。例如对于 SiO$_2$ 或氮化硅，熟练的工艺工程师可以简单地通过膜层颜色来判定薄膜厚度等，从而对工艺质量控制做一些简单的判定。随着工艺加工节点和新材料的应用，不同的先进设备被用于在芯片制造过程中监控工艺质量，这是一种工艺质量控制的必要步骤。为了降低成本，芯片制造工艺中，尤其是在单项工艺中，通常会采用无损的检测技术，具体的分类、设备及检测方法等将在第 10 章详细介绍。

2.7 本章小结

本章主要介绍了芯片制造过程的前道工艺中的热氧化工艺、图形化工艺、掺杂工艺、薄膜沉积工艺、互连工艺及辅助性工艺。2.1 节介绍热氧化工艺。热氧化是指晶圆与含氧物质（如氧气、水蒸气等氧化剂）在高温下进行氧化反应，生长出所需厚度的 SiO$_2$ 薄膜。2.1 节首先详细介绍了热氧化的 3 种方式（干氧氧化、水蒸气氧化、湿氧氧化），以及热氧化工艺的详细流程，然后介绍了 SiO$_2$ 的性质及用途，以及氧化层质量检测的 4 种方式。2.2 节介绍了图形化工艺，具体包括光刻工艺的原理、光刻参数，以及两种不同类型的光刻胶；刻蚀工艺的原理、主要参数，以及湿法刻蚀和干法刻蚀的具体工艺；图形化工艺的流程及多重图形技术，如 LELE 工艺、LFLE 工艺、SADP 工艺和 SAQP 工艺；纳米压印技术，具体介绍了佳能采用的 NIL 技术。2.3 节介绍了掺杂工艺，具体包括热扩散掺杂的原理、工艺步骤及优缺点；离子注入掺杂的原理、优势，以及晶格损伤、退火工艺及相关实际应用。

2.4 节介绍了薄膜沉积工艺，首先阐述了 CVD、PVD、ALD 的原理、工艺流程及特点，随后对整个芯片制造中的薄膜进行了梳理与总结，最后介绍了不同薄膜的代表性工艺。2.5 节介绍了互连工艺，首先阐述了互连的原理、分类及特点，随后详细介绍了两种典型互连工艺（铝互连和铜互连）的工艺流程和发展。最后，2.6 节介绍了两种辅助性工艺：清洗工艺和 CMP 工艺。其中，清洗工艺部分是以标准的 RCA 清洗流程为例，详细地介绍了不同清洗工艺的原理和目的；CMP 工艺部分则从 SiO_2 的 CMP 工艺和金属 CMP 工艺的原理出发，简要阐述了 CMP 工艺的基本流程。希望读者通过本章的学习，能对芯片制造过程中的前道单项工艺流程有一定的认识。

思考题

(1) 请简述热氧化工艺中 SiO_2 的性质与用途。
(2) 请简述光刻正胶与负胶的区别。
(3) 请简述各向同性刻蚀和各向异性刻蚀的区别。
(4) 请简述图形化工艺的流程。
(5) 请简述 LELE 工艺和 LFLE 工艺的异同。
(6) 请简述离子注入掺杂的原理。
(7) 请分析 CVD 和 ALD 的异同。
(8) 请简述互连工艺的分类和不同互连材料的选择依据，并简述铜互连工艺的基本流程。
(9) 请阐述标准 RCA 清洗工艺的主要流程和原理。

参考文献

[1] 中国半导体行业协会. 中国半导体产业发展状况报告（2017 版）[R]. 北京: 中国半导体行业协会, 2017.
[2] SENARATNE W, ANDRUZZI L, OBER C K. Self-assembled monolayers and polymer brushes in biotechnology: current applications and future perspectives [J]. Biomacromolecules, 2005, 6(5): 2427-2448.
[3] JHAVERI S J, HYND M R, DOWELL-MESFIN N, et al. Release of nerve growth factor from HEMA hydrogel-coated substrates and its effect on the differentiation of neural cells [J]. Biomacromolecules, 2009, 10(1): 174-183.
[4] VILLARD A, LELAH A, BRISSAUD D J J O C P. Drawing a chip environmental profile: environmental indicators for the semiconductor industry [J]. Journal of Cleaner Production, 2015, 86: 98-109.
[5] HUANG Z, GEYER N, WERNER P, et al. Metal-assisted chemical etching of silicon: a review [J]. Advanced materials, 2011, 23(2): 285-308.
[6] CHEN Q, FANG J, JI H F, et al. Fabrication of SiO_2 microcantilever using isotropic etching with ICP [J]. IEEE Sensors Journal, 2007, 7(12): 1632-1638.
[7] NIEHENKE E C, PUCEL R A, BAHL I J, et al. Microwave and millimeter-wave integrated circuits [J]. IEEE Transactions on Microwave Theory and Techniques, 2002, 50(3): 846-857.

[8] 张海华, 吕玉菲, 鲁中轩. 基于 CMOS-MEMS 工艺的高深宽比体硅刻蚀方法的研究[J]. 电子技术应用, 2018, 44(10): 32-36+40.

[9] 胡少坚, 杨渝书, 王伯文. 鳍工艺的自对准四重图形化技术研究与应用[J]. 集成电路应用, 2022, 39(6): 14-16.

[10] Canon.NanoimprintLithography[EB/OL].(2023-10-16)[2024-07-06].

[11] ZHANG Z, XU Z-M, SUN T-Y, et al. Study on porous silicon template for nanoimprint lithography [J]. Acta Physica Sinica, 2014, 63(1): 018102.

[12] HEO S, OH S, HASAN M, et al. Characteristics of ultrashallow p+/n junction prepared cluster boron(B18H22)ion implantation and excimer laser annealing[C]// International Workshop on Junction Technology, Shanghai: IEEE, 2006: 48-49.

[13] MATTHEW J A, VINCENT C T, RICHARD B K. Honeycomb carbon: a review of grapheme [J]. Chemical Reviews, 2010, 110(1): 132-145.

[14] 何俊鹏, 章岳光, 沈伟东, 等. 原子层沉积技术及其在光学薄膜中的应用[J]. 真空科学与技术学报, 2009, 29(2): 173-179.

[15] 吴清鑫, 陈光红, 于映, 罗仲梓. PECVD 法生长氮化硅工艺的研究[J]. 功能材料, 2007(5): 703-705+710.

[16] 沈峰. PECVD 法制备 P 型非晶硅薄膜及多晶硅薄膜[D]. 武汉: 武汉理工大学, 2008.

[17] 覃英任. 化学镀铜工艺[J]. 电子元件与材料, 1988(3): 23-26.

[18] WANG X, ZENG W, HONG L, et al. Stress-driven lithium dendrite growth mechanism and dendrite mitigation by electroplating on soft substrates [J]. Nature Energy, 2018, 3(3): 227-35.

[19] LIDE, DAVID R. CRC handbook of chemistry and physics[M]. Vol. 85. CRC Press, 2004.

[20] GALL D, CHA J J, CHEN Z, et al. Materials for interconnects [J]. MRS Bulletin, 2021, 46(10): 959-66.

[21] CORES K, ADELMANN C H, WILSON C J, et al. Interconnect metals beyond copper: reliability challenges and opportunities[C]// K. Croes. 2018 IEEE International Electron Devices Meeting (IEDM). San Francisco: IEEE, 2018: 5.3.1-5.3.4.

[22] QQUIRK M, SERDA J. Semiconductor manufacturing technology[M]. Upper Saddle River, NJ: Prentice Hall, 2001.

[23] REINHARDT, KAREN A, RICHARD F R. Handbook for cleaning for semiconductor manufacturing: fundamentals and applications[M]. NY:John Wiley & Sons, 2011.

第 3 章 芯片制造的关键材料

半导体材料是我国集成电路产业的竞争短板之一,也是集成电路产业立足之本。与传统产业相比,半导体材料属于技术含量高、生产难度大的高壁垒产业。截至本书成稿之日,我国半导体材料的国产化率仍处于较低水平,国内相关企业的竞争力与国际领先企业相比仍存在较大差距,国内半导体材料行业仍面临较大竞争压力[1]。半导体原材料是集成电路产业的基石,在集成电路生产的各个环节都要用到,如光刻环节需要用到的掩模版、各种湿化学品,以及光刻环节需要用到的电子特种气体(简称电子特气)等。随着集成电路制造技术的不断进步,各技术节点对所用原材料的纯度、尺寸及物理化学性质的要求越来越严格,原材料的成本也随之不断提高。目前,硅基半导体是半导体材料中产量最大、用途最广的一种。除硅片外,半导体制造材料还包括电子特气、掩模版、光刻胶、抛光材料、工艺化学试剂和溅射靶材等(见表 3.1)。本章重点介绍芯片制造关键材料,包括硅晶圆材料、宽禁带半导体材料、工艺耗材及辅助性材料。

表 3.1 关键材料和国内外部分代表性企业

材料名称	国际代表性企业	国内代表性企业
硅片	日本信越、日本胜高、德国 Silitronic、韩国 SK Siltron	上海新昇、中环股份、北京有研、金瑞鸿、上海新傲等
GaAs、SiC、GaN 衬底	日本住友、德国 Freiberger、美国科锐、英国 IQE、美国 Dow Corning、日本 ROHM	三安光电、华润微、苏州纳维、中科晶电等
掩模版	美国 Photronics、日本 Toppan、日本印刷(DNP)、日本 HOYA	清溢光电、路维光电
光刻胶	美国陶氏化学、日本 JSR、日本信越,日本住友、日本东京应化、日本富士电子、美国罗门哈斯	北京科华、苏州瑞红、南大光电
电子特气	美国空气化工、美国普莱克斯、德国林德、法国液化空气、日本大阳日酸、日本昭和电工	华特气体、雅克、中环装备、上海新安纳、南大光电
工艺化学试剂	德国巴斯夫、美国霍尼韦尔、德国 E. Merck、美国 Ashland、日本住友化学、日本三菱化学、日本东京应化	江化微、晶瑞
溅射靶材	美国霍尼韦尔、日本东曹、日本日矿金属、美国普莱克斯、日本住友、韩国 SK Siltron	江丰电子、有研新材、阿石创等
抛光材料	美国陶氏化学、美国 Cabot、美国科锐、德国 Wacker、日本日立化成、日本 Fujimi、荷兰 Akzol Nobel	安集科技、鼎龙

本章重点

知识要点	能力要求
硅晶圆	1. 掌握硅晶圆的制造工艺 2. 了解硅的性质与用途

续表

知识要点	能力要求
宽禁带半导体	1. 掌握宽禁带半导体的特点和应用范围 2. 掌握碳化硅材料与制造工艺 3. 掌握氮化镓材料与制造工艺 4. 了解宽禁带半导体材料的应用情况 5. 了解宽禁带半导体的发展趋势
工艺耗材	1. 掌握芯片制造过程中的工艺耗材的类型 2. 了解电子特气、靶材、光刻胶、掩模版和显影液等的基本性能
辅助性材料	1. 掌握抛光液的分类特点及工艺情况 2. 了解湿法刻蚀液的分类和使用情况 3. 了解电镀液的主要组成部分

3.1 硅晶圆材料

3.1.1 半导体材料的发展

集成电路中应用最多的材料——硅，为整个信息产业构筑了底层支撑。然而，由于光电子、电力电子、射频微波等领域的硅与化合物半导体材料（GaAS、GaP、InP 等）器件性能提升面临瓶颈，尚不足以全面支撑新一代信息技术的可持续发展，难以应对能源和环境所面临的严峻挑战，因此，行业亟待新一代半导体材料技术的发展和支撑。

半导体能量最高，也是最重要的能带是价带。导带底与价带顶的能量差称为禁带宽度（或能带间隙，用 E_g 表示）。因此，禁带宽度实际上是一个物理量，即产生本征激发所需能量的最小值，它反映了价电子受束缚的强弱程度。禁带宽度主要取决于半导体的能带结构，即与晶体结构和原子的结合性质有关，是半导体的一个重要特征参数。按禁带宽度的不同，半导体材料可分为宽禁带半导体材料与窄禁带半导体材料。

$E_g < 2.3eV$（电子伏特）的半导体材料称为窄禁带半导体，如表 3.2 中以锗、硅为代表的第一代半导体材料和以砷化镓、磷化铟为代表的第二代半导体材料。

$E_g \geqslant 2.3eV$ 的半导体材料称为宽禁带半导体，如以氮化镓（GaN）、碳化硅（SiC）等为代表的第三代半导体材料。

表 3.2 半导体材料的类型、特性、发展历程及主要应用

类型	主要材料	材料特性与发展历程	主要应用
第一代半导体	锗（Ge）、硅（Si）等单元素半导体	1. 晶体管从 20 世纪五六十年代起逐渐得到应用 2. 在 20 世纪 60 年代后期，锗因耐高温、抗辐射性能较差，逐渐被硅器件替代 3. 硅储量丰富，提纯和结晶方便，SiO_2 具有良好的绝缘性 4. 硅材料的物理性质使在光电子、高频功率较大的器件中的应用受到一定的限制	1. 主要应用于低电压、低频、中功率的晶体管，以及光电检测仪等设备 2. 硅是半导体分立器件、集成电路和太阳能电池的基础材料

续表

类型	主要材料	材料特性与发展历程	主要应用
第二代半导体	Ⅲ-Ⅴ族化合物半导体，典型代表为砷化镓（GaAS）、磷化铟（InP）等	1. 20世纪80年代逐步发展起来 2. 适用于制作高性能微波/毫米波器件和发光器件等 3. 砷化镓和磷化铟具有毒性、对环境有污染，且是稀缺资源，这在一定程度上制约了它们的应用	在卫星通信、移动通信、光通信、GPS导航系统等领域得到了广泛的应用
第三代半导体	主要代表为氮化镓（GaN）、碳化硅（SiC）等，还有氧化锌（ZnO）、金刚石、氮化铝（AlN）等	1. 20世纪90年代开始逐步发展 2. 又称宽禁带半导体（禁带宽度不小于2.3eV），它们具有高温、高压、高电流、低通电阻和高频等显著特点	1. 最早在光电子领域大规模应用，如LED和激光器 2. 可广泛应用于高电压、高功率、高频等领域，如电力电子、电源管理、无线通信等

禁带越宽，说明电子向导带跃迁所需的能量越大，也说明材料所能承受的温度、电压越高，成为导体的可能性就越小；禁带越窄，说明电子向导带跃迁所需的能量越小，也说明材料所能承受的温度、电压越低，成为导体的可能性就越大。宽禁带半导体材料非常适合制作如图3.1所示应用场景中抗辐射、高频率、高功率、高密度集成的电子器件。这类材料有很多优点，如禁带宽度大、击穿电场强度高、饱和电子漂移速度快、导热率大、介电常数小、抗辐射能力强、化学稳定性好。

图3.1 宽禁带半导体电子器件应用场景[2]

3.1.2 硅衬底材料

半导体衬底材料是芯片制造的核心材料，而硅是半导体衬底材料中占比最大的，也是最基本的原材料，在全球半导体材料市场中所占份额达到36%。目前，所有半导体器件中有9成是用硅制成的。硅的优点是集成度高、稳定性好、功耗小、成本低。衬底是用半导体单晶材料制造的硅片，既可以直接进入晶圆制造环节生产半导体器件，也可以通过外延工艺加工生产外延片。本小节重点介绍硅晶圆的制备过程。

半导体硅行业是技术、资本、人才密集的行业，具有很高的壁垒，被国外先进企业长期垄断。日本占据半壁江山，是全球半导体材料领域当仁不让的霸主。日本生产的半导体材料在2019年前5个月占全球产量的52%。日本市占率50%以上的材料占半导体制造过程所包含的19种核心材料的14种。近些年，由于中国汽车、电子、通信等半导体应用端产业快速成长，中国市场在全球市场中的占比快速上升，带动国际集成电路制造厂商纷纷来华设厂，推动了国内集成电路制造企业快速发展。

3.1.3 硅晶圆材料与制备工艺

硅是一种半导体材料，广泛分布于地壳中，是贮藏量高居第二的元素。沙粒的主要成分就是SiO_2。

由于硅基材料具有良好的抗辐射、耐高温性能和高可靠性，因此在20世纪60年代后期逐渐取代锗基材料成为主流半导体材料，广泛应用于传感器、分立器件、光电子器件，以及存储、运算、模拟、逻辑等芯片制造领域。目前，95%以上的半导体芯片和器件都是由硅基材料制造的。用于半导体制造的硅基材料需要具有极高的纯度，如单晶硅片要求纯度（含硅量）达到99.9999999%（称为11N）以上，与太阳能行业所需的99.99999%相比，提高了5个数量级。

用沙粒制备高纯度的硅片需要经过一系列精炼工艺，大致流程为硅石/沙粒→硅锭（工业冶炼级）→硅棒［多晶硅棒（光伏级）→单晶硅棒（芯片级）］→硅片。具体而言，先在石墨电弧炉中加热硅石/砂粒和木炭，得到纯度为98%左右的工业硅（称为粗硅），再通过西门子法进一步提纯，即可得到多晶硅棒；将多晶硅在石英坩埚里融化，即可通过提拉法得到单晶硅棒；将单晶硅棒按适当的尺寸进行切割、研磨、抛光，就可以得到硅片。

硅片制备的主要化学反应式为

$$SiO_2 + 2C \rightarrow Si + 2CO$$
$$SiO_2 + 2SiC \rightarrow 3Si + 2CO$$

按尺寸（以直径计算）分类，硅片主要有50mm（2in）、75mm（3in）、100mm（4in）、300mm（6in）、200mm（8in）、300mm（12in）、450mm（18in）等规格。截至本书成稿之日，全球市场的主流产品是直径为200mm和300mm的硅片。

目前，多晶硅的工业化生产主要采用改良西门子法、流化床法、硅烷热分解法等方法。其中，用流化床法与硅烷热分解法制备出的多晶硅纯度无法达到电子级，现在只能用于太阳能行业。西门子法是1955年西门子研发的利用$SiHCl_3$在还原炉中与高温硅芯表面进行还原反应，将高纯度多晶硅沉积在硅芯表面的方法。改良西门子法则在将$SiCl_4$综合利用技术与废气干法回收系统加入西门子法的基础上，形成全闭路生产。该方法具有成熟的工艺和相对安全的原料优势，可用于占世界多晶硅总产量70%~80%的光伏级和电子级多晶硅的生产。

改良西门子法的主要工艺流程可分为以下3个部分。

（1）在沸腾炉中将粗硅粉碎为80~100目的硅粉后，用水蒸气烘干并与氯化氢气体反应，生成$SiHCl_3$，同时也会产生氢气、$SiCl_4$、三氯二氢硅、聚氯硅烷等产物，这种混合气体称为合成气。沸腾炉中发生的主要反应如下：

$$Si + 3HCl \rightleftharpoons SiHCl_3 + H_2$$
$$Si + 4HCl \rightleftharpoons SiCl_4 + 2H_2$$

（2）生成的合成气被送到合成气干法分离工艺和氯硅烷分离提纯工艺中，经湿氮处理和多级精馏分离出氯硅烷液体，进而得到多晶硅级精炼 $SiHCl_3$。这里的氯硅烷凝析液可以重复使用。

（3）将生成的精炼 $SiHCl_3$ 送入 $SiHCl_3$ 气化器，将固定比例的氢气水蒸气混合后送入还原炉。还原炉中的高温硅芯表面会被氢气还原成单质硅，在高温硅芯表面逐渐沉积，形成多晶硅棒，同时，生成的尾气会被送至还原尾气和干法回收环节。还原炉中的反应主要为

$$5SiHCl_3 + H_2 \rightleftharpoons 2Si + 2SiCl_4 + 5HCl + SiH_2Cl_2$$

用改良西门子法生产多晶硅的流程，如图 3.2 所示。

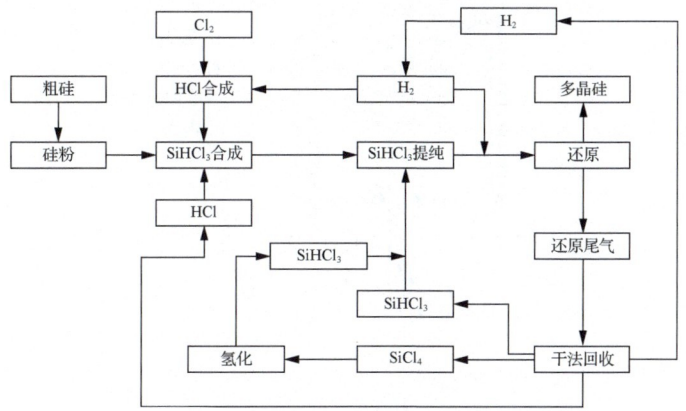

图 3.2 用改良西门子法生产多晶硅的流程

得到多晶硅棒（见图 3.3）后，就可以制作单晶硅棒。制作单晶硅棒的工业方法有直拉法和区熔法两大类。直拉法又称提拉法或柴可拉斯基法，如图 3.4 所示。用该法制备的单晶硅称为直拉单晶硅，主要用于集成电路和太阳能电池，故又称为 CZ 单晶硅，约占 90% 的市场。采用悬浮区域熔炼的方法（称为区熔法）制备的单晶硅称为区熔单晶硅，主要应用于市场份额较小的高功率器件，故又称 FZ 单晶硅。

图 3.3 多晶硅棒

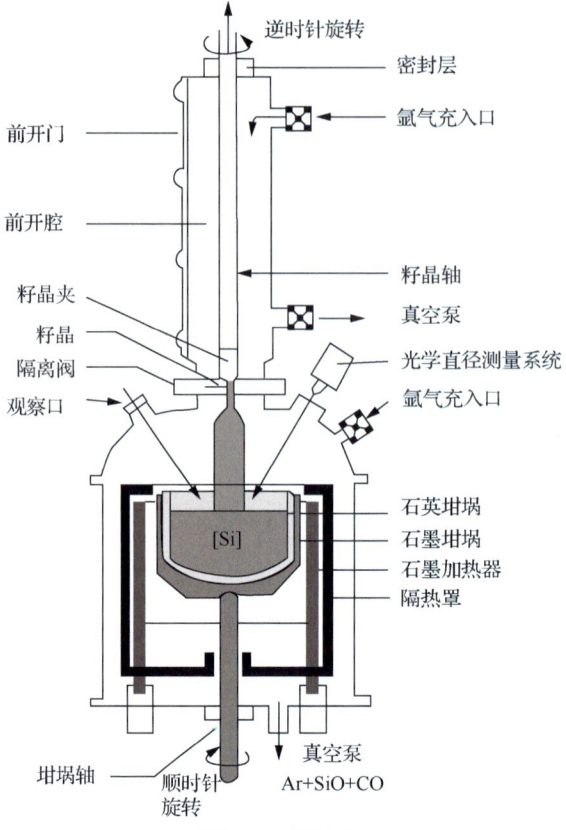

图 3.4 提拉法

用直拉法制作单晶硅棒时，需要先将多晶硅在单晶炉的坩埚中熔化，然后用称为籽晶的单晶硅接触熔融的多晶硅表面，使接触面熔液固化成单晶形式；反转坩埚并将籽晶向上转动，会使先前固化的部分继续固化熔液，成为下一步的籽晶；经过缩颈、放肩、等颈及收尾作业后，就会生长出单晶硅棒。在此期间，可以通过精细控制提拉速度和熔液温度分布来生产不同尺寸的单晶硅棒。

接下来，就是将单晶硅棒切片。目前，切片的主流技术为线锯切片技术，与早期的内圆与外圆切片技术相比，它更加适合现在逐渐增大的单晶硅棒尺寸。线锯切片技术可按磨料施用方式的不同分为游离磨料线锯切片技术和金刚石线锯切片技术，其中出片率高、切片质量好、切缝小的金刚石线锯切片技术应用最为广泛。直拉法单晶硅棒与单晶硅棒切片示意如图 3.5 所示。

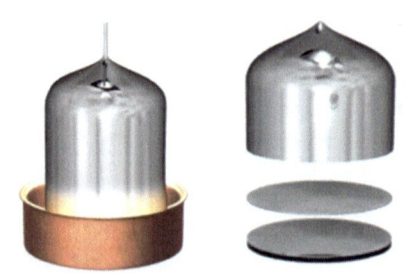

图 3.5 直拉法单晶硅棒与单晶硅棒切片示意

切片后,需要将切片的锋利边缘修整成指定形状(称为倒角),以消除因切片加工产生的棱角、毛刺、崩边等缺陷而造成的硅片边缘机械强度降低和表面污损。

为清除切片过程中在硅片表面产生的切痕与损伤,获得厚度均匀一致的硅片,还需对硅片进行机械磨片操作:使用颗粒微小的研磨液,对硅片进行机械研磨,研磨结束后清洗去除研磨液并对研磨后的硅片进行检查。

机械磨片操作后,还需对硅片进行化学研磨,使用酸性和碱性化学溶液来消除机械磨片产生的损伤,平整硅片平面。

通过上述磨片操作后,需要先通过热处理生产外延层并涂覆光刻胶,随后进行光刻、溶解、刻蚀、清洗、离子注入的步骤,完成晶圆制作。接着,在晶圆表面电镀沉积一层铜,再次对表面进行抛光。最后,将通过测试的晶圆包装入盒,晶圆制作过程就全部完成了。用直拉法制备晶圆的工艺流程如图 3.6 所示。

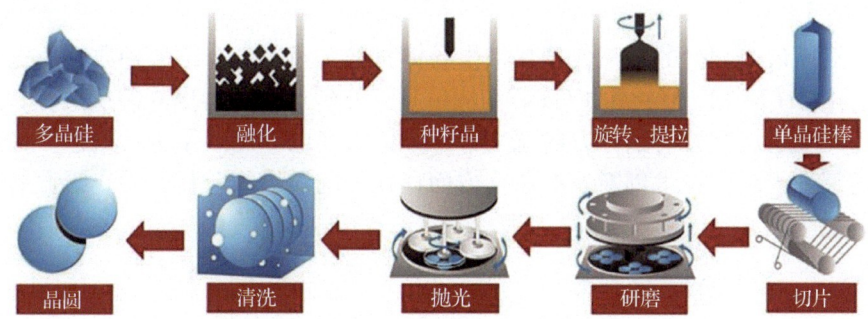

图 3.6 直拉法加工成抛光片的工艺流程

3.1.4 硅晶圆材料市场发展现状

芯片级硅片行业属于高投入、高技术、利润率相对较低的行业。近些年,全球芯片级单晶硅片主要被 5 家代表性企业垄断,市场占有率达 90% 以上,如图 3.7 所示。其中,仅日本两家代表性企业的市场占有率就达到 50% 以上。截至本书成稿之时,芯片级硅片产业链的设备(如单晶炉、切割机、倒角机等)基本被日本企业和少数欧美企业垄断。

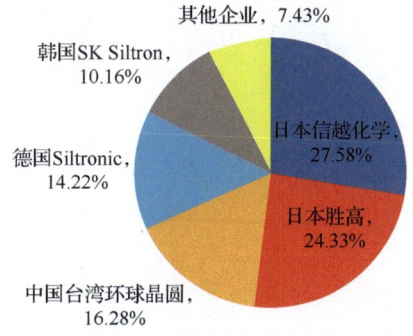

图 3.7 2020 年全球硅片市场份额占比

我国的硅片工业起步较晚,硅片供应仍高度依赖进口,国产化进程严重滞后,与国际先进水平之间的差距十分明显:在单晶硅片纯度方面,日本信越已经可以达到 11N,而我国的技术含量仍然有很大的上升空间;在产业链方面,我国硅片产业虽然呈现百花齐放的形态,但很多高纯金属硅仍依赖进口,相关产业链没有做足够的延伸;在销售网点的布局方面,我国硅片市场也需要继续拓展,进一步挖掘潜力。在全球硅片市场中,上海硅产业集团股份有限公司(简称沪硅集团)在全球半导体硅片市场所占的份额只有2.2%。

但与此同时,我国硅片产业正在奋起直追。例如,以中环股份、沪硅集团等为代表的国内硅片代表性企业正积极向8in和12in硅片生产迈进,以弥补硅晶圆材料的供应缺口,降低进口依赖程度。沪硅集团旗下的上海新昇成立于2014年6月,致力于研究、开发适用于尖端工艺节点的12in硅单晶生长、硅片加工、外延片制备、硅片分析检测等硅片产业化成套量产工艺,建设了12in半导体硅片的生产基地,实现了12in半导体硅片的国产化。

3.2 宽禁带半导体材料

本节以目前最受瞩目的第三代宽禁带半导体材料为重点,介绍两种典型的宽禁带半导体材料[碳化硅(SiC)、氮化镓(GaN)]从单晶、外延片再到器件的制造过程,并对当前电力电子、光电子、微波射频等方向宽禁带半导体材料的应用成果进行概述。最后,对我国当前在宽禁带半导体技术创新及产业化方面存在的问题进行分析,并介绍宽禁带半导体材料的发展趋势。

3.2.1 SiC 材料及制造工艺

1. SiC 的结构与性质

SiC是宽禁带半导体中的典型材料,其中Si原子和C原子共享sp^3杂化轨道,形成共价键结构。碳化硅单晶的基本结构如图3.8所示,4个Si原子的位置排布是正四面体结构,C原子位于中心,相反,Si原子也可以视为由C原子构成的正四面体的中心,这样便形成了SiC_4或CSi_4。在SiC中,由C原子和Si原子形成的硅碳共价键具有很高的键能。

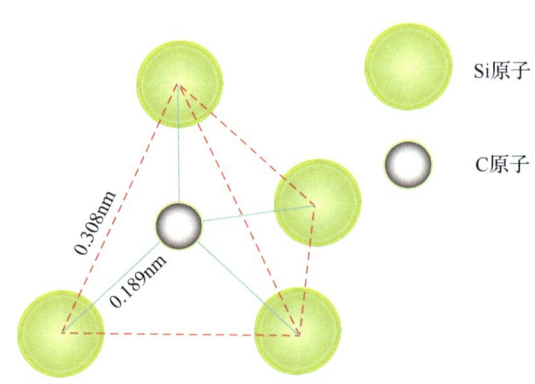

图3.8 碳化硅单晶的基本结构

由于堆垛层错能较低,SiC晶体在生长过程中易形成各种晶型,现已知的晶型就达到200多种,其中可分为三大类:立方、六方及菱方。按照拉姆斯德尔(Ramadell)命名规则[①]，SiC 的立方晶系用"C"表示，六方晶系用"H"表示，菱方晶系用"R"表示。目前，研究较多的晶型有 3C-SiC、4H-SiC 和 6H-SiC[3]。

SiC 的物理性能十分优越，这是它优于其他半导体材料的地方：禁带宽度大、饱和电子速度高、临界击穿场强高、热导率高。因此，用 SiC 材料制作的器件在高温环境下可以长时间稳定工作，工作频率及功率密度也较一般器件大，同时也有足够的耐受电压，且散热能力好，容易实现设备小型化。

2. SiC 单晶

目前，制备 SiC 单晶的方法主要有液相法、高温化学气相沉积（High-Temperalure Chemical Vapor Deposition，HTCVD）法、物理气相传输（Physical Vapor Transport，PVT）法。

（1）液相法。SiC 液相生长装置及温度梯度示意如图 3.9 所示。生长过程如下：先用射频感应线圈加热反应容器，再将硅熔体填充到石墨坩埚中（此时石墨坩埚也作为 C 源），然后将 SiC 籽晶置于石墨坩埚中硅熔体的上方，刚好与其接触，并使籽晶的温度略低于硅熔体的温度，籽晶和熔体之间的温度梯度会成为晶体生长的驱动力。晶体的生长温度为 1750～2100℃，且生长一般是在惰性气体中进行。为了提高晶体的生长速度，在生长过程中，需要通过调整籽晶和石墨坩埚的旋转方向和旋转速度，观察晶体的生长情况。

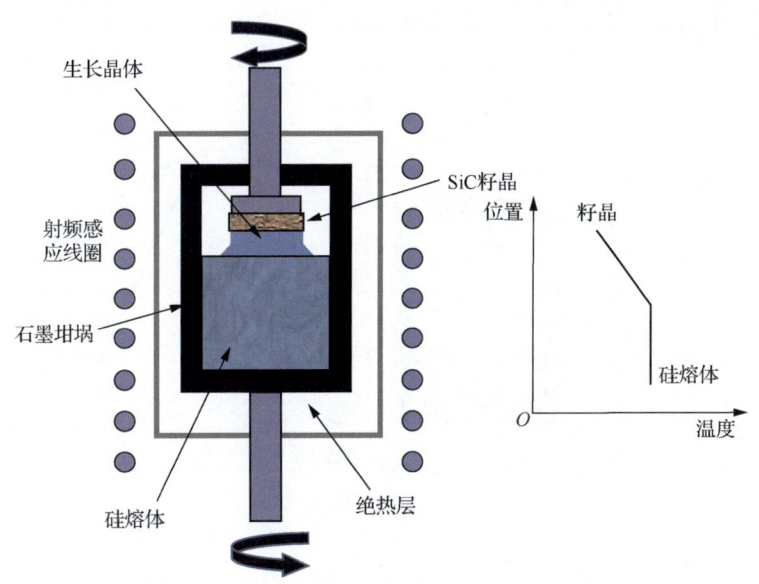

图 3.9 SiC 液相生长装置及温度梯度示意

（2）HTCVD 法。SiC 的 HTCVD 生长装置及温度梯度示意如图 3.10 所示。该装置是一个垂直形态的石墨坩埚，选择 SiH_4 作为硅源，C_2H_4 或 C_3H_8 作为碳源，H_2 或 He 填充其中作为载气。源气体在高温的反应室内分解，并发生相互作用，生成 SiC。该方法设备昂贵，晶体的生长成本太高，这个缺点限制了它的广泛应用。

---

① 该命名规则是采用字母与数字相结合的方法来表示 SiC 的不同晶型。其中，字母放在后面，用来表示晶体的晶胞类型；数字放在前面，用来表示基本重复单元的 Si-C 双原子层的层数。

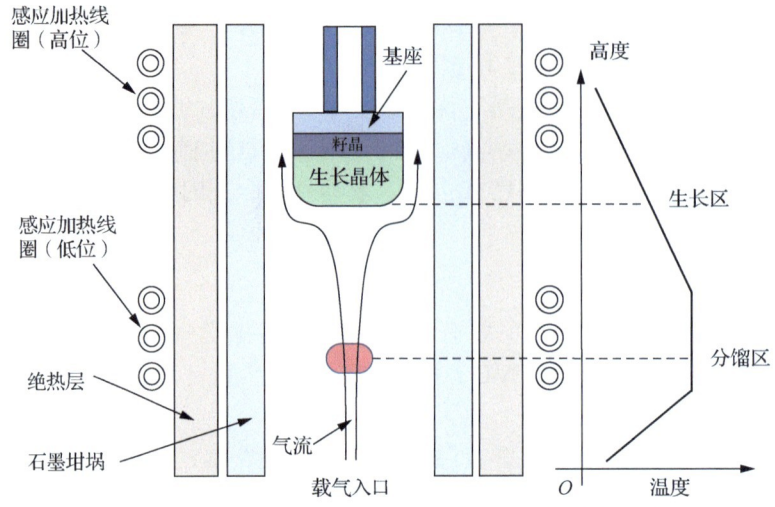

图 3.10　SiC 的 HTCVD 法生长装置及温度梯度示意

（3）PVT 法。该方法利用了 SiC 材料的特殊性质：常压高温下 SiC 不熔化；当温度在 1800℃以上时，SiC 开始分解，升华成多种气相组分；当温度较低时，这些组分又重新发生反应，生成结晶的固相 SiC。SiC 的 PVT 法生长装置如图 3.11 所示。PVT 法可以生长直径较大、质量较高的 SiC 单晶，所以是目前生长 SiC 最主要、最常用的方法。

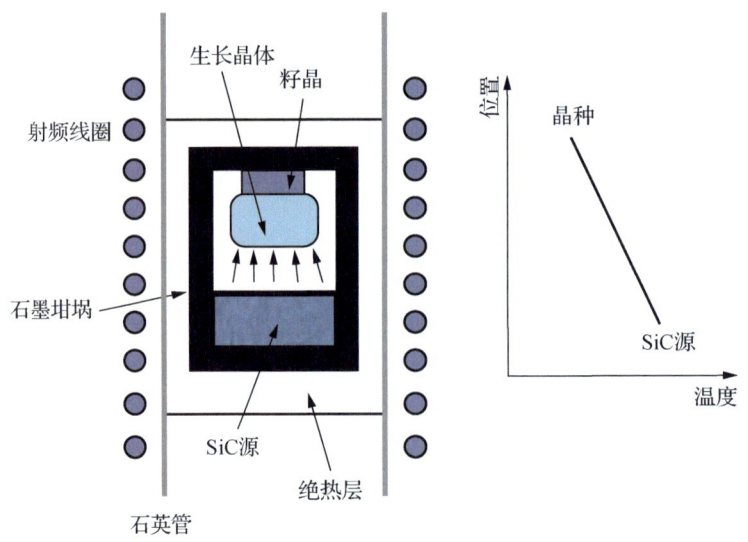

图 3.11　SiC 的 PVT 法生长装置及温度梯度示意

3. SiC 衬底

得到了 SiC 单晶以后，下一步操作就是衬底的加工。由于 SiC 硬度大、断裂韧性差，所以一般的加工方法不能适用，而且 SiC 器件对 SiC 晶圆的表面质量要求极高，所以为了保证器件良好的性能，SiC 衬底的加工精度要求也极为严苛。SiC 衬底的加工工艺主要包括划切、减薄和抛光。

（1）划切。解决晶圆表面裂纹损伤问题是 SiC 单晶划切及器件制造工艺中的重要课题，因为划切时，晶圆表面和亚表面很容易产生裂纹，这样既增加了制作成本，又提高了失败率。切片是 SiC 单晶加工过程的第一步，所以切片的效果非常重要，如果切片过程处理不好，后续薄化、抛光也会非常受影响。当前 SiC 的切片工艺有固结、激光切割、游离磨料切片等，其中比较常用的方法是往复式金刚石固结磨料多线切割。

（2）薄化。SiC 晶圆具有断裂韧性差的特点，这给薄化操作带来了不少困难，所以在薄化过程中要注意避免晶圆开裂。磨削是晶圆薄化的第一步。最具代表性的晶圆磨削方法是自旋转磨削。由于该磨削方法极易造成晶圆缺陷，所以需要开发其他技术（如超声辅助磨削技术），来保障加工过程中晶圆的质量。从字面意思上理解，超声辅助磨削技术是利用超声波来保护晶圆，提高加工质量。研磨是薄化的第二步，分为粗磨和细磨。研磨加工 SiC 晶圆表面时，使用的磨料通常为碳化硼或金刚石。粗磨使用粒径较大的磨粒；精磨在粗磨之后进行，使用较小的磨粒。两种方法相结合，可以改善晶圆表层状态。研磨的目的是除去切片过程留下的刀痕、切片引起的变质层，以及晶圆表面不光滑、受损的部分，提高光滑度。

（3）抛光。抛光工艺的原理就是去除离散原子。SiC 晶圆抛光技术包括粗抛和精抛两种。粗抛是为了改善抛光的加工效率而进行的机械抛光。精抛是单面抛光，CMP 就是精抛的一种，它的原理是利用化学腐蚀和机械磨损联合作用，实现晶圆表面抛光，是目前应用最广泛的抛光技术。在抛光液的作用下，晶圆会发生氧化反应，从而使得在磨粒机械作用下生成的软化层更容易被除去。

目前，SiC 单晶材料制成的衬底包括半绝缘型和导电型两种。这两种衬底最大的区别就是电阻率，前者的电阻率在 $15 \sim 30 \text{m}\Omega \cdot \text{cm}$，而后者的电阻率高于 $10^5 \Omega \cdot \text{cm}$。半绝缘型衬底经过"外延生长→器件制造→封装测试"的过程，可以被制成 SiC 二极管或 MOSFET，这些器件有很好的耐高温高压性，因此在新能源汽车、轨道交通、光伏发电、智能电网等领域得到广泛应用。导电型衬底一般被用来制造功率器件，在上述领域同样很受欢迎。

4. SiC 外延

在当前的宽禁带半导体材料中，与其他材料（如氮化镓、氧化锌等）相比，SiC 的发展更加成熟，应用更加广泛，这是由该材料本身的耐高温、热导率高、散热快、体积小等优良特性决定的。基于 SiC 衬底制备的高质量外延材料可以在很大程度上提高器件的性能和可靠性，从而促进宽禁带半导体在生产生活中的广泛应用。

基于 SiC 衬底的宽禁带半导体外延包括异质外延[如氮化镓（GaN）异质外延和氧化钙（Ga_2O_3）异质外延]和同质外延。

（1）基于 SiC 衬底的 GaN 异质外延。SiC 作为常用的衬底材料，具有带隙宽、热导率高、击穿场强高、物理特性较稳定的优点，适合很多材料的外延生长，GaN 就是其中之一。以 SiC 为衬底来生长 GaN，是目前制备 GaN 外延片的主要方案，且暂时优于其他方案，在半导体照明领域有很大的应用前景。但目前高质量的 GaN 外延层的制备仍然有一定的难度，SiC 衬底和 GaN 材料的很多缺点，如 SiC 价格昂贵、折射率高、缺陷密度大、晶格失配、更大的热失配，以及 Ga 原子的浸润性差、衬底缺陷等问题，在一定程度上阻碍了它的发展。另外在外延生长前，还需要对 SiC 衬底进行非常精细的表面处理工作，因为 SiC 表面容易生成阻止其分解和刻蚀的氧化物。因此，科研人员研究了如何有效提高 GaN 外延的质量，如采用 AlN、AlGaN 缓冲层、掩模等。如何在 SiC 衬底上生长更高质量的 GaN 外延，这个问题还需要继续研究探索。

（2）SiC 同质外延就是在 SiC 衬底上生长单层或几层 SiC 薄膜，用以制作功率器件。制作方法主要有 CVD、LPE、分子束外延（Molecular Beam Epitaxy，MBE）等。目前主流的方法是 CVD，用它来生长同质外延能够以较快的生长速度获得高质量外延层，同时还可以精确控制外延层的厚度。虽然 CVD 可以可控地实现 SiC 原位掺杂，但会出现多型体混合问题。早期 SiC 外延在无偏角衬底上生长，生长过程中有严重的多型体混合问题，所以实际外延效果并不好，难以制备出理想的器件。后来发明的台阶流生长方法，可在 1500℃ 高温下制备均一相的外延层，它可以在不同偏角下斜切衬底，在外延片表面形成高密度的纳米级外延台阶。SiC 同质外延主要用于制作功率器件，而功率器件性能的好坏由外延的尺寸、生长质量、膜层厚度等因素决定。目前，该领域面临的一个难题是外延层的生长速度和质量无法同时保证。

（3）基于 SiC 衬底的 Ga_2O_3 异质外延。除上述两种最常用的外延外，Ga_2O_3 材料同样可以以 SiC 为衬底来生长外延片，相关器件有望在低频、高电压等关键领域实现技术突破，并且可能会与现有的 SiC 及 GaN 技术形成互补。$β-Ga_2O_3$ 是其中的一种，它的宽带隙和高击穿场强等优异性能使得它在功率电子器件领域具有很大潜力。SiC 与 Ga_2O_3 的晶格失配较小，Ga_2O_3 具有良好的导热性，所以 SiC 衬底在外延 $β-Ga_2O_3$ 领域有很大的开发空间。该方案的不足之处在于衬底和外延的界面处会形成 SiO_x 多晶层，容易影响 Ga_2O_3 结晶质量。对基于 SiC 衬底的 Ga_2O_3 异质外延的研究才刚刚开始，目前还不能制备晶相统一、表面平坦的单晶薄膜，所以还需更进一步探索。

外延工艺在整个半导体材料产业中非常关键，因为几乎所有的器件都是在外延片上生长的，外延质量的好坏又受到上游环节——晶体生长、衬底加工的影响，所以外延作为一个中间环节，对器件性能的影响非常大，也对整个产业的发展起着关键作用。

5. SiC 的展现状

从生产 SiC 产品到投入应用的整个过程需要很长的时间。一个 SiC 功率器件，从单晶生长到衬底形成需要 1 个月，从外延生长到晶圆加工完成需要 6～12 个月，从制造 SiC 组件到车载验证，则需要 1～2 年。所以在汽车行业，SiC 功率器件从设计到投入使用，可能要花费四五年。

科锐、Dow Corning、ROHM 等国外企业是目前全球 SiC 晶圆生产领域中实力较强的企业，它们掌握了绝大部分的 SiC 晶圆专利技术，仅这几家企业就占据了全球 90% 以上的 SiC 晶圆市场份额，而美国科锐更是凭借技术的优势直接占据了全球 SiC 产量的 85%，几乎完全垄断了 SiC 市场[4]。SiC 产业作为一种新兴产业，是半导体产业发展的重中之重，在不久的将来其产业规模有望接近，甚至超越硅产业。

目前，国内商用 SiC 衬底大部分是 4in 的，正在努力研究 6in 衬底的制备技术。虽然国内的 SiC 衬底制备技术已经较完善，在尺寸、衬底可用面积、位错密度、微管密度等参数和性能上不断取得突破，SiC 产业链也初具规模，但跟国外的技术相比仍然有较大的差距。国内生产的单晶一致性差、成本高、成品率低，而且中国 SiC 衬底市场与美国相比差距明显，只占全球市场份额的不到 5%。

在 SiC 外延方面，目前国内可以实现 4～6in 产品的商业化生产，也可以制备 3.3kV 功率器件，但是 N/P 型 SiC 外延技术，以及超高压和双极型功率器件等高新制备技术还没法完全掌握，需进一步研究。SiC 外延设备价格昂贵且生产周期长，目前主要由 Wolfspeed

（美国）和昭和电工双寡头垄断，国内主要厂商有瀚天天成和东莞天域，他们除生产国内需求的产品外，还可以外销。

3.2.2 GaN 材料及制造工艺

1. GaN 的结构与性质

GaN 是一种禁带宽度大、电子迁移率高、抗辐射能力强、击穿场强大、热导率高，适用于高温高压、高频、大功率、强辐射等各种极端条件的直接带隙半导体材料。GaN 材料适合用来制备发光二极管、激光器、高电子迁移率晶体管、电力电子器件等，随着近些年 GaN 制备技术和加工技术的不断完善，它已经成为继前两代半导体材料之后的第三代半导体的核心材料。

GaN 具有性质稳定、硬度大、熔点高（达 1700℃）、电离度高（0.5 或 0.43，超过了Ⅲ-Ⅴ族其他化合物）的优点，有纤锌矿（六方相）、岩盐矿（NaCl 结构）、闪锌矿（立方相）3 种晶型结构[5]。GaN 晶体在标准大气压下一般以纤锌矿结构形式存在，即六方相 GaN。六方相 GaN 为热力学稳定相，所以大部分器件使用的 GaN 单晶也是纤锌矿结构，其他两种结构在通常情况下都是亚稳相。

2. GaN 单晶

关于 GaN 单晶薄膜制备技术，近些年已有较多成果出现，如氢化物气相外延（Hydride Vapor Phase Epitaxy，HVPE）法、三卤化物气相外延（Tri-Halide Vapor Phase Epitaxy，THVPE）法、氨热法和助熔剂法。其中，前两种方法属于气相外延技术，后两种方法属于液相外延技术。GaN 在自然界中无法以单晶的形式存在，所以一般情况下只能制备 GaN 外延，一般的体单晶生长方法不适用于 GaN。

（1）HVPE 法。该方法是指在外延生长所需的化学组分中，至少采用一种氢化物的气相外延。HVPE 反应装置分为低温区和高温区，金属 Ga 与 HCl 在低温区（850℃）发生置换反应，生成的气相 GaCl 被输送到下一个区域进行反应。气相 GaCl 作为 Ga 源，通入的 NH_3 作为氮源，在高温区（1000℃左右）反应，生成的 GaN 单晶在衬底上生长。HVPE 反应装置示意如图 3.12 所示。HVPE 法的优点是可以在常压下生长，速度快，生成的晶体尺寸大，是目前生产商用 GaN 外延的主流方法。但是，该方法也有一些缺点，如曲率半径小、成本高等，还会污染环境[6]。

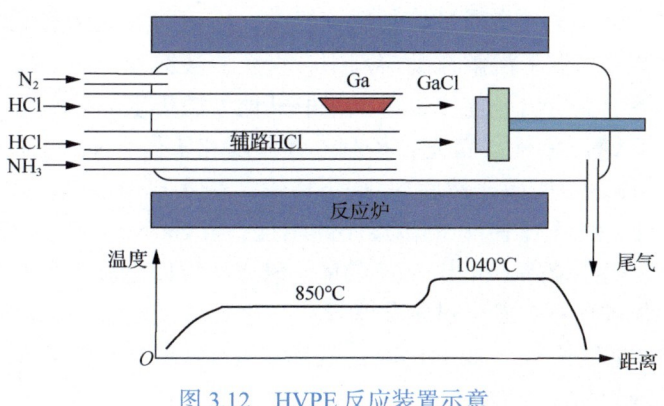

图 3.12 HVPE 反应装置示意

（2）THVPE 法。该方法在是 HVPE 法的基础上进行了改良，用氯气 Cl_2 代替 HCl 作为氯源，能够以更快的生长速度制备出高品质的 GaN。该反应过程是使用 Cl_2 跟 Ga 经过两次反应生成 $GaCl_3$，生成物再与 NH_3 发生反应，在衬底上生长出 GaN。采用 THVPE 法生长 GaN 的速度是最快的，但它的缺点是位错密度较高，还需要继续改进。可以预期的是，采用改进后的 THVPE 法，GaN 制备中的高生长速度和高结晶质量这两个条件可以同时实现。

（3）氨热法。氨热法的生长装置示意如图 3.13 所示，它可以在 400~750℃、1000~6000 个标准大气压的高温高压环境下工作。材料生长的原理是从过饱和临界氨（NH_3）中析出晶体。氨热法中晶体的培养是在高压釜中进行的。高压釜有极强的耐高温高压性和耐酸碱性，传统的高压釜分高温、低温两个区域，即结晶区和熔融区，其中籽晶放置在结晶区，原材料与矿化剂放置在熔融区。对高压釜进行温差加热，当极性熔剂达到超临界状态时，原料在矿化剂催化作用下开始熔融，熔融体因温差效应产生自然对流，从熔融区被输运到结晶区，在一定的温度与压力下，熔融体达到超饱和状态而析出单晶。氨热法的优点是结晶质量高，能在多个籽晶上生长，生产易规模化，成本也会降低很多；不足之处在于生长压力大，生长速度慢。

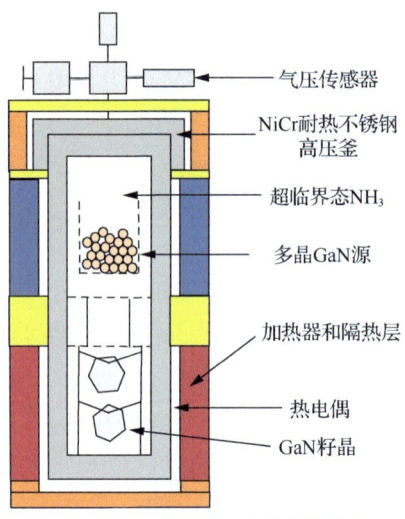

图 3.13　GaN 氨热法生长装置示意

（4）助溶剂法。该方法是指通过控制环境温度，使用助溶剂从溶液中析出单晶。它先将制备晶体的原材料在高温下溶解在助溶剂中，直至溶液饱和，然后降低环境温度，使饱和溶液变为过饱和溶液，析出晶体（也可以采取其他办法析出晶体）。

助溶剂常采用 Ga-Na 溶液。首先，控制外界温度和压强，Na 的作用会使氮气（N_2）中产生 N^{3-}，位于液体表层区域，然后 N^{3-} 向下传输，融入 Ga-Na 溶液中。在这个过程中，氮气不断地被离子化，使溶液中 N^{3-} 的浓度不断增加，当 Ga-Na 溶液中 N^{3-} 的浓度升高到一定值时，过饱和溶液就会结晶，析出 GaN 晶体。该方法可以生长出尺寸较大、质量较好的单晶，而且整个生长过程不会发生过多化学反应，生长环境较温和，对环境、设备的要求比较低，原理简单，是生长 GaN 材料的较优选择。该方法的缺点是容易自发成核，形成多晶。助溶剂法的原理如图 3.14 所示。

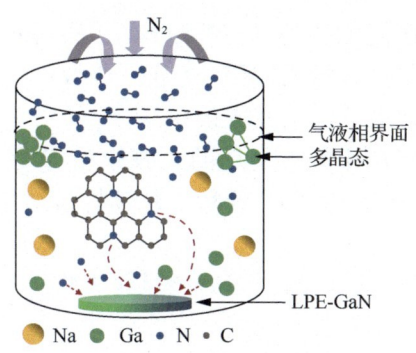

图 3.14　助溶剂法的原理

3. GaN 衬底

由于目前无法制备出 GaN 单晶，所以没有办法制备出大尺寸的 GaN 薄膜，GaN 器件只能在其他晶体材料衬底上制备，而其他材料与 GaN 的晶格失配率都比较高，这是目前生产 GaN 器件面临的主要困难。

GaN 衬底材料有两种：使用 HVPE 法制备得到的自支撑 GaN 单晶衬底；复合衬底，它是使用 CVD 法，用金属有机化合物在蓝宝石（Al_2O_3）衬底上外延制备得到。

4. GaN 外延

在生长 GaN 外延时，衬底材料的选择特别重要。选择与 GaN 晶格失配率较小、热膨胀系数相近的材料做衬底，可以减少制备产生的缺陷，所以一般会选择同系列的材料做衬底。在不同的应用领域，GaN 器件的衬底材料也不同，常见的有蓝宝石、Si、GaN、SiC 等。

目前，能生产的以蓝宝石做衬底的 GaN 外延的最大尺寸是 6in（152mm）。用蓝宝石衬底生长的 GaN 外延片的优点是质量好、价格低，大部分可以用来制作 LED 芯片，但不能制作射频器件，因为蓝宝石和 GaN 的晶格失配率较大，外延片的导电性、导热性差；用于制作 GaN 功率器件的衬底主要是 Si 单晶，它也是消费电子电源芯片的主流选择，它的优点是质量好、最大应用尺寸较大、价格低；GaN 单晶衬底目前主要用于光电子器件中的激光器，量产最大尺寸为 2in（50mm），外延片质量好，缺点是价格昂贵。目前，国内可以大量生产的 SiC 衬底的尺寸为 4～6in。SiC 衬底的热导率高、散热性能好，与 GaN 晶格失配小，是目前使用较多的 GaN 器件的衬底材料，虽然在 SiC 上生长 GaN 制得的外延片质量好，但成本很高，这一缺点影响了 GaN 器件的进一步研发制造。

AlN 是另一种比较理想的生长 GaN 外延的衬底材料，由于与 GaN 属于同一材料体系，它与 GaN 的晶格失配率较其他材料（蓝宝石、SiC）小得多，热膨胀系数相似，由其制造的 GaN 器件质量较好。GaAs 材料也是很有发展前景的 GaN 外延的衬底材料，它的价格低、易解离、尺寸大，GaN 器件与 GaAs 电路还可以混合集成。还有一类与 GaN 晶格失配率较小的材料是氧化物材料，其中 ZnO 衬底最有发展前景。

5. GaN 的发展现状

GaN 器件的制造流程是：GaN 单晶生长→衬底→GaN 外延→设计器件→产品制造。全球范围内有大量企业参与 GaN 器件的研究设计工作，能实现量产的却只有 10 家左右。截至本书成稿之日，国内能量产的 GaN 衬底尺寸只有 2in，4in 的暂时无法大量生产，预计 2025 年前 6in 衬底能够实现量产并投入使用。目前，GaN 半导体已经在电力电子、微波射频、光电子器件应用等方面取得了一定的成果。

在电力电子应用方面，目前市场上使用的大部分 Si 基 GaN 外延片是 6in 的，国外一些公司已经制造出了 8in 的 Si 基 GaN 外延片，外延材料均匀性小于 1%，并且能够量产晶圆。

微波射频领域使用的是 SiC 基 GaN 外延片，目前能够量产的器件尺寸正在从 4in 向 6in 过渡。

GaN 在光电子领域已被广泛应用于各种产品，如 LED 照明和紫外光 LED。蓝宝石基 GaN 外延片是这些产品的主流材料，尺寸为 4in。同时，国内一些企业普遍生产由蓝宝石基 GaN 外延片制造的紫外光 LED，主流尺寸为 2in。Mini／Micro-LED 则多采用 Si 基 GaN 外延片，尺寸为 8in。

GaN、SiC 产业链发展概述如图 3.15 所示。

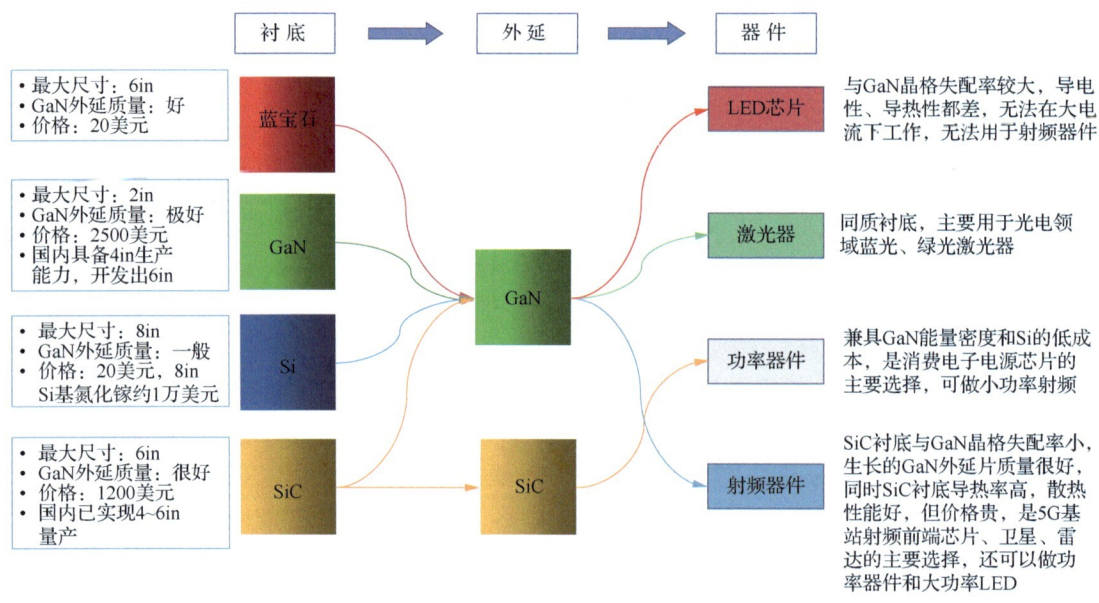

图 3.15　GaN、SiC 产业链发展概述[7]

3.2.3　宽禁带半导体材料的应用成果

宽禁带半导体主要应用于电力电子、微波射频和光电子等领域。

用宽禁带半导体材料制作的电力电子器件及相关作用模块具有高耐受电压、抗辐射、高功率、高效率等特点，可以使新能源汽车、消费电子、能源互联网等许多相关领域的电力控制系统更新换代。用宽禁带半导体材料制作的微波射频器件及相关模块的特点是可以实现更宽的覆盖范围、更大的带宽、更高的精度和更低的延迟，这些在改善雷达、通信等系统的性能方面发挥着至关重要的作用，而新一代显示与光源技术需要光谱可调、高效、小型化、数字可控的宽禁带半导体光源，这些对支持这一领域的颠覆性创新和应用至关重要。

1. 电力电子

用 GaN 制造的功率器件具有大带隙、高导热性、高强度、高硬度的特点，并且它耐高温、耐辐射、耐酸碱。近年来，GaN 的制造技术在不断进步，所以器件的成本也在逐渐降低，所以它的应用更加广泛，主要应用在新能源汽车、照明、移动通信和电子消费等领域。安卓手机厂商已经率先将 GaN 技术应用于快速充电领域。这是非常有前瞻性的举措，因为 GaN 功率器件的成本降低使得它更容易得到广泛的应用，消费电子领域的下一个突破口很可能就是快充产品。

生长在导电型 SiC 衬底上的 SiC 同质外延片，已在各种功率器件的应用中展现出良好的效果，包括肖特基二极管、MOSFET 和绝缘栅双极晶体管（Insulated Gate Bipolar Transistor，IGBT）。这些应用在新兴能源技术中得到了用武之地，如新能源汽车、轨道交通、大功率传输和转换。例如，在新能源汽车领域，日本的 ROHM 在 Formula E 赛车上运用了一种全 SiC 的控制器，可以大大减小体积和质量，与 IGBT 控制器相比，尺寸减小了 43%，质量减小了 6kg[8]。同样，在绿色能源领域，SiC 功率器件已展现出对电能转换效率的直接改善，并增加了光伏发电中的并网发电收入。此外，它们的高转换效率可以提高风力发电中风能的利用率。鉴于其更长的使用寿命和对极端环境的抵抗力，与 Si 基器件相比，SiC 功率器件显然更适合这些应用。

在轨道交通领域，三菱电机已经开发了一种用于轨道列车牵引系统的 3.3kV 全 SiC 功率模块。与现有系统相比，该模块可以节省约 30%的功率[9]。最后，SiC 功率器件在大型服务器、数据中心等应用中找到了用武之地，因为它们效率高、耐高温、使用寿命长，可以大大节省能源和更换维护成本。

2. 微波射频

GaN 器件是无线通信领域最重要的器件之一，可以用来制作射频开关、功率放大器、低噪声放大器、滤波器等。

近年来，全球 5G 通信技术的发展和传播，为微波射频器件的产生和进步提供了新的动力。由于 5G 通信具有高频率、高速度、高功率的特点，微波射频器件的性能要求也被提高了。GaN 射频器件用 SiC 作为衬底，这种器件的特点是 SiC 导热性能好、在较大频率下 GaN 可以实现大功率的射频输出。它们克服了砷化镓（GaAs）和 Si 基横向双扩散金属氧化物半导体（Laterally Diffused Metal Oxide Semiconductor，LDMOS）器件的固有限制，从而成为该领域的主流设计方案。如今，国内的一部分相关企业已经建立了 GaN 射频器件生产线，并正在生产相关产品。

3. 光电子

照明行业的产品正朝着更高效、更具成本效益和更可靠的方向发展，并广泛应用于各个领域。SiC 是仅次于蓝宝石的 GaN 外延的第二大常用衬底材料。然而，SiC 衬底市场目前基本由科锐控制，这也就导致了 SiC 衬底的市场价格比蓝宝石高得多，这限制了其广泛应用。科锐已经基本建立起了"SiC 衬底—LED 外延—芯片封装—灯具设计"的较完整的照明器件产业链条，该公司已经掌握了在 SiC 晶体制备和 LED 外延领域的关键技术，基本垄断了 SiC 衬底制造 LED 产品的产业链。这凸显了 SiC 基 LED 在照明行业的显著市场竞争力和技术进步。

在检测器领域，369nm 波长的 GaN 紫外线检测器与 Si 检测器相比可以实现更快的响应速度。GaN 探测器在导弹预警、秘密卫星通信、环境监测、化学和生物检测等方面具有很大应用潜力。

此外，GaN 器件可以制造蓝光、绿光和紫外激光器，光谱范围很广，所以应用范围也很广。紫外激光器可以制作光盘，且数据存储空间比蓝光光盘大 20 倍，而蓝光激光器与红光、绿光激光器一起使用，可实现全真彩色显示，使激光电视的应用领域更加广泛。紫外激光器一般用于医疗消毒、荧光激发光源和其他应用领域。

3.2.4 宽禁带半导体材料的发展趋势及关键问题

1. 发展趋势

在"十三五"期间，我国有关部门已将宽禁带半导体纳入"战略性先进电子材料"研究项目，将其作为重点项目并在科研上给予最大支持。在"十四五"规划中，宽禁带半导体材料同样作为"新型显示与战略性电子材料"的重点研究项目。近年来，中央和地方政府高度重视宽禁带半导体材料的研发和生产工作，并给予了相关机构和企业大力扶持。目前，我国宽禁带半导体产业在市场和应用领域占有战略优势，并建立了比较完善的产业链。国际半导体巨头在专利、标准、规模等方面尚未形成完全垄断，从而为我国实现核心技术和产业战略的突破、重塑全球半导体产业格局提供了机遇。

在当前的国际市场上，宽禁带半导体材料及相关器件正在逐步实现量产，该产业步入了高速发展阶段。未来几年，全球范围内的相关领域会对宽禁带半导体材料进行大量开发和研究。因此，将会有更多的投资注入该产业，以促进宽禁带半导体在新能源汽车、高速列车、5G 通信、光伏并网系统和消费电子等关键领域的应用突破。美国等发达国家如今已经设立了国家级的创新中心和产业联盟，来抢占宽禁带半导体产业的战略性制高点。美国、日本在 Si 基半导体领域的技术和发展已经远远领先于其他国家，但是仍然在积极策划和发展宽禁带半导体，来巩固自己国家在半导体领域的垄断地位。美国能源部已经推出了 Power America 项目，目的是建立并健全美国的 SiC 研发和制造的产业链，建设基于成熟 CMOS 代工线的 SiC 生产线，对开展半导体材料研发工作的各大高校和企业提供大力资助和支持，鼓励开展该领域的技术研发和人才培养工作，这些举措对 SiC 产业链的开发和完善起到了巨大的推动作用。

2. 关键问题

半导体产业目前正处在全球化的竞争中，它的研发周期长、技术更新快，往往先行者提前占据行业优势，有成本和供应链优势，而后进者追赶难度大，这就造成了半导体行业发展不平衡。首先，由美国带来的逆全球化趋势加剧，导致贸易争端不断，从而使全球的产业链、供应链因非经济因素而中断。因此，中国经济也受到了严重的威胁，必须摆脱依赖性。其次，互联网技术的快速发展和 5G 应用的普及，提高了对宽禁带半导体的需求。因此，宽禁带半导体产业的发展迫在眉睫。

鉴于目前的情况，世界各地已经涌现出一些半导体项目。然而，这些项目大多是低水平、低质量的产业，在市场表现方面也乏善可陈，导致了资源的浪费。因此在中国，宽禁带半导体技术的创新和产业化，有以下 4 个主要问题需要解决。

（1）我国在宽禁带半导体材料产业的创新能力和基础研究能力不足，与美国和日本等发达国家相比，我国在这方面的人力、物力和财力投入都比较缺乏，没有长期稳定的支持。所以，我国的半导体行业暂时无法实现持续的创新和人才供给。

（2）我国的宽禁带半导体项目虽多，但是严重缺乏创新，项目质量参差不齐。而且我国的很多基础材料和关键器材都得从国外进口，这严重阻碍了科研技术的发展。我国的产业化水平较弱，缺乏一体化、全流程、全链条的部署。

（3）宽禁带半导体的研究和开发工作需要配置重要的生产设备、高标准的清洁生产环境和精密的测试仪器，这些都需要高昂的成本和投资。遗憾的是，国内大多数机构拥有的资源微薄，如次优的设备和设施，不足以推动宽禁带半导体产业的发展。这种不足是我国宽禁带半导体研究和发展步伐缓慢的主要原因之一，限制了该领域的科学探索范围。

（4）国产材料和器件进入应用供应链难。半导体材料在应用中对性能和可靠性的要求很高，国内生产的材料和器件要想进入生产，需要的周期很长，难度大，产业能力提升速度慢。

3.3 工艺耗材

本节介绍集成电路单项工艺中涉及的一些关键工艺耗材，包括电子特气、靶材、光刻胶、掩模版、显影液。

3.3.1 电子特气

电子特气是指半导体行业中用于制备材料和集成电路的气体，是电子工业材料制备过程中必不可少的基础支撑材料。在半导体产业中，电子特气的需求巨大，市场需求仅次于硅片。晶圆制造过程中，约有15%的成本为电子特气。在半导体领域，电子特气在制造晶圆、氧化、气相沉淀、光刻等前端晶圆制造的诸多环节中都有应用，并对最终制造出来的晶圆在性能和品质方面有举足轻重的作用。在电子材料的生产过程中，电子特气的纯度和清洁度会直接影响电子器件的质量。电子特气广泛应用于电子产品制造过程，涉及半导体、显示面板、太阳能、LED 等行业。例如，半导体制造需要使用 O_2、H_2、Ar、He、N_2 和 CO_2 等电子大宗气体，以及 Ne、Kr 和 Xe 等电子特气。这些气体在半导体产业供应链中拥有仅次于大型晶圆的第二大市场需求，占半导体材料市场的14%。每年，半导体材料领域使用的电子特气价值超过 400 亿元人民币[10]。电子特气的类型和用途见表 3.3。

表 3.3 电子特气的类型和用途

分类	主要气体
掺杂气体	AsH_3、PH_3、AsF_3、BCl_3、SbH_3、PCl_3、$(CH_3)_2Te$、H_2S、GeH_4、B_2H_6、$(C_2H_5)_2Te$、$(CH_3)_2Cd$、$(C_2H_5)_2Cd$
外延气体	SiH_4、SiH_2Cl_2、$SiHCl_3$、$SiCl_4$、B_2H_6、BBr_3、AsH_3、PH_3、GeH_4、TeH_2、$(CH_3)_3Al$、$(CH_3)_3As$、$(C_2H_5)_3As$、$(CH_3)_2Hg$
离子注入气体	AsF_5、PF_5、PH_3、BF_3、BCl_3、SiF_4、SF_6、N_2、H_2
发光二极管气体	AsH_3、PH_3、HCl、SeH_2、$(CH_3)_2Te$、$(C_2H_5)_2Te$

续表

分类		主要气体
刻蚀用气体	气相刻蚀	Cl_2、HCl、HF、HBr、SF_6
	等离子刻蚀	SiF_4、CF_4、C_3F_8、CHF_3、C_2F_6、$CClF_3$、O_2、C_2ClF_5、NF_3、SF_6、BCl_3、$CHFCl_2$、N_2、Ar、He
	离子束刻蚀	C_3F_8、$CClF_3$、CHF_3、CF_4
	反应性喷镀	O_2
CVD 气体		SiH_4、SiH_2Cl_2、$SiCl_4$、NH_3、NO、O_2
稀释气体		N_2、Ar、He、H_2、CO_2、N_2O、O_2

电子特气广泛应用于半导体工业的各个环节中。从单个芯片的产生到器件的最终封装，几乎每一步都离不开电子特气，例如芯片制造中的清洁、沉积/CVD、光刻、刻蚀、离子注入、成膜等过程，都涉及电子特气。

高纯度甲硅烷（SiH_4）是最重要的"源"气体之一，广泛应用于半导体芯片、显示面板、太阳能电池等的制造过程中[11]。作为一种应用于含 Si 薄膜和涂层工艺的电子特气，它的应用已从传统的微电子和光电子行业扩展到化工、光学、钢铁、机械等多个领域，具有重要的行业影响力，合成工艺如图 3.16 所示。

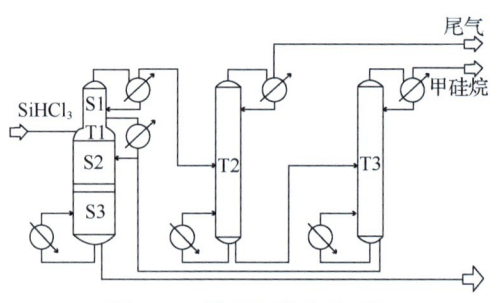

图 3.16　甲硅烷的合成工艺

高纯度甲硅烷的生产技术曾经被美国、日本、韩国等少数国家垄断，即使是用于制造硅化玻璃的低级别产品，我国也严重依赖进口。随着光伏产业的兴起，国内企业相继形成了电子特气产能。经过短短几年的发展，甲硅烷电子特气几乎已经完成国产化，同时，国内新能源产业的快速发展也在催生新的甲硅烷应用场景和市场需求。

在电子工业中，乙硼烷（B_2H_6）主要在生产 P 型半导体芯片时，作为气体掺杂源在离子注入工艺和半导体硼掺杂时充当掺杂剂[12]。在乙硼烷领域，液化空气公司具有先发优势，供应了世界范围内绝大部分的乙硼烷混合气体。目前，国内已经拥有初步的乙硼烷生产工艺，但是制备工艺尚不完善，生产方法复杂，生产的产品不能满足生产高性能半导体的需求。此外，乙硼烷的化学性质非常活泼，高纯度乙硼烷以混合气的方式从国外进口，具有成本高及使用不便的特性。因此，乙硼烷生产纯化是国内乙硼烷产业迫切需要解决的关键技术，使高纯度乙硼烷的国产化，以促进半导体等相关产业的发展。

目前，含氟电子特气约占全球电子气体市场的 1/3，是电子信息材料领域电子特气的一个庞大分支，主要用作清洁剂、刻蚀剂、掺杂剂、成膜材料等。含氟电子特气主要可分为无机氟电子特气和有机氟电子特气。其中，无机氟电子特气主要有 NF_3、BF_3、SF_6 和 WF_6 等，有机氟电子特气主要有 CF_4、CHF_3、CH_2F_2、CH_3F、C_2F_6、C_3F_8、C_4F_6、C_5F_8 和 COF_2 等。

电子特气的重要性在于它们对半导体器件的性能（如性能、集成度和良率）起决定性作用。为了保证半导体器件的质量，电子特气产品必须同时满足"超纯"和"超清洁"的要求。"超纯"要求气体纯度达到 4.5N、5N，甚至 6N、7N[13]。作为电子特气的核心参数，纯度每提高 1N，颗粒和金属杂质浓度每降低一个数量级，工艺复杂性和难度就会显著增加。随着半导体领域技术的快速发展，工艺技术从 28nm、14nm、7nm 逐步提高到 5nm，该领域对电子特气纯度和混合精度的要求不断提高。经过多年的发展，国内电子特气行业逐步克服了技术难题，大大缓解了依赖进口的局面。然而截至本书成稿之日，我国大多数电子特气相关技术仍在解决"可用"问题，一些与"好用"相关的关键技术仍存在瓶颈。这包括大宗气体净化和净化的生产技术，以及确保电子特气供应的生产技术。这些技术需要积累和沉淀，才能实现产业链"补缺"的最终目标。

电子特气需要晶圆厂和设备制造商进行两轮严格审查，而集成电路领域的认证至少需要两年时间。一旦得到客户的认可，供应商就不会轻易改变。目前，许多芯片巨头已经与天然气供应商建立了长期合作关系，形成了稳定的上下游产业链。

在外国投资主导的市场背景下，国内天然气公司缺乏在线测试的机会。面对国产品牌的制约，电子特气公司很难实现从 0 到 1 的突破。但近年来，长鑫存储、长江存储科技有限责任公司（简称长江存储）等企业不断努力，将晶圆产能向中国市场倾斜，国内企业有了更多的增长机会。

电子特气的研究具有成本高、技术门槛高、受认可周期长的特点。国外电子特气具有品种齐全、质量好的特点。国内电子特气行业起步较晚，工业基础相对薄弱。经过几十年的发展，国内电子特气的研究取得了一定的进展，但在产品性能和生产规模上与国外相比仍有较大差距。

从电子特气的全球市场份额来看，由于海外特气市场发展较早，国际主要工业气体巨头已形成深厚的技术积累和产品布局，电子特气已成为其营收的重要组成部分。美国空气化工、法国液化空气、日本大阳日酸、德国林德等海外巨头占据全球 91% 的市场份额，形成寡头垄断格局[14]。由于电子特气产品的重要性，它也成为各国征服的目标。韩国日前宣布实现高纯度氯化氢国产化，三星电子、白光化学等企业在电子特气方面的突破使韩国在产业链上逐步摆脱对日本等国家的依赖。国内市场也大致相似，几家跨国巨头占据了 88% 的国内市场份额，而国内制造商仅占 12%。半导体领域电子特气国产化率不足 15%，国产替代需求旺盛。从产品类型来看，根据中国工业用气行业协会 2023 年的统计，我国集成电路生产用电子特气只能满足 20% 的生产需求，其余均需依赖进口。

对半导体及相关电子产品的生产来说，电子特气的纯度是必不可少的。水蒸气、氧气等电子特气中的杂质，易使半导体表面形成氧化膜，影响电子器件的寿命；含有的微粒杂质，可使半导体发生短路、电路损坏，使半导体性能发生变化。半导体产业的发展对产品的生产精确度要求日益提高。以芯片制造为例，从毫米级到微米级乃至纳米级，它的电路线宽度要求电子特气纯度更高。

2016—2018 年全球晶圆制造用电子特气市场保持 10% 左右的增长速度，2018 年市场规模达到 42.5 亿美元，在晶圆制造材料市场的占比达到 12.85%。国内电子特气市场的增长速度高于全球，2018 年用于晶圆制造的电子特气市场规模约为 72.98 亿元人民币（约合 10.81 亿美元）。经测算，逻辑电路每平方米晶圆加工所需的电子特气约为 37.3kg，存储电路每平方米晶圆加工所需的电子特气约为 12.0kg。集成电路中逻辑芯片和存储芯片本身的占比超过了 60%，电子特气的用量也将随着未来 5G、汽车电子化，以及集成电路技术和制造工艺的发展而大幅增加。

与传统的大宗气体行业相比，电子特气行业具有较高的技术壁垒和较高的市场集中度。在 2018 年全球半导体用电子特气市场中，五大公司控制了 90%以上的市场份额，其中空气化工、普莱克斯、林德、LNAIR 和大阳日酸等公司形成寡头垄断局面（见图 3.17）。国外几大燃气巨头在国内市场把持着 80%的市场份额。

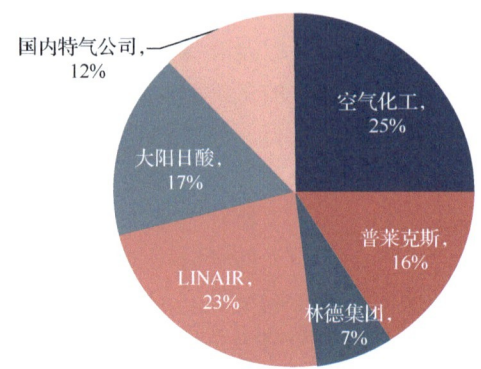

图 3.17　电子特气市场格局

半导体电子特气产业具有较高的技术壁垒。半导体电子特气生产的每一步都有严格的技术参数要求和质量控制措施，涉及半导体电子特气在生产过程中的合成、纯化、混合气配制、充装、分析检测、气瓶处理等多项工艺技术。

对混合气来说，配比精度是核心参数，随着产品组分的增加，配制精度的上升，客户往往要求燃气供应商能够精细操作多种百万分数级甚至十亿分数级浓度的气体组分，配制工艺的难度和复杂度很高。另外，对生产企业提出较高技术要求的还有气瓶处理、气体分析检测、气体配送等环节。

下游客户认证也是一个关键的难点。电子特气作为一种关键材料，会对下游行业的正常生产产生巨大的影响，而使用在晶圆加工环节的电子特气，如果出现质量问题，就会造成整条生产线的产品报废，损失巨大。因此在集成电路领域，下游行业客户对产品的要求高度精密化，需要经过 2 轮（时间甚至长达 2～3 年）严格的审查认证，才能对气体供应商做出资质认定。

另外，客户与燃气供应商建立合作关系后，为保持燃气供应稳定，双方为满足客户的个性化需求，会建立客户黏性不断加强的反馈机制，不会轻易更换燃气供应商。因此，长认证周期对新进入者形成了较高的客户壁垒。在营销网络方面，燃气供应商为满足下游客户对燃气种类、响应速度、服务质量的高要求，需要在铺点建设上投入大量的人力物力，不断拓展营销服务网络，为燃气下游客户提供设计、安装，包装容器处理、检测、维修，以及燃气供应系统的配送服务。

然而，电子特气较高的运输和现场维护成本造就了我国电子特气行业的国产化配套优势。多品少量是电子特气的特点，所以采用零售的方式进行气体销售非常普遍，而对国外企业来说，这种零售形式需要在运输、维修等方面的成本较高。

在运输费用方面，以全球工业气体代表性企业林德为例，它在我国设有 11 个空分装置点，但仅有两家电子特气工厂。考虑到林德在国内较少有专门的电子特气工厂，从欧美运到国内大约需要 30 天的时间，所以需要从海外运输大量的电子特气，预计运输成本不会比远距离的国内运输低。随着国内半导体晶圆厂从华东、华北向全国扩散，未来本土电子特气企业的运输成本优势将十分显著。

国内电子特气品牌（如慧瞻材料等）纷纷亮相，并显示出蓬勃发展之势。国内空分公司和电子特气公司分工清晰，各自在业务上构筑壁垒。以杭氧、盈德、宝钢燃气为代表的国内空分企业，主要业务是以管道气为主的现场制气项目。对于空分企业，电子特气技术和产品的内生式发展相对困难且所需时间周期较长，未来相关业务开展更多可能会以业务合作或收购的模式进行。资金实力和体量优势是空分企业的优势所在。电子特气企业的优势在于细化电子特气产品的技术积累，以及下游客户对相应产品的认证壁垒，因此，国内空分企业与电子特气企业目前并无直接竞争关系。

3.3.2 靶材

靶材是利用金属靶材在晶圆上制造金属导线的半导体领域的关键核心材料，而通常要求纯度在 99.999%以上的半导体行业也是对靶材要求最高的行业。高纯金属溅射靶材在集成电路晶圆制造及互连工艺中均有着广泛的应用[1]。在溅射过程中，在低压氩气环境下，高速的粒子束流轰击目标，靶材上的金属原子受到轰击就会溢出，进而在晶圆表面逐层沉积，形成金属薄膜[2]。随着晶圆产能向国内逐步转移，以及我国半导体行业的快速发展，我国对靶材的需求日益增加。2020 年全球半导体靶材市场规模达 15.67 亿美元，我国半导体靶材市场规模约为 29.86 亿元人民币。其中，芯片靶材市场份额的 90%被日本、美国厂商垄断。靶材的应用主要体现在晶圆制造和芯片封装两个环节的使用上，其中介质层、导体层和保护层都要做到对 5N 级以上纯度的靶材进行溅射镀膜，而先进的制程对金属的纯度要求更高。铜、钽、铝、钛、钨和钴是半导体行业常用的靶材。110nm之上的晶圆技术使用高纯铝制作导线，使用钛作为阻挡层材料；110nm 以下工艺则一般使用铜来制作导线，用钽作为阻挡层材料。钴通常制作接触层，钨用于半导体储存器领域等。

靶材的纯度要求较高，如芯片制造要求达到 6N 的纯度。金属提纯的方式主要有化学提纯和物理提纯两种。化学提纯主要分为湿法提纯和火法提纯，分别是对主金属进行电解和热分解。物理提纯则是主金属通过蒸发结晶、电迁移、真空熔融等步骤进行提纯。全球高纯金属行业集中于美国、日本等国，高纯原料国产靶材多依赖进口，小部分铜钛铝能自给自足。挪威 Hedelu 是世界上最大的 5N5 级高纯铝公司。从全球来看，高纯金属行业集中度较高，国外之所以能在靶材市场上独占鳌头，靠的是先进的提纯技术，美国、日本等国的高纯金属生产商在整个产业链中的地位非常有利。从国际市场现状来看，目前全球靶材市场主要由美国和日本等老牌工业发达国家控制。这些国家在高纯金属靶材开发与应用方面具有较长时间的积累，相关工业基础好、系统性强、产业技术水平很高，具有完整的产业链条与规模化生产能力，牢牢控制了中高端市场。霍尼韦尔、普莱克斯、日本住友和日本日矿金属等企业垄断了全球靶材市场的大半份额[5]。

目前，我国芯片制造行业所需的高纯金属靶材发展面临着以下主要挑战。

（1）高纯金属原材料及部分靶材产品依赖进口。就靶材质量而言，纯度是最重要的技术指标，高纯金属材料则是最重要的原材料。我国目前生产靶材所需的高纯金属原材料未能完全实现国产化，如高纯铝、锰、钒、钽等金属的国产原材料杂质及缺陷控制不达标，无法满足生产需求，仍旧依赖进口。此外，虽然国内靶材企业已经实现了铝、铜、钛、镍等金属靶材的生产，但是受加工技术制约，未能实现钨、钽及其他高纯特种金属的靶材制备，目前仍需进口以满足生产应用需求。

（2）加工及检测设备不满足需求。靶材生产环节中的金属材料提纯及靶材制造等环节都需要稳定可靠的加工及检测设备。目前，金属熔铸、压力烧结及靶材焊接等环节中使用到的电子束熔炼炉、热压烧结炉及电子束焊机等设备的技术指标无法满足生产需求且设备稳定性偏低。此外，靶材生产中需对纯度、缺陷、组织及织构等材料特性进行精确检测，以实现对产品质量的控制及进行新品研发。目前，国产检测设备无法满足这些需求，多数设备依赖进口。

靶材制造所涉及的工序繁多、技术门槛高、设备投入大，相对来说具有较大规模生产能力的企业数量较少，因此，靶材制造所需要的技术门槛较高，设备投入也较大。目前，全球靶材制造业，尤其是高纯度靶材市场的主要份额集中在海外巨头手中。美国、日本的代表性企业在掌握核心生产技术后，实施了严格的保密措施来限制技术外泄，并通过扩张、整合把握全球溅射靶材市场的主动权，先发优势明显。全球市场寡头垄断特征明显，四大厂商合计占有近80%的市场份额（见图3.18）。全球靶材市场呈现寡头竞争格局，日本日矿金属、霍尼韦尔、日本东曹和普莱克斯这4家企业占据了80%的市场份额。靶材产品开发受到下游行业限制：从靶材产品开发到实现大批量供货的周期很长，一般需要两三年的时间，对企业而言需要大量的资金投入。此外，我国集成电路制程目前落后于国际先进水平两代，先进靶材的设计制造也缺乏验证机会。我国芯片制造行业的下游企业倾向于购买国外成熟的生产设备及配套靶材以缩短调试时间，尽快进入量产阶段，这使得国产靶材丧失了很多迭代机会，制约了技术的创新与产品的开发。

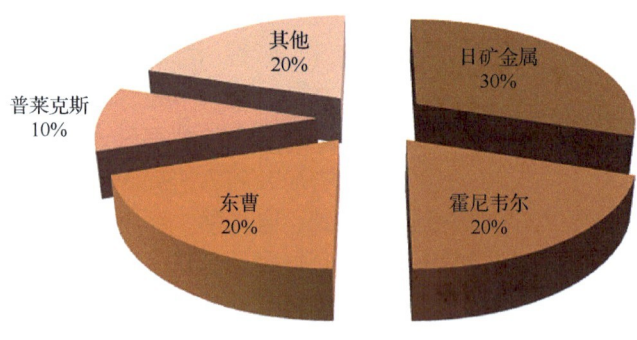

图3.18 靶材市场份额

总体而言，我国高纯金属靶材行业与美国、日本等国家相比起步较晚，相关高纯金属原材料生产研发及生产检测设备制造等基础比较薄弱，同时产业链条相对不完善，生产规模较小。但是近年来随着技术的进步及国家的大力支持，一项项关键技术得到了突破，我国高纯金属靶材制造体系也逐渐完善，相信靶材产品能够逐步缩小与国际先进水平的差距,并最终完全实现自主化。

国内靶材企业起步较晚,专注于中低端产品的开发。高端靶材以从美国、日本、韩国进口为主,进口量占国内市场的30%左右。国内企业中体量较大的有中阿石创、隆华科技、有研新材、江丰电子等。

3.3.3 光刻胶

光刻胶是一种将所设计的芯片图形从掩模版转移到衬底上的感光材料。在曝光过程中,光刻胶在特定波长、特定强度的光照下,发生交联反应,溶解性与黏附性会发生显著变化,从而达到图形转移的目的。光刻胶是芯片制造产业中不可或缺的材料。

通常,光刻胶的成分包括主体膜树脂(有一定感光性,为光刻胶提供了成膜性、耐热性与抗刻蚀性能)、增感剂(增加光刻胶对光的敏感性)、溶剂(溶解光刻胶并方便涂覆)与其他助剂等。光刻胶的主体膜树脂早期主要是聚乙烯肉桂酸树脂、酚醛树脂、环化橡胶成膜树脂,现在主要是聚甲基丙烯酸酯类树脂;增感剂主要是使用重氮萘醌等;溶剂主要是丙二醇甲醚醋酸酯,该溶剂能够很好地溶解膜树脂并保持良好的性能[15]。

光刻胶的性能指标主要是分辨率、敏感度、抗蚀性与黏附性。分辨率是评判光刻胶质量的重要指标,定义为光刻胶能够形成清晰图形的最小尺寸,尺寸越小,分辨率越高。随着集成电路产业的发展,光刻胶的分辨率要求越来越高。敏感度则是光刻胶受到光照后发生交联反应所需要的最小能量。同时,光刻胶还需要有优异的抗蚀性能来保护衬底。黏附性是光刻胶与衬底之间的黏附性能,可保证在后续工艺中光刻胶能够稳定地附着在衬底上。

根据所感光波长分类,光刻胶可以分为G线(436nm)光刻胶、I线(365nm)光刻胶、KrF(248nm)光刻胶、ArF(193nm)光刻胶和EUV(13.5nm)光刻胶,也可以分为UV光刻胶、DUV光刻胶与EUV光刻胶这三个大类。光源的波长减小后,能显著提高分辨率但对光刻胶的要求也会变高,需要光刻胶具有更优秀的灵敏度与线宽粗糙度(Line Width Roughness,LWR),以保证图形转移时的精度。

下面介绍一些常见种类光刻胶的工作原理。

(1) UV光刻胶

G线光刻胶与I线光刻胶(统称G/I线光刻胶)都属于传统光刻胶,常见的商业化G/I线光刻胶为酚醛树脂/重氮萘醌体系(Novolak/DNQ)。其中,酚醛树脂为光刻胶的主体膜树脂,重氮萘醌为增感剂。它的作用机理:在非曝光区域下,重氮萘醌上的重氮基团与酚醛树脂结合形成氢键,这样曝光区域的酚醛树脂在显影液中的溶解速度会大大降低;同时,曝光区域中重氮萘醌的重氮基团发生重排,与显影液结合生成茚羧酸,可促进酚醛树脂的溶解,形成图形。酚醛树脂类光刻胶曝光后发生的反应过程如图3.19所示。

在G/I线光刻胶发展的过程中,不同研究人员对该体系光刻胶也有不同的改善。有研究人员将两种不同分子量的酚醛树脂混合在一起,并对重氮萘醌进行改变,使成膜图形更加清晰,分辨率有所提高[16]。还有替换重氮萘醌抗试剂来实现高质量分辨率等改进措施。

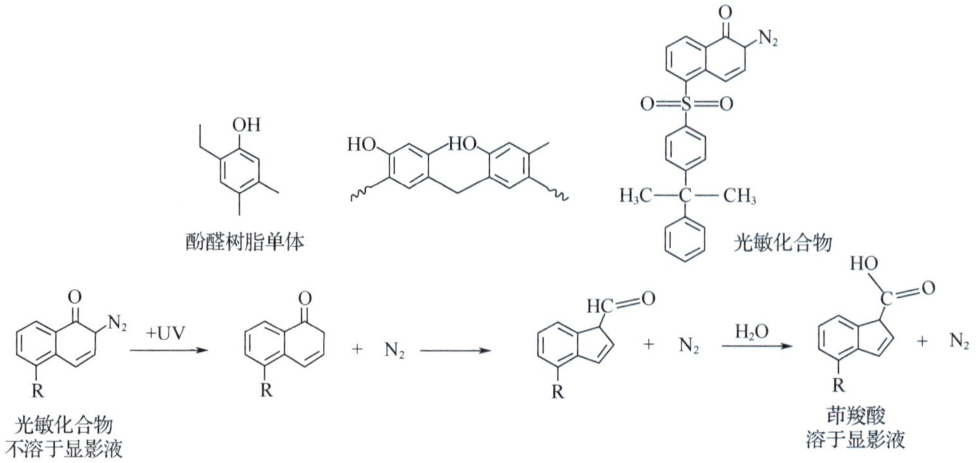

图 3.19　酚醛树脂类光刻胶曝光后发生的反应过程

（2）DUV 光刻胶

随着集成电路光刻技术由 G/I 线转入波长更小的 DUV 光时，光刻胶遇到了一些技术上的挑战：第一个挑战是 G/I 线光刻胶所使用的酚醛树脂在 248nm 时吸光度过强，无法形成良好的界面；第二个挑战是由于光源的改变，光照强度为原来的 1/30 左右，G/I 线光刻胶的感光速度较慢，无法满足新一代光刻技术的要求。

对于波长为 248nm 的 KrF 光源，通常使用化学放大型光刻胶。第一款化学放大型光刻胶 tBOC 由 IBM 开发，其中感光树脂采用聚 4-叔丁氧基羰氧基苯乙烯树脂（PBOCST），并且额外引入了光致产酸剂（PAG）来通过化学方式放大光学信号，原理为在光照下光致产酸剂会产生酸，催化树脂的反应，解决了传统光刻胶的感光速度的问题。这类光刻胶的敏感度与 G/I 线光刻胶相比提升了约 100 倍，但需保存在密闭环境中。248nm 化学放大型光刻胶的反应过程如图 3.20 所示。

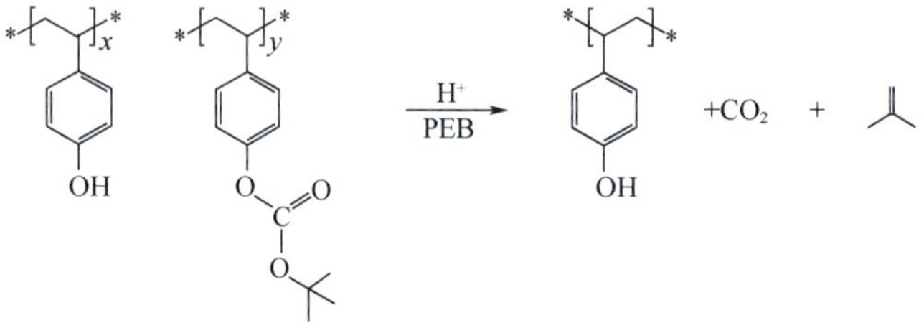

图 3.20　248nm 化学放大型光刻胶的反应过程[17]

对于波长为 193nm 的 ArF 光源，因原有的用于 248nm 的光刻胶存在苯环，而苯环对 248nm 光吸收强烈，所以需要改进，而聚丙烯酸酯基树脂因不含苯环，透光性良好，被广泛运用。这类光刻胶也属于化学放大型，含有聚丙烯酸酯聚合物、光致产酸剂、添加剂等。但聚丙烯酸酯基树脂的引入会使碳氢比较低，导致光刻胶的抗刻蚀能力变弱（原有的 G/I 线光刻胶与 KrF 光刻胶因苯环的存在而有较高的碳氢比，抗刻蚀能力强），所以常见的改进措施是通过提高碳氢比来加强抗刻蚀能力，如在聚合物中添加金刚烷基团等。在 193nm 波长光下，还使用环烯烃-马来酸酐类、环烯烃类等化学放大胶。193nm 化学放大型光刻胶所使用的树脂单体如图 3.21 所示。

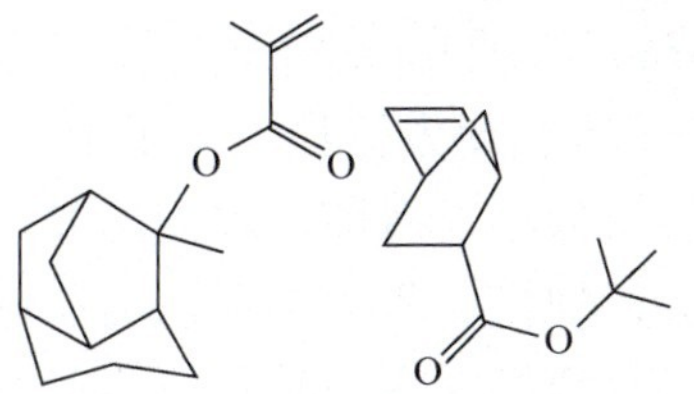

图 3.21　193nm 光刻胶树脂单体[17]

（3）EUV 光刻胶

光刻技术从 193nm 进入 EUV 时代后，传统的化学放大光刻胶的分辨率灵敏度等性能已经到达了极限，关注的重点已经不再是透光性，而是感光速度、曝光气控制与随机过程效应[18]。用于 EUV 光刻的光刻胶大致分为以下 4 类。第一，对于化学放大型光刻胶的改进类型，加入修饰基团改变聚合物的一些特性来实现分辨率的提升，但由于化学放大型光刻胶本身元素组成与分子结构等方面的限制，这些改善的手段提升有限。第二，非化学放大型光刻胶，其中的代表是锻炼型聚甲基丙烯酸甲酯（PMMA）光刻胶，反应原理如图 3.22 所示。这种光刻胶有分辨率高的优异性能，但也有抗蚀性差、灵敏度低等缺点，且聚合物本身由于分子尺寸的限制无法突破分辨率，所以需要更换光刻胶成分。第三，分子玻璃型光刻胶，通过本身结构的小尺寸来降低 LWR、提高分辨率，但光吸收与抗刻蚀能力较差。第四，金属氧化物纳米颗粒光刻胶，通过尺寸均匀统一的金属氧化物颗粒来从机理上实现综合性能的提升。

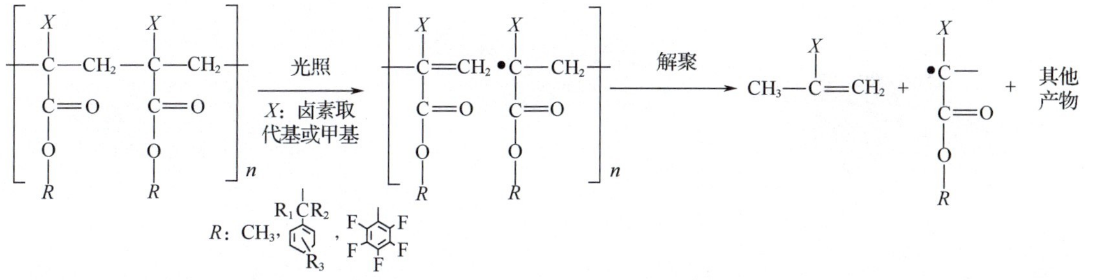

图 3.22　PMMA 光刻胶的反应原理[19]

光刻胶产业萌芽于 1950 年左右，从第一代 Novolak/DNQ 光刻胶到现在的 EUV 光刻胶，已经过 70 多年的发展。近年来，光刻胶市场规模约占半导体材料行业市场的 5%。光刻胶产业具有技术壁垒高、相关设备投资大、技术积累时间长等特点，是典型的资本技术双密集产业。所以，光刻胶的市场集中度十分高，巨头垄断优势明显。同时，这个产业的盈利率比较低，产品客户壁垒高，产品验证周期长，投资回报低，并且短期效益不明显。

全球市场长期被国外的大型企业垄断，主流厂商为富士电子材料、日本信越、日本 JSR、陶氏化学、Merck、东京应化等。其中，JSR 的技术先进，生产产品覆盖多种光刻胶；东京应化的市场占有率高，但技术比较落后；Merck 为欧洲最大的光刻胶企业，优势为抗反射涂层。

国内的光刻胶研究始于 1970 年左右，最初阶段的技术与国际水平相当，但由于一些因素差距逐渐明显。如今国内光刻胶在技术上无优势可言，产品代差在 3 代以上。低端产品如 G/I 线光刻胶已经实现部分替代，248nm 光刻胶实现了少量替代，193nm 光刻胶处于企业研发阶段，EUV 光刻胶处于院校研发阶段[15]。国内厂商有苏州瑞红、北京科华、深圳容大、南大光电等，所占市场份额小。目前，国内的光刻胶产业存在以下 3 个问题：第一，国内光刻胶企业小力量分散，规模、收入等无法与国际企业相比；第二，国内光刻胶企业研发投入小，核心专利少，自我发展水平较弱；第三，国内供应链不全，大部分原料需要依赖进口，受到极大的限制。

3.3.4 掩模版

掩模版又称光刻掩模版、光刻板、光罩、遮光罩，是光刻工艺中不可缺少的重要部件。工作原理是根据需要的图形，通过光刻制版工艺将微米级和纳米级的精细图形刻制于掩模版基板上，如图 3.23 所示。掩模版基板是用于制作微细光掩模图形的感光空白板。在制程中，不需要的金属层和胶层会先被洗去，从而得到掩模版的成品，然后利用事先设计好的图形，通过透光与非透光的方式对图像进行复制，从而实现批量生产。掩模版一般使用玻璃或者石英表面覆盖金属图形，实现对光线的遮挡或透过功能，是微电子光刻工艺中的一种重要工具或板材。

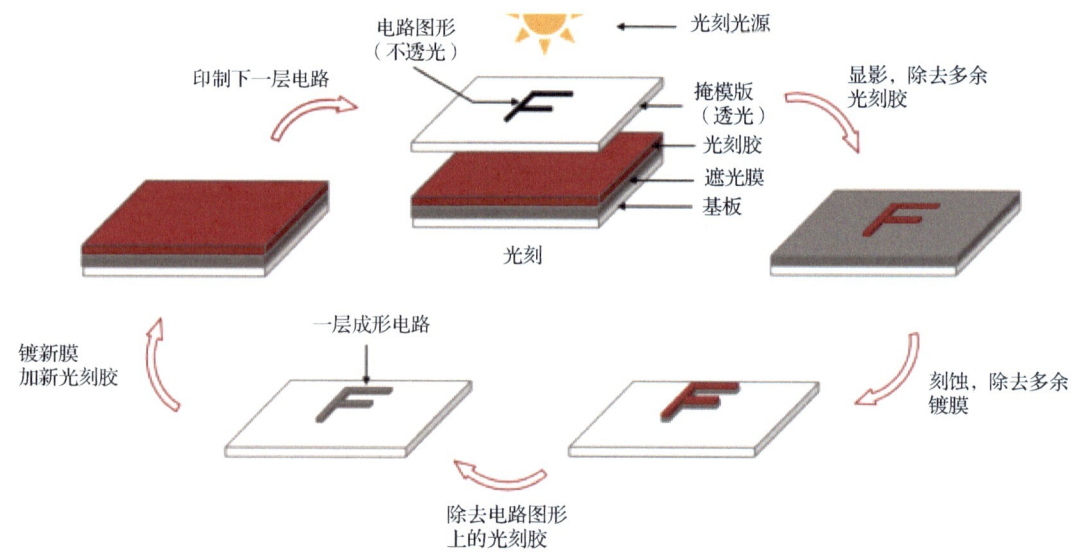

图 3.23 掩模版的工作原理

掩模版主要由透光的基板和不透光的遮光膜构成。根据材料的不同，基板主要分为玻璃基板（包括石英玻璃、苏打玻璃和硼硅玻璃）、树脂基板两大类。石英玻璃因高化学稳定性和小热膨胀率的优势，在使用环境方面与其他材料相比对工艺生产环境的要求较低，因此主要应用于制造高世代、高精度产品，如高世代集成电路和超大尺寸显示面板。遮光膜可按材料的不同分为乳胶遮光膜和硬质遮光膜（主要包括铬、硅和氧化铁等）两大类。其中，铬与其他遮光膜材质相比能够形成更细微、精确的图形，因此目前在高精度产品中得到更广泛的应用。掩模版的组成与分类如图 3.24 所示。

第 3 章 芯片制造的关键材料

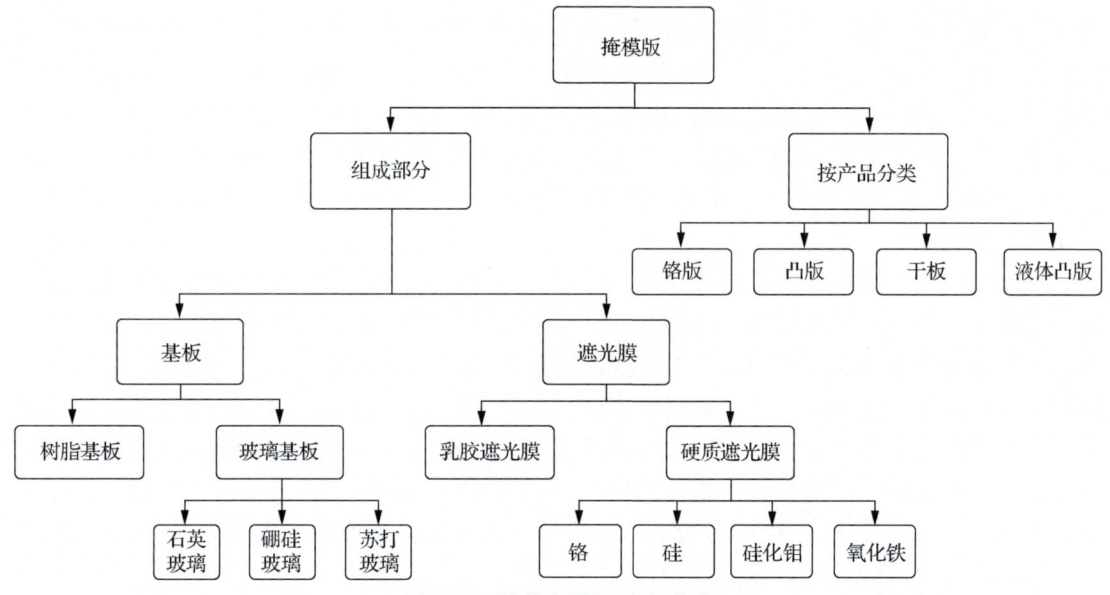

图 3.24　掩模版的组成与分类

掩模版的加工技术主要有两种，即激光直写和电子束直写。这两种技术的区别在于光源和实现的精度不同。掩模版的制作流程主要包括以下 9 步。

（1）设计与准备：首先需要根据电路设计制作出掩模的版图。这个过程通常使用计算机辅助设计软件来实现。设计好后，会生成一个掩模图形的数据文件。

（2）选择基板：选择适当的基板材料是制作光刻掩模的重要环节。常用的基板材料是石英或玻璃。基板应该具有高透明度、低热膨胀系数、高抗拉强度等特性。

（3）清洗基板：在制作掩模之前，需要对基板进行清洗。这一步可以通过使用溶剂、酸、超声波或喷射清洗等方法来去除表面的尘埃和杂质。

（4）涂覆光刻胶：在清洗干净的基板上涂覆一层光刻胶。光刻胶是一种光敏材料，可以通过光的照射发生化学变化，从而形成所需的图形。

（5）曝光：将掩模图形数据文件导入曝光设备，如电子束曝光机。设备会先将图形转换为光或电子束信号，然后逐点扫描光刻胶表面。在曝光过程中，光刻胶中的光敏分子会因为光或电子束的照射而发生变化。

（6）显影：曝光后，需要将基板放入显影液中以去除光刻胶中未发生变化的部分。经过显影处理后，基板上将形成与掩模图形相符的光刻胶图形。

（7）刻蚀：使用刻蚀工艺（如湿法刻蚀或干法刻蚀）去除基板上未被光刻胶覆盖的部分。这样，基板上就形成了与掩模图形相符的凹槽。

（8）去除光刻胶：使用溶剂或其他方法去除基板上剩余的光刻胶，暴露出刻蚀后的凹槽图形。

（9）检验与修复：对完成的掩模进行检查，确保其图形与设计一致且没有缺陷。如有缺陷，可以使用修复工艺进行修复。

掩模版制作是芯片产业链中的一个重要环节，也是一个技术壁垒。目前，掩模版的制造主要由国际市场上一些大型半导体设备和材料公司掌握。集成电路行业的领先制造企业，如 Intel、台积电、三星、中芯国际等，均设有专门的掩模版生产部门或子公司，并且自主生产并供内部使用,不对外开放[20]。截至本书成稿之时,最先进的 EUV 掩模版主要由台积电和三星自主研发、生产和使用,而日本凸版印刷(Toppan)也在进行相关研究,但尚未量产。此外,一些代表性的集成电路制造企业,如环球晶圆、华虹宏力等,选择外采掩模版[18]。在先进制程掩模版方面,主要的供应企业包括日本的 DNP、凸版印刷及美国的 Photronics。这三家企业占据全球市场份额超过 80%。此外,还有 HOYA、SK 海力士等企业参与市场。

目前,国内主要有中芯国际在上海的子公司能够量产和稳定供应集成电路用掩模版。这些掩模版可以满足中芯国际的内部需求,只有少数高端产品需要从日本进口。除了中芯国际,其他企业如无锡中微亿芯有限公司(简称中微)、龙图光电等,只能生产小尺寸、低制程的掩模版,主要用于分立器件的制造。若统计中芯国际自产自用的掩模版,可以认为国内已具备自主保障能力;但若只考虑中芯国际以外的国内市场,则掩模版尚未实现国产化突破。目前,国内掩模版的整体国产化率约为 4%。具体来看,8in 以下掩模版市场规模为 8 亿~10 亿元,国产化率约为 10%;而 8~12in 掩模版市场规模约为 25 亿元,除中芯国际自产外,其他产品尚未实现国产化突破[21]。

因此,与国际先进水平相比,国内掩模版产业仍存在一定差距。制造商需要加大科研投入和技术攻关,提升产品质量和市场竞争力。此外,在新一代芯片制造工艺和技术的推动下,掩模版制造将面临更多的挑战和机遇,需要加快技术创新和产业升级,以推动掩模版产业向高质量、高效率和高可靠性方向发展。

3.3.5 显影液

光刻工艺的最后一个阶段是显影(Develop),在光刻胶曝光后,曝光区域的光刻胶会发生化学性质的改变,而这些变质的光刻胶需要通过显影液的溶解来去除,从而形成电路图形(见图 3.25)。因此,显影液扮演着关键角色,作为芯片制造过程中的关键化学物质,在现代科技和信息产业中发挥着不可或缺的作用。本小节对显影液的定义、种类、核心技术、面临的问题以及产业发展现状进行全面介绍。

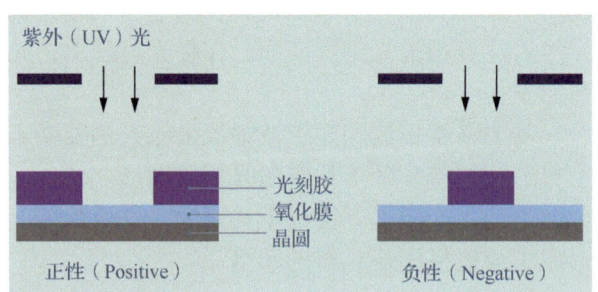

图 3.25　形成电路图形的显影工序

显影液是一种化学溶剂,用于溶解光刻胶在曝光后形成的可溶解区域。通过选择适宜的显影液和优化显影条件,可以精确控制芯片的分辨率、精度和可靠性,以满足不断增长的市场需求和技术要求。在显影工艺中,通常使用不同种类的显影液。在负显影工艺中,常见的显影液是有机溶剂(如二甲苯),正显影工艺则采用稀释在水中的强碱性显影液。早期使用的显影液是氢氧化钾与水的混合物,但这两种液体都含有可动离子沾污。目前,最常用的正显影工艺显影液是四甲基氢氧化铵（Tetramethylammonium Hydroxide，TMAH）水溶液，其中水占了总成分的 99% 以上。TMAH 水溶液在 I 线、248nm、193nm、193nm 浸没式光刻机以及 EUV 光刻机中作为显影液得到广泛应用。为了改善显影液的性能，如调节显影速度、提高选择性和稳定性等，可以向 TMAH 水溶液中添加少量的表面活化剂。TMAH 水溶液的生产工艺如图 3.26 所示。

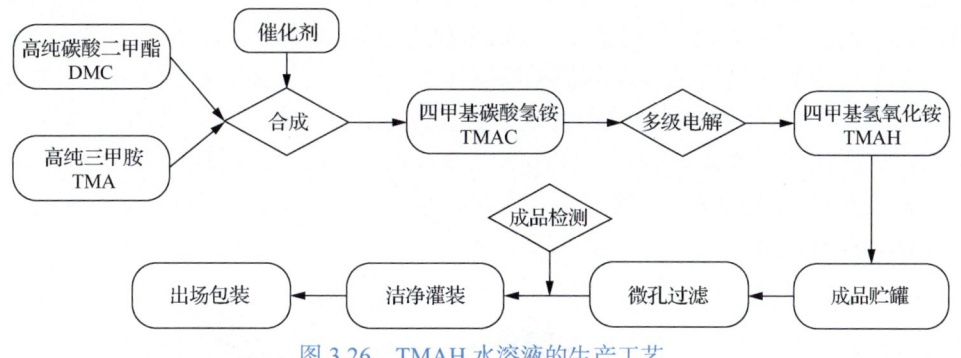

图 3.26　TMAH 水溶液的生产工艺

然而，随着光刻线宽和均匀性要求的不断提高，光刻界也在试图改进现有的 TMAH 水溶液。例如，他们尝试使用 6.71wt% 的氢氧化四丁基铵（Tetrabutylammonium Hydroxide，TBAH）水溶液作为显影液。初步的实验结果显示，TBAH 水溶液能够有效减少显影时光刻胶的膨胀，并使得光刻胶图形表面更加亲水，从而有效地减少线条的倒塌现象。此外，与 TMAH 相比，TBAH 还具有更高的显影灵敏度。

随着芯片制造技术的不断进步，显影液也面临着一些挑战。首先，随着芯片工艺尺寸的不断缩小和结构的复杂化，对显影液的要求变得越来越严格。显影液需要具备更高的选择性和更少的副反应，以确保精确的芯片制造。其次，显影液的稳定性和寿命也是一个问题，长时间的使用和贮存可能导致显影液性能的衰减。此外，显影液的处理和废弃也会对环境造成潜在风险，需要进行合理的处理和回收。

显影液的产业发展也面临一定的壁垒。首先，显影液的研发和生产需要具备一定的化学和工程技术能力，这涉及复杂的化学反应和材料特性。其次，显影液的生产过程需要严格的质量控制和环境管理，以确保显影液的一致性和稳定性。进入显影液市场需要充分的技术实力和专业知识，这可能成为一些企业进入市场的难点。在国际市场上，一些大型化学公司和芯片制造设备供应商是显影液的主要供应商，如 Dow Chemical、杜邦等。这些公司通常具有先进的研发和生产能力，能为全球芯片制造行业提供高质量的显影液产品。在国内市场上，一些专业化学公司也在积极发展显影液技术。目前，国内显影液产业在技术研发能力、产品质量和市场份额方面逐渐提升，成为国际市场竞争的重要力量，但与国际先进水平相比，仍存在一定差距，需要加大科研投入和技术攻关，继续提升产品质量和市场竞争力。

3.4　辅助性材料

辅助性材料主要包括抛光液、湿法刻蚀液、电镀液、自测试表征耗材这 4 类。本节主要介绍前 3 类。

3.4.1 抛光液

CMP 工艺作为集成电路制造中有效兼顾晶圆表面全局和局部平坦度的一种手段，于 1965 年被 Walsh 和 Herzog 首次提出，并于 1991 年成功应用于 64Mbit DRAM 的生产之后得到了快速发展[22]。CMP 工艺的原理示意如图 3.27 所示，从宏观角度可以解释如下：将旋转的晶圆以一定的压力压在与其同方向旋转的弹性抛光垫上，而由亚纳米或纳米磨粒和化学溶液组成的抛光液连续流动于高速反向旋转的晶圆与底板之间，并在晶圆表面产生化学反应，化学反应物由抛光液磨粒的机械摩擦作用去除。若仅靠磨粒的磨损（机械抛光），因其会留下划痕，将无法达到全局抛光效果；若仅靠化学腐蚀（化学抛光），则必将留下大量蚀斑，也无法满足要求。因而，在晶圆、磨粒和化学反应剂的联合作用下，可以避免腐蚀坑、橘皮状波纹和高损伤层的产生，实现超精密表面加工，从而获得高精度、低粗糙度和无损伤的晶圆表面。

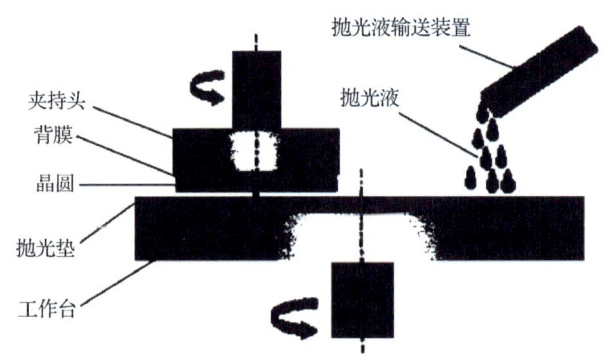

图 3.27　CMP 的原理示意[23]

在 CMP 工艺中，抛光液、抛光垫等耗材的成本占 CMP 工艺总成本的 70%左右，而抛光液的成本就占耗材总成本的 60%～80%，是 CMP 工艺不可缺少的主要部件。抛光液需要满足以下基本要求：①流动性好。不易沉积和结块、悬浮性能好、无毒；②抛光去除速度快、抛光均一性好、无层错；③低残留、易清洗；④磨料应选取比晶面软或者硬度相当的游离磨料，以防对晶圆表面损伤过大。

按 pH 值的不同，抛光液可以分为两类：酸性抛光液和碱性抛光液。

一般的酸性抛光液包含氧化剂、助氧化剂、均蚀剂、抗蚀剂（成膜剂）、pH 调制剂和磨粒。首先，抛光液通过氧化剂在晶圆表面发生氧化还原反应，产生化学腐蚀，然后利用磨粒的机械抛光去除晶圆表面凸起部分，从而使之平整。此外，氧化剂能在晶圆表面生成一层薄氧化膜，从而提高选择性；助氧化剂能协助提高氧化还原反应的速度，满足抛光去除速度快的基本要求；均蚀剂起到均匀腐蚀、光滑表面的作用，满足 CMP 对抛光均一性的要求；抗蚀剂是在晶圆表面与腐蚀基体之间形成一层连接膜，从而阻止腐蚀的进行，以提高选择性。

一般的碱性抛光液包含络合剂、氧化剂、分散剂、pH 调制剂和磨粒。对于不同的腐蚀基体，应挑选不同的络合剂；分散剂一般为大分子量非离子有机分散剂，作用是保证抛光液中的磨料不发生絮凝和沉降现象，并尽可能地维持磨料的低黏稠度，从而保证良好的流动性。但是由于碱性抛光液仅在强碱性环境中才有很宽的腐蚀领域，并且磨料很容易造成划伤，所以应用远不如酸性抛光液广泛。

下面介绍3种常见的抛光液。

1. CeO_2 抛光液

CeO_2 抛光液的特点是：材料去除率高，抛光去除速度快，被抛光表面粗糙度和表面微观波纹度小，颗粒硬度低，对被抛光表面的损伤较小。缺点则是黏度大、易划伤且选择性不好，沉淀在介质膜上吸附严重，从而不易清洗[24]。具有高抛光性能的 CeO_2 的合成方法主要有液相反应法、固相反应法、机械化学法。CeO_2 抛光液主要应用于超大规模集成电路 SiO_2 介质层抛光和单晶硅片抛光等。CeO_2 抛光液抛光 SiO_2 介质层的机理如图 3.28 所示。

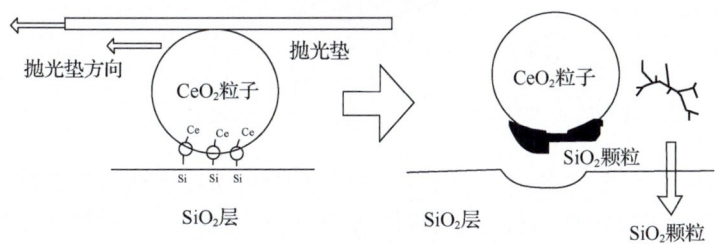

图 3.28　CeO_2 抛光液抛光 SiO_2 介质层的机理[25]

2. SiO_2 抛光液

SiO_2 抛光液的优点是选择性和分散性好，机械磨损性能较好，化学性质活泼，后清洗过程废液处理较容易；缺点是硬度较高，易造成抛光物体表面的不平整，且容易产生凝胶现象，影响抛光去除速度[24]。SiO_2 抛光液的制备方式主要有分散法与凝聚法。分散法是通过机械搅拌将纳米级 SiO_2 粉末直接分散到水中来制备 SiO_2 抛光液；凝聚法是利用水溶液中化学反应生成的 SiO_2 通过成核、生长、去杂质来得到纳米级 SiO_2 水分散体系。SiO_2 抛光液主要用于硅片、精密光学器件和宝石等的抛光加工。

3. Al_2O_3 抛光液

Al_2O_3 抛光液具有软硬适中和悬浮性好等优点；缺点为选择性差、分散稳定性不好及易团聚，可能导致表面划伤和损伤层深。通常，通过与有机添加物混合使用并控制工艺条件，Al_2O_3 抛光液可以达到良好的抛光效果。Al_2O_3 抛光液一般由氧化铝、表面活性剂、酸碱中和剂、溶剂和水等多种化学物质组成。Al_2O_3 抛光液主要应用于集成电路生产过程中钨、铝、铜等金属薄膜的抛光，以及高级光学玻璃、石英晶体和各种宝石的抛光等[26]。

作为 CMP 工艺至关重要一环的抛光液，国际上关于它的制备属于商业机密，不对外公布。因此，我国发展抛光液的关键是要开发新型抛光液，特别是复合型磨料抛光液，使其能提供较快的抛光去除速度、优秀的平整度和选择性，以及利于后续清洗过程。有待发展的技术有：磨料制备技术、浆料分散技术和抛光液配方技术。近年来，随着中国经济的腾飞和集成电路领域的发展，我国 CMP 技术的专利申请量位居世界第二（占32%），仅次于美国（占38%）（见图 3.29[27]），得到了飞跃式的发展。

综上所述，CMP 工艺在集成电路领域有着不可替代的地位，已经成为最重要的超精细表面全局抛光技术，也是国际竞争的关键技术，发展前景十分可观。深入研究和开发 CMP 工艺，将促进我国集成电路产业发展，带来巨大经济收益，并提高我国在该领域的国际地位。

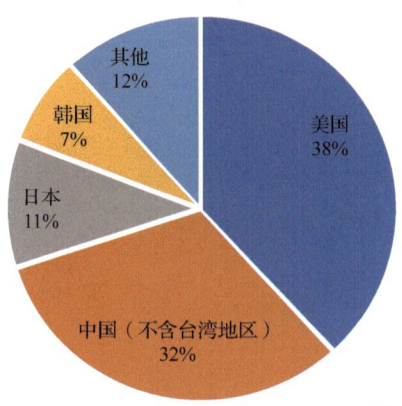

图 3.29 CMP 申请专利地域分布[27]

3.4.2 湿法刻蚀液

湿法刻蚀技术又称化学湿法刻蚀技术,主要原理是通过使用适量的化学试剂,分解没有经过光刻胶层覆盖的晶圆区域,将其转化为溶解性化合物,并对被光刻胶水覆盖的部位进行保护,最终达到刻蚀效果。适宜的刻蚀速度和良好的刻蚀选择比可以通过选择合适的化学试剂、配比和温度的控制来实现。该种刻蚀技术的优点是重复性好、选择性好、效率高、设备简单、成本低,但也存在相应的缺点,主要包括控制精度低、容易产生化学污染等。湿法刻蚀基本上属于各向同性刻蚀,在一定程度上很难控制化学液体向各个不同方向侵蚀,故无法实现高精度的刻蚀。

常见的湿法刻蚀液有磷酸刻蚀液、氢氟酸刻蚀液、缓冲刻蚀液、铝刻蚀液等。

1. 磷酸刻蚀液

磷酸刻蚀液适用于刻蚀氮化硅薄膜及其氧化膜,工作温度为 160℃,成分为纯磷酸和去离子水的混合物。磷酸刻蚀液可实现 55Å/min 的刻蚀速度,对氧化膜可实现 1.7~10Å/min 的刻蚀速度。反应温度和溶液中水的含量是影响磷酸刻蚀液刻蚀速度的主要因素。

晶圆在磷酸刻蚀液中反应后,必须转到热的去离子槽中清洗,否则可能会受到热应力的影响,发生破裂。

2. 氢氟酸刻蚀液

刻蚀氧化膜主要采用氢氟酸刻蚀液。根据浓度的不同,氢氟酸刻蚀液可分为 CHF、LHF、DHF 等类型。CHF 是一种主要用于多晶硅和氮化物刻蚀的氢氟酸刻蚀液,浓度为 49%。由于反应速度快,要用 CHF 精确地刻蚀到具体的粗细是很难做到的,所以只在刻蚀过度的情况下才能适用。LHF 是用水稀释的 CHF,其中氢氟化物与水的比例为 50∶1。该刻蚀液可保持稳定的刻蚀速度,常用于制造晶圆时对特定厚度的氧化膜进行刻蚀。DHF 则是进一步稀释 LHF 后得到的液体,其中氢氟酸与水的比例为 100∶1。它的刻蚀速度很慢,主要用来在晶圆表面的天然氧化膜上进行刻蚀。

3. 缓冲刻蚀液

缓冲刻蚀液是由 NH_4F、HF、表面活化剂等组成的混合物,主要用于在晶圆上刻蚀氧化膜上的深槽。按 NH_4F 与 HF 浓度比例的不同,缓冲刻蚀液又可分为 MB、LB、DB 这 3

种类型。MB 中 NH_4F 与 HF 的比例为 10∶1，LB 中 NH_4F 与 HF 的比例为 130∶1，DB 中 NH_4F 与 HF 的比例为 200∶1。

4. 铝刻蚀液

铝刻蚀液也就是 M2，是以 70∶2∶12 的比例混合磷酸、硝酸和醋酸而成，主要用于钴制程中的选择性刻蚀过程，反应温度在 75℃左右。在此过程中，硝酸充当氧化剂将铝氧化成三氧化二铝，之后磷酸再与三氧化二铝反应生成氢氧化铝。

部分材料常用的湿法刻蚀液见表 3.4。

表 3.4 部分材料常用的湿法刻蚀液

被刻蚀材料	湿法刻蚀液
硅	KOH、EDP、TMAH、HNA
二氧化硅	HF、BOE
氮化硅	H_3PO_4（热）
铝	PAN
铜	$FeCl_3$
金	NH_4I/I_2

3.4.3 电镀液

电镀是一种利用电解化学反应原理，将一层金属镀铺在导电体表面的材料表面处理工艺。电镀常见的种类有镀铬、镀镍、镀铜、镀锌等。电镀需要电解装置、电镀液、待镀件（阴极）和阳极等组件，并使用低压大电流电源为电镀槽供电。它的主要过程为：电镀液中的金属离子经电极反应，在外电场作用下被还原成金属原子，形成金属并沉积在阴极上。这一过程涵盖了液相传质、电化学反应的步骤，以及电结晶的过程。电镀的目的主要有两个：一个是防腐，另一个是美观。

在组分的选择和配比上，电镀液的成分根据镀层的不同而有所差异，但均含有提供金属离子的主盐、附加盐、能络合主盐中金属离子以形成络合物的络合剂、用于稳定溶液酸碱度的 pH 缓冲剂、阳极活化剂，以及添加剂（如光亮剂、晶粒细化剂、整平剂、润湿剂、应力消除剂和抑雾剂等）。

1. 主盐

主盐是形成镀层的金属盐类来源，它的电解能力强，在水中形成金属离子与酸根的比例可接近 100%。有时会用其他形式的物质（如氧化物）来提供所需的金属离子，以达到镀液沉积的目的。

主盐浓度越高，扩散传质速度越快，浓差极化越小，允许采用的阴极电流密度越高，镀层越不易烧焦。然而对于氯化物镀锌这类简单盐电镀，主盐浓度过高反而有害，原因是单靠添加剂产生电化学极化是不够的，必须保持适度的浓差极化，否则会使镀液分散能力、深镀能力下降，低电流密度区亮度不足。

2. 附加盐

附加盐又称导电盐，是为了提高电镀液导电性能的惰性电解质。之所以叫"惰性"，是因为产生的阳离子析出的电位都是很低的值,在阴极上不会有还原反应,而生成的阴离子在阳极上的氧化电位是很高的值,所以在阳极上不会氧化,只会造成能量的损失。加入附加盐的好处有:①镀膜的电导率明显提高,分散能力好,从而可使镀膜厚度在工件上更均匀地分布;②当总电流相同时,若电镀液的导电性能越好,槽电压就越低,这样可以节约更多的电力。

3. 络合剂

常见的产生阴极电化学极化的方法有两种:第一种是通过吸附在阴极表面形成阻挡层以阻止金属离子放电的具有表面活性的助剂来产生;第二种是采用络合剂,将单纯的金属离子转换成络合离子,使其放电变得更加困难。在碱性环境下电镀时,必须用配合物电镀,因为金属离子大多沉淀在氢氧化物的形态下,不能溶解。在这种情况下,电镀液少不了络合剂这个组分。

4. pH 缓冲剂

加入 pH 缓冲剂的目的是维持阴极界面液层或镀液酸碱性相对恒定,使 pH 值保持在工艺允许的范围,避免发生变化过快的情况。

5. 阳极活化剂

当阳极极化过大时,就容易出现阳极钝化,导致电流分布均匀性受到影响,甚至出现导电不畅情况。若使用溶解性阳极,则可能造成溶解性不佳的状况,进而造成金属离子在电镀液中的浓度持续降低,影响电镀效果。添加阳极活化剂对阳极钝化有一定的预防作用。

6. 添加剂

添加剂泛指添加含量虽然不是很多,但作用显而易见的物质。现代电镀已经离不开各种添加剂,主要有湿润剂、光亮剂、除杂剂等,它们对电镀过程都起着极为重要的作用。

7. 水

在电镀工艺中,电解液中必不可少的主要成分就是水。需要重视的关键因素包含水的电离特性、电解反应和水质的优劣。

3.5 本章小结

本章主要介绍了芯片制造过程中所涉及的关键材料,包括硅晶圆材料、宽禁带半导体材料、工艺耗材及辅助性材料等。3.1 节首先介绍了半导体材料的发展,随后详细介绍了硅衬底材料、硅晶圆材料与制备工艺,以及硅晶圆材料市场发展现状。当前,我国硅片供应高度依赖进口,全球芯片级单晶硅片主要被美、日、韩等国的代表性企业垄断。3.2 节主要介绍了宽禁带半导体材料,具体包括 SiC 材料及制造工艺、GaN 材料及制造工艺、宽禁带半导体材料的应用成果,以及宽禁带半导体材料的发展趋势及关键问题。3.3 节介绍了工艺耗材,具体包括电子特气、靶材、光刻胶、掩模版和显影液。3.4 节介绍了辅助性材料,包括抛光液、湿法刻蚀液、电镀液。希望通过本章的学习,读者能对芯片制造过程中涉及的关键材料有所认识。

思考题

（1）请简述半导体材料的发展历程。
（2）请简述硅晶圆的制造工艺。
（3）请简述半导体禁带宽度的物理意义，以及宽禁带半导体的代表材料。
（4）请简述 SiC 材料、GaN 材料的制造工艺。
（5）请简述宽禁带半导体材料的应用情况。
（6）请简述芯片制造过程中工艺耗材类型。
（7）请简述光刻胶的种类及应用场景。
（8）请简述掩模版的工作原理。
（9）请简述常见辅助性材料的种类及应用场景。
（10）请阐述湿法刻蚀液的种类。

参考文献

[1] 冯黎洛，朱类. 中国集成电路材料产业发展现状分析[J]. 功能材料与器件学报，2020, 26(3): 191-196.
[2] 郝跃. 宽禁带与超宽禁带半导体器件新进展[J]. 科技导报，2019, 37(3): 58-61.
[3] ROSCHKE M, SCHWIERZ F. Electron mobility models for 4H, 6H, and 3C SiC [MESFETs] [J]. IEEE Transactions on electron devices, 2001, 48(7): 1442-1447.
[4] 盛况，任娜，徐弘毅. 碳化硅功率器件技术综述与展望[J]. 中国电机工程学报，2020, 40(6): 1741-1753.
[5] HANADA T. Basic properties of ZnO, GaN, and related materials[J]. Oxide and Nitride Semiconductors: Processing, Properties, and Applications, 2009: 1-19.
[6] FUJIKURA H, YOSHIDA T, SHIBATA M, et al. Recent progress of high-quality GaN substrates by HVPE method[J]. Gallium Nitride Materials and Devices XII, 2017, 10104: 13-20.
[7] 潘睐. 第三代半导体：新能源汽车+AIOT+5G 撬动蓝海市场，碳中和引领发展热潮[EB/OL]. (2021-10-26) [2024-07-06].
[8] 蔡蔚，孙东阳，周铭浩，等. 第三代宽禁带功率半导体及应用发展现状[J]. 科技导报，2021, 39(14): 42-55.
[9] MITSUBISHI ELECTRIC CORPORATION. Mitsubishi electric to launch railcar traction inverter with all-SiC power module [EB/OL]. (2013-10-25) [2024-07-06].
[10] 柏元灏. 电子特气布局长远[J]. 产城，2022(5): 58-59.
[11] 李学刚，肖文德. 电子特气甲硅烷的国产化实践及行业展望[J]. 化工进展，2021, 40(9): 5231-5235.
[12] 禹金龙，傅铸红，陈艳珊. 乙硼烷制备和纯化方法的探讨[J]. 低温与特气，2018, 36(4): 22-26.
[13] 何红振，刘圆梦，张金彪，等. 电子特气的合成与纯化技术研究进展[J]. 低温与特气，2023, 41(1): 1-5.

[14] 霍悦. 国际寡头垄断 电子特气国产化亟待提速[N]. 中国工业报, 2022-07-06(3).
[15] 刘巧云, 祁秀秀, 杨怡, 等. 光刻胶材料的研究进展[J]. 微纳电子技术, 2023, 60(3): 378-384.
[16] 曹昕. 高分辨率I-line正性光刻胶的制备及应用性能研究[J]. 广州化学, 2015, 40 (2): 1-6.
[17] DE SILVA A, MELI L, GOLDFARB D L, et al. Fundamentals of resist stochastics effect for single-expose EUV patterning[C]//Extreme Ultraviolet (EUV) Lithography X. SPIE, 2019, 10957: 57-67.
[18] 李冰. 集成电路制造用光刻胶发展现状及挑战[J]. 精细与专用化学品, 2021, 29(2): 1-5.
[19] 崔昊, 王倩倩, 王晓琳, 等. 面向极紫外：光刻胶的发展回顾与展望[J]. 应用化学, 2021, 38(9): 1154-1167.
[20] 郭东明, 康仁科, 苏建修, 等. 超大规模集成电路制造中硅片平坦化技术的未来发展[J]. 机械工程学报, 2003(10): 100-105.
[21] 连军. 超大规模集成电路二氧化硅介质层的化学机械抛光技术的研究[D]. 河北工业大学, 2002.
[22] 宋晓岚, 李宇焜, 江楠, 等. 化学机械抛光技术研究进展[J]. 化工进展, 2008(1): 26-31.
[23] 王新, 刘玉岭, 康志龙. 铜CMP中SiO_2抛光液的凝胶及其消除实验[J]. 半导体技术, 2003(1): 63-65.
[24] JIANG M, NELSON O, WOOD. On CMP of silicon nitride (Si_3N_4) work material with various abrasives[J]. Wear, 1998, 22 (1) :57-71.
[25] 朱松松, 陈军委. 化学机械抛光专利技术分析[J]. 中国科技信息, 2023, (14): 26-28.
[26] 成维, 李思坤, 张子南, 等. 极紫外光刻掩模缺陷检测与补偿技术研究[J]. 激光与光电子学进展, 2022, 59(9): 0922022-1-0922022-14.
[27] 叶红, 吴会龙. 掩模版制作工艺中典型问题探析[J]. 固体电子学研究与进展, 2009, 29(4): 606-607.

第 4 章　芯片制造的系统工艺

本书第 2 章介绍了集成电路单项工艺。每一个单项工艺就像是一块积木：人们将一块块积木按一定顺序堆积起来就可以组成房子、汽车或其他物体，而在集成电路领域，工程师们将一个个单项工艺经过合理的顺序组合起来，就能够制造出中央处理器、存储器等具有各种功能的芯片。本章介绍芯片制造系统工艺。首先从大家熟知的摩尔定律出发，分别介绍基于平面结构的系统工艺、SOI 工艺、先进逻辑工艺及片上系统（System on Chip，SoC），接着将目光转向存储器，介绍 DRAM、Flash 等传统存储器系统工艺流程，以及磁随机存取存储器（Magnetic Random Access Memory，MRAM）、阻变随机存取存储器（Resistive Random Access Memory，RRAM）、铁电随机存取存储器（Ferroelectric Random Access Memory，FeRAM）、相变随机存取存储器（Phase-Change Memory，PCM）等新型非易失性存储器的系统工艺。在此基础上，本章还会对一些典型的特色工艺进行分析，如模拟集成电路工艺、微机电系统（Micro Electro-Mechanical System，MEMS）工艺和功率器件工艺等。

本章重点

知识要点	能力要求
逻辑芯片系统工艺	1. 掌握基于平面结构的系统工艺 2. 了解 SOI、先进逻辑工艺及片上系统
存储芯片系统工艺	1. 掌握 DRAM、Flash 系统工艺的重点和难点 2. 了解新型非易失性存储器的分类及系统工艺
特色工艺	1. 掌握特色工艺的特点及应用 2. 了解特色工艺的工艺流程及重点

4.1　逻辑芯片系统工艺

在过去的半个多世纪里，集成电路产业的发展一直遵循着由 Intel 创始人之一戈登·摩尔提出的摩尔定律（Moore's Law）：集成电路上可容纳的晶体管数量大约每隔两年就会增加一倍。如图 4.1 所示，1970—2020 年，集成电路上可容纳的晶体管数量从最开始的 1000 个迅速增长到如今的近 500 亿个。与此同时，遵循按比例缩小的规律，集成电路制造工艺不断突破，产业规模持续扩大。目前，国际一流的集成电路制造企业已进入 3nm 及以下工艺节点。随着国内外竞争的不断加剧，开发与新型材料、新型器件及新型设备相匹配的集成电路制造工艺已成为半导体制造企业竞争的焦点。本节重点介绍集成电路中逻辑芯片制造工艺的相关知识，从基于传统平面结构的系统工艺、SOI 工艺、先进逻辑工艺和 SoC 等方面介绍逻辑制造工艺的主要步骤和关键技术特点。

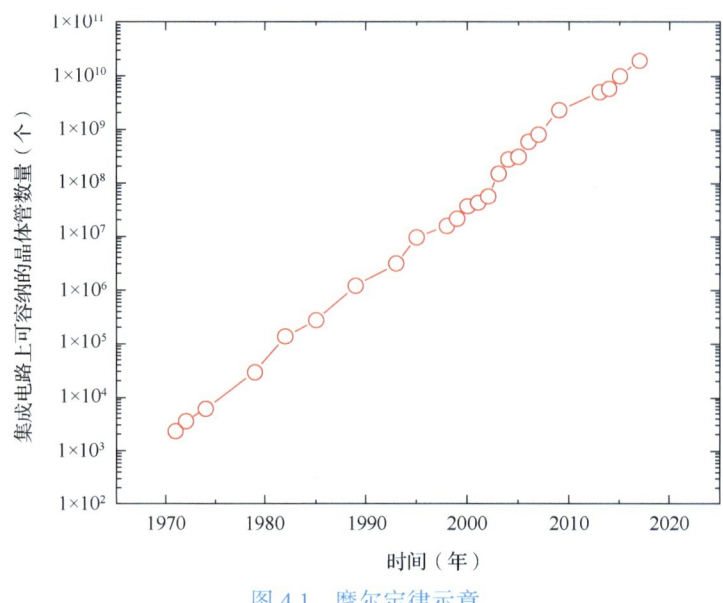

图 4.1 摩尔定律示意

说到 CPU，相信大家并不陌生。CPU 作为计算机系统运算和控制的核心部分，具有信息处理、程序运行等功能。对计算机系统来说，CPU 就相当于人类的大脑。那么从工艺角度来看，CPU 是如何被制造出来的呢？本节以 Intel 的 CPU 为例，结合第 2 章中介绍的单项工艺，介绍如何制造逻辑芯片的系统工艺。

4.1.1 基于 CMOS 的系统工艺

逻辑芯片的制造流程可分为晶圆制造、器件加工、金属互连、晶圆测试、裂片及封装等环节，如图 4.2 所示。目前，集成电路制造的主流技术为互补型金属氧化物半导体（Complementary Metal Oxide Semiconductor，CMOS）工艺，工艺流程分为前道（Front End of Line，FEOL）工艺和后道（Back End of Line，BEOL）工艺。前道工艺一般指在硅衬底上形成晶体管区域、栅极、源极和漏极的工艺，后道工艺一般指通过金属导线及通孔工艺完成器件之间的互连。接下来将以基于 CMOS 工艺的传统平面结构为例介绍逻辑芯片的制造流程。

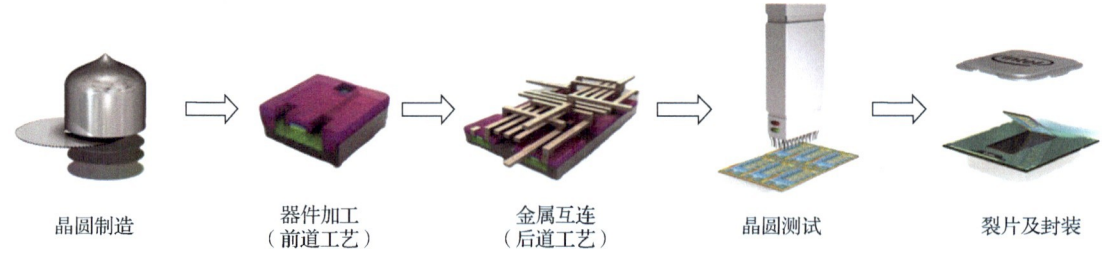

晶圆制造　　器件加工　　金属互连　　晶圆测试　　裂片及封装
　　　　　（前道工艺）　（后道工艺）

图 4.2 逻辑芯片的制造流程

1. 晶圆制造

如图 4.3 所示，首先将砂子熔化，经过反复酸化和蒸馏提纯，制成纯度高达"九个九"

（99.9999999%）的纯硅锭；随后，通过直拉法等工艺形成单晶硅锭；最后，通过切片和抛光得到晶圆。晶圆的直径通常有 8in（200nm）和 12in（300nm）两种规格，直径越大，单个芯片的生产成本越低，但对加工技术的要求更高。

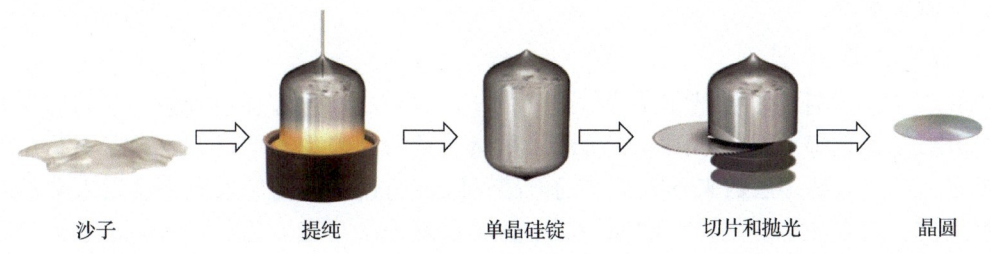

图 4.3　晶圆制造流程

2. 器件加工

在这一环节中，需要将第 2 章介绍的单项工艺，如光刻工艺、刻蚀工艺、掺杂工艺和薄膜沉积工艺等进行组合，实现某一项具体工艺流程，如图 4.4 所示。具体工艺操作步骤可参考《集成电路科学工程与导论》（人民邮电出版社，2021 年 7 月出版），本小节只作简单介绍。

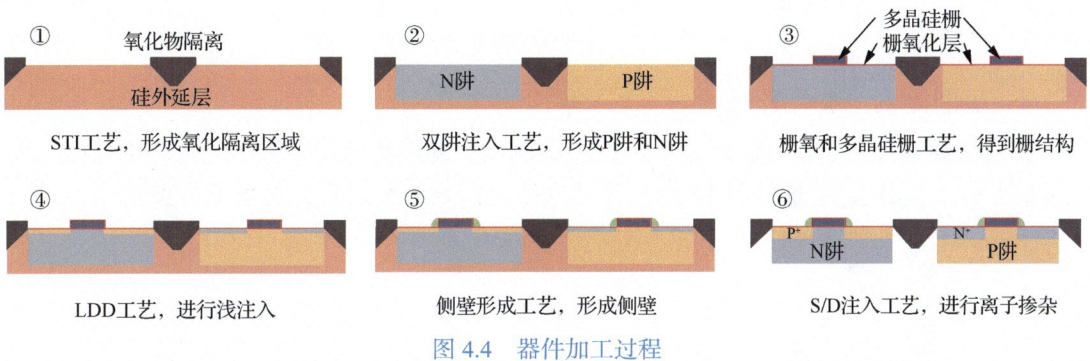

图 4.4　器件加工过程

（1）通过浅槽隔离（Shallow Trench Isolation，STI）工艺形成浅槽，在浅槽中填入氧化物，以便与硅隔离。在这一过程中，会用到 CVD、光刻、刻蚀和 CMP 等工艺。

（2）通过双阱注入工艺定义 N 阱和 P 阱。在这一过程中采用两次光刻技术和两次离子注入技术，分别实现 N 阱和 P 阱的离子注入。此外，还需采用 RTA 工艺对注入的杂质进行电激活，推进杂质的注入深度。

（3）接下来是 CMOS 工艺流程中比较重要的步骤——栅氧和多晶硅栅工艺。栅氧化层是 CMOS 工艺中最薄的薄膜，晶体管开关速度的首要决定因素是多晶硅栅长度的精确性。在这一步中，依次采用热氧化法、湿法刻蚀、离子增强型 CVD、DUV 光刻、离子刻蚀、快速热氧化等工艺，进行栅氧化层的沉积和多晶硅栅的形成。

（4）为了有效抑制短沟道效应，CMOS 工艺中引入了 LDD 注入工艺，分别采用两次光刻和离子注入技术实现 N 型和 P 型离子掺杂。

（5）采用侧壁形成工艺沉积侧壁以保护沟道，防止后续工艺步骤中大剂量离子注入造成源漏导通。具体为利用 CVD 工艺沉积隔离层，接着用干法刻蚀工艺形成侧壁。

（6）通过 S/D 注入工艺，得到 CMOS 的基本结构。采用两次光刻和离子注入技术分别对 NMOS 和 PMOS 区域进行相应的掺杂，最后采用快速热处理（Rapid Thermal Process，RTP）工艺对样品进行热退火，消除杂质在 S/D 区的迁移。至此，晶体管源/漏极的制造完成，电子器件形成。

3. 金属互连

CMOS 工艺的后续步骤是完成器件之间的金属互连，每层互连过程包含了薄膜沉积、光刻、电镀及抛光等工艺，如图 4.5 所示。虽然芯片看起来非常平坦，但实际上芯片内部有三十多层，甚至更多层数来形成复杂的电路，Intel 将这一结构形象地比喻为未来多层高速公路系统。值得注意的是，每增加一层，就要重复一次互连工艺，即每个芯片至少要重复三十多次或者更多次的互连工艺。

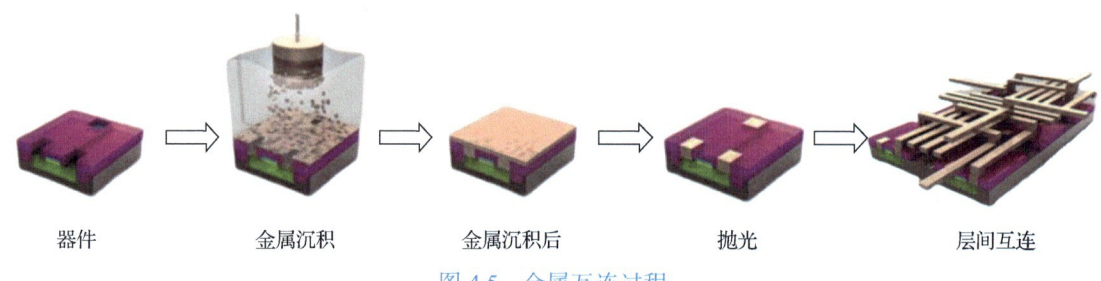

图 4.5　金属互连过程

4. 晶圆测试、裂片及封装

完成金属互连后，就可以对芯片进行晶圆测试、裂片及封装，最终完成 CPU 制造，如图 4.6 所示。本书第 11 章、第 12 章将详细介绍测试与封装过程，这里不再赘述。

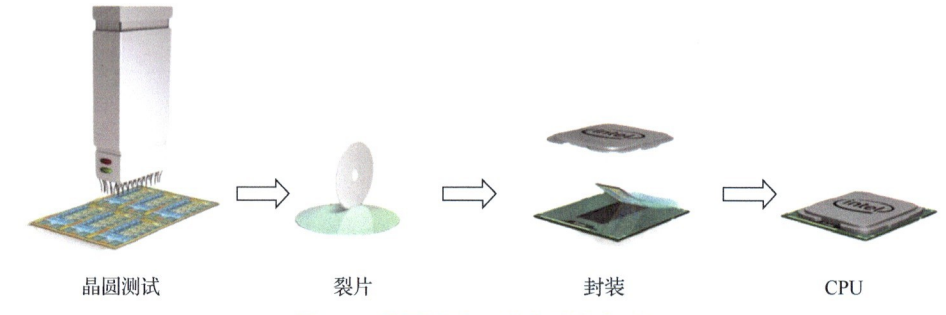

图 4.6　晶圆测试、裂片及封装过程

现代计算机系统广泛使用 SRAM 作为高速缓冲存储器，它的制造过程完全兼容标准 CMOS 工艺。因此，SRAM 是最具代表性的超大规模集成电路之一，也是用于鉴定某一工艺节点是否可以进行批量生产的首款电路。随着工艺节点逐步进入纳米级别，特征尺寸和电源电压的下降引起的多种寄生效应问题逐渐浮现，这些问题给 SRAM 的发展带来了许多挑战，因此需要对新加工工艺、新材料及新电路结构等方面进行共同优化，如改进 CMOS 器件结构及栅氧化层材料等。正是由于上述提到的这些问题，目前计算机 CPU 中基于 SRAM 的缓存容量仍然停留在兆字节（MB）量级，没有继续增加，如 Intel 酷睿 i9 13900K 中二级高速缓存的总容量为 32MB。

随着晶体管尺寸的不断缩小，短沟道效应在 MOS 器件特征尺寸缩小到 90nm 及以下时逐渐增强，阻碍了工艺的进一步发展。尽管提高沟道掺杂浓度可以抑制短沟道效应，但是高掺杂沟道会使库仑散射增加，从而降低载流子迁移率。改善器件载流子迁移率的方法有很多，其中一种是通过在源漏区引入应变材料来使沟道发生应变，这一技术被称为应变硅技术。如图 4.7 所示，对于 NMOS，一般采用 SiC 作为应变材料，由于 Si 原子和 C 原子的晶格常数不同，当 SiC 在 Si 衬底上外延生长时，会对沟道产生张应力，使电子的电导有效质量下降；对于 PMOS，一般采用 SiGe 作为应变材料，利用 Si 原子和 Ge 原子的晶格常数不同，对沟道产生压应力，使空穴的电导有效质量下降。2002 年年底，Intel 首次将这一工艺应用于 90nm 的 CPU 中，性能提升了 20%，而成本仅提高了 2% 左右，从而在集成电路生产制造工艺中正式应用了应变硅技术。除前面提到的源/漏工程之外，还有应力帽层技术、应力记忆技术及工艺诱导应变等局部应变技术[1]，全球各大厂商为了应对 45nm 以下工艺的要求，不断完善应变硅技术，以进一步提高载流子迁移率和晶体管性能。

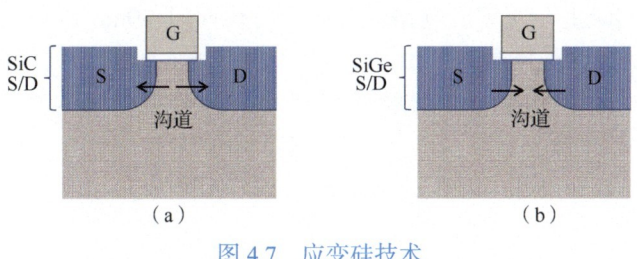

图 4.7 应变硅技术
（a）NMOS （b）PMOS

当 MOS 器件的特征尺寸降低到 45nm 以下时，为了遏制短沟道效应，栅氧化层厚度也不断降低，直至 2nm 以下，而在小于 2nm 的 SiON 栅介质层中，会出现明显的量子隧穿效应，导致栅极漏电流的产生。为了解决这一问题，产业界采用高介电常数的材料来代替原来的栅氧化层，这种材料可在相同的有效氧化层厚度下，显著降低量子隧穿效应。但是，高介电常数材料与多晶硅栅不兼容，而采用金属栅取代多晶硅栅可以有效解决多晶硅栅耗尽效应、载流子迁移率低和阈值电压漂移等问题。人们将利用高介电常数材料代替栅氧化层和利用金属栅代替多晶硅栅的技术称为高介电常数金属栅（High-K Metal Gate，HKMG）技术。2007 年 1 月，Intel 宣布在 45nm 工艺节点利用新型高介电常数材料 HfO_2 代替传统 SiON 作为栅介质层，以改善栅极漏电流问题，同时利用金属栅代替多晶硅栅，开发出 HKMG 工艺。半导体产业界提出了两种实现 HKMG 工艺的集成方案：先栅（Gate-first）工艺和后栅（Gate-last）工艺[2]，如图 4.8 所示。这两种工艺名称中的"先""后"是相对源/漏离子注入操作及随后的退火工艺而言的，在此之前形成金属栅极，即为先栅工艺，反之则为后栅工艺。在先栅工艺中，制作高介电常数绝缘层和金属栅极的材料需要经过退火过程中的高温，因此 PMOSFET 的门限电压会升高，从而对晶体管的性能产生影响；后栅工艺可以不经过高温退火过程，且功耗更低、漏电更少，但是工艺比较复杂。Intel 率先通过后栅工艺降低了漏电流，从而降低了功耗，而台积电和三星首先采用比较简单的先栅工艺，但在 28nm 制程均转换为后栅工艺路线。

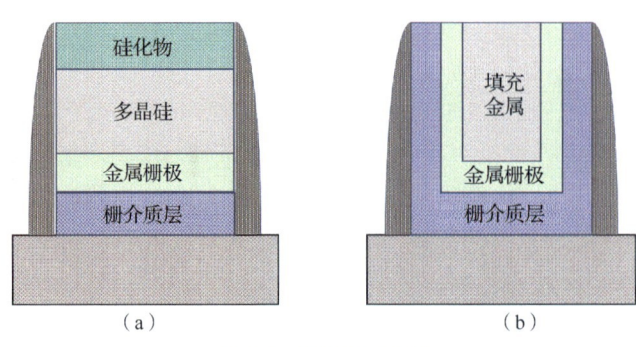

图 4.8 HKMG 工艺
(a) 先栅工艺 (b) 后栅工艺

学术界和产业界一直在探索不同的材料、工作原理和器件结构，以使摩尔定律延续到更小的工艺节点。随着器件尺寸的不断缩小，能否有效地控制晶体管中的电流变得越来越重要。应变硅技术的诞生，使集成电路从亚微米时代向以 90nm 制程为代表的深亚微米时代前进；在 65nm 制程的晶体管中，引入了 HKMG 技术，改善了栅极漏电问题；22nm 制程以下，从传统的平面结构向新型结构转变，不断向更先进的技术节点发展。先进逻辑工艺将在 4.1.3 小节详细介绍。

4.1.2 SOI 工艺

随着集成电路技术的不断发展，当器件的特征尺寸缩小到 22nm 节点及以下时，受沟道长度、面积、功率和工作电压等限制，短沟道效应增强，晶体管性能可显著降低。为了攻克这一难题，前台积电首席技术官、前美国加利福尼亚大学伯克利分校教授胡正明及其团队分别在 1999 年和 2000 年提出了 FinFET 和 SOI 这两种解决方案[3]。本小节将介绍 SOI 工艺，并着重介绍 SOI 晶圆的制造以及 SOI 器件的制备流程。

SOI 工艺是在 CMOS 工艺基础上发展出来的，它是在由硅衬底、SiO_2 绝缘层、表面硅薄层组成的 SOI 衬底上加工器件的方法，可以有效避免闩锁效应。CMOS 结构和 SOI-MOS 结构的主要区别在于：SOI 器件具有氧化物埋层（Buried Oxide Layer，BOX），它将基体与衬底隔离，从而有效降低了寄生结电容，加快了晶体管的工作速度。

通常，SOI 器件可分为部分耗尽 SOI（Partially Depleted SOI，PDSOI）和全耗尽 SOI（Fully Depleted SOI，FDSOI）两种，如图 4.9 所示[4]。人们一般根据顶层硅薄膜的厚度和器件工作时的耗尽区厚度来区分这两种器件。PDSOI 顶层硅薄膜的厚度大于或等于 100nm，当器件工作在饱和区时，耗尽区的厚度小于顶层硅薄膜厚度；FDSOI 顶层硅薄膜的厚度小于等于 50nm，当器件工作在饱和区时，耗尽区的厚度大于顶层硅薄膜。PDSOI 在工作时部分耗尽，且阱没有接电压，所以是电学悬空状态，这种浮体结构会导致浮体效应，如翘曲效应、寄生双极晶体管效应和自加热效应等。通过体引出，即把阱区连接到一个固定电位，可以有效抑制浮体效应，但这会导致芯片面积增加。除浮体效应外，随着工艺技术发展到纳米级，PDSOI 的短沟道效应也变得明显，因此 FDSOI 被广泛应用于纳米级工艺。

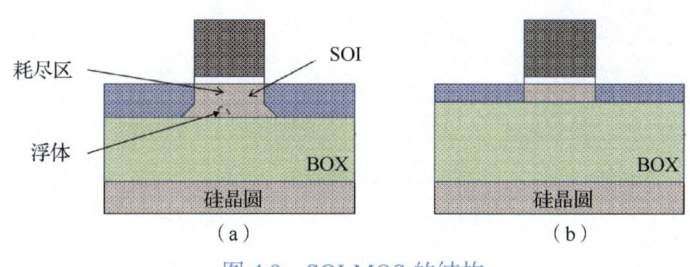

图 4.9 SOI-MOS 的结构
(a) PDSOI (b) FDSOI

与传统的 CMOS 器件相比，SOI 器件具有诸多优势。首先，器件之间被 BOX 隔离，并不相互接触，因此器件的漏/源寄生电容较小，漏电流、延迟和动态功耗较低；其次，BOX 的存在使阈值电压不依赖背栅极偏置，因此 SOI 器件更适合应用于低功率场景；最后，SOI 器件不存在闩锁效应，并且在有源区与衬底之间存在一个 SiO_2 绝缘层，所以衬底产生的光电流不会对 SOI 器件的有源区造成影响，因此具有良好的抗辐射性能。电离辐射会影响硅片中电荷和缺陷的产生，导致器件的阈值电压漂移、亚阈值电流增大、低频噪声增大等问题，使芯片性能下降，从而影响系统可靠性，严重时甚至无法工作。SOI 器件良好的抗辐照性能使其可以在恶劣的辐射条件下长时间、高可靠地工作，因此在航空航天等领域具有广阔的应用前景[4]。

SOI 器件也存在明显的缺点。SOI 器件具有记忆效应，特别是在 PDSOI 器件中，电荷会在浮体结构中累积，使浮体电压和器件阈值电压发生变化，可能造成两个相同晶体管之间的显著失配。SOI 器件的另一个问题是自热效应，BOX 采用绝缘材料，器件工作时产生的热量不能轻易消散，这会导致器件温度升高、迁移率降低，从而影响晶体管性能。最后，虽然早期 FDSOI 技术研发取得了一系列成果，但是由于 SOI 晶圆的制备技术不够成熟，在 FinFET 技术快速发展的背景下，FDSOI 失去了抢占市场的黄金时机。

传统的硅晶圆是采用提拉法生长的单晶硅制备的。为了形成 SOI 结构，需要先通过氧化形成 SiO_2，并继续在非晶 SiO_2 表面形成单晶硅薄层，这是 SOI 技术的最大挑战。产业界制造 SOI 晶圆的方法是通过嵌入或键合形成 BOX，用来隔离顶层硅薄膜和衬底。目前，制造 SOI 晶圆的技术主要有 3 种，分别是 SIMOX 技术、键合回刻（Bond and Etch Back SOI，BESOI）技术，以及智能剪切（Smart-cut）技术。截至本书成稿之时，已成熟且达到量产要求的技术是来自法国 Soitec 的 Smart-cut 技术。

SIMOX 技术在 20 世纪 70 年代由日本的 Izumi 等人提出，是最早出现的 SOI 晶圆制备技术之一。该技术利用离子注入向 Si 中注入氧离子（O^{2-}），形成氧化隔离层[5]。图 4.10 所示为采用 SIMOX 技术制造 SOI 晶圆的工艺流程。该技术的优点是形成的 BOX 均匀性良好，可以通过注入的能量对 BOX 上方的顶层硅薄膜进行厚度调整。但调节范围有限，目前采用 SIMOX 技术制备的 BOX 厚度一般小于 240nm，且顶层硅薄膜的厚度一般小于 300nm。此外，为了保证形成良好的 Si/SiO_2 界面，需要在 600℃时进行注入，并且在注入后需要经过长达 5h 的高温（1300℃）退火，这些步骤都增加了制造成本。最后，SIMOX 技术会对表面薄膜造成损伤，注入剂量越大，注入成本就越高，引入的缺陷也就更多，这会对顶层硅薄膜和 BOX 的质量产生影响。

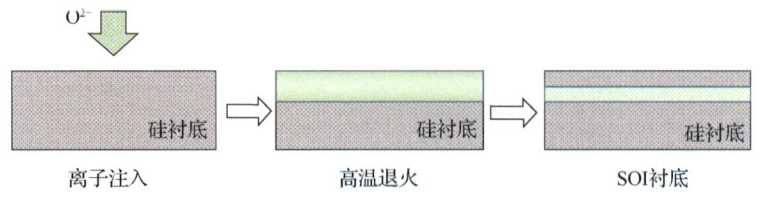

图 4.10 采用 SIMOX 技术制造 SOI 晶圆的工艺流程

20 世纪 80 年代开始，出现了一些键合技术，如 BESOI 技术。这种技术通过在 Si 和 SiO_2 或 SiO_2 和 SiO_2 之间使用键合技术，使两个晶圆紧密黏合在一起，将黏合后两个晶圆之间的 SiO_2 层作为绝缘层，最后通过腐蚀、研磨将键合晶圆的一侧减薄至所需厚度，得到 SOI 晶圆。图 4.11 所示为采用 BESOI 技术制造 SOI 晶圆的工艺流程。这种技术可以有效避免 SIMOX 技术中遇到的问题，顶层硅薄膜是体硅，因此薄膜质量较好，且 BOX 和顶层硅薄膜的厚度可以在很大范围内调整。但是，利用这种技术得到的顶部硅薄膜依然较厚，且难以控制界面缺陷及顶部硅薄膜的均匀性。在最终回刻和 CMP 的过程中，也会浪费大量的晶圆材料。

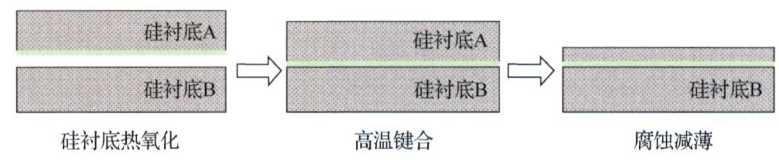

图 4.11 采用 BESOI 技术制造 SOI 晶圆的过程

Smart-cut 技术可以有效提高 SOI 的制作效率。它是将离子注入技术和键合技术结合，前半部分与 BESOI 相似。首先，将一片晶圆经过高温氧化后形成表面氧化层，再向其注入大量氢离子（H^+），随后将两片晶圆进行低温键合，通过 400~600℃ 热反应使 H^+ 层产生断裂，最后将晶圆表面抛光，具体流程如图 4.12 所示。这种方式具有以下优点：第一，H^+ 的注入剂量低于 SIMOX 技术；第二，通过控制注入离子的能量，可以控制顶层硅薄膜的厚度；第三，表面缺陷较少，能保持较好的单晶性；第四，BOX 是通过热氧化形成的，因此具有良好的 Si/SiO_2 界面；第五，被剥离的晶圆可以重复利用，降低了制备成本。目前，Smart-cut 技术已成为最通用的 SOI 晶圆制备技术，且这项技术的专利掌握在 Soitec 手上。

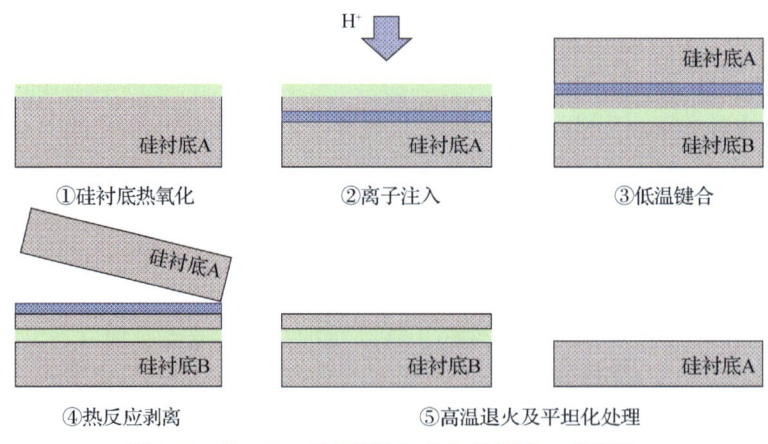

图 4.12 Smart-cut 技术制造 SOI 晶圆的工艺流程

图 4.13 所示为典型的 FDSOI 器件制备流程示意[6]。具体步骤如下。

（1）通过 STI 工艺，在 SOI 衬底上实现器件与器件之间的隔离。

（2）采用先栅 HKMG 工艺制备出 NFET 和 PFET 的金属栅极。

（3）在 NFET 和 PFET 区域外延生长原位 B 掺杂的 SiGe，形成升高源/漏极（Raised Source/Drain，RSD）结构。

（4）沉积硬掩模（Hard Mask）并形成图形以暴露 NFET 区域的 SiGe。

（5）通过选择性气相刻蚀工艺将暴露的 SiGe 从 NFET 区域去除。

（6）在 NFET 区域外延生长 P 掺杂的 SiC。

（7）注入掺杂剂并采用快速热退火工艺，形成延伸结构。

（8）去除硬掩模。

后续的步骤与 CMOS 工艺相同。可以看出，SOI 的工艺流程大部分与平面体硅技术相似，不同点在于采用了 RSD 结构。这是由于 SOI 顶层薄膜的硅厚度仅有 10nm 左右，直接生长金属硅化物会产生较大的串联电阻。在工艺集成过程中，SOI 工艺和 CMOS 工艺的主要区别有 3 个方面：非 SOI 区域的开窗、接地平面的注入，以及沟道和源漏极厚度的控制。

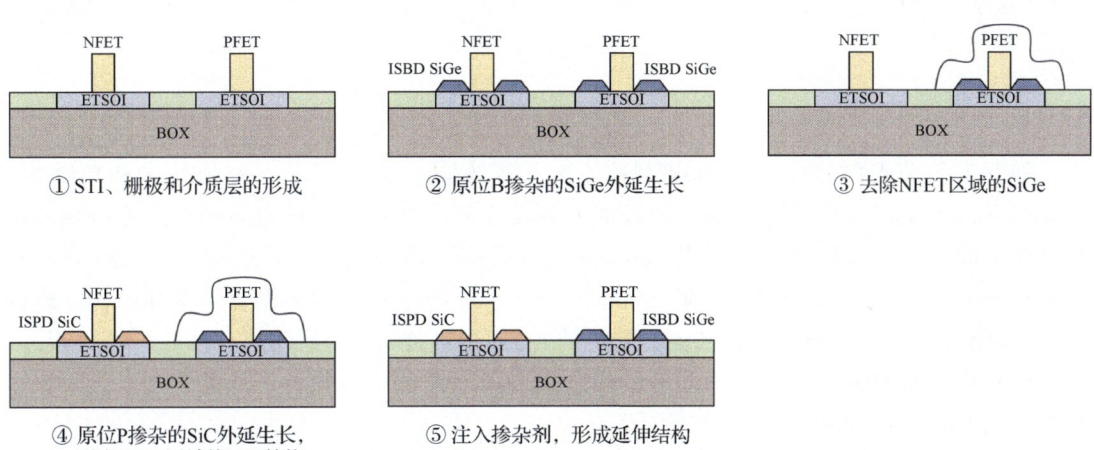

图 4.13　典型的 FDSOI 器件制备流程示意

截至本书成稿之日，IBM 已经规划了 10 代 SOI 技术，从最初 180nm 的 PDSOI 工艺，到 22nm 应用了高介电常数技术的 SOI 工艺。IBM 半导体研发中心项目经理 Rama Divakaruni 指出，SOI 工艺更容易实现高性能存储设计，同时他也表示 FinFET 工艺具有独有的优势，因此在 FDSOI 技术发展到更低工艺节点时，SOI 也将从平面结构转变为立体结构，即发展为 SOI-FinFET 工艺。也就是说，这两种工艺并不是完全对立与竞争的关系[7]。图 4.14 所示为 IBM 制备 14nm SOI-FinFET 器件的工艺流程及器件图像[8]。通过采用 SOI 衬底，降低了 FinFET 与 DRAM 集成的工艺复杂性，降低了 FinFET 结构底部的寄生电容，简化了 Fin 形状的制作工艺。同时，IBM 提出采用 SOI 衬底的关键优势是可以将深沟槽 DRAM 与逻辑单元集成，这为处理器提供了独特的内存解决方案。

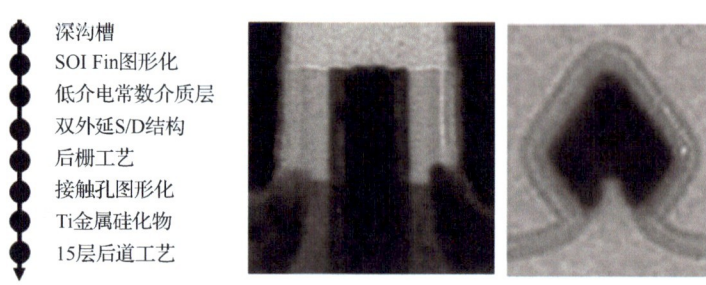

图 4.14　IBM 制备 14nm SOI-FinFET 器件的工艺流程及器件图像

目前，FDSOI 生态系统已逐渐成型，FDSOI 工艺研究、晶圆、代工及 IC 设计等领域均呈现出蓬勃发展的态势。法国 Soitec、信越化学等企业可以提供每月超过 10 万片 SOI 晶圆的产能；意法半导体可以量产 FDSOI，且于 2022 年与格罗方德签约，计划通过新的 300mm 制造工厂推进 FDSOI 生态系统的发展。许多处理器也采用了 SOI 工艺，如任天堂"Wii"、索尼"PlayStation 3"和微软"Xbox 360"等游戏机以及部分航空航天产品。但与 FinFET 相比，SOI 生态起步晚、不够完善，模拟仿真软件、设计 IPC、设计工具等不如体硅技术健全。此外截至本书成稿之时，上述 Smart-cut 技术仍是 Soitec 的专利，其他厂商若想采用该技术则需要获得专利授权或转让，这也是 SOI 技术发展落后于 FinFET 的重要原因之一。

4.1.3　先进逻辑工艺

随着工艺节点的进步，CMOS 制造工艺飞速发展，产生了一系列新技术和新结构。图 4.15 所示为过去 20 年间，CPU 的发展历程及主要工艺技术。可以看到，应变硅技术的发展使集成电路由亚微米时代向以 90nm 工艺为代表的深亚微米时代迈进；HKMG 推动集成电路向 45nm 工艺节点前进；在 22nm 时，为了维持摩尔定律，抛弃了平面结构，转向采用新型 FinFET；在 7nm 工艺节点，采用了 EUV 光刻技术；随后将进一步降低器件尺寸，步入埃时代，有望采用其他新型器件结构及先进技术推动集成电路产业的发展。接下来，简单介绍这些新技术和新结构。

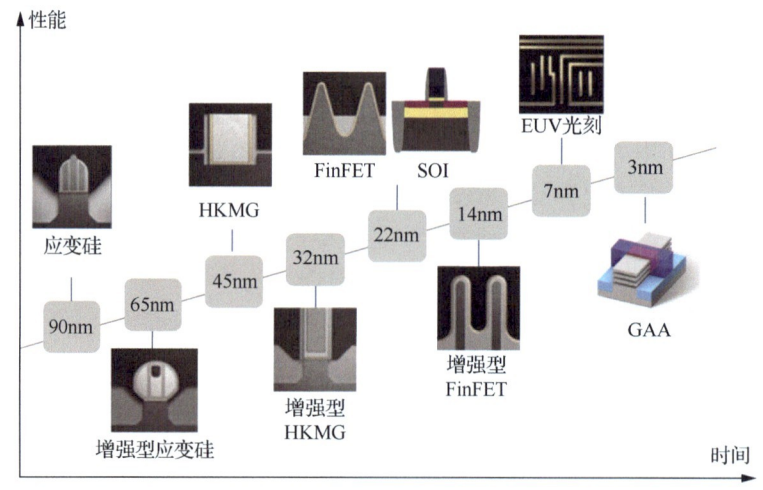

图 4.15　CPU 的发展历程及主要工艺技术[9]

上文提到，为了将 CMOS 技术拓展到 22nm 以下，胡正明教授提出了 FinFET 和 SOI 两种解决方案。SOI 技术已在 3.1.2 小节中介绍过，这里介绍 FinFET 的特点与制造工艺。FinFET 结构是一种 3D 结构，由于沟道形状类似鱼鳍（Fin）而得名，如图 4.16 所示。FinFET 凸起的沟道区域是一个被三面栅极包裹的鳍状半导体，沿源漏方向的鳍与栅重合区域的长度为晶体管沟道长度。形成 Fin 的形状是 FinFET 加工工艺中的一大难点，半导体区并不能通过普通光刻形成，而是通过 SADP 技术形成的。该技术只包含一次光刻步骤，通过类似栅极侧壁的辅助工艺就可以制造出 Fin 的形状。需要指出的是，在浸没式 193nm 光刻工艺条件下，采用 SADP 技术仍难以满足间距为 40nm 以下的光刻要求。因此，从 22nm 开始，芯片制造厂商开始使用三重以上的多重图形技术。但在成本控制和 DUV 光刻工艺的条件下，7nm 已达到技术极限。2019 年，EUV 光刻机的正式商用促进了 7nm、5nm 以及 3nm 工艺节点的进步。本书第 6 章将详细介绍浸没式光刻等光刻技术。

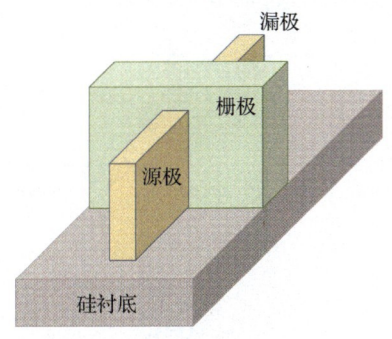

图 4.16　FinFET 的结构

FinFET 工艺技术与平面 CMOS 工艺技术不兼容，它的前道工艺采用了立体结构，同时包括了 HKMG 技术和应变硅技术，图 4.17 所示为 FinFET 前道工艺的流程[10]，后道工艺与 CMOS 工艺相同。

FinFET 的工艺重点在于 Fin 的形成。图 4.18 所示为采用 SADP 工艺形成 Fin 的工艺流程示意[11]，具体为：将 SiO_2 和 Si_3N_4 沉积在硅衬底上，作为硬掩模；沉积多晶硅辅助层，通过光刻和刻蚀形成硬掩模辅助层；沉积 SiO_2，通过控制 SiO_2 的厚度来控制 Fin 的宽度；利用干法刻蚀形成侧壁；去除多晶硅辅助层；利用 SiO_2 作为硬掩模，刻蚀之后形成有源区；去除 SiO_2，形成 Fin。

正如前文所提到的，SOI 和 FinFET 这两种工艺并不是完全的竞争关系。FinFET 可以在体硅衬底上制造，也可以在 SOI 衬底上制造。在体硅衬底上制造 FinFET 需要形成阱并通过 STI 技术来隔离每个 Fin，而 STI 技术需要深度刻蚀才能形成沟槽，刻蚀过程中的精确度控制是个挑战。此外，在定义 Fin 的高度时，如何保持均匀的 Fin 高度也是制造工艺中的关键，而在 SOI-FinFET 工艺中，由于每个 Fin 是被图形化在 BOX 之上的顶层硅薄膜上，所以已经形成了电隔离，而不需要阱和 STI 技术，且 Fin 的高度由顶层硅薄膜的厚度决定，所以 Fin 高度的均匀性较好。因此，与体硅 FinFET 工艺相比，SOI-FinFET 工艺更简单，但存在着缺陷密度大、散热等问题，且 SOI 晶圆的价格高于体硅晶圆，因此制造成本远高于体硅 FinFET 工艺。对于 FinFET 的量产，需要在制造成本与工艺复杂度之间进行权衡。

① 硅衬底

⑧ 去除SiO₂

⑮ 沉积SiO₂和Si₃N₄，作为侧壁

② 通过SADP技术形成Fin式有源区

⑨ 通过两次光刻和两次大角度离子注入形成N阱和P阱，Si₃N₄为Fin注入阻挡层

⑯ 刻蚀，形成栅极侧壁

③ 去除有源区顶层SiO₂，填充SiO₂并对有源区顶层Si₃N₄进行CMP，作为停止层

⑩ 去除Si₃N₄

⑰ 沉积SiO₂，作为外延阻挡层，并通过光刻刻蚀暴露PMOS有源区

④ 回刻SiO₂，有源区凸出SiO₂表面的高度即Fin的高度

⑪ 沉积STI，隔离SiO₂，并进行CMP

⑱ 外延生长PMOS源、漏区的SiGe应变材料外延层

⑤ 去除Fin顶部的Si₃N₄

⑫ STI回刻，凸出Fin有源区

⑲ 去除SiO₂，沉积SiO₂并通过光刻刻蚀暴露NMOS有源区

⑥ 沉积SiO₂和Si₃N₄，作为硬掩模和阱离子注入阻挡层

⑬ 通过两次光刻和两次离子注入形成沟道

⑳ 外延生长NMOS源漏区的SiC应变材料外延层

⑦ 通过光刻刻蚀去除Fin底部的Si₃N₄

⑭ 形成栅氧化层和多晶硅栅极或形成HKMG栅极

㉑ 去除SiO₂

图 4.17 FinFET 前道工艺的流程

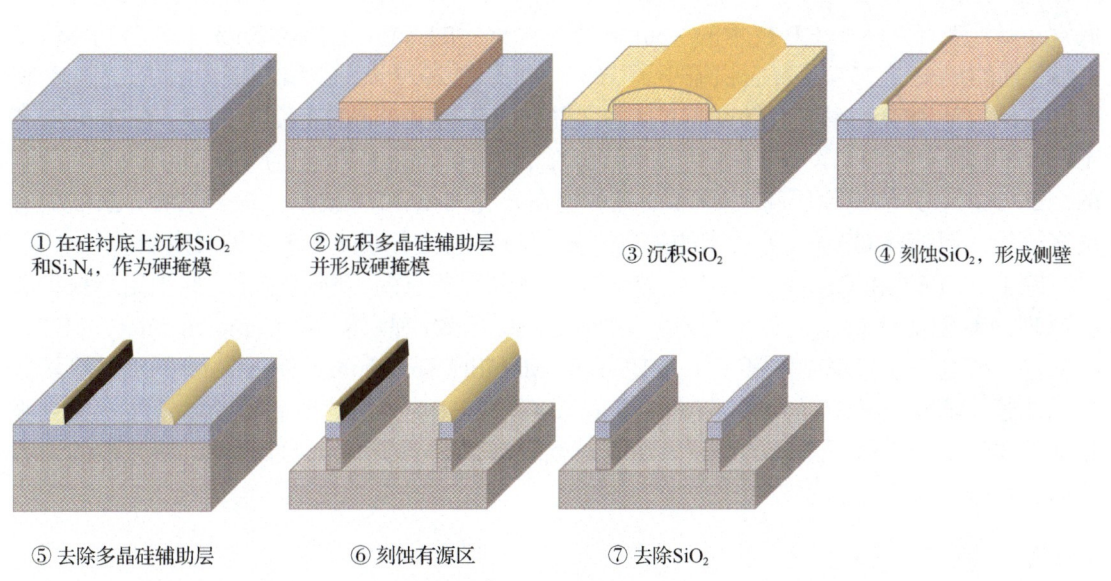

图 4.18 采用 SADP 工艺形成 Fin 的工艺流程示意

自 2011 年商业化以来，为了提高性能并缩减面积，FinFET 的工艺不断改进。到了 7nm 节点后，虽然使用了 EUV 光刻技术，但是基于 FinFET 结构进行芯片尺寸的缩小变得愈发困难，想生产性能更好的 3nm 和 2nm 工艺，需要下一代晶体管技术救场。环栅场效应晶体管（Gate-All-Around FET，GAAFET）技术被视为 FinFET 工艺之后进一步缩小器件尺寸的主流技术之一。GAAFET 技术的特点是栅极四面包裹沟道，能最大限度地实现栅极对沟道的控制作用，源极和漏极不与基底接触，而是采用线状或者片状垂直于栅极横向分布，如图 4.19 所示。由于纳米片结构与目前的 FinFET 工艺比较接近，目前各大厂商研发的主要是纳米片结构。三星设计的多桥通道场效应晶体管（Multi-Bridge-Channel FET，MBCFET）采用了多层堆叠的纳米片结构。根据三星已公布的 GAAFET 有关工艺信息，MBCFET 的制造工艺要求虽然与传统的 FinFET 制造工艺有一些相似，但对工艺提出了更高的要求。首先，在衬底上通过外延生长超晶格材料、并通过堆叠多晶 SiGe 或 Si 形成多层栅结构的制备过程中，涉及 STI、多晶硅伪栅成像、隔离层和内部隔离层成型、漏极和源极外延、沟道释放、HKMG 成型、隔离层中空，以及环形触点成型等一系列复杂工艺。此外，MBCFET 工艺过程中还会用到 EUV 光刻，但是这一工艺目前尚不成熟，因此相关芯片的产能和生产速度都受到了限制。

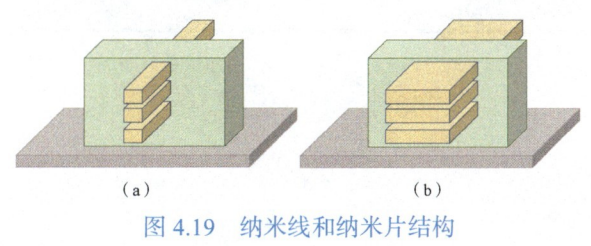

图 4.19 纳米线和纳米片结构
（a）纳米线结构 （b）纳米片结构

在国际产业方面，三星率先在 3nm 工艺中采用了 GAAFET 技术，并已于 2022 年 6 月底宣布量产基于 GAAFET 技术的 3nm 芯片。优化后的 3nm 工艺较 5nm 工艺功耗降低了 45%，性能提高了 23%，表面积缩小了 16%，并将在 2023 年采用第二代 3nm 工艺。台积电在 3nm 工艺中仍继续使用 FinFET 技术，并致力于提高 Fin 的密度和高度。在 2nm 工艺中，台积电将会转向 GAAFET 技术，预计会在 2025 年开始大规模生产基于 GAAFET 技术的 2nm 工艺。其他国际厂商（如 Intel 等）也在研究 GAAFET 技术。综合来看，虽然仍有诸多挑战，但随着 GAAFET 技术的推进，先进制程上的半导体工艺将继续发展。

除了 FinFET 和 GAAFET 结构，随着半导体制程节点的不断进步，一些采用新材料和新原理的新型晶体管工艺逐渐出现，例如互补型场效应晶体管（Complementary FET，CFET）、高电子迁移率晶体管（High Electron Mobility Transistor，HEMT）、低维材料场效应晶体管及隧穿场效应晶体管（Tunneling FET，TFET）等。这些新型晶体管技术为克服目前的器件瓶颈提供了全新的思路，由于篇幅限制，本小节不作具体介绍，感兴趣的读者可以自行查阅相关资料。

4.1.4 SoC 工艺

由于微电子技术领域的不断革新，半导体器件遵循摩尔定律持续发展了数十年。集成电路器件的特征尺寸逐渐变小，集成密度变高，材料趋于多样化，集成的系统更加复杂庞大，集成电路的功能更加完善，功耗更低。随着集成电路产业进入纳米时代，在单一芯片上实现系统功能成为可能，在这一过程中，SoC 应运而生。

SoC 是从系统角度出发，把处理机制、模型算法、芯片结构、各层次电路直至器件的设计紧密结合起来，在单个芯片上完成整个系统的功能[12]。如果将 CPU 比作人类的大脑，那么 SoC 就是一个包含大脑、心脏、躯干及四肢的完整系统。图 4.20 所示为高通骁龙 SoC 示意，可以看出，该 SoC 包含了 CPU、图形处理单元（Graphics Processing Unit，GPU）、数字信号处理器（Digital Signal Processor，DSP）、通信模块和传感器等部分。SoC 已广泛应用于通信、数据存储及高科技计算领域，手机芯片就是一个比较典型的代表。随着模拟技术、传感器技术及集成技术的发展，SoC 逐渐应用到了医疗、汽车和国防安全等领域。

图 4.20 高通骁龙 SoC 示意

SoC 工艺的挑战是将不兼容的材料和工艺结合起来。针对这一问题，学术界和产业界进行了多种工艺研究，包括混合晶圆键合工艺、芯片堆叠工艺以及晶圆级器件选择转移工艺等。下面就简单介绍一下这 3 种工艺。

图 4.21 所示为混合晶圆键合工艺示意。这种工艺主要应用于两片晶圆的键合[13]，流程如下：在两片晶圆上沉积氧化物-氮化物-氧化物（Oxide-Nitride-Oxide，ONO）绝缘层；用大马士革工艺定义金属接触块区域，沉积 TaN/Ta 阻挡层和 Cu，再采用抛光工艺降低表面粗糙度；将一片晶圆倒装，与另一片晶圆贴合，在 400℃下退火，使两片晶圆形成键合。混合晶圆键合工艺不需要载片晶圆、黏合剂及硅通孔工艺即可使两片晶圆键合，成本低廉、工艺简单，但这种方式仅能集成一层器件层。

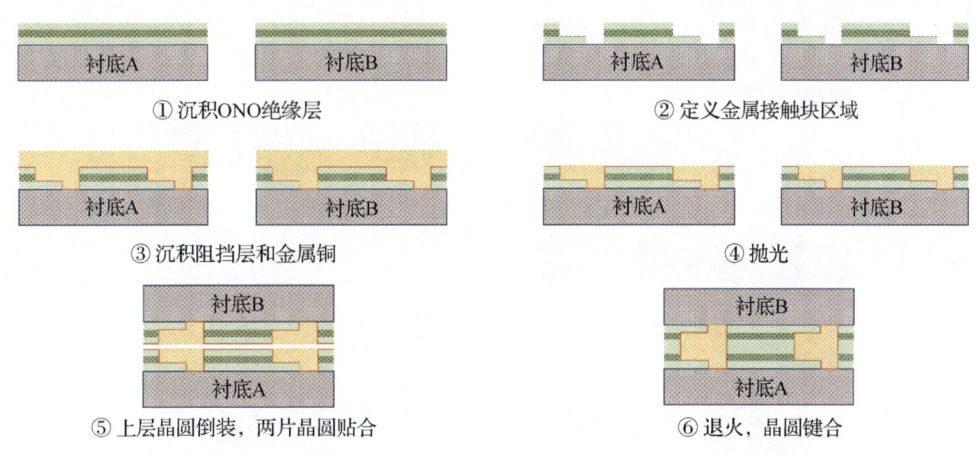

图 4.21　混合晶圆键合工艺示意

图 4.22 所示为芯片堆叠工艺流程示意[14]。首先，制备好正面有微凸块的、需要进行封装的芯片；随后，在其他有源芯片上进行硅通孔、重布线层（Redistribution Layer，RDL）工艺以及微凸块的布局，将晶圆背面减薄并制作好凸块，制成有源中介层；接着，将有源芯片通过倒装、对准，将芯片与有源芯片面对面键合；最后，与嵌有 Si 桥的封装基板通过凸块连接，进而实现多层芯片的堆叠。这种方式对工作温度比较敏感，当工作温度变化时，硅通孔中的金属与芯片材料的热膨胀系数不匹配会导致局部应力，从而产生严重的可靠性问题，致使芯片在热循环过程中有可能会产生裂纹。

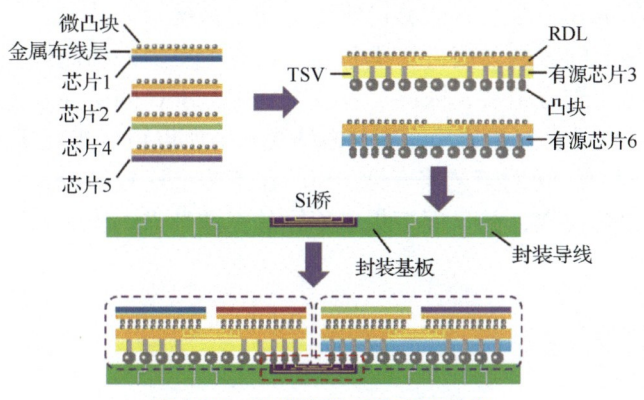

图 4.22　芯片堆叠工艺流程示意

图 4.23 所示为晶圆级器件选择转移工艺流程示意。首先，准备好带有待转移微型器件的晶圆，这种晶圆被称为初始晶圆；随后，将初始晶圆与玻璃载体键合；接着，去除硅衬底，并且对微型器件进行背面处理；最后，通过玻璃载体将选定的微型器件转移至接收晶圆表面。在这种方法中，初始晶圆比接收晶圆包含更多的器件，只将选定的器件从初始晶圆转移到接收晶圆，而不是同时转移所有器件。转移后，目标晶圆被器件完全填充。

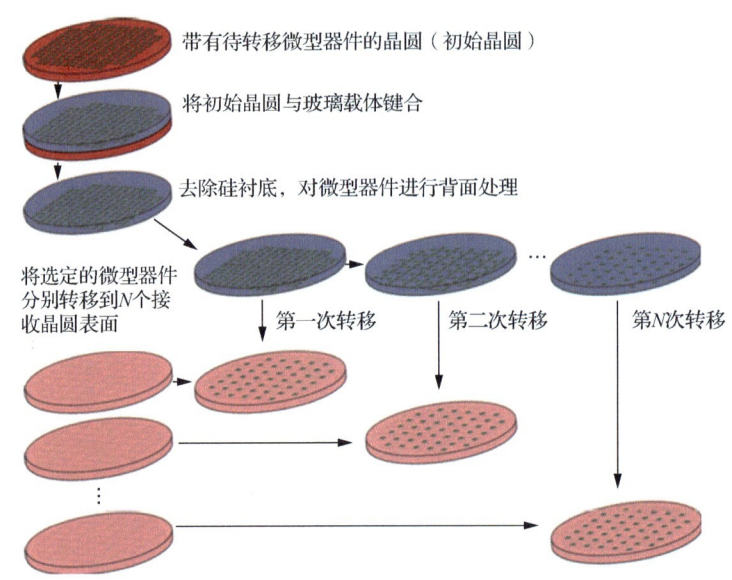

图 4.23 晶圆级器件选择转移工艺流程示意

SoC 可以在系统层面提升速度、降低功耗，不过随着集成度的提高与系统架构趋向晶圆层面，SoC 在设计、封装和测试等方面都面临着极大的挑战。不同电路模块制程不同的兼容性问题是 SoC 制造设计中的关键问题。在电路整合方面，逻辑电路之间的整合相对比较简单，而模拟电路与逻辑电路的整合难度较大，将逻辑电路与存储器整合最具挑战性[11]。另外，当 SoC 的特征尺寸达到亚微米时，模拟、射频和数字功能整合的难度也随之加大，于是"即插即用"的芯粒（Chiplet）工艺引起了人们的注意。可以将 Chiplet 理解为满足特定功能的裸片，通过封装内系统（System in Package，SiP）工艺将多种模块芯片与无源器件和底层基础芯片集成在一起，就能够构建出多功能系统级芯片。

SoC 和 SiP 最显著的区别为前者在单芯片上集成了更多的功能模块，而后者是将各种功能模块通过封装过程进行组装，因此二者各有优劣。SoC 的层间互连通路更短，因此信号延迟和功耗更小。此外，SoC 的片间通信总线更短，所以可以进行更多并行计算。但是，SoC 需要考虑不同模块之间的工艺兼容性。SiP 在工艺上比较简单，各个分立模块的良率高，多层基板技术比较成熟，并且便于集成不同的工艺节点。SiP 的相关内容将在本书第 11 章、第 12 章介绍。

4.2 存储芯片系统工艺

在过去的 50 年间，基于硅基材料的半导体存储器逐渐成为主流，作为计算机体系结构中的重要组成部分，高效、便捷、大容量的存储技术已渗透到人们日常生活的方方面面，如 U 盘、SD 卡、嵌入式内存、内存条等。随着大数据时代的到来，海量数据存储对半导体存储器提出了更高的性能要求，然而当半导体加工工艺微缩到深亚微米甚至纳米级工艺尺寸时，量子隧穿效应导致的漏电流（或静态功耗）成为制约传统半导体存储器发展的重要因素。新型非易失性存储器的出现为存储器技术的发展指引了方向。根据存储原理及断电后能否保存数据，存储器可以分为易失性存储器和非易失性存储器。前者包括目前已广泛应用的 SRAM 和 DRAM，后者包括 Flash、MRAM、RRAM、FeRAM 及 PCM 等。各种存储器的性能对比见表 4.1。SRAM 已在 4.1 节中简单介绍，本节介绍当前其他主流半导体存储器工艺，以及新型非易失性存储器工艺。

表 4.1　各种存储器的性能对比

指标	SRAM	eDRAM	eFlash	RRAM	PCM	MRAM	FeRAM
耐久度	近无限	近无限	10^5	$10^4 \sim 10^6$	10^9	$10^{10} \sim 10^{14}$	10^3
读写速度（ns）	<1	1~2	10/10^3	10~100	10/100	1~20	30
存储密度	低	中	中	高	高	中	低
写入功耗	中	高	高	中	高	中	中
静态功耗	高	中	低	低	低	低	低

4.2.1　DRAM 工艺

DRAM 和 SRAM 都属于易失性存储器，与 SRAM 相比，DRAM 的优点在于需要的晶体管数量更少、存储密度更大。这是由 DRAM 的核心存储单元结构决定的，与 SRAM 的基本单元需要 6 个晶体管不同，DRAM 的核心存储单元只需要一个电容和一个晶体管（1T1C），存储密度大大提高。这一优点使其成为目前应用最广泛的半导体存储器，主要应用于计算机系统中的主存储器。DRAM 依靠电容存储的电荷来记录二进制信息，而存储的电荷会随着时间推移而泄漏，因此需要定期读取和刷新数据，"动态随机存取存储器"这个名称中的"动态"就来源于此。

在制造工艺上，DRAM 芯片的特点是高密度、高深宽比、高精度和高制造难度。以 19nm 的 DRAM 芯片和 7nm 逻辑芯片为例进行对比，在横向密度上，DRAM 芯片的晶体管密度为 1.2 亿个/mm^2，而逻辑芯片的晶体管密度为 0.92 亿个/mm^2；在纵宽比例上，DRAM 芯片对电容要求极高，深宽比为 50：1，而逻辑芯片的这一比例不超过 10：1。因此，虽然 DRAM 具备较高的横向排布密度，但更高的纵向制作精度要求也加大了制造过程中的难度。

虽然集成电路尺寸和器件面积快速缩小，但每个核心存储单元工作时所需的电容却大致保持不变，一般为 20~30fF[14]。如果想减小电容所占用的横向面积并同时保持电容值不变，需要增加电容的高度，因此电容深宽比会变得很大，这是制造过程中的一大难点。随着电容高度的增加，顶部电荷的积累更加困难，这也会对电容值有所影响。之前的 DRAM 一般采用平面式电容，而进入 4Mbit 之后，传统的平面式电容无法存储足够的电荷，因此电容的设计也从 2D 转向 3D。根据电容位置的不同，可分为堆叠式电容和沟槽式电容[15]。图 4.24（a）所示为堆叠式电容结构，电容位于阵列器件的位线上；图 4.24（b）所示为沟槽式电容，电容形成于 Si 衬底内部。结构不同导致相应的工艺流程也不同，与 CMOS 电路集成时，沟槽式电容形成在双阱注入工艺之前，而堆叠式电容则是在整个前道工艺完成后再进行加工。接下来，分别介绍这两种电容的制造工艺。

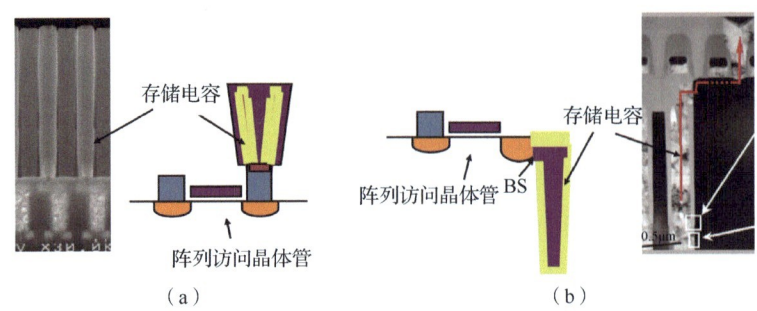

图 4.24 堆叠式电容结构与沟槽式电容结构
（a）堆叠式电容结构 （b）沟槽式电容结构[15]

沟槽式电容的工艺流程主要可分为深槽刻蚀工艺、电容介电层及上下基板工艺，以及埋藏式连接带（Buried Strap，BS）的形成这 3 个阶段。其中，最重要的是深槽刻蚀工艺，工艺流程如图 4.25 所示。整体工艺以反应离子刻蚀为基础，用卤族气体形成对 Si 和 SiO_2 硬掩模的高刻蚀比。硬掩模材料一般选择刻蚀速度较快的 B 掺杂的 SiO_2，以便在深槽成型后完全去除。同时，在 B 掺杂的 SiO_2 上方覆盖一层多晶硅，以增加刻蚀选择比。首先，通过光刻定义沟槽区域并进行多晶硅刻蚀。随后，进行深槽刻蚀。深槽刻蚀分为两步：第一步为氧化物硬掩模刻蚀，即在硬掩模区域刻蚀出深槽形状；第二步为硅刻蚀，在硅层中形成深槽。在深槽刻蚀的过程中，氧气与硅反应生成的副产物会沉积在侧壁上，副产物的量与晶圆温度相关，所以在这一过程中需要精确控制气体比例及晶圆温度。最后，去除硬掩模，并进行深槽的清洗，一般采用氢氟酸（HF）和乙二醇（EG）的混酸，使其与沟槽保持完全的浸润，从而去除刻蚀过程中的副产物。完成上述流程后，通过 CVD、离子注入及湿法刻蚀等工艺完成电容介电层及上下基板工艺，并形成埋藏式连接带。在这种方法中，电容的内极板是通过离子注入掺杂到衬底中而形成，顶极板通常是高掺杂的多晶硅。电容的制造在外围电路之前，所以制造过程中的高温不会对外围电路产生影响，因此沟槽式电容与外围电路及逻辑电路的兼容性较好。然而，因为制造过程中包含高温掺杂激活过程，所以难以集成高介电常数材料，这就导致了电容高度往往要超过 6μm，而随着集成电路的尺寸不断缩小，这一高度显然不可行，因此在 20nm 以下的 DRAM 中，往往采用堆叠式电容 DRAM。

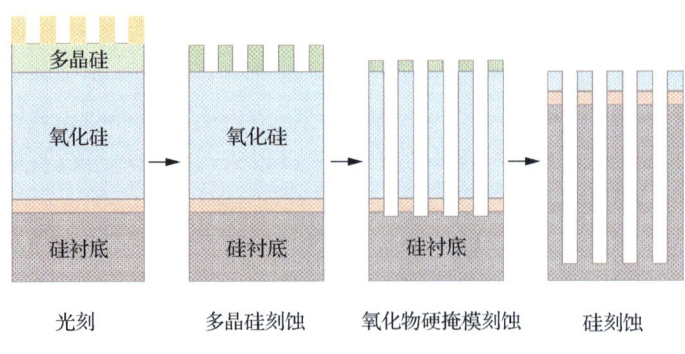

图 4.25 深槽刻蚀的工艺流程

目前，三星、美光科技、SK 海力士等主流制造商的大多数 DRAM 内部构造采用堆叠式电容方案。这种方法是将电容做成一个在径向具有多层结构的圆柱形，利用圆柱形内外的侧表面作为电容器的两个电极，从而达到以较小的芯片面积获得较大电容值的目的。图 4.26（a）～（f）所示为堆叠式电容工艺流程俯视示意。堆叠式电容示意如图 4.26（g）所示。具体流程如下：通过光刻和刻蚀形成分段的有源区；采用热氧化法生长栅氧化层；打开位线接触孔，形成与有源区平行的位线，位线正好位于浅槽隔离结构的隔离介质上，方便下一步进行自对准存储电容的底电极接触；沿着字线和位线的 SiN 侧壁进行刻蚀，打开底电极接触孔，实现自对准刻蚀工艺；重新排布底电极接触孔，使电容面积最大化；沉积氧化层，生长电极材料和介质材料，实现堆叠式电容的制造。在这种方法中，电容位于阵列器件的上方，为了激活掺杂元素所需要的器件高温热处理操作不会影响到电容，可以采用高介电常数材料作为电容的介电材料，所以堆叠式电容的高度是沟槽式电容的一半甚至更低。随着存储器存储单元的缩小，堆叠式电容的优势逐渐凸显。

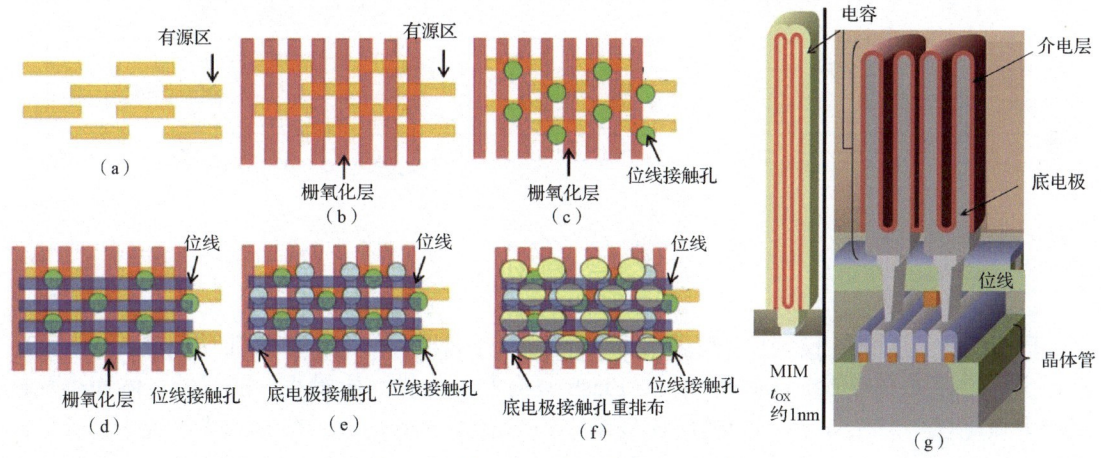

图 4.26　堆叠式电容工艺流程和示意
（a）～（f）堆叠式电容工艺流程俯视示意[15]　（g）堆叠式电容示意[16]

通常将 DRAM 的工艺节点按照区间划分，40nm 级（49～40nm）称为 4xnm，30nm 级（39～30nm）称为 3xnm，以此类推。2008—2016 年，DRAM 工艺从 4xnm 进步到 1xnm。但是 2016 年至今，DRAM 的工艺仍然停留在 1xnm 级。在这一阶段，制造商将不同的技术命名为 1xnm（19～18nm）、1ynm（17nm）、1znm（16nm）。在此之后，还将有 1αnm、1βnm 等（正处于研发阶段），每个阶段的集成度逐步提高，如图 4.27 所示[17]。进入 1znm 节点后，制造复杂度急剧增加，DRAM 单元微缩变得十分困难。

随着工艺节点的进步，DRAM 的制造工艺越来越复杂，电容的制造成本也越来越高，达到了接近 30% 的 DRAM 芯片制造成本。目前可能的解决方案是采用氧化铟镓锌（IGZO）等氧化物半导体实现新型无电容 DRAM。IGZO 为宽禁带半导体，禁带宽度大，载流子迁移率高，具有超低的漏电流和开关比。2020 年 12 月，欧洲微电子研究中心（Interuniversity Microelectronics Centre，IMEC）在 IEEE 国际电子器件会议（International Electron Devices Meeting，IEDM）上公布了利用 IGZO 晶体管的寄生电容实现与 DRAM 相似的数据存储功能，提出了一种"2T0C"结构[18]。这项技术突破了目前 DRAM 中电容无法微缩的问题，理论上可以实现 10nm 以下的 DRAM，这为 DRAM 未来的发展提供了一种可能。

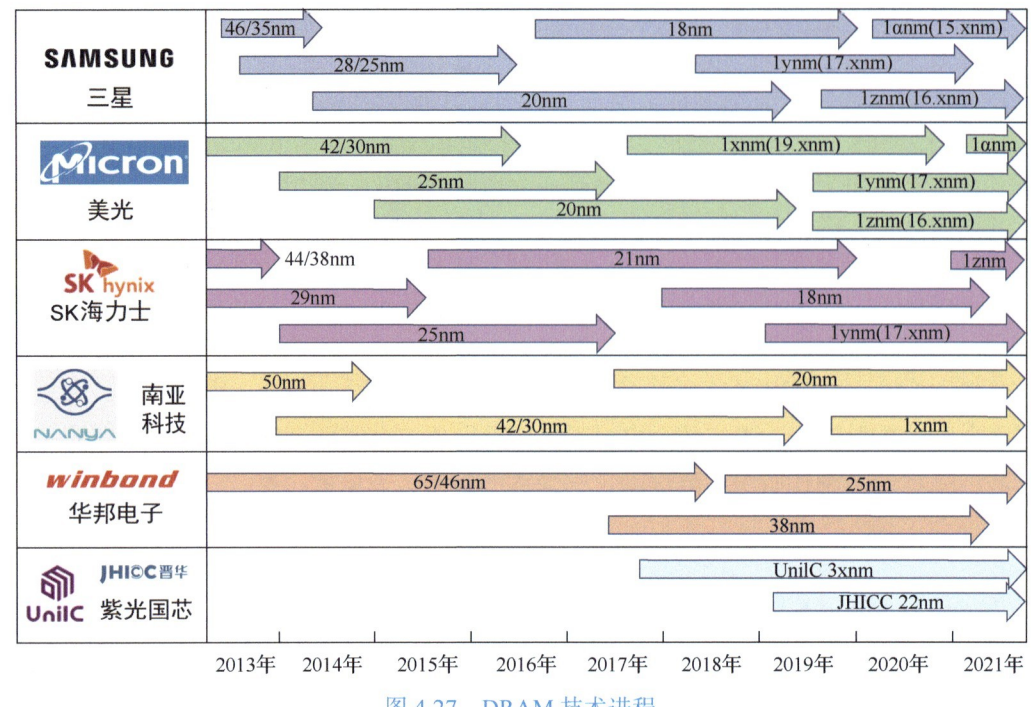

图 4.27 DRAM 技术进程

4.2.2 Flash 工艺

Flash 是一种允许在操作中被多次擦写的只读存储器，属于非易失性存储器，即断电后数据也不会丢失。与传统存储器相比，Flash 具有非易失性、质量小、能耗低、体积小及抗振能力强等优势。Flash 在不同的应用场景中扮演着不同的角色：在嵌入式系统中，通常被用于存储系统、应用和数据等；在计算机系统中，主要用于 SSD 及主板 BIOS。此外，作为一种常见的存储介质，Flash 也被广泛应用于 U 盘、SD 卡等移动存储设备中。根据存储阵列结构的不同，Flash 可以分为或非（NOR）型、与非（NAND）型和 AG-AND 型 3 类。其中，前两种是市场上常见的技术。NOR Flash 主要用于嵌入式存储，而 NAND Flash 往往用于大规模独立式数据存储。Flash 的基本存储单元为浮栅型 MOSFET，这种器件与 MOSFET 的区别在于有两个栅极，一个与 MOSFET 的栅极相似，另一个叫作浮栅。Flash 根据浮栅中电子的数量实现数据的存储。当浮栅不带电荷时，Flash 处于截止状态，表示数据"1"，反之表示数据"0"。

在 20 世纪 90 年代，Flash 技术基于 2D 平面结构，制造工艺从微米级别逐渐走入纳米级别。随着集成度的提高，2D Flash 存储器件特征尺寸的微缩并非易事。尤其对于 NOR Flash，在进入 55nm 工艺节点之后，虽然有继续向下发展的趋势，但是一直没有重大技术突破，而 NAND Flash 迅速向 20nm 以下工艺节点发展，目前最新工艺节点已到达 10nm。2D Flash 的两种主要结构为浮栅结构和硅-氧化物-氮化物-氧化物-硅（Silicon-Oxide-Nitride-Oxide-Silicon，SONOS）结构，如图 4.28 所示。接下来将简单介绍这两种结构及工艺流程。

通常情况下，浮栅采用高掺杂的多晶硅材料，四周被介质包裹，好像浮起来一样，因此得名浮栅。浮栅单元的加工在传统平面 CMOS 前道工艺的双阱注入工艺之后完成。

首先，采用热氧化法在浮栅与衬底之间生长一层 SiO_2，形成隧穿氧化层，电子可通过该层在浮栅与衬底之间移动；随后，生长多晶硅形成浮栅；接着，沉积一定厚度的 $SiO_2/Si_3N_4/SiO_2$ 的 ONO 结构隔离浮栅和控制栅；最后，进行后续的控制栅生长等工艺步骤，控制栅一般采用多晶硅材料。随着器件特征尺寸的不断缩小，传统浮栅存储器的可靠性逐渐降低。这是因为隧穿氧化层减薄到 2~3nm 时，存储在浮栅中的电荷发生直接隧穿的概率增大。此外，浮栅结构中多晶硅的厚度不易缩小，因此器件会逐渐倾向瘦高型，增加了工艺的难度，并且相邻的存储单元之间横向距离较近，寄生电容增大，所以当一个存储单元工作时，不仅会受到自身控制栅的作用，还会受到相邻存储单元电路的影响，降低了电路的可靠性。

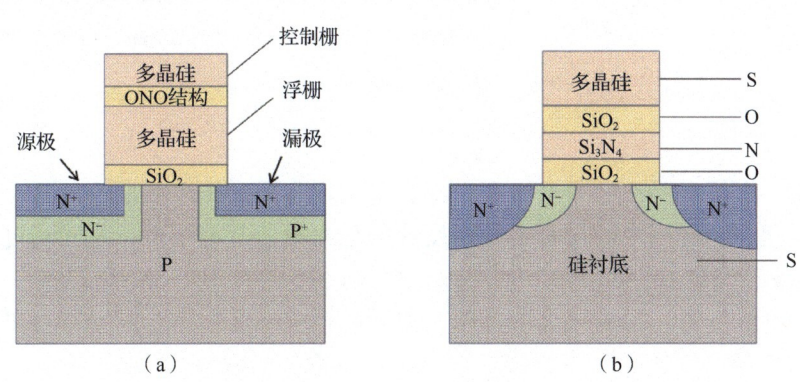

图 4.28　2D Flash 结构
（a）浮栅结构　（b）SONOS 结构

在这种情况下，电荷俘获型存储器被视为一种非常有潜力的替代技术，特别是采用 Si_3N_4 作为存储介质的 SONOS 存储器件备受关注，器件结构如图 4.28（b）所示。这种器件与浮栅结构的最大不同是采用 Si_3N_4 中的缺陷存储电荷，由于 Si_3N_4 中的缺陷是非连续的，所以即便发生隧穿效应，电荷也不会全部丢失，这减弱了器件可靠性下降的趋势。此外，Si_3N_4 的厚度可以做到 10nm 以下，有效避免了单元之间的相互干扰问题。

随着工艺节点的不断减小，虽然学术界和产业界提出了注入电荷陷阱式 TANOS（TaN-Al_2O_3-Nitride-Oxide-Silicon）单元等新型结构，但 2D Flash 单元的耐久性和数据保持特性不断下降，存储单元之间的耦合作用也在不断增大。此时，为了实现更高密度的集成，3D Flash 结构就此诞生。

可以将 3D Flash 形象地类比为摩天大楼或层状蛋糕。图 4.29（a）所示为 Toshiba 经典的位成本持续缩减（Bit Cost Scalable，BiCS）架构，这一架构通过在垂直堆栈中将多组单元相互层叠来实现数据存储，层数就是存储单元所包含的存储层数。Flash 芯片中的层数越多，容量就越大。存储层数由 32 层、64 层、128 层往上逐步递增。2022 年 7 月，Flash 大厂美光科技正式宣布 232 层 3D NAND Flash 正式量产。2022 年 7 月，SK 海力士成功开发出全球层数最大的 238 层 NAND Flash，并于 2023 年 6 月宣布进行量产。

3D NAND Flash 使用堆叠多层氧化物-氮化物的方法，形成被称为"plug"的垂直深孔，并在其中形成由氧化物-氮化物-氧化物制成的存储器件，工艺流程如图 4.29（b）~（i）所示。通过这种方法，可以通过少量的工艺同时形成大量的存储单元。在 3D NAND Flash

中，电流流过位于圆柱形单元中心的多晶硅通道，并根据存储在氮化硅中的电荷类型存储编程和擦除信息。因此，工艺上的难点转变为 3D Flash 的沉积与刻蚀。

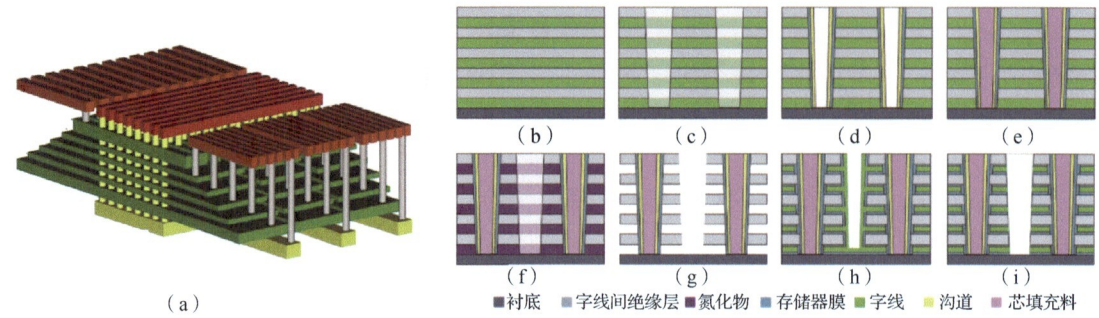

图 4.29　BiCS 架构及 3D NAND Flash 的工艺流程
（a）BiCS 架构　（b）～（i）3D NAND Flash 的工艺流程

首先，第一个挑战是交替叠层沉积，即为了实现多层结构，需要在硅片上依次交替沉积氧化物和氮化物，每一个薄层都必须高度均匀且光滑，并与下面一层有良好的附着力，这些薄膜的层数与 3D NAND Flash 的层数正相关，96 层的 3D NAND Flash，实际沉积层数已经达到 200 层以上。随着厚度的增加，薄膜沉积中的任何微小缺陷都有可能导致堆叠顶部出现较大偏差。

其次，刻蚀垂直连通存储单元的圆孔，这是 3D NAND Flash 工艺流程中最具有挑战性的工艺之一。这些孔不仅深而且多，以 96 层 3D NAND Flash 为例，刻蚀的深宽比高达 70∶1，深硅刻蚀工艺因此产生。这种工艺在 3.2.1 小节中已介绍过，这里不再重复。这种刻蚀工艺过程稳定，形成的沟道侧壁表面粗糙度低，具有较高的刻蚀效率和选择比。但是，这种工艺在控制侧壁倾斜度及角度方面还存在一些挑战。

最后，外围电路的加工工艺也与 3D NAND Flash 的特征尺寸缩小相关。三星等厂商设计的外围电路在存储阵列旁边（CMOS next Array，CnA）；SK 海力士采用的则是将外围电路放在存储阵列下方（CMOS under Array，CuA），形成垂直堆叠关系，这一方式的三维化更加彻底，增加了芯片面积的利用率，提升了存储密度。我国的长江存储也具备了 3D NAND Flash 的制造能力。长江存储采用独有的 Xtacking 技术[19]，如图 4.30 所示，先在两片硅片上分别制造 3D NAND Flash 的存储单元和逻辑控制单元，再通过 TSV 技术将两片硅片键合在一起。采用这一方法的 CMOS 和存储器阵列解耦了研发和生产过程，从而缩短了产品研发和生产制造周期。此外，这一技术还可以根据不同模块的需求进行针对性的优化。

图 4.30　长江存储 Xtacking 技术示意

图 4.31 所示为 3D NAND Flash 主要生产厂商的技术路线。可以看出，各大厂商仍致力于增加堆叠层数，SK 海力士预计在 2025 年年底量产 400 层 NAND Flash，未来 NAND Flash 的存储容量将随着堆叠层数的增加而进一步增加。

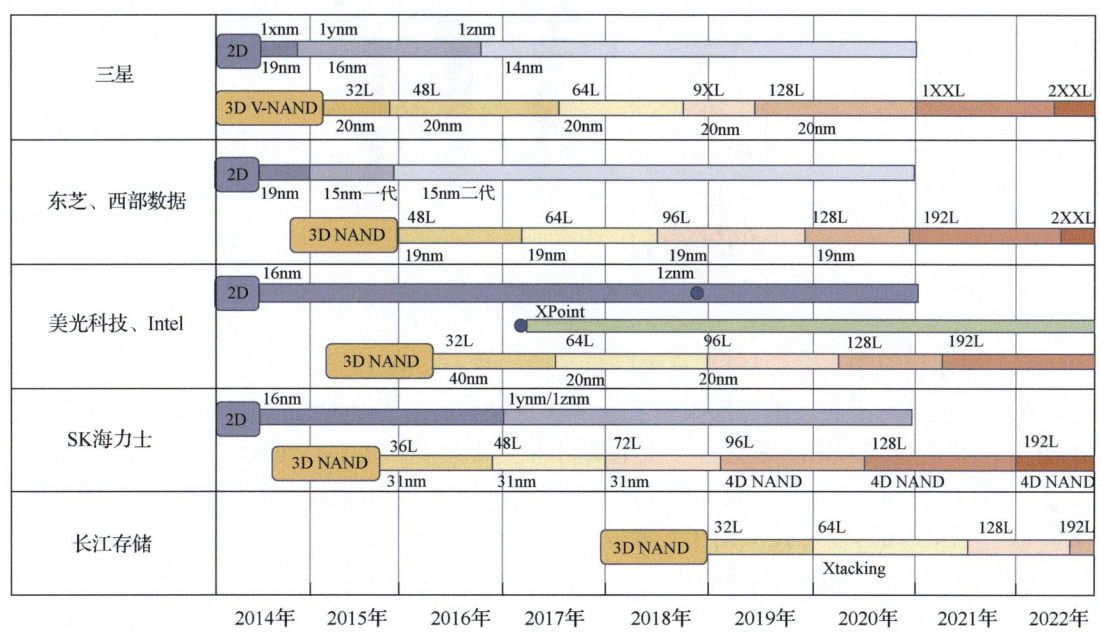

图 4.31　3D NAND Flash 主要厂商的技术路线

4.2.3　新型非易失性存储器工艺

前面提到的存储器都是依赖电荷存储的原理实现，在未来数据规模持续增大的背景下，需要打破这种约束，探索基于不同物理机制的新型存储器。随着科学技术的不断发展，MARM、RRAM、FeRAM 和 PCM 等非易失性存储器逐渐进入人们的视野。这些非易失性存储器大部分都与 CMOS 后道工艺兼容，因此有希望取代传统存储器。

MRAM 最突出的特征就是利用电子自旋方向的差异来实现数据存储，并具有非易失性。MRAM 的核心器件是磁隧道结（Magnetic Tunnel Junction，MTJ），根据 MTJ 的电阻状态定义"0"和"1"，从而实现 1bit 数据的存储。典型的 MRAM 存储单元为 1T-1MTJ 结构，即将一个 MTJ 垂直放置在一个 CMOS 晶体管上。在制造工艺上，MTJ 可以与 CMOS 后道工艺集成，一般是先沉积数层金属互连层，再进行 MTJ 的加工，随后通过多层金属互连工艺完成集成。

图 4.32 所示为三星在 2016 年 IEDM 上公布的基于 28nm CMOS 逻辑工艺和垂直 MTJ 的 8Mbit 嵌入式自旋转移矩磁随机存取存储器（Spin-Transfer Torque MRAM，STT-MRAM）存储单元示意[20]。从图中能够看出，MTJ 模块包含底电极接触（Bottom Electrode Contact，BEC）以及 MTJ 结构，这两部分成功地嵌入了 28nm 的后道工艺铜互连中。在 MRAM 制造过程中，MTJ 的加工流程与传统 CMOS 晶体管不同，没有双阱形成工艺、离子注入工艺和源漏掺杂等环节，而是需要一些独特的加工工艺，如多层膜沉积工艺、刻蚀工艺和集成工艺。接下来，对这 3 种工艺进行简单介绍。

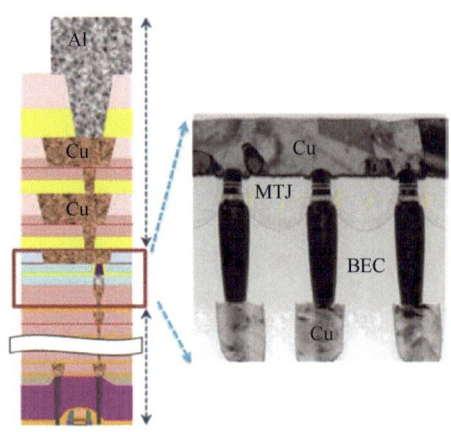

图 4.32 8Mbit STT-MRAM 存储单元示意

（1）多层膜沉积工艺。MTJ 是多层膜结构，核心一般为参考层/氧化物层/自由层。除此之外，还包括种子层、覆盖层及钉扎层等多层膜。在这些膜层中，除氧化物层一般选择 MgO 外，其余层均采用铁磁材料、重金属材料及其合金，如 Co、Fe、Ta、Pt 等。因此，在进行 MTJ 制备时，一项关键工艺是多层膜沉积。一般采用磁控溅射设备进行薄膜沉积，除 MgO 沉积使用射频磁控溅射工艺外，其他金属或合金采用 DC 磁控溅射工艺。此外，为了促使 MTJ 结构结晶，改善膜堆性能，还在薄膜沉积后增加了热退火工艺。

（2）刻蚀工艺。传统的集成电路工艺中多采用化学离子刻蚀技术，然而这种方法容易产生非挥发的副产物，且强腐蚀性会破坏磁性材料的磁各向异性等性能，因此在 MRAM 的制造过程中，大多采用纯物理刻蚀技术，例如离子束刻蚀技术。但是纯物理刻蚀技术也会形成非挥发性的副产物，在刻蚀过程中形成的原子团一部分被气流带走，另一部分会沉积在材料表面或侧壁上，我们将刻蚀金属沉积在 MgO 侧壁上的过程称为侧壁再沉积。侧壁再沉积会导致 MTJ 的自由层与参考层导通，从而无法存储数据，因此引入了侧壁清理工艺。以 IBE 为例，如图 4.33 所示，采用两步刻蚀方式：第一步是刻蚀 MTJ 的核心层，第二步是旋转 IBE 的角度对侧壁上二次沉积的金属进行清理。然而，当 MTJ 尺寸缩小到 20nm 以下时，这一方式的工艺会更加艰难，成本也大大增加。因此，一些新的刻蚀技术应运而生，如原子层刻蚀（Atomic Layer Etching，ALE）技术。这种技术与 ALD 的反过程相似，理论上可以实现每个循环周期单 ALE 工艺，可以有效应用于 MTJ 制造过程中，进行各向异性刻蚀。

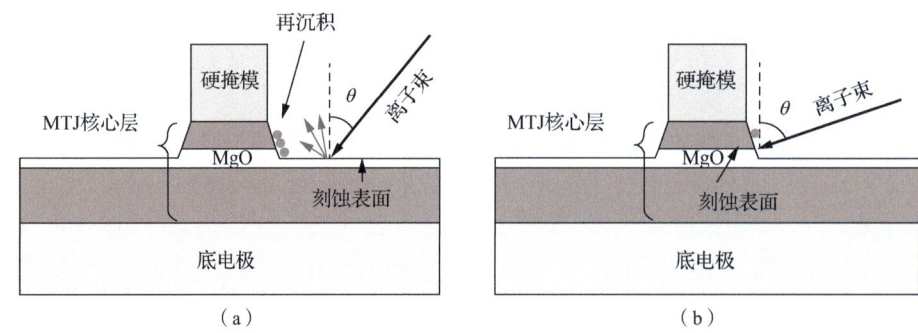

图 4.33 MTJ 刻蚀工艺示意
（a）刻蚀核心层 （b）清理侧壁上二次沉积的金属

（3）集成工艺。从图 4.32 可以看出，对于嵌入式 MTJ 单元，BEC 是和下层金属层的 Cu 相连的。MTJ 的膜堆质量对衬底的粗糙度要求很高［见图 4.34（a）］，这是由于一般 MTJ 膜层中铁磁材料的厚度在 1nm 左右，粗糙的底层材料会导致奈尔橘皮耦合效应，影响磁各向异性等性能。为了避免在集成过程中 MTJ 的性能下降，需要采用稳定的开孔工艺并从开孔结构上进行优化。图 4.34（b）、（c）所示分别为远离通孔（Off-via）和通孔上方（On-via）两种器件结构。前者 MTJ 远离通孔，可以有效避免通孔对 MTJ 的影响，但是存储密度较小，第一代 Toggle-MRAM 和第三代自旋轨道矩磁随机存取存储器（Spin-Orbit Torque MRAM，SOT-MRAM）采用这种结构；后者存储密度大，多应用于 STT-MRAM，但该结构要求 BEC 经过 CMP 等特殊工艺处理来降低粗糙度，以满足 MTJ 的膜堆沉积要求。

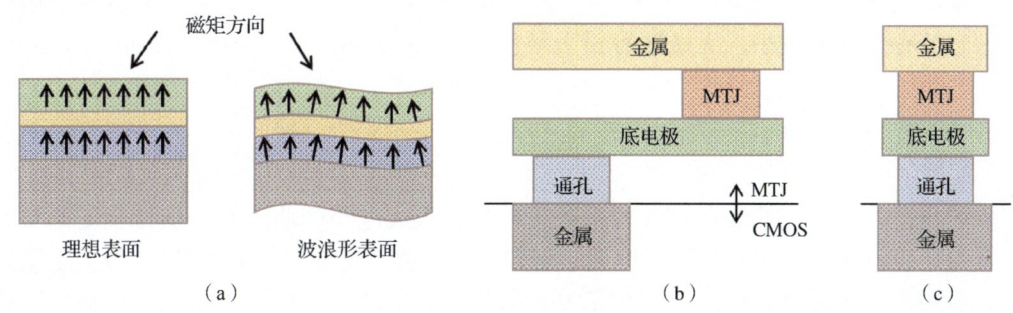

图 4.34　MTJ 集成工艺示意
（a）MTJ 薄膜　（b）远离过孔结构　（c）过孔上方结构

目前，基于自旋电子器件的第一代和第二代磁随机存储器已在欧美等国家实现商用。美国 Everspin 已推出 256Mbit 和 1Gbit 的磁随机存储芯片产品，三星、Intel、台积电、SK、Toshiba、IBM、格罗方德等半导体制造代表性企业也相继推出磁随机存储样片，市场前景广阔。我国中电海康等企业也已实现了 STT-MRAM 的产业化。除此之外，北京航空航天大学等高等院校、中国电子科技集团公司第五十八研究所（简称中电科五十八所）等科研机构和致真存储（北京）科技有限公司等企业加入了磁随机存储芯片的研发，取得了一系列创新性研究成果，但距离国际先进水平仍有一些差距。为了进一步增强可靠性、减小功耗、提高速度，当前学术界集中关注 SOT-MRAM。目前，SOT-MRAM 技术仍处于研发阶段，在材料、器件、工艺等层面还存在一些亟待解决的问题，距离产业化还有一定的距离。更多有关 MRAM 的原理、器件及芯片等方面的内容可以参考《自旋电子科学与技术》（人民邮电出版社，2022 年 4 月出版）。

除了 MRAM，还有 RRAM、FeRAM 和 PCM 等新型非易失性存储器。RRAM 的存储单元是由一个晶体管和一个金属-绝缘体-金属（Metal-Insulator-Metal，MIM）电阻构成的。在与 CMOS 后道工艺集成时，一般在金属互连层 M1（Metal Layer 1）上制造 MIM 电阻。RRAM 的工艺比较简单，Crossbar 和昕原半导体等公司采用与 CMOS 兼容的材料、工艺与设备，具备了生产制造 RRAM 的能力，且整体制造成本低。但是，RRAM 芯片工艺目前尚不成熟，主要表现在器件的可靠性无法达到量产要求。此外，还需要考虑大规模生产平台中的工艺集成问题。FeRAM 的核心存储单元为 1T1C 结构，由铁电材料构成的电容与后道工艺兼容，一般在 M1 上制造铁电电容。自 2011 年以来，HfO_2 基 FeFET 成为学术界和工业界的重点研究对象，国际著名半导体公司和研究机构都纷纷加入了 HfO$_2$ 基 FeFET 的研发行列，并取得了重大进展。基于 1T 结构并掺杂 HfO$_2$ 的 FeFET 与 HKMG 工艺流程相似，且与 CMOS 工艺保持几乎一样的工艺节点。不过，目前 HfO$_2$ 基 FeFET 在走向大规模商业应用时还存在一些问题，如存储窗口性能问题、唤醒效应、疲劳问题，以及多值存储应用方面存在的尺寸按比例缩小的多极化稳定性问题等。PCM 单元可以在钨塞上制成，仅需要在 CMOS 后道工艺中增加一块掩模版即可，其余流程与标准 CMOS 流程一致。2006 年，Intel 和三星推出了第一款商用 PCM 芯片。2015 年，Intel 和美光科技联手开发了名为 3D XPoint 的新型存储技术。未来，PCM 会朝着高性能嵌入式应用方向发展。虽然与 NAND Flash 相比，PCM 的读写速度有所提高，但复位后的冷却过程会导致更高功耗，且由于它的存储原理是不同温度下相变材料的电阻值变化，所以 PCM 对工作温度非常敏感，无法应用在温度变化较大的场景。另外，为了与 CMOS 工艺兼容，PCM 必须采取多层结构，这导致它的存储密度过小，无法在容量上替代 NAND Flash。

4.3 特色工艺

除逻辑芯片系统工艺和存储芯片系统工艺外，集成电路产业还有一些特色工艺与人们的日常生活息息相关，如模拟集成电路、射频集成电路、功率器件和 MEMS 等。模拟集成电路一般用于处理温度、湿度等模拟信号；射频集成电路广泛应用于通信、广播、雷达、遥感、医疗和自动识别系统等多个领域；功率器件一般应用于家用电器、电力电子设备、高压电网和能源交通等领域；MEMS 一般应用于传感器、传声器和微电机等产品中，且在航空航天、汽车和智能手机行业中都有广泛应用。部分特色工艺在日常生活中的应用场景如图 4.35 所示。与逻辑芯片及存储芯片不同，这些特色工艺并不过分追求先进工艺制程，更加关注的是器件结构、材料，以及与其他工艺的集成。截至本书成稿之日，国内成熟工艺可以达到 28nm，国际上成熟工艺可达到 20nm 以内。本小节分别介绍模拟集成电路工艺、功率器件工艺及 MEMS 工艺。

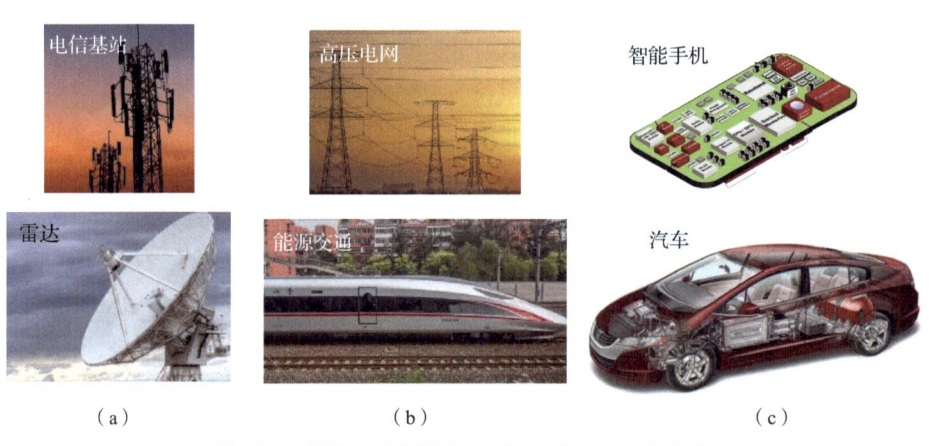

图 4.35　部分特色工艺在日常生活中的应用场景
（a）射频集成电路　（b）功率器件　（c）MEMS

4.3.1 模拟集成电路工艺

逻辑芯片和存储芯片均属于数字集成电路的范畴。数字集成电路的处理对象是数字信号所承载的信息,而数字信号在时间和数值上是离散的。但是,自然界中存在的信号(如温度、湿度、声音、水流量等)在时间和数值上都是连续的,这种信号被称为模拟信号。相应地,用来产生、放大、滤波、运算、转换、传输和处理模拟信号的集成电路被称为模拟集成电路。常见的模拟集成电路包括运算放大器、滤波电路、调制解调电路、基准电路、振荡电路、模数转换器(Analog to Digital Converter,ADC)和数模转换器(Digital to Analog Converter,DAC)等。ADC 首先将采集到的模拟信号转变为数字信号,经过逻辑芯片处理后,再通过 DAC 转变为模拟信号输出,从而实现对模拟信号的处理。

与逻辑芯片和存储芯片不同,模拟集成电路受摩尔定律的支配较弱,不追求先进的工艺制程,而是倾向于采用成熟的工艺制程。模拟集成电路与数字集成电路的相同点是,核心器件均为晶体管或 MOSFET,区别在于数字集成电路利用的是晶体管的开关特性,而模拟集成电路利用的是晶体管的放大特性。早期的模拟集成电路采用的是双极型晶体管。Si 基双极型晶体管已发展多年,它的特征频率已超过 20GHz。在器件实际的制作过程中,集电极深 N 阱工艺、多晶硅刻蚀工艺,以及多晶硅发射极工艺对器件的参数、性能及特征频率影响较大[21]。

集电极的深 N 阱结构需要与下方 N 型埋层良好接触,且与 P⁺外基区保持一定距离,以防 N 阱对基区产生影响。为了形成较深的 N 阱,需要增加注入浓度及时间,然而此时 N 阱的横向扩散亦会随之加强,增加了对 P⁺外基区的影响,因此在制作版图时需要仔细考虑二者之间的距离。

图 4.36 所示为双极型晶体管的基区制作工艺流程示意。在有源区形成以后,依次沉积多晶硅和 TEOS;通过多晶硅光刻定义基区图形;依次对 TEOS 和多晶硅进行刻蚀,形成基区窗口;通过注入形成基区。多晶硅刻蚀是这一过程中最关键的工艺,刻蚀的开口区就是基区位置。但是由于多晶硅下方的 N 型外延层材料与多晶硅相同,因此实际工艺中,难以确定刻蚀终点。工业界常用的方式是抓终点刻蚀,通过检测多晶硅刻蚀后表面氧化层反应物的信号判断刻蚀终点,但是会造成一定的过刻。

图 4.36 双极型晶体管的基区制作工艺流程示意

通常采用多晶硅发射极工艺制造发射极,该工艺通过先在双侧壁隔离形成的窗口内沉积多晶硅,然后注入后退火的方法形成发射结。在这一过程中,需要注意的是发射极多晶硅的厚度,如果厚度过大,会导致侧壁的间隙较小,难以进行注入工艺,而如果厚度太小,在注入过程中杂质容易穿过多晶硅,导致发射结深度或面积增大,从而产生集电极和发射极短路等问题。因此在设计器件时,需要考虑发射极尺寸与多晶硅厚度的适配问题。

随着模拟集成电路的发展,通信集成电路技术快速迭代,目前已从 1G 网络(第一代通信网络）发展到了 5G 网络。5G 芯片包括用于处理数据和消息的基带模块、用于发射和接收射频信号的射频模块、用于模数转换的 ADC/DAC 模块，以及电源管理单元等。其中，射频模块又被称为射频前端芯片模块，一般由功率放大器、天线调谐器、低噪声放大器、滤波器和射频开关等模拟器件组成。早期的射频集成电路以 GaAs 工艺为主，但存在良率低、晶圆尺寸小、散热性差及与 Si 工艺不兼容等问题。SiGe 的出现较好地弥补了这些不足，近年来以 GaN 为代表的宽禁带半导体也逐渐应用于射频集成电路。图 4.37 所示为不同半导体材料适用的工作频段和频率，能够看到 SiGe 和 GaAs 的工作频率范围比较大，GaAs 的功率比 SiGe 大；GaN/Si 和 GaN/SiC 的工作功率较大，且后者具有较高的工作频率。宽禁带半导体相关工艺已在本书第 3 章中进行了介绍，此处不再赘述。

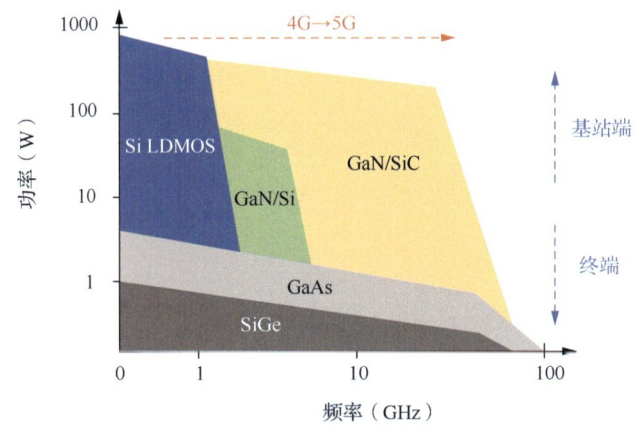

图 4.37　不同半导体材料适用的工作频段和功率

　　随着工艺尺寸的不断缩小，CMOS 工艺已成为射频集成电路的主流工艺，但是由于在 Si 衬底上形成射频芯片时，Si 的半导体特性会衰减射频信号并产生传输寄生干扰，采用 SOI 衬底可以显著改善芯片的高频特性、减小电阻衰减和串扰噪声，因此大部分射频模拟器件如射频开关、天线调谐器等都采用射频绝缘体上硅（RF-SOI）技术制造[22]。RF-SOI 具有工作频率高、可以实现堆叠结构、损耗低、能将逻辑电路和控制电路集成在同一芯片上，以及具备后栅偏压可调功能等优点。

　　微波单片集成电路（Microwave Monolithic Integrated Circuit，MMIC）也是模拟集成电路中的一个重要组成部分。MMIC 工作在微波频率（300MHz～300GHz）下，将晶体管、二极管、无源器件等分立器件集成在同一个芯片上，以实现发射/接收微波信号、放大微波功率、放大微波低噪声和高频开关等功能[22]。20 世纪 90 年代，4GHz 以下频段的微波小功率和低噪声领域一般采用 Si-MMIC 工艺。由于 GaAs 材料具有比 Si 高 7 倍的电子迁移率，在微波和毫米波频段内性能更加优秀，因此目前 GaAs-MMIC 工艺已应用于功率放大器和低噪声放大器等多种电路中。GaAs-MMIC 工艺包括用分子束外延或金属有机化学气相沉积技术生长多层 GaAs 外延层、隔离工艺、深亚微米 T 形栅电极制造技术、源漏欧姆接触技术、Au 金属化电极和金属互连工艺、背面通孔接地技术、空气桥技术等。为了实现更高的工作频率和更低的功耗，多种新型 MMIC 技术应运而生，如与 GaAs 制造工艺相似的 GaN-MMIC 工艺、采用 InP HEMT 技术的太赫兹单片集成电路（Terahertz Monolithic Integrated Circuit，TMIC）工艺，以及与硅基 CMOS 工艺兼容的石墨烯 MOSFET 工艺等。

4.3.2 功率器件工艺

功率器件是指进行高功率处理的电子器件,它的特点是可以在高电压、高电流的情况下稳定工作,输出功率高,常用于电力电子、电源、消费电子、通信系统、汽车电子和工业控制等领域。根据载流子的不同,功率器件可分为双极功率器件和单级功率器件。前者以 IGBT 为代表,后者以双扩散 MOSFET(Double-diffused MOSFET,DMOS)为代表。根据扩散方向的不同,DMOS 可分为垂直双扩散 MOSFET(Vertical Double-diffused MOSFET,VDMOS)和横向双扩散 MOSFET(Lateral Double-diffused MOSFET,LDMOS)。这 3 种器件的结构示意如图 4.38 所示。

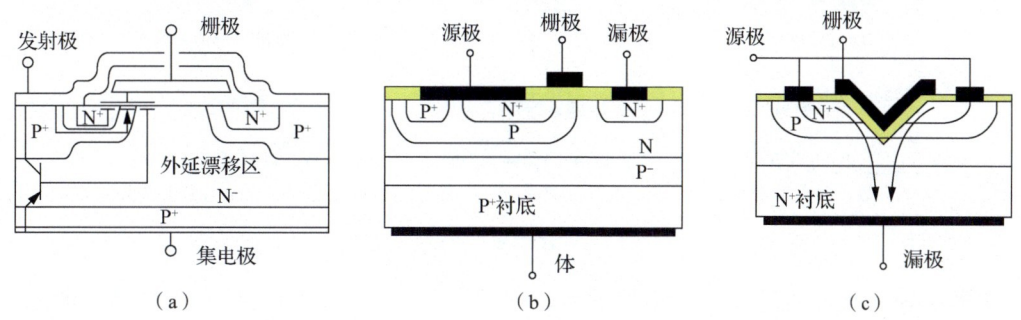

图 4.38 常见的功率器件结构示意
(a) IGBT (b) LDMOS (c) VDMOS

IGBT 被誉为"电力电子装置的 CPU",在轨道交通、智能电网、航空航天、电动汽车及新能源装备等领域广泛应用。它由双极型晶体管和绝缘栅型场效应晶体管组成,是一种复合全控型电压驱动式功率器件,具备高输入阻抗和低导通压降的特点,集 MOSFET 和电力晶体管的优点于一身,特别适用于直流电压为 600V 及以上的变流系统。图 4.39 所示为 IGBT 的工艺流程示意。具体流程为:准备基板,对基板正面进行硼离子(B^{3+})注入,在表面实现 P 型掺杂;沉积绝缘层,通过光刻和刻蚀制造出栅极区域窗口,对该窗口进行磷离子(P^{5+})注入;通过刻蚀形成沟槽形状;再次沉积绝缘层,通过光刻和刻蚀去除栅极上方外所有的绝缘层;通过蒸镀或溅射电极材料,抛光处理后形成发射极;在衬底背面进行 P^{5+} 注入,形成 N 型场停止层,以提高 IGBT 性能;在衬底背面进行 B^{3+} 注入,通过蒸镀形成集电极。

DMOS 是一种双扩散型器件,与普通 MOSFET 不同,它在源漏端分别进行了两次浓度不同的掺杂。DMOS 与 IGBT 相比开关频率更高。其中,VDMOS 与 CMOS 工艺不兼容,因此发展缓慢,而 LDMOS 与 CMOS 兼容性较好,目前已广泛应用于射频电路。传统的 LDMOS 在同一窗口区域中掺杂两种杂质,这些杂质具有不同的扩散速度、浓度和极性,经过高温退火工艺,扩散速度较快的杂质沿着沟道横向扩散的距离更远,从而形成一个有浓度梯度的沟道。随着集成电路技术的不断进步,形成漂移区和沟道掺杂的方法也在不断发展。目前,可以采用的技术有 STI、深槽隔离(Deep Trench Isolation,DTI)及离子注入等,因此不再需要进行两次杂质扩散来形成沟道。LDMOS 工艺与 CMOS 工艺兼容,它与 CMOS 工艺的不同点:需要在 P 型衬底上进行 N 型外延生长,在 STI 形成以后,依次进行 P 型 LDMOS 漂移区和 N 型 LDMOS 漂移区的制造;在完成栅极制备之后,进行 P 型体区的制造,后续源/漏极和后段工艺均与 CMOS 工艺相同。

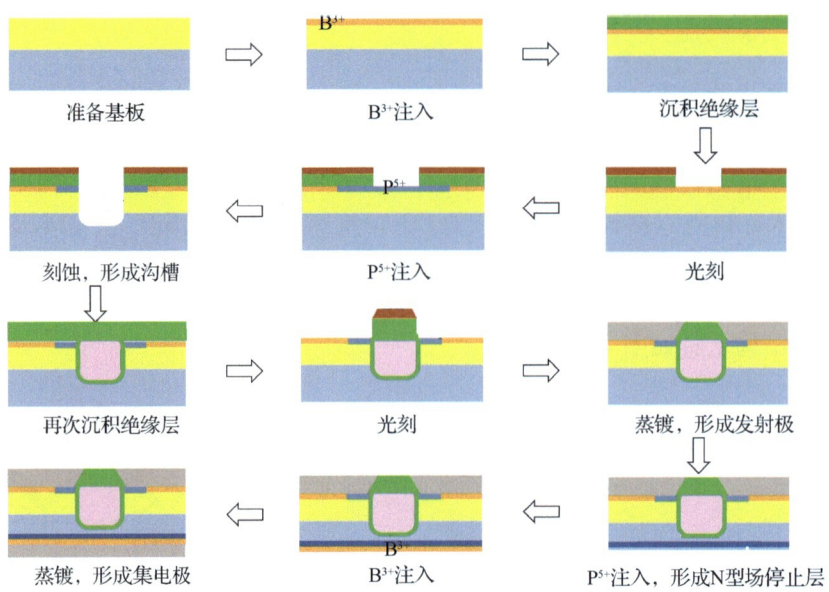

图 4.39　IGBT 的工艺流程示意

功率半导体技术经过 60 多年的发展，器件能力及损耗之间的折中关系已逐渐逼近硅基材料的物理极限。宽禁带材料因带隙宽、饱和漂移速度高、临界击穿电场高等特点，有望应用于大功率、高频、高压、耐高温和抗辐射功率器件。随着 SiC 单晶生长技术和 GaN 外延技术的不断进步，宽禁带功率器件的研究与应用正快速发展。关于宽禁带半导体的加工工艺已在本书第 3 章详细介绍。

经过 60 多年的发展，国内大功率半导体器件已经具备了大功率晶闸管、IGBT 和宽禁带器件的设计、开发与制造能力，可以满足工业、能源和交通等各个领域的应用需求[23]。在轨道交通方面，2014 年，我国自主设计并建成了全球首条 200mm 高压 IGBT 芯片产线，开发了低温缓冲层技术和配套先进工艺，满足了"复兴号"高速铁路的应用需求，总体性能达到国际同类产品先进水平。在电力系统方面，国家电网研制出全球第 1 个 6in 4000A/8000V 高压晶闸管，此后经过多轮技术迭代，应用于国内外 20 多个高压直流输电工程项目，支撑了特高压直流输电技术与产业。我国还开发了汽车用 IGBT 芯片，如具有独特结构、技术和工艺的嵌入式发射极沟槽 IGBT，与国外同类成果相比，它的栅极电阻对开关损耗具有更好的调控效果。综上，功率器件伴随着我国铁路事业的发展而进步，见证了我国高压直流输电技术的成长，同时也支撑了交通与能源领域的应用需求。

4.3.3　MEMS 工艺

MEMS 是将微传感器、微处理器、微执行器、控制电路、通信电路及电源集成于一体的微型机电系统，如图 4.40 所示。MEMS 首先通过微传感器采集外界环境中的信号，随后通过处理器对数据进行放大、滤波和转换等处理，最后通过微执行器对外界环境做出反应，输出反馈信号。常见的微传感器有压力传感器、加速度计、陀螺仪、磁力计、惯性传感器及传声器等。MEMS 已在汽车、医疗、智能家居、工业自动化和消费电子等领域得到广泛应用。

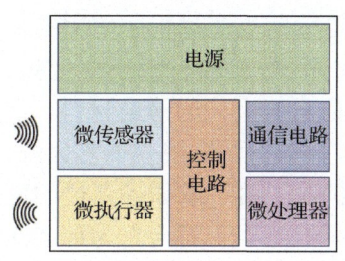

图 4.40　MEMS 传感、执行系统示意

1954 年，贝尔实验室发现了 Si 和 Ge 的压阻效应，为微型压力传感器的研究提供了理论基础。自此以后，随着集成电路加工技术的发展，MEMS 得以不断发展。MEMS 的器件结构比前文提到的器件更有特色，一般采用微尺度结构，如微米级的通道、孔、膜、腔及悬臂梁结构等。为了加工出这些微结构，MEMS 工艺在传统半导体制造工艺的基础上发展出了体硅微加工、表面微加工、光刻-电铸-注塑（Lithographie-Galvanoformung-Abformung，LIGA）、单晶反应刻蚀和金属化（Single Crystal Reactive Etching and Metallization，SCREAM），以及其他微器件独有的工艺体系[24]。总体来说，MEMS 的加工与传统半导体器件在工艺材料、流程和设备上具有一定的兼容性，但是在与 CMOS 的集成和封装工艺上具有一定差异。MEMS 封装在保证芯片及其引线不受外界环境影响的同时，还需要实现传感芯片与外部环境的信息交互，因此与传统的微电子芯片封装相比，MEMS 封装面临着更多挑战。一般情况下，MEMS 器件的封装成本占总制造成本的 80% 左右，而对于特殊的 MEMS 芯片（如高温压力传感器），这个比例甚至可以达到 95%。封装技术相关内容将在本书第 11 章和第 12 章介绍。本小节介绍 MEMS 加工工艺及工艺流程中的关键技术。

表面微加工工艺又称表面牺牲层工艺，通常是指通过在衬底上逐层生长材料并逐层刻蚀来得到微机械结构的工艺。这种工艺中最显著的特点在于采用了牺牲层沉积技术。表面微加工工艺的基本流程示意如图 4.41 所示。首先，在衬底上沉积牺牲层材料，用来分隔后续沉积的结构层和衬底；随后，通过刻蚀工艺对牺牲层进行图形化；接着，沉积由多晶硅材料构成的结构层，并通过光刻及刻蚀等工艺对其图形化，形成悬臂梁图形；最后，通过湿法刻蚀或干法刻蚀牺牲层材料，进行牺牲层材料的释放，并最终形成悬臂梁结构。用这种工艺制造的微器件具有体积小、响应快等优点，但是存在台阶覆盖导致的器件表面结构形变等问题，且在整个工艺流程中所使用的掩模数量较多，工艺难度相对较大。

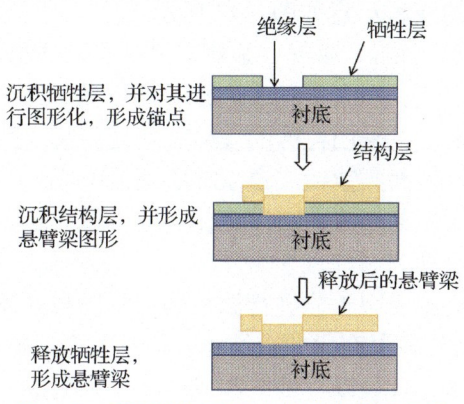

图 4.41　表面微加工工艺的基本流程示意

体硅微加工是大多数压力传感器生产过程中使用的加工工艺,这种工艺通过刻蚀的方式有选择性地去除衬底材料以形成 3D 特殊结构,与表面微加工工艺的区别在于结构材料加工对象是体硅材料而不是表面生长的薄膜材料。常见的体硅微加工工艺包括溶片工艺、SCREAM 工艺和 SOI 工艺等。下面以溶片工艺为例介绍工艺流程及特点,如图 4.42 所示。第一步,对硅进行浓硼扩散,由于浓硼掺杂过的硅不能被各向异性湿法刻蚀液腐蚀,所以这一层在最终湿法减薄的过程中将会作为硅湿法刻蚀的自停止层和结构层;第二步,对浓硼掺杂的部分进行干法刻蚀,形成浅槽,槽的深度就是最终形成的悬置结构与衬底之间的纵向间隙;第三步,在玻璃片上涂胶、光刻,进行浅槽腐蚀,并通过剥离工艺制备金属电极;第四步,通过硅玻阳极键合形成悬置结构的纵向间隙,并通过氢氧化钾(KOH)等溶液对硅片的一面进行湿法刻蚀,当腐蚀到达浓硼掺杂部分会自动停止;第五步,通过干法刻蚀形成器件结构图形,得到可动结构。这种工艺与表面微加工工艺相比,不需要大量掩模,但是在通过腐蚀形成悬臂梁结构的过程中会浪费大量衬底材料。值得注意的是,不论是表面微加工工艺还是体硅微加工工艺,都具有深宽比小及微结构立体深度受限的缺点。

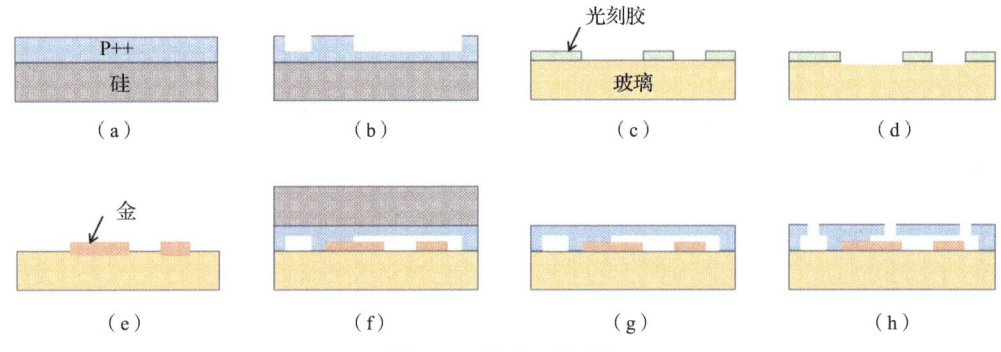

图 4.42 溶片工艺示意

(a)对硅进行浓硼扩散 (b)干法刻蚀,形成浅槽 (c)在玻璃片上涂胶、光刻
(d)在玻璃上腐蚀浅槽 (e)用剥离工艺制备金属电极 (f)硅玻阳极键合
(g)湿法刻蚀 (h)干法刻蚀,得到可动结构

LIGA 工艺源自 1986 年,包括光刻、电镀和压膜 3 个环节,可用于制备高深宽比(1000∶1)的微结构。LIGA 工艺的流程示意如图 4.43 所示。

第一步是光刻,在衬底上涂胶、曝光并显影。这里的光刻与普通的光刻过程有所区别:第一,光刻过程中采用 X 射线,并选择与 X 射线相匹配的、具有高吸收系数的大原子量金属作为吸收体的掩模版;第二,采用特殊的 PMMA 光刻胶;第三,为了满足后续电镀的需求,需要采用奥氏体钢、表面蒸镀钛或银/铬的硅晶圆等导电性较好的衬底。

第二步是进行电镀,在光刻形成的高深宽比空隙中填充金属(一般为镍、铜等)。

第三步是去胶,形成模具。

第四步是通过注塑或模压成型工艺进行微结构的复制与脱模,最终得到微结构。

LIGA 工艺虽然可以制备高深宽比的微结构,但是需要回旋加速器来产生 X 射线、对光刻掩模版要求高、成本高,且难以与传统集成电路工艺集成,因此实用价值不高。

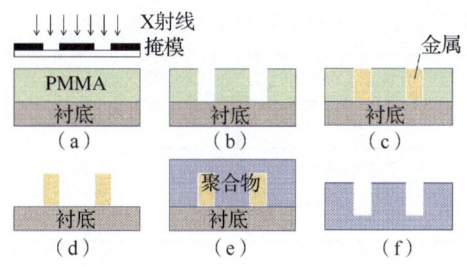

图 4.43 LIGA 工艺的流程示意

（a）涂胶并曝光 （b）显影 （c）电镀 （d）去胶 （e）微结构复制 （f）脱模

将 CMOS 电路和 MEMS 微结构进行同片集成的工艺叫作 CMOS-MEMS 工艺，根据 CMOS 和 MEMS 工艺的先后顺序，CMOS-MEMS 工艺可以分为 Pre-CMOS 工艺、Intra-CMOS 工艺和 Post-CMOS 工艺，这 3 种工艺的截面示意如图 4.44 所示[24]。Pre-CMOS 工艺是指先在衬底上制备 MEMS 结构，再将 MEMS 结构保护起来，进行后续 CMOS 加工，最后通过湿法刻蚀释放 MEMS 结构，去除保护膜。Inter-CMOS 工艺是在 CMOS 工艺的流程中进行 MEMS 结构的制造，在互连工艺之前，沉积牺牲层和多晶硅层，并在金属互连层制备完成之后，再完成 MEMS 结构的释放。在互连工艺之前进行多晶硅层沉积可以保证在沉积多晶硅后的高温退火工艺不会影响到铝金属线。Post-CMOS 工艺是指先完成标准的 CMOS 工艺再制备 MEMS 结构的工艺[25]。Post-CMOS 工艺分为 3 种：第一种是将 CMOS 工艺中已形成的金属和电介质层作为 MEMS 的结构层，制备 MEMS 结构；第二种是在 CMOS 工艺结束后再次沉积结构层和牺牲层，最后释放 MEMS 结构；第 3 种是先分别加工 CMOS 和 MEMS，再通过晶圆级键合集成单一芯片。上述提到的 3 种 CMOS-MEMS 工艺各有优劣，对比见表 4.2。

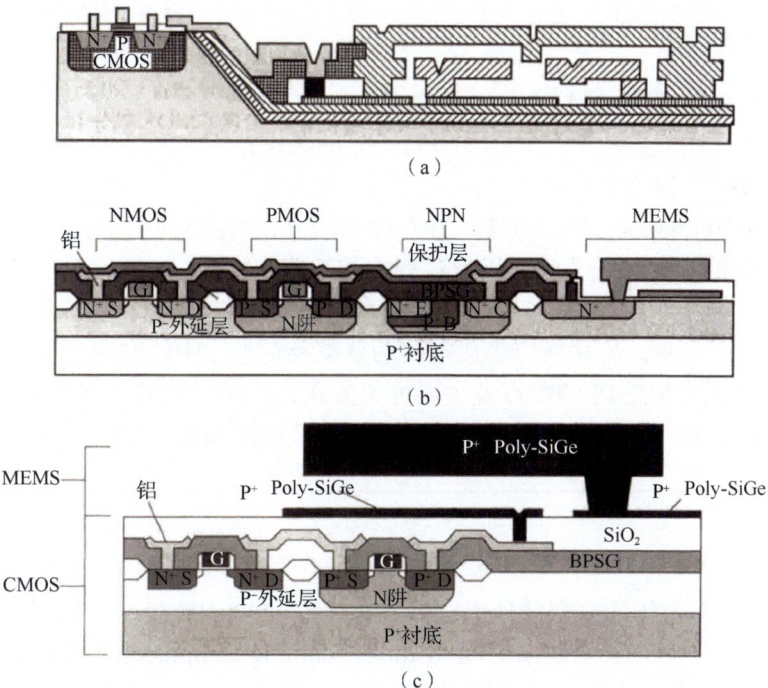

图 4.44 3 种 CMOS-MEMS 工艺截面示意

（a）Pre-CMOS 工艺截面示意 （b）Intra-CMOS 工艺截面示意 （c）Post-CMOS 工艺截面示意

表 4.2 3 种 CMOS-MEMS 工艺对比[25]

集成类型	MEMS 器件平整度	能否进行传统 CMOS 代工	对 CMOS 工艺线是否有污染	MEMS 工艺是否存在温度限制
Pre-CMOS	非常好	受限	是	否
Intra-CMOS	好	非常受限	是	是
Post-CMOS	较好	可以	否	是

4.4 本章小结

本章针对芯片制造系统工艺，从逻辑芯片系统工艺、存储芯片系统工艺和特色工艺这 3 个方面分别进行了介绍。在逻辑芯片系统工艺中，首先介绍了传统的基于平面结构的 CMOS 系统工艺，并在此基础上介绍了 SOI 工艺、先进逻辑工艺（FinFET 工艺、GAAFET 工艺）、SoC 工艺，然后针对存储芯片系统工艺进行了介绍，针对不同存储芯片的结构特点讲述了工艺重点和难点，如 DRAM 中电容单元的制备、Flash 中 3D 堆叠结构的形成，以及 MRAM 中 MTJ 单元的加工等。最后，介绍了模拟集成电路、功率器件和 MEMS 等特色工艺的工业特点及应用场景。

随着信息产业的发展和集成电路工艺节点的不断进步，集成电路的特征尺寸在不断减小。在后摩尔时代，新结构、新效应、新材料的引入，将继续推动集成电路性能的提升，但这同时也对集成电路的制造工艺及制造装备提出了更高的要求。

思考题

（1）请归纳总结 CPU 的工艺生产流程。
（2）请按照工艺节点总结逻辑芯片系统工艺的关键技术、新型器件结构及发展历程。这一发展历程带给了你什么启示？
（3）请列出 SOI 晶圆的制造方法，并对比不同方法的优缺点。
（4）通过查阅资料，简述 SoC 发展过程中的工艺难点。
（5）简述 DRAM、Flash 及各种新型存取存储器的工艺难点及挑战。
（6）通过查阅资料，简述模拟集成电路的分类及在生活中的应用。
（7）请归纳总结 MEMS 的特点及主要加工方式，并对比各种方式的优缺点。
（8）通过查阅资料，了解功率器件的发展历程及应用场景。

参考文献

[1] 王敬. 延伸摩尔定律的应变硅技术[J]. 微电子学, 2008(1): 50-56.
[2] FRANK M M. High-k/metal gate innovations enabling continued CMOS scaling[C]//2011 Proceedings of the European Solid-State Device Research Conference (ESSDERC). NJ: IEEE, 2011: 25-33.

[3] HISAMOTO D, LEE W C, KEDZIERSKI J, et al. FinFET-a self-aligned double-gate MOSFET scalable to 20nm[J]. IEEE Transactions on Electron Devices, 2000, 47(12): 2320-2325.

[4] KONONCHUK O, NGUYEN B, 等. 绝缘体上硅SOI技术：制造及应用[M]. 刘忠立, 宁瑾, 赵凯, 译. 北京：国防工业出版社, 2018.

[5] IZUMI K, DOKEN M, ARIYOSHI H. CMOS devices fabricated on buried SiO_2 layers formed by oxygen implantation into silicon[J]. Electronics Letters, 1978, 14: 593.

[6] CHENG K, KHAKIFIROOZ A, KULKARNI P, et al. Extremely thin SOI (ETSOI) CMOS with record low variability for low power system-on-chip applications[C]//2009 IEEE international electron devices meeting (IEDM). NJ: IEEE, 2009: 1-4.

[7] 电子创新网. "芯"无远虑, 必有近忧——FD-SOI与FinFET工艺, 谁将接替Bulk CMOS? [EB/OL]. (2020-07-23)[2024-07-06].

[8] LIN C H, GREENE B, NARASIMHA S, et al. High performance 14nm SOI FinFET CMOS technology with 0.0174 μm^2 embedded DRAM and 15 levels of Cu metallization[C]//2014 IEEE International Electron Devices Meeting (IEDM). NJ: IEEE, 2014: 3.8.1-3.8.3.

[9] 邓中翰. 集成电路技术综述[J]. 集成电路与嵌入式系统, 2024, 24(1): 1-12.

[10] 赵巍胜, 尉国栋, 潘彪. 集成电路科学与工程导论[M]. 北京：人民邮电出版社, 2021.

[11] 温德通. 集成电路制造工艺与工程应用[M]. 北京：机械工业出版社, 2019.

[12] 黄蕴, 高向东. 深槽介质工艺制作高密度电容技术[J]. 电子与封装, 2010, 10(6): 26-28.

[13] 郑凯, 周亦康, 宋昌明, 等. 晶圆级多层堆叠技术[J]. 半导体技术, 2021, 46(3): 178-187.

[14] 衣冠君. 动态随机存取记忆体的深槽电容器制造方法[J]. 电子工业专用设备, 2004(5): 56-63.

[15] 吴俊, 姚尧, 卢细裙, 等. 动态随机存储器器件研究进展[J]. 中国科学：物理学 力学 天文学, 2016, 46(10): 43-52.

[16] KIM S K, CHOI G J, LEE S Y, et al. Al-doped TiO_2 films with ultralow leakage currents for next generation DRAM capacitors[J]. Advanced Materials, 2008, 20(8): 1429-1435.

[17] JAMES D, CHOE J. NAND Flash Technology[EB/OL]. (2019-04-11)[2024-07-06].

[18] BELMONTE A, OH H, SUBHECHHA S, et al. Tailoring IGZO-TFT architecture for capacitorless DRAM, demonstrating>10^3s retention, >10^{11}cycles endurance and L_g scalability down to 14nm[C]//2021 IEEE International Electron Devices Meeting (IEDM). NJ: IEEE, 2021: 10.6.1-10.6.4.

[19] HUO Z, CHENG W, YANG S. Unleash scaling potential of 3D NAND with innovative Xtacking® architecture[C]//2022 IEEE Symposium on VLSI Technology and Circuits (VLSI Technology and Circuits). NJ: IEEE, 2022: 254-255.

[20] SONG Y J, LEE J H, SHIN H C, et al. Highly functional and reliable 8Mb STT-MRAM embedded in 28nm logic[C]//2016 IEEE International Electron Devices Meeting (IEDM). NJ: IEEE, 2016: 27.2.1-27.2.4.

[21] 赵圣哲, 张立荣, 宋磊. 高频双极晶体管工艺特性研究[J]. 电子与封装, 2019, 19(7): 40-44.

[22] 王阳元. 集成电路产业全书[M]. 北京：电子工业出版社, 2018.

［23］刘国友, 王彦刚, 李想, 等. 大功率半导体技术现状及其进展［J］. 机车电传动, 2021(5): 1-11.

［24］苑伟政, 乔大勇. 微机电系统（MEMS）制造技术［M］. 北京: 科学出版社, 2014: 166-194.

［25］WEN L, WOUTERS K, HASPESLAGH L, et al. A comb based in-plane SiGe capacitive accelerometer for above-IC integration［J/OL］. Proceedings of the Micro Mechanics Europe. (2015-6-16)［2024-7-6］.

第 5 章　芯片设计与工艺的协同优化

集成电路是电子信息产业的基石,而芯片设计作为集成电路产业链的上游,是面向应用产品、下启制造封测的重要环节,也是推动芯片产品创新和技术进步的主引擎。受益于半导体产业的蓬勃发展,人类文明的近 50 年已经走过 PC 时代、互联网时代,正向着万物互联的繁荣时代高歌猛进。如贝尔定律所预测,在万物互联时代,终端设备需求(汽车、传感器、移动设备等)将达 500 亿台以上,产生 100ZB 级数据的感知、处理和传输的需求,所带来的对算力、功耗、体积的挑战仅靠芯片制造方或设计方来单方面解决的传统方法是无法完成的。因此,更加高效、可靠的芯片设计与工艺协同优化的方法应运而生。本章重点介绍芯片设计的方法与工具,以及应用牵引下的芯片设计与工艺协同互动的规则和工具。

本章重点

知识要点	能力要求
芯片设计	1. 了解芯片设计的整体流程及与工艺制造相关的发展历程 2. 掌握工艺设计套件、标准单元库的概念 3. 了解从设计到制造不同环节下的各主流 EDA 工具
面向可制造性的设计	掌握可制造性芯片设计 DFM 的概念和基本分类
DTCO	1. 了解 DTCO 的内涵、与 DFM 的区别,以及新趋势 2. 了解 DTCO 在工艺开发和芯片设计中的规则和基础流程
STCO	1. 了解 STCO 的内涵和新趋势 2. 了解 STCO 与 DTCO 的区别

5.1　芯片设计

芯片设计在遵循制造产业的基础及准则的前提下,支撑了电子产业的系统方案需求,同时在不断定义、引导着制造工艺的发展方向。芯片设计要根据产品需求定义具体电路的功能和性能指标,在正确选择系统配置、电路形式、器件结构、工艺方案和设计规则的情况下,尽量减小芯片的面积、降低功耗和成本,最终交付电路版图至制造环节,以生产出满足产品定义的芯片。

5.1.1　芯片设计产业概述

从产业分布来看,根据 IC Insights 发布的数据,2021 年全球芯片设计产业销售规模已经占到全球半导体市场的 25%,总体规模达到约 8200 亿元(人民币),全球前 10 位的半导体企业中 Fabless(专注设计)企业占有 3 席。从国家和地区来看,美国拥有全球最大的设计产业,且垄断了大部分中高端芯片,中国的芯片设计产业则呈现出"起步晚、发展快、低端为主"的主要特点。经过 20 多年的飞速发展,至 2021 年中国的芯片设计产业销售额达到约 3778 亿元(人民币),约占同年全球设计业的 46%,然而在高端核心模拟芯片(如高速、高精度数模/模数转换、高精度快变频时钟)、逻辑及存储芯片等方面依然建树不多,为他人执牛耳。表 5.1 体现了我国在信息产业核心芯片方面自主率低下的迫切局面。

表 5.1 信息产业核心芯片自主化市场占有率

系统	设备	核心芯片	市场占有率
计算机系统	服务器	CPU	0
	个人计算机	CPU/GPU	0
	工业应用	CPU	20%
通用电子系统	可编程逻辑设备	FPGA/EPLD	0
	数字信号处理设备	DSP	0
通信设备	移动通信终端	AP	18%
		通信处理器	22%
		嵌入式 CPU/GPU	0
		嵌入式 DSP	0
	核心网络设备	NPU	15%
存储设备	半导体存储器	DRAM	0
		NAND Flash	0
		NOR Flash	5%
显示及视频系统	高清电视和智能电视	图像处理器	5%
		显示驱动	0

5.1.2 "分久而合":芯片设计和制造的产业发展历程及趋势

自 1947 年世界上第一个晶体管问世以来,集成电路产业经历了七十余载的蓬勃发展,从设计与制造产业交互形式的角度来看,明显呈现"合久必分、分久必合"的趋势。我们根据产业发展脉络分 3 个时期来阐述。

1. 芯片设计与制造的垂直整合时期(20 世纪 50~80 年代)

集成电路产业滥觞于 20 世纪 50 年代,彼时以美国德州仪器、仙童半导体、摩托罗拉为代表的企业垂直整合了从设计到制造、封测的全部产业环节,直接对接系统厂商与市场。在这一时期,各大公司会发展自己的核心工艺并自主进行芯片的设计和制造,根据具体的芯片设计需求去调整工艺,特别是应用于模拟电路的半导体生产线中的这一制造设计交互方法奠定了不少老牌模拟芯片公司的核心竞争力。这种芯片的开发模式也被称为 IDM 模式。截至本书成稿之日,全球半导体产业的六成以上仍为 IDM 模式,如三星电子、德州仪器、杭州士兰微等。

2. 定制设计与代工制造的横向分工时期(20 世纪 80 年代~21 世纪初期)

20 世纪 70 年代末,随着微型计算机和个人计算机市场的兴起,更细分、更复杂的定制化设计市场的出现,日趋繁复的设计与制造都面临更多挑战,针对性地各司其职、术业专攻的新的产业生态可以让各家公司关注自身核心竞争力、提升整体市场效率。设计与制造产业的交互形式开始出现新的革命。一方面，半导体制造产业和流程趋于标准化，同时制造产线的迭代和维持成本受到新兴赛道的冲击，这使得不少 IDM 厂商将部分闲置的制造产能对外开放。另一方面，1987 年台积电的创立标志着世界首家只专注代工生产的企业的诞生，Fabless-Foundry 的分工模式就此诞生并逐渐蓬勃发展。这种芯片的开发模式也被称为 Fabless 模式，代表企业有 AMD、英伟达、高通、Xilinx 等。

这一时期，根据电路需求去调整工艺的环节与垂直整合时代相比有所减少。这有着多方面的原因，首先，摩尔定律指出了一条非常直接而且可操作性极强的半导体工艺发展路线。因此，在摩尔定律的黄金时代，设计-工艺协同优化（Design-Technology Co-Optimization，DTCO）流程能调整的参数并不多。此外，从 Fabless 企业的角度来看，每过一年多都会有新一代的半导体工艺出现，导致性能大幅提升，花大量时间和资源去帮助本代工艺做 DTCO 优化的收益并不大。最后，晶圆代工模式的一个重要假设就是平台化、标准化的工艺设计，因此 Fabless 企业更倾向提供标准的工艺选项[如低功耗（Low Power，LP）工艺、高性能（High Performance，HP）工艺等]及其设计套件，而并没有很强的根据客户设计公司的反馈去定制化工艺的意愿。总体来说，在摩尔定律的黄金时代，DTCO 更多的作用是评估和验证，对工艺设计的指导作用相对较少，对那些执行 DTCO 流程的 Fabless 企业来讲更是如此。在这一时期，更多的交互方式变为可制造性设计（Design for Manufacturability，DFM），主要是由设计方去配合 Fabless 企业的相关设计工艺和规则，以提升整体制造的良率。相应地，在这三十余年间，设计与制造产业主要呈现出横向整合、纵向分工、标准化交互的形态特点。这也体现为同行业并购的加剧，如楷登电子（Cadence）、新思科技（Synopsys）在 EDA 领域，ARM 在 IPC 领域，安华高、亚德诺半导体（ADI）在射频和模拟领域的并购。

3. 设计与制造的多维融合、协同优化时期（2010 年至今）

随着摩尔定律的延续越来越有挑战性，开发和使用新一代半导体工艺的成本都越来越高，同时新一代半导体工艺带来的性能提升却越来越小。近年来，借助 DTCO 来尽可能多地优化半导体工艺及电路设计正在变得越来越热门，甚至已经有结合封装和电子系统整合设计优化的系统技术协同优化（System-Technology Co-Optimization，STCO），即在常规电路-工艺优化之外额外考虑 2.5D/3D IC 封装的协同优化。根据顶级半导体研究机构 IMEC 的分析，DTCO 和 STCO 从 10nm 开始对半导体工艺节点的进一步演进起的作用在逐步提升，并逐渐取代之前摩尔定律中的简单减小工艺特征尺寸的模式。

与早期 IDM 中的协同模式不同，新兴的 DTCO 方法更多的是面向特定应用产品来进行，而目前给电路性能带来重大挑战的 4 个重要革命级应用分别为：大数据存储和处理应用，以 5G、Wi-Fi 6 为代表的高端通信系统，自动驾驶和电动汽车，以及人工智能和机器学习，如图 5.1 所示。

大数据存储与处理应用

高端通信系统

自动驾驶和电动汽车

人工智能和机器学习

图 5.1 芯片设计的 4 个重要革命级应用

5.1.3 芯片设计流程综述

集成电路设计可以粗略地划分为数字集成电路设计和射频/模拟集成电路设计。数字集成电路设计又可分为专用集成电路（Application Specific Integrated Circuit，ASIC）设计和现场可编程门阵列（Field-Programmable Gate Array，FPGA）/复杂可编程逻辑器件（Complex Programmable Logic Device，CPLD）设计；此外还有一部分集成电路设计采用数模混合设计，如 SoC 设计和数模混合信号集成电路设计。首先，以 ASIC 设计为例介绍数字集成电路的设计。数字集成电路的设计流程（见图 5.2）主要分为前端设计和后端设计两大阶段。前端设计又称逻辑设计，又可细分为 RTL（寄存器传输级）前端设计和功能验证两部分。从系统描述开始，首先经过高层次综合与验证的方式，或者设计人员直接编写的方式，用 RTL 代码（VHDL、Verilog 等硬件描述语句）来描述相应的电路功能，然后，需要对 RTL 代码设计的正确性进行测试，验证模块逻辑功能，这部分仿真称为前仿真，又称功能仿真。测试方法通常是对设计模块施加激励，通过观察输出波形来检验功能的正确性。随后，将 RTL 代码中的电路表达语句转换为电路实现，使用芯片制造商提供的标准电路单元，用尽可能少的器件和连线得到一个在面积和时序上满足需求的门级网表，这称为逻辑综合。一般地，逻辑综合后，需要再次进行仿真验证，这称为门级仿真。完成门级仿真后，还需要经过一系列的设计验证工作以确保设计的正确性，主要包括静态时序分析/功耗估计、FPGA 原理/硬件加速验证等。该阶段的仿真会添加编译工艺库，门级仿真比前仿真更能真实地反映电路的工作情况。

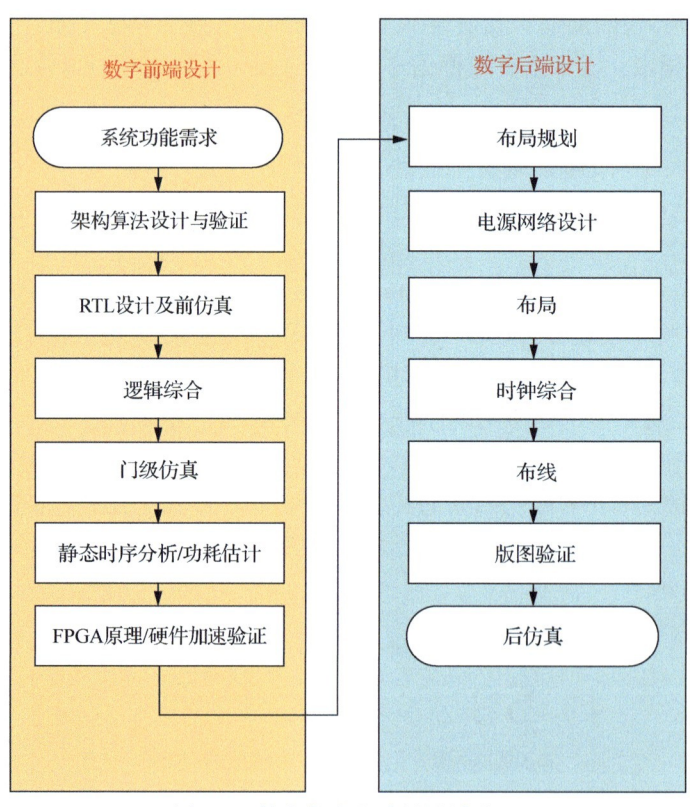

图 5.2　数字集成电路的设计流程

后端设计是超大规模集成电路设计中最耗时的阶段。在逻辑综合后，得到的基本是只有逻辑和时序约束的设计结果，物理设计则加入了物理约束（Physical Constraint），这可以使电路成为一个芯片制造商能够实际生产的芯片。它要将电路设计中的每一个器件以及它们之间的连线转换为集成电路制造所需要的版图信息，而这些版图信息是由带有层次的几何图形表示的。物理设计包括布局规划、电源网络设计，布局（放置宏单元模块，如 IPC 模块、随机存取存储器、输入输出引脚等）、时钟综合（时钟信号的布线，使得时钟对称式地连接到各个寄存器单元，从而使时钟从同一个时钟源到达各个寄存器时，时钟延迟差异最小）和布线（普通信号的布线，完成各种标准单元之间的走线）。

后端设计中，非常重要的一步工作是版图验证，主要包括设计规则检查、版图的电路提取、电学规则检查和寄生参数提取。版图上的器件和连线，特别是寄生参数的大小，在电路设计阶段是无法准确得知的。因此，需要先对版图进行参数提取，包括提取电路连接关系、寄生电阻、寄生电容、寄生电感，然后进行模拟验证，以确保该设计的正确性。完成版图验证和寄生参数提取的版图还需要进行仿真验证，称为后仿真。与前端设计阶段的前仿真相比，后仿真考虑了更真实、精确的寄生参数的影响，且不仅要完成功能上的正确性验证，还要进行时序/功耗分析。通过后仿真后，就可以将版图提交给集成电路制造厂商进行制版、生产。

射频/模拟集成电路设计流程主要有性能指标确定、工艺及架构选择、电路原理图绘制（电路设计）及前仿真、版图设计、版图验证（DRC/LVS/寄生参数提取）、后仿真，以及版图数据提取和流片等阶段，如图 5.3 所示。由于射频/模拟集成电路的复杂性和多样性，目前射频/模拟集成电路设计自动化并不能完全实现，大部分的射频/模拟集成电路基本上仍然是通过手工用图形化的方法来完成。首先，电路设计是指根据系统需求，先制定电路的设计指标，再进一步选择合适的工艺库以及相应的架构，并进行电路原理图绘制及前仿真，以满足相应指标要求。需要自行根据芯片厂商给出的工艺库，调用元件库中的电路元件，进行晶体管级的电路原理图绘制。随后，为了确定设计的正确性，要基于晶体管模型，借助 EDA 工具进行电路性能的评估及分析，并根据仿真结果进行迭代设计，修改晶体管参数及电路结构等，这一步仿真也称为前仿真。

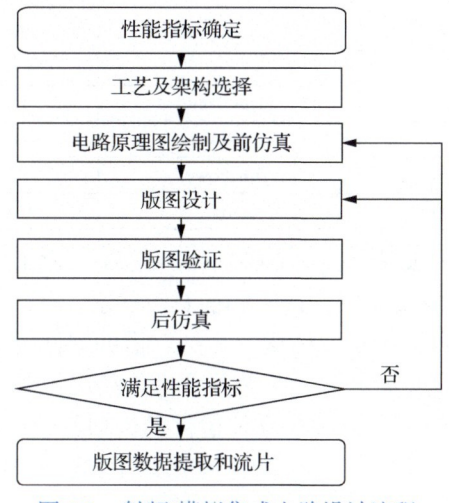

图 5.3　射频/模拟集成电路设计流程

版图设计是将电路设计环节决定的电路组成及相关参数转换成图形描述格式。与数字集成电路设计流程中的版图实现不同，射频/模拟集成电路的版图设计通常是以全定制的方式进行手工绘制，在设计过程中，调用芯片厂商给出的标准版图单元，自行考虑设计规则、匹配性、噪声、串扰、寄生效应等对电路性能和可制造性的影响进行合理的布局布线。虽然现在关于射频/模拟集成电路版图自动化的研究始终在进行，但仍处于基础研发阶段，无法比较全面地规避各种效应对电路性能的影响。因此，射频/模拟集成电路版图将会在很长的时间里仍是以手工绘制为主。

版图验证阶段与上述数字集成电路设计过程中的大同小异，仍旧是设计规则检查、版图的电路提取与一致性检查、电学规则检查和寄生参数提取。模拟集成电路对寄生参数更加敏感，寄生参数提取后需要对加入了寄生信息的电路进行后仿真，结果不满足要求时需要对版图的布局布线，甚至电路参数、结构等进行修改，直至后仿真结果满足设计需求。后仿真通过后，即可导出版图数据文件，提交集成电路制造厂商进行流片。

5.1.4 芯片设计工具

集成电路设计工具基于晶圆厂或代工厂提供的工艺设计套件（Process Design Kit，PDK）或 IPC 及标准单元库为芯片设计厂商提供设计服务，完成芯片的设计。集成电路数字设计类 EDA 工具（见表 5.2，其中 Synopsys、Cadence 和 Mentor 都是全球知名的 EDA 软件公司。）主要是面向数字芯片设计的工具，是一系列流程化工具的集合，包括 RTL/门级仿真、逻辑综合、静态时序仿真（Static Timing Analysis，STA）、形式验证等工具。

表 5.2 数字设计类 EDA 工具

类别		Synopsys	Cadence	Mentor
前端设计	RTL/门级仿真	VCS	Xcelium	Modelsim
	逻辑综合	Design Compiler	Genus	Oasys-RTL
	静态时序仿真	PrimeTime	Tempus	Velocity
	形式验证	Formality	Conformat	Questa
后端设计	可测试性设计	TestMAX DFT	Modus DFT	Tessent
	布图规划	IC Compiler	Innovus	Aprisa
	时钟树综合			
	布局布线			
签核（Signoff）	时序验证	PrimeTime	Tempus	Velocity
	物理验证	IC Validator	Pegasus	Calibre
	功耗分析	PrimePower	Voltus	PowerPro
	寄生参数提取	StarRC	Quantus	

晶圆制造类 EDA 工具（见表 5.3）主要是面向晶圆厂/代工厂的设计工具，该类工具主要是协助晶圆厂开发工艺并且实现器件建模和仿真等功能，同时也是生成 PDK 的重要工具，而 PDK 又是晶圆厂和设计厂商的重要桥梁。晶圆厂借助器件建模及仿真、良率分析等制造类 EDA 工具来协助进行工艺平台开发。工艺平台开发阶段主要由晶圆厂主导完成，在完成半导体器件和制造工艺的设计后，建立半导体器件的模型并通过 PDK 或建立 IPC 和标准单元库等方式提供给集成电路设计企业。晶圆制造类 EDA 工具包括工艺与器件建模仿真（Technology Computer Aided Design，TCAD）、计算光刻、库特征化、DFM/良率分析等工具。

表 5.3　晶圆制造类 EDA 工具

类别	Synopsys	Cadence	Mentor
工艺与器件建模仿真	TCAD Sentaurus	—	Calibre
计算光刻	Proteus	—	Calibre
库特征化	—	Liberate	Kronos
DFM/良率分析	Yield Explorer	—	Calibre

5.1.5　从芯片设计到芯片制造

集成电路物理设计是以性能、功耗和面积为考量指标，将电路网表文件及约束文件转换为可用于制造的版图文件的过程。在早期，芯片的物理设计可以通过人工定制完成，但随着芯片中晶体管的规模越来越大，尤其是数字电路的物理设计是基于标准单元的层次化设计，这就为电子设计自动化软件提供了良好的环境。在 EDA 软件的辅助下，工程师的精力不必放在每一个标准单元的位置摆放上，尤其是那些非关键的时序路径；工程师可以更有针对性地关注芯片的整体布图，规划电源网络，以及提供给 EDA 软件有效约束之后指导软件自动布局布线（Place and Route），分析关键的时序路径，给出定制化的方案，从而使得芯片的物理设计能够更快地收敛，缩短整个设计周期，降低芯片的设计成本。物理设计中最重要的 3 个参数是性能（Performance）、功耗（Power）和面积（Area），简称 PPA。常见的物理设计 EDA 软件包括物理设计工具、时序签核工具、功耗签核工具和物理验证签核工具等。

1. 工艺设计套件

工艺设计套件（Process Design Kit，PDK）概念本身是前述横向分工时期的产物，是工艺制造与设计协同之间交互的基础。当时，预先建立的器件特征模型与面向物理制造所引入的设计限制条件组成了 PDK 概念的雏形。正是基于先验的工艺器件模型、制造环节提供的限定条件，结合不断演进的 EDA 算法与工具，制造与设计才能从 20 世纪 80 年代开始逐步分离，构成今日标准化、复杂化的 PDK。在这一时期，设计与工艺之间的协同优化反映在 PDK 上，就是标准化工艺节点下会有面向不同应用进行普适性优化的 PDK，如 LP、HP。

现代 PDK 文件包括工艺文件（Technology File）、设计规则文件、集成电路仿真程序（Simulation Program with Integrated Circuit Emphasis，SPICE）模型，以及 SPICE 网表、标准单元库等。晶圆制造类 EDA 工具，作为面向晶圆厂/代工厂的设计工具，是生成 PDK 的重要工具，而 PDK 又有作为晶圆厂和设计企业重要桥梁的作用。

工艺文件是晶圆厂提供给设计企业的文件，其中记录了工艺的相关信息，包括各层的层标号、掩模名称、图形标识信息、图形周期（Pitch）、最小线宽（Minimum Width）、最小边距（Minimum Space）、最小面积、厚度、各类通孔的定义和较复杂图形（线到端的间距、端到端的间距、图形密度）的设计规则。设计规则文件则详细、完整地定义了每一层版图的规则，用于指导布图、布局和布线，并在物理验证中进行设计规则检查，确保签核的完成。

SPICE 模型是由晶圆厂提供的仿真模型文件，定义了晶体管的模型方程和相应参数。

一个较优的元器件模型，应当既能正确反映元器件的电学特性，又能在计算机上进行数值求解。SPICE 网表定义了每个标准单元内部的拓扑结构和元器件参数，由元器件描述语句、模型描述语句、电源语句等组成。

标准单元库是集成电路设计的基础，它是一个数据库的总称，包含了单元电路图（Schematic）库、单元版图（Layout）库、单元符号（Symbol）库等。在集成电路设计，尤其是数字集成电路设计的流程中，基于标准单元库的开发是一种通用的设计思路。数字集成电路的整个设计过程，从前端的系统行为描述、逻辑综合到时序分析，到后端的自动布局布线过程，都需要有一个参数完整、功能完备的标准单元库。

标准单元一般包括组合单元、驱动单元、时序单元、运算单元和存储单元。其中，组合单元能够提供基本布尔逻辑，如与（AND）、或（OR）、或非（NOR）、与非（NAND）、非（反相器）；驱动单元包括正向驱动和反向驱动；时序单元用于存储 0、1，表示电路的逻辑状态；运算单元用于完成基本的算术运算；存储单元有触发器、锁存器等。标准单元方法是一种提升抽象层级的设计方法，同时也是目前数字专用 ASIC 芯片的主要设计方法。

通常，标准单元的逻辑设计是在晶体管级或网表级进行开发的。所谓网表，是将晶体管当作一个抽象的节点，进而描述它们之间的互联关系，以及它们与外部环境的互连端口。首先，网表可以借助许多不同的 EDA 工具生成，随后芯片设计人员需要使用额外的 EDA 工具（如 SPICE 仿真工具）输入激励（电压或电流），通过计算电路的时域（模拟）响应来模拟网表的行为特征，从而验证网表是否实现了所需的功能。

由于网表仅对抽象的模拟仿真有用，而对实际制造没有实际的帮助，因此还必须完成标准单元的物理设计，即布局视图。从制造的角度来看，标准单元的布局视图是最重要的视图，因为它最接近标准单元的实际"制造蓝图"。布局视图包括与晶体管器件对应的不同材料层，以及将不同层连接在一起的布线层和通孔层。出于设计自动化的考量，布局视图中也可能存在非制造层，但许多明确用于布局布线的 EDA 程序通常包含相似的抽象视图。该抽象视图通常包含比布局少得多的信息，并且可以被识别为布局提取格式（Library Exchange Format，LEF）文件或等效文件。

2. IPC 与 SoC

集成电路设计产业的发展离不开上游生态链的支持，而 IPC 正是集成电路设计产业链的上游关键环节（见图 5.4）。IPC 帮助降低芯片开发的难度、缩短芯片的开发周期并提升芯片性能，是集成电路产业链的上游关键环节。IPC 指在集成电路设计中，经过验证的、可重复使用且具备特定功能的集成电路设计宏模块，通常由第三方开发。IPC 由于性能强、功耗优、成本适中、技术密集度高、知识产权集中、商业价值昂贵等特点，逐渐成为集成电路设计产业的核心产业要素和竞争力体现。当今，芯片设计公司如果没有 IPC，将难以完成复杂的芯片设计。可以说，IPC 的诞生是半导体行业发展的必然。

从产业的角度来理解，IPC 行业是半导体行业分工精细化的结果，降低了芯片设计的难度与成本。根据摩尔定律，高性能芯片设计难度不断加大，且极高的技术壁垒导致独立完成所有芯片 IPC 的设计需要大量资源和成本。相较而言，使用经过验证的 IPC 可以有效降低设计风险和成本。通常，留给设计者完成热门 IC 设计的周期只有数月，但芯片的复杂度以每年55%的速度递增，因此，IPC的复用可以大大节约时间。使用IPC模块能缩短芯片设计开发的时间、避免重复劳动，芯片设计公司可以将精力更多地用于提升核心竞争力的研发中。

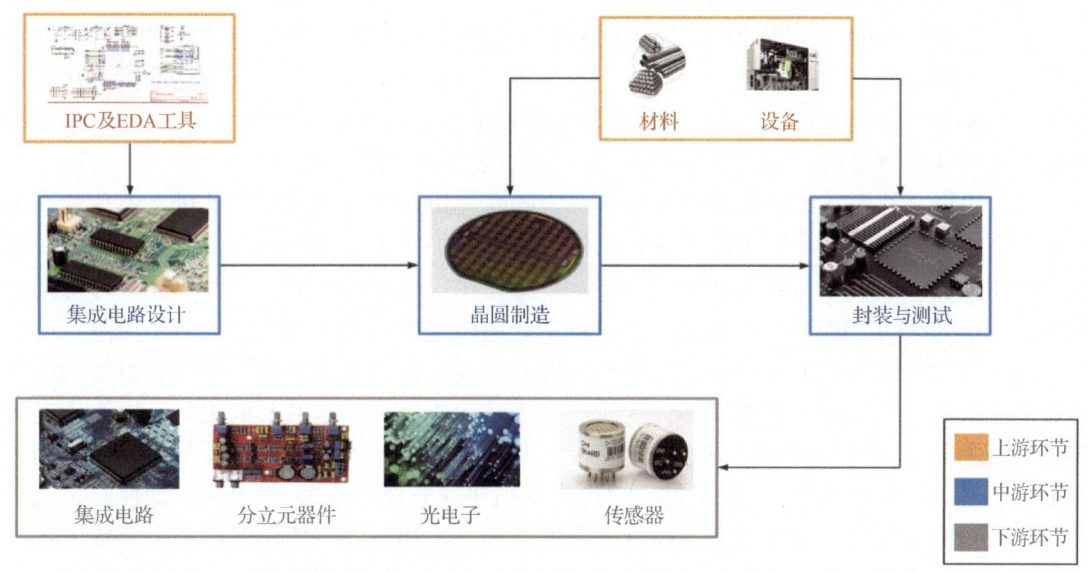

图 5.4　IPC 位于集成电路产业链上游关键环节

从技术的角度来理解，IPC是EDA发展和芯片复杂化的结果，没有电子化的芯片设计就没有可以复用的IPC。先进EDA工具可以辅助工程师设计更复杂、更强大的芯片。要设计足够复杂的芯片，就必须要有足够的IPC储备，没有可利用的IPC会让芯片设计任务难以完成。为了解释芯片设计的复杂度及IPC的重要性，并了解其中相互促进的发展关系，下面从集成电路发展的角度进行简要阐述。

20世纪90年代，EDA工具的发展进入成熟期，功能基本完善，从前端的代码综合到后端的布局布线、逻辑分析，再到掩模版图形的生成都可以实现。这10年中，随着EDA工具的成熟，IPC产业也初步形成。1990年，ARM从Acorn Computers中独立出来，并开始专注于IP授权业务，这种模式源自对MOS Technology的学习。基于IPC完成SoC设计的起源，可追溯到1994年摩托罗拉发布的Flex Core系统（用来制作基于68000和PowerPC的定制微处理器）和1995年LSI Logic为Sony设计的SoC。1996年，世界上最早的IP标准组织——虚拟插槽接口联盟（Virtual Socket Interface Alliance，VSIA）成立，随后韩国系统整合与智财授权中心（System Integration and Intellectual Property Authorization Centre，SIPAC）等类似的组织也先后成立。

此外，从需求的角度来理解，一方面是半导体市场整体容量持续扩大，大量的芯片设计需求推动了IPC产业发展。在20世纪80年代中后期，以欧美为主的半导体市场在个人计算机消费需求增长的引领下进入快速发展期，大量的市场需求推动了半导体产业链的专业化分工，Fabless、设计服务、晶圆代工、封装测试各司其职的模式逐步开始确立。未来，继个人计算机、智能手机后，半导体产业将在物联网、云计算、人工智能和大数据等新应用兴起的推动下逐步进入下一个发展机遇期。根据IBS的报告，这些应用将驱动半导体市场的规模在2030年达到约1.05万亿美元，2019—2030年的年均复合增长率预计为9.17%，市场容量不断扩大，芯片的品类、数量和更迭速度要求持续提升，IPC行业将进一步发展。根据IPnest的统计，从市场价值来看，IPC的全球市场规模大约为40亿美元，却在5000亿美元的半导体产业中发挥着关键作用。

另一方面，随着摩尔定律的演绎，制程和工艺的持续改进，高性能芯片的设计难度在不断加大。随着摩尔定律不断逼近极限，小于等于20nm先进工艺节点的高性能芯片设计以及16nm/14nm FinFET、三维芯片相关的先进技术涉及从系统设计验证、芯片实现到3D封装设计等非常复杂的领域，高集成度与芯片测试/验证难度不断加大。

（1）单颗芯片可容纳的晶体管数量增加。随着先进工艺节点的不断演进，芯片的线宽不断缩小，单颗芯片上可容纳的晶体管数量也快速增加，单位面积性能得以相应提升。根据IBS的报告，以面积为$80mm^2$的芯片裸片为例，在16nm工艺节点下，单裸片可容纳的晶体管数量为21.12亿个；在7nm工艺节点下，晶体管数量为69.68亿个。

（2）采用先进工艺节点的芯片设计成本逐渐提高。先进工艺节点下晶体管数量的持续增长，使得设计的复杂度不断增加，从而提高了设计成本。根据IBS的报告，以先进工艺节点处于主流应用时期的设计成本为例，工艺节点为28nm时，单颗芯片的设计成本约为0.41亿美元，而工艺节点为7nm时，设计成本则快速升至约2.22亿美元。即使在工艺节点达到成熟应用时期，设计成本大幅度下降的前提下，相较同一应用时期的上一代先进工艺节点，当代工艺节点的成本仍有显著提升。

高风险的设计成本投入使芯片设计公司在研发先进工艺节点的芯片产品时，需要有大规模的产销量支撑来平摊设计成本。为降低设计风险和成本，芯片设计公司越来越多地使用经过验证的半导体IPC。未来，集成电路设计产业中基于平台的设计，即以应用为导向，预先集成各种相关IPC，从而形成可伸缩和扩展的功能性平台，是一种可升级的IPC复用性解决方案，可以快速实现产品升级迭代，同时降低设计风险与设计成本。随着个人计算机产业向手机产业迈进，终端产品更加复杂多样，芯片设计难度快速提升，研发资源和成本持续增加，促使全球半导体产业分工继续细化，芯片设计产业进一步拆分出半导体IPC产业，而芯片设计服务产业的服务范围也将进一步扩大。

经过长期发展，半导体芯片设计与IPC行业已经出现了大量代表性公司，根据主营业务的不同，这些公司的IPC来源往往也有所不同。IPC的来源主要有四大类，分别是芯片设计公司自身的积累、代工厂的积累、专业的IPC公司和EDA厂商。目前，业内公司基本覆盖了四大类型，其中代工厂提供的IPC较少，其他三类较多。

主营IPC业务且比较知名的公司有ARM、Synopsys、Cadence、思华科技（CEVA）等。其中，ARM占据移动端处理器IPC市场份额的90%以上，占据整个IPC市场份额的40%以上；Synopsys在各类接口（如USB、PCIe接口等）芯片IPC市场的份额排名第一；Cadence经过数次并购，并结合自家EDA软件，也成为IPC领域的一个主要"玩家"；CEVA则是DSP IPC领域的代表性公司，从1991年开始研发DSP IPC，2010年的DSP IPC市场占有率达到78%。其他主营IPC业务的代表性公司还有GPU领域的Imagination、提供DRAM接口IPC的Rambus、主营非易失性存储IPC的力旺电子（eMemory）和SST等公司。智原等公司虽然也有IPC，但主业是芯片设计服务，与芯原的一站式芯片定制服务比较相似。此外，一些半导体领域中成熟的芯片设计公司也提供IPC，如赛灵思（Xilinx）、博通公司

（Broadcom）、美国微芯科技公司（Microchip）、联发科等，具体产品有 Xilinx 的 MicroBlaze 软核处理器等。

作为芯片设计产业链的上游"原材料"，IPC 的主要客户是设计厂商。IPC 与整体芯片设计流程的关系与分立元器件与印制电路板（Printed Circuit Board，PCB）的关系相似。独立 IPC 厂商的出现主要源自半导体设计行业的分工。设计公司无须对芯片的每个细节进行设计，可通过购买成熟、可靠的 IPC 方案来实现某个特定功能。设计人员以 IPC 为基础进行设计，采用类似搭积木的开发模式，可大大降低芯片的设计难度、缩短芯片的设计周期并提升芯片性能。

按照设计完成度分类，IPC 可分为软核、固核和硬核 3 种，分别对应行为（Behavior）、结构（Structure）和物理（Physical）3 级不同程度的设计。如果将 IPC 比作"芯片图纸"，则软核相当于楼房的设计图纸，包括设计理念、单元分布、电梯分布、房间大小等，但不涉及建筑材料等；固核相当于楼房的渲染效果图，可见楼房建成后的效果，包括墙壁颜色、厚度等细节，但固核依然不能保证设计公司能建设出合格的楼房；硬核相当于大楼施工图，可详细到管线排布、楼梯和墙壁的材料、尺寸等参数，只要按图施工，就一定能成功，但可能存在特定场景实用性的能耗等问题（如骁龙 810）。可见，这 3 种 IPC 的设计完成度由低到高，对设计公司的要求由高到低，设计公司的发挥空间也由高到低。

以数字电路 IPC 为例，软核作为应用最广泛的形式，是独立于制造工艺的 RTL 代码，经过行为级的功能验证（Functional Verification）和优化，一般指的是用语言描述的功能块，包括逻辑描述、网表和帮助文档等，并不涉及具体电路元器件以及任何具体物理信息。固核只对描述功能中一些比较关键的路径进行预先的布局布线，而其他部分仍然可以任由编译器进行相关优化处理。固核通常以逻辑门级网表（Gate-level Netlist）的形式提交。由于固核多由设计客户完成最终布线设计，因此核的端口位置、核的形状和大小都可以调整，具有一定灵活度。目前，固核是 IPC 的主流形式之一。硬核是通过系统设计验证、物理版图设计验证和工艺制造获得的半成品或成品。它的优点是确保电路性能达到设计目标，提交形式是芯片制造掩模版结构的全部版图和详细系统的全套工艺相关文件。受限于特定工艺，硬核不具备跨工艺平台的灵活性。工艺升级后相应的硬核需要重新验证、重新进行物理设计。软核、固核、硬核的主要区别见表 5.4。

表 5.4　软核、固核、硬核的主要区别

分类	软核	固核	硬核
定义	独立于制造工艺的 RTL 代码，经过行为级的功能验证和优化，一般指的是用语言描述的功能块	对描述功能中一些比较关键的路径进行预先布局布线，而其他部分仍然可以任由编译器进行相关优化处理，是软核和硬核的折中形态	通过系统设计验证、物理版图设计验证和工艺制造获得的半成品或成品
主要内容	行为级或 RTL 级 HDL 源码	HDL 源码和与实现技术有关的网表	预定义已布局布线的模块
灵活性	高：可修改设计，与具体实现技术无关	中：部分功能可以修改，采用指定的实现技术	低：不能修改设计，必须采用指定实现技术
可预测性	低：时序性能无保证，由使用者决定	中：关键路径时序可控制	高：时序性能有保证
应用	最多	中等	相对较少
成本	低	中	高

从商业模式角度观察，IPC 供应商提供许可（Licensing）和专利使用费（Royalty）两种模式。其中，专利使用费模式占据较大份额。在许可模式下，设计商按 IPC 授权次数付费，是一次性产品授权费。在专利使用费模式下，设计商按制造的芯片数量付费，是跟产品销量挂钩的授权费。2019 年，专利使用费模式占比近半，由于未来市场技术更新迭代迅速，预计专利使用费模式仍将盛行。全球 IPC 代表性企业 ARM 的 IPC 授权商业模式是基于许可费和专利使用费模式的结合。设计商首先通过支付 IPC 技术授权费来获得在设计中集成该 IPC 并在芯片设计完成后销售含有该 IPC 的芯片的权利，而一旦芯片设计完成并开始销售，设计公司还需根据芯片销售平均价格（Average Sales Price，ASP）按一定比例（通常为 1%~3%）向 ARM 支付专利使用费。

5.2 面向芯片工艺的可制造性设计

5.2.1 DFM

DFM 是一种广泛应用于工业产品设计的方法，它的核心是在产品开发设计的早期阶段就综合考虑产品设计、制造全流程的困难、约束等，从而指导开发设计以提升产品的可制造性和良率，同时优化工艺流程、降低制造成本。该方法不仅延伸到系统级电子产品（如PCB）设计，更被集成电路制造和设计产业广泛采用。本节有针对性地介绍 DFM 在集成电路产业中的代表性应用，即设计和制造如何在前端、后端的过程中交互优化，从而提升制造后芯片的总体良率。

在传统的设计流程中，版图流片之前的后期流程中至关重要的一步是设计规则检查（Design Rule Check，DRC）。DRC 中使用的设计规则一般都比较简单，通常是对图形的几何尺寸做检查，如线宽的最小值、线条之间的最小距离、相邻图形角与角之间的最低距离。能够通过 DRC 的版图可被提送到晶圆厂做光学邻近效应校正（Optial Proximity Correction，OPC）处理。随着版图尺寸的减小，DRC 的设计规则不断增多。在 28nm 逻辑器件工艺节点，设计规则可多达几千条。这些 DRC 的规则都来自实际生产，是对工艺极限的归纳总结（特别是光刻工艺），所以又称为基于经验的 DRC。

然而，DRC 仍然不能解决版图上所有影响制造良率的问题，于是，DFM 的概念被引入并应用到集成电路设计与制造产业中。DFM 能够在 DRC 规则检查的基础上，对设计版图做工艺仿真，从中发现影响制造良率的图形，并提出修改建议。这些版图修改建议又被称为建议规则（Recommended Rule），这种工艺仿真可以包括所有可能的制造工艺单元，即不仅包括光刻，还包括刻蚀（Etching）、CMP 等。仿真所使用的模型是由这些工艺单元提供的。所以从这个角度来看，DFM 实际上是一种基于模型的 DRC（Model-based DRC）。一个成功的 DFM 必须既能检查出潜在的问题，又能为解决这些问题提供帮助。

在较大尺寸的工艺节点（如 0.25μm 以上），集成电路设计完成后，制造总能满足设计需求。那时，包含设计规则的设计规则手册（Design Rule Manual）和器件的电学模型（Spice Model）是制造厂提供给设计公司的全部信息。2000 年以后，器件尺寸按摩尔定律变得越来越小，制造工艺技术已经不能完全满足设计的要求，也就是说，制造不再能完成设计的所有图形，必须基于自己的工艺能力对设计有所约束，这种约束有两种做法。第一种做法是提供更多设计规则，进一步限定设计图形的尺寸，即严格限制设计规则（Restrictive Design Rule，RDR）。但是，复杂的 2D 图形是很难用一组几何尺寸来描述的，而且制造实际上关注的是工艺窗口，即只要工艺窗口足够大，制造就没有问题，于是就产生了第二种做法。第二种做法是在版图设计的流程中添加一系列仿真，即使用专用软件对版图做工艺仿真，如光刻工艺仿真可以发现版图中工艺窗口较小的图形（称为坏点，Hotspot）。CMP 仿真可以发现版图中哪些区域的图形密度太低，需要添加不具有电学功能的填充图形（Dummy Pattern）等。设计工程师可以根据仿真的结果对版图做进一步修改和优化，提高其可制造性。这种做法就是 DFM。与 RDR 相比，DFM 并没有采用一种不是通过就是失败的做法，它通过仿真确定版图上可能导致工艺失败的图形及其失败的概率，并为设计工程师提出修改的建议。

DFM 对版图修改的准则是以比较低的代价实现优化，它所追求的不仅是版图的可制造性，更重要的是可以以比较低的成本来实现制造。从过去的实践来看，DFM 只适合解决 DRC 无法解决的遗留问题，这些问题可能很基本且影响很大。所以，DFM 是对 DRC 的补充，二者结合保证了版图的可制造性。在先进工艺技术节点，版图中包含有多种复杂图形，这些图形的周期都很小。在制造过程中图形之间会相互影响，如光刻质量的好坏与周围图形的大小、形状、位置极其相关。这种相互影响的范围已经是图形周期的几倍甚至几十倍了，而传统的设计规则只是描述图形局部的几何尺寸，这种简单的、参数式的设计规则已经无法保证工艺良率。所以，当图形之间的相互作用超越了一定的复杂度，设计规则必须被影响良率的图形库（Library of Yield-Impacting Patterns）代替。也就是说，DRC 中使用的局部几何尺寸参数正在被图形库代替，这个图形库就是依靠仿真产生的。做 DRC 时，就是把设计版图分解后与图形库中的内容做比对。

也有些设计公司把 DFM 的仿真结果归纳成一系列规则，合并到 DRC 中，并依托具有 DFM 功能的 EDA 工具指导设计团队以提升芯片制造的良率。这样，DRC 就变得更复杂，DRC 的规则就演化成了两个层面，即必须满足的规则与建议满足的规则。

集成电路制造流程中包含多个工艺流程，包括光刻、CMP、刻蚀、薄膜沉积、离子注入和清洗等。为保证良率，DFM 需要考虑其中所有工艺流程。根据影响良率的原因，缺陷可分为随机颗粒导致的（如外来颗粒所致同一层中金属线的短路或开路）与系统性的（如 CMP 过程中的过抛光）。因此，下面针对这两类缺陷进行相关制造与设计协同规则的介绍。

5.2.2 面向避免随机性制造缺陷的芯片设计

1. 关键区域分析

关键区域分析（Critical Area Analysis，CAA）量化了特定的版图设计对随机缺陷特征的敏感性。一般情况下，特定工艺步骤中随机缺陷导致的良率降低与以下因素有关。

（1）缺陷的尺寸，即颗粒或其他污染物的尺寸。

（2）作为缺陷大小函数的缺陷密度分布。

（3）缺陷对特定工艺步骤的功能影响，即失效机制。

（4）版图中缺陷的位置。

目前，有多种商业化的 EDA 软件能够帮助分析芯片的临界面积，为特定芯片的设计提供准确的良率估计。CAA 最初是为了在代工业务中给芯片合理定价，同时估计初制晶圆的特殊需求。然而，CAA 也可被用来帮助工艺工程师通过优化工艺中最关键的缺陷尺寸和失效机制来提高产品的良率。在设计方面，CAA 可以将不同失效机制的相对重要性（特定工艺步骤是否更容易因导线间的电气短路或开路而导致芯片失效）反馈给设计人员。设计人员可以借此采取适当的纠正措施，以减少该失效机制的临界面积，代价是增加失效机制的临界面积。临界面积优化本质上是使芯片设计人员在设计中重新考虑设计裕度，即在满足最小设计规则的约束下利用设计尺寸和最小允许尺寸之间的任何可用裕度来提高良率。与 DRC 报告的错误不同，临界面积永远无法完全消除，而只能针对特定的缺陷分布进行优化或最小化。最后，尽管仅仅基于故障率的知识（如短路、开路和堵塞过孔的重要性）就有可能对布局进行实质性的改进，但要对临界面积进行优化将变得十分困难。

在先进工艺节点中，临界面积优化有一些问题需要关注：①在设计中通常不会有太多的裕度，即激进的微缩将大部分设计限制到设计规则允许的最小范围内；②严格的设计规则将让小范围调整版图形状变得十分困难。

此外，在工艺节点开发定义的早期，当前沿设计最终确定时，缺陷分布和不同失效机制的相对重要性持续波动，这时采用 DFM 方法解决长期存在的、节点无关的良率问题更有利。一个长期存在的问题是通孔存在有限的故障率，假定为 P；对于任何给定的连接，用成对的冗余通孔替换单切口通孔可以将故障率降低到 P2。除了随机过孔失效带来的显著良率提高，牺牲过孔还可以捕捉电迁移效应产生的空洞。在双向布线普遍使用的工艺节点中，后端布线通过插入工具适当地插入小的导线抽头和额外的过孔，可以实现 70%~80% 的过孔冗余。但是在先进工艺节点中，即使允许双向布线，最小的通孔和最小的金属通孔封闭规则加上对金属端移动的限制，使得找到空间插入冗余通孔甚至通孔条的难度很大。

另一个长期的 DFM 规律表明，无论工艺细节如何，均匀分布的导线可以通过以下方式提高良率：①减少关键面积；②为冗余过孔插入提供空间；③降低与密度梯度相关的工艺失效敏感性（如刻蚀负载或抛光效应）。

2. 参考设计规则

参考设计规则（R-rules）是向设计者传达一般工艺知识的最有效方法。本质上，R-rules 只是告诉设计者，在满足了经 DRC 验证的最低设计要求后，他们应该从以下 4 个方面进一步寻求设计方面的优化：①使用大于最小宽度、空间、面积和重叠的设计；②提高密度均匀性；③增加冗余；④将布线均匀地分布在掩模层上。

虽然一些物理模型比较难以量化，但是 R-rules 还是定义了多种芯片制造中存在物理效应。在实验校准后，用于图形化、CMP 和刻蚀的预测模型可以达到合理的精度，但其他限制良率的效应，如快速热退火均匀性、硅化片电阻变化、植入角度引起的变化、应变硅的应力效应或充电效应等，没有高效的计算模型实现电路级的良率预测。R-rules 并不是简单地告诉设计者使用更多可用空间，而是向设计者传达代工厂复杂的工艺建议。与 CAA 相似，R-rules 有两个组成部分：不同失效机制的相对重要性（体现在不同 R-rules 之间的优先级排序中），以及工艺效果的相互作用范围（体现在实际的"参考"规则值中，即将 R-rules 的值设置为规则进一步放宽至不再影响良率的点）。R-rules 中的一个重要概念表明，规则的推荐值并不是布局必须达到的硬性目标，在最小设计规则值之上的任何放宽都会提高良率，直至达到收益递减的点。

尽管 R-rules 一开始只是一个简单的概念，但它最初的成功很快使得这个概念迅速扩展。优化的 R-rules 需要在最终相互约束的规则之间进行详细的优先级排序，即许多不同的建议争夺有限的布局空间。在 IBM 的 32nm 设计规则手册中，推荐的设计规则部分膨胀到 13 优先级-1 规则，11 优先级-2 规则，8 优先级-3 规则和 4 优先级-4 规则。这些 R-rules 的自动化被证明可以实现被传统规则忽略的几个百分点的良率提高。

5.2.3 面向避免系统性制造缺陷的芯片设计

1. 与光刻工艺相关的设计

为了抑制亚分辨率图形化不断上升的成本和复杂性，在 2003 年的国际半导体技术蓝图（International Technology Roadmap for Semiconductors，ITRS）中，光刻友好型设计（Lithography-Friendly Design，LFD）成为分辨率增加路线图的官方组成部分。得益于基于模型的校正方法，已有的高效光刻模型使设计者能够预先筛选版图以寻找可能的坏点，即通过了 DRC 检查但表现出较差光刻加工性能的部分。尽管 LFD 描述了图形驱动设计约束的所有方面，但它所面临的机遇和挑战仍然存在。由于 LFD 本质上是设计规则检查的一种扩展，因此在 LFD 中，几何失效极限不是用来检查设计者绘制的特征，而是检查光刻建模引擎生成的预测晶圆图形。

用这种方式确定的坏点可以通过与违反 DRC 相似的方式报告给设计人员，因此该操作通常被称为光学规则检查（Optical Rules Check，ORC）。图形坏点和必要的布局调整之间的重要因果关系促使 LFD 检测与自动布局布线方案相结合。特别地，如果设计人员在布局阶段已经进行了基于 R-rules 的优化，则不太可能找到对坏点的简单修复方法。常规的纠正措施通常包括避免特定分辨率增强技术（Resolution Enhancement Technology，RET）解决方案的约束，这可能涉及删除短折弯以促进更好的次分辨率辅助图形（Sub-Resolution Assistant Feature，SRAF）覆盖，或对齐特征边缘以避免光学邻近校正（Optical Proximity Correction，OPC）技术方面的约束。无论是通过试错法还是深入研究潜在的图形化方案，设计者都必须具备足够的专业知识以有效地识别出版图中存在的坏点。

由于 LFD 的目标不仅是识别在标称曝光条件下失效的布局，还需要标记在允许的工艺窗口角落发生的问题，因此必须将制程波动纳入光刻建模中。虽然在实际曝光中不会故意引入曝光剂量误差、散焦误差和掩模尺寸误差等因素，但必须在仿真中捕捉到这些误差，以解释即使在极其严格的过程控制下，这些参数也不会对最终的光刻结果产生显著的影响。为了保证仿真工艺偏移和实际晶圆良率在统计上的真实相关性，必须适当设置这 3 个误差的变化范围，以表示等概率工艺偏移。其中，每个变量都有一个正控制极限和负控制极限，这会产生 26 条等高线，其中每条等高线都表示晶圆可能出现的情况。为了提高效率，大多数 LFD 应用不检查这 26 个等高线的宽度、空间、面积或交叉失效，而是使用更简单但仍然相当准确的工艺变化带宽（PV-band）近似。PV-band 表示布局形状在工艺控制范围内呈现的特征尺寸的内外两个极端。由于 PV-band 是多个仿真的汇总，因此它们无法预测在特定条件下可能出现的实际特征形状，只能预测实际形状落在 PV-band 内的某个位置。

通过评估不同概率下等概率 PV-band 的图像质量，可以建立坏点和预期良率影响之间的定量联系。值得注意的是，与提供连续良率提高的临界面积优化不同，对超出返工极限（代工厂既定控制极限）之外的工艺偏差的 LFD 坏点进行处理不会产生正面的良率影响。

PV-band 也很好地说明了 LFD 的复杂性：由于图形背景更宽，两种看似对称的布局情况显示出明显的差异。除了精确的光刻模型和工艺控制限制，PV-band 检查的失效极限对检测到的坏点数量有很大的影响。多晶硅过扩散中最小允许尺寸增加 1nm，就会导致被报告为坏点的晶体管栅极数量发生巨大变化。

为了限制对精确校准的失效极限的依赖，可以使用 LFD 扫描一系列失效值，从而根据失效计数增加的特征提供可供参考的数据。即使两种设计的良率相同，它们的失效计数直方图的形状也会出现明显差异。LFD 中的失效极限扫描方法还可以用于比较同一工艺节点上两种不同设计的光刻极限良率。虽然冗余的通孔对良率有极大的提升，但在多晶硅布局中添加冗余的设计和走线也增大了多晶硅的设计的复杂度，如有时正是在这些焊盘的周围检测到了桥接坏点。至于光刻坏点造成的良率损失是否会抵消冗余通孔带来的良率增益，取决于每个良率损失机制的具体细节，而且在产品的整个寿命期内都可能会发生变化。LFD 与 CAA 之间也存在着相似的权衡关系。

由于详细的光刻极限良率评估需要大量的数据，因此 LFD 更常用来消除严重的坏点或影响较大的故障。LFD 并不太依赖精确的良率，但其仍然面临挑战。这种模式在技术开发周期的早期发生失败并不少见，但是问题在于，有些设计已经经过了详细的 ORC，却未被 LFD 标记和纠正。进一步的分析表明，这种特殊的布局配置表现出的图像特征超出了图形模型校准的范围。尽管图形模型的光学组件可以基于第一性原理计算，但抗蚀剂和刻蚀行为是由经验模型捕获的，最常用的是使用某种形式的可变阈值模型。通过有效地改变仿真中所使用的阈值，最终的晶圆图形与前期的光学模拟之间的偏移可以得到有效补偿。阈值偏移可以基于图像特征（如最大强度、最小强度、图像斜率和图像曲率）进行校准。在特殊的案例中，用于校准 OPC 模型的数据收集测试模式没有充分地捕捉到实际布局中的独特图像特征。如果模型预测了错误的图像行为，不仅 OPC 解决方案会失败，而且使用相同模型的任何 LFD 检查也会错过这个坏点。为了防止出现这种错误，所有位于光刻模型校准空间之外的版图配置在默认情况下都应标记为错误。

为了使 LFD 成为一种成功的 DFM 技术，除了准确地标记坏点而不使设计者被太多的错误所困扰，LFD 还必须正确地确定特定故障的原因以便代工厂通过改进工艺或调整设计规则来解决系统性的问题。在基于模型的版图验证成为官方认可工艺的一部分，并与 DRC、电路布局验证（Layout Versus Schematic，LVS）和寄生参数提取一起成为布局验证的强制性组件之前，LFD 的作用更多集中在设计环节，通过识别系统故障以便在工艺环节更有效地解决这些故障。通常，在晶圆上使用工艺窗口确认（Process Window Qualification，PWQ）来识别出多晶硅焊盘的硬桥接错误。在 PWQ 中，一种新的掩模通过先对具有不同剂量和焦点的矩阵的晶圆进行曝光，再使用晶粒到晶粒的检查来检测工艺窗口的坏点。这个特别的坏点可以追溯到 OPC 中的碎片错误，OPC 的设定没有评估在最坏情况下收聚点的图形错误，并最终导致掩模图像欠校正。如果设计者通过 LFD 识别出此类问题，可能会通过放弃密度或冗余通孔来找到正确的布局解决方案，帮助代工厂重新修复初始的 OPC 设定。因此，设计人员需要至少在实际流片前，对坏点进行详细的因果分析，从而决定是在工艺环节还是设计环节解决问题。

最后，基于模型的版图优化可能会偏离原始的设计意图，使代工厂更难找到最佳图形解决方案。LFD 标记了两个扩散形状之间的桥接错误，设计者通过调整版图图形以产生良率可接受的 PV-band。但在此过程中，设计者在布局图形中引入了额外的切口，代工厂无法知道它们是用于某个目的还是用于手动 OPC 校正。更好的方法是让设计者指定目标带宽，即轮廓形状，根据其功能要求确定每个形状的真实失效极限。

总之，LFD 有助于在流片的早期解决可能出现的版图问题。为了达到该效果，计算性光刻解决方案（OPC 和 RET）的所有细节都必须包含在内，但它们通常可以在 LFD 层面进行简化。由于 OPC 模型在标准工艺节点附近进行详细的图形校正，在失效极限处通常不是很准确，所以 LFD 坏点通常需要采用保守设定或由专家评审。虽然代工厂最终会修复所有版图相关的故障，但在设计阶段消除有问题的版图通常比在工艺阶段或通过 OPC/RET 更新更快，也比基于晶圆的版图操作更安全。LFD 中的因果关系远比 DRC 复杂，过度依赖 LFD 会影响设计效率。虽然通常 LFD 和 DFM 将工艺信息从晶圆制造商处提供给设计者，但仍然缺乏信息（设计者的设计意图）的反向流动，提供更多双向沟通是 DTCO 的主要目标。

2. 与 CMP 工艺相关的设计

CMP 是一种半导体器件制造工艺，主要作用是对正在加工中的晶圆进行抛光（又称平坦化）处理，即融合化学作用与机械研磨技术去除被抛光工件表面微米或纳米级的材料，达到表面高度抛光。除了引入铜造成的灾难性良率损失风险，导线的厚度差异还会导致电阻和电容的变化，从而产生显著的延迟差异。尽管 CMP 与光刻相比具有更多的化学和物理变量，但它的行为可以在半经验模型中捕获。这些模型的用途如下。

（1）检测"坏点"，即有可能导致良率损失的布局配置。
（2）优化芯片中的填充图形，以提供更均匀的 CMP 行为。
（3）避免因过度追求降低延迟差异而导致时序规则难以满足。
（4）通过添加 CMP 平面度（作为附加成本函数），以及更常见的优化参数（如线长和减少过孔数），交互式地指导布线优化。

实际上，利用 CMP 建模进行物理和电气设计优化需要多个分析和优化平台的无缝集成。当工艺仍在优化时，对校准密集型模型的依赖使得这种方法难以在工艺节点早期实施。复杂的、基于模型的布局优化的替代方案是进行一组现象学检查，可捕获多级规则检查中的已知过程挑战。例如，下层宽铜线的凹陷会导致形貌变化，从而导致最小间距线在上面的金属层中短路，在识别出这种故障机制后，可以编写设计规则或推荐规则（取决于良率挑战的严重程度）以避免这种有问题的布局配置。或者，在确定了有问题的设计-流程交互并在产品设计中确定了相关的布局情况后，可以向流程工程师发出警报，以便他们相应地监视和控制受影响的步骤。

5.2.4 面向 DFM 的 EDA 工具

DFM 平台的发展方向是能引入各种工艺变化，它的模型必须包括所有的工艺步骤，以及工艺步骤之间的相互作用。从测试版图开始，首先完成所有工艺的仿真，随后根据工艺仿真的结果计算出器件的电学性能，最后对电路进行仿真并评估其功能。

具体的做法举例如下。使用光刻仿真软件计算出版图的空间像，得到一个非理想的几何形状。将这个形状输入电路仿真器中，可以计算出漏电流（Leakage）和延迟（Delay）的变化。通过上述仿真可以确定版图上有问题的区域，并找到各工艺步骤对最终电学性能的影响。现有的 EDA 工具搭建了一个从工艺到电路仿真的流程,即从 GDSII 到 HSPICE 电路分析。使用的软件有 Mentor 的 Calibre work bench、HSPICE 和一系列 Perl、TCL 编程。工艺仿真基于"calibre print image"(Calibre 打印图像),器件仿真使用了"BSIM equivalent transistor model"(BSIM 等效晶体管模型),它能处理非矩形的栅极,最后把所有的"transistor lengths"(晶体管栅长)输入 HSPICE 网表中,进行电路性能的计算。整个流程使用 Perl 语言来集成。电路性能分析包括 STA,可判断电路是否能够在规定的目标频率工作。它包括在最差情况(Worst Case Slow,WCS)和最佳情况(Best Case Slow,BCS)下做时序分析,以保证两种情况下都符合要求。由于器件之间的不一致性,所以还必须做统计静态时序分析(Statistical Static Timing Analysis,SSTA)。

DFM 需要依靠大量的工艺仿真工具进行,这些仿真工具从设计工具(EDA Tool)那里获取版图,并将仿真结果反馈到设计工具里。仿真工具和设计工具可能来自不同的供应商,它们需要有效地集成。例如,CFA 是 Mentor 中的 DFM 工具,使用时与 DRC 和 LVS 集成在一起。CFA 软件在进行基于规则或模型的检查时,检查的内容包括缺陷(Defect)、光刻、OPC、CMP 和刻蚀,用以进行 DFM 评估。这些检查是以 DRC 扩展的形式进行验证的。对一个版图做 CFA 后得到一个有权重分布的 DFM 结果(Weighted DFM Metric,WDM),以及一个归一化后的 DFM 计分(Normalized DFM Score,NDS)。DFM 仿真流程示例如图 5.5 所示。

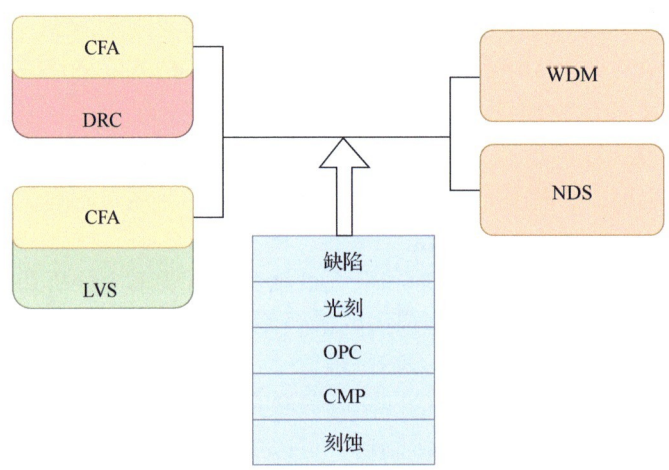

图 5.5　DFM 仿真流程示例

DFM 贯穿于设计和制造流程的各个部分,是一种较成熟的工艺制造与芯片设计的协同优化方法。从单元库的物理设计开始,分析关键区域对随机缺陷的敏感度(Critical Area Sensitivity)、版图对 OPC 的兼容性(OPC Friendly Layout)和光刻友好型(Lithography Friendly),以及性能感知布局与 TCAD 仿真优化(Performance-Aware Layout and TCAD Simulation)等。在版图布局(Place)阶段,由于存在较宽的水平电源线(Power Rail),单元在垂直方向可以被看作相互独立,而水平方向会相互影响。因此,布局时必须考虑水平方向的邻近效应。在布线阶段,必须考虑与 OPC 的兼容性(OPC Compliance during Routing)及光刻工艺窗口。金属层必须填充冗余金属(Dummy Fill),通孔层必须添加冗余通孔(Via-doubling)。其中,应注意的是,DFM 规则可能会互相冲突,因此,DFM 的方法论是优化良率,而不一定是追求良率的最大化。良率最大化反而可能会导致不恰当的设计花费。

5.3 设计与工艺的协同优化

为了提高工艺验证效率、增强可制造性，在先进工艺（20nm 工艺节点以下）研发初期，设计工程师就和工艺工程师共同展开研发工作，所使用的研究方法和流程统称为 DTCO。DTCO 是可制造性设计的进阶衍生物。随着 FinFET 多栅器件的引入，DTCO 变得更加标准化和体系化，主要思想是将一开始的工艺选择、器件设计和后续的标准单元库，甚至规模更大的模块级设计协同考虑，并进一步将其影响考虑到后端设计流程及 EDA 开发中，如布线可行性（Routability）、电源布局设计、设计规则检查等，反复迭代设计优化，以期获得目标 LP/HP 产品，实现比较理想的 PPA 优化结果，提升工艺验证效率并增强可制造性。近年来，随着先进工艺节点的开发，在传统工艺开发中相对独立的芯片产业链各方参与者，即代工厂、设计公司、IPC 供应商及 EDA 工具提供商，围绕节点定义、工艺研究及良率提升、面向应用的 PPA 提升等进行了非常紧密的联合。

设计与工艺协同优化的概念已经在半导体行业存在了一段时间。然而，随着工艺节点的进一步缩小和复杂化，以及芯片设计方与晶圆制造方贯穿整个芯片制造过程的更加紧密的联系，对协同优化更规范化、流程化的需求变得更加迫切。基于公开信息搜索可以发现，DTCO 在 2005 年被首次提及。图 5.6 展示了近年来 DTCO 相关公开信息搜索结果随时间增长的趋势。学术界已发表的论文展示了各种各样的与 DTCO 相关的研究课题，如 DTCO 流程的定义、包含标准单元库的特定设计领域、后道工艺和 SRAM 等。

图 5.6　DTCO 相关公开信息搜索结果随时间增长的趋势

5.3.1　工艺流程建立过程中的 DTCO

DTCO 可以包含多种多样的研究内容。除了上述特定的课题，在设计工作和工艺开发同时进行的漫长循环周期中，根据工艺和设计具体协同交互时间点的不同，DTCO 也会有不同的形式。为了解具体设计对不同技术方案的敏感程度，通常可以根据之前的工艺节点开展探究实验。由设计团队在工艺开发早期就跟代工厂进行沟通来理解新技术的性能与局限，是决定如何去优化设计的关键要素之一。最后，当代工厂开发出 PDK 的初始版本后，设计者就可以分析新的工艺，并通过创建实际设计和分析仿真结果来将新工艺与之前的工艺进行对比。基于之前工艺的大量设计数据为融合设计与各种设计类型带来帮助。从所有融合设计中收集数据可以提供珍贵的信息，而这些信息在开发新的工艺设计时会更难获得。刚开始会使用复杂度低的简单设计来验证 PDK、EDA 工具和整体设计环境是否工作正常。除此之外，这些"小设计"还可以用来做很多快速迭代和实验。一旦初始的测试结果得到确认，就可以通过一个或多个规模更大、更复杂的设计工程来评估工艺的性能。

随着工业界不断将特征尺寸推向新的极限，由此带来的不断攀升的复杂度给芯片制造带来了前所未有的巨大挑战。这些挑战可以通过使用更严格的设计规则来解决。除此之外，工艺在几何尺寸上的缩小也会给电气和可靠性带来压力。基础工艺微缩并没有跟上摩尔定律预测的步伐，为延续这一趋势，不断成熟完善的 DTCO 设计方法成为一个不可回避的研究课题。

具体来看，以阻容延迟（RC Delay）为例，如图 5.7 所示，高性能设计需要考虑的问题是最小间距的通孔电阻和金属层电阻会有显著增加。多层互连结构中的上层金属通常是由之前的工艺移植而来。对于这些上层金属，走线的阻容延迟与工艺微缩保持相同的减小速度。金属层间距的缩小是实现面积微缩的关键，但是会导致电阻的显著增加。

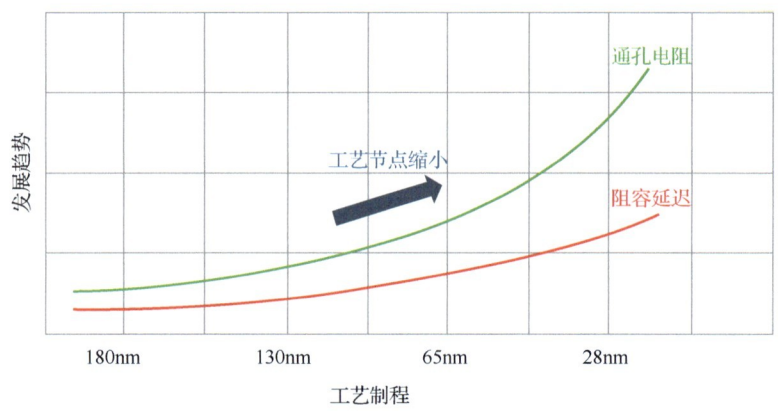

图 5.7　5 代工艺下阻容延迟的趋势

当前的工艺技术通常使用带隔离层的铜互连，隔离层将铜与周围的硅分开。当这些金属的宽度减小时，高电阻值的隔离层占所有走线的比例将增加，这使得单位长度的电阻值增加，并且电阻值增加的速度大于走线宽度减小的速度。上述效应导致了底层金属中走线延迟的增加，也将金属层叠结构中整体的走线延迟关键金属层的位置降低了。由于这个位置的降低，以走线为主的关键路径中的标准走线技巧将变得没那么有效。这类技巧在顶层金属中进行高质量布线，而将非默认布线（Non-Default Routing，NDR）布置在底层。尽管对极小几何尺寸下的工艺复杂性来说，在关键的底部金属层中进行非默认布线是有益的，但是这些技术在使用非最小宽度或间距方面有很大的限制。这种工艺限制和设计需求的相互作用就是一个很好的例子，体现了早期通过合作来寻求更优解决方法的重要性。

使用新材料也可以减少电阻值的影响。在 10nm 工艺节点，钴作为最小走线金属铜的替代品被引入。虽然钴的自然电阻率比铜高，但它不需要隔离层。因此线宽非常窄时，钴的单位长度电阻值较低。钴也有改善电迁移（这是铜走线的问题之一）的好处，特别是那些用于电力输送的走线。虽然电路设计用户不需要关心选择铜、钴还是其他材料，但工艺定义将考虑与关键设计客户的合作，以确保做出正确的选择。

还有一些增加的挑战主要源自随特征尺寸不断缩小的几何光罩。随着几何尺寸不断缩小、浸入式光刻工具升级到 193nm 以下，在开发新的技术时需要增加工艺限制。一个约束条件是将一些关键光罩层从双向布局（可以垂直或水平布线）限制到单一方向。有些工艺可能允许双向走线，但对非首选方向的绕线成本很高。此外，在极端间距下，工艺窗口很小。针对最小间距进行了优化的工艺通常只允许有一些离散的线宽和空间。这些限制必须在开发布局走线和电源网时加以考虑。单向图形是在 65nm 节点首次引入的。后续工艺节点也在不断缩小金属层的间距。单向走线的限制可以消除与连线拐角、凸出有关的制造问题，这主要是由于连线拐角会变圆滑，通常需要大量的额外金属层宽度来确保正确的光罩，因此凸出图形难以被制造。然而，在最低的关键图层上允许凸出结构布线存在也具有一定优势。如前所述，当继续将工艺节点缩小到更小的数值时，最低层之间的通孔电阻是一个重要的问题。允许金属凸出与不同信号轨道上的网络进行连接可以消除向上和向下打通孔的需要，从而可以仅使用单向金属进行连接。这意味着可以通过工艺在凸出方面的折中消除额外的串联通孔电阻、改善整体延迟。这本身又是 DTCO 在克服新挑战时体现出的一种创新。

DTCO 对持续工艺制造扩展的另一种创新是多重图形化（Multiple Patterning），这是在 22nm 工艺节点上引入的。在此技术下，一个单层上的图形可以先分成多个图形，或多个"颜色"，以获取比拆分前更宽松的间距，然后交给光刻工具制造。可以利用特定的颜色进行优化，具体方案取决于实现图形拆分的工艺。例如，当使用 SADP 时，两种颜色的电气特性可能不相等。此时，可以利用这种电气差异优化设计（如在电阻较小的颜色上走电源网或关键走线）。SAQP 也经常被用于创建通孔。一个给定的层有更多的图形，就可以支持更小的间距。更小的间距可以使通孔的密度更大，通过使用更多的双重通孔有可能改善整体的通孔电阻或使设计更容易布线。然而，更多的图形需要在工艺方面付出更高的成本，因为全层图形所需的掩模数量和光刻步骤会增加。因此，需要在最小通孔间距和芯片成本之间进行权衡。DTCO 对评估多图形层通孔间距的改进合理性非常有用，因为这可以帮助设计团队在更紧密的区域进行更多的网络连接，从而间接地节省面积。

经过十余年的发展，EUV 光步进器已被宣布用于 7nm 及更先进节点，取代 193nm 的浸入式光刻技术。虽然这一过渡有助于放宽使用这一技术的工艺节点对多重散射的需求，但在更小的工艺间距出现后，将很快继续重新使用基于 EUV 的多重散射。与前述情况相似，EUV 有一系列需要分析的权衡因素。EUV 的复杂性和相对不成熟性使它的制造成本很高。DTCO 有利于权衡间距与面积，进而可以将它们与整个产品成本进行折中。

除了前面讨论的权衡，引入基于芯粒（Chiplet-based）的架构后，设计人员有能力将每个芯片发挥出最优工艺。过去，独立芯片式的设计流程要求工艺优化在整个芯片的不同指标之间进行折中，而新的封装技术可以实现分立式的工艺优化，这也进一步引入了 STCO 的概念。DTCO 的协同在早期工艺开发中会重点考虑标准单元设计、频率/速度优化及路径规划/布局规则 3 个方面。下面逐一进行介绍。

1. 标准单元设计

如前所述，标准单元库是工艺制造方提供的 PDK 的核心之一。标准单元的发展本身就是 DTCO 流程不断完善、成熟的具体表现之一。一方面，标准单元的设计必须遵循工艺约束；另一方面，它们也是早期设计对工艺反馈的重要途径，这些反馈又引领了工艺发展。在早期，需要 DTCO 通过探究具有一定复杂度的典型电路设计，来总结所遇到的问题，从而调整工艺以缓解问题。例如，在关键组合和时序逻辑单元的早期布局工作中，标准单元团队发现一个特定的设计规则阻碍了单元密度或布线进程后，可以向技术团队提供这种反馈，以确定是否可以放宽该设计规则以改善单元的可扩展性。这种早期的反馈对开发一项对客户有利的技术至关重要。

一旦工艺确定了，提供给用户的标准单元库的选项组件就随之确定了。一个项目的最优方案主要取决于 PPA。一个在更密集的标准单元库可以提供最佳的面积和能耗效率，对低功耗设计有着重大意义，而密度较小、驱动强度较高、性能最佳的标准单元库又对高频高速电路系统的设计至关重要。

在选择标准单元库时，应考虑许多因素，包括单元高度、电气要求和可布线性。单元高度是必须定义的初始指标之一，它决定了标准单元的供电能力、电源/地线的走线，以及可用的绕线轨道数。更大的单元高度意味着更强的最小驱动力，这对高性能设计有利，但相应地有着更大的面积和功耗开销。高度更大、驱动力更强的单元将消耗更多的电流，这会在电迁移方面产生负面影响，需要额外的布线来缓解。缓解电迁移的额外布线可能会导致设计层面上更大的整体开关电容，这一点在单元级分析中难以体现。

单元高度也会对可绕线性和引脚可及性产生重大影响。一个更小、更密集的单元更难布线，并导致引脚可访问性问题的出现。因此，高密度库中的更多标准单元可能需要从单层高度改为双层高度，以使引脚更容易访问。这种单元长宽比的变化往往是以面积为代价的，有时甚至是以性能为代价的，因此，如果大量的标准单元需要从单层高度改为双层高度，那么高密度库中节省的一些面积将因此丧失。相较而言，在密度较低的库中，较高的标准单元可以实现额外的布线轨道，改善引脚可及性和设计的整体布线性。改善标准单元的引脚可及性，可以减少布线设计中的 DRC，并可以缩短自动布局布线工具的运行时间。一旦选择了一个标准单元库，就必须对其进行密切评估，以找到特定单元的问题，并向代工厂或供应商提供反馈。重点关注指标包括单元面积和性能优化、功率和漏电优化、与设计电网的兼容性、可绕线性和引脚可及性。涵盖所有这些库的指标需要模块单元层面的分析并结合系统应用角度的设计分析进行评估。例如走线试验，一个标准单元库中的单元在基本模块层面上即便有很好的性能（如高性能和低功耗），但在系统应用的整体层面上反而并不足够优秀。例如，如果某个单元模块不能与系统电源网很好地沟通，或者布线器不能访问所有的单元引脚，设计工具将不能利用这个看起来有较好模块级别性能的单元。如果在设计过程中及早发现缺陷，就有机会对单元布局进行更新，使其在模块级别和系统层面都具足够高的优化程度。因此，需要在器件单元和设计层面共同对库进行并行检查，从而通过 DTCO 进行设计和工艺共同优化。

对标准单元库的模块级别的分析包括对单元物理实现的评估，以及为库单元建模而产生的视图的评估。物理实现层面的评估可以分为两类：①可用于库中大多数单元的单元结构分析和优化分析；②仅可应用于单个单元或一小组单元的特定单元分析和优化分析。结构及其优化问题往往首先被发现，并且通常可以通过对所有单元的布局检查来实现自动化。特定单元及其优化问题涉及对一个单元子集的攻关，往往需要迭代和实验来确定最佳布局。

一个常见的结构问题是引脚的可访问性。在一个实际的版图布线设计中，标准单元的引脚需要有多个可能的连接位置。在不产生短路或 DRC 错误的情况下，特别是当接入电源的金属走线经过该单元时，具有多个输入和输出引脚的标准单元很难被连接到。工艺的改进（如在有源区上制造栅极通孔）有助于提升标准单元的整体集成度，并使单元上的金属走线更灵活，用于栅极间的输入连接、走线连接、输出连接等。然而，更密集的单元结构将更容易出现引脚可及性问题。因此，自动检查工具必须评估标准单元的布局，确保在最差的电源走线下，所有的引脚都可以被布线连接到。另一个需要特别注意的结构是标准单元的引脚布线层。大多数单元的引脚放置在 M1/M2 层金属（较低层金属）上。早期的 DTCO 工作给出的引脚路由层架构选择未能达到最优标准。例如，使用 M2 引脚连接单元库中的多个 M1 输出，这可能会限制连接到标准单元的通孔类型，从而影响电子迁移及电路设计方面的性能。若设计者向标准单元库团队反馈有多个引脚必须连接，则可以通过移除 M2 层的引脚，并将其移至 M1 层来解决。

理想情况下，所有单元的引脚层绘制都能提供最佳的面积和性能。然而，在先进的工艺节点下，可放置性问题正在影响引脚层的选择。用于单个接触孔的多图形掩模给设计带来了新的挑战。由于基于相同金属层的不同掩模之间具有不同的电阻和电容特性，这些新规则产生了额外的约束，可能需要额外的标准单元设计。例如，Intel 在 10nm 标准单元库中针对不同单元高度、金属连接、目标应用所做的多选项设计。

对特定单元的优化需要手动分析该单元的布局迭代，这是一项耗时的任务，通常无法在库中的所有单元上完成。因此，需要有一种方法来确定优先级列表，该列表可通过对此前项目的标准单元使用频率的统计排列得出。通常，对使用频率较高的标准单元进行针对性优化，可以带来更大的整体收益。要优化的关键特性包括面积、泄漏功耗、上升延迟和下降延迟。分析一个单元时，重要的是验证满足其实现的晶体管尺寸是否最佳。一旦单元实现得到验证，下一步将进行布局检查和实验测试。布局的考虑因素包括减小关键节点的电容，在某些情况下，可尝试多个单元长宽比和不同的平面布置图。对于某些单元，从单行布局更改为跨行（Multi-row）架构，可能具有可放置性、性能、电气等方面的优势。除了基于最高优先级单元的优化，识别和修复异常单元也很重要。与同类型的单元和以前的工艺相比，某些单元可能会出现异常。在设计中使用非最佳标准单元可能会导致较差的结果，因此最好在设计的性能修复稳定前将其排除于选项之外。

随着工艺的发展，标准单元库的开发也必须随之进步，因为在以前的工艺中最有效的技术可能不再适用。工艺能够推进优化（如双扩散与单扩散断裂），而实际的设计可以为工艺提供反馈，包括引脚层选择和单元长宽比。在工艺开发早期及持续迭代过程中不断使用 DTCO 方法，对标准单元库的开发优化至关重要，这将使得客户能够构建出最佳的芯片产品。

2. 频率/速度优化

代工厂和设计者对新制程带来的频率/速度方面的特性和收益可能有不同的评判标准。

通常可以通过 SPICE 网表将一组标准单元库的反相器闭环级联组合成环形振荡器（见图 5.8）以确定制程对速度的影响限制。选择的单元和单元扇出（Fan-out）的不同可能导致不同的验证结果。恰当地选择与实际设计相关的合理数量的单元对做一些频率特性上的初始验证十分有帮助。一旦通过环形振荡器仿真建立了初始频率，实际的设计就可以通过围绕该频率进行扫描来运行。据此可以分析出特定节点下频率/速度的限制因素在于构成环形振荡器的标准单元还是其他因素。通过初期的反复迭代和速度优化后，一些定制化的重要设计和手动布线工作一般会在最终阶段引入，以实现最高频率。

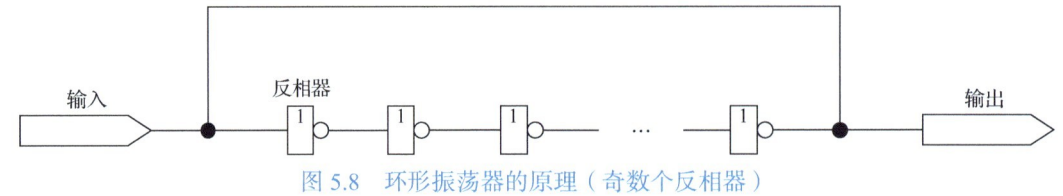

图 5.8　环形振荡器的原理（奇数个反相器）

3. 路径规划/布局规则

除了在模块级分析每个独立单元，探究验证多个独立单元如何构建实际整体的设计规则也很重要。从架构层来讲，首先是定义标准单元的供电网。一方面，最小的供电网可能对设计中的单元摆放和高效利用比较有利，但最终会导致实际运行中，单元电路供电面临动态电压大幅下降的问题，进而导致时序和功能恶化。另一方面，一个过度设计的供电网在先进工艺下会导致利用率低和扩展性差。理解供电网和实际标准单元结构之间的相互作用，以及对金属堆叠中不同层之间的敏感度，对先进节点下整体电路 PPA 指标的优化至关重要。

在初始化电源网络配置布局后，通过正规设计流程来验证电源网络布局对面积和频率的影响非常重要。这样可以进行单元放置潜在问题的初步筛查，并发现先前独自验证模块级标准单元时不明显的 DRC 错误。此外，由于规模级电路涉及垂直和水平方向的连接，该过程还可能发现单元放置的一些额外限制。该信息可以进一步指导布局布线设计规则和工具。这一工艺验证的反馈，还可以指导单元电路的改进设计，从而改进布局并减少难以定位的单元模块。

在工艺建立过程中，深入探究水平及垂直方向上金属连接线迹（Track）和质量（如阻容延迟）特性，并与已有成熟节点同类特性进行比较，可对布局布线工艺和设计规则的改进做出进一步指导。例如，最小间距、宽度等设计要求是否需要调整，是否在特定维度上进行扩展，以及是否需要更高的金属层来对关键信号进行布线。同时，查看不同层的金属利用率可以赋予自动化布局布线更多智能优化。在这个阶段中，可以执行迭代验证以确保 EDA 工具对新节点下电容和电阻的估计合理，从而确保在布线布局流程中做出的权衡决策比较优化。

使用不同的标准单元对工艺特性进行评估也可以提供更多反馈指导信息。当在较宽频率范围内验证相同设计时，数字综合工具会根据速度、功耗等优化指标选取不同标准单元库来具体实现。在不同频段综合比较不同工艺节点下使用同类标准单元实现的同类设计的 PPA 指标，可以给出更多有助于工艺节点开发决策的参考信息。此外，通过比较更大的标准单元库可以进一步分析出哪些关键单元会对设计频率的提升有着更重要的影响。

出于满足电迁移规则或频率/速度优化目标的考量，更大规模的标准单元库往往需要更稳健（面积更大）的供电布线，以确保模块到主供电金属层（高层金属）的电源网络通路，进而避免采用最小间距金属层/线所引入的高电阻的影响。其中，跨金属层的孔柱将会引入更多的布局限制。出于良率的考量，过孔柱需要更多布线资源，这反过来会限制整体系统架构设计的布线裕度和频率上限。

布局的关键因素是了解约束条件。模拟模块、定制数字模块、标准单元及 SRAM 具有不同的设计规则，这对较先进工艺节点来说更具挑战性。通常，需要在不同区域之间进行过渡，这些过渡可能很小，但在设计中进行多个过渡时可能会累加。将设计划分为边界清晰的多个较小部分分别进行，可使设计人员能够确保每个部分都符合设计规则。区域间邻接设计可能会产生一些面积开销，但可以确保在后期设计进行组装时不会出现意外。同样，在实际进行定制 SRAM 设计时，定义一个带有引脚的清晰边界十分有用，它可以容易地对整体设计进行连接，确保最终的设计清晰。

最后，实际设计的实施有助于量化一些在单元级别进行比较时不容易确定的工艺技术影响。其中包括阱单元的开销，以及考虑阱单元尺寸和用于防止闩锁的阱单元密度对面积的影响。另一个例子是单扩散中断与双扩散中断的开销，这可能会影响单元的面积、单元如何邻接，以及邻接单元与功率网格如何相互作用。

由于环栅、TFET、碳纳米管和先进节点的其他新型晶体管会带来额外的挑战，以及对新材料的探索可能影响通孔、互连电容和电阻，需要建立一个评价体系对此进行评估，以使设计者和代工厂在进行初期选择时做出正确的折中。尽早应用新技术和开展密切的合作，是代工厂以合适的成本向客户提供高性能、低功耗设计的关键。

5.3.2 芯片设计中的 DTCO

随着新工艺的 PDK、标准单元库及 DRC 设计规则的初步建立，设计团队可以从系统架构开始，逐步完成前端设计、前端验证、后端实现、后端验证这 4 个环节，如 5.1 节所述。设计过程中的 DTCO 进一步聚焦如何通过引入并利用工艺相关信息，在物理设计流程中基于优化后的标准单元库、IPC 等优化设计流程中的各个环节，以提高性能和良率。与早期的 DFM 相比，芯片设计中的 DTCO 不仅着眼于良率的提升，以及使设计团队和工艺制造团队有更多的交互，还着眼于具体的、面向应用的 PPA 指标的优化提升。不同应用（如边缘计算、车载雷达射频）对速度、功耗、集成度等不同指标有着不同的侧重，所需的 DTCO 也应具体地采用不同考量和方法，这也是近年来产业界与学术界的研究热点。本节选取一些典型前沿应用设计过程中的 DTCO 进行具体介绍。

1. 面向神经形态计算的 DTCO

人工智能已成为引领新一轮产业变革、促进社会发展的重要因素。但是近年来，随着摩尔定律面临尺寸缩小的物理极限，集成电路产业工艺节点的推进放缓，传统集成电路芯片采用的信息处理及交换方式成为制约人工智能技术发展的重要技术瓶颈之一。这导致人工智能在应用过程中无法针对应用场景和需求的变化进行实时、自适应的自我学习和演化，难以实现智能化的数据和信息处理，阻碍了人工智能在手机、自动驾驶、视频监控等终端应用场景的离线部署和实时决策。

基于人脑神经网络模型的神经形态计算芯片为人工智能带来了新的方向。神经形态计算芯片是以神经科学理论和生物学实验结果为依据，综合认知科学和信息科学，参考生物神经网络模型和架构进行数学模型抽象。20世纪80年代，加州理工学院C. A. Mead教授最早提出了神经形态计算的概念，早期研究工作包括基于模拟电路技术的硅视网膜、硅耳蜗与硅神经元等的研究。

在随后的四十余年里，神经形态计算在算法和硬件两个方面都取得了一系列的进展。在硬件层面，采用现有CMOS器件/电路或新型非易失性器件模拟生物神经元和突触的信息处理特性，构建了以人脑神经网络为蓝本的，具备信息感知、处理和学习等功能的智能化计算平台。下面从上述两个方面分别进行介绍。

（1）算法方面：脉冲神经元模型和脉冲神经突触模型

在生物大脑中，信息是以精确的脉冲发射序列来处理和传递的。受到这一发现的启发，脉冲神经元模型将脉冲发射频率作为网络的信息处理方式。国内外研究人员在对神经动力学进行深入研究的基础上，提出了一系列的脉冲神经元模型，这是神经形态计算的基础概念之一。具体来说，经典的脉冲神经元动力学模型主要有3个：泄漏积分激发（Leaky Integrate-and-Fire，LIF）模型、Izhikevich模型及Hodgkin-Huxley（HH）模型。如图5.9所示，这3个模型的生物可信度虽然越来越高，但求解所需要的实现代价也迅速升高。HH模型是经典的仿生学模型，但它的微分方程数量较多，形式也比较复杂，现有的计算机处理能力仍难以基于此模型建立大规模的神经网络。Izhikevich模型在计算复杂度和生物可信度之间取得了较好的平衡，能够较真实地再现生物神经元的放电模式，但它的方程仍然相对复杂，虽然可以在一些数模混合的神经形态系统中通过模拟电路实现，但应用范围并不广泛。LIF模型的数学方程与上述两个模型相比虽然简化了很多，但基本能够捕捉到生物神经元输入输出特性的关键动力学，并且比较容易基于该模型建立较大规模的神经网络。

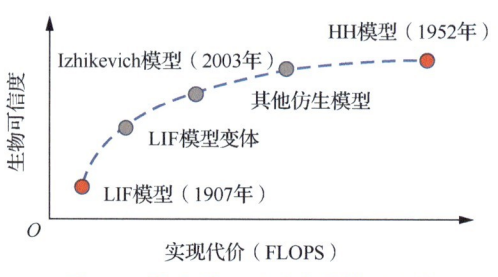

图5.9　脉冲神经元动力学模型比较

脉冲突触模型也是算法方面的基础模型之一。最早提出脉冲突触学习规则的是加拿大科学家D. Hebb，该规则被称为Hebb学习规则：脉冲突触的联结强度随着突触前后神经元的活动而变化，变化的量与两个神经元的活性之和成正比。随后，Bi和Poo通过海马体神经细胞实验，将脉冲时间这一变量加入Hebb学习规则中，提出了基于脉冲时间可塑性（Spike-Timing-Dependent Plasticity，STDP）的兴奋性突触学习规则，即经典STDP模型。该模型中包含长时程兴奋（Long-Term Potentiation，LTP）和长时程抑制（Long-Term Depression，LTD）两种过程。之后，不同学者通过对经典STDP模型的修正又提出了多种STDP模型，如图5.10所示。但是由于大脑中包含多种不同化学组成的神经递质，到目前为止，脑科学领域尚未给出一个统一的神经突触模型。随着神经形态研究逐渐兴起，经典

STDP 模型由于具有良好的微分特性（自然指数函数），开始在神经形态领域被广泛应用。同时，由于该模型描述的是一种基于脉冲时间信息进行学习的规则，每个突触权重参数的修改只与其两端的脉冲神经元有关，并不需要全局信息，在硬件中也相对容易实现。因此，经典 STDP 模型成为许多神经形态平台广泛使用的脉冲突触学习规则。

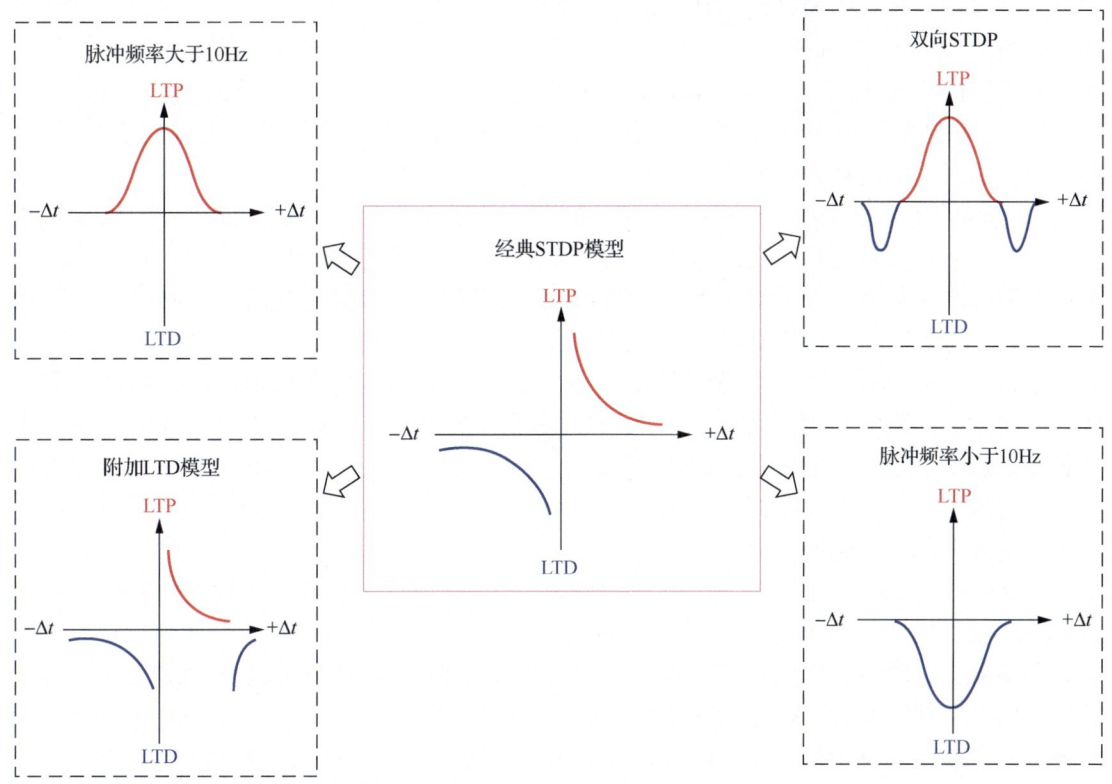

图 5.10　经典 STDP 模型对比

基于上述基本概念，这里重点介绍脉冲神经网络（Spiking Neural Network，SNN）模型。由于 SNN 模型能够模拟脑神经网络中的脉冲编码及信号传输，且异步事件驱动的特性使其能耗较低，因此 SNN 在神经形态领域一直是研究的重点。W. Maass 课题组致力于 SNN 的研究，认为 SNN 在时空信息的表达能力方面强于人工神经网络（Artificial Neural Network，ANN），将 SNN 称为多层感知机之后的新一代神经网络。2014 年，E. Neftci 等利用 LIF 神经元及 STDP 突触学习规则替代了限制玻尔兹曼机的对比散度预训练算法，并应用于 MNIST 数据集，获得了 91% 的识别正确率。2016 年，S. R. Kheradpisheh 等结合卷积神经网络（Convolutional Neural Network，CNN）拓扑结构与 SNN 计算原理，并结合 STDP 无监督学习规则和 BP 有监督学习规则，在 3D Object 数据集上获得了 96% 的识别正确率，超越了当时最好的 ANN 结果。2015 年，M. Pfeiffer 课题组构建了基于 STDP 无监督学习规则的 SNN，在 MNIST 数据集上获得了 95% 的识别正确率，还通过将预训练的深度 CNN 间接转换为 SNN 的方法，在 MNIST 数据集上获得了 99.14% 的识别正确率。

从上述 SNN 的发展历程可以看出，SNN 的学习方法大致有 3 种：无监督学习规则、ANN 间接学习算法、BP 有监督直接学习算法。虽然用这 3 种方法训练的网络目前在图像识别任务上的性能逐渐升高，但无监督学习显然是更符合类脑计算要求的学习方法。基于无监督学习的 SNN 也是目前神经形态计算领域关注的重点。在应用层面，虽然基于 SNN 的应用涵盖了图像编码、脑电信号处理、路径规划、3D 视觉等，但从应用展示效果来看，图像识别（尤其是数字识别）仍是最常见的应用。

（2）硬件方面：面向神经态计算设计

大脑是人类进化的高级产物，质量约为 1.5kg，占体重的 2%。据估计，大脑在执行计算任务时仅消耗约 20W 的能量，而计算能力往往超过了当今机器学习算法，如从少数例子中学习、在嘈杂的环境中理解语音等。因此，大脑被视为最符合未来智能要求的学习对象，但当前人们对大脑的认识依然不足 5%，尚无完整的脑谱图可参考。

自 2004 年以来，国内外一系列"脑计划"的开展成功地推动了基于传统 CMOS 工艺技术的神经形态计算芯片研究。这类神经形态计算芯片虽然有别于传统集成电路芯片和人工神经网络加速芯片，但构建芯片的基本结构-人工神经元及其连接人工突触仍然采用基于 CMOS 的数字电路或者数模混合电路来搭建，代表性成果主要包括模拟电路主导的 BrainScaleS、Neurogrid 芯片和全数字电路主导的 TrueNorth、SpiNNaker 和 Loihi 芯片等。在这些芯片中，模拟单个神经元或者突触的行为往往要靠多个 CMOS 器件组成的电路模块来实现，集成密度、功耗和功能模拟准确度都受到限制。尤其是在 CMOS 尺寸已经缩小到接近物理极限的情况下，依赖先进工艺的芯片能够构建的类脑神经网络中神经元和突触的数量还是远远小于人脑的规模。

与基于传统 CMOS 器件的神经形态计算芯片不同，基于新型非易失性器件的神经形态芯片从底层器件仿生的角度出发，在器件层面就开始模拟生物的基本信息处理单元——神经元和突触。现阶段，国内外研究机构已经基于 RRAM、PCM、FeRAM、MRAM、Flash 等新型器件实现了突触和神经元的功能模拟，并取得了重要进展。基于新型非易失性器件的神经形态芯片具有功耗更低、硬件代价更小、自适应、自学习、自演化、高容错等显著优势，但目前尚处于探索性应用阶段，需要从设计和制造两个环节同时开展研究。下面以面向 SNN 的、基于 RRAM 的 DTCO 为例来说明。

这里 RRAM 从物理机制上主要可以分为导电细丝型和界面型。界面型 RRAM 的工作电流通常较小，且在低电流区间就有着较好的稳定性，电流具有面积依赖性。2D Flash 的多比特技术和 3D NAND Flash 技术的发展和商用化使得 RRAM 作为大容量存储技术取代传统 Flash 技术的要求更加苛刻，短期内难以作为独立式存储技术应用。存储级内存（Storage Class Memory，SCM）概念的出现使得 RRAM 技术有望通过实现中等容量（32～128Gbit/die）的高性能存储应用于 SCM，但是 RRAM 高密度阵列架构的器件可靠性和器件选择仍面临巨大挑战。RRAM 技术需要寻求以新应用场景（人工智能、物联网、可穿戴设备等）为导向的、更加适合其切入的存储和新型计算应用领域。这类应用场景的特点是强调低功耗和低成本，典型的技术如兼容逻辑工艺的小容量、低成本嵌入式存储技术和基于非易失性存储器的存内计算技术。同时，RRAM 技术急需进一步提升器件的可靠性，以满足更严苛应用场景的需求。

RRAM 的技术应用趋势主要分为独立式大容量存储、嵌入式存储、新型存内计算处理单元等。主要技术应用的关键性能指标包括电流、速度、电压、耐久性、保持特性等。对于独立式大容量存储技术，RRAM 要取代 NAND Flash 或者用于 SCM，通常需要工作电流不大于 10μA 量级，耐久性范围为 $10^3 \sim 10^6$ 次。对于嵌入式存储技术，RRAM 的工作电流可以超过 100μA 量级，最低的耐久性指标需要超过 10^4 次，1T1R（1 Transistor 1 Resistor）技术中晶体管工作电压（40nm 工艺中核心晶体管的工作电压，为 0.9~1.2V）实际上限定了 RRAM 的操作电压。对于新型计算处理单元，不同应用场景对 RRAM 的性能指标要求不一，对于不需要线上训练的边端应用场景，可以参考嵌入式存储的性能指标。此外，RRAM 的开关速度通常在 10ns 量级，保持时间可以达到 85℃条件下 10 年，甚至 125℃条件下 10 年。因此，在将 RRAM 应用于神经形态计算时，需要综合考虑由工艺制造偏差所造成的器件的非线性性、电阻值变化的波动性及寿命等因素。RRAM 的大规模集成技术主要分为两种技术路径。

第一，2D 十字交叉结构。阵列线阻上产生的电压降和非选择器件上的漏电流极大地影响了 RRAM 存储器的读取窗口，限制了 RRAM 存储器的集成规模。1T1R 结构是比较成熟的选通技术，是目前已量产的 RRAM 采用的最主流的技术路径。作为结构简单的两端器件，RRAM 的存储密度理论上可以达到 $4F^2$（F 表示特征尺寸）。但在 1T1R 技术中，需要额外引入晶体管，会提高工艺成本，且晶体管是三端器件，又会将存储增加到 $6F^2$，牺牲存储器的集成密度。另一种技术路径是设计包含多器件的存储单元密度[如采用 1S1R（1 Selector 1 Resistor）结构]，通过给 RRAM 串联高非线性无源选择器件，配合电压偏置策略（$V/2$、$V/3$ 策略）来消除非选择器件上漏电流的影响。1S1R 结构及自选择单元是未来 RRAM 存储器发展的重要方向。利用多种材料形成的叠层结构来实现高度非线性的 I-V 特性，是存储单元的重要研究方向。从非线性形成的机理来看，选择特性可以分为势垒型、物相型和离子型。势垒型具有非线性的连续 I-V 曲线，而物相型和离子型具有阈值开关的特点，因此具有较高的选择比。1S1R 结构对选择管的性能参数与阻变存储单元的性能参数匹配具有严格的要求，需要满足阈值电压和操作电压匹配、高驱动电流、高耐久性、高速等一系列要求。具有自选择特性的器件具有自匹配的优点，是更具前景的高密度集成单元，但仍有待进一步研究。

第二，3D 高密度集成技术，包括基于 2D 十字交叉结构的堆叠 3D 架构和与 BiCS 技术相似的 3D 垂直 VRRAM（Vertical RRAM）集成架构。基于 2D 十字交叉结构的堆叠 3D 架构工艺简单，但光刻次数与堆叠层数正相关，会使成本增加，同时，高密度的堆叠会导致互连线的复杂度和难度大幅提高，也会导致外电路的布局更加困难。3D 高密度集成技术先生长多个金属层，然后利用深刻蚀得到一个高深宽比的孔，在孔的侧壁生长过渡金属氧化物之类的阻变材料，最后用金属将孔填满。RRAM 单元处于侧壁上与金属层侧面连接的部分，阻变层垂直于衬底，因此被称为 VRRAM。VRRAM 3D 架构与 3D NAND Flash 相似，因此在拓展为 3D 的时候能够有效控制成本，在未来具有很大潜力。值得注意的是，1T1R 结构难以在 3D VRRAM 中应用，因此，兼容高密度 3D 集成的 1S1R 和自选择器件设计是重要的 3D 集成技术发展趋势之一。

2. 面向 MRAM 的 DTCO

在半导体行业努力应对器件规模扩展和工艺节点微缩带来的挑战时，DTCO 已经成为一种重要的设计方法学，用于对工艺、电路和系统设计参数做出早期决策。MRAM DTCO 的基本流程如图 5.11 所示，首先基于一套初始的器件/材料参数，建立器件紧凑模型和设计规则，从而生成初步的标准单元库，用于评估 IPC 单元的 PPA 指标；然后根据 PPA 的结果完善工艺和器件级的参数,整个工艺/设计优化过程循环重复进行,直到获得一套满意的工艺和设计参数[1]。MRAM 因为低工作电压、良好的 CMOS 兼容性、高速度、高密度、零静态功耗和高耐久性等特点,成为片上数据备份和缓存应用的主要非易失性存储器候选[2-4]。下面介绍 MRAM DTCO 器件、电路和结构等各个方面的内容,并介绍工业界在 STT-MRAM 设计中为实现可靠的读写操作所采用的关键 MRAM 电路和布局技术。此外,还会介绍国际上 SOT-MRAM DTCO 相关的新工作。

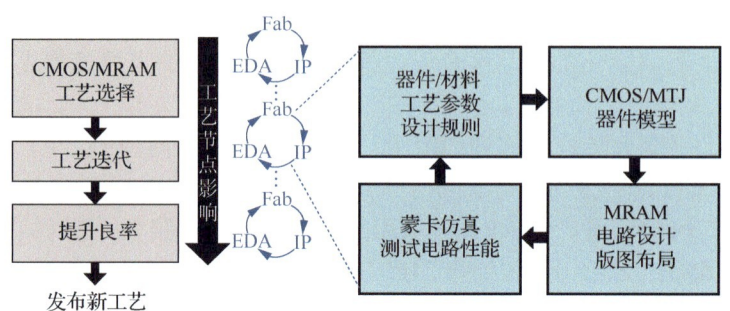

图 5.11　MRAM DTCO 的基本流程

(1)MTJ SPICE 紧凑模型。MTJ SPICE 紧凑模型是整个 MRAM DTCO 工作流程的关键组成部分之一,该模型基于 MTJ 的关键物理学特性和真实实验数据,在 SPICE 中实现了 MTJ 的自旋动力学过程,为 MTJ 和 CMOS 器件提供了一个兼容的仿真环境,有利于全阵列 PPA 的评估。图 5.12(a)展示了基于 LLG(Landau-Lifshitz-Gilbert)方程提出的 MTJ SPICE 紧凑模型。LLG 方程揭示了磁化矢量的运动[5]。使用该模型可以研究 MTJ 尺寸和材料参数对 MTJ 物理特性的影响,如各向异性、STT 翻转特性、隧穿磁阻率(TMR)和温度效应等。

相应地,MTJ SPICE 紧凑模型参数还可以被调整以匹配实验数据。考虑到 MTJ 和 CMOS 的工艺偏差,MTJ SPICE 紧凑模型在研究阵列层面的偏移效应方面非常有用。

图 5.12(b)展示了工艺偏差为 0~6σ 时 MTJ 读写操作的延迟分布。随着写入电压的增加,写入延迟由于更快的进动而变得更小。对于读操作,需要更高的 TMR 以提高读取裕度。MTJ 模型也可用于一阶可扩展性研究。根据各向异性源,通过以不同方式改变 MTJ 尺寸,可以实现满足目标保留时间所要求的热稳定系数(Δ)。

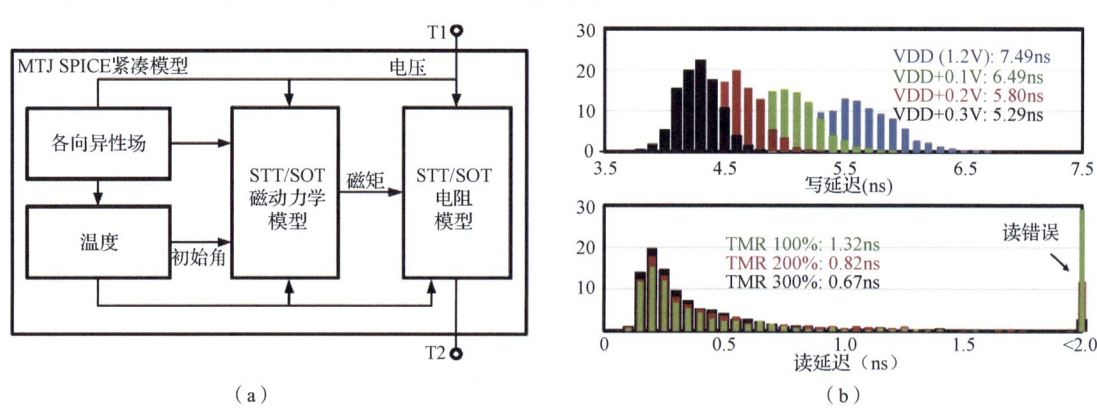

图 5.12　MTJ SPICE 紧凑模型和 MTJ 读写操作的延迟分布
(a)MTJ SPICE 紧凑模型　(b)MTJ 读写操作的延迟分布

（2）读写关键电路和比特单元布局设计。考虑到工艺电压和温度（Process Voltage and Temperature，PVT）的变化对 MRAM 读写操作的不利影响，研究人员进行了大量的读写关键电路相关的研究设计工作。下面介绍学术界与产业界最近发表的部分电路设计技术，这些技术可以有效提升 MRAM 的性能，减轻 PVT 变化的影响。未来的 MRAM DTCO 方法必须考虑到读、写电路的进展，这可以提供比标准 MRAM 电路更多的优势。

STT-MRAM 的典型电阻-电压（R-V）曲线如图 5.13 所示。对于任意的工艺节点，V_{DD} 应当处于写电压（V_{WRITE}）的最大值（图中蓝色钟形曲线右侧）和击穿电压（$V_{BREAKDOWN}$）的最小值（红色钟形曲线左侧）之间；为了避免读干扰，写电压的最小值应高于读电压（V_{READ}）的最大值。此外，为了支持高速操作频率，应当在读操作时采用从位线（Bit-Line，BL）到源线（Source-Line，SL）的读电流，使晶体管有最小的导通电阻。

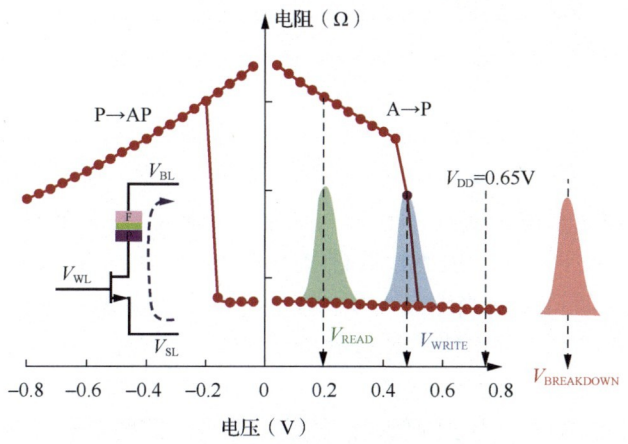

图 5.13　STT-MRAM 的 R-V 曲线

针对 PVT 变化导致的写不确定问题，研究人员提出了"写-验证-写"方案以减少写错率[6]。如图 5.14（a）所示，MRAM 单元被重复写入，直到数据值验证正确。写入错误率可以大大降低，但代价是更高的写入能耗和更长的写入时间。为了优化写入性能，英特尔在 MRAM 芯片设计中采用了可编程的"写-验证-写"方案[见图 5.14（b）]，若弱电流写入失败，则采用强电流再次写入，驱动电路如图 5.14（c）所示[7]。针对寄生电阻导致的电压衰退（IR-drop）问题，台积电在 MRAM 芯片设计中引入了公共源线（Common SL，CSL）的阵列结构，如图 5.14（d）所示[8]。这种设计减小了寄生电阻，改善了读和写的裕度，且可以减小布局面积。为了进一步提高读写性能，在未选择的字线（Word-Line，WL）上施加负电压以抑制 BL 的漏电流；在未选择单元的 BL 上施加写抑制电压以减小门漏电流和接入晶体管的电压；同样的电压被施加到共享同一 CSL 的相邻单元的 BL 和 SL 上，以防止误写入。为降低 PVT 变化对读性能的影响，台积电采用了如图 5.14（e）所示的读取电路，它的主要优化点在钳位/微调晶体管组、半 VDD 检测模块和 1T4 MTJ 参考单元。钳位/微调晶体管组可以在读操作期间降低 BL 电压以防止读干扰，电阻值可以微调，以消除读取电路和参考单元的偏移；半 VDD 检测模块可以通过延长电压差生成时间来改善读取裕度；1T4 MTJ 参考单元可以实现工艺自适应，始终保持 (R_P+R_{AP})/2 的参考值。这些写入和读取电路设计技术可以有效提高 STT-MRAM 的产量和良率。

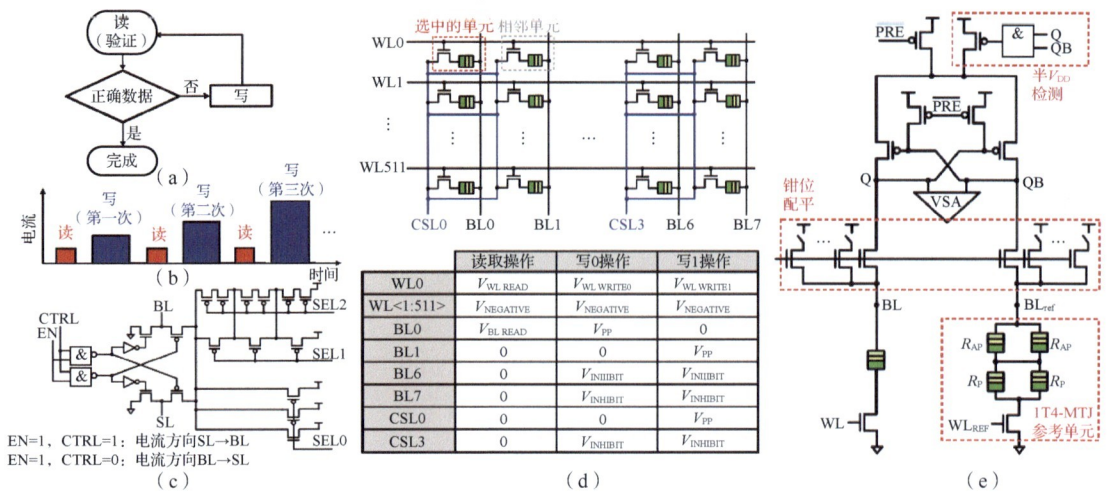

图 5.14　MRAM 的读写操作方案和设计

(a) 传统"写-验证-写"方案　(b) 可编程的"写-验证-写"方案示意图　(c) 可编程的写驱动　(d) CSL 阵列结构
(e) 高性能读取电路

（3）MRAM 阵列与系统级 DTCO 设计与评估。在 MRAM 阵列设计中，子阵列规模大小的确定需考虑 WL 水平走线、BL/SL 垂直走线的设计。在垂直方向，阵列中多行共享一列 SL 或 BL 金属线尽管可以适当缩减面积，但也会导致金属线上的电压降问题。如图 5.15（a）所示，研究人员基于开源工艺设计包分析了 15nm 和 45nm 工艺节点下，电压降比例随 SL 覆盖存储单元行数增加的变化趋势[9]。为了将电压降控制在 5% 左右，子阵列的行数不应超过 256。在水平方向，为了降低栅硅的信号延迟，需要每经过 K 列存储单元将 WL 通过通孔连接到栅硅上。尽管降低介电常数值可以有效降低走线延迟，但将延长水平方向的版图面积。图 5.15（b）展示了额外延迟和额外面积随 WL 覆盖存储单元列数的变化趋势，为了权衡水平方向的延迟与面积指标，可以每 128 列进行一次 WL 与栅极的连接。

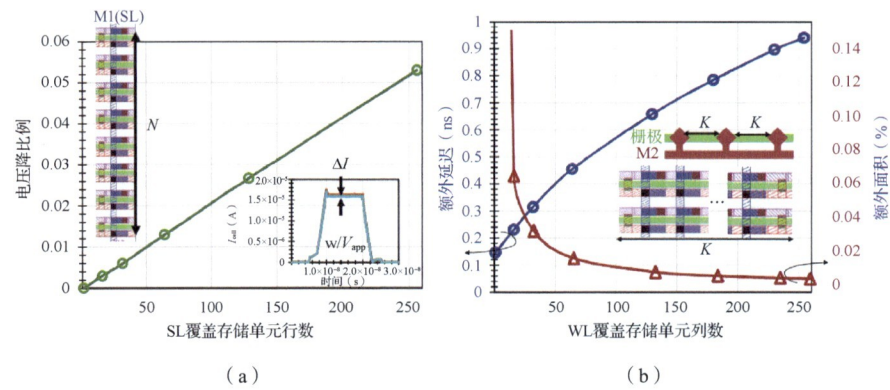

图 5.15　MRAM 阵列中 SL/WL 覆盖存储单元行/列数对性能的影响

(a) 电压降比例随 SL 覆盖存储单元行数变化的趋势　(b) 额外延迟和额外面积随 WL 覆盖存储单元列数变化的趋势

为了探究不同工艺节点下器件的最优工艺和参数、对比不同存储器阵列的性能，需要根据实际的需求对实验设定初始参数或设计规则。研究人员通过假设一个恒定的 $J_{C0}RA/V_{DD}$ 系数（其中，J_{C0} 表示临界电流，RA 表示电阻面积，V_{DD} 表示电源电压），使不同工艺节点下的

MTJ 读取裕度得以等效,进而确定了 MTJ 模型的参数并开展了 STT-MRAM 阵列仿真。图 5.16 展示了 STT-MRAM 与 3 种主流嵌入式存储器的延迟对比,以 6T-SRAM 为基准进行归一化,1T1C-eDRAM[10]、2T-eDRAM[11]、STT-MRAM 的读取延迟分别约为 5 倍、2 倍和 3 倍。对于小型缓存(如 L1),因为 BL 信号延迟占据了总延迟的较大部分,所以 SRAM 的缓存延迟最小。然而,对于容量较大的末级缓存(L3 或 L4),全局互连延迟在缓存延迟中占主导地位,这使得密集型存储器从性能的角度来看更加可取。在功耗方面,由于 SRAM 的待机功耗随容量呈指数趋势增长,STT-MRAM 的读写功耗分别在 0.4MB 和 5MB 时优于 SRAM。因此,在目前的高性能计算(High-Performance Computing,HPC)系统中,在末级缓存的大容量下,STT-MRAM 将更加有利。在可靠性和耐久性方面,研究人员通过 DTCO 对现有的 40Mbit 22FDX STT-MRAM macro 进行各项测试,以完成 MTJ 模型的优化,并利用完善的模型来评估 STT-MRAM。结果表明,STT-MRAM 的可靠性非常高,可满足大于 100 万次的焊接回流,以及大于 10^{12} 次周期的缓存应用[12]。

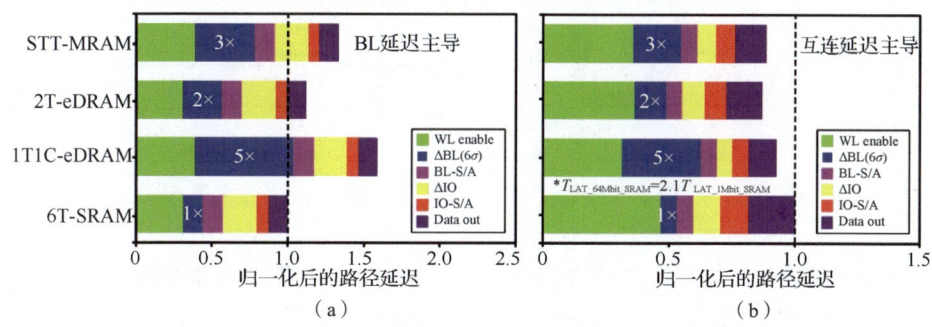

图 5.16 STT-MRAM 与 3 种主流嵌入式存储器的延迟对比
(a)1 Mbit(=8 个子阵列),65nm HP (b)64 Mbit(=512 个子阵列),65nm HP

对通用微控制器单元(Microcontroller Unit,MCU)设备来说,存储芯片在焊接回流和封装的高温下的数据保存能力十分重要。通常焊接回流的温度在 260℃,持续 90s,这一温度条件对 STT-MRAM 来说不算特别苛刻。在器件层面上对 MTJ 的薄膜成分和直径进行优化,在电路设计上采用错误纠正编码(Error Correcting Code,ECC),可以确保比较低的保存失败率。但是,晶圆级芯片尺寸封装(Wafer Level Chip Scale Packaging,WLCSP)的温度为 340℃,持续时间长达 3h,这要求的热稳定性远远超出了 MTJ 所能达到的水平。不过,由于 MTJ 器件本身在击穿后电阻远远低于平行(Parallel,P)和反平行(Anti-Parallel,AP)态电阻,可以将数据存储到基于 MTJ 的一次性可编程(One-time Programming,OTP)阵列中,以高压(>2V)击穿 MTJ 作为低阻,原 P 和 AP 态作为高阻,可使数据在 WLCSP 过程中没有漂移[13]。

(4)FinFET 工艺下的 MRAM DTCO。随着工艺节点的不断微缩,由于物理、技术和成本等多种原因,通过 CMOS 器件扩展来提高数字系统的能效和功能的传统方法变得越来越困难,在此挑战下,FinFET 技术应运而生。下面介绍极致微缩的工艺节点下,产业界基于 FinFET 工艺的 MRAM DTCO 相关研究进展。

2018 年,IMEC 在 IEDM 上展示了其在 5nm 节点的 FinFET 工艺上关于 MRAM DTCO 的研究[14]。在 MTJ 比特单元的设计方面,为了同时保持 X 和 Y 方向的均匀 MTJ 间距,研究人员提出了如图 5.17(a)所示的 1.5 倍接触栅间距(Contacted Gate Pitch,CPP)方案和 2 倍 CPP 方案,后者的面积比前者大 40%。然而,如图 5.17(b)所示,在 5nm 节点上,具有66～69nm MTJ间距的HD MRAM比特单元（1.5倍CPP）只能通过EUV光刻或2次SADP实现，而具有90～92nm MTJ间距的HP MRAM（2倍CPP）比特单元可以通过193i单图形实现，技术成本更低。虽然HD方案似乎很有前途，但它很快就会接近后道工艺的最小面积，扩展的可能性有限。此外，不连续的Fin结构还需要一个额外的超低阈值电压的晶体管，同时导致工艺偏差的增加；HP方案中连续的Fin和栅极使得MRAM比特单元的复杂性和偏差降低。因此，HP MRAM比特单元是5nm节点的首选方案。

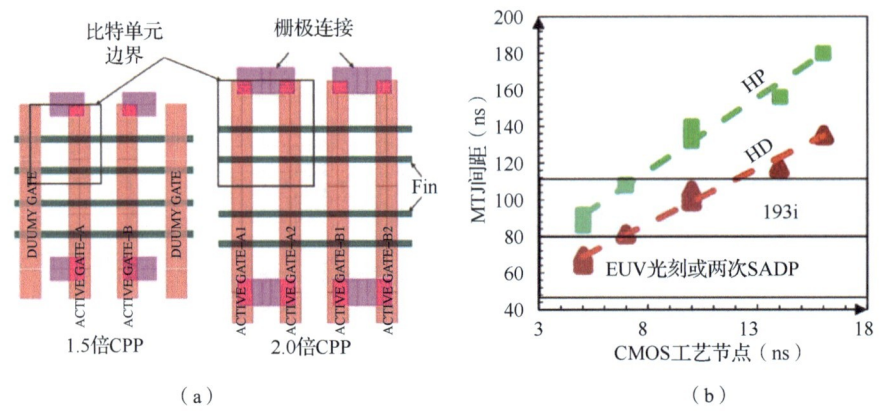

图5.17　FinFET MRAM比特单元设计及FinFET工艺实现方式
(a) 1.5倍CPP方案和2倍CPP方案　(b) FinFET工艺实现方式

在MRAM逻辑操作方面，为了加快MTJ的翻转速度，需要增加通过MTJ的电流。有3种可能的方法来实现这一点。第一种方法是增加FinFET器件的Fin数。然而，这将导致比特单元面积的增加，干扰长宽比。第二种方法是增加MRAM的电源电压，但这受到MTJ中势垒层击穿电压的限制。第3种方法是最有利的选择，即适当地提高器件的栅极电压，这确保了MTJ势垒层的可靠性。

随着工艺节点的微缩，MTJ尺寸进一步缩小，MRAM比特单元的面积主要由其中晶体管的面积决定，T. Huynh-Bao等人在2019年的设计自动化会议（Design Automation Conference，DAC）上发布了一款2Mbit的STT-MRAM，该MRAM采用FinFET与垂直纳米片晶体管（Vertical Nanosheet Transistor，VFET）协同设计[15]。其中，为了保证芯片的整体性能最优，该MRAM的外围逻辑电路部分采用FinFET设计，而MRAM阵列内部采用VFET作为比特单元的选通晶体管，所提出的VFET MRAM比特单元与此前的FinFET MRAM单元相比节省了36%的面积开销。此外，通过采用低阈值电压的VFET器件，3Fin的VFET器件即可达到4Fin FinFET的驱动能力。

（5）SOT-MRAM DTCO。随着工艺和设计的发展，STT-MRAM目前已经应用于物联网终端、MCU和SSD等设备，然而，物理机制限制与电压击穿风险使得它难以满足延迟要求在5ns以下的高性能计算（High Performance Computing，HPC）应用。SOT-MRAM凭借亚纳秒级的写入速度和读写分离带来的耐久度提升，成为下一代MRAM的有力候选。但SOT-MRAM仍存在着一系列技术挑战，主要包括阵列密度（SOT器件的三端口特性使得每一个SOT位单元有2个晶体管）和写入效率（在相同的工艺节点，SOT器件的写入电流大于STT器件，因此需要较大的晶体管面积）。IMEC在EDTM 2022会议中提出，需要用功率、性能、面积和成本（Power Performance Area Cost，PPAC）这4个指标来衡量

MRAM 的可行性[16]。考虑到工艺成本、单元面积和所需材料，STT-MRAM 是更经济的选择；SOT-MRAM 的单元阵列和外围电路面积都较大（较高的写电流要求使得驱动器和解码器面积增大）；而从集成的角度看，SOT-MRAM 需要高纵横比的通孔。因此，在 SOT-MRAM 设计中，需要在工艺、电路、版图和架构等层面进行充分的 DTCO 循环，以满足不同应用场景的嵌入式存储需求。

IMEC 在 IEDM 2020 上评估了 SOT-MRAM 技术在 5nm 工艺节点的应用[17]。面对上述问题，对 SOT-MRAM 的存储单元进行了充分的 DTCO，证明了 SOT-MRAM 可以在先进节点上实现 1GHz 的写入频率。研究人员指出，现有的主流材料体系的自旋霍尔角（0.1~0.5）仍无法满足写入效率的需求，理想的自旋霍尔角应大于 1，这需要材料和集成技术的提升。研究人员对比了如图 5.18（a）所示的 4 种存储单元方案，其中 SOT-SWL2 方案会受到双向的源极退化效应的影响，因此并不实用；由于先进节点的走线电阻显著增加，纵向高度较低的 SOT-SWL1 方案的写入性能优于 SOT-5T 和 SOT-SBL 方案。基于 SOT-SWL1 方案，研究人员给出了如图 5.18（b）所示的 3 种物理实现方案。其中，SOT-LTH 方案可以使 SOT 器件的间距相等，这有利于光刻工艺的实现；SOT-HD 方案减小了横向尺寸，但是增加了纵向走线的电阻。SOT 器件尺寸的可用范围是 24~36nm，经过充分的评估，得出 SOT 器件的最佳尺寸是 32nm。经过 DTCO 的循环迭代，SOT-MRAM 与 SRAM 相比可以获得最高 30%的面积优势，由于 SRAM 的静态功耗随容量呈指数级增加，SOT-MRAM 更加节能。

除了 HPC 上的优势，SOT-MRAM 也可以应用于存内计算平台以实现深度神经网络（Deep Neural Network，DNN）推理。使用电阻型器件实现准确的模拟存内计算要求器件达到兆欧级的电阻水平且具有较低的电阻偏差，SOT 器件因读写路径分离，可以自由地通过调整势垒层厚度来实现较大的电阻范围，而无须担心对写入性能产生影响。IMEC 在 VLSI 2020 对 SOT-MRAM 在 DNN 存内计算理论的应用进行了 DTCO 分析以指导工艺优化[18]。研究人员使用 CIFAR100 作为基准，如图 5.18（c）所示，考虑 IR-drop 对推理精度的影响，器件的导通电阻低于 5MΩ 时，测试错误率会显著增加；如图 5.18（d）所示，考虑工艺偏差对推理精度的影响，假设 1.5%的错误率是可以接受的，对应器件的工艺偏差不超过 15%。由 DTCO 分析可知，目标器件的电阻大于 5MΩ 且工艺偏差在 15%以内，这对 SOT-MRAM 来说是可以实现的。

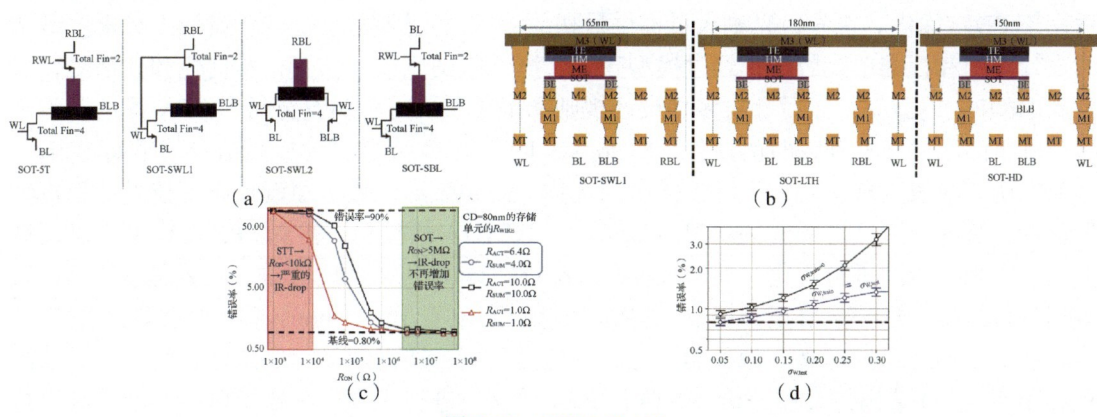

图 5.18　SOT-MRAM

（a）4 种存储单元方案对比　（b）3 种物理实现方案对比　（c）器件电阻与识别错误率的关系
（d）工艺偏差与识别错误率的关系

5.3.3 面向 DTCO 的 EDA 工具

设计工艺协同优化的核心是设计工程师和工艺工程师之间的协调过程，旨在确保有竞争力的工艺架构定义，同时避免不切实际的工艺假设导致的进度或良率风险。Mentor、Synopsys、Coventor 等 EDA 公司均针对 DTCO 进行了流程上的支持和优化。本小节以这 3 家代表性公司为例进行面向 DTCO 的 EDA 工具及流程的简要介绍。

1. Mentor 的基于 LSG 的 DTCO 流程

Mentor 的基于布局架构生成器（Layout Schema Generator，LSG）的 DTCO 流程主要针对新节点可能出现的随机复杂图形进行分析优化，从而得到适用于新节点的优化的设计规则，主要针对逻辑层，考虑光刻图形层面上的坏点处理问题，不考虑电学特性。LSG 利用图形枚举产生大规模类似设计的布局，使用随机图形生成器，基于给定的设计规则创建具有高覆盖率的各种图形，采用光刻仿真评估这些图形的工艺窗口，并对其可打印性进行注释，以这种方式生成的测试图形可用于早期的工艺开发。

基于随机图形生成器的 DTCO 工作流程如下。

（1）收集设计规则和双重成像规则，并将这些规则转变成 LSG 规则。

（2）使用 LSG 产生随机版图。

（3）进行光刻仿真。

（4）坏点分析，进行设计规则优化，消除坏点。

（5）对于无法消除的坏点，修改初始设计规则，若仍然不能消除，将其放入坏点库，并禁止相应设计规则。

（6）获得最优化版图和最佳条件。

（7）进行光刻仿真，评估工艺窗口。

（8）将最优化图形作为测试图形，用于早期工艺研发。

2. Synopsys 的 DTCO 流程简介

Synopsys 的 DTCO 流程综合考虑了材料特性、结构仿真和电学特性，采用了 3D 结构仿真、PPA 评估、电学分析等，分别针对晶圆制造前阶段和晶圆制造后阶段引入 DTCO，适用于 PDK 优化。首先，光刻人员提供最初的 OPC 工艺程序等，IPC 设计人员提供最初的设计规则和标准单元版图，经过模型建立、测试版图生成、仿真检验优化和评估后，得到新的 OPC 模型等，然后针对多种设计规则和工序条件进行仿真分析和 PPA 评估。为了减少基于晶圆的昂贵和耗时的迭代，Synopsys 的 DTCO 允许创建更高指令的早期 PDK，从而在研究阶段实现更好的设计工艺协同优化。Synopsys 针对工序流程修正技术计算机辅助设计（Technology Computer-Aided Design，TCAD）的模型，得到 SPICE 模型，进而针对设计规则和版图进行优化，而 Wafer-based DTCO 采用类似的方法，主要是基于 Wafer 数据进行模型的进一步修正和提取，得到 PDK。可以看出，Synopsys 的 DTCO 方案涉及材料和量子输运建模仿真，除了光刻轮廓的仿真分析，还设定了工序条件，引入了后续淀积和刻蚀的 3D 结构仿真和分析，并进行 PPA 评估，进行了寄生参数提取，考虑了电学特性，协助进行 PDK 优化。由于涉及多个团队合作（光刻团队、IPC 设计团队、TCAD 团队等），Synopsys 的 DTCO 更加贴近 DTCO 的概念。DTCO 所涵盖的设计及工艺流程如图 5.19 所示。

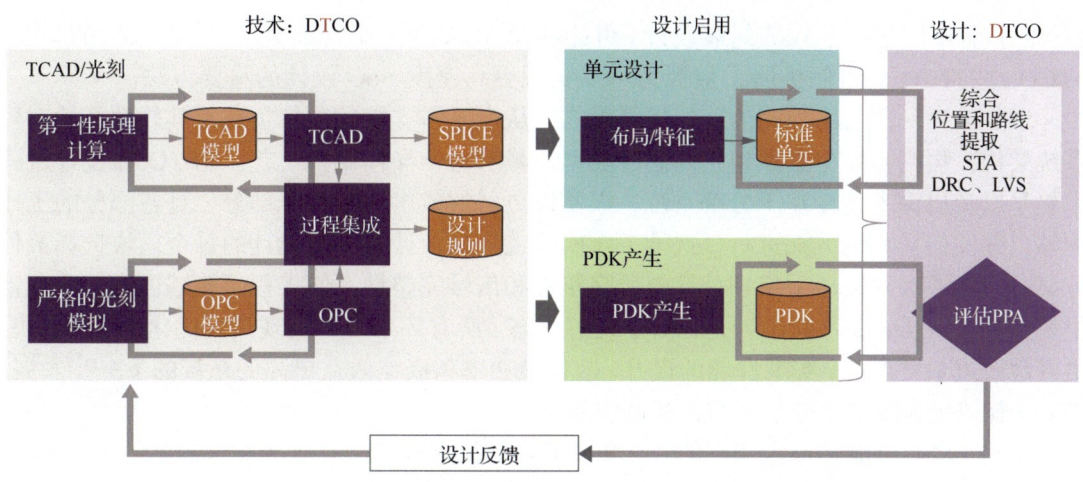

图 5.19　DTCO 所涵盖的设计及工艺流程

3. Coventor 的 DTCO 流程

Coventor 的 DTCO 方案考虑了刻蚀、沉积工艺及光刻工艺的变化，可视化更强。在传统 2D DRC 之后，将过程和变化信息输入设计流程中，并用于构建精确的 3D 结构。该 3D 模型可用于验证 2D DRC 期间突出显示的问题区域或坏点。由于在 2D DRC 分析中未反映的沉积、刻蚀或其他光刻工艺期间实现的工艺裕度改进，简单 2D DRC 识别的一些坏点可能不准确。3D 过程建模可以突出 3D 最小绝缘距离、接触面积等，并进一步将这些问题可视化。因此，一旦使用 3D DTCO 识别坏点，可以通过更改设计或工艺来缓解潜在问题。

5.3.4　STCO 与趋势展望

随着摩尔定律的延续越来越有挑战性，开发和使用新一代半导体工艺的成本越来越高，同时新一代半导体工艺带来的性能提升却越来越小，借助 DTCO 来尽可能多地优化半导体工艺及电路设计正在变得越来越重要。在未来，我们甚至会看到更多、更成熟的系统级别 DTCO 称为系统与技术协同优化（System-Technology Co-Optimization，STCO），即在常规电路-工艺优化之外额外考虑 2.5D/3D IC 封装的协同优化。根据顶级半导体研究机构 IMEC 的分析，DTCO 和 STCO 从 10nm 开始对半导体工艺节点进一步演进起的作用逐步提升，并逐渐取代之前摩尔定律中的简单缩小特征尺寸的模式。

随着 22nm FinFET 的引入，人们已经清楚地认识到，单纯的尺寸缩小不足以满足半导体行业发展的需求。FinFET 等完全耗尽的器件的创新可以继续扩展至 5nm 工艺节点（甚至更高）。且 Beyond-Si 和 Beyond-CMOS 材料与器件的集成开辟了令人兴奋的新机遇，不仅可以继续进行更常规的 CMOS 缩放，而且可以进一步增强整个系统的功能。进一步进行器件缩放的性价比已经失去了优势。

随着晶体管缩放的经济性不再普遍适用，产业界正在转向创新的封装技术，以支持系统缩放需求并降低系统成本。诸如 IoT 和 5G 之类的新兴应用程序将需要更多的功能，越来越需要混合封装，即将不同的技术融合在一起，利用新材料和新设备来增强和优化整个系统。这需要将设计和技术之间的交互提升到一个新的水平，即 STCO。STCO 的流程是先将 SoC 类型的系统划分为较小的模块（称为芯粒），这些模块可由分散的团队异步设计，然后使用基于芯粒的封装设计（可能涉及 3D 封装）组合成更大、高度灵活的系统。STCO 是 DTCO 的自然扩展，被视为可以实现更高密度 SoC 设计的重要方法。

STCO 为一种"由外向内"的发展模式，从产品需支持的工作负载及其软件开始，到系统架构，再到封装中必须包括的芯片类型，最后是半导体制程工艺。STCO 在设计过程中更早以及更深入地专注于分解系统，以便以更低的成本构建各个部分，且各部分的工作能够以并发但异步的方式进行，这种工作模式也允许设计人员为设计的每个模块选择最佳方案，并能够在封装原型级别估计电源完整性和信号完整性，使工程师能够进行一些非常早期的初步分析，以判断设计是否处于良好状态。所有环节可以实现共同优化，由此更快、更好地改进最终产品，实现性能的提升，这将是功率和成本效益更高的系统的下一步发展。STCO 有望成为摩尔定律下一波浪潮的引领者。

STCO 之所以能够成为当下的一个重要选项，很大程度上是因为先进封装技术，如 3D 集成，支持在单个封装内实现芯粒的高带宽连接。这意味着原来单芯片上的各个功能可以被拆分到专门的芯粒上，而每个芯粒都可以采用最合适的半导体制程技术进行制造。例如，高性能计算要求每个处理器内核都有大量缓存，但芯片制造商微缩 SRAM 的能力并没有跟上逻辑单元微缩的步伐。因此，使用不同制程技术把 SRAM 缓存和计算内核分别制成单独的芯粒，并利用 3D 集成技术将它们集成起来，是一种有意义的做法。系统工艺协同优化在实际应用中的一个重要案例就是位于极光（Aurora）超级计算机核心的 Ponte Vecchio 处理器。它由 47 个芯粒（以及 8 个用于热传导的空白芯片）组成，利用先进的平面连接（2.5D 封装技术）和 3D 堆叠技术拼接在一起。它汇集了不同晶圆厂生产的芯片，并将他们有效地组合起来，以便系统能够执行所设计的工作。

STCO 仍处于起步阶段。EDA 工具已经解决了 STCO 的前身——DTCO 的挑战，侧重于逻辑单元级（Logic-cell Level）和功能块级（Functional-block Level）的优化。一些 EDA 工具供应商已经在进行 STCO 的相关工作。且随着 STCO 的发展，它将混合使用不同的技术，从而优化系统的不同部分，工程师们可能需要随着它一起进步。一般而言，工程师不仅需要不断掌握器件知识，还要开始了解技术和器件的用例，并掌握更多的跨学科技能。

在存内计算（Computing-in-Memory，CIM）中的 STCO 方法方面，传统晶体管器件和冯·诺依曼架构正面临理论和技术瓶颈：①晶体管微缩摩尔定律面临严峻挑战；②架构中存储与计算分离，"存储墙"与"功耗墙"问题严峻。基于新原理器件发展高性能 CIM 的架构是突破以上瓶颈的关键。

CIM 是 DNN 加速的有前途的范例之一。CIM 阵列由 3 个部分组成：具有 8T□SRAM 或新兴的嵌入式非易失性存储器（embedded Non-Volatile Memory，eNVM）的存储器阵列；权重编程的写电路，需要 I/O 晶体管提供高写电压；用于混合信号的外围电路，包括 ADC 和移位相加。在 eNVM 中，铁电场效应晶体管（FeFET）因高导通电阻（R_{ON}>100kΩ）和低写入能量（<10fJ）脱颖而出。基于 CIM 的 FeFET 推理引擎有出色的能效比，但面积缩放仍然受到前沿节点上逻辑电压兼容 FeFET 的可用性的限制。每单元 2bit 的 22nm FeFET CIM 阵列在 7nm 节点上的每运算能量优于 8T-SRAM。然而，FeFET CIM 阵列的面积成本是 7nm SRAM 的 9 倍，这主要是因为 FeFET 目前仅能在传统节点（如 22nm）上实现。一种解决方案是利用 M3D 集成，其中存储单元和写电路利用传统节点的设计规则在顶层制造，而混合信号和逻辑外围电路则在顶层制造具有前沿节点的底层。在这样的 M3D 方案中，芯片面积

仍然受到 FeFET 写电路的限制，因为很难将 FeFET 的写入电压降低到 1V 以下。

通过使用与后道工艺兼容的氧化物沟道 MOSFET 和 FeFET 执行单片 3D CIM 加速器的 STCO。其中，W 掺杂的 In_2O_3（IWO）NMOS 被用于设计 M3D 写电路，基于 IWO 的 FeFET 被用作可重构互连的路由开关。从系统级评估来看，该 M3D IWO FeFET 设计展示出比具有可比芯片面积的 7nm SRAM 设计高 2.9 倍的能效，且通过提高氧化物通道的电子迁移率可以进一步缩小芯片面积。

5.4 本章小结

随着摩尔定律的推进面临越来越多的挑战，开发和使用新一代半导体工艺的成本越来越高，而新一代半导体工艺带来的性能提升却越来越小，因此芯片设计与工艺的协同优化相关的理论与方法变得越来越重要。本章从芯片设计产业的发展历程、发展趋势角度出发，介绍并分析了芯片设计与芯片制造之间的上下游及交互关系，通过具体的设计规则、设计工具、设计案例进行了详细论述。最后，对新兴的系统设计与工艺协同优化趋势进行了简要介绍。希望通过本章的学习，读者可以对芯片设计产业，以及芯片设计与制造的交互方法有所认识。

思考题

（1）芯片设计产业的 IDM 模式和 Fabless 模式分别是什么？二者的区别是什么？
（2）射频/模拟集成电路设计的流程包含哪些步骤？数字集成电路设计的流程包含哪些步骤？二者的区别是什么？
（3）在芯片设计中，什么是 PDK？什么是 IPC？什么是 EDA？
（4）面向可制造性设计的 EDA 工具有哪些？
（5）DTCO 的基本流程是什么？目前有哪些代表性的 EDA 工具？
（6）STCO 与 DTCO 的主要区别是什么？

参考文献

[1] SONG J, WANG J P, KIM C H. MRAM DTCO and compact models[C]//2020 IEEE International Electron Devices Meeting (IEDM). NJ: IEEE, 2020: 41.6. 1-41.6. 4.
[2] 赵巍胜, 张博宇, 彭守仲. 自旋电子科学与技术[M]. 北京：人民邮电出版社，2022.
[3] 赵巍胜, 王昭昊, 彭守仲, 等. STT-MRAM 存储器的研究进展[J]. 中国科学: 物理学, 力学, 天文学, 2016, 46(10): 63-83.
[4] WANG J P, SAPATNEKAR S S, KIM C H, et al. A pathway to enable exponential scaling for the beyond-CMOS era[C]//Proceedings of the 54th Annual Design Automation Conference. NY: ACM, 2017: 1-6.
[5] WANG Z, ZHOU H, WANG M, et al. Proposal of toggle spin torques magnetic RAM for ultrafast computing[J]. IEEE Electron Device Letters, 2019, 40(5): 726-729.
[6] NOGUCHI H, IKEGAMI K, TAKAYA S, et al. 7.2 4Mb STT-MRAM-based cache with

memory-access-aware power optimization and write-verify-write/read-modify-write scheme[C]//2016 IEEE International Solid-State Circuits Conference (ISSCC). NJ: IEEE, 2016: 132-133.

[7] WEI L, ALZATE J G, ARSLAN U, et al. 13.3 A 7Mb STT-MRAM in 22FFL FinFET technology with 4ns read sensing time at 0.9V using write-verify-write scheme and offset-cancellation sensing technique[C]//2019 IEEE International Solid-State Circuits Conference-(ISSCC). NJ: IEEE, 2019: 214-216.

[8] CHIH Y D, SHIH Y C, LEE C F, et al. 13.3 a 22nm 32Mb embedded STT-MRAM with 10ns read speed, 1m cycle write endurance, 10 years retention at 150℃ and high immunity to magnetic field interference[C]//2020 IEEE International Solid-State Circuits Conference (ISSCC). NJ: IEEE, 2020: 222-224.

[9] XU N, LU Y, QI W, et al. STT-MRAM design technology co-optimization for hardware neural networks[C]//2018 IEEE International Electron Devices Meeting (IEDM). NJ: IEEE, 2018: 15.3.1-15.3.4.

[10] BARTH J, PLASS D, NELSON E, et al. A 45nm SOI embedded DRAM macro for the POWER™ processor 32 MByte on-chip L3 cache[J]. IEEE Journal of Solid-State Circuits, 2010, 46(1): 64-75.

[11] CHUN K C, ZHANG W, JAIN P, et al. A 2T1C embedded DRAM macro with no boosted supplies featuring a 7T SRAM based repair and a cell storage monitor[J]. IEEE Journal of Solid-State Circuits, 2012, 47(10): 2517-2526.

[12] NAIK V B, LIM J H, YAMANE K, et al. Extended MTJ TDDB model, and improved STT-MRAM reliability with reduced circuit and process variabilities[C]//2022 IEEE International Reliability Physics Symposium (IRPS). NJ: IEEE, 2022: 6B.3.1-6B.3.6.

[13] CHIH Y D, CHOU C C, SHIH Y C, et al. Design challenges and solutions of emerging nonvolatile memory for embedded applications[C]//2021 IEEE International Electron Devices Meeting (IEDM). NJ: IEEE, 2021: 2.4.1-2.4.4.

[14] SAKHARE S, PERUMKUNNIL M, BAO T H, et al. Enablement of STT-MRAM as last level cache for the high performance computing domain at the 5nm node[C]//2018 IEEE International Electron Devices Meeting (IEDM). NJ: IEEE, 2018: 18.3.1-18.3.4.

[15] HUYNH-BAO T, VELOSO A, SAKHARE S, et al. Process, circuit and system co-optimization of wafer level co-integrated FinFET with vertical nanosheet selector for STT-MRAM applications[C]//Proceedings of the 56th Annual Design Automation Conference. NY: ACM, 2019: 1-6.

[16] KOMALAN M P, GUPTA M, RAO S, et al. Feasibility analysis of embedded MRAM solutions at advanced process nodes[C]//2022 6th IEEE Electron Devices Technology & Manufacturing Conference (EDTM). NJ: IEEE, 2022: 73-75.

[17] GUPTA M, PERUMKUNNIL M, GARELLO K, et al. High-density SOT-MRAM technology and design specifications for the embedded domain at 5nm node[C]//2020 IEEE international electron devices meeting (IEDM). NJ: IEEE, 2020: 24.5.1-24.5.4.

[18] DOEVENSPECK J, GARELLO K, VERHOEF B, et al. SOT-MRAM based analog in-memory computing for DNN inference[C]//2020 IEEE Symposium on VLSI Technology. NJ: IEEE, 2020: 1-2.

第 6 章　光刻机

光刻机作为前道工艺核心设备之首（核心设备依次是光刻机、刻蚀机、镀膜设备、工艺量检测设备、清洗机、离子注入机、其他设备），是所有半导体制造设备中技术含量最高的设备，因此具备极高的单台价值，在制造设备投资额中单项占比高达 23%。其中，EUV 光刻机更是当前先进工艺节点（10nm 以下）及未来 5nm 以下工艺节点的关键设备。光刻机涉及系统集成、精密光学、精密运动、精密物料传输、高精度微环境控制等多项先进技术，零部件多达 30 万余种（EUV 光刻机），是人类文明的智慧结晶，被誉为半导体工业皇冠上的明珠。

本章重点

知识要点	能力要求
光刻机的发展历程	1. 掌握常见光刻机的区别和能力特点 2. 掌握光刻机分辨率的提升原理
光刻机的产业应用	1. 掌握光刻制程的基本步骤 2. 了解前道光刻机和后道光刻机的应用和技术差异
光刻机的整机系统	1. 掌握光刻机的基本结构和关键性能指标 2. 了解光刻机的核心指标和技术挑战
光刻机的关键子系统	1. 掌握光刻机光源、工作台等核心子系统的关键点 2. 了解光刻机照明系统、光学系统等的工作原理
计算光刻	1. 了解计算光刻的基本原理 2. 了解计算光刻的不同方法
EUV 光刻机技术	1. 了解 EUV 光刻机的光刻原理 2. 了解 EUV 光刻机的关键技术与先进性

6.1　概论

我国在高端芯片方面缺乏话语权，特别是在制造环节中，先进制程工艺最"卡脖子"。根据中芯国际官方网站介绍，该公司的 14nm FinFET 工艺于 2019 年第 4 季度开始量产。2021 年，中芯国际突破了 10nm 工艺技术，但离量产还有一定的距离。然而在 2020 年，国际最前沿的晶圆厂商已开始 5nm 工艺芯片量产，2021 年 3nm 芯片已进入试产阶段。而芯片产业发展的关键，就是核心设备光刻机。

按照工艺种类的不同，光刻机可分为前道光刻机和后道光刻机。目前，全球前道光刻机（如浸没式 DUV、EUV 光刻机）被荷兰 ASML、日本尼康和佳能完全垄断，占比高达 99%。我国在中低端光刻设备国产化进程上取得了一定的成果，但主要的光刻设备集中在后道光刻机方面。作为半导体工艺的关键设备之一，光刻机的工艺水平直接决定芯片的制程和性能水平。由于尖端光刻技术的敏感性，我国一直被列为尖端光刻机出口的禁运国，这严重阻碍了我国攻克高端芯片制造技术的步伐。因此，突破尖端光刻技术，将是我国在高端芯片领域掌握国际话语权的关键。

本章从三大部分对光刻机设备进行梳理：首先介绍光刻机的发展历程和产业应用，随后介绍光刻机基本结构及关键性能指标，最后介绍光刻机的关键子系统，对光刻技术进行详细梳理，并详细介绍当前最前沿的 EUV 光刻机。

6.2 光刻机的发展历程

光刻机的工作原理是利用光刻机中光源的光，通过具有图形的掩模版，经过投影物镜系统对覆盖有光刻胶的基片进行曝光。光刻胶在吸收固定波段（紫外波段）的光后，会发生光化学反应，引起性质的变化，使掩模版上的图形复写到基片上，从而使基片具有电子线路图的作用。光刻的作用与用照相机照相相似，但照相机拍摄的照片是印在感光底片上，光刻曝光的不是照片，而是电路图和其他电子器件。光刻机与照相机的结构对比如图 6.1 所示。

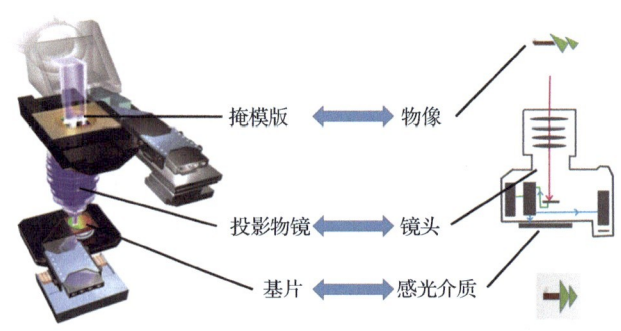

图 6.1　光刻机与照相机的结构对比

光刻机最初是在美国发展起来的。1959 年，仙童半导体就研制出全球首台"步进重复"相机，使用光刻技术在单个晶圆上制造了许多相同的硅晶体管。20 世纪 60 年代末，日本企业尼康和佳能也开始进军光刻机领域并逐步崛起，但 20 世纪 60 年代主要还是美国企业的竞逐。20 世纪 70 年代，美国地球物理公司（GCA）开发出第一台自动化步进式光刻机，集成电路图形线宽从 1.5μm 缩小到 0.5μm 节点。20 世纪 80 年代，美国 SVGL 开发出第一代扫描/步进式投影光刻机，集成电路图形线宽从 0.5μm 缩小到 0.35μm。20 世纪 80 年代，尼康推出首台商用量产型自动化步进式光刻机 Stepper NSR-1010G。该光刻机首次采用了 I 线光（波长为 365nm），并凭借着良好的性能，拿下了 IBM、Intel、TI、AMD 等多个大客户订单，日企在光刻机市场的规模也首次超越美国企业，一度占据光刻机过半市场份额。值得一提的是，1984 年，飞利浦与荷兰先进半导体材料国际公司（ASMI）合资成立了 ASML。ASML 独立于飞利浦光刻设备研发小组，该小组在 1973 年就推出了新型光刻设备。20 世纪 80 年代初至 20 世纪 90 年代末，美国第一代光刻机企业逐步衰落，尼康占据光刻机市场的主导地位。同时，ASML 亦在逐步发展。20 世纪 90 年代，佳能着手于 300mm 晶圆光刻机，推出 EX3L 和 5L 步进式光刻机；ASML 推出 FPA2500，这是一款 193nm 扫描/步进式投影光刻机，光刻分辨率高达 70nm。

到了 21 世纪，在 2004 年前，尼康一直稳坐光刻机市场第一的位置。然而，这一局面随着林本坚在 2002 年提出以水作为介质的 193nm 浸润式光刻技术而悄然发生改变。当时，该技术没有得到尼康、佳能等主流光刻机厂商的支持，处于发展瓶颈期的 ASML 主动提出与前沿晶圆厂商合作，并于 2004 年推出了浸没式光刻机，该产品凭借优良的性价比仅 5 年就让 ASML 的市场份额提高到 50%，彻底颠覆了光刻机市场格局。ASML 的强势崛起，成功力压日本尼康、佳能，成为全球光刻机市场的新霸主。光刻机的发展历程如图 6.2 所示。

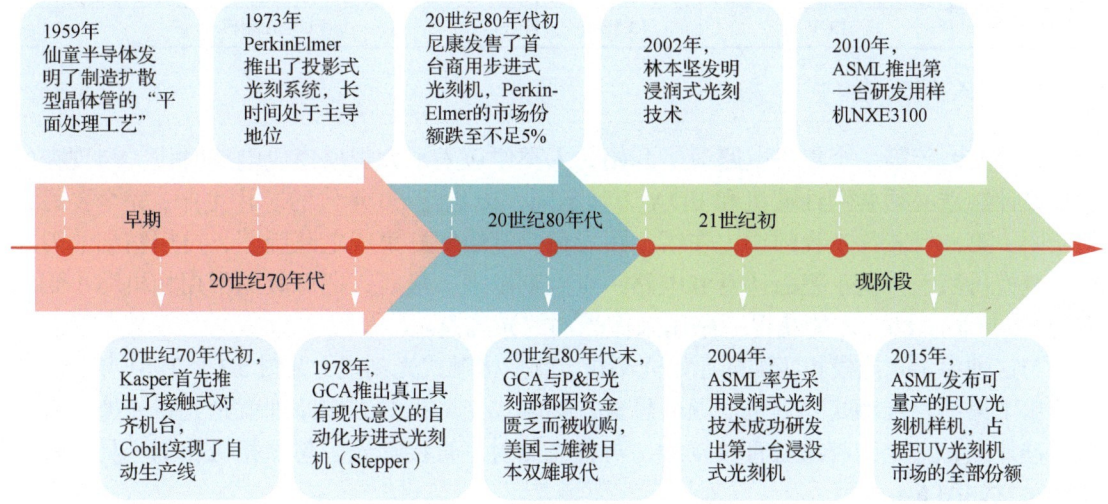

图 6.2　光刻机的发展历程

中国的光刻机发展源自 20 世纪 70 年代，伴随着半导体行业研究的兴起，1966 年，中国科学院一〇九厂和上海光学仪器厂合作，成功研制出了国内第一台 65 型接触式光刻机，研制成功后由上海无线电专用设备厂量产。1978 年，我国投入接近式光刻机的研发，并于 1981 年研制成功，型号为 JKG-3，可实现 3～5μm 的分辨率。在 1985 年，中国电子科技集团公司第四十五研究所（简称中电科四十五所）成功研发并制造出了国内第一台分布式光刻机 BG-101，光刻分辨率可达到 3μm。同年，我国的第一台扫描式投影光刻机也通过鉴定。当时，中国的半导体产业虽然没有达到世界先进水平，但是总体差距并不大。20 世纪 80 年代末，由于国内"造不如买"的发展理念占据主流，中国半导体行业停滞不前，成为我国工业现代化进程的一块短板。直到 2002 年，国家开始重视光刻机的研发。经过国家重点项目布局，目前国内整机厂商中处于技术领先的上海微电子装备有限公司（简称上海微电子）已可以量产光刻机，其中性能最好的光刻机可实现 90nm 制程，但与国外高端光刻机的制程差距还是很大。光刻机技术的巨大差距使得国内晶圆厂需耗巨资购买光刻设备，也对中国集成电路产业发展、技术进步形成阻碍。ASML 出售给中国的光刻机都有保留条款：禁止为中国进行自主 CPU 代工，科研及国防领域的芯片被限制为小批量生产。表 6.1 所示为光刻机发展历程总结。

表 6.1　光刻机发展历程总结

代目	光源		波长	对应设备
第一代	UV	G 线	436.0nm	接触式光刻机
				接近式光刻机

续表

代目	光源		波长	对应设备
第二代	UV	I线	365.0nm	接触式光刻机
				接近式光刻机
第三代	DUV	KrF	248.0nm	扫描式投影光刻机
第四代		ArF	193.0nm	扫描/步进式投影光刻机
				浸没式扫描/步进式投影光刻机
第五代	EUV		13.5nm	EUV 光刻机

6.2.1 接近/接触式光刻机

自 1959 年第一个集成电路诞生开始,人类便迈入了大规模集成电路时代。与现在的芯片设计制造必须要用计算机和 EDA 工具不同,20 世纪 60 年代的芯片生产,完全要靠人工绘图。第一代芯片工程师们先在纸上用彩色铅笔绘制好集成电路版图,再用精细的刀片在光掩模母版上,徒手把晶体管和电路一点点刻出来。最后,把母版图形用相机缩小到原来的 1/50 到 1/100,才能获得一张用来做光刻的光掩模。

与这种手工光掩模相匹配的原始光刻机,就是接触式光刻机(见图 6.3)。1961 年,GCA 制造出了第一台接触式光刻机。顾名思义,接触式光刻机的工作原理就是先将光掩模直接盖在硅片上,与光刻胶涂层直接接触,再打光照射,直接曝光,与照相机相似。具体曝光过程示意如图 6.4 所示。

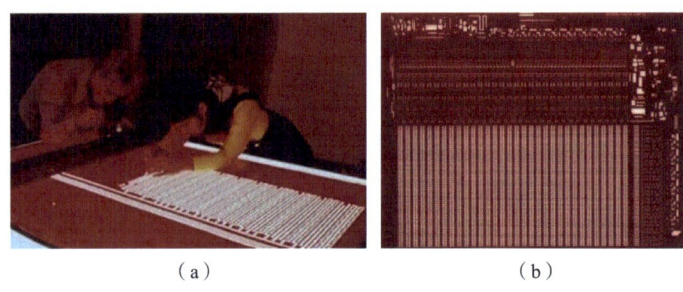

(a) (b)

图 6.3 接触式光刻机的光掩模示意

(a)芯片工程师手工绘制掩模版 (b)用作光刻的光掩模

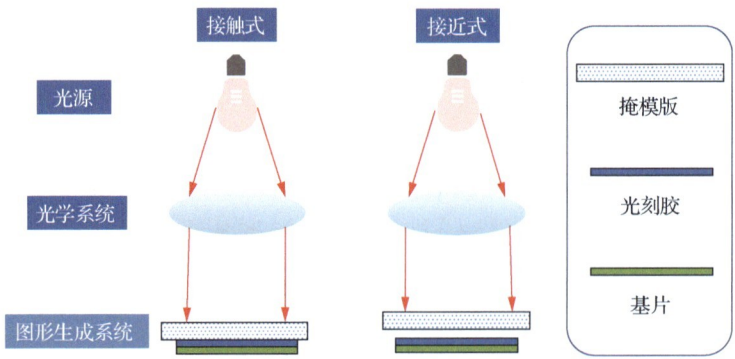

图 6.4 接触式和接近式光刻机曝光过程示意

然而,这种光刻方式的失败率和成本都很高,因为胶体本身及其黏附的浮沉微粒,不仅影响光刻效果,还会对光掩模造成污染和破坏,并且伤害效果会随着光刻次数累积,这不仅使每次光刻的良率低下,往往成功率只有10%,还会严重损耗光掩模的寿命,导致一张光掩模最多只能用十几次,所以早期芯片的价格往往非常高昂[1]。

为了提高生产效率、降低成本,早期工程师们在原有基础上进行了改进,加入了可水平和垂直移动的平台,以及用来测量光掩模和硅片间距与套刻的显微镜,让光刻时二者尽量接近但又不直接接触,这就是接近式(渐进式)光刻机[2]。它的曝光过程示意如图 6.4 所示。

这种光刻机虽然避免了光刻胶沾污光掩模,但是带来了新的问题:光具有波粒二象性,由于光的衍射效应,光刻机的精度下降了,光源波长越长,衍射现象就越严重,如图 6.5 所示。除了受限于光的衍射效应,光掩模与光刻胶的距离也决定了光刻的精度,距离越大,硅片上的投影与掩模上图形的误差也就越大。

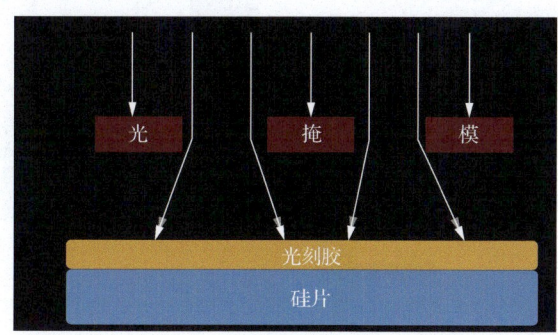

图 6.5　光通过掩模版时的衍射效应

这段徘徊于接触式光刻机和接近式光刻机的时期,就是半导体的遮蔽式光刻年代,而这两种古老的光刻机,被统称为 Mask Aligner。它们使用的是 1∶1 的光掩模,类似于一个遮光板,光刻机只用把光影照在硅片上,构造简单,不需要任何复杂的光学系统。

在这一时期,生产光刻机的厂商主要都集中在美国,例如西门子、GCA、Kasper Instruments 和库力索法(Kulicke & Soffa)等,他们为首批芯片的诞生创造了条件。后来的光刻机霸主尼康和佳能,也是在这段时期,开始为 GCA 生产配套的光学镜头。由于光刻机在当时甚至不如照相机复杂,尼康和佳能在和 GCA 合作的过程中,学到了不少光刻相关的技术,再加上当时日本国内半导体的潜在市场巨大,1970 年,佳能发布了日本首台光刻机——PPC-1,正式宣布进军半导体领域。同年,Kasper Instruments 首先推出了接触式对齐机台,Kulicke & Soffa 推出第一台自动掩模对准仪 Micralign,光刻机市场呈现出百花齐放的景象。

1969 年,Intel 利用接触式光刻机生产出了它的第一款产品——3101 SRAM 存储芯片。两年后又推出了世界上第一枚商用 CPU——Intel 4004。但受限于接触式光刻机的良品率低、成本高,当时的芯片价格异常高昂,只能用于科研和军工。当时,如果想制造制程更小的芯片,就必须制作同等精细度的掩模版,因此接近/接触式光刻机的发展陷入了瓶颈。

6.2.2　投影式光刻机

由于接近/接触式光刻机的成本高、光刻精度不佳等因素,各家光刻机制造厂商都在寻找新的技术突破。美国空军与光学设备厂珀金埃尔默仪器有限公司(简称 Perkin Elmer)

经过数年的改进与开发,在 1974 年推出了划时代的 Micralign 100,即世界首台投影式光刻机[3]。这也是目前世界主流光刻机的初号机。

Micralign 100 采用反射型的投影方式,利用两片同轴的球面反射镜,把光掩模上的图形经 3 次反射后投射在硅片上,这种对称的光路设计,可以消除球面镜产生的大部分像差,让光刻图形达到理想的分辨率。投影式光刻就像是复印,掩模版上的图形先经过光学系统投影后被缩小,再曝光到硅片上,就能实现最小达纳米级的雕刻工艺,如图 6.6 所示。Micralign 100 的诞生,让芯片生产的良率提升了 7 倍,从 10% 达到 70%,因此 Micralign 100 迅速占领了市场。

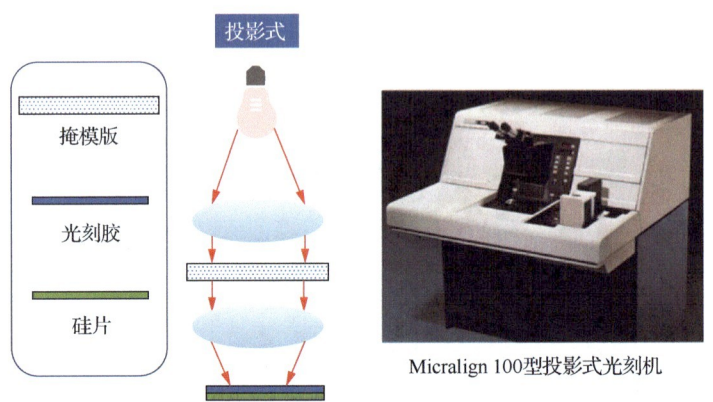

图 6.6　投影式光刻机的曝光过程示意及 Micralign 100 实物[3]

这一次光刻技术的飞跃,促使芯片价格骤降,廉价且性能优越的消费电子走进了大众的生活。1974 年,摩托罗拉的 6800 微处理器单价为 295 美元,而第 2 年,从摩托罗拉离职的 8 名工程师加盟 MOS 科技,并利用投影式光刻机做出了 MOS 6502,不但性能有质的飞跃,而且价格不到摩托罗拉的 1/10,只卖 25 美元,这就是技术提升带来的降维打击。

Micralign 100 的诞生,让芯片从高不可攀的奢侈品走入寻常百姓家,Perkin Elmer 也收获了巨大的商业成功。Micralign 100 对当时用卡车买光掩模的半导体厂商而言,诱惑巨大。1974 年,第一台 Micralign 100 被德州仪器以 98000 美元的高价买下,是当时遮蔽式光刻机价格的 3 倍,之后英特尔也迅速跟进。Micralign 100 大大提高了芯片厂商的生产良率和效率,让芯片厂商赚得盆满钵满,作为此前连芯片工艺都不太了解的光学设备厂商,Perkin Elmer 用短短 3 年的时间,就成为全球半导体领域的头号生产厂商。

6.2.3　扫描/步进式投影光刻机

在 Micralign 100 收获巨大商业成功的数年时间里,随着芯片制程的不断缩小,晶体管密度遵循摩尔定律每 18 个月倍增,基于透镜组的步进式光刻机得到了快速发展。

投影式光刻机又分为扫描式和步进式,扫描式投影光刻机采用 1∶1 光学镜头,由于扫描投影分辨率不高,因此 20 世纪 80 年代中期后就逐步被步进式投影光刻机取代。步进式投影光刻机采用缩小投影镜头,微缩比例一般有 4∶1、5∶1、10∶1 等。

1978 年,GCA 推出了具有划时代意义的步进式投影光刻机 DSW 4800[4]。该机器使用波长为 436nm 的 G 线光作为曝光光源,镜头则是蔡司的 S-Planar 10/0.28。DSW 4800

的分辨率可达 1μm，可以将电路刻到 100mm 见方的区域。这款光刻机当时的价格为 45 万美元，在那个年代说是天价也并不过分，但更高的良率、更先进的制程、更高的芯片性能，吸引了西门子、IBM、美国国家半导体等，这也让 GCA 一点点蚕食了 Perkin Elmer 的市场。

芯片的制程越小，对各类像差的容忍度就越低，越需要复杂的光学系统来做矫正，所以光刻机的透镜数量越来越庞大，组合也越来越复杂，如图 6.7 所示。现代光刻机的成像系统，是动辄 30 枚镜片的组合。这时候，Micralign 100 的弱点也越来越明显，如反射镜很难完全消除像差、图像分辨率低等，这让 Perkin Elmer 随着芯片制程的不断缩小而逐步走向了没落。一直在镜头、成像等方面深耕的日本厂商尼康和佳能看准了商机，在 20 世纪 80 年代的美日光刻机厂商对决中脱颖而出，一度垄断了全球光刻机市场。

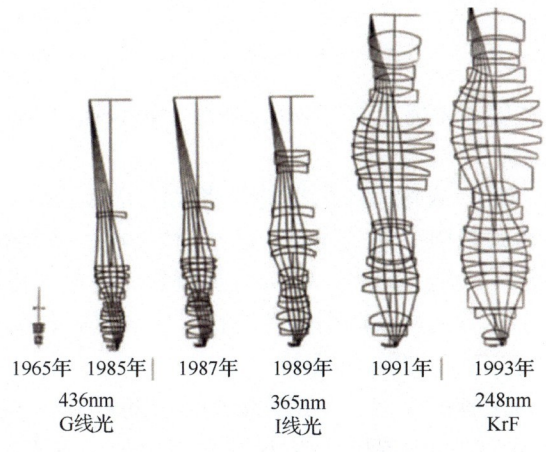

图 6.7　光刻机投影透镜数量发展

尼康在光刻机领域一路冲刺，却在 193nm 工艺停滞了整整 20 年。2002 年，光刻机领域似乎出现了转机，但同时也迎来了著名的"干湿路线之争"。当时，以尼康为首的日本厂商选择延续以往的"干刻法"，而 ASML 选择与前沿晶圆厂商深度合作，采用林本坚的"湿刻法"，并抢先一步在 2004 年就赶出了第一台样机，波长为 132nm。虽然尼康很快也推出干式微影 157nm 技术的成品，但由于时间和波长方面都略逊于对方，因此落了下风。尼康这一"落"，就至今没能再赶上 ASML。

6.2.4　光刻分辨率的原理及提升

光刻机最早被发明出来的目的，就是在基片上"雕刻"更精细的结构。那么实现更精准的光刻，正是光刻机发展的主要目标。因此，整个光刻机的发展历程也可以看作光刻分辨率的发展历程。

从最早的接近/接触式光刻机到 1∶1 投影式光刻机，人们都在致力于缩小光掩模版来实现精细的光刻结构。到了投影式光刻机，人们开始致力于利用更精准、复杂的光学成像系统实现光刻结构的微缩，最后投影到硅晶圆上实现精细的曝光。

但光的分辨率存在理论极限：如果我们在物体上取两个相近的点，经过系统成像后平面上有两个光斑，如果两个点距离逐渐靠近，两个光斑将逐渐变成一个光斑，这时我们就无法区分是一个点成的像还是两个点成的像了，这就是分辨率不足的体现。要区分成像的究竟是一个点还是两个点，需要一个准确的边界值，这就引入了瑞利判据（见图6.8）。

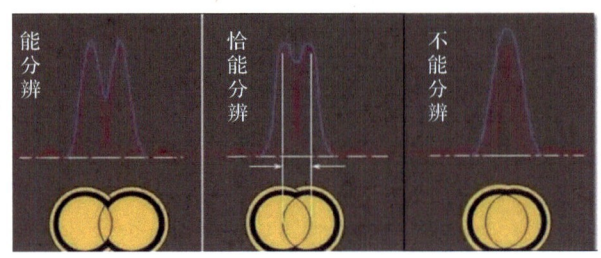

图6.8 瑞利判据

瑞利判据的公式为

$$D = K \frac{\lambda}{\mathrm{NA}} \tag{6.1}$$

其中，D 为最小可分辨的宽度，λ 是光源的波长，NA（Numerical Aperture）是投影透镜的数值孔径，K 为系统常数。

当两个物体间距小于 D 时，成像系统所成的像将无法分辨这两个点，而是把它们当作一个点，这个边界也称为衍射极限。如果光刻中超过衍射极限，则刻蚀出的芯片就不那么精准了，自然无法实现设计的功能。因此，研究人员就努力在衍射极限的边缘反复试探。根据式（6.1），要想提高分辨率，要么减小光源波长，要么提高数值孔径，而在如此精度的光刻要求下，无论哪一种方法都难如登天。

光源的波长越小，分辨率越高，但是制造光源的难度也越高。一开始人们采用汞灯发出的436nm波长光源进行光刻，能达到的极限尺寸只有250nm左右。随着技术的发展，H线和I线被相继应用到了光刻机中。之后，人们使用了波长为193nm，只有用ArF准分子才能够被激发的DUV。准分子激光器中，氩（Ar）是典型的惰性气体，与几乎所有物质都不发生反应，只有氧化性最强的氟（F）元素才能勉强与它发生反应，生成ArF这种不稳定的分子，因此该光源的制造难度可想而知。

想激发出极致波长的光源，自然需要极致的办法。截至本书成稿之日，最顶尖的光刻机的光源波长达到13.5nm，被称为EUV。它的产生过程是用高功率的 CO_2 激光以 $5×10^4$ 次/秒的频率打在直径为30μm的锡液滴上，通过第一个高功率激光脉冲使锡液滴受热膨胀，使其可以更好地被激发。紧接着，第二个高能激光脉冲先蒸发面积被扩展后的锡液滴，然后将蒸气加热到电子脱落的临界温度，留下离子，接着进一步加热，直到离子开始发射光子。

除了光源波长的缩短，在镜头数值孔径的提升方面，研究人员也进行了不断的尝试。传统光刻机的投影物镜多采用全折射式设计方案，即物镜全部由旋转对准装校的透射光学元件组成。该方案的优点是结构相对简单，易于加工与装校，局部杂散光较少。然而，大数值孔径全折射式物镜的设计非常困难。

为了校正场曲，必须使用大尺寸的正透镜和小尺寸的负透镜以满足佩茨瓦尔条件，即投影物镜各光学表面的佩茨瓦尔数为0。透镜尺寸的增加将消耗更多的透镜材料，大大提高物镜的成本，而小尺寸的负透镜使控制像差困难重重。

为了实现更大的数值孔径，近年来设计者普遍采用折反式设计方案。折反式投影物镜由透镜和反射镜组成。反射镜的佩茨瓦尔数为负，不再依靠增加正透镜的尺寸来满足佩茨瓦尔条件，这使投影物镜在一定尺寸范围内获得更大的数值孔径成为可能。折反式投影物镜主要有多轴和单轴两种设计方案。

除了在投影物镜上的探索，在物镜与硅片之间采用不同的介质也是调节数值孔径的方法之一。传统光刻机的物镜与硅片之间是空气介质，而我们都知道液体的折射率是要大于空气介质的，所以浸没液体的加入可以有效地提高数值孔径，从而提升光刻的分辨率。因此，浸没式光刻机就诞生了。这种光刻机工作时，会在曝光区域与光刻机透镜之间充满浸没液体，193nm 光源在空气中的折射率为 1，在水中的折射率为 1.4，这就意味着相同光源条件下，浸没式光刻机的分辨率可以提高 1.4 倍，这一技术成为此后 65nm、45nm 和 32nm 制程的主流，推动摩尔定律往前跃进了三代[5]。

6.3 光刻机的产业应用

整个半导体产业链可分为前道工艺和后道工艺，前道工艺一般是指晶圆加工，如光刻、刻蚀、清洗、抛光等工艺流程，而后道工艺一般是指晶圆切割后进行封装、测试的环节，如打线、植球、倒装键合（Flip Chip Bonding，FCB）、检测、测试等。根据不同的工艺要求，半导体设备通常可分为前道工艺设备（晶圆制造）和后道工艺设备（封装测试）两大类。同样地，光刻机是芯片制造过程中一类设备的统称，按照不同的功能，也可分为前道光刻机和后道光刻机。前道光刻机用于芯片的制造环节，而后道光刻机用于芯片后期的封装。

除了前道光刻机，还有后道光刻机、LED/MEMS/Power Device 制造用光刻机，以及面板光刻机。与复杂的 IC 前道制造相比，这些光刻工艺要求和技术壁垒较低，成为多家光刻设备厂商争夺的市场。例如，佳能、尼康和上海微电子都在封装、液晶显示器（Liquid Crystal Display，LCD）和有机发光显示器（Organic Light Emitting Display，OLED）光刻设备方面有着不小的市场占有率。

2020 年，我国集成电路累计产量达到了 2614.2 亿元，同比增长 29.53%。2021 年，我国集成电路累计产量达到了 3594 亿元，同比增长了 37.48%。我国已成为全球规模最大、增速最快的集成电路市场。2020 年，全球光刻机市场规模约为 151 亿美元，在整个半导体设备中占比约为 21%；与其配套的涂胶显影设备市场规模约为 19 亿美元，在整个半导体设备中占比约为 3%；干法去胶设备市场规模约为 6 亿美元，在整个半导体设备中占比约为 1%。光刻机作为集成电路设备产业的重要组成环节，二者之间的关系密不可分，国内晶圆厂的扩建速度越快，对光刻机的需求越迫切。

本节介绍光刻机的工艺制程，并根据不同光刻机的功能，分别介绍前道光刻机、后道光刻机及其他光刻机的产业应用。

6.3.1 光刻机的工艺制程

光刻机经历了从接触式光刻机、接近式光刻机、全硅片扫描式投影光刻机、分布重复投影式光刻机到目前普遍采用的扫描/步进式投影光刻机的发展历程。另外，在光刻机的开发中，所使用的光源从 436nm G 线光到 365nm I 线光，发展到 248nm KrF 受激准分子激光器，再到193nm ArF受激准分子激光器，近年又开始使用13.5nm EUV光源。

截至本书成稿之日，集成电路产业使用的中、高端光刻机采用的是193nm ArF光源和13.5nm EUV光源。使用193nm光源的干法光刻机，光刻工艺节点可达45nm，进一步采用浸没式光刻、OPC等技术后，极限光刻工艺节点可达28nm。然而，当特征尺寸缩小到22nm时，就必须采用辅助的两次图形（Double Patterning，DP）曝光技术。使用两次图形曝光技术会带来两个问题：一个是光刻加掩模的成本迅速上升，另一个是工艺的循环周期延长。因而，在22nm的工艺节点，光刻机处于EUV与ArF这两种光源共存的状态。对于使用浸没式光刻+两次图形曝光的ArF光刻机，它可以将光刻工艺节点延伸至7nm，之后由于成本及工艺复杂性，再往下的工艺节点将很难持续。而EUV光刻机作为下一代光刻技术的代表，已经实现了5nm制程的量产，未来更是可能使工艺节点继续延伸到3nm以下。各代光刻机对应的工艺节点汇总见表6.2。

表6.2 光刻机工艺节点汇总

代目	光源		波长	对应设备	最小工艺节点	套刻误差
第一代	UV	G线	436.0nm	接触式光刻机	800~250nm	250nm
				接近式光刻机	800~250nm	
第二代		I线	365.0nm	接触式光刻机	800~250nm	100nm
				接近式光刻机	800~250nm	
第三代	DUV	KrF	248.0nm	扫描式投影光刻机	180~130nm	100~12nm
第四代		ArF	193.0nm	扫描/步进式投影光刻机	130~65nm	20.0~1.5nm
				浸没式扫描/步进式投影光刻机	45~7nm	
第五代	EUV		13.5nm	EUV光刻机	7~3nm	>1nm

6.3.2 前道光刻机应用

前道光刻机就是用于前道晶圆光刻的设备，也是最为人们所熟知的一种光刻设备。在整个芯片制造流程中，光刻工艺是最关键的一步。光刻确定了芯片的工艺尺寸，在整个芯片制造过程中约占据了整体制造成本的35%。由于成本控制和产能的需求，前道光刻机从最早的4in晶圆光刻发展到现在的12in晶圆光刻，生产效率得到了大大的提高。

IC前道制造光刻机是尖端设备，是所有光刻机种类中技术难度最大的，也是当前需求最高的。前道光刻机在产业中不仅用来制造芯片，在内存、SSD等存储器领域也是关键设备之一。随着存储器容量的不断增加，该领域对更小工艺节点的需求也会越来越强烈，未来EUV光刻机会是存储器容量突破的一大助力。

由于芯片种类十分庞大，每类芯片对应的功能也不尽相同，所以为了平衡成本与功能，不同制程的光刻机被用于制造不同功能的芯片。以智能手机为例，芯片与对应光刻工艺如图6.9所示。

一部智能手机里包含了逻辑处理芯片、电源控制芯片、信号收发芯片、数模处理芯片等多种芯片。其中，每个芯片的功能不同，对应的制程及工艺也不尽相同。例如，模拟芯片和非光学传感器芯片都采用6in晶圆、45~180nm工艺制程，应用I线、KrF、ArF光刻机实现相应芯片制造；电源管理芯片和光学传感器芯片采用8in晶圆、55~180nm工艺制程，应用 I 线、KrF、ArF、ArFi 光刻机实现相应芯片制造；最关键的逻辑处理芯片及 5G 逻辑芯片采用 12in 晶圆、5～28nm 工艺制程，整个芯片制造流程用到 I 线、KrF、ArF、ArFi、EUV 光刻机。由此可以看出，每种芯片的制程越小，对应的工艺流程也就越复杂，所用到的光刻设备也越多。

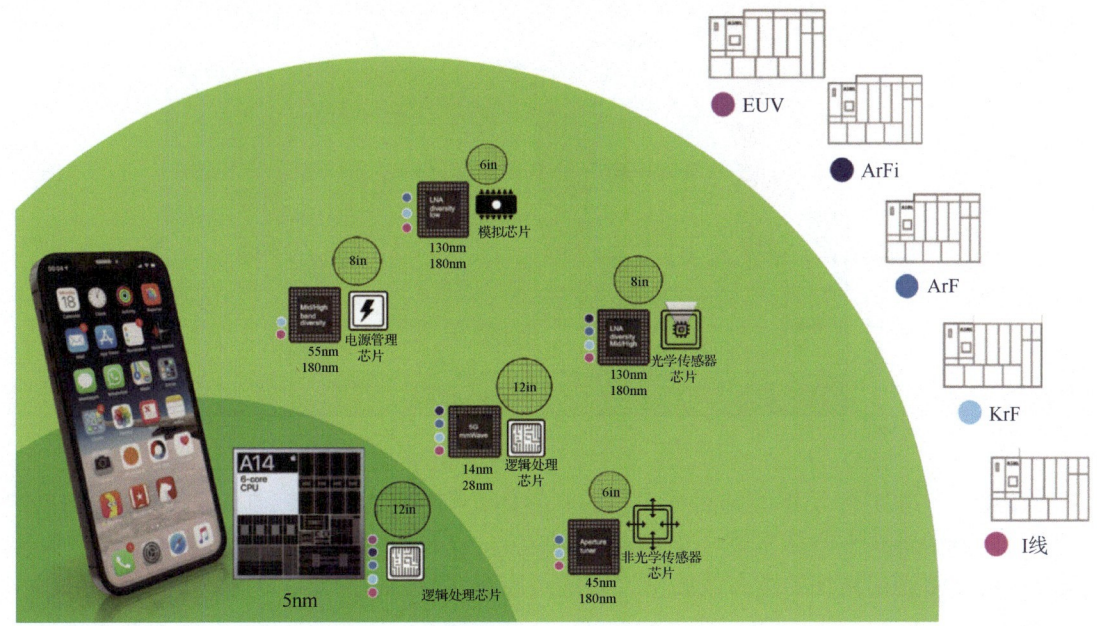

图 6.9　智能手机芯片示例与对应光刻工艺

6.3.3　后道光刻机应用

在硅晶圆上实现 N 型和 P 型 FET 的工艺流程一般称为前道工艺，与之相对应的是后道工艺。后道工艺实际上就是建立若干层的导电金属线，不同层金属线之间由柱状金属互连。目前，大多选用铜（Cu）作为导电金属，因此后道工艺又被称为铜互连工艺。这些铜线负责把衬底上的晶体管按设计要求连接起来，实现特定的功能。图 6.10 所示为一个逻辑器件的剖面示意。可以看到，该互连模式由许多通孔组成。做铜互连工艺需要在晶圆上做通孔和沟槽的图形化，因此需要用到能做图形化的光刻设备，这也是后道光刻机的主要应用。

为了提高芯片的性能，不仅在半导体制造的前道工艺中实现电路的微细化十分重要，后道工艺中的高密度封装也备受瞩目。为实现高性能的先进封装，需要精细的重布线，而近年来产业界已经开始使用半导体光刻机进行 RDL 工艺。一般来说，在后道工艺中，图形化的精度远低于前道工艺，一般在 1μm 左右。因此，后道工艺的先进封装对光刻机的技术门槛也相对较低，且应用也越来越广泛，国内外多家设备厂商都在该领域有着产品布局。

作为芯片后道先进封装设备，上海微电子生产的 SSB 500 系列步进投影光刻机不仅适用于晶圆级封装的 RDL 工艺，以及倒装工艺中常用的金凸块、钎料凸块、铜柱等先进封装光刻工艺，还可以通过选配背面对准模块，满足 MEMS 和 2.5D/3D 封装的 TSV 光刻工艺需求。

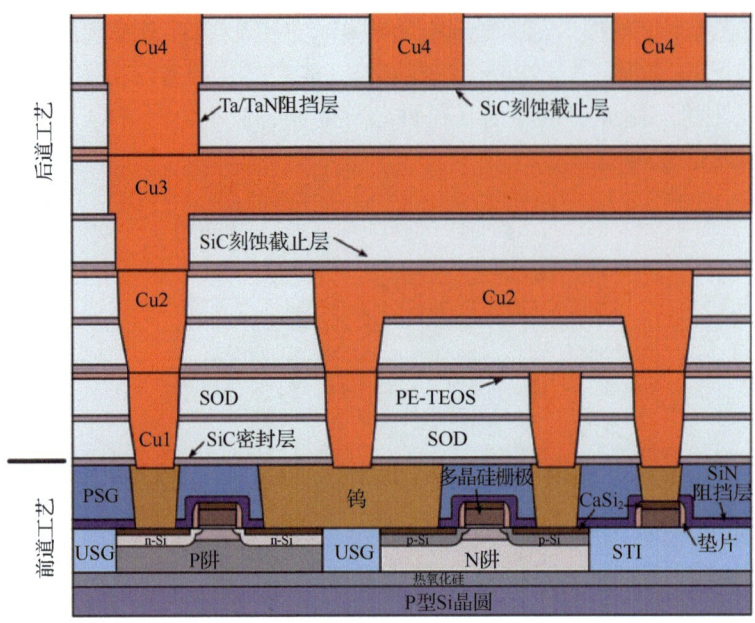

图 6.10 一个逻辑器件的剖面示意

佳能已于 2021 年发售面向后道工艺的半导体光刻机产品——I 线步进式光刻机 FPA-520iV LF Option。该产品实现了面向先进封装的 52mm×68mm 大视场曝光,分辨率达 1.5μm,可以曝光出精细的重布线图形,因此可应对多种先进封装工艺。

6.3.4 其他工艺光刻机应用

芯片制造光刻机虽然占整个光刻机设备总额的大部分,但其他光刻设备的种类和应用也十分丰富。例如,专用光刻机在制造薄膜晶体管(Thin Flim Transistor,TFT)电路(LCD、OLED 电路)、LED、MEMS、功率器件等方面都有着重要的作用。TFT 结构示意如图 6.11 所示。

当前,全球面板需求旺盛,厂商积极建设面板产能,极大地刺激了对上游供应

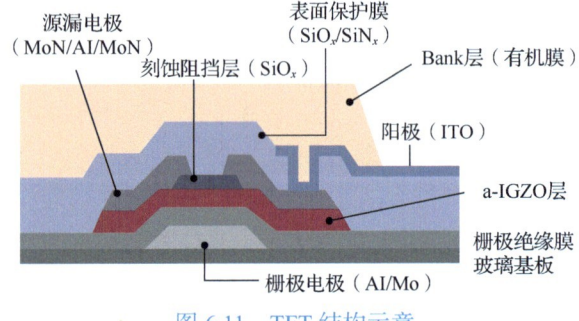

图 6.11 TFT 结构示意

链的需求。光刻机设备产业是面板供应链中的重要一环,全球相关设备厂商都加大了相关产品研发力度。截至本书成稿之时,面板光刻机采用的是先进的投影式光刻机平台技术,主要用于有源矩阵有机发光二极管(Active Matrix Organic Light Emitting Diode,AMOLED)显示屏和 LCD TFT 电路的制造,可应用于 2.5 代~6 代的 TFT 显示屏量产线,并支持 6in 掩模,实现 12in 屏幕制造,可显著降低制造成本。该光刻机的最小分辨率一般在 1.5μm 左右,套刻精度为 0.5μm。

面板电路对先进制程要求不高,一般采用 I 线光刻机来实现光刻步骤,以降低成本开销。在面板出货量巨大的市场环境下,相应光刻设备的市场需求量也是与日俱增。

除了面板光刻机,基于 I 线的光刻机还可以面向 6in 以下中小硅晶圆先进光刻应用领

域，满足高亮度发光二极管（High Brightness LED，HBLED）、MEMS 和 Power Device 等领域单面或双面光刻工艺需求，分辨率可达 0.8μm，独立机型可完成多项工艺流程。

6.4 光刻机的整机系统

光刻工艺定义了半导体器件的工艺尺寸，是芯片生产流程中最复杂、最关键的步骤。光刻机是光刻工艺的核心设备，也是所有半导体制造设备中技术含量最高的设备，集合了数学、光学、流体力学、高分子物理与化学、表面物理与化学、精密仪器、机械、自动化、软件、图像识别等多领域的顶尖技术。光刻的工艺水平直接决定芯片的制程和性能水平。

光刻机是一种投影曝光系统，由光源、光学镜片、对准系统等部件组合而成。在半导体制造过程中，光刻机会投射光束，穿过带有图形的光掩模版及光学镜组，将图形化信息曝光在带有光感图层的硅晶圆上。先通过刻蚀曝光或未曝光的部分来形成沟槽，再进行沉积、刻蚀、掺杂等工艺，构建出不同材质的半导体电路，并经过数十次甚至上百次重复工艺，将数十亿计的 MOSFET 或其他晶体管建构在硅晶圆上，形成集成电路。

随着半导体制程的不断缩小，光刻机越来越精密、复杂，包括高频率的光源、光掩模版的套刻精度、设备稳定度等，集合了许多领域的最尖端技术。一台完整的光刻机包含超过 10 万个零部件，这些零部件按照功能组成若干个组件。此外，光刻机中还有若干关键的耗材。根据光刻工艺过程的不同，光刻机可以分为若干软硬件协同的工作系统。最后，光刻机产业链可分为上游的光刻机、中游的设计与整机，以及下游的后端市场。光刻机产业链全景如图 6.12 所示。

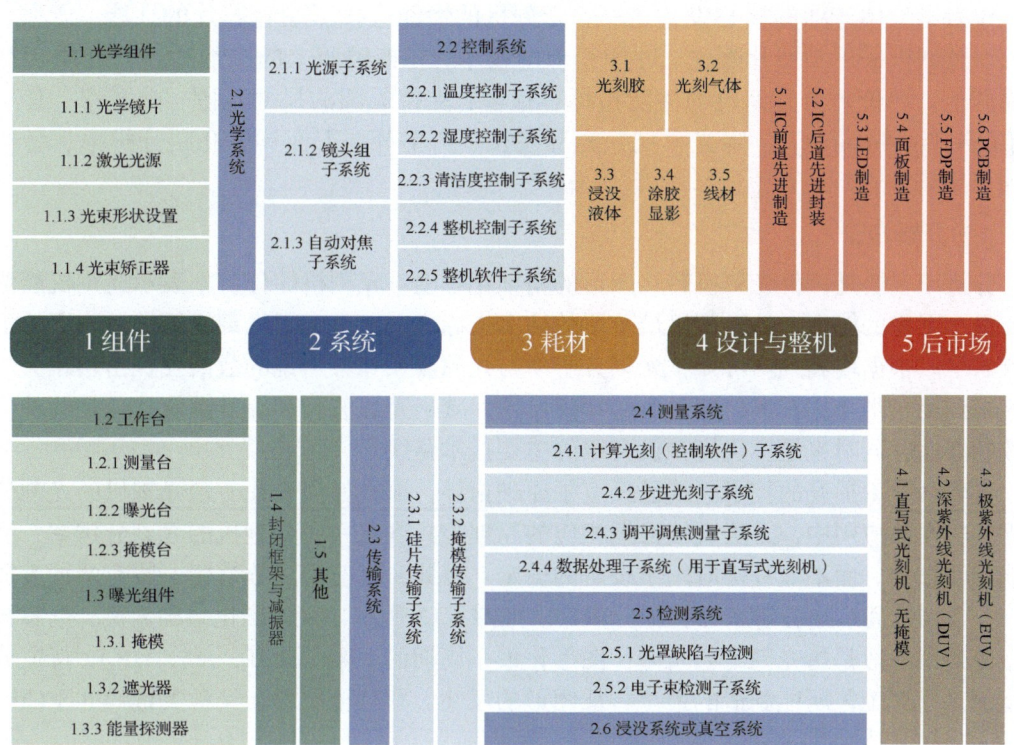

图 6.12　光刻机产业链全景[6]

6.4.1 光刻机的基本结构

光刻机主要包括以下七大系统：光学系统、传输系统、检测系统、控制系统、测量系统、浸没系统、真空系统。

其中，光学系统包含光源、激光调制和曝光子系统，具体包括光源子系统［激光产生及调节，使激光精准、均匀地透过（反射）掩模］、镜头组子系统（包含反射镜、汇聚镜、中继镜、投影物镜和光路调节等相关镜片）、自动对焦（对准）子系统（用来调节掩模与硅晶圆的相对位置、水平度及对套刻精度等进行补偿）。控制系统指光刻机中对系统环境及整机进行调整控制的系统，包括温度、湿度、清洁度控制子系统（高精度地控制环境指标，以维持光刻机的高效运行）、整机控制子系统，以及整机软件子系统（用于控制各分系统有序协同）。

想要实现光刻机的正常工作，除光刻机整机系统以外，光刻机的耗材也必不可少，主要包括光刻胶、光刻气体、浸没液体、涂胶显影、线材等。光刻胶是指光致抗蚀剂，用来在曝光中得到所需的电路图像，根据不同波段的激光光源有不同种类的配套光刻胶；光刻气体是指光刻机产生激光的光源，如不同的分子气体或等离子体；浸没液体是指用在 DUV 等浸没式光刻机的液体，使用折射率大于 1 的液体（如折射率为 1.44 的去离子水）作为媒介进行光刻，可提升最小分辨率；涂胶显影指专用的涂胶显影机，用以在曝光后进行显影工艺；线材指光刻机中所需的各种线路材料等。

6.4.2 光刻机的性能指标

作为半导体产业的核心设备之一，光刻机的性能直接影响着芯片的性能、产率、良率等。光刻机采用与照片曝光、冲印相似的技术，将掩模版上的图形通过光介质印制到硅晶圆上。评价一台光刻机的性能指标有很多：支持晶圆的尺寸范围、分辨率、套刻精度（Overlay Accuracy）、曝光方式、光源波长、产率等。下面具体介绍分辨率、套刻精度和产率。

1. 分辨率

分辨率主要是评价光刻机转移图形的精细化程度。光刻机的分辨率表示光刻机能清晰投影最小图像的能力，是光刻机最重要的技术指标之一，决定了光刻机能够被应用的工艺节点水平。根据瑞利判据可知，光刻分辨率与光源波长和聚焦镜的数值孔径密切相关。如果想得到更精细化的图形，即更小的特征尺寸，减小光源波长和提升数值孔径是两种行之有效的办法，同时也是历代光刻机升级的主要技术路线。

光刻分辨率提升的技术路线已经有了原理指导，那么如何表征一台光刻机的光刻分辨率呢？在实际应用中，无法直接根据相应的原理公式判定一台光刻机的光刻分辨率：原理只能指明方向，而不能直接应用于设备的标定。因此，目前光刻分辨率一般有两种表征方式——金属线间最小分辨率和特征分辨率。如图 6.13 所示，以图形化结构为例，金属线间最小分辨率一般是指光刻工艺所制作图形化最小周期的一半（Half Pitch，HP）。特征分辨率指的是光刻工艺所能制造的最小特征图形的尺寸，即特征尺寸，又称关键尺寸（Critical Dimension，CD）[7]。

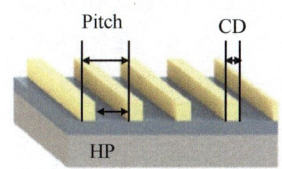

图 6.13　图形化结构光刻分辨率的两种表征方式（仅作示意）

金属线间最小分辨率决定了晶圆上图形化后晶体管之间的距离，即 HP 体现了图形化晶体管之间沟道的尺寸。特征分辨率决定了图形化晶体管的尺寸，即图 6.13 中的 CD。金属线间最小分辨率主要影响着芯片制造的成本，而特征分辨率主要决定了芯片的运行速度和功耗。这两种分辨率中，金属线间最小分辨率直接受限于瑞利判据公式：

$$\text{HP} = K \frac{\lambda}{\text{NA}} \tag{6.2}$$

特征分辨率则主要受限于对 CD 的控制能力，虽然不像金属线间最小分辨率那样有明确的物理极限，但随着尺寸的不断缩小，CD 的控制难度也是逐渐增大。对于周期性结构为 1∶1 的晶体管和沟道，$\text{CD} = \text{HP} = K \dfrac{\lambda}{\text{NA}}$。

关键尺寸均匀性（Critical Dimension Uniformity，CDU）也是芯片制造业光刻工艺中一个很重要的性能指标，随着晶体管尺寸减小到 90nm 及以下，CDU 的性能规格变得越来越严格。CDU 的大小与 CD 密切相关，一般要求控制到 CD 的 10%左右[8]。

2. 套刻精度

套刻精度的基本含义是前后两道光刻工艺之间图形的位置准度：如果对准的偏差（称为套刻误差）过大，就会直接影响产品的良率。在半导体制造过程中，芯片的制造不是仅有一层晶体管结构，而是十分复杂的多层 3D 结构，如图 6.14（a）所示，因此才会出现多层套刻的技术[9]。当一次曝光工艺处理完成后，形成相应的图形化区域，先更换掩模，接着在该图形化硅片上进行二次图形化曝光，该重复曝光工艺可以实现结构的互连或者复杂 3D 结构的图形化，因此两次曝光并不是杂乱无章的，而是密切相关。那么，第二次的光掩模图形必须与第一次曝光掩模准确地套叠在一起，这个工艺过程就称为套刻。当两次对准出现偏移时，就会产生套刻误差，导致图形化的失败，如图 6.14（b）所示。在实际的半导体制造中，一个芯片的制造会有多达几十次甚至上百次的套刻过程，那么套刻误差在这上百次的重复过程中将会被放大，最终影响芯片的良率[10]。因此，套刻精度也是衡量光刻机性能的重要指标之一。

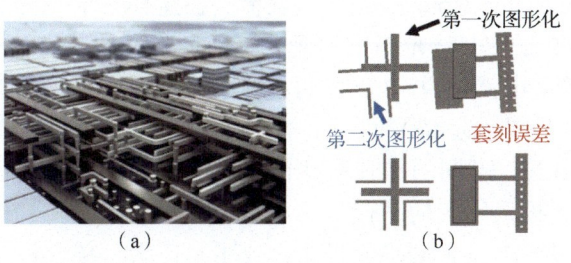

图 6.14　芯片的 3D 结构及套刻误差示意
（a）芯片的 3D 结构　（b）套刻误差[9]

为了确保光刻工艺图形化的准确性,即结构和互连的可靠性,最理想的情况是当前层与参考层的图形完全对准,即套刻误差为 0。在实际工艺中,当前层中的某一点与参考层中的对应点之间的套刻误差小于图形最小间距的 1/3,即可满足必要的结构可靠性。ITRS 对每一个技术节点的光刻工艺都提出了套刻误差的要求,见表 6.3。随着工艺节点的推进,关键光刻层允许的套刻误差将以大约 80%的比例缩小。

表 6.3 半导体器件工艺及其对应的套刻误差

(计划)量产年份	2011年	2012年	2013年	2014年	2015年	2016年	2017年	2018年	2019年	2020年	2021年	2022年	2023年	2024年	2025年	2026年
DRAM 器件 HP(nm)	36.0	32.0	28.0	25.0	23.0	20.0	18.0	16.0	14.0	13.0	11.0	10.0	8.9	8.0	7.1	6.3
套刻误差(nm)	7.7	6.4	5.7	5.1	4.5	4.0	3.6	3.2	2.8	2.5	2.3	2.0	1.8	1.6	1.4	1.3
Flash 器件 HP(nm)	22.0	20.0	18.0	17.0	15.0	14.2	13.0	11.9	10.9	10.0	8.9	8.0	8.0	8.0	8.0	8.0
套刻误差(nm)	7.2	6.6	6.1	5.6	5.1	4.7	4.3	3.8	3.6	3.3	2.9	2.6	2.6	2.6	2.6	2.6
逻辑器件 HP(nm)	38.0	32.0	27.0	24.0	21.0	18.9	16.9	15.0	13.4	11.9	10.6	9.5	8.4	7.5	7.5	7.5
套刻误差(nm)	7.6	6.4	5.4	4.8	4.2	3.8	3.4	3.0	2.7	2.4	2.1	1.9	1.7	1.5	1.5	1.5

在光刻工艺中,套刻误差是通过光刻机对准系统、套刻误差测量设备和对准修正软件这 3 个部分协同工作来减小的。特别要注意的是,对准与套刻误差是有概念区别的。对准是光刻工艺中利用对准系统调整当前层和参考层相对位置,以达到精准重叠的过程,即对准是工艺过程;而套刻误差是衡量对准好坏的性能指标,即当前层和参考层的相对误差,一般由专用测量设备测量得到。

对于尖端的光刻机,一般设备供应商就套刻精度会提供两个数值:一种是单机自身的两次套刻误差,另一种是两台设备(不同设备)间的套刻误差。导致曝光图形与参考图形出现套刻误差的原因有很多,如掩模变形或比例不正常、晶圆本身的变形、光刻机投影透镜系统的失真、晶圆工件台移动的不均匀等都会引入对准偏差,从而导致套刻误差。

3. 产率

产率是评价图形转移速度的指标,指光刻机单位时间曝光的晶圆数量,一般用每小时曝光的晶圆数量(Wafer Per Hour,WPH)表示。在这样一个争分夺秒的行业里,时间就是金钱,以荷兰 ASML 的 DUV 光刻机为例,当前最先进的 DUV 光刻机每小时可以完成 300 片晶圆的光刻生产。也就是说,12s 就可以完成一整片晶圆的曝光工艺,而在一片晶圆的光刻过程中,需要在晶圆上近 100 个不同的位置做图形化,所以完成一个影像单元(Field)的曝光成像也就约为 0.1s。不同的晶圆尺寸也会有不同的产率。

半导体产业是资金投入巨大的产业,其中对半导体制造设备的投入占到很大一部分,而在整个半导体制造设备中,光刻机的投入占比更是巨大,单台设备超过数亿甚至数十亿人民币,占总设备购置费的 30%左右。因此,光刻机的产率是晶圆制造厂商十分看重的指标之一,代表着该光刻机是否具有很强的商业价值。以 ASML 的 EUV 光刻机为例,它的单台售价高达数十亿人民币,工作的耗电量更是惊人,若设备全年无休,则将消耗一千万度电。但 EUV 光刻机的效率非常高,一小时就可以处理高达 200 片 12in 晶圆,而一片 12in 晶圆可以生产 350 块(可用良品)麒麟 9000、苹果 A14 等 5nm 芯片,这意味着一台 EUV 光刻机设备,一小时就能够生产多达 7 万颗麒麟 9000 芯片产品。最终换算下来,一台 EUV 光刻机能够量产 3~4 亿颗芯片,只要一颗芯片的利润达到 3 元人民币,那么一年就可以将 EUV 光刻机设备的成本赚回来。因此,EUV 光刻机也被誉为"半导体印钞机"。

投影式光刻机的产率与光源功率、曝光场大小、曝光剂量、晶圆工作台运动速度等因素有关。对于扫描/步进式投影光刻机,除了以上影响因素,由于采用掩模版和曝光台同步运动的工作方式,因此产率还受限于双工作台的同步扫描速度。

6.4.3 光刻机的技术挑战

光刻机的研发历程并不是一帆风顺的,如前文所述,高端光刻机市场的争夺非常激烈,代表性企业换了一拨又一拨。不同技术路线的选择,导致了最后发展差异巨大的结果。一台高端光刻机涉及物理学、材料学及精密制造等多学科领域的交叉融合,因此技术挑战来自多个方面。目前比较公认的一些技术挑战有核心光源、光学系统、工作台。图 6.15 所示为光刻机性能指标及技术挑战。

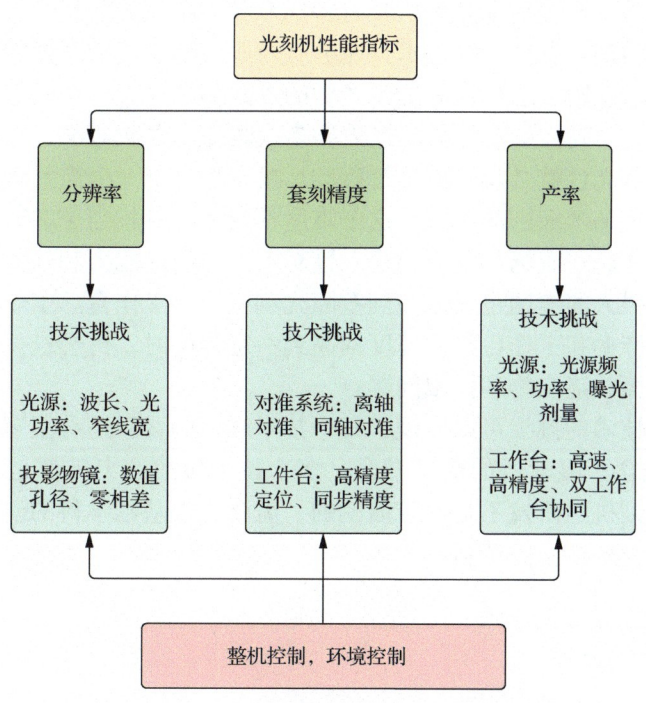

图 6.15 光刻机性能指标及技术挑战

在光刻机的技术发展路径中,核心光源一直是最重要的研发重点,没有光源的研发进步,光刻机的进展也就无从谈起。核心光源直接决定了光刻机的分辨率,也直接对应了芯片制程。从最初的汞灯光源到准分子激光器,再到最新的 EUV 光源,表面上只是光波长在不断地缩小,但背后蕴含着十分复杂的基础物理及工程难题。在光源的进化之路上,往往都是基础科学有了重要突破之后，在理论和工程上不断地进行完善，最后才逐步进入商用化的推广。核心光源也是由许多子系统组成的，它的背后还有很多的技术挑战。以 EUV 光源为例，想要达到可商用的水平，EUV 光源必须要配备 20000W 的大功率激光器去激发锡液滴产生 EUV 射线，而如此大功率激光器的制造属于 EUV 光源的制造难点之一，因此每一个技术挑战的背后还有许多支撑该技术的难点需要突破。

光刻机中的光学系统极其复杂，不同光刻机种类的光学系统设计也是大相径庭：EUV 光刻机采取的是反射式光路系统，在 EUV 光刻机之前的光刻机基本都是用透射式光路系统。EUV 所需要用到的光学镜组是具有极高精度的钼/硅多层膜反射镜。首先，这种特制的反射镜不仅需要提高对 EUV 的反射，还要能吸收杂光。因此，它上面镀了 40 层膜，主要是钼和硅的交替纳米层制作的。其次是平整度，它的表面需要近乎完美的光滑与干净，每个原子都要在正确的位置。单独一个特制反射镜就涉及了基础物理和精密制造等技术难点，整个光刻机的光学系统设计就更加复杂，涉及了更多的学科交叉。除了镜组和光学设计部分，还有许多技术挑战需要解决。例如，镜片吸收光会产生热量，因而要对系统进行冷却，那如何解决冷却过程中振动导致的精度问题也是一大技术挑战。

随着芯片制程的不断缩小，套刻误差也需要随之减小，对准系统的复杂程度也是与日俱增。对准系统的一个技术难点就是对准显微镜。为了增强显微镜的视场，许多高端的光刻机采用了 LED 照明。制造高精度对准系统的另一个技术难点是需要具有近乎完美的精密机械工艺。许多美国、德国品牌光刻机具有特殊专利的机械工艺设计，例如 Mycro N&Q 光刻机采用的全气动轴承设计专利技术，能够有效避免轴承机械摩擦所带来的工艺误差。

光刻机的工作台控制了芯片在制造生产中的纹路刻蚀：工作台的移动精度越高，所加工的芯片精度就越高。高性能芯片的制造需要多次曝光、多次对准，在曝光完一个区域之后，放置硅晶圆的曝光台就必须快速进行移动，接着曝光下一个需要曝光的区域，想要在多次快速移动中实现纳米级别的对准，这个难度相当大。就相当于端着一碗汤做蛙跳，还要保证跳了几十次之后一滴汤都没洒出来。这对国家的硬件能力和软件能力都是考验，即使是科技实力十分强大的美国也无法做到垄断光刻机移动工作台。工作台的移动速度是跟产率挂钩的，但当产率和工作台移动速度提高到一定程度时，再想进一步提升，技术难度将指数级上升，会面临诸多物理极限问题。

通过梳理光刻技术的挑战可以发现，每个技术难点的背后还有很多技术的支持，而且这些技术难点都包含了多学科的交叉融合，多个技术挑战的突破都是基于基础科学的突破。因此，尖端光刻机的研发不是一蹴而就的，需要重视基础学科的研究，只有基础学科的突破，才能带动光刻技术的革新。

6.5 光刻机的光源

光源是光刻机中的核心部分之一，作用是为光刻机提供曝光能量。光源是光刻的"利刃"，需要具备适当的波长（波长越短，曝光的特征尺寸就越小）及足够的能量，并且均匀地分布在曝光区。缩短光源的波长是提高分辨率的重要方法之一。从最早的 UV 光源（436nm 和 365nm），到 DUV 光源（248nm 和 193nm），再到先进的 EUV 光源（13.5nm），它们分别对应着汞灯光源（G 线/I 线）、准分子激光器（KrF/ArF）、激光等离子体光源

（EUV）。先进的光源都是随着激光器的发展与推广应用得到提升，因此，在先进的尖端光刻机中，激光器无论是作为光源还是激发源，都具有着重要的意义和关键的作用。

有了光源之后，还需要将光引入晶圆进行曝光工艺，光在光刻机中传播的过程都是由光路系统完成的。大部分光刻机采用的都是透射式光路设计，即利用透镜对光进行传播、整形、聚焦等光学操作，直到浸没式 DUV 光刻机都是采用这种光路设计模式，而由于 EUV 光的特殊性，最新的 EUV 光刻机则采用全反射式光路设计，这大大增加了光学设计及光学配镜加工的难度。

6.5.1 汞灯光源

汞灯光源是历史比较悠久的光刻机光源，由于它的光谱范围较宽、亮度较高，且成本较低，所以被广泛用在商业、科研用光刻机上，汞灯光源也是较早被用于商业化光刻机的光源，至今仍被广泛使用。汞灯光源的发射光谱如图 6.16 所示。光刻机中常见的紫外光 G 线（435.83nm）、H 线（404.65nm）及 I 线（365.48nm）都是出自汞灯光源[11]。

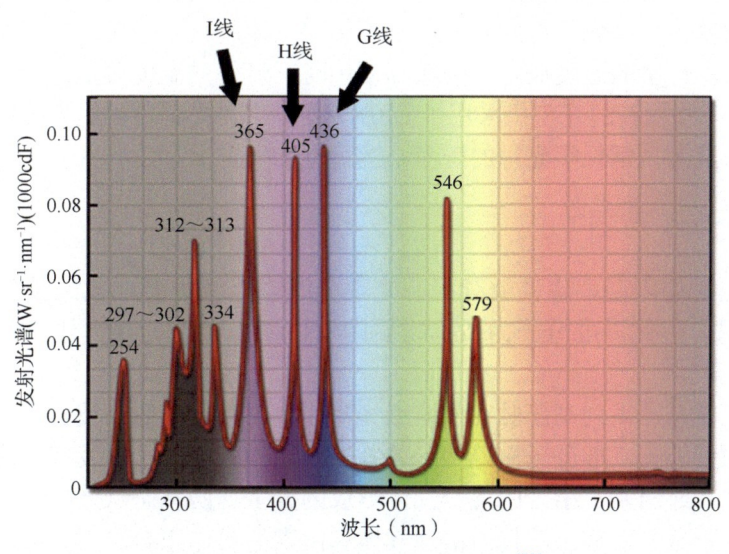

图 6.16 汞灯光源的发射光谱[11]

汞灯光源不仅可以发射紫外光，还会发射绿光、黄光等不同波长的光，但这些波段一般不会对光刻胶造成太大影响。在利用紫外波段的光进行曝光操作时，由于紫外波段波长和功率相对接近，因此在曝光过程中会有光波混在一起的情况出现。在一些特定工艺需要特殊波段曝光时，一般利用高通滤光片或带通滤光片来选出所需波长的光进行曝光操作，将不需要的杂光滤掉，避免影响曝光质量。

汞灯的基本结构如图 6.17 所示。汞灯是一种内部含有汞蒸气的电光源，以气体放电的方式产生亮光。灯管用耐热玻璃制成，两端装有电极；制造时抽去空气，充入水银和少量氩气；通电后水银蒸发，受电子激发而发光。

汞灯有低压、高压和超高压 3 种类型。高压汞灯的发光效率高、使用寿命长，且紫外光多、红光少，一般用作光刻机的光源；低压汞灯发出强紫外光，一般用作杀菌消毒光源，涂上荧光材料后就是日光灯；超高压汞灯是一种点光源，一般用于光学仪器。

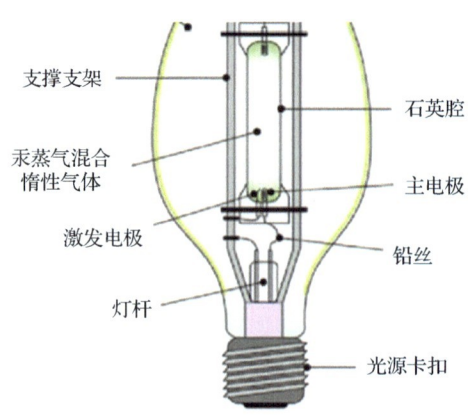

图 6.17　汞灯的基本结构[12]

虽然汞灯已作为曝光光源普遍应用到光刻机中，但它也存在一些问题和局限，主要是如何获得高功率、长寿命及稳定性。汞灯在高压放电状态下持续工作，输出光功率仅为输入电功率的5%左右，转化效率偏低。在工作状态下，电极材料会持续沉积在灯室壁上，逐渐降低光辐射的输出，因此汞灯的寿命一般不长，在使用数百小时后就需要更换。汞灯的功率稳定性主要由灯室的温度决定，在实际使用时，灯室的温度可以达到 700℃。除了提升汞灯的性能，一些较新的光刻机采用了 LED 光源，这类光刻机可以大幅度提升光源的电光能效转化，而且大大延长了光源的寿命，运行更加稳定。

6.5.2　准分子激光器

由于汞灯光谱的限制，想要继续提升光刻分辨率，就需要寻找波长更短、光功率更强更稳定的光源，因此以准分子为工作物质的气体激光器成为新一代光刻机光源的有力候选者。

准分子激光器是一系列高压脉冲气体激光器，可在特定的数个波长范围内产生高效率和高峰值功率的紫外光。准分子激光是一种紫外气态激光，处于激发态的惰性气体和另一种气体（惰性气体或卤素）结合的混合气体形成的分子，向基态跃迁时发射光子所产生的激光，称为准分子激光，输出波长由惰性气体和卤素的具体组合决定。准分子激光是广为人知的 DUV 辐射的实用来源。DUV 光具有波长短、频率高、能量大、焦斑小、加工分辨率高等特点，1982 年，IBM 率先将准分子激光技术应用在半导体光刻工艺中。从 20 世纪 90 年代开始，准分子激光技术推广到了激光光谱学、快速摄影、高分辨率全息术、物质结构研究、光通信、非线性光学、农业、医学、生物学等领域。

如图 6.18 所示，准分子激光器主要由激光腔、线宽压窄模块、控制器、波长能量监控模块、气体控制单元等组成。

准分子激光器的家族十分庞大，激光输出形式有连续型、脉冲型和调 Q 型。光刻机的曝光光源主要采用了 KrF、ArF 脉冲型气体激光器，它们的工作形式是将惰性气体原子和卤素元素混合，以放电的形式加以激励，与其他原子产生激发态的分子。当激发态的分子跃迁回基态时，会立即分解，还原成原本的状态，同时释放出光子。这些光子在经过谐振器振荡放大后，就形成了高能量的 DUV 光线。这种处于激发态的分子寿命十分短暂，只有 10～20ns，因此称为"准分子"[12]。

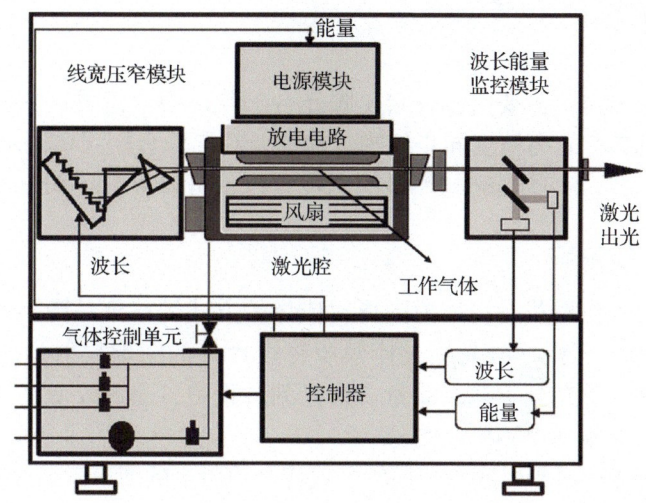

图 6.18 准分子激光器结构示意[12]

在过去的十余年中,发射波长为 248nm 和 193nm 的准分子激光器已成为常用的光刻曝光光源。由于准分子激光器的光学模式比固态半导体激光器差,而且重复率也远低于半导体激光器,因此直接聚焦准分子激光束很难制造出高精度的图形。然而,准分子激光器具有比半导体激光器更高的脉冲能量、更短的脉冲持续时间和波长。因此,只要激光束在用于加工之前通过特殊的光学系统进行均匀化,就可以制造出分辨率非常高的精细图形,因此也从众多的激光器中脱颖而出。

由于准分子激光器工作时损耗腔内气体,因此需要定期更换激光腔中的气体。早期的准分子激光器每产生 10 万个脉冲就需要更换一次工作气体,工作效率、成本和稳定性都差强人意。随着科技的发展,目前主流的商业光刻机中的准分子激光器可以实现 20 亿个脉冲/次的工作气体更换频率,大大提高了工作效率,减少了维护成本[12]。

准分子激光器的脉冲能量、重复频率及线宽是衡量光刻机水平的重要性能指标,高脉冲能量意味着高产率,即较少的脉冲就可达到曝光所需剂量。而在单脉冲能量不变的情况下,增加重复频率,可以缩短同曝光剂量所需时间,从而提升光刻机的产率。从被发明以来,准分子激光器的重复频率已由最初的 200Hz 提升至现在的 6kHz。线宽是保证成像质量的要素,未经压窄的准分子激光器线宽约为 0.3nm,会导致投影物镜产生很大的色差,从而导致成像质量的下降。目前,准分子激光器的线宽压窄技术已经发展到 0.3pm,稳定性达到±0.005pm 的水平,而线宽稳定性将直接影响 CDU,因此该指标也是核心性能指标之一[11]。目前准分子激光器的主要难点就在于,提升脉冲能量的同时还需要尽可能地压窄线宽,但压窄线宽必然会降低脉冲的能量。解决该问题的常用方法是注入锁相技术:先在主激光腔内产生激光脉冲并进行线宽压窄,再进入激光放大腔进行能量放大,该操作可以同时实现高脉冲能量和窄线宽。

对更先进的扫描/步进式投影光刻机来说,脉冲能量的稳定性是重点关注的性能指标。扫描/步进式投影光刻机的每次曝光都需要一定数量的脉冲数来实现要求的曝光剂量,而脉冲能量的稳定性就关系着曝光剂量的稳定性。例如,同样的曝光条件下,不稳定的脉冲能量将导致过曝或者欠曝的情况出现,从而影响曝光图形的质量。

6.6 光刻机的工作台系统

步进式光刻机的工作台主要由工件台(曝光台)与掩模台组成,它们分别用于承载晶圆和掩模版,并实现二者的高精度同步扫描等功能。双工作台模式由 ASML 首创,是指测量台和工件台相互配合,实现光刻与测量的同步进行,可以提升约 35%的工作效率。

6.6.1 工件台/掩模台系统

投影式光刻机的工作模式是将掩模图形以成像的方式转移到晶圆上,其中掩模版是搭载集成电路设计图的玻璃板,激光透过掩模版将设计好的图形投射到涂好光刻胶的晶圆上,掩模性能直接决定了光刻工艺的质量。在光刻过程中,通过改变工件台和掩模台的相对位置,可以在晶圆上刻画出不同的图形。

扫描/步进式投影光刻机是以逐步扫描的方式将掩模版上的图形微缩成像到晶圆上。在扫描成像的过程中,掩模图形需与晶圆的当前曝光场保持严格的物像关系,每一点的掩模图形都需要精准地成像到晶圆面上对应的像点处。因此,掩模台与工件台的高精度同步运动,是确保光刻机精准成像的基础,也是成像质量的关键性指标之一。如果掩模台与工件台存在运动误差,会导致成像位置偏移,降低动态成像质量,从而影响光刻机整体的分辨率和套刻精度。

除了搭载掩模版,掩模台系统还包含了遮光器,它是在不需要曝光时遮挡光束照射到待曝光晶圆的器件;能量探测器,它的作用是对要照射到掩模上的激光能量进行检测,反馈给能量控制器进行调整以满足曝光要求。图 6.19(a)所示为工件台/掩模台系统结构示意。

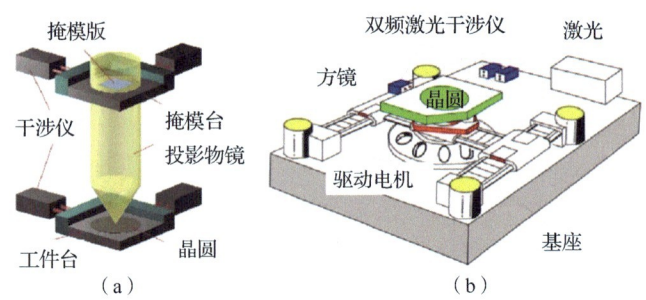

图 6.19 工件台/掩模台系统及扫描/步进式投影光刻机工件台结构示意
(a)工件台/掩模台系统 (b)扫描/步进式投影光刻机工件台[13]

在工件台/掩模台系统中,最核心的零部件就是高精度轴向定位单元,它的位置精度决定着工件台和掩模台的套刻精度,影响光刻质量。在晶圆曝光过程中,工件台需要反复进行步进、加速、扫描、减速等动态操作。要提高生产效率,就需要对工件台的步进速度、加速度和扫描速度提出更高的要求,因此最先进的工件台采用了全新的磁悬浮技术,以应对日益增长的产能需求。

截至本书成稿之日,ASML 的 DUV 浸没式光刻机 TWINSCAN NXT:2050i 代表着世界最先进的水平。它采用 ArF 光源,配有数值孔径为 1.35 的投影物镜,可实现 38nm 的最小分辨率及 1.4nm 的套刻精度,产率更是提高到了 295WPH。为实现这些性能指标,NXT:2050i 光刻机的工件台定位精度已经达到了亚纳米级,扫描速度为 1m/s 左右,加速度达到了 5g,这一数值比喷气式飞机起飞时的加速度还要大。

在 NXT:2050i 光刻机高速扫描曝光过程中，掩模台与工件台的同步运动误差的移动平均值（Moving Average，MA）和移动标准差（Moving Standard Deviation，MSD）需要分别控制在 1nm 和 7nm[14]。

图 6.19（b）展示了扫描/步进式投影光刻机的工件台结构，其中核心零部件有双频激光干涉仪、驱动电机、基座等。双频激光干涉仪通过承片台两侧的方镜来测量光束，可以实时检测承片台的位置信息；系统对测量结果进行响应，补偿工件台与掩模台的位置误差，实现两个工作台水平方向的轴向高精度同步定位。水平方向上的驱动电机由长行程电机和短行程电机两部分组成，长行程电机主要用于大行程和粗定位的驱动控制，而短行程电机主要用于高精度的运动定位和精细调节。承片台还具有垂直方向的运动能力，主要用于晶圆的调焦调平，由相应的传感器和垂直驱动电机协作实现。

位置测量的精度是决定工件台定位精度的关键因素。目前，应用在工件台的主流精度测量系统有双频激光干涉仪和光栅尺。差分迈克尔逊激光干涉测量（Differential Michelson Laser Interferometry，DMLI）技术是一种以激光波长为标尺，通过干涉光斑的频率、相位变化来感知位移信息的测量技术，如图 6.20（a）所示。DMLI 技术已成为支撑光刻机工件台达到极限工作精度和工作效率的前提条件和重要保障。我国已开发出多项干涉仪测量的核心技术，并研制出了一系列超精密高速激光干涉仪，可达到位移分辨率为 0.077nm，光学非线性误差最小为 13pm，最大测量速度为 5.37m/s，并成功应用于国产光刻机样机的系统中。但随着半导体工业和精密加工技术的迭代更新，激光干涉仪的一些劣势开始显现。一方面，干涉仪的体积较大，会在精密加工设备中占据较大空间，不利于小型化。另一方面，激光干涉仪对激光频率的稳定性，以及环境温度、折射率等参数的要求很高，需要通过复杂的补偿系统来提高测量精度，但补偿系统的加入大大增加了测量系统的复杂度和制造成本。

图 6.20（b）所示为光栅尺测量技术示意。光栅位移传感器以光栅的栅距为测量基准，内部光程较短，一般小于 15mm，因此受环境影响大大降低，从而提高了光路的稳定性，测量稳定性也有显著提高[10]。近年来，随着光栅材料、设计和半导体器件等各方面的提升，光栅位移传感器的测量性能已经可以与激光干涉仪媲美，ASML 已经在其新款光刻机中用光栅编码器替换激光干涉仪，作为位移测量和反馈控制的核心设备。除了光刻机，在半导体产业中，SMT 贴片机、刻蚀机等设备中也采用光栅位移传感器进行位移监测。因此，提高光栅位移传感器的定位精度，对突破半导体行业的集成电路摩尔定律具有重要意义。

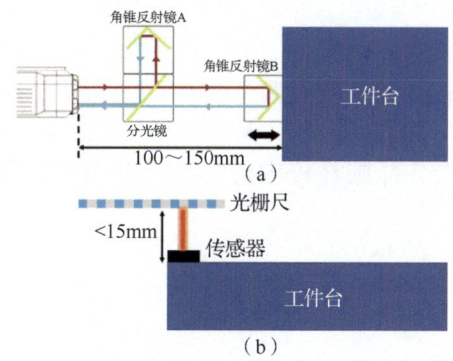

图 6.20　DMLI 技术及光栅尺测量技术示意
（a）DMLI 技术　（b）光栅尺测量技术[15]

6.6.2 工件台/测量台系统

一般工件台与测量台被统称为双工作台,即在一台光刻机内有两个承载晶圆的工件台。这两个工件台相互独立,分别位于测量位和曝光位,使曝光与测量过程同时进行。在曝光完成后,两个工件台会交换位置和职能,如此循环往复,实现光刻机的高产能。

在 2000 年之前,光刻设备只有一个工件台,晶圆的上下片、测量、对准、曝光都是顺序进行的。直到 2001 年,ASML 推出的 TWINSCAN 双工作台系统成为一个重要的里程碑。图 6.21 所示为 ASML 双工作台系统的工作流程。该系统使得光刻机能在测量位对晶圆进行预对准、形貌测量等操作,同时在曝光位进行晶圆的曝光,因此生产效率可提高约 35%,精度提高 10%以上。

先进光刻机需要有极高的套刻精度,如粗对准只需要使用 2 个对准标记,而精细对准则需要测量至少 20 个对准标记。因此,套刻精度与需要测量的对准标记数成正比,即能测量的对准标记越多,套刻精度就越高。大量的测量必然导致单工作台光刻机的产能进一步下降。一般曝光的时间要大于测量和校正的时间。因此,双工作台系统可以在不影响产能的前提下做更多、更复杂的测量,而随着近年来技术的持续改进,双工作台系统的效率得到了持续的提升。

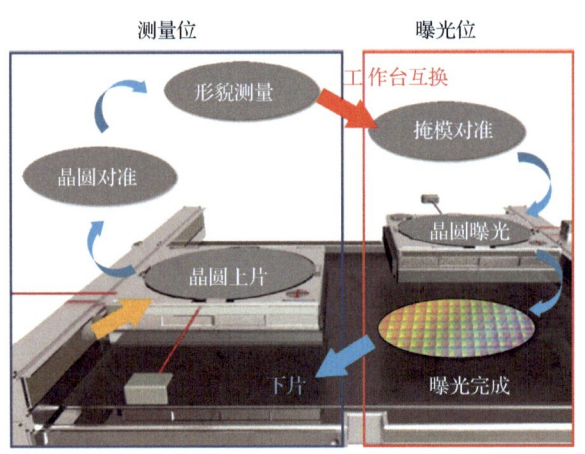

图 6.21 ASML 双工作台系统的工作流程[15]

ASML 为双工作台专利的持有者,尼康为了规避 ASML 的双工作台专利提出了另外两种双工作台光刻机结构:一种为带有两个对准系统的双工作台结构,这种结构由于成本及设备体积等限制很少应用;另一种为基于 Tandem Stage 的双工作台结构,该结构具有一个校准台和一个工件台,晶圆在校准台完成对准和形貌测量后,移动到工件台进行扫描曝光。

6.7 光刻机的其他关键子系统

除了上述核心系统,光刻机还有相应的关键子系统,包括照明系统、投影物镜系统、调焦调平系统、对准系统、光刻机环境控制系统。我们可以将这些系统想象成一个水桶,每一个子系统代表着一块木板,如果木桶中出现任何一个短板,都会影响整体的蓄水量,因此每个子系统的技术水平都对光刻机非常重要,任何一块的缺失都将影响光刻机性能指标。所以在光刻机的研发中,每一个模块都不能存在短板,这也是光刻机制造十分困难的原因之一。本节重点介绍每个子系统的作用,以及它们如何影响光刻机的性能。

6.7.1 照明系统

照明系统主要是为掩模版提供照明光束,一般是位于曝光光源与掩模台之间的复杂非成像光学系统,主要功能包括:①实现掩模版整个视场内的均匀照明;②实现不同的光照模式,控制照明光的空间相干性;③通过能量探测系统,实时控制激光能量,并精准调节到达硅片的曝光剂量[12]。照明系统是光刻机曝光系统的重要组成部分之一,随着光刻机的发展也在不断地升级。

扫描/步进式投影光刻机照明系统主要包括光束处理、光瞳整形、能量检测、光场均匀化、可变狭缝、中继成像等单元,如图 6.22 所示。光束处理单元与曝光光源直接相连,主要实现光束扩束、光束传输、光束稳定和透过率控制等功能。其中,光束稳定由光束测量和光束转向两部分组成,用于消除曝光光源出射光束的指向漂移和位置波动对照明系统性能的影响。光瞳整形单元位于光场均匀化单元之前,用于控制照射到掩模版上照明光场的光线角谱,掩模面照明光场的光线角谱与光瞳面的光强分布相对应,光瞳面的光强分布即为照明模式。随着集成电路图形的复杂化,光刻机需要采用针对特定图形具有分辨率增强效果的定制照明模式,从而发展出了可实现自由光瞳照明的光瞳整形单元。光场均匀化单元用于生成特定强度分布的照明光场,在非扫描方向上照明光场为均匀分布,在扫描方向上为梯形分布或平顶高斯分布,作用是减小扫描曝光过程中的激光脉冲量化误差,获得更均匀的曝光剂量。可变狭缝与掩模台(承载掩模版)和工件台(承载晶圆)同步运动,是实现大曝光场的关键部件。中继成像单元将可变狭缝的刀口面成像到掩模面上,以实现对掩模版的照明。能量检测单元实时检测激光脉冲能量,是实现曝光剂量控制的关键单元。

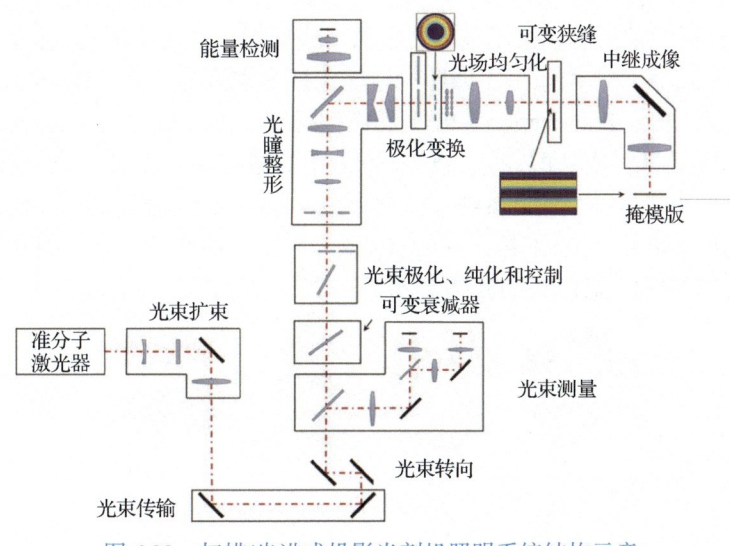

图 6.22 扫描/步进式投影光刻机照明系统结构示意

1. 光瞳整形

光瞳整形技术源自部分相干成像理论，在扫描/步进式投影光刻机中，针对不同的掩模图形采用不同的照明模式，以增强光刻分辨率、增大焦深、提高成像对比度。照明模式的发展状态如图 6.23 所示。常用的照明模式有传统照明、环形照明、二极照明和四极照明等。照明光瞳的性能用光瞳特性参数进行描述，主要包括部分相干因子、光瞳椭圆度、X 方向光瞳极平衡性、Y 方向光瞳极平衡性、四象限光瞳极平衡性、极张角、极方位角等。

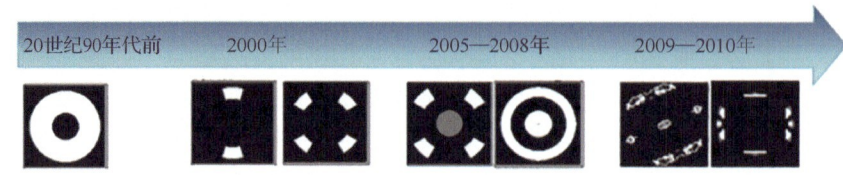

图 6.23　照明模式发展状态图[16]

2. 光场均匀化

良好的光场均匀性是保证光刻机在曝光场内获得均匀分辨率的重要条件。在扫描/步进式投影光刻机中，曝光场指的是投影物镜的视场在晶圆面扫描曝光后形成的曝光区域，一般要求照明光场在非扫描方向（X 轴）为均匀分布，在扫描方向（Y 轴）为梯形分布或平顶高斯分布等。光刻机中实现光场均匀化主要采用的元件为积分棒或微透镜阵列。照明光场的均匀性常用非扫描方向的积分不均匀性来描述，在 90nm 工艺节点的光刻机中，照明光场积分不均匀性一般要求小于 0.6%；在 65nm 及以下工艺节点的浸没式光刻机中，照明光场积分不均匀性要求小于 0.3%。

3. 偏振照明

随着光刻分辨率的不断提高，投影物镜的数值孔径不断增大，照明光偏振特性对成像对比度的影响也越来越大。为确保大数值孔径下的成像质量，光刻机的照明系统采用了偏振照明系统。偏振照明技术结合离轴照明技术成为大数值孔径浸没式曝光系统必备的分辨率增强手段，采用该技术可以降低工艺因子，增大工艺窗口，改善成像对比度，提高光刻分辨率。目前，浸没式光刻机中常用的偏振模式主要有水平线偏振、竖直线偏振、水平-竖直线偏振和非偏振等，如图 6.24 所示。衡量偏振照明的性能指标主要有偏振度（Degree of Polarization，DOP）、偏振纯度（Pure Polarization，PP）和偏振强度（Intensity Polarization，IPS）。

截至本书成稿之日，成熟的商业光刻机中常用的偏振照明系统有 ASML 的 Areial XP 照明系统和尼康的 POLANO 照明系统。以典型的 Areial XP 照明系统为例，该系统采用衍射光学元件（Diffractive Optical Element，DOE）产生照明光瞳形状。其中，DOE 是一种纯相位元件，可以产生任意形状的光瞳分布。

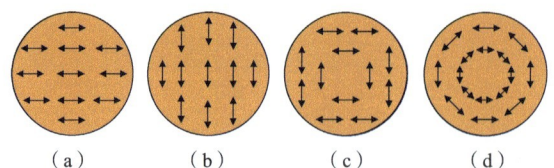

图 6.24　传统照明模式下常用的偏振照明模式示意[17]
（a）水平线偏振　（b）竖直线偏振　（c）水平-竖直线偏振　（d）非偏振

整个照明系统通常采用能量检测单元与透过率控制单元（图 6.22 中的可变狭缝）来控制曝光剂量。能量检测单元主要用于检测激光光源发出的单脉冲能量，根据检测结果反馈并控制激光器的单脉冲能量输出，并使其达到所需的曝光剂量。通过透过率控制单元，可以根据曝光剂量及均匀性来改变光的透过率，从而调整照明光的光强。

6.7.2 投影物镜系统

光刻机的光学镜组指若干物镜及其他光学镜片。投影物镜系统的上面是掩模版，下面就是承载晶圆的双工作台。投影物镜系统就是把光照射下来的掩模版图形等比例缩小，并精确投影到晶圆上，同时必须矫正到没有图形畸变，像质在衍射极限以内。单一镜面的凸透镜，因为边缘和中心的折射能力不同，会导致对应焦点有长有短，所以需要凹凸透镜组合在一起来抵消单片镜的色差与球面像差，这也是 1817 年诞生的高斯镜的原理。于是，人们在光刻机的物镜里加入了各种各样的凸透镜、凹透镜、非球面镜等，运用各种透镜组合，力求完全消除球差、彗差、像散等各种光学缺陷误差。随着曝光分辨率越来越高、数值孔径越来越大、投影要求不断提高，投影物镜系统的复杂程度开始"一路狂飙"，光路越来越复杂，如图 6.25 所示（其中，y_{imax} 表示焦距）。

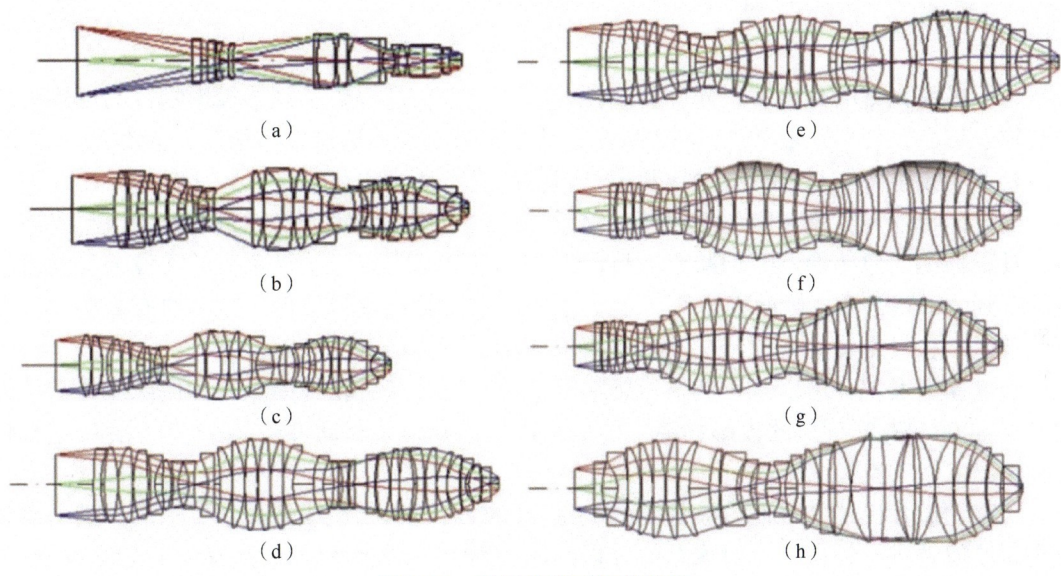

图 6.25　投影物镜系统的演变

（a）NA=0.3，y_{imax}=10.6mm，λ=436nm（G 线）　（b）NA=0.54，y_{imax}=10.6mm，λ=436nm（G 线）
（c）NA=0.54，y_{imax}=12.4mm，λ=365nm（I 线）　（d）NA=0.57，y_{imax}=15.6mm，λ=365nm（I 线）JP-H8-190047（A）
（e）NA=0.55，y_{imax}=15.6mm，λ=248nm（KrF）JP-2000-56218（A）
（f）NA=0.68，y_{imax}=13.2mm，λ=248nm（KrF）JP-2000-121933（A）　（g）NA=0.75，y_{imax}=13.2mm，λ=248nm（KrF）JP-2000-231058（A）
（h）NA=0.85，y_{imax}=13.8mm，λ=193nm（ArF）IP-2004-252119（A）

物镜是光刻机的核心光学元件，负责将电路图形投影到晶圆上。为了满足尖端光刻机的要求，镜头要经过超精密抛光，达到原子级别的加工精度，这挑战着超精密加工能力的极限。DUV 光刻机（使用 193nm 波长的 ArF 准分子激光）的透镜由石英玻璃制成，并依靠一系列透镜构成投影物镜系统（见图 6.26）把掩模的图形投影到晶圆上。除了全折射式的投影物镜系统，还有折反式的投影物镜系统。折反式结构可以有效控制色差，同时保持较小的物镜体积，通常用于数值孔径较大的浸没式光刻机中。由于 EUV 波段的特殊性，它极易被大部分物质吸收，因此 ASML 的 EUV 光刻机利用布拉格衍射的原理实现 EUV 光的反射。EUV 反射镜由高精度的玻璃基底和沉积在其上的纳米级厚度周期性硅/钼（Si/Mo）多层膜构成。截至本书成稿之日，最新一代 EUV 光刻机反射镜的最大直径为 1.2m，面形精度峰谷值为 0.12nm，表面粗糙度为 20pm（=0.02nm=0.2Å），也就是说达到了原子级别的表面粗糙度。

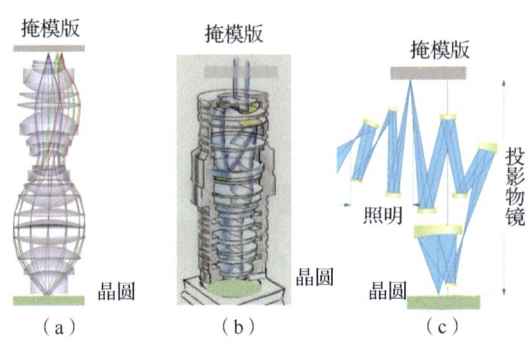

图 6.26　光刻机投影物镜系统结构示意[18-19]
（a）全折射式　（b）折反式　（c）全反射式

为了提高光刻的分辨率，光源的波长在不断减小，这导致了制造投影物镜的可用材料种类越来越少。大部分光学材料在 DUV 及以下光源波段的透过率都很低，能满足 DUV 光刻机要求的投影物镜材料只有少数几家材料供应商有能力提供。

半导体特征尺寸遵循摩尔定律持续缩小，使得对投影物镜成像质量的控制也越来越严格，投影物镜的像差要不断地减小。目前，高端的 DUV 浸没式光刻机的波像差与畸变已经降低到 1nm 以下，接近零相差[20]。为了实现这种超高质量成像，就需要有高精度像质检测技术，在投影物镜集成装配阶段对成像质量进行离线检测。

经过探索发现，可以采用调整投影物镜的可动镜片来补偿像差，提高成像质量。佳能的 FPA-6000AS4 光刻机的投影物镜结构采用镜片驱动单元驱动可动镜片产生位移，进行像差补偿[21]。

可移动镜片仅能实现低阶波像差的补偿。随着对投影物镜成像质量要求的提高，需要对高阶波像差进行补偿。针对像差的补偿问题，ZEISS 联合 ASML 开发出了 FlexWave 技术。理想的波前是一个球面（或平面），而有像差存在的时候波前就不再是一个规则的球面（或平面），因此如果可以对波前平面上不同位置的点的相位进行调节，就可以把不规则的波前调整成规则的球面（或平面），也就可以做到对像差的补偿修正，如图 6.27 所示。

FlexWave 技术（见图 6.28）是将一种透光介质放在投影物镜中，并将透光介质划分成面积相同的网格，每个网格中分布有透明电极制成的电热丝，每个网格的电热丝都可被单独控制，用来对局部进行加热，从而实现对每个网格的折射率进行调节[22]。该技术的控制原理与 LCD TFT 列阵［见图 6.28（c）］相似，通过阈值线路（Gate Line）和数据线路（Data Line）的选择来对每个像素进行实时开关控制。所以，通过合适的电路控制，就可以精确地控制透光介质上每一个像素点的折射率，对经过的光线相位进行调制，从而实现对整个成像的像差控制。

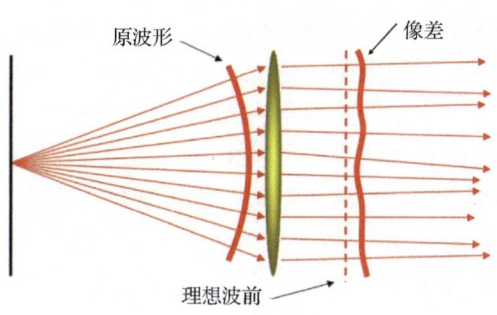

图 6.27 空间光波前波形变换

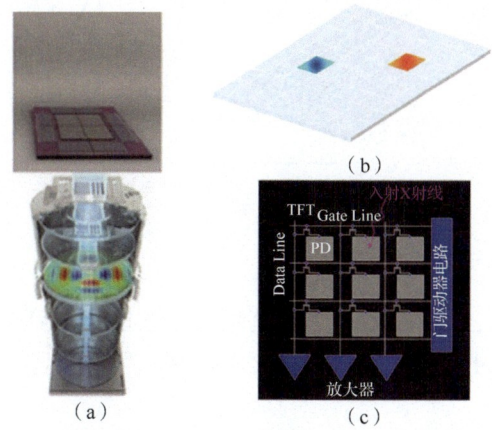

图 6.28 FlexWave 技术

(a)、(b) ASML 的 FlexWave 技术原理示意 (c) LCD TFT 列阵示意[22]

尼康采用了变形镜（Deformable Mirror）技术对高阶波像差进行控制。该技术是在投影物镜光路中增加变形镜，通过控制变形镜的形变来改变光程，实现高阶波像差的补偿。

6.7.3 调焦调平系统

光刻机的原理是将掩模版上的图形转移到晶圆上，即对晶圆上的光刻胶进行曝光，经过显影后形成光刻胶图形。光刻胶图形的质量与曝光时晶圆面在光轴方向的位置密切相关。为满足对光刻胶图形的质量要求，晶圆面在光轴方向的位置必须控制在一定范围内，这个范围就是焦深（Depth Of Foucs，DOF）。对掩模版图形进行曝光时，整个曝光场必须处于焦深之内，而曝光场内不同位置的焦深通常不一样。能使整个曝光场内光刻胶图形质量都满足要求的焦深称为可用焦深（Usable Depth Of Foucs，UDOF）[12]。

在光刻机对掩模版图形进行曝光时，必须对晶圆面进行高精度的调焦调平。具体调节过程为：首先，通过调焦调平传感器测量出晶圆面相对于投影物镜最佳焦面的距离和倾斜量；然后，通过工件台的调节计进行微调，使晶圆面的待曝光区域垂直于投影物镜的光轴并位于其焦深范围内。

需要曝光的芯片结构特征尺寸越小，对应的焦深也越小。一般的投影物镜焦深仅有数百纳米，浸没式 DUV 光刻机的焦深在 100nm 以下。因此，为确保晶圆面在曝光场 100nm

焦深范围之内，对调焦调平传感器的测量精度要求要到达数纳米。

图 6.29 所示为 ASML 的调焦调平系统，它的测量原理是从光源发出的光束照到振幅型投影光栅上，投影光栅以一定的倾斜角将光照射到晶圆面上。由于倾斜入射，晶圆离焦量的变化使得投影光栅的像在探测光栅上发生移动。经过反射的光透过探测光栅后，光强会被探测器捕捉。由于光强随晶圆离焦量的变化而变化，因此可以根据光强的变化来获得晶圆面离焦量的变化。投影光栅与探测光栅的周期与入射角等决定了测量分辨率。通过使用较大的入射角和较小的光栅周期，该系统可以探测最小达 1nm 的晶圆面离焦量变化。

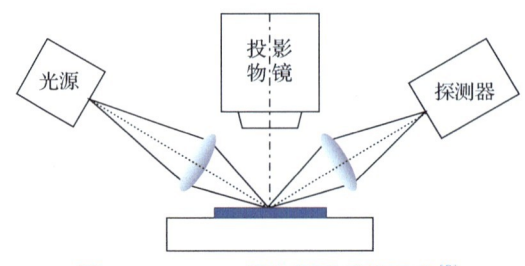

图 6.29 ASML 调焦调平系统示意[8]

6.7.4 对准系统

在光刻工艺中，需要光刻机将多个掩模版图形逐层曝光到晶圆上，每一层图形都需要精准地曝光到晶圆对应的位置上，以确保套刻精度。因此，曝光之前需要将掩模版与晶圆进行高精度对准。

光刻对准技术由最初的明场和暗场对准发展到后来的干涉全息或外差干涉全息对准、混合匹配、由粗略到精细对准技术等。套刻精度也由原来的微米级提高到纳米级，极大地促进了集成电路制造业的发展。截至本书成稿之日，高精度光刻设备主要采用的对准方式可以分为光栅衍射空间滤波和场像处理对准技术。从对准原理及标记结构的角度分类，对准技术可以分为早期投影光刻中的几何成像对准［包括双目显微镜对准、双束 TTL（Through The Lens，TTL）对准、场像对准（Field Image Alignment，FIA）等］、波带片对准、干涉强度对准、激光干涉对准（Laser Interference Alignment，LIA）及莫尔条纹对准。常见的光刻机对准技术及套刻精度见表 6.4。

表 6.4 常见的光刻机对准技术及套刻精度

公司	光刻机型号	对准技术	套刻精度（nm）
尼康	NSR2205i12D	FIA/LIA	22~35
	NSR-S306C	FIA/LIA	22~35
佳能	FPA 1500	TV 图像处理	25
	FPA 5000ex3		
ASML	PAS 2500/40	PGA（TTL）	80
	PAS 5000/70	PGA（TTL）	60
	PAS 5500/500	PGA（TTL）	45
	PAS 5500/1100	ATHENA+TIS	23

对准系统包括同轴对准和离轴对准，分别用来测量掩模版位置和硅片位置。通过建立掩模版和硅片相对的位置信息，将测量反馈给电机进行精准调节，实现晶圆与掩模版的对

准。目前,光刻机的套刻精度已经达到了 2nm 以内,要求对准位置的测量精度优于 1nm。

ASML 采用传输图像传感器(Transmission Image Sensor,TIS)同轴对准系统和高阶增强对准的先进技术(Advanced Technology Using High Order Enhanced Alignment,ATHENA)离轴对准系统实现掩模版和晶圆的对准过程,如图 6.30 所示。同轴对准的测量光路会经过光刻机的投影物镜;离轴对准系统的测量光路具有独立的光学模块,不经过投影物镜。首先,由 ATHENA 离轴对准系统检测出晶圆对准标记与工件台(掩模版)基准标记的位置,然后由 TIS 同轴对准系统将掩模版上的标记投影成像到工件台上相应的 TIS 传感器上,检测出掩模版图形的位置。最后,根据两种对准系统的检测结果,计算出晶圆与掩模版的相对位置。

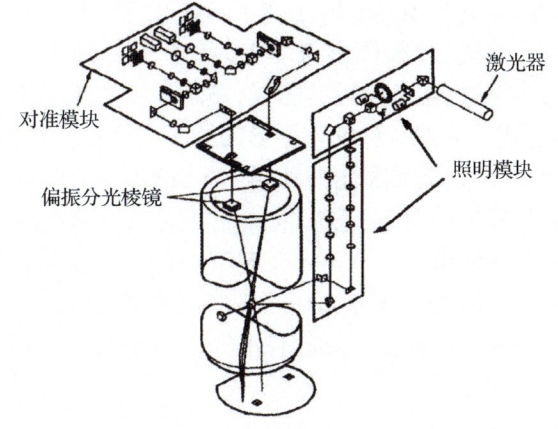

图 6.30　TIS 同轴对准和 ATHENA 离轴对准系统原理示意

ATHENA 离轴对准系统采用波长为 632.8nm 的红光和 532nm 的绿光作为照明光源,利用对准标记的±1~±7 级的衍射光进行对准,共形成 14 个测量通道。1999 年,ASML 在面向 150nm 工艺节点的 PAS 5500/700B 光刻机上首次引入了 ATHENA 离轴对准系统。随着工艺节点的不断下探,对精度的要求也越来越苛刻,对准技术也随之发展。

2007 年,ASML 在 65nm 工艺节点的浸没式光刻机 XT 1400Ei 上引入了智能对准传感器融合(Smart Alignment Sensor Hybrid,SMASH)对准系统。该系统与 ATHENA 对准系统相比增加了 780nm 和 850nm 两种近红外探测波长,且采用了自参考干涉技术,不再使用参考光栅,使对准标记的设计有了更大的灵活性,可进一步提高套刻精度和工艺适用性。

2017 年,ASML 在 7nm 工艺节点的浸没式光刻机 NXT 2000i 上引入了光学中继智能套刻导航(Optical Repeater Intelligent Overlay Navigation,ORION)对准系统。该系统在 SMASH 对准系统的基础上进行了改进,每个波长的照明光采用两种偏振态,这使得对准信号的通道数翻倍,进一步提高了套刻精度和工艺适用性。该对准系统也成为 NXT 2000i 光刻机能实现 1.4nm 套刻精度的重要支撑。

6.7.5　光刻机环境控制系统

由于光刻机内部的构造十分复杂,各子系统内部都有相应的环境控制系统来确保子系统的正常运行。光刻机整机的各子系统之间会协同工作,因此子系统间的环境控制系统非常复杂和庞大,包含上万个机械件和上百个传感器。

在光源、光路系统中，光刻机内部的温湿度和空气压力等环境变化会影响对焦。由于对曝光精度的苛刻要求，光刻机内部的温度变化要控制在 5‰℃，因此需要配备十分精准的测温传感器，以及合适的冷却方案。

封闭构架与减振装置的作用是将工作台与外部环境隔离，以减少来自外界的振动干扰，从而保证工作台的水平。封闭构架内部具有精密的温度、湿度和压力检测设备，用来维持光刻机的正常运行。

6.8 计算光刻

计算光刻（Computational Lithography）技术是在光刻机软硬件不变的情况下，采用数学模型和软件算法对照明模式、掩模图形与工艺参数等进行优化，可有效提高光刻分辨率，增大工艺窗口。在 EUV 光刻机还未问世的时候，32nm 以下光刻工艺分辨率的提升完全依赖分辨率增强技术，通过优化光照条件使得图形的分辨率达到最佳、光学邻近效应（Optical Proximity Effect，OPE）校正和添加曝光辅助图形（Sub-Resolution Assist Feature，SRAF）。2010 年左右出现的光照条件和掩模图形协同优化技术及反演光刻技术是把计算光刻推到了一个新的高峰。毫不夸张地说，在 32nm 工艺节点以下，计算光刻已经成为光刻工艺研发的核心。随着工艺节点的推进，计算光刻的模型也越来越复杂，所需要的计算时间也更多。除了计算光刻模型的设计，计算光刻软件的开发也是技术难点之一，难度甚至超过了计算光刻模型的开发。

6.8.1 光学邻近效应校正

随着芯片尺寸不断缩小，摩尔定律也在不断地演进，在达到 0.13μm 及以下工艺节点时，光刻机所使用的光波长（193nm）已经远大于结构的特征尺寸，这使得在成像过程中，光学的衍射、干涉等邻近效应所产生的问题极为棘手。光学邻近效应[23]是指由于部分相干成像过程中的非线性空间滤波，像强度频谱的能量分布和位相分布相对理想像频谱有一定畸变，并最终大大降低了成像质量。

在光学成像过程中，理想的像强度分布取决于掩模版上线条的特征尺寸、形状和分布规律，其中边角或细锐的线条在成像中包含了较多的高频成分。但由于衍射效应，高频成分无法经过成像系统到达实际空间像面对应的边角处，这导致了空间像在边角处的光强分布失衡，造成实际空间像线条边角处的圆化或畸变。掩模版设计与实际成像对比如图 6.31 所示。

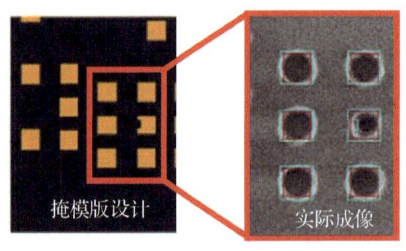

图 6.31　掩模版设计与实际成像对比

如图 6.32 所示,未经过光学邻近效应校正的光刻成像,边缘出现圆化。其中,掩模版布局中的左图凹形微小结构变化,成像后未反映出相应结构且尺寸被缩小。为了解决这些问题,人为地对掩模版上的图形进行修改,即光学邻近效应校正[24]。OPC 是一种光刻增强技术,通常用于补偿衍射或工艺效应引起的图像误差。这些投影图像的畸变(如线宽比设计得更窄或更宽),可以通过改变用于成像的光掩模上的图形来进行补偿。如果不纠正这种失真,将会导致所设计结构的电气特性发生明显的改变,降低产品良率。光学邻近效应校正是通过移动边缘或针对掩模版上的图形添加额外的多边形来实现畸变的校正。

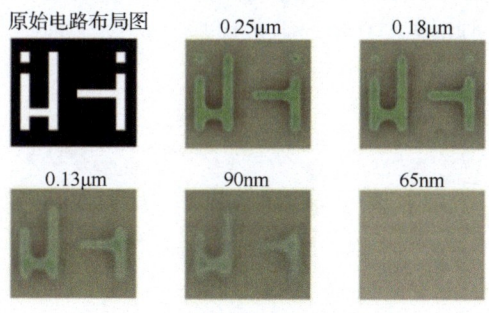

图 6.32 图形成像失真示意

目前,光学邻近效应的校正方法主要有 3 种,分别是基于经验的光学邻近效应校正(Rule-based OPC)法、基于模型的光学邻近效应校正(Model-based OPC)法,以及曝光辅助图形。

1. 基于经验的光学邻近效应校正法

基于经验的光学邻近效应校正的关键是校正规则。这些规则规定了如何对各种曝光图形进行校正。它的形式和内容会极大地影响 OPC 数据处理效率和校正精度。由于基于经验的光学邻近效应校正法是采用备用替换线段模组的方式,因此优点是速度快,缺点是掩模版修改后的准确度比较低。

2. 基于模型的光学邻近效应校正法

随着硅片尺寸越来越大,结构和光刻层数也呈指数趋势增加,所需要校正的光学邻近效应已经不可能用经验法来计算了。因此,必须依靠计算机辅助设计软件来进行。这就是基于模型的光学邻近效应校正,它使用严格的光学模型和光刻胶光化学反应模型来计算曝光后的图形。基于模型的光学邻近效应校正法从 90nm 工艺节点开始被广泛使用,比基于经验的光学邻近效应校正更精确。OPC 对光刻系统成像质量的影响如图 6.33 所示。

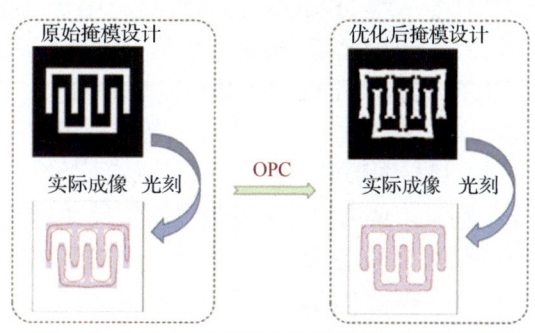

图 6.33 OPC 对光刻系统成像质量的影响[25]

3. 曝光辅助图形

在半导体结构设计中，一般既有密集分布的图形（如等间距线条），也有稀疏的图形（如独立的线条）。在光刻工艺发展的过程中，密集分布图形的光刻工艺窗口与稀疏图形的光刻工艺窗口是不一样的，因此二者的工艺条件并不相互通用，而在设计中添加曝光辅助图形可以解决这一技术难题，如图 6.34 所示。在未添加曝光辅助图形时，光刻工艺窗口随周期的增大而减小，而在稀疏图形周围插入曝光辅助图形，这些辅助图形的最小尺寸必须小于光刻机的分辨率，在曝光过程中，这些辅助图形不会在基底上产生图形。最终，这些稀疏图形变得"密集"，因此增大了光刻工艺窗口，提高了稀疏与密集图形工艺窗口的一致性。

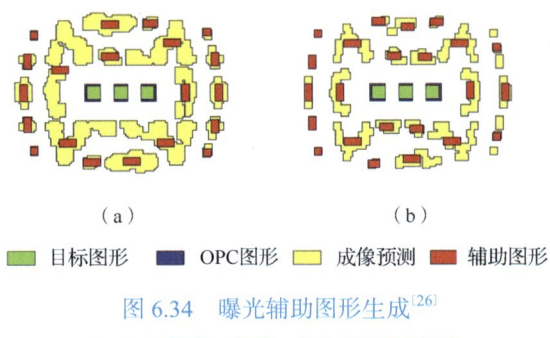

（a）　　　　　　　　　　（b）

■ 目标图形　■ OPC图形　■ 成像预测　■ 辅助图形

图 6.34　曝光辅助图形生成[26]

（a）未添加曝光辅助　（b）添加曝光辅助

目前，我国芯片厂商采购的是不同供应商的光刻机设备，而配套使用的 OPC 软件的选择范围却很小，主要由 ASML 旗下的 Brion、被西门子收购的 Mentor 及 Synopsys 这三家国外企业提供。OPC 市场几乎被国外企业垄断，国内用户完全没有议价能力。OPC 在流片过程中的成本很高，以中芯国际为例，流片费用包括光罩和 OPC 费用，其中 OPC 费用占大部分。28nm 工艺节点的流片费为 70 万～80 万美元/次，14nm 工艺节点则需要高达 200 万美元/次。

6.8.2　光源掩模协同优化

光源掩模协同优化（Source Mask Optimization，SMO）同时考虑光源照明模式和掩模图形，与传统分辨率增强技术（如 OPC）相比具有更大的自由度，系统能够计算光照条件，根据每个节点的芯片设计特点来确定在这个节点所需要的光刻机光源，是进一步提高光刻分辨率和工艺窗口的关键技术之一[27]。SMO 已经被广泛应用于 20nm 及以下工艺节点，且一般只在 22nm 及以下工艺节点有可能需要使用，但有些芯片厂商也将其用于 28nm 工艺节点，以解决一些特殊的曝光难题。不同 SMO 结果示意如图 6.35 所示。

SMO 仿真计算的基本原理与基于模型的光学邻近效应校正相似，通过对掩模图形的边缘进行移动，计算其与晶圆上目标图形的偏差，即边缘放置误差（Edge Placement Error，EPE）。通过对模型引入曝光剂量、聚焦度、掩模版上图形尺寸等扰动，计算这些扰动导致的晶圆上图形的 EPE。SMO 计算出的结果，不仅包含一个像素化的光源，还包括对输入设计做的 OPC。由于光照参数和掩模版上的图形可以同时变化，因此优化计算的结果并不是唯一的。

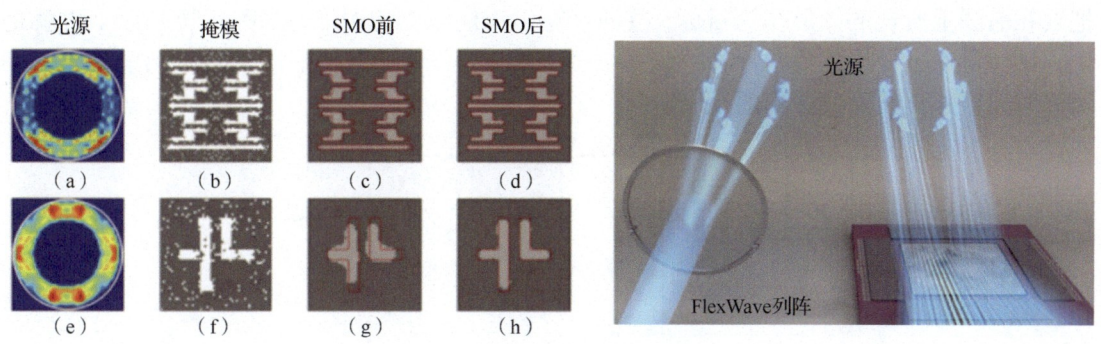

图 6.35 不同 SMO 结果示意[27]

SMO 技术出现于 2000 年，并在之后出现了相应的算法研究成果。它的主要优化思路分为两种：一种是全局优化光源和优化掩模交替进行，直至结果满足要求，即交替优化算法；另一种是局部的掩模和光源进行协同优化，充分考虑二者之间的耦合作用，来获得优化光源，即协同优化算法。

交替优化算法更适用于对现有工艺的改进，并能够比较直接地得到符合衍射光学器件（Diffractive Optical Element，DOE）限制条件的光源形状，所获得的光源可以在 DOE 库中直接寻找到对应的光源并安装到机台上。然而，交替优化算法得到的结果通常是一个局部最优结果，而不是全局最优，所以常常需要多次重复优化流程来进一步提升工艺窗口。

交替优化算法采用归一化的像对数斜率（Normalized Image Log Slope，NILS），对焦深度（Depth of Focus，DOF）和掩模版误差增强因子（Mask Error Enhancement Factor，MEEF）等指标作为评价函数，而协同优化算法采用 EPE 作为评价函数来寻找最优解。在优化的最初阶段，协同优化算法采用无限制光源和连续传输掩模（Continuous Transmission Mask，CTM）来寻找最优解，并将得到的光源拟合到常见的 DOE 光源或形成自由形式光源；根据 CTM 插入并拟合出可制造的 SRAF，并根据掩模规则检查（Mask Rule Check，MRC）修正掩模，最终将光源和掩模协同优化得出最终结果。

目前，工业界普遍采用的是协同优化算法，IBM、ASML、Mentor、Synopsys、Cadence 等许多公司和研究机构在软件算法和模型上进行了深入研究，环球晶圆、三星等则在设备和晶圆验证方面做出了相应贡献。

6.8.3　反演光刻

反演光刻技术（Inverse Lithography Technology，ILT）又称逆向光刻技术、反向光刻技术[23]。它与 OPC 的目的一样，但思路不同，主要是把要在硅片上实现的图形作为目标，通过复杂的反演数学计算得到一个理想的掩模版图形。

ILT 是将 OPC 或 SMO 的过程视为逆向处理的问题，将光刻后的目标图形设为理想的成像结果，根据已知成像结果和成像系统空间像的变换模型，反演计算出掩模图像。ILT 是 OPC 技术和计算光刻技术的融合，被认为具有将 193nm 波长光刻技术推向极致工艺节点的能力，在最近几十年得到了广泛的应用和重视。

虽然 ILT 和 OPC 的目的（使曝光后晶圆上的图形和设计图形一致）是完全一样的，但是有着完全不同的思路。ILT 不是对设计图形做修正以期在晶圆上得到所要的图形，而是把要在晶圆上实现的图形作为目标，反演计算出掩模版上的图形，如图 6.36 所示。也就是说，ILT 是通过复杂的数学计算得到一个理想的掩模图形。用这种方法设计出的掩模，在曝光时能提供比较高的图形对比度。

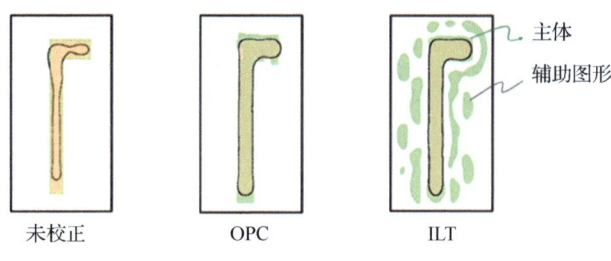

图 6.36　ILT 示意

反演光刻是一种新的光学校正技术，校正效果比 OPC 要好，但技术难度很大，对整个芯片进行校正的计算量极为庞大，运算速度比 OPC 要慢几个数量级。普遍的做法是先使用通常的模型校正（OPC+SRAF）来完成掩模数据的处理，然后找出其中不符合要求的部分，把这些"坏点"截取出来，局部做 ILT 处理，得到最佳的修正。最后，把经 ILT 处理后的部分贴回数据中。这种局部的 ILT 处理，可以节省大量的计算时间。目前，各大芯片制造厂商都在开发自己 10nm 工艺节点以下的 ILT，现有市场上还没有可以工业应用的反演光刻软件。

6.9　EUV 光刻机技术

早在 1997 年，在美国政府的干预下，日本光刻技术的代表性企业被 EUV LLC 排挤在外，就已经注定了如今光刻机市场一家独大的格局。当年，为了尝试突破 193nm 光源瓶颈，Intel 更倾向于激进的 EUV 方案，于是早在 1997 年，就组织了一个叫 EUV LLC 的联盟。联盟中成员的名字个个都是如雷贯耳：除 Intel 和美国能源部牵头以外，还有摩托罗拉、AMD、IBM，以及美国能源部下属的三大国家实验室：劳伦斯利弗莫尔国家实验室、桑迪亚国家实验室和劳伦斯伯克利国家实验室。这些实验室都是美国科技发展的幕后英雄，研究成果覆盖物理、化学、制造业、半导体产业的各种前沿方向。

EUV 光刻机几乎逼近物理学、材料学及精密制造的极限，对光源功率要求极高，由于环境和绝大部分材料都对 EUV 光具有很强的吸收性，因此必须采用布拉格反射镜，保证 EUV 光的传输。这种设备还对真空环境要求极为苛刻，而且设备中配套的抗蚀剂和防护膜的良率也不高。种种极高的制造门槛，即使是美国想要凭一己之力自主突破这些技术也非常困难。

美国光刻机制造厂商在 20 世纪 80 年代被日本厂商压制得非常严重，这迫使美国 EUV LLC 联盟不得不选择了荷兰的 ASML 作为合作企业，而当时作为光刻机厂商的新星，ASML 也是签订了保证 55% 的零部件从美国供应商采购及定期审查的不平等合约才换来了自身的发展。随后的 6 年间，EUV LLC 联盟的研发人员发表了数百篇论文，大幅推进了 EUV 技术的研究进展，ASML 作为联盟成员之一，也有机会分得一杯羹。另外，并购也是美国送给 ASML 的一份"大礼"：美国 Cymer 成功研制出了可商用的大功率 EUV 光源，最后被

ASML 高价并购。

ASML 的成功不仅是抓住了技术变革的窗口期，更是充分利用全球产业资源的结果。EUV 光刻机中包含约 8000 个核心零部件，其中仅 10%是 ASML 自供，其余均来自产业链企业。ASML 的全球供应商超过 500 家，最核心的顶级光源（激光系统）、高精度镜头（物镜系统）和精密仪器制造技术（工作台）这三大部件和系统，均由德国和美国公司提供。

由此可以看出，研发 EUV 光刻机并不是一蹴而就，是以美国为首的西方高端制造业发挥了全产业链的优势力量，耗时长达十几年时间才完成，其中的技术难度可想而知。所以，想要研制国产自主的 EUV 光刻机，就必须对光刻机核心零部件的技术难点有清晰的认知。

6.9.1 EUV 光刻原理

EUV 光刻机的光刻原理与传统光刻机并没有很大的不同，都是利用光刻机发出的光通过具有图形的光罩（掩模版）对涂有光刻胶的晶圆进行曝光，光刻胶见光后会发生性质变化，使光罩上的图形微缩复印到晶圆上，从而使晶圆具有电子线路的作用。这就是光刻的原理，与用照相机照相相似。照相机拍摄的照片是印在底片上，但光刻所刻的不是照片，而是电路图和其他电子元件。

EUV 光刻机采用了扫描/步进式投影光刻的原理，通过工件台和掩模台同步运动，对掩模版上的图形进行逐点扫描，并转移到覆盖了对 EUV 光敏感的光刻胶上，光刻胶曝光后进行显影，就完成了半导体工艺中的图形化操作。但 EUV 光刻机在光源和光路方面有重大的突破和颠覆性创新。EUV 光源部分采用激光等离子体技术来产生 13.5nm 的 EUV 光，可以实现 7nm 以下的晶体管结构雕刻。光路部分更是与以往所有光刻机采用的透射式光路不同，采用了全新的全反射光路，配合特制的 EUV 全反射镜，才能实现 EUV 光的有效传播，完成曝光操作。

具体光刻工艺及原理可以参考本书第 2 章。

6.9.2 EUV 光刻机系统与关键技术

光源是高端光刻机的核心部件之一，光源的波长决定了光刻机的工艺能力。光刻机需要体积小、功率高且稳定的光源。例如，EUV 光刻机采用的是波长为 13.5nm 的 EUV 光，相应的光学系统极为复杂。EUV 光刻机内部结构全览如图 6.37 所示。

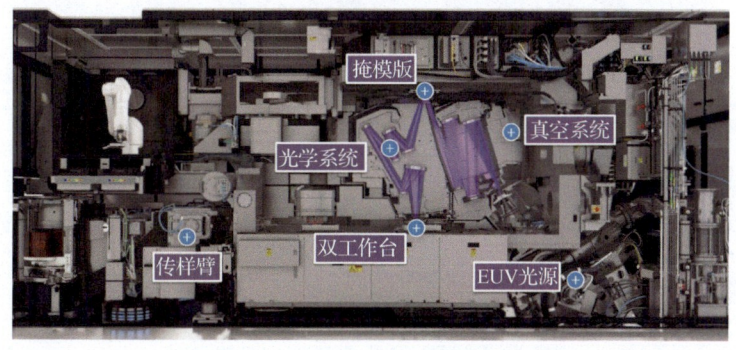

图 6.37 EUV 光刻机内部结构全览

1. EUV 光源

EUV 光源由光的产生、光的收集、光谱的纯化与均匀化 3 个部分组成。EUV 光源系统构造示意如图 6.38 所示。相关的工作元器件主要包括大功率 CO_2 激光器、光束传输系统、聚焦系统和 EUV 激发系统等。

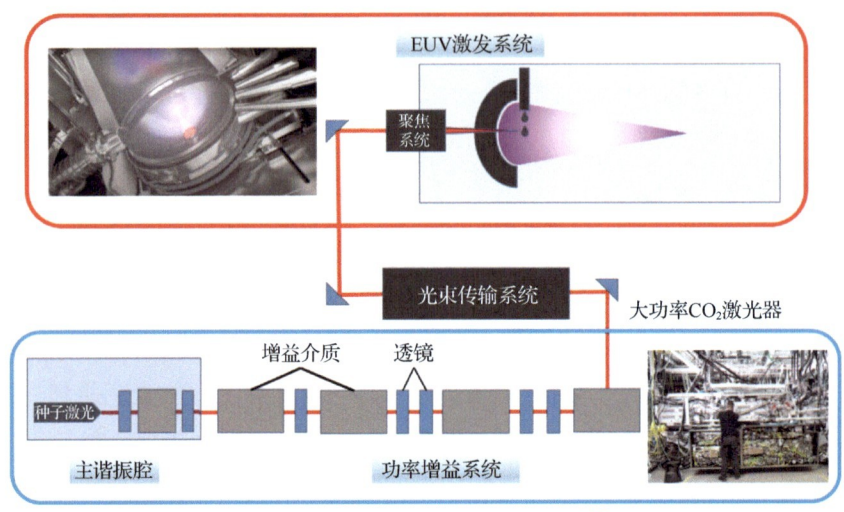

图 6.38　EUV 光源系统构造示意[28]

（1）EUV 的产生

光源采用大功率 CO_2 激光器，一般采用德国 Trumpf（原美国大通激光）或者三菱电机（Mitsubishi Electronic）的产品。EUV 光的波长为 13.5nm，产生过程是将高功率的 CO_2 激光以 $5×10^4$ 次/秒的频率打在直径为 30μm 的锡液滴上，通过第一个高功率激光脉冲使锡液滴受热膨胀，将其面积扩展至 500μm，使其可以更好地被激发[29]。紧接着，用第二个高能激光脉冲蒸发面积扩展后的锡液滴，并将蒸气加热到电子脱落的临界温度，留下离子后进一步加热，直到离子开始发射光子[30]。

EUV 光源激发过程示意如图 6.39 所示。

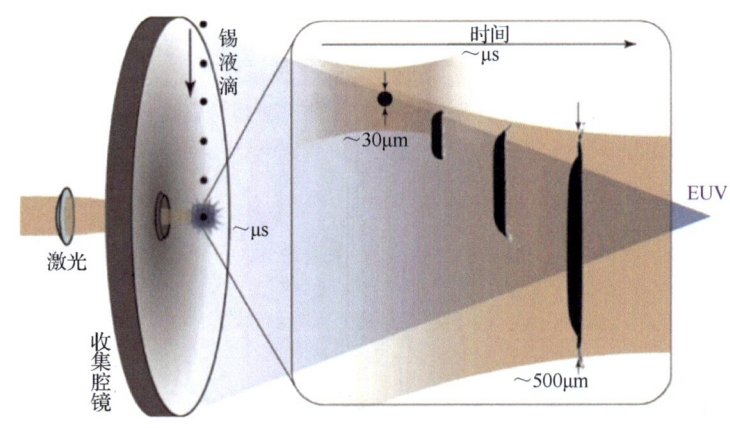

图 6.39　EUV 光源激发过程示意[28]

（2）EUV 的收集

由于采用了激光等离子体（Laser-Produced Plasma，LPP）光源技术，被高温蒸发的锡液滴在 EUV 激发腔内向四周辐射等离子体。这些等离子体需要被收集并反射到同一焦点才能形成功率足够的可用光源。由于 EUV 光的极短波段具有特殊性，十分容易被几乎所有材料吸收，连空气都无法穿透，因此只能用反射镜（称为收集腔镜）对 EUV 光进行收集和修正。收集腔镜还需要特殊的镀膜技术才可以更好地反射 EUV 光以使其汇聚，并且腔体还要保持高真空、低湿度的苛刻条件。综上，EUV 光的收集难度极大，因此转化效率也很低，这也是 EUV 光刻机非常耗电的原因之一。EUV 光源收集腔镜如图 6.40 所示。

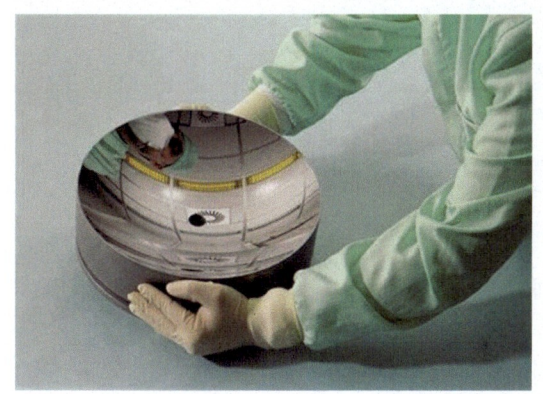 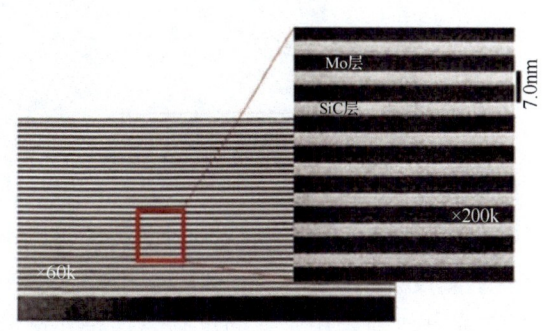

图 6.40　EUV 光源收集腔镜[31]

（3）光谱的纯化与均匀化

从激光器输出的光谱纯度已经很高，一般不需要再过滤。但对光刻来说，不仅需要很纯的光，还需要均匀的光，这样投射到晶圆上才不会造成各个地方的显影不一致。ASML 采用的是一种称为 quad-rod 的玻璃长方体，光在里面反射很多次，最后出来的光就被均匀化了。有了均匀的光，下一步就需要对曝光区域进行筛选，这时候用于挡光的器件 REMA（Reticle Mask）就派上了用场。该器件是由上下左右 4 块挡片组成，用电机带动，只要让电机带动挡片，把不要的光遮住，就可以对曝光区域进行选择。这一步的难点主要是精度与光源同步控制，要实现精准的区域曝光，需要可靠、精确的位移控制软件。

2. 光学系统

高端光刻机含有近万个零部件，光学镜片则是核心部件之一。高数值孔径的镜片决定了光刻机的分辨率及套刻误差，重要性不言而喻。由于 EUV 光的波长极短，非常容易被几乎所有材料吸收，因此不能采用传统透射式镜片进行透射、聚焦等光学操作，需要使用反射镜来代替透镜；普通打磨镜面的反射率还不够高，必须使用布拉格反射器（Bragg Reflector），这是一种复式镜面设计，可以将多层的反射集中成单一反射。EUV 光刻机最终需要 11 个镜片来反射 EUV 光，并将其聚焦在芯片上。由于目标是曝光以纳米（nm）为单位的芯片组件，即使是最微小的缺陷也会使 EUV 光子误入歧途，因此每个镜子都必须非常光滑，平整性精度以皮米（pm）计。目前，ASML 光刻机内部的镜组基本都是蔡司生产的镜片。蔡司超精密加工镜片技术如图 6.41 所示。

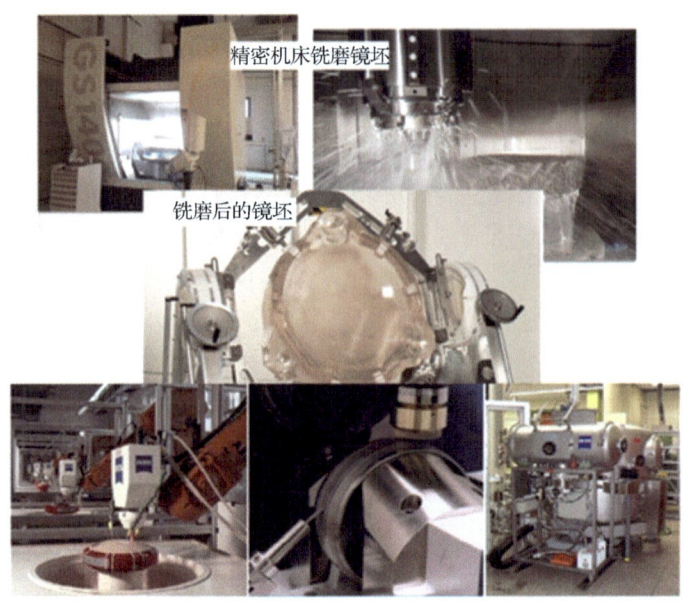

图 6.41 蔡司超精密加工镜片技术

同时，EUV 光也会被普通镀膜的反射镜吸收大部分能量，因此必须用以硅与钼制成的特殊镀膜反射镜来修正光的前进方向，而且每一次反射仍会损失 30%的能量。所以，一台 EUV 光刻机要采用十几面反射镜，将光从光源一路传导到晶圆，最后大概只能剩下不到 2%的能量进行曝光。此外，气体也会吸收 EUV 光并影响折射率，所以腔体内必须采用真空系统。因此，EUV 光刻机周围布满了分子泵，以 3×10^4 rad/min 的速度旋转并逐个排出气体分子。EUV 光学系统示意如图 6.42 所示。

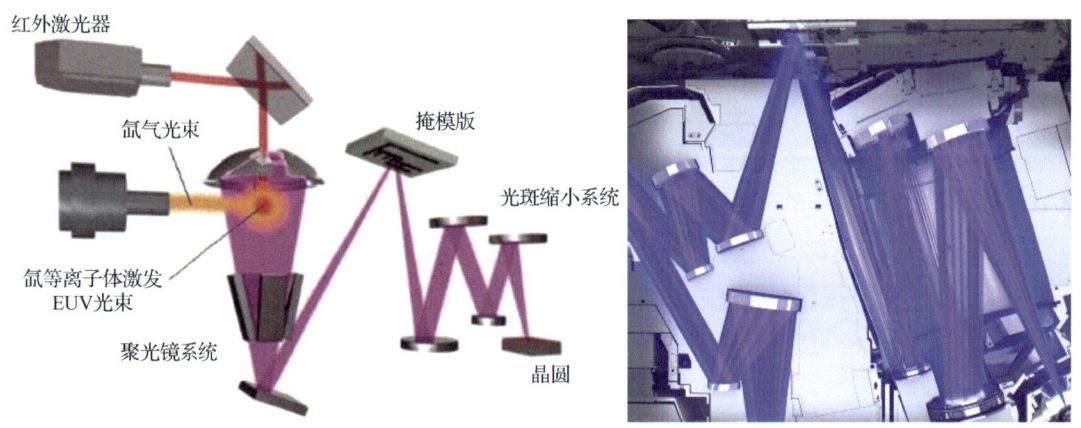

图 6.42 EUV 光学系统示意

3. 双工作台与掩模版

ASML 早在 DUV 光刻机中就创新性地设计了双工作台系统，一边光刻，一边实现预对准及检测，大大提升了晶圆制造效率。由于晶体管尺寸在不断缩小，因此 EUV 双工作台系统（见图 6.43）对精度和稳定性要求更加苛刻。"这是一项非常困难的技术——就复杂性而言，它可能与曼哈顿计划相似。"Intel 光刻主管 Sam Sivakumar 如此评价该技术。同样地，掩模版需要精准、稳定地配合搭载晶圆的工作台进行移动。掩模版将携带制造微芯片所需的图形，当用 EUV 光照射它时，它会来回摆动，照亮版图的不同部分。工作台的速度比战斗机还要快，拥有加速到地球重力的 32 倍的电机，任何一点松动都会令整个系统崩塌。更重要的是，设备必须停在一个尺寸为纳米级别的点上。因此，想要精准控制和同步双工作台与掩模版协同作业，不光电机要足够强大，精密数控软件也是一大难点。

图 6.43　EUV 双工作台系统示意

6.9.3　EUV 光刻机软件及计算光刻

任何一台设备运行起来都离不开软件的控制。在尖端设备领域，软件的精准控制更是至关重要的部分。EUV 光刻机的软件部分可以分为控制软件和检测软件。控制软件主要是控制整体系统运行，如光源、掩模版、双工作台、内部环境等。除了每个子系统需要软件控制，系统间的互连与协作更是需要软件的支持。由于光刻机整机系统繁杂，因此控制软件也十分复杂，多个模块互连工作更是具有挑战性。检测软件主要就是晶圆检测软件。双工作台工作时，光刻操作和晶圆检测同时进行，以提高晶圆制造的效率。检测设备一般是采用扫描电子显微镜（Scanning Electron Microscope，SEM）配合检测软件，对晶圆的缺陷进行标定。

由于 EUV 光刻机的设计理念与传统透射式光刻机不同，计算光刻软件（见图 6.44）在 EUV 光刻机上的应用面临着一些独特的挑战。例如，精确计算光斑的密度相关分量和消除黑边效应对成像的影响。此外，工件台、掩模版材料、光刻胶等 EUV 光刻机特有的零部件还在不断发展，这也为计算光刻软件带来了新的挑战和机遇。设计下一代的 EUV 分辨率增强技术（Resolution Enhancement Technology，RET）涉及协同优化和许多复杂的权衡。

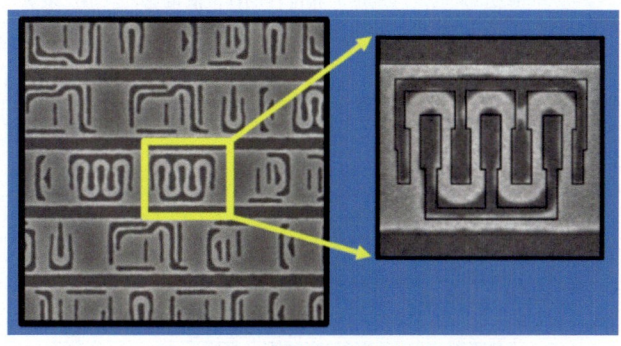

图 6.44　计算光刻软件示意

从 5nm 工艺节点开始，多重图形化技术会被引入量产线，未来该技术还会支持工艺节点向 3nm 以下推进。随着线宽的不断微缩，计算光刻软件的需求日益增加。计算光刻技术包含了大量的数学、物理建模过程，是十分依赖基础科学的技术，也是公认的技术难点。而且计算光刻的数据库建立也是基于大量光刻实践经验，因此国际大厂对计算光刻软件的垄断十分严重，技术、经验壁垒较高，后来者想入局十分困难。

6.9.4 EUV 光刻技术路线与挑战

国际先进光刻机技术路线是不断缩小光源波长、增加光学聚焦的数值孔径，从而实现更小的聚焦光斑，以此来提升光刻的工艺节点。在光源方面，技术路线已基本确定，目前 EUV 光源主流的产生方法有激光等离子体（LPP）和气体放电等离子体（Discharge Produced Plasma，DPP），但目前只有激光等离子体技术实现了商用化的 EUV 光源，即利用超高能激光激发锡液滴产生等离子体，实现大功率的 EUV 光线的发射。EUV 光路系统技术路线也基本确定，采用的是全反射式光路方案。投影光路系统还有升级的空间，根据 ASML 的年度报告（见图 6.45），已有高数值孔径（NA=0.55）的反射式投影物镜样机研制成功，预计在 2025 年高数值孔径的 EUV 光刻机将投入量产。双工作台的模式已被视为最高效的工作模式，未来技术路线不会有太大变化，将在精度、速度和稳定性上继续迭代。

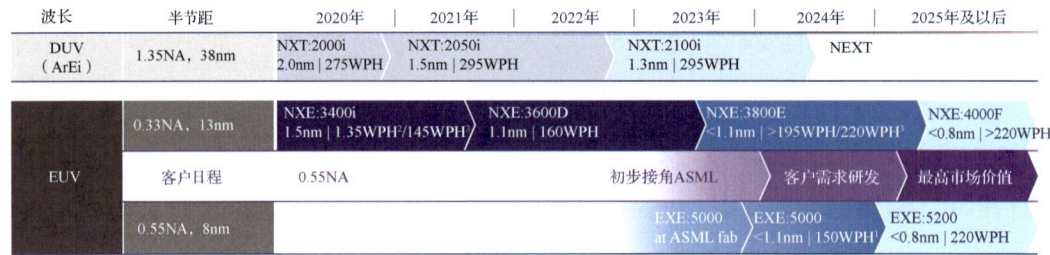

图 6.45 ASML 光刻机未来发展路线

EUV 光刻机技术难点梳理见表 6.5。

表 6.5 EUV 光刻机技术难点梳理

核心系统模块	关键零部件/软件	技术难点
光源	高功率激光器	20kW 的高功率激光器，需要配套稳定电源、水冷等系统
	锡液滴腔	精准控制锡液滴流速、大小及频率
	EUV 收集腔	高效收集四散的 EUV 光束
光学系统	EUV 高反射镜	反射镜的超高平整度及钼硅镀膜增强反射能力
	EUV 反射式聚焦镜	超高平整度的高数值孔径反射镜制作
双工作台	传样臂	高速、高精度（纳米级精度）、稳定
	测量台-工件台	与双工作台协同，提升产率
真空系统	真空腔及环境检测	超高真空度，环境温度、湿度检测
光刻软件	子系统协同控制	多个子系统的协作
	计算光刻	指导掩模版设计

6.9.5 EUV 光刻机产业图谱

光刻机行业已经成为一个高度垄断的行业，行业壁垒较高。全球前道光刻机市场长期由 ASML、尼康和佳能 3 家把持，几乎占据了 99% 的市场份额。其中，ASML 光刻机的市场份额常年在 60% 以上，市场地位极其稳固。如果没有特别原因，这一格局在未来的很长时间里都很难发生变化。在顶级光刻机市场，ASML 一家独大，是唯一的一线供应商。在 2021 年的 EUV 光刻机市场中，ASML 独占鳌头，市占率达 100%，出货量达 45 台，但依然是供不应求的状态。总结 ASML 的崛起之路：在全球维度，通过并购、入股获取光刻机各项关键子系统的尖端技术，不断布局光刻机领域关键技术，同时加强与三星、Intel 和台积电等世界顶级芯片制造商的通力合作，先贯通上游产业链，再进行整机集成。ASML 不断投入巨额研发费用，集合美国、欧洲的科研力量，掌握了 EUV 光刻机的核心技术，从而奠定了在高端光刻机的龙头地位。

ASML 在光刻设备市场具有不可撼动的霸主地位，重要原因之一是巨额研发投入撑起了高端产品的竞争力。对 ASML 来讲，研发其实是研发组装技术和核心部件，因为该公司的光刻机中有 90% 的部件是全球采购的，不是自己生产的，这种模式比佳能和尼康的"单枪匹马"研发模式更具效率和灵活性。

围绕 AMSL 的 EUV 光刻机，延伸出极为庞大的上下游产业链，支撑了数千亿元的市场，也促进了泛光刻机产业的发展与繁荣，带动了多级市场的蓬勃发展，如图 6.46 所示。ASML 的 EUV 光刻机，整合了全球尖端供应链体系，90% 的零部件由全球顶尖的供应商提供，撑起了最尖端 EUV 光刻机的生产。从 ASML 官网公布的国际供应商中可以看出，截至 2023 年，美国供应商占比接近 1/4，其中含有美国技术的占比更高。

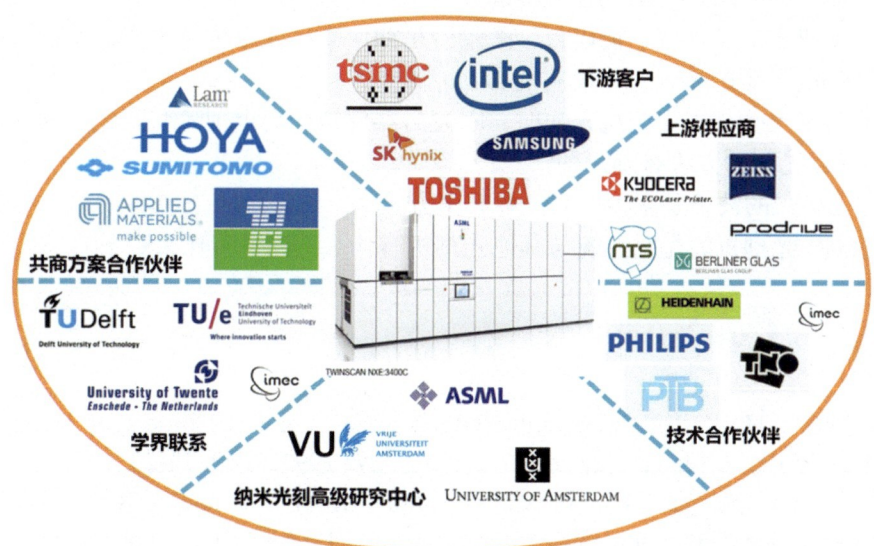

图 6.46 ASML 光刻机产业链伙伴示例（来源：ASML 官网）

根据 2021 年的相关报道，ASML 共有 4700 家供应商，其中荷兰有 1500 家，美国有 1200 家，亚洲有 1300 家，其他地区有 700 家。这 4700 家供应商可以分为与产品相关、与产品无关两类。其中，与产品相关的供应商提供直接用于生产的材料、设备、零件和工具。

这一类别包括 800 家供应商，在 ASML 的采购开支中占比最大，约为 70%。在与产品相关的供应商中，约有 200 家供应商是关键供应商，在 ASML 产品相关支出的占比约为 92%。

6.10 本章小结

本章首先介绍了光刻机的发展历程、产业应用、整机系统、光源、工作台系统及其他关键子系统，随后介绍了计算光刻机 EUV 光刻机技术。

光刻机作为前道工艺中的七大设备之首，是所有半导体制造设备中技术含量最高的设备，涉及系统集成、精密光学、精密运动、精密物料传输、高精度微环境控制等多项先进技术，零部件多达 30 万余种，因此单台价值极高。目前，我国后道光刻设备的国产化进程已取得了一定的成果，而尖端光刻技术（如浸没式 DUV、EUV 光刻机）仍被 ASML 一家垄断，因此我国光刻机产业的发展依然任重而道远。

思考题

（1）光刻机的原理是什么？
（2）光刻机有哪几种曝光方式？
（3）光刻机的主要性能指标有哪些？如何提高这些指标？
（4）光刻机的光学分辨极限原理是什么？如何计算一台光刻机的最小光学分辨率？
（5）光刻机的光源都有哪些？分别对应哪个波长及光刻机种类？
（6）光刻机的光路系统都包含哪些部分？
（7）光刻机中的工件台、掩模台、测量台是如何高精度定位及协作的？
（8）193nm 光源的光刻机如何实现 28nm 制程？
（9）当特征尺寸小于光刻机光源时，曝光后器件结构会出现哪些问题？为什么？
（10）计算光刻的方法有哪几种？
（11）EUV 光的波长是多少？有几种产生方式？
（12）EUV 光刻机的光路系统与其他光刻机有什么不同？为什么？

参考文献

[1] BRUNING J H. Optical lithography—thirty years and three orders of magnitude [J]. Advances in Resist Technology and Processing XIV, 1997, 3049: 14-27.
[2] LIN B J. A new perspective on proximity printing: from ultraviolet to X ray [J]. Journal of Vacuum Science & Technology B: Microelectronics Processing and Phenomena, 1990, 8(6): 1539-1546.
[3] FLAGELLO D G, BRUNING J H. Optical lithography: 40 years and holding [J]. Optical Microlithography XX, 2007, 6520: 62-74.
[4] MACK C. Milestones in optical lithography tool suppliers [Z/OL]. (2005) [2024-7-6].
[5] STIX G. Shrinking circuits with water [J]. Scientific American, 2005, 293(1): 64-7.

[6] 郭乾统, 李博. 基于光刻机全球产业发展状况分析我国光刻机突破路径[J]. 集成电路应用, 2021, 38(9): 1-3.

[7] CHRIS M. Fundamental principles of optical lithography: the science of microfabrication [M]. NJ: Wiley, 2008.

[8] DEN BOEF A J. Optical wafer metrology sensors for process-robust CD and overlay control in semiconductor device manufacturing [J]. Surface Topography: Metrology and Properties, 2016, 4(2): 023001.

[9] MACK C A. The new, new limits of optical lithography [J]. Emerging Lithographic Technologies Ⅷ, 2004, 5374: 1-8.

[10] SCHMIDT R H. Ultra-precision engineering in lithographic exposure equipment for the semiconductor industry [J]. Philosophical Transactions of the Royal Society A: Mathematical, Physical and Engineering Sciences, 2012, 370(1973): 3950-3972.

[11] LIN B J. Optical lithography: here is why [M]. Belling ham: SPIE Press, 2010.

[12] Levinson H J. Principles of lithography [M]. Belling ham: SPIE Press, 2010.

[13] HE L, WANG X, SHI W. In situ surface topography measurement method of granite base in scanning wafer stage with laser interferometer [J], 2008, 119(1): 1-6.

[14] BUTLER H. Position control in lithographic equipment [applications of control] [J]. IEEE Control Systems, 2011, 31(5): 28-47.

[15] SCHMIDT R M, EIJK J V, SCHITTER G, et al. The design of high performance mechatronics: high-tech functionality by multidisciplinary system integration [M]. 3rd Revised Edition. Amsterdam: Ios Press, 2020.

[16] 段立峰, 彭勃, 王向朝. 基于空间像主成分分析的光刻投影物镜波像差检测技术 [C]// 第十三届全国光学测试学术讨论会. 武汉: 全国光学测试技术讨论会, 2010.

[17] FLAGELLO D G, VAN S E, DE B W, et al. Pushing the boundary: low-k1 extension by polarized illumination [J]. Optical Microlithography XX, 2007, 6520: 140-151.

[18] SMITH B W. Optical projection lithography [M]//Nanolithography. Cambridge: Woodhead Publishing, 2014: 1-41.

[19] BAKSHI V. EUV lithography [M]. Belling ham: SPIE Press, 2009.

[20] ERDMANN A, KYE J, OHMURA Y, et al. High-order aberration control during exposure for leading-edge lithography projection optics [J]. Optical Microlithography XXIX, 2016, 9780: 98-105.

[21] SUDOH Y, KANDA T. A new lens barrel structure utilized on the FPA-6000AS4 and its contribution to the lens performance [J]. Proceedings of SPIE, 2003, 5040: 1657-1674.

[22] STAALS F, ANDRYZHYIEUSKAYA A, BAKKER H, et al. Advanced wavefront engineering for improved imaging and overlay applications on a 1.35 NA immersion scanner [J]. Optical Microlithography XXIX, 2011, 7973: 491-503.

[23] 韦亚一. 超大规模集成电路先进光刻理论与应用[M]. 北京: 科学出版社, 2016.

[24] MA X, ARCE G R. Computational lithography [M]. Hoboken: John Wiley & Sons, 2011.

[25] CHEN G, LI S, WANG X. Efficient optical proximity correction based on virtual edge and mask pixelation with two-phase sampling [J]. Opt Express, 2021, 29(11): 17440-17463.

[26] XU X, MATSUNAWA T, NOJIMA S, et al. A machine learning based framework for sub-resolution assist feature generation [J]. Proceedings of the 2016 on International

Symposium on Physical Design, 2016: 161-168.
[27] LI S, WANG X, BU Y. Robust pixel-based source and mask optimization for inverse lithography [J]. Optics & Laser Technology, 2013, 45: 285-293.
[28] WAGNER C, HARNED N. Lithography gets extreme [J]. Nature Photonics, 2010, 4(1): 24-26.
[29] FOMENKOV I, BRANDT D, ERSHOV A, et al. Light sources for high-volume manufacturing EUV lithography: technology, performance, and power scaling [J]. Advanced Optical Technologies, 2017, 6(3-4): 173-186.
[30] RICHARDSON M C, KOAY C S, KEYSER C K, et al. High-efficiency tin-based EUV sources [J]. Laser-Generated and Other Laboratory X-Ray and EUV Sources, Optics, and Applications, 2004, 5196: 119-127.
[31] CARDINEAU B, RE R D, MARNELL M, et al. Photolithographic properties of tin-oxo clusters using extreme ultraviolet light (13.5nm) [J]. Microelectronic Engineering, 2014, 127: 44-50.

第 7 章 沉积与刻蚀设备

本章首先介绍芯片制备中必不可少的物理气相沉积（PVD）设备、化学气相沉积（CVD）设备和原子层沉积（ALD）设备，以及电容耦合等离子体（Capacitively Coupled Plasma，CCP）刻蚀设备、电感耦合等离子体（Inductively Coupled Plasma，ICP）刻蚀设备和其他类型的刻蚀设备，然后对沉积与刻蚀设备涉及的核心子系统进行逐项分析，最后简单介绍有关沉积与刻蚀设备及其零部件的供应厂商情况。沉积与刻蚀设备相关信息如图 7.1 所示。

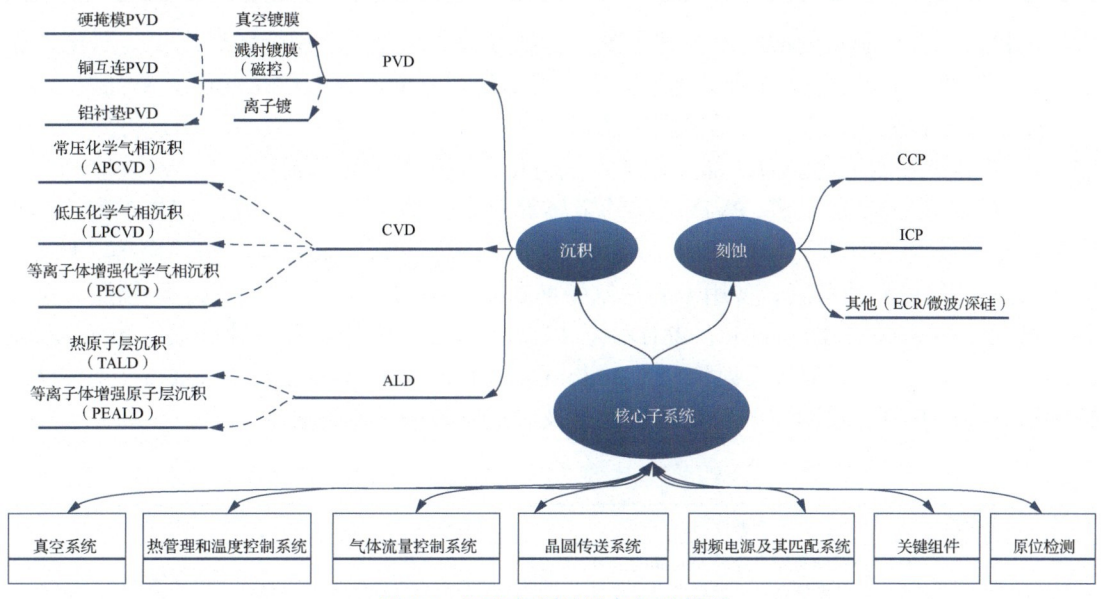

图 7.1 沉积与刻蚀设备相关信息

本章重点

知识要点	能力要求
沉积设备	1. 掌握常见的不同种类沉积薄膜原理和核心参数 2. 了解沉积设备的基本构成和常规应用
刻蚀设备	1. 掌握刻蚀设备的基本原理和常见类型 2. 了解新型刻蚀设备在先进制程中的应用
相关零部件	1. 掌握常见沉积与刻蚀设备的核心子系统 2. 了解沉积与刻蚀设备的相关厂商

7.1 沉积设备

随着集成电路工艺制程的精进，要沉积的膜层越来越多，沉积设备在集成电路制程中的使用也越来越频繁。芯片制造过程中使用的沉积设备主要包括 CVD、PVD 和 ALD 三大类。这 3 种沉积方式在薄膜沉积过程中都必不可少，随着对工艺节点的推进，半导体器件朝更复杂、更大深宽比，甚至是 3D 异形结构的方向发展，这使 ALD 薄膜在先进工艺制程中越来越重要，对 ALD 设备的需求量越来越大。从原理上讲，ALD 也可以视为一种特殊的 CVD 方式。3 种沉积设备的优缺点和主要应用方向见表 7.1。

表 7.1　3 种沉积设备的优缺点和主要应用方向[1]

设备类型	优点	缺点	应用（半导体）
CVD	一致性好、经济	残留物污染、颗粒结晶	层间介质层、栅氧化层、钝化层、阻挡层
PVD	纯净、控制精确	一致性差，台阶覆盖性一般	阻挡层、金属层、种子层
ALD	极好的台阶覆盖	沉积速度慢	阻挡层、栅介质层

通常，在芯片制备的薄膜沉积过程中，物理方法主要用于沉积金属导线及金属化合物薄膜，最典型的是铝、铜等金属；化学方法主要是通过不同气体间的化学反应来沉积膜层，能够生长大多数采用物理方法无法快速沉积的介质材料（如 SiO_2、Si_3N_4）等。另外，由于 CVD 能够有更好的填缝能力，部分化学方法也可以用来沉积金属薄膜（如 W 等）。

从沉积膜层的功能上讲，PVD 沉积的金属等薄膜，主要应用于种子层、阻挡层等。CVD 沉积的是介质/半导体薄膜，广泛用于层间介质层、栅氧化层、钝化层、阻挡层等。例如，CVD 沉积的绝缘介质薄膜，多用于芯片制备前道工艺中的栅氧化层、侧壁、阻挡层、金属层前介质（Pre-Metal Dielectric，PMD），以及后道工艺中的金属层间介质（Inter-Metal Dielectric，IMD）、底部抗反射涂层（Bottom Anti-Reflection Coating，BARC）、阻挡层、钝化层等。芯片制备过程中的工艺膜层信息及对应的沉积工艺见表 7.2。

表 7.2　芯片制备过程中的工艺膜层信息及对应的沉积工艺[2]

工艺膜层	主要作用	膜层材料	沉积工艺
单晶外延层	在硅晶体上生长相同晶向、纯度更高的外延晶体	单晶硅	APCVD 或外延生长炉
STI	在衬底上划分出制备晶体管的区域，阻断晶体管之间电流等信号干扰	SiO_2	PECVD、亚大气压化学气相沉积（Sub-Atmospheric Chemical Vapor Deposition，SACVD）、HDPCVD、流动化学气相沉积（Flowable Chemical Vapor Deposition，FCVD）、ALD 等
栅氧化层	用于硅衬底与栅极之间绝缘	SiO_2、SiON、高介电常数介质（HfO_2、$HfSiO_x$、HfSiON 等）	LPCVD、PECVD、ALD
源漏沟道区	确定晶体管的基本性能	非晶硅、锗硅	CVD 外延
栅极	发射电流	多晶硅或高介电常数金属	APCVD、LPCVD、PECVD 或金属 CVD、PVD
硅化物低电阻层	位于栅极上方，降低接触电阻和串联电阻	硅化物（WSi_2、$TiSi_2$、$CoSi_2$、NiSi）	PVD
侧壁	保护栅极不被源极、漏极的重掺杂离子注入污染	SiO_2、PSG、硼磷硅玻璃（BPSG）、Si_3N_4	LPCVD、PECVD、ALD
BARC	吸收光刻中的光，减少反射	SiON、SiOC	LPCVD、PECVD
应力记忆层	特定位置改变电子传输特征	硅氧化物、高分子橡胶（HSN）	LPCVD、PECVD

续表

工艺膜层	主要作用	膜层材料	沉积工艺
硬掩模层	刻蚀用图形"底片"	SiO_2、SiON、Si_3N_4、非晶碳（ACHM）、TiN	LPCVD、PECVD、PVD
接触孔	连接晶体管和互联金属	W	金属 CVD、PVD
PMD	绝缘作用，放置前后段工艺杂质相互扩散	SiO_2、$TEOS-SiO_2$、PSG、BPSG	APCVD、LPCVD、PECVD、SACVD、HDPCVD、FCVD
阻挡层	阻止钨栓塞和层间介质间杂质相互扩散	Ti、TiN、TaN	PVD、PECVD
通孔	连接各层金属	W	金属 CVD、PVD
种子层	介于阻挡层与金属层之间，在种子层上面沉积金属薄膜	Al、Cu	PVD、金属 CVD
IMD	防止不同金属层间杂质相互扩散	SiO_2、$TEOS-SiO_2$、低介电常数介质（含碳高分子化合物）	APCVD、LPCVD、PECVD
刻蚀及抛光截止层	刻蚀和抛光截止层	Si_3N_4、SiC	LPCVD、PECVD
阻挡层	阻止金属和介质层间相互扩散	Ta、TaN、TaSiN、掺氮/氧碳化硅	PVD、PECVD、ALD
钝化层	芯片同封装密封层隔离，保护作用	SiO_2、PSG、BPSG、Si_3N_4	APCVD、LPCVD、PECVD
焊盘（Pad）	与封装电气金属连接	Al、Cu、合金	电镀、PVD

7.1.1 CVD 设备的类型与应用

CVD 技术被广泛用于晶圆制造过程中，主要应用于外延硅、多晶硅、介质薄膜及金属薄膜的沉积。其中，APCVD 主要用于 SiO_2 和 Si_3N_4 的沉积；LPCVD 主要用于多晶硅、SiO_2 及 Si_3N_4 的沉积；PECVD 通过等离子体产生的自由基提升了化学反应的速度，能够在较低的温度下进行快速的薄膜沉积，主要用于 Si_3N_4、SiO_2、非晶硅及 BPSG 等大多数薄膜的沉积。CVD 技术应用广泛，不同的工艺类型各有侧重，但都发挥着重要的作用，推动着集成电路制造技术的发展[3]。表 7.3 展示了常见的 CVD 沉积薄膜的化学方程式。

表 7.3 常见的 CVD 沉积薄膜的化学反应方程式

介质薄膜	反应气体	化学反应方程式
SiO_2	SiH_4，O_2	500℃左右：$SiH_4 + O_2 \rightarrow SiO_2 + 2H_2$
	SiH_4，N_2O	$SiH_4 + 2N_2O \rightarrow SiO_2 + 2N_2 + 2H_2$
	$Si(OC_2H_5)_4$，四乙氧基硅烷（TEOS），O_2/O_3	液态 TEOS 在 720℃分解：$Si(OC_2H_5)_4 \rightarrow SiO_2 + 4C_2H_4 + 2H_2O$
氮氧化物	SiH_4，N_2O，N_2，NH_3	$SiH_4 + NH_3 + N_2O \rightarrow SiO_xN_y +$ 其他
Si_3N_4	SiH_4，N_2，NH_3	$3SiH_4 + N_2 + 2NH_3 \rightarrow Si_3N_4 + 9H_2$
	$C_8H_{22}N_2Si$（BTBAS）	
BPSG	硅烷、硼烷、磷烷等	$SiH_4 + O_2 + PH_3 + B_2H_6 \rightarrow$ BPSG

APCVD 可用于制备单晶硅、多晶硅、SiO_2、掺杂的 SiO_2（PSG、BPSG）等简单薄膜。APCVD 设备中最常见的部件是炉管，它的结构最简单，主要由加热控制系统、气体输运系统及样品传输系统组成。通常，APCVD 设备是通过将氧气或水蒸气引入反应室中与硅片进行化学反应，从而生成 SiO_2 薄膜。APCVD 是最早出现的 CVD 方法，反应压力为标

准大气压,温度为 400~1200℃,优势在于反应结构简单、沉积速度快,缺点在于台阶覆盖率差,因此一般仅适用于在微米制程中制备简单的 SiO_2 等薄膜,用于层间介质层和钝化层等,在纳米制程中逐步被其他工艺替代。

LPCVD 是用于 90nm 工艺节点以上薄膜沉积的主流工艺,用来制备 SiO_2、PSG、BPSG(ILD、STI、侧壁、栅氧化层等)、氮氧化硅(抗反射层等)、多晶硅、Si_3N_4(钝化层、刻蚀停止层、硬掩模等)、多晶硅(栅极)等薄膜。该设备通常在几十到几百帕(Pa)的压力下进行,利用高温反应室中的气体化学反应来生长薄膜。在 LPCVD 过程中,通常会引入气体前驱体(如二硅酸酯或三甲基氯硅烷等)和辅助气体(如氨气或磷酸三甲酯等)。这些气体在反应室中被分解并沉积在基底上,形成所需的薄膜。与常压相比,LPCVD 在低真空下的气体可以被更精确地控制、反应氛围更加洁净、湍流大幅减少、分子自由程加长,更利于均匀性,能够加快反应速度。用 LPCVD 的优势在于台阶覆盖率、反应速度、均匀性比 APCVD 更好,而缺点在于需要高温反应,限制了很多热预算有限的材料或者器件结构上的生长。另外,LPCVD 的薄膜密度及填孔能力相对有限,不适合进行更精细工艺节点下的薄膜沉积。LPCVD 设备原理和北方华创 HORIS L6371 设备实物如图 7.2 所示。

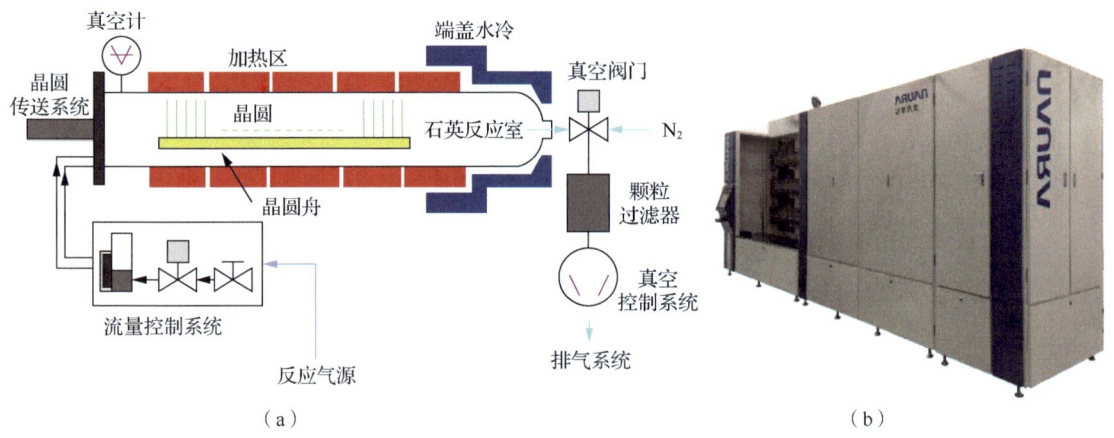

图 7.2　LPCVD 设备原理和北方华创 HORIS L6371 设备实物

随着集成电路制造技术中特征尺寸的不断缩小,LPCVD 工艺中的薄膜应力会导致形变,进而改变薄膜的光学和力学性能。应力过大会导致薄膜破裂和晶圆表面的翘曲,因此,采用低应力氮化硅技术非常必要。此外,LPCVD 设备的炉管存在许多问题,如温度不均匀、工艺重复性差、易受腔室和器件污染、难以维护、颗粒问题等。

PECVD 设备推动了制程工艺的进一步发展,适用于在更精细工艺节点(90~28nm)内沉积介质绝缘层和半导体材料。与热激活和维持化学反应的 APCVD、LPCVD 相比,PECVD 是利用射频电源将含有薄膜组成原子的气体电离,从而在局部形成等离子体。等离子体具有高度的化学活性,容易进行反应的特性,因此能够在各种衬底上沉积所需的薄膜。

PECVD 设备原理与沈阳拓荆科技的 12in NF-300H TEOS 设备实物如图 7.3 所示。

PECVD 的突出优点是低温沉积,且薄膜纯度和密度更高。PECVD 的反应压强一般略低于 LPCVD,而且 PECVD 需要的等离子体能量反应温度较低(100~350℃)。通过在较低温度下进行沉积,降低了薄膜层之间由于热膨胀/收缩系数不同而产生的应力。因此,PECVD 可以在熔点更低的金属互连层上沉积 SiO_2 等薄膜。另外,PECVD 的沉积速度更快、台阶覆盖更好，能够沉积大多数主流的介质薄膜，包括一些先进的低介电常数材料、硬掩模等[4]。3 种常见的 CVD 设备对比见表 7.4。

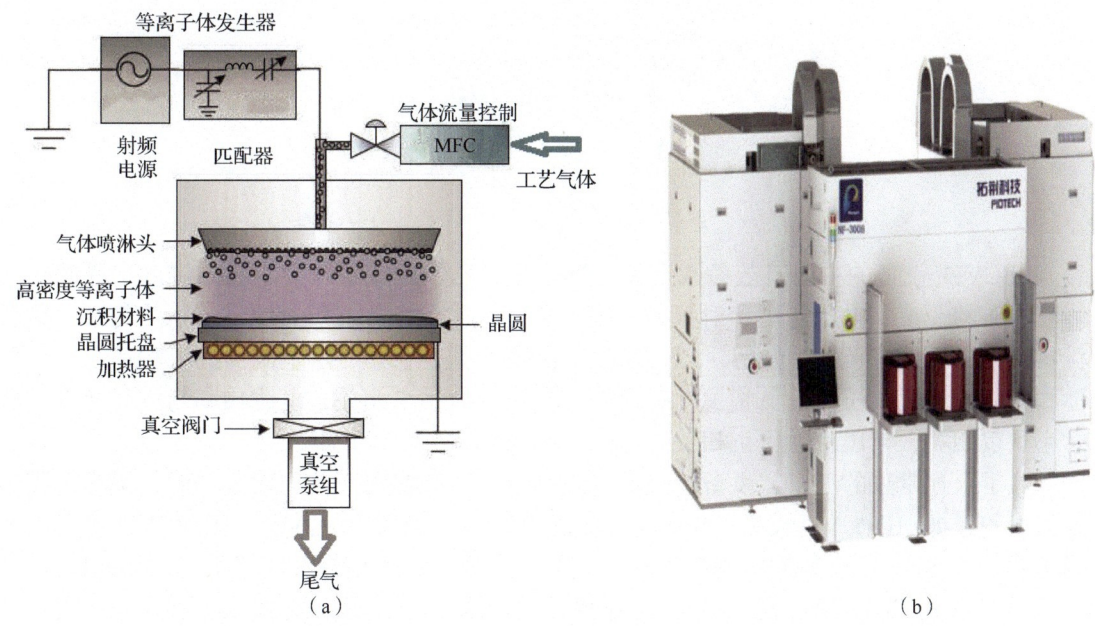

图 7.3　PECVD 设备原理与沈阳拓荆科技的 12in NF-300H TEOS 设备实物

表 7.4　3 种常见的 CVD 设备对比

设备类型	APCVD	LPCVD	PECVD
成膜温度（℃）	400~500	500~900	100~350
气压（Torr）	760	0.2~2.0	0.01~1.00
台阶覆盖性	差	优	良好
沉积速度	快	慢	快
优点	反应简单、沉积速度快、温度要求低	纯度高、均匀性好、台阶覆盖能力好	沉积速度快、台阶覆盖能力好、温度要求低、间隙填充能力好
缺点	台阶覆盖能力差、颗粒污染较严重、产出率低	处理温度较高、沉积速度慢、维护成本高	成本高、颗粒污染较严重、原材料多有腐蚀性和毒性
应用	SiO_2	高温 SiO_2、Si_3N_4 等	SiO_2、Si_3N_4 等

注：1Torr=133.322Pa。

从设备结构上来看，PECVD 设备的硬件主要由真空系统、晶圆传送系统、气体输运和流量控制系统、射频电源、自动控制系统、尾气处理系统等组成。典型工艺设备晶圆传送系统结构示意如图 7.4 所示，可以分为晶圆装卸机、设备前端模块、气锁室和真空机械手等。设备前端模块位于一个标准大气压（约为 $1.01325×10^5$Pa）的环境中，通过持续、平稳地过滤空气并不断正压吹扫来降低微尘污染和交叉污染的风险。设备前端模块的主要组件包括机械手和晶圆位置对准机构。不同模块间是利用大气机械手和真空机械手经气锁室的中转进行相互之间的晶圆传送，以保障在传送过程中，不会影响后续工艺腔室的真空状态。其中，机械手主要涉及控制重复精度、主动晶圆对中性能、机械调度和吞吐量等问题，真空机械手还会涉及漏率问题。真空系统由腔体结构、泵组、阀门和真空计等组件构成。气体输送和流量控制系统主要由阀门、流量计、匀气盘和气体喷淋头等组件组成。

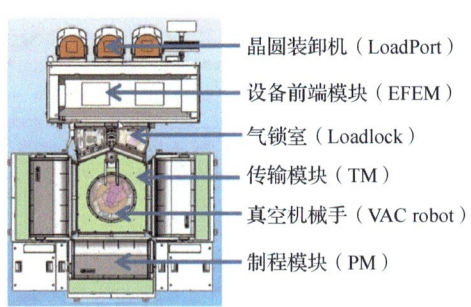

图 7.4　典型工艺设备的晶圆传送系统结构示意

PECVD 设备的主要工艺参数有反应气体流量比、反应室压力、晶圆温度、晶圆与气体喷淋头的距离、电源功率和射频频率等，主要工艺指标有沉积速度、沉积均匀性、薄膜材料应力、折射率及抗蚀性等。以 Si_3N_4 的沉积为例，它在一定范围内的沉积速度、均匀性和压应力与反应压力呈负相关，折射率与反应压力呈正相关；电源功率与沉积速度、折射率呈负相关，与压应力呈正相关。

除了上述常见的 CVD 设备，集成电路制造中还存在用于在沟槽和孔洞处填充薄膜的专门设备，如 HDPCVD 设备、SACVD 设备和 FCVD 设备等。其中，HDPCVD 设备主要用于 45～130nm 工艺节点中 PSG 填充金属前介质层、SiO_2 填充 STI 等工艺。HDPCVD 设备的原理与 PECVD 设备大致相同，不同的是前者采用感应线圈方式，能够在腔室内产生更高浓度的等离子体，进而沉积出更加致密、杂质含量更低的薄膜。SACVD 设备主要应用于 14～45nm 工艺节点，可以实现对 STI、PMD 等沟槽的填充或薄膜的沉积。SACVD 设备在次常压环境下运行，较高的压力可以减小气相反应材料分子的自由程，能够在高温环境下产生高活性的自由基，并增加分子之间的碰撞，从而实现优异的填充能力。FCVD 设备主要用于 14nm 及以下工艺节点，用于实现对细小沟槽的无间隙填充。它常采用的是远程等离子体沉积技术，利用远程等离子体的特性，反应前驱物可以在较长的距离上输送到反应腔室，从而使填充材料进入细小的沟槽中，实现无间隙填充。这种自下而上的填充方式可以填满细小的结构，并确保表面的平整度和一致性。此外，还有用于晶体外延生长的外延设备、用于沉积钨及阻挡层的金属 CVD（Metal-CVD）设备，以及用于化合物半导体的金属有机化学相沉积（Metal-Organic Chemical Vapor Deposition，MOCVD）的设备等。

7.1.2　PVD 设备的类型与应用

PVD 技术已被广泛应用于金属、合金、化合物、介质层、半导体和聚合物等材料的沉积。该技术不仅在集成电路制造中得到广泛应用，还广泛应用于太阳能、防护涂层、平板显示器、传感器等领域。常见的 PVD 设备通常可分为蒸发、溅射和离子 3 类，此外还有其他工作方式，如 MBE、脉冲激光沉积（Pulsed Laser Deposition，PLD）等[5]。不同的 PVD 技术类型和主要物理特点见表 7.5。

表 7.5　不同的 PVD 技术类型和主要物理特点

技术类型	主要物理特点
真空蒸发镀膜（简称真空蒸镀）	利用电阻蒸发器加热蒸发物质
电子束蒸发镀膜	利用电磁场控制电子束轰击坩埚内的靶材，加热靶材

续表

技术类型	主要物理特点
直流溅射镀膜	利用气体辉光放电产生等离子体,通过电场作用使正离子高速轰击阴极靶体,溅射靶材原子至晶圆上
射频溅射技术	与直流溅射镀膜不同,采用射频电源代替直流电源,避免绝缘材料靶正离子的累积,可溅射沉积绝缘介质薄膜
磁控溅射技术	在溅射镀膜的基础上引入磁场,离子束可被引导到溅射靶电极(阴极),使得靶材原子溅射出来的方向被控制在一定范围内,并沉积在晶圆上,具有黏结力强和高纯度的优点
离子镀膜技术	离子轰击和表面沉积相结合的真空蒸发镀膜,采用离子将工作气体离子化并加速至较高动能,撞击靶材表面,溅射出靶材原子并沉积至晶圆上形成薄膜
多弧离子镀	采用弧光放电方式,直接把阴极靶作为蒸发源,使靶材原子直接蒸发至晶圆表面
分子束外延	采用超高真空,对各种源加热产生蒸气,经小孔准直后形成分子束或原子束,直接喷射到晶圆上形成薄膜,一般速度较慢
脉冲激光沉积	使用激光脉冲来蒸发靶材表面的原子,形成沉积薄膜。与传统的蒸发沉积和溅射沉积相比,该技术具有更高的能量密度,常用于高熔点材料的沉积
激光分子束外延	采用激光蒸发的分子束外延镀膜技术,是分子束外延技术与脉冲激光沉积技术的有机结合,具有较高的镀膜精度和控制能力

根据不同的物理沉积特性,上述常见的镀膜方式被应用于不同场景。蒸发镀膜的粒子能量通常在 0.1~1eV 之间,附着力较低、气孔率高、密度较小,但设备简单、成膜速度快、成本较低。溅射镀膜的粒子能量为 1~10eV,具有较强的镀膜附着力、气孔率低、密度较大。其中,磁控溅射镀膜的速度较快,被广泛应用于实际生产中。离子镀膜技术采用离子源,粒子动能最高,比溅射镀膜高 1~2 个量级,因此镀膜密度高,附着力最好。但是,粒子能量过高,会使离子镀膜容易产生损伤,导致膜层缺陷较多。

在集成电路领域,最初真空蒸镀是主流,但由于不能蒸发一些难熔金属和氧化物材料,因此逐渐被溅射镀膜取代。随着薄膜性能要求的不断提高,磁控溅射不断改进和迭代,目前已成为应用最广泛的镀膜技术,也逐渐成为集成电路金属薄膜镀膜的主流方法。磁控溅射结构示意和致真精密设备(北京)有限公司(简称致真设备)推出的 MSI-200 磁控设备实物如图 7.5 所示。

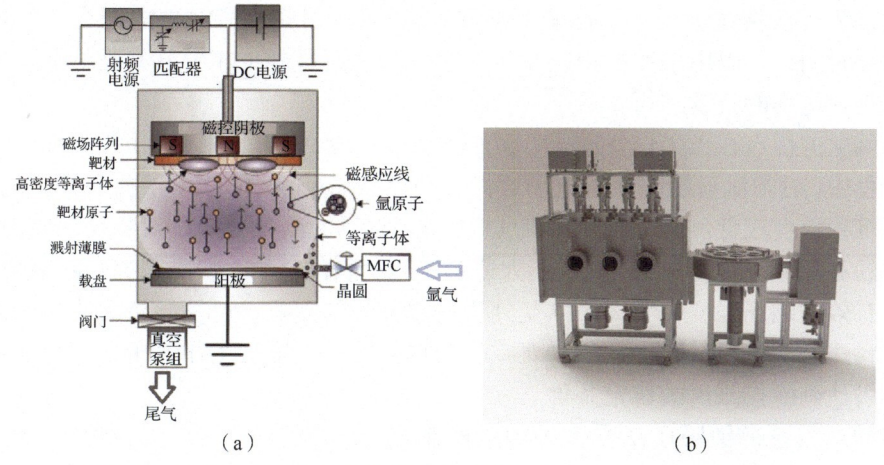

图 7.5 磁控溅射结构示意和致真设备推出的 MSI-200 磁控设备实物
(a)磁控溅射结构示意 (b)MSI-200 磁控设备实物

磁控溅射设备主要可以分为真空系统、晶圆传送系统、靶枪、DC/RF 电源、冷却系统、气体流量控制系统、自动化控制系统等部分，下面介绍真空系统、靶枪及 DC/RF 电源。

真空系统是由若干组件组成的，包括腔体、泵组、阀门和真空计等，它是磁控溅射镀膜设备的硬件基础。考察真空系统性能时，一般关注极限真空、漏率和抽速这 3 项指标。极限真空主要与真空泵性能、腔体密封件、腔体内材料和整体漏率相关，是能够表征设备真空性能的最重要的指标之一。在真空技术中，为了确定真空系统的质量并检测其可靠性，需要对它进行漏率和极限真空检测。检测极限真空通常是通过使用真空泵抽取较长时间后，检测腔体真空值来实现的。为了减少水蒸气吸附的影响，测试时可以通过烘烤、连续抽充等方式提升腔体极限真空。漏率衡量的是在接近或达到极限真空时关闭真空泵，经过一段时间后系统的真空变化情况。漏率的计算公式为 $S=V(P_2-P_1)/t$。其中，S 为系统漏率（单位通常为 Pa·L/s）；P_1 为切断真空泵后的真空室初始真空（单位为 Pa）；P_2 为经过时间 t 后真空室的压强，t 为压强从 P_1 升到 P_2 经过的时间（单位为 s）。由于时间的取值不同，漏率一般不是恒定值[6]。因此在实际中，对于确定的设备，由于体积是常量，所以会直接忽略体积而使用固定时间内压强的变化来表示漏率是否符合设计要求。

靶枪是磁控溅射镀膜设备的核心，它的磁场分布、位置排布、结构方式直接影响镀膜层的性能。靶枪的设计原理是在电场的方向上加入正交的磁场，使电子在正交磁场中受到洛伦兹力的限制，从而被限制在靠近靶材表面的区域内运动。这种设计能够延长电子在等离子体中的运动轨迹，增加与气体分子碰撞和电离的机会，从而提高了气体分子离化率，产生足够多的溅射正离子，在电场的作用下，完成溅射过程。靶枪的设计旨在提高溅射过程中的效率和有效控制，通过控制靶枪的电场和靶枪具备的磁场，可以调整电子轨迹和正离子的速度、能量及溅射角度等参数。

磁控溅射镀膜设备一般会根据镀膜靶材材质的不同情况，选择配备直流电源或射频电源。对于导电型（如金属）靶材，通常使用 DC 电源进行溅射，而非导电型（如陶瓷、氧化物等）靶材则通常使用射频电源进行溅射。这是因为溅射非导电型靶材的过程会导致靶材表面正电荷的持续积累，积累的电荷建立的静电场，会与靶枪电源电场强度相互抵消，导致溅射过程无法持续进行（又称靶中毒现象）。采用射频电源时，电源交变的过程中包含了一部分时间，可以用来冲抵靶上积累的电荷，从而可避免非导电型靶材上发生电荷聚焦，维持溅射过程的持续进行。

磁控溅射的优点在于工作气压低、沉积速度快、薄膜质量好、沉积黏附性强。此外，在镀膜过程中，磁控溅射能够使得电子对衬底的轰击能量较小，减少了衬底损伤的可能性，同时使得沉积温度较低。磁控溅射的缺点：首先，磁场的约束会导致对靶材的溅射不均匀，降低靶材的利用率；其次，磁控溅射不太适合铁磁材料的溅射，铁磁靶材存在磁屏蔽特性，无法产生有效的磁场强度，等离子体受到靶材磁屏蔽的影响，可能导致无法启辉的情况。对铁磁材料进行磁控溅射时，往往需要减小靶材的厚度，增加工作气压，并增强靶枪磁场的强度，以达到磁控溅射的稳定条件。

磁控溅射设备的镀膜质量受多种因素的影响，包括沉积速度、溅射功率、靶基距离、工作气压、衬底表面质量和沉积温度等。其中，沉积速度直接影响着溅射原子在衬底表面的迁移时间、成核数量、膜内应力、表面粗糙度和内部缺陷等。当沉积速度过慢时，原子在衬底上的迁移时间变长，容易被其他岛屿吸附，形成较大的晶粒，导致薄膜表面变得粗糙且不致密。此外，表面上吸附的原子容易吸附残留的气体分子或其他杂质。相反，当沉积速度过快时，薄膜内部会形成过多的成核点，导致晶粒细化。然而，过高的核能量会引起薄膜内部应力过大，增加内部形成缺陷的可能性。因此，在确保适当的沉积速度的同时，还需要注意薄膜表面粗糙度和内部缺陷对薄膜质量的影响，以获得高质量的薄膜。

溅射功率直接影响溅射速度：当功率过低时，沉积速度相应变慢，溅射原子到达衬底表面时的能量也降低；当溅射功率过高时，虽然能够提高溅射粒子的能量，但沉积速度过快，到达镀层表面的原子来不及迁移扩散，同样会影响成膜质量。

靶基距离过大，溅射原子到达衬底表面的碰撞次数增多，能量损失增大，不仅影响沉积速度，还会影响薄膜的成核和生长。靶基距离过小，容易导致薄膜受到带电粒子的轰击，同时沉积速度过快会导致薄膜内部各种缺陷的增加，从而影响成膜质量。

工作气压是磁控溅射镀膜过程中的重要参数之一，它主要影响溅射粒子的平均自由程和工作气体电离概率。溅射离子的能量对靶材原子到达衬底时的迁移和扩散能力产生影响，进而影响电阻率、表面平滑度等膜层特性。因此，在磁控溅射镀膜过程中，调整工作气压会对成膜质量产生影响。当工作气压过高时，气体电离率增加，会导致溅射原子的平均自由程减小。这会使得溅射原子在达到衬底之前发生更多的碰撞，失去较多的能量，并在到达衬底后的迁移能力受到限制，从而导致结晶质量变差。相反，当工作气压过低时，溅射原子的平均自由程增大，但气体电离变得困难，难以启动放电。

衬底表面质量和沉积温度也是影响镀膜质量的重要因素。衬底作为薄膜的载体，与薄膜之间的结合力会影响薄膜的附着能力，衬底的热膨胀系数与薄膜的热膨胀系数差距过大容易造成薄膜脱落。衬底表面能较高时可以增强衬底与薄膜之间的附着力，界面能较高时会降低附着力（主要与衬底平整度、晶面指数及热膨胀系数有关）。另外，沉积温度直接影响表面原子的扩散能力。较低的温度易导致无定形结构的形成，表面会比较光滑、致密，但缺陷较多；较高的温度会使原子的生长动能增大，更易结晶，导致缺陷较少但表面粗糙度增加。因此，在制备薄膜的过程中，需要综合考虑衬底情况和沉积温度等因素的影响，以获得高质量的薄膜。

在集成电路制造领域，磁控溅射镀膜设备具备薄膜致密性好、黏结性强，厚度及均匀性可控、膜层纯净度高的特点，被广泛应用于金属膜层的镀膜。根据芯片制程中具体工艺场景的不同，在集成电路制造工艺中，主要有硬掩模 PVD 设备、铜互连 PVD 设备及铝衬垫（Al PAD）PVD 设备，它们分别针对不同的硬掩模工艺，如 TiN 的镀膜、铜互连工艺中铜的镀膜和铝衬垫工艺中铝或金属合金等的镀膜。利用磁控溅射镀膜完成的芯片电气连接示意如图 7.6 所示。

硬掩模工艺可以精确控制金属互连线的形状，在集成电路制造中非常关键。在传统的双大马士革工艺中，通常使用 Si_3N_4 或氧化层作为掩模层。然而，由于这些材料与低介电常数膜层的刻蚀选择比较小，因此在刻蚀过程中，形成的刻蚀形貌顶部呈现圆弧状轮廓，并且沟槽的宽度会展宽。这种情况会直接影响金属线之间的间距，容易导致金属线之间出现桥接漏电或直接击穿的问题。且在工艺节点进步到 90nm 以下时，光刻尺寸越来越小，需要先在晶圆表面形成硬掩模层，配合光刻胶形成掩模图形，随后通过刻蚀将其去除。硬掩模材料（如 SiO_2、Si_3N_4）的硬度有限，逐渐被金属硬掩模（如 TiN 等）替代，形成了硬掩模双大马士革工艺。低介电常数材料氮化钛（TiN）由于材料抗蚀性和高保形性，在 10nm 以下工艺节点中得到广泛应用。TiN 掩模材料的沉积对 PVD 设备的要求较高，需要在镀膜应力和膜层密度以及硬度之间达到良好的平衡，从而提高硬掩模的图形保真度及产品良率。因此，高密度、低应力的硬掩模 TiN PVD 设备在先进工艺节点下的集成电路制造中必不可少。北方华创硬掩模 PVD 设备实物如图 7.7 所示。

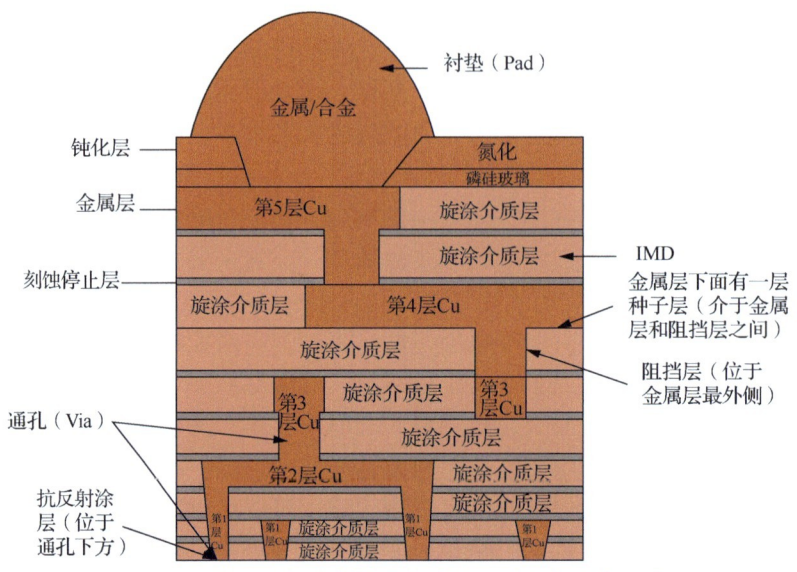

图 7.6　利用磁控溅射镀膜完成的芯片电气连接示意

图 7.7　北方华创硬掩模 PVD 设备实物

在硅芯片制造中，铜互连是至关重要的工艺。与传统的铝材料相比，铜材料的电阻率更小，可以有效地减少互连线的电阻，且它的电迁移寿命比铝高两个数量级，可大大提高芯片的可靠性。目前，铜互连已经被广泛应用于芯片制造领域，在制作铜互连线时，常采用大马士革工艺。沉积阻挡层和铜种子层是大马士革工艺的关键步骤，且沉积过程中所需要的设备是铜互连 PVD 设备。截至本书成稿之时，铜互连 PVD 设备约占整个 PVD 设备市场规模的 70%，是最核心的设备之一，AMAT 的技术领先，垄断了市场，而国内的北方华创也有相应验证产品。AMAT 的 Endura CuBS RF XT PVD 设备（见图 7.8）是先在高真空条件下依次沉积 Ta（N）/Ta 阻挡层，然后沉积铜种子层。该设备可实现出色的膜层附着和无氧化物界面，从而实现低通孔电阻和高器件可靠性。

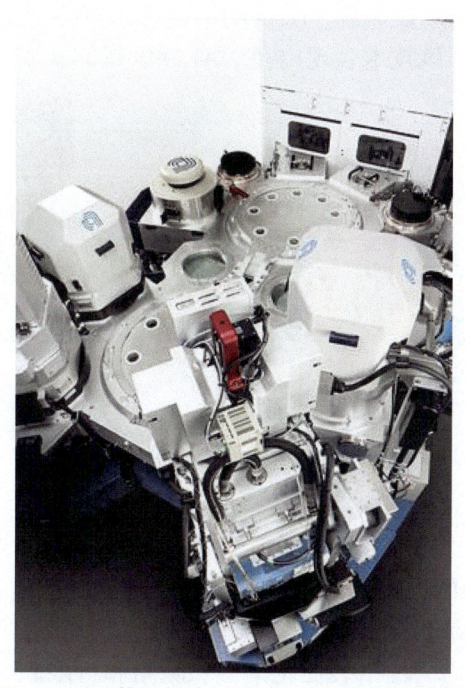

图 7.8　AMAT 的 Endura CuBS RF XT PVD 设备实物

铝衬垫工艺通常采用物理气相法进行沉积。焊盘既是晶圆与外界连接的互连截面，也是集成电路的最后一道工序。要求沉积的薄膜硬度足够高。衬垫位于钝化层的上方，用于将芯片中最后一层金属层和 PCB 键合起来。衬垫一般为铝、铜或合金，需要承受检测或键合带来的机械压力。铝衬垫的制作通常是先采用 PVD 工艺在晶圆的顶层金属层表面形成金属薄膜，然后利用光刻和刻蚀工艺进行处理，形成对外的接连线，作为测试电性和封装的引线端。铝衬垫 PVD 主要应用于键合焊盘（Bonding Pad）和铝内连线（Al Interconnect）工艺，对设备的高产能、高效率、低成本、低缺陷提出了更高的要求。由于铝衬垫制备只在晶圆制造流程中最后一步才会进行，因此在产线中占比较小。目前，这类设备的国产化率较高。

7.1.3　ALD 设备的类型与应用

ALD 技术最初由芬兰科学家托莫·桑托拉（Tuomo Suntola）提出。该技术最早应用于多晶荧光材料 ZnS:Mn 和非晶 Al_2O_3 绝缘膜的研究和开发。然而，由于涉及复杂的表面化学过程和沉积速度较慢，该技术直到 20 世纪 80 年代中后期才取得实质性的突破[7]。

ALD 技术是一种将物质逐层沉积在衬底表面的方法，其中每一层都以单原子膜层的形式进行沉积。这种技术具有多个优点，包括厚度精确可控、均匀性优异和保形性良好等。

这些优点是由 ALD 技术的自限制性决定的。

ALD 技术的自限制性是指在每一层沉积过程中,表面上形成的化学反应产物会起到自我抑制的作用,使下一层的沉积分子只在被覆盖的表面区域发生反应。这种自限制性使得每一层的沉积均匀且具有精确的厚度控制,同时保持了良好的表面形貌。因此,ALD 技术在制备纳米薄膜和纳米结构方面具有重要的应用价值,对微电子器件、光学薄膜、传感器和纳米材料等领域的研究和发展起到了关键的推动作用。特别是,在集成电路制造领域中高深宽比形貌的填充方面,该技术表现出色。ALD 设备的基本原理如图 7.9 所示。

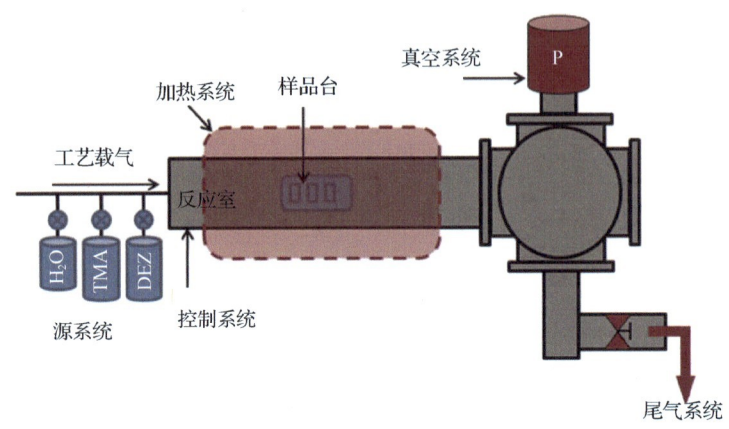

图 7.9　ALD 设备的基本原理

与传统的 CVD 技术不同,ALD 技术采用不同材料的脉冲波在不同时间到达晶圆表面,两种气体周期性地进行反应。ALD 反应前驱体化学物质具有更强的反应活性,且在衬底表面分别反应。ALD 技术的均匀性由表面化学饱和吸附和自限制生长机制决定,生长形貌由表面控制。CVD 技术的均匀性则由反应室设计、气流与温度的均匀性决定,生长形貌由工艺参数控制。与 CVD 技术相比,ALD 技术具有沉积温度低、保形性好、薄膜致密性高、膜厚控制精确、无针孔等优势。可用 ALD 技术沉积的材料见表 7.6。

表 7.6　可用 ALD 技术沉积的材料

氧化物					氮化物		硫化物	金属/金属化合物
Al_2O_3	Fe_2O_3	Li_3PO_4	$NiFe_2O_4$	V_2O_5	AlGaN	MnN	CdS	Co
$Al:HfO_2$	Fe_3O_4	LiPON	NiO	WO_3	AlN	NbN	CoS	Cu
Al:ZnO	$FePO_4$	$LiFePO_4$	NiO	Y_2O_3	$B_xGa_{1-x}N$	NbTiN	Cu_2S	Fe
AlGaN	Ga_2O_3	Li_2MnO_4	PO_4	YSZ	$B_xIn_{1-x}N$	SiN	Cu_2ZnSnS_4	Mn
BOx	HfO_2	Li_xTaO_y	SiO_2	$ZnAl_2O_4$	CoN	TaN	In_2S_3	Ni
$BiFeO_3$	HfSiON	MgO	SnO_2	ZnO	Hf_3N_4	TiN	MnS	Pd
CeO_2	In_2O_3	MnO_2	SrO	ZnMgO	InAlN	WN	PbS	Pt
Co_3O_4	ITO	MnO_3	$SrTiO_3$	ZnOS	InGaN	ZrN	Sb_2S_3	Ru
$CoFe_2O_4$	La_2O_3	NaTiO	Ta_2O_5	ZrO_2	InN		SnS	Bi_2Te_3
Er_2O_3	Li_2O	Nb_2O_5	TiO_2				ZnS	Sb_2Te_3

ALD 技术可以实现对薄膜特征尺寸更加精确的控制,对 DRAM、3D NAND Flash 和逻辑 FinFET 制造越来越重要,已成为先进工艺节点下薄膜沉积的核心工艺。在逻辑芯片领域,90nm 以下工艺节点的产线数量增多,28nm 及以下工艺节点的产线对膜厚和精度控制的要求更高,特别是引入多重图形技术后,工序数和设备数均大幅增加;在存储芯片领

域，主流 3D NAND Flash 结构内部层数不断增加，元器件逐步呈现高密度、高深宽比结构。由于 ALD 独特的技术优势，每个周期中生长的膜厚始终保持不变，因此可以实现精确的膜厚控制，并具有出色的台阶覆盖率，因此能够较好地满足器件尺寸不断缩小和结构 3D 立体化对薄膜沉积工序中膜厚、3D 共形性等方面的更高要求。ALD 技术越来越体现出举足轻重、不可替代的作用。

ALD 可分为 PE-ALD 和 Thermal ALD，区别在于 PEALD 使用等离子体前驱物，反应不需要加热，器件损伤小，主要用于沉积低介电常数材料等介质；Thermal ALD 需要在高温下进行反应，沉积速度较快，薄膜致密性好，但是高温可能损伤薄膜，主要用于沉积金属栅极/高介电常数金属化合物薄膜。沈阳拓荆生产的 12in Thermal ALD 设备和 PEALD 设备实物如图 7.10 所示。

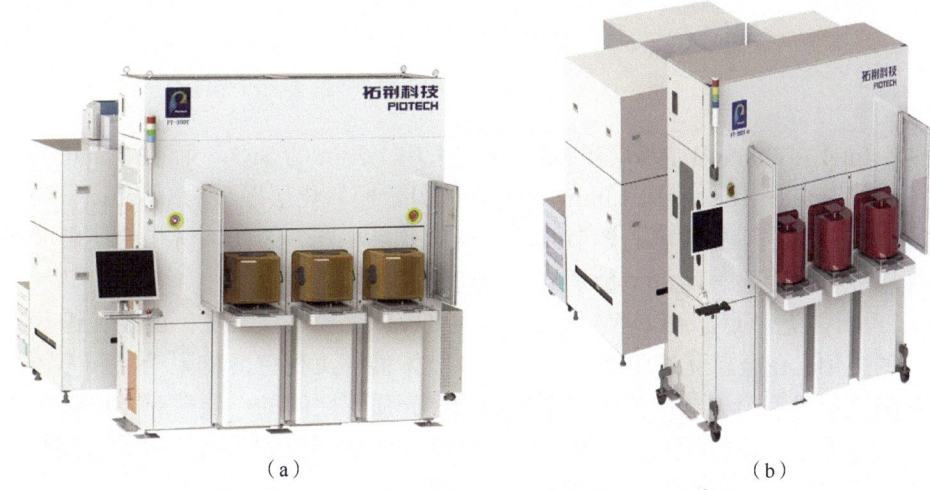

图 7.10　沈阳拓荆生产的 12in Thermal ALD 设备和 PEALD 设备实物
（a）Thermal ALD 设备　（b）PEALD 设备

由于 ALD 是逐层沉积原子，可以很好地控制膜厚、成分和结构，台阶覆盖率和沟槽填充均匀性极佳，尤其是在一些对热预算有限制，且对台阶覆盖率和薄膜质量要求较高的工艺中具有显著的优势。因此，在 45nm 以下工艺节点制程中，ALD 得到了大量应用。目前，ALD 已经大幅替代了原有的沉积方式，这主要是由以下 5 个因素导致。

（1）45nm 工艺节点。为了降低器件的漏电流和多晶硅栅电极耗尽效应，传统的 SiO_2 栅介质和多晶硅栅电极已被使用 ALD 工艺生长的高介电常数材料和金属栅材料替代。栅极相关工艺从多晶硅栅向 HKMG 转变：即用高介电常数材料替代 SiO_2 作为栅氧化层，使用金属替代多晶硅作为栅极，而绝大多数高介电常数介质依赖 ALD 工艺。在 45nm 以上工艺节点，使用多晶硅作为栅极，SiO_2、SiON 作为栅氧化层，随着晶体管尺寸缩小，为了保证栅控能力，需要维持足够的栅电容，因此要求栅氧化层的厚度不断减薄。在 45nm 以下工艺节点，栅氧化层的物理厚度减薄到 1.5nm 以下，器件漏电流大幅增加，这时需要引入相对介电常数（Relative Dielectric Constant）。该参数在半导体行业中用 k 表示，反映材料的储电能力。用相对介电常数远大于 SiO_2（$k \approx 3.9$）的高介电常数栅介质材料作为栅氧化层，如 HfO_2（k 为 24～40），可以保证在等效栅氧厚度（Equivalent Oxide Thickness，EOT）

持续缩小的同时，使栅介质的物理厚度增大，起到抑制漏电流的作用。目前，为了克服多晶硅栅的耗尽效应并降低电阻率，已经使用 TaN、TiN、TiAl、W 等金属和合金材料替代多晶硅栅。标准晶体管与高介电常数栅介质金属栅极晶体管如图 7.11 所示。

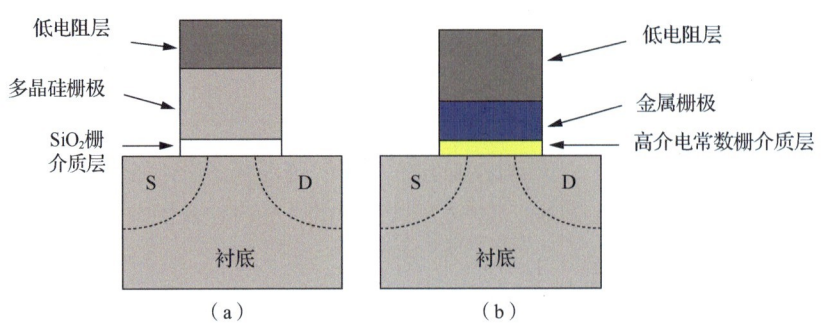

图 7.11　标准晶体管与高介电常数栅介质金属栅极晶体管
（a）标准晶体管　（b）高介电常数栅介质金属栅极晶体管

例如，Intel 在 90nm 工艺节点的栅氧化层采用 1.2nm 的 SiO_2，而在 32nm 工艺节点，引入 HfO_2 并用 ALD 工艺沉积，3nm HfO_2 层的等效栅氧化层厚度为 0.8nm，即 3nm HfO_2 和 0.8nm SiO_2 对栅电容的贡献、调节阈值电压的效果相同，因而该材料的使用增加了栅的实际物理厚度，从而显著降低了量子隧穿效应的影响。

（2）28nm 工艺节点。ALD-W 目前作为 W-CVD 生长的种子层，已经在钨塞工艺中得到了广泛的应用。在金属互连阻挡层中，ALD 技术能够沉积更薄的阻挡层和 W 的种子层。金属互连阻挡层是后道工艺中附着在金属薄膜和介质层之间的一层薄膜，但随着器件集成度提高、架构尺寸微缩，深宽比逐渐增加，ALD 技术能够沉积尽可能薄的阻挡层，并且和介质层黏附性更好，可以给互连金属留出更大的空间。

（3）14nm 以下工艺节点。3D FinFET 和 GAA 结构对薄膜的生长提出了更高的要求。ALD 技术因能够在衬底表面逐层沉积材料，并具有优异的台阶覆盖能力而得到了更多的应用。例如，用 ALD 技术沉积的 Si_3N_4 被用作器件侧壁隔离层，用 ALD 技术生长的 SiO_2 被用作自对准硬掩模，在 SADP 技术甚至 SAQP 技术中得到了应用。并且由于受国际形势影响，国内中芯国际等企业的产线只能使用 DUV 光刻机，需要采用多重图形技术作为 EUV 光刻技术的过渡方案，以实现 28nm 以下工艺节点的光刻。在多重图形技术中，可以使用 ALD 技术，使 20nm 的光刻技术也能沉积出 10nm 甚至以下的侧壁等薄膜。

（4）在 DRAM 电容及 3D NAND Flash 的高深宽比结构中，需要采用 ALD 技术在深沟形成薄膜，才能实现对沟槽的良好填充。随着工艺节点的进步，存储电容等器件结构的深宽比呈指数趋势增长。在 3D NAND Flash 方面，增加集成度的方法主要是增加堆叠的层数，使得深宽比增加至 80:1 甚至更高。在 DRAM 方面，DRAM 制程微缩需要电容器尺寸相应地缩小，这就需要将电容器拉长，以增加电容表面积，提高 DRAM 容纳电子的能力。此时，高介电常数电容材料和电容电极的沉积只有具备优异填隙性和共形性的 ALD 技术才能满足。以 FeRAM 为例，它由电容和场效应晶体管构成，其中电容是一层晶态铁电晶体薄膜，位于两个电极板之间。这层薄膜的厚度和质量要求非常高，而 ALD 技术可以满足这些要求，并且能够提供高速写入和更长的读写寿命。可见，ALD 技术还可以满足一些新型存储器的需求。

在先进工艺节点下，LPCVD/PECVD 设备在部分工艺上无法满足沉积需求，需引入 ALD 技术作为原有工艺的补充。但由于 ALD 设备存在沉积速度较慢，无结晶性，前驱体原料消耗大，以及缺乏合适前驱体时难以合成所需三元及以上化合物等缺点，目前并不会完全取代 LPCVD/PECVD 设备。

ALD 设备已在集成电路行业先进工艺节点中大规模使用，AMAT、泛林半导体和东京电子（简称 TEL）都已经推出了 ALD 设备，国内设备生产商在 ALD 设备方面也有布局。国外 ALD 设备代表性企业 TEL 和先晶半导体（ASMI）占据了 60%以上的市场份额。国内北方华创的 Thermal ALD 设备、PEALD 设备系列产品，沈阳拓荆的 ALD 相关设备已成功在 14nm 及以上工艺节点的集成电路制造产线进行了产品验证测试。

7.1.4　先进沉积设备的发展趋势

沉积设备正朝着低温反应、高集成度的方向发展。受限于越来越严格的热预算和越来越复杂的膜层工艺，为了确保更高效和高质量地控制不同薄膜的生长，设备平台的系统集成度要求也越来越高。例如，金属互连层的制备需要将不同的工艺腔室集成在一个平台上，这对设备平台自动化控制等提出更高要求。

沉积设备正在从单一功能型转向平台型，如在一台设备中集成所需要的 PVD、ALD 及 CVD 设备，可通过真空互连技术完成整个镀膜工艺。AMAT 的铜互连解决方案就是在高真空条件下将 ALD、PVD、CVD、铜回流、表面处理、界面工程和计量这 7 种不同的工艺集成到一个系统中。其中，ALD 选择性沉积取代了 ALD 共形沉积，省去了通孔界面处的高电阻阻挡层。该解决方案中还采用了铜回流技术，可在窄间隙中实现无空洞的间隙填充。通过这一解决方案，通孔接触界面的电阻降低了 50%，芯片性能和功率得以改善，逻辑微缩也得以发展至 3nm 及以下工艺节点。

AMAT 的 Endura Copper Barrier Seed IMS 系统如图 7.12 所示。

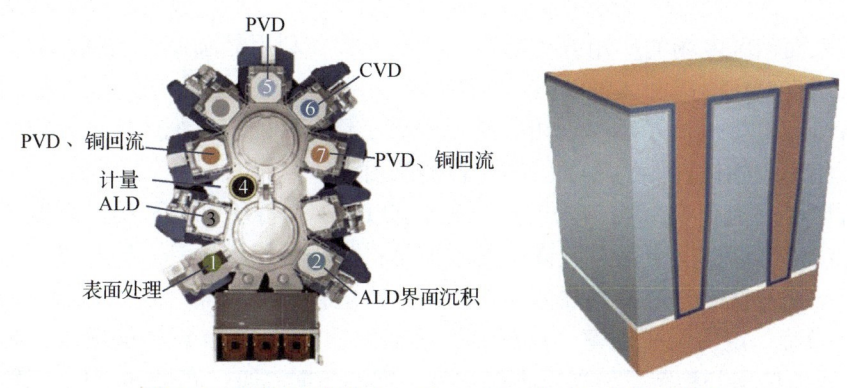

图 7.12　AMAT 的 Endura Copper Barrier Seed IMS 系统

另外，随着半导体工艺的不断发展，先进沉积设备在提高材料沉积速度和均匀性、提高沉积膜层质量等方面面临着更高的要求和更大的挑战，特别是 3D 器件结构，要求薄膜具备更好的台阶覆盖率、更强的沟槽填充能力和更精确的膜厚度控制等。除此之外，还需更多地考虑工艺稳定性，要保证设备在同一高水准下生产，并确保开机率保持高位。例如，AMAT 等海外巨头的 CVD 设备开机率高达 90%以上（工作寿命内一年仅有 10%的时间停机检修），同时各个腔室间的匹配度保持一致。对国内设备厂商来说，由于国内产线大多仍使用海外设备，因此国内设备还要在各个维度上与国际设备匹配，才能达到量产的标准。

在提高沉积膜层质量方面，需要从均匀性、厚度控制、台阶覆盖能力、成膜速度、黏附性和颗粒等多因素进行要求。具体而言，在工艺能力方面，先进沉积设备的发展趋势可以归纳为以下6个方面。

（1）良好的台阶覆盖能力。在沉积过程中，薄膜能够均匀地覆盖图形表面的各个方向，特别是在尖角处和垂直侧壁到底部的方向上。这有助于避免厚度不均现象，减少台阶底部的断裂。

（2）填充高深宽比间隙的能力。现代微电子器件中，高深宽比间隙越来越普遍，对沉积设备的填隙能力要求也越来越高。需要设备能够在高深宽比的狭缝中形成厚度均匀的薄膜，避免出现夹断和空洞，影响芯片的可靠性和良率。

（3）良好的厚度均匀性。薄膜厚度在各处都基本一致有助于保持材料性能的稳定。

（4）高纯度和高密度：沉积过程中需要保证设备洁净，材料纯度高，以避免沾污物和颗粒。同时要求薄膜致密，针孔和空洞密度低，以提高薄膜的可靠性。

（5）高度的结构完整性和低的膜应力。设备需要能够控制晶粒的尺寸，确保薄膜结构完整，避免应力导致晶圆变形、开裂、分层等问题。

（6）对晶圆材料或下层薄膜保持良好的黏附性。设备可以通过对沉积表面的处理或工艺优化，增强膜层的黏附性，以避免薄膜分层和开裂，避免杂质进入。

以PVD为例，随着工艺节点不断进步，早期的PVD沉积金属层，一般只有一个直流电源，无法控制粒子的入射方向，导致在填充高深宽比图形时，由于侧壁对底部的遮挡，台阶覆盖能力差，无法满足新工艺节点的沉积。改进后的PVD将反应腔室拉长，在沉积方向上增加了准直器筛网，只允许垂直晶圆角度的粒子通过，提高了沉积粒子的角度，但这种结构降低了沉积速度，并且筛网容易产生颗粒，污染沉积过程。目前更先进的PVD沉积采用了离化金属和偏压引导的方案，如离化金属物理气相沉积（Ionized Physical Vapor Deposition，IPVD）就是利用感应耦合线圈产生等离子体，对金属有较高的离化率。该方案通过晶圆表面鞘区电场的作用或者电容耦合的方式，利用晶圆偏压增强对离子的吸引。还有一种采用自离化等离子体的PVD系统，当溅射源输出的能量密度达到某个临界值时，不再依赖Ar，仅靠金属离子本身就可以维系等离子体，并且该系统产生的金属粒子本身具有很高的离化率，如代表性的种子层铜材料的溅射。

除了可以提高离化率、控制入射角，先进的PVD设备还可以利用反溅射（离子轰击晶圆）的方法来提高侧壁覆盖。该设备的原理是将晶圆偏压增大到一定程度后，入射到晶圆表面的离子能量就会超过晶圆表面材料的溅射阈值，能够对晶圆表面进行溅射，因此能够在沉积时保持一定的反溅射率。这种具有反溅射功能的PVD设备能够大大降低通孔电阻，提高连线的良率和稳定性。当反溅射达到一定的量时，通孔底部的阻挡层就会被打开。如果通孔底部被打通，少量的残留物和氧化铜在这个过程会被除去，这样的反溅射能够同时起到清洁通孔底部的作用，因此还可以省去阻挡层沉积前的预清洁。

7.2 等离子体刻蚀设备

等离子体刻蚀是利用等离子体中的活性离子或自由基与晶圆表面发生化学反应以及

带电粒子的物理轰击,将晶圆表面材料腐蚀移除,实现精确控制的方法。在芯片制造过程中,等离子体刻蚀设备是一种重要的工艺设备,用于制造各种器件和结构的微细图形,实现高效率、高精度、低成本的晶圆刻蚀。

等离子体产生的过程:在外部能量(如射频、微波)的作用下,初始电子被驱动获得能量,轰击刻蚀气体使其电离,产生更多的电子、离子和中性自由基,并在外部能量驱动下形成动态的平衡。等离子体刻蚀的过程是利用这些离子和中性自由基与材料表面的分子发生化学反应,形成易挥发的气体产物,如二氧化碳、四氟化硅等。另外,等离子体中的带电粒子在高速运动中与材料表面的原子或分子发生物理碰撞,也会将表面物质剥离并抛射出去,从而形成对样品材料的干法刻蚀。

等离子体刻蚀设备是从平行板 RIE 方案发展而来。此后,随着晶圆尺寸的扩大和工艺节点的演进,人们针对反应器结构和增强各种物理化学参数的控制能力进行了优化升级,最终形成了现在芯片制造中主流刻蚀设备——CCP 刻蚀设备和 ICP 刻蚀设备。其中,在 CCP 刻蚀设备中,射频电源通过电极产生电场,将气体电离形成等离子体。等离子体中的粒子具有较高的能量,可以与待刻蚀材料表面发生化学反应或物理撞击,从而实现材料的刻蚀和去除。在 ICP 刻蚀设备中,射频电源通过线圈产生射频电感,将气体电离形成等离子体。ICP 能够在较低的压力下维持较高的等离子体密度和较低的电子温度,从而提供更好的刻蚀控制和较高的刻蚀速度。此外,随着 3D 集成、CMOS 图像传感器和 MEMS 的兴起,以及 TSV、大尺寸斜孔槽和不同形貌的深硅刻蚀应用的快速增加,人们针对特定的应用场景,又优化了专用的刻蚀设备。

集成电路制造刻蚀工艺中包含多种材料的刻蚀,单晶硅刻蚀用于形成 STI,多晶硅刻蚀用于界定栅极和局部连线,氧化物刻蚀界定接触窗和金属层间的接触窗孔,金属刻蚀主要形成金属连线。CCP 刻蚀主要是以高能离子在较硬的介质材料上刻蚀高深宽比的深孔、深沟等微观结构;而 ICP 刻蚀主要是以较低的离子能量和极均匀的离子浓度刻蚀较软和较薄的材料。等离子刻蚀设备的类型与市场情况如图 7.13 所示。

按刻蚀原理分类	CCP刻蚀设备	ICP刻蚀设备	
按刻蚀材料分类	介质刻蚀设备	硅刻蚀设备	金属刻蚀设备
应用场景	逻辑芯片栅侧壁、硬掩模刻蚀、中段的接触孔刻蚀、后端的大马士革工艺,铝衬垫刻蚀、深孔和连接接触孔的刻蚀、3D NAND Flash(氧化硅、氮化硅)的深槽等介质刻蚀	硅STI、多晶硅栅结构、金属栅结构、金属衬垫、应变硅、金属导线、镶嵌式刻蚀金属硬掩模等硅刻蚀和金属刻蚀	
市场份额	≈48%	≈47%	≈5%

图 7.13 刻蚀设备类型与市场情况

7.2.1 CCP 刻蚀设备与应用

CCP 刻蚀设备是在电极平板结构上加载射频电场，通过电场能量驱动带电粒子和中性气体分子不断碰撞，形成并维持稳定的等离子体状态。整个等离子体中的正离子和电子数量相等，由于离子的质量远高于电子的质量，电子比离子运动速度更快，因此电子更易运动到边界被真空腔室壁面吸收而带负电，这导致整个等离子体相对真空腔室壁呈正电势。该正电势会阻止电子向壁面的运动，同时加速正离子向壁面运动并对壁面上的晶圆进行轰击刻蚀。我们将等离体和壁面之间的非电中性区域称为等离子体鞘层[8]。该鞘层可以视为一个电容器，鞘层电压会影响离子的轰击能量，也是等离子体各向异性刻蚀的主要原因。因此，这种平板电极结构的刻蚀设备被称为 CCP 刻蚀设备（见图 7.14）。

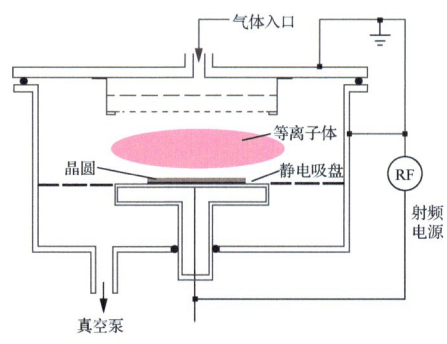

图 7.14 CCP 刻蚀设备原理示意

CCP 刻蚀设备所产生鞘层的自建电势，会使离子加速轰击晶圆表面，轰击的能量为 10～700eV。离子轰击主要有两个作用：一个是破坏原子间化学键，使得化学反应更有效地进行；另一个是使化学反应的生成物被打掉，暴露出新的反应界面，让化学反应继续顺利进行，因此会大幅提高刻蚀速度。另外，离子轰击还是定向刻蚀的最主要的物理机制之一。CCP 气压工作范围往往从几十毫托到几百毫托，射频频率通常为 13.56MHz，射频功率会直接影响等离子体密度和离子轰击能量，通常设备腔室内的接地面积要大于电极电源的面积（RIE 模式），电子聚集在晶圆表面形成自偏压，使刻蚀速度快、各向异性好，但是刻蚀损伤较大[7]。

随着对刻蚀损伤和刻蚀精度的要求越来越高，半导体工业中的主流 CCP 刻蚀设备多采用高低频双射频电源配置。在等离子体刻蚀设备中，采用更高的频率可以提高电子碰撞的概率，提高等离子体密度，而更高的频率由于粒子平均自由程更短，也会形成更薄的鞘层和更低的离子轰击能量，因此可以通过高频功率控制等离子体密度，低频功率控制离子轰击能量。配置的常见频率为 27.1MHz/2MHz、60MHz/13.56MHz、160MHz/13.56MHz。中微的 Primo SSC AD-RIE CCP 刻蚀设备如图 7.15 所示。

CCP 刻蚀设备主要由晶圆传送系统、刻蚀工艺腔室、气体传输系统、射频电源系统、真空系统和尾气处理系统等组成。其中，晶圆传送系统与单片式工艺设备的传样结构相似；刻蚀工艺腔室是整个设备的核心系统，它的结构设计往往会影响刻蚀的均匀性，而腔体材料会影响刻蚀颗粒物的产生；气体传输系统主要由管道、阀门、流量计、气体喷淋头等组成。不同刻蚀气体种类对应的刻蚀材料也不相同，常见刻蚀材料及工艺刻蚀气体见表 7.7。

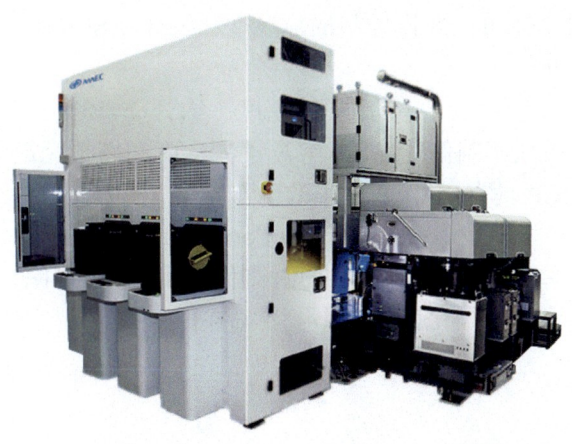

图 7.15　中微的 Primo SSC AD-RIE CCP 刻蚀设备

表 7.7　常见刻蚀材料及工艺刻蚀气体

刻蚀材料	工艺刻蚀气体
Ge、Si、多晶硅、SiC、SiO_2、SiN_x、W、Mo、Ta、HfO_2、PR、石英	CF_4、SF_6、CHF_3、C_4F_8 等
Al、Ti、Ni、Cr、GaAs、GaN、InP 等	Cl_2、BCl_3、HBr 等

7.2.2　ICP 刻蚀设备与应用

ICP 刻蚀设备是另一种常用的高密度等离子体刻蚀设备（见图 7.16），与 CCP 刻蚀设备相比，它的主要优势在于可以实现更高的刻蚀速度和选择比，同时具有较好的垂直度和均匀性，适用于深硅刻蚀和高精度微纳加工[9]。

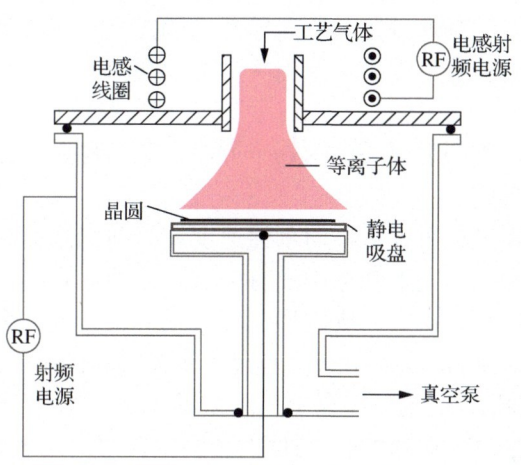

图 7.16　ICP 刻蚀设备原理示意

ICP 刻蚀设备的工作原理与 CCP 刻蚀设备相似，也是利用外部射频电场激发气体形成等离子体，但不同的是，ICP 刻蚀采用的是一个环形高频感应线圈作为能量输入，将高频电场传导到气体中心区域，产生高密度的等离子体。与 CCP 刻蚀设备相比，ICP 刻蚀设备的工作气压范围更宽，可以在更大的气压下工作，同时也具有更高的气体电离效率和能量转化效率，能够提高刻蚀速度和选择比。

另外,ICP 刻蚀设备还可以通过控制加热温度和气体流量等参数,实现更高的刻蚀选择比和更好的表面平整度。

与 CCP 相比,ICP 具有更大的等离子体密度(约为 $1\times10^{12}cm^{-3}$);鞘层偏置电压与等离子密度解耦合,可以单独调制偏置电压;等离子体密度和离子能量可以相互独立地控制,降低刻蚀损伤。另外,ICP 具有比 CCP 更小的工作压力,更好的刻蚀速度和均匀性。此外,泛林开发的变压器耦合等离子体(Transformer Coupled Plasma,TCP),原理与 ICP 非常相似,区别是 ICP 采用立体式电感线圈,而 TCP 采用平面式电感线圈,也可归为 ICP 刻蚀设备。Lam Sense.i 刻蚀设备实物如图 7.17 所示。

图 7.17　Lam Sense.i 刻蚀设备实物

干法刻蚀工艺主要关注刻蚀过程的各向异性、选择比和离子轰击损伤的情况。其中,各向异性决定了刻蚀的形貌陡直度,选择比决定了刻蚀深度,而离子轰击损伤情况可能会对器件性能造成影响。

下面具体介绍刻蚀过程中需要关注的 6 个方面,包括各向异性、均匀性、负载效应、表面形貌、清洁及天线效应。

(1)各向异性。刻蚀过程中存在横向刻蚀速度和纵向刻蚀速度。如果横向刻蚀速度远远小于纵向刻蚀速度,则表示图形转移中没有失真,刻蚀具有很好的各向异性;如果横向刻蚀速度与纵向刻蚀速度相差不大,则图形失真情况严重,刻蚀为各向同性。

(2)刻蚀均匀性。刻蚀的均匀性在较大程度上依赖设备的硬件参数,如反应室的设置、气流、离子浓度等均匀性情况,也可以利用工艺方面进行调整。当然在材料制备时,薄膜厚度一般有一定的不均匀性,而刻蚀时同一衬底的不同位置的刻蚀速度不同也会导致刻蚀不均匀。在实际情况中需要综合考虑,如可以在被刻蚀材料的下层制备截止层。截止层选用与被刻蚀材料的选择比很高的材料,这样可以延长刻蚀时间,等膜层偏厚处被刻蚀干净,膜层偏薄处也不会造成明显的过刻蚀。除了同一样片不同位置的均匀性问题,同一刻蚀条件下不同样片的刻蚀均匀性(又称重复性)也很重要。重复性与刻蚀设备的状况有很大的关联性。

(3)负载效应是指使刻蚀速度变慢的现象,分为宏观负载效应和微观负载效应。刻蚀面积很大时,因为气体传输受限和刻蚀气体耗尽,刻蚀速度会较慢,这称为宏观负载效应。在微细图形的局部区域内，刻蚀材料的密度过大造成刻蚀气体耗尽的现象称为微观负载效应。

（4）表面形貌。一般情况下，都希望刻蚀后的表面形貌达到侧壁陡直光滑，刻蚀表面平滑的要求。但对于不同的器件，有时也有特殊要求，如需倾斜剖面、微透镜结构等。

（5）刻蚀的清洁。刻蚀中防止沾污是非常重要的。如果在芯片制备中出现金属沾污，不仅会造成漏电，还会在工艺过程中使刻蚀表面出现聚合物的沉积。刻蚀的清洁一般通过硬件腔室的表面涂层和工艺清洗解决。

（6）刻蚀的天线效应。天线效应是指等离子体刻蚀工艺会在金属刻蚀过程中产生大量的空间静电电荷，当金属积累的静电电荷超过一定数量，形成的电势超过它所接连门栅所能承受的击穿电压时，晶体管就会被击穿，导致器件损坏。消除天线效应主要在芯片设计中完成，目标是尽量将积累电荷导走。

7.2.3 其他刻蚀设备

1. 电子回旋共振刻蚀设备

电子回旋共振（Electron Cyclotron Resonance，ECR）刻蚀设备（见图7.18）是最早商用化的高密度等离子体反应器之一，采用微波电子回旋共振，离子密度高、刻蚀速度快、加工精度高，可刻蚀纳米图形，损伤小、选择比大，目前仍然可以用于0.25μm及以下工艺尺寸图形的刻蚀。ECR的关键点是自由电子在磁场中做螺旋运动时会获得能量，从而发生电子碰撞，产生高密度的等离子体。ECR的机理仍属于物理和化学共同作用，可以产生高各向异性刻蚀图形，缺点是设备比较复杂[10]。

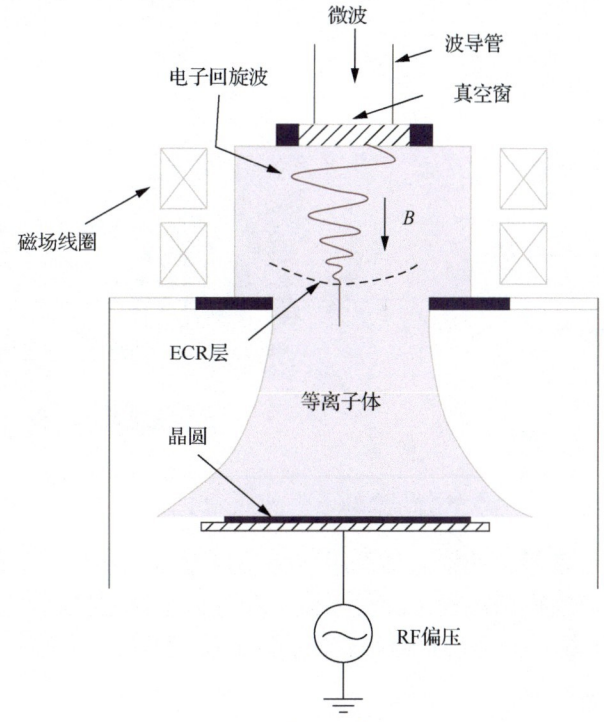

图7.18 ECR刻蚀设备原理示意

ECR 的物理原理是：当有磁场存在时，电子便会在洛伦兹力的作用下进行环绕磁力线的回旋运动。这种运动的频率称为电子回旋频率，由磁场强度 B 决定：$\omega_e=eB/m_e$（m_e 表示电子回旋频率）。当 $B=0.0875\text{T}$ 时，电子回旋频率为 2.45GHz。如果从外部施加同一频率的振荡电场，进行回旋运动的电子会受到同相位电场的作用而被"直流式"地持续加速。因此，当电场角频率 ω 与电子回旋角频率 ω_e 一致时，就会发生电子的共振加速，电子因此获得较高的动能，这种现象便被称为电子回旋共振。

在利用了这个原理的 ECR 刻蚀设备中，由于吸收了微波能量的高速电子频繁地引起电离，所以即便在低气压下也可以获得高密度等离子体，并且 ECR 等离子体具有更高的离化效率。但是，这类设备的稳定性差、大面积均匀性较差、结构复杂、成本高，所以逐渐退出了主流市场。

2. 微波等离子去胶设备

微波等离子去胶设备是一种干法等离子体刻蚀设备。在该设备中，反应气体在高频信号中被激发成为等离子体状态后，等离子体中自由基、离子等活性粒子会对材料表面产生物理、化学作用，从而实现胶体及其他材料的去除及表面改性。微波等离子体刻蚀机台的等离子体产生及刻蚀反应是在不同的腔室中完成的。反应气体先进入等离子体激发腔室，在微波的作用下电离，产生等离子体，然后通过一个管道或者特定的过滤装置进入刻蚀腔室。由于带电粒子在传输的过程中会被管道器壁或者特定装置过滤掉，中性的自由基会进入反应腔室与待刻蚀衬底进行反应。由于没有带电粒子，整个反应过程不会产生与带电粒子相关的损害。微波等离子体去胶的活性高，对器件无离子损伤。这种方法能够提高光刻胶移除效率，并降低等离子体直接接触衬底的机会，避免了芯片器件对表面电荷极其敏感造成等离子体诱发损伤的潜在风险。图 7.19 展示了微波等离子体去胶原理示意和中微 Primo iDEA 微波等离子去胶设备实物。

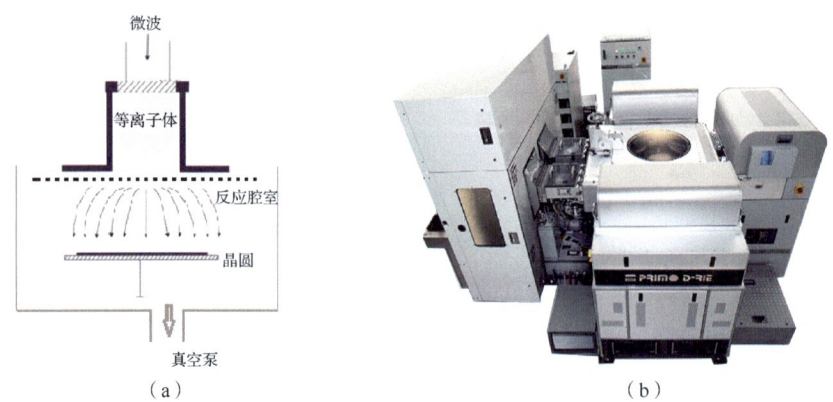

图 7.19 微波等离子去胶原理示意和中微 Primo iDEA 微波等离子去胶设备实物

微波等离子去胶设备最大的特点是采用 2.45GHz 微波源替代了常用的 13.56MHz 射频电源。更高的频率可以使得微观粒子的碰撞概率和等离子体的自由基浓度增加，进而增加去胶速度。另外，由于粒子的平均自由程较短，因此内置自偏压更小、物理轰击损伤更低。

3. 深硅刻蚀设备

深硅刻蚀设备是一种能够提升高深宽比及形貌控制能力的硅刻蚀设备，如图 7.20 所示。深硅刻蚀技术是 1994 年德国 Robert Bosch 在低温离子硅刻蚀技术的基础上发展出来的一项高深宽比硅刻蚀技术。这项技术采用一种很巧妙的方法来实现各向同性刻蚀，从而实现了深硅的刻蚀。

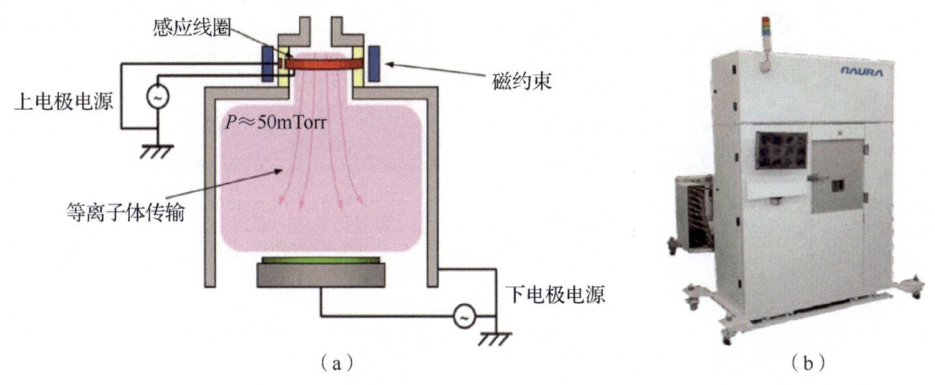

图 7.20　深硅刻蚀设备结构示意和北方华创 HSE200 深硅刻蚀设备实物

该技术的具体流程是：先把晶圆需要刻蚀的位置裸露出来，用各向同性的刻蚀气体 SF_6 在晶圆上刻蚀掉一薄层，然后在刻蚀出来的新鲜面使用钝化气体 C_4F_8 沉积高分子聚合物，将它保护起来，接着用 SF_6 等离子轰击，刻蚀掉底部的保护层并进一步向下刻蚀，而侧壁由于不受等离子体的直接轰击得以留存。通过这样刻蚀气体与钝化气体多次交替实现底部刻蚀与边壁钝化过程的循环，就可以在晶圆上实现批量的高深宽比图形的刻蚀。在集成电路中，该技术被广泛应用在 MEMS 和 3D 封装 TSV 的核心制造方面。深硅刻蚀设备针对 Bosch 工艺进行了专项优化，主要有 SF_6 和 C_4F_8 气体的快速切换、刻蚀和钝化时间优化、腔室结构、等离子体源浓度控制、下电极偏压和射频电源频率等方面，这使它能够迅速平滑地完成刻蚀和钝化的交替过程，提升刻蚀侧壁的垂直度，降低刻蚀侧壁的粗糙度，减少底部侧切的发生。

深硅刻蚀设备的性能主要体现在刻蚀工艺的光刻胶选择比上，一般要求大于 50∶1；刻蚀速度一般可达每分钟数十微米，垂直度接近 90°±1°；对于 10μm 工艺尺寸，深宽比不低于 10∶1。另外，该设备能够根据工艺情况实现小的扇形和粗糙度，具有较高的均匀性。

7.2.4　先进刻蚀设备的发展趋势

当前芯片制造已步入 3nm 工艺节点，随着集成电路特征尺寸的不断微缩，器件尺寸的不均匀性将在很大程度上影响整个器件的稳定性、漏电流和电池功率损耗，引起器件失效和良率降低，因此相关工艺面临极大挑战。

ALE 能够将刻蚀精确到一个原子层，使刻蚀过程均匀地、逐个原子层地进行，并停止在适当的时间或位置，因此刻蚀选择比极高[11]。不仅如此，它的刻蚀速度的微负载效应也因为自饱和效应的作用而几乎为 0，无论在反应快的部位还是反应慢的部位，每个周期仅完成一个原子层的刻蚀。另外，ALE 所用到的等离子体相当弱，有的甚至采用远程等离子体源，等离子体携带的紫外辐射和电荷量都很小，所以对器件的电学损伤非常小。基于精确的刻蚀控制、良好的均匀性、小的负载效应等优点，ALE 越来越受到重视，重新成为研究热点。例如，2016年泛林集团推出了首台ALE产品，使ALE成为刻蚀的热点技术。ALD原理示意和牛津仪器PlasmaPro 100 ALE刻蚀设备实物如图7.21所示。

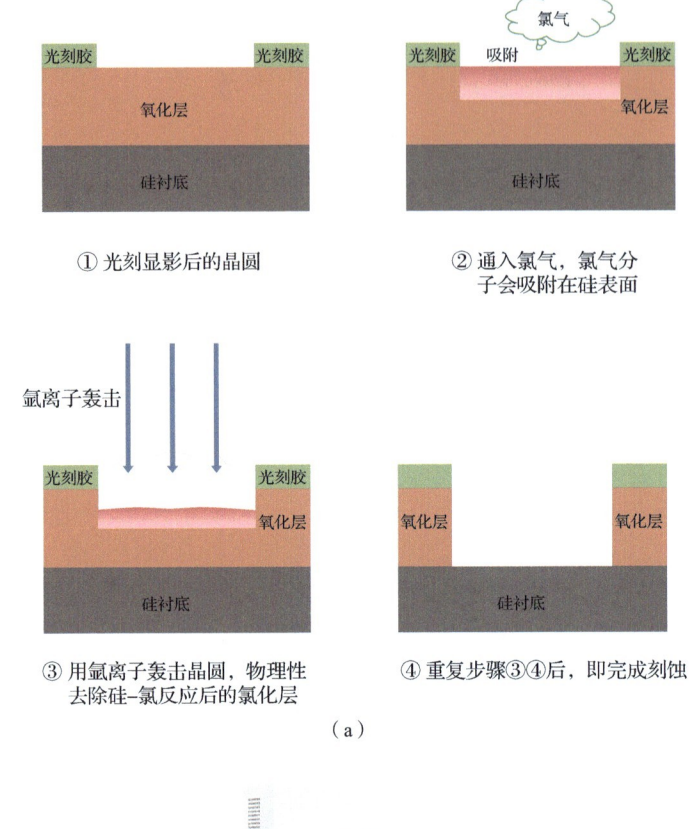

(a)

(b)

图7.21　ALD原理示意和牛津仪器PlasmaPro 100 ALE刻蚀设备实物

ALE是通过一系列的自限制反应去除单个原子层，不会触及和破坏底层及周围材料的先进半导体生产工艺，可以实现精准的控制，具有优秀的各向异性，是未来刻蚀工艺的发展方向。

7.3 沉积与刻蚀设备的核心子系统

根据工作原理和相应的功能,沉积与刻蚀设备的核心子系统包括真空系统、热管理和温度控制系统、气体流量控制系统、晶圆传送系统、射频电源及其匹配系统、原位监测系统、其他关键组件等,如图 7.22 所示。上述核心子系统分别对应沉积与刻蚀设备的真空环境维持、检测及控制,晶圆温度控制,气体流量控制,晶圆传送,等离子体产生及控制,原位状态监测等关键功能,对沉积与刻蚀工艺的精度和芯片制造良率具有重要的影响[12-14]。

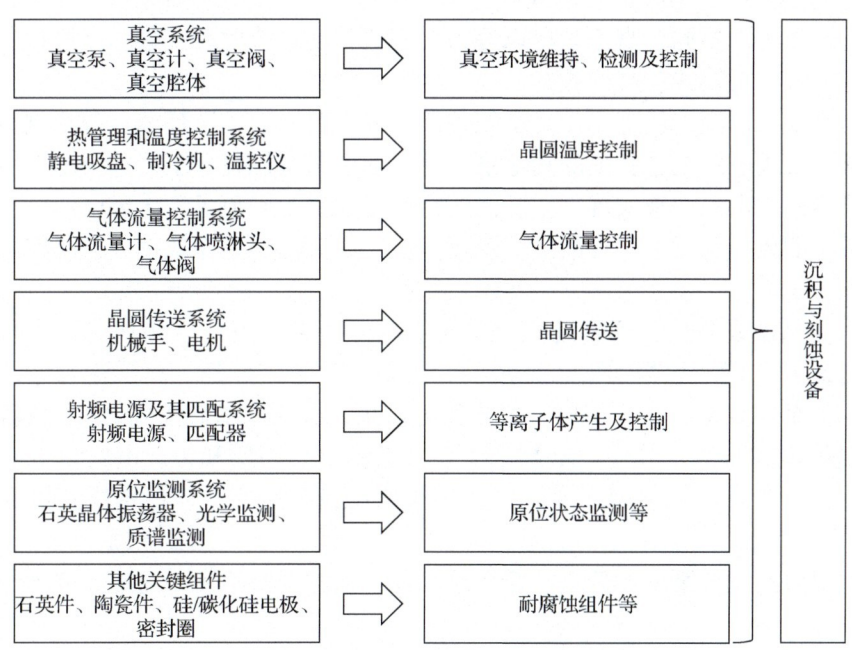

图 7.22 沉积与刻蚀设备及相关的核心零部件

7.3.1 真空系统

真空系统主要用于沉积与刻蚀设备的真空环境维持、检测及控制。其中,真空泵主要用于在沉积与刻蚀设备的真空腔体中产生和维持真空,真空计主要用于精确测量真空腔体中的真空度,真空阀用于控制真空气路的通断,真空腔体是内部为真空状态的特定容器。不同的真空度将影响沉积与刻蚀结果:一方面,不同真空度对应不同的气体分子平均自由程,会影响沉积和刻蚀工艺过程中离子的能量;另一方面,不同的真空度对应不同的残留氧分压,会直接影响对氧化反应敏感的特定沉积与刻蚀工艺。因此,真空系统会直接影响沉积与刻蚀设备的整机功能。当前,集成电路制造中的多个工艺过程都是在真空条件下进行的,真空系统已经相应地成为集成电路设备和集成电路制造工艺线的重要组成部分。下面对真空泵、真空计、真空阀、真空腔体等具体的真空相关零部件进行介绍。

1. 真空泵

真空泵是用于在真空腔体中产生和维持真空的核心零部件。集成电路制造领域是真空泵最大的应用领域，光伏领域的需求则呈现快速增长的态势。目前，真空泵相关产业主要被 Edwards 等少数国外企业垄断，国产的汉钟精机、中科仪处于快速发展阶段。按照真空度的不同，真空泵产品大致分为以下 3 类。

（1）高/超真空（$10^{-6}\sim10^{-1}$Pa/$10^{-10}\sim10^{-6}$Pa）：低温泵、分子泵、溅射离子泵、钛升华泵、扩散泵。

（2）低真空（$10^{-1}\sim10^{3}$Pa）：干式真空泵（简称干泵）、双级旋片泵、油增压泵、水蒸气喷射泵。

（3）粗真空（$10^{3}\sim10^{5}$Pa）：单级旋片泵、滑阀泵、液环泵、往复式真空泵。

根据工作原理的不同，真空泵可以分为变容式与动量式两种；根据结构特点的不同，可以分为往复式、旋转式和牵引式等。

目前，真空泵已经广泛应用于真空相关的集成电路制造工艺环节，包括刻蚀、沉积、离子注入等。集成电路制造相关的真空泵主要包括干泵及涡轮分子泵。与早期使用的油泵相比，干泵不使用水或油来实现真空阶段的密封或润滑，避免了工艺环境污染或油气进入尾气处理系统的风险，既可以提高工艺可重复性、灵活性和生产效率，也能够显著节省运营维护成本。

在沉积与刻蚀设备中，通常使用干泵与涡轮分子泵的组合，将真空腔体抽至符合工艺需求的特定真空度。根据需要，在蒸发、溅射、分子束外延、离子注入等设备也会使用低温泵。干泵抽真空的能力有限，主要作为前级泵，在此基础上配合使用涡轮分子泵，可以将环境抽至高真空。其中，干泵主要直接出售给晶圆厂和集成电路设备制造商，供其在制造过程中使用，涡轮分子泵则主要出售给设备制造商，以便集成到集成电路工艺设备中。

干泵主要包括罗茨泵、涡旋泵、螺杆泵 3 种，如图 7.23 所示，它们均为变容真空泵。

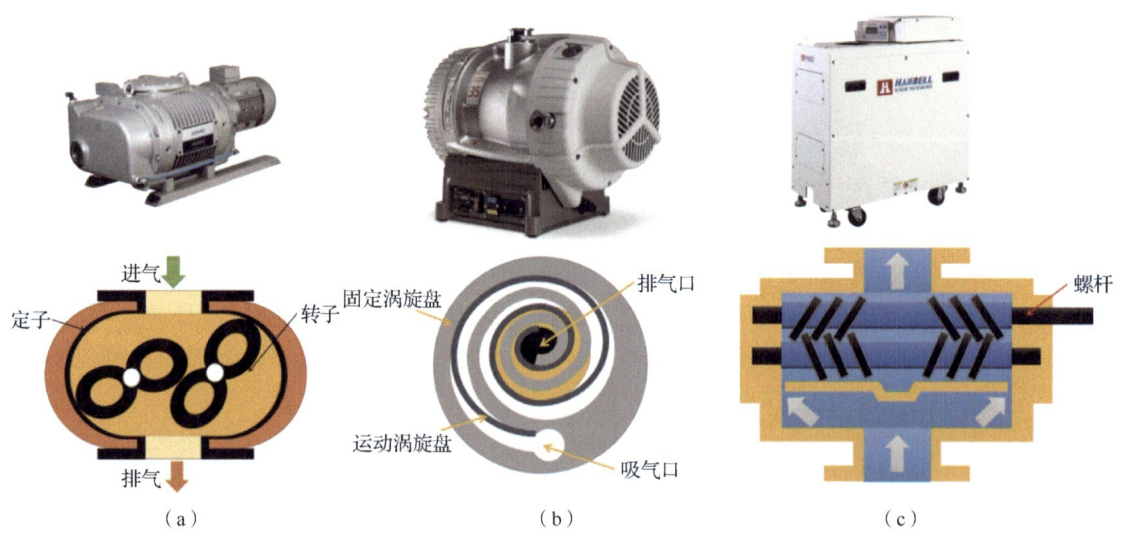

图 7.23　3 种典型的干泵及结构示意
（a）罗茨泵　（b）涡旋泵　（c）螺杆泵

（1）罗茨泵内装有两个朝着相反方向同步旋转的叶形转子，在工作的过程中，转子之间、转子与泵壳内壁之间有细小间隙而互不接触,主要的真空度应用范围是 $10\sim10^2$Pa。

(2)涡旋泵通过两个涡旋盘(固定涡旋盘和运动涡旋盘)的转动,在两个涡旋盘之间不断产生周期性变化的新月形状空间,达到压缩气体的效果,主要的真空度应用范围是 $10^{-1}\sim10^5$Pa。

(3)螺杆泵利用一对螺杆,在泵壳内做同步高速反向旋转,实现吸气和排气,以达到压缩气体的效果,主要的真空度应用范围是 $10^{-2}\sim10^5$Pa。

从真空度的应用范围来看,三者主要应用于低真空领域,涉及部分粗真空与高真空领域,而要达到更高的超高真空则需要配合使用分子泵等。

与干泵大多为变容真空泵不同,分子泵是一种动量真空泵,它是利用高速旋转的转子把动量传输给气体分子,使之获得定向速度,从而将其压缩、驱向排气口后被前级抽走,主要用于实现高真空。分子泵可以分为牵引分子泵、涡轮分子泵(见图7.24)和复合分子泵等。其中,牵引分子泵依靠高速运动的转子碰撞气体分子,将其驱动到出气口抽走,以实现抽气的功能;涡轮分子泵依靠高速旋转的动叶片(简称动片)和静止的定叶片(简称定片)相互配合来实现抽气;复合分子泵则是牵引分子泵和涡轮分子泵的组合,是将二者串联后形态。

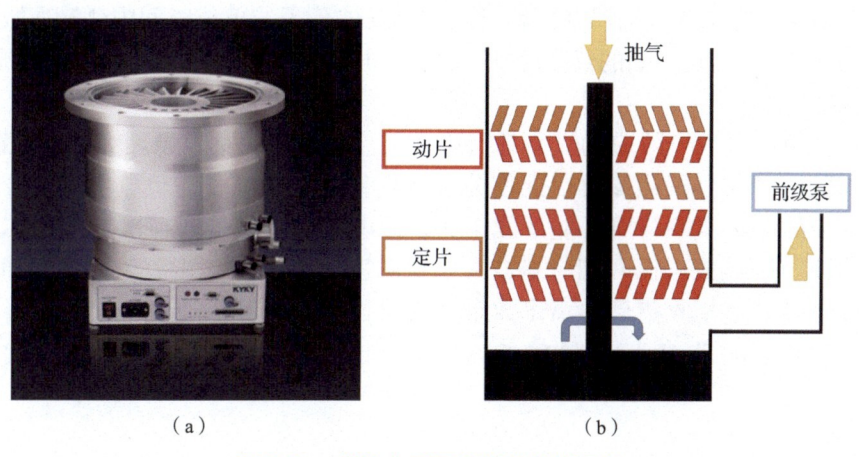

图 7.24　涡轮分子泵实物及结构示意

2. 真空计

真空计又称真空规,是测量真空度或气压的仪器,在科研和工业生产中被广泛使用。真空计可以根据工作原理分为三大类,分别是利用力学性能的真空计、利用气体动力学效应的真空计和利用带电粒子效应的真空计。各种真空计及其原理示意如图7.25所示。

典型的利用力学性能实现真空测量的真空计有波登(Bourdon)规和薄膜电容规。波登规的测量原理是:利用真空计内部的细铜管受气体压力不同产生的舒展现象,带动杠杆和齿轮旋转,使得指针指示在不同刻度上,进而可读出相应的气压值。薄膜电容规是利用真空计中金属薄片的受力形变来测量真空度。根据不同的规格,薄膜电容规可以测量的精度范围是 $10^{-2}\sim10^2$Pa。但是,这类真空计需要在恒温条件下使用,以此来抵消热胀冷缩带来的影响。

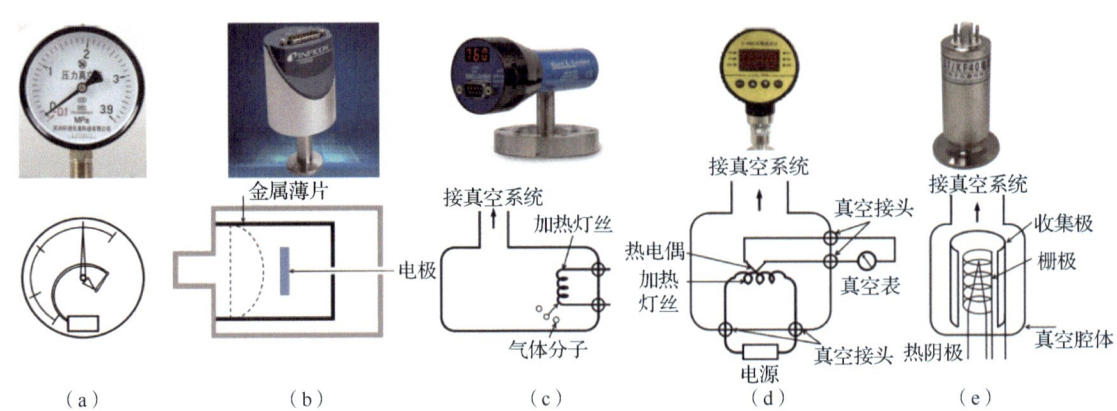

图7.25 各种真空规及其原理示意
（a）波登规 （b）薄膜电容规 （c）皮拉尼电阻规 （d）热偶真空规 （e）电离真空规

典型的利用气体动力学效应的真空计有皮拉尼（Pirani）电阻规和热偶真空规，主要利用在小真空范围、低压强下气体的热传导特性制备而成。在低压强下，气体分子的碰撞会带走灯丝的热量，而气体分子碰撞又与压强有关。因此，通过测量皮拉尼电阻规中灯丝的电阻或者热偶真空规中灯丝的温度，就可以获得气体分子的单位时间内碰撞次数，进而实现气体压强的测量。根据不同的仪器规格，皮拉尼电阻规和热偶真空规可以精确测量 $10^{-1}\sim 10^3$Pa 的真空度。

典型的利用带电粒子效应的真空计有电离真空规。它的测量原理为：在稀薄气体中，灯丝发射出的电子与分子碰撞可以促使分子电离，产生正离子与负电子。在该物理过程中，气体分子的电离概率与电子能量成正比，而电子与分子的碰撞次数与气体分子密度成正比，进而与压强成正比。相应地，在一定温度下，产生的正离子数与压强成正比。因此，通过电离真空规收集到的离子数量，就可以测量得到真空度。根据仪器规格，电离真空规一般可以测量 $10^{-1}\sim 10^{-8}$Pa 的高真空及超高真空，也是测量高真空的主要仪器之一。

3. 真空阀

真空阀是指在真空系统中，用来改变气流方向，调节气体流量大小，切断或接通管路的真空系统元件。由于集成电路工艺大多基于真空环境，因此真空阀大量应用于集成电路设备的真空系统中。

真空阀的类型有很多，按照结构和适用场合的不同可以分为闸阀、截止阀、蝶阀、球阀等；按照介质压力的不同可以分为低真空阀、中真空阀、高真空阀和超高真空阀；按照阀门通道形式的不同可以分为直通阀、角通阀、三通阀；按照产品驱动方式的不同可以分为手动阀、电动阀、气动阀、磁动阀等。下面主要介绍闸阀、截止阀、蝶阀和球阀的主要功能及其特点，这4种真空阀的实物如图7.26所示。

闸阀又称闸板阀，它与水闸相似，主要用于完全关断真空管路：在全开时整个流域直通，介质的运行压力损失最小；关闭时整个流域完全截止。由于闸阀在半开时流通介质会不断撞击闸门引起振动，对真空腔体或密封面造成损伤，因此闸阀适合全开或全闭的工作环境，不适合用来调节流量。

| 闸阀 | 截止阀 | 蝶阀 | 球阀 |

图 7.26　各种真空阀门

截止阀的阀杆轴线与阀座密封面垂直，阀杆开启或关闭行程相对较短，并具有非常可靠的切断动作，因此在调节流量方面优于闸阀。截止阀一旦处于开启状态，它的阀座和密封面之间就不再有接触，减小了机械磨损，同时，在更换阀座和阀瓣时无须拆卸阀门。因此，截止阀很适合阀门和管线焊接成一体的场合。但是，介质通过此类阀门时的流动方向会发生变化，因此截止阀的流动阻力高于闸阀，这使得截止阀在全开或全闭工作环境中的性能不如闸阀。

蝶阀的蝶板安放在管道直径方向，可以绕着蝶板中心的圆盘轴线旋转 $0°\sim90°$，其中 $0°$ 时阀门完全关闭，$90°$ 时阀门完全开启。蝶阀的结构简单、体积小、质量小，所需的零件少，同时具备操作简单、对流体的控制能力强、全开时阻力小等优点。因此，蝶阀不仅可以用于流量控制，还适用于制作大口径的阀门。

球阀是由旋塞阀演变而来，它们都具备旋转 $90°$ 关闭阀门的动作，然而球阀的旋塞体是球体，有圆形通孔通过其轴线。由于球阀只需要旋转 $90°$ 的操作和很小的转动力矩就能关闭严密，因此阀体内腔为介质提供了阻力小、直通的流道，在实现开闭功能的同时还被设计成具有节流和控制流量功能的阀门。球阀的主要特点是结构紧凑、易于操作和维修，适用于多种工作介质。

4. 真空腔体

真空腔体（见图 7.27）为密闭刚体，腔体上带有各种不同类型的真空接口，可以连接真空泵、真空计等设备。例如，通过连接真空泵，可以使得腔体内维持真空状态。真空可以为集成电路的各种工艺提供重要的环境，避免材料受到气体的影响。因此，真空腔体的性能对工艺的成败至关重要。真空腔体通常使用金属制造，这些用来制造腔体的金属依其厚度、材料的电阻率、材料的液气体通透率的不同适用于不同的真空度。

图 7.27　真空腔体

在超高真空系统中，一般使用不锈钢作为主要结构材料，通常是用含 Cr10%～20%的低碳钢。该材料具有优良的无磁性、抗腐蚀性，且导电率和导热率低、放气率低、焊接性好，能够兼容-270～900℃的工艺温度。除不锈钢之外，铝合金凭借极低的真空表面释气率、较弱的导热性能、较低的加工成本等优势，在制备超高真空腔体的材料中占据了重要地位。

5. 国内外代表性企业情况

在真空泵方面，国外的代表性企业包括 Edwards、日本荏原（Ebara）、普发真空（Pfeiffer Vacuum）、Brooks、瓦里安半导体设备制造公司（简称 Varian）、Leybold、Alcatel、Ulvac 等，国内则有汉钟精机、中科科仪等潜力企业。在真空计方面，国外的代表性企业包括 MKS、Inficon、Atlas、Anelva、Pfeiffer Vacuum 等，国内潜力企业包括上海振太、成都兴睿宝等。真空阀门的国外代表性企业包括日本富士金（Fujikin）、VAT、MKS、世伟洛克（Swagelok）、Hamlet 等，国内则有晶盛机电等潜力企业。真空腔体的国外代表性企业包括 Pfeiffer Vacuum、LACO Technologies、Kurt J. Lesker Company、Komiyama Electron 等，国内生产真空腔体的厂家有中科九微等[15]。

7.3.2 热管理与温度控制系统

在集成电路的沉积与刻蚀工艺中，反应温度是一个重要的工艺参数。例如，对硅晶圆进行 CVD 工艺时，反应腔室（真空腔体）内温度达到 300～1000℃；在刻蚀工艺设备中，不同刻蚀工艺一方面要求温度范围覆盖-20～80℃，另一方面要求温度控制精度达到 ±0.5℃。因此，热管理和温度控制系统的性能直接关系到集成电路工艺的指标实现、方案复杂性与经济性[16]。下面对静电吸盘（Electrostatic Chuck，ESC）、制冷机、温控仪等相关仪器设备进行介绍。

1. 静电吸盘

静电吸盘又称静电卡盘（见图 7.28），是一种利用静电吸附原理夹持固定被吸附物的夹具，适用于真空及等离子体环境，主要作用是吸附晶圆，并使晶圆保持较好的平坦度，抑制晶圆在工艺过程的变形；还能够通过静电吸盘内部的气体和液体管路，利用氦气和冷却液循环，精确控制晶圆的温度，同时保证晶圆上的温度均匀，提升工艺均匀性。

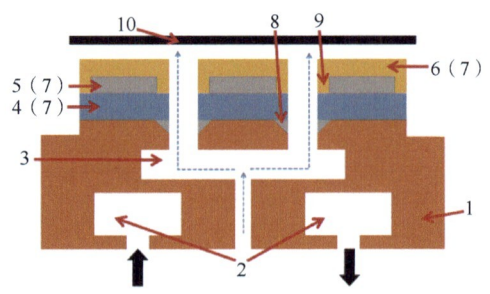

1：金属底座 2：液体管路 3：气体供给通路
4：下部绝缘层 5：吸附电极 6：上部绝缘层
7：静电吸盘 8：黏合剂 9：贯通孔 10：堆积物

图 7.28　静电吸盘实物及典型的结构示意

静电吸盘采用经典原理实现晶圆吸附，与机械卡盘相比，由于减少了机械运动部件，颗粒污染得以降低，同时增大了晶圆的有效面积；与真空吸盘相比，静电吸盘可用于低压强（高真空）环境，适用于干法刻蚀、CVD、PVD等各种需要利用卡盘控制晶圆温度的集成电路工艺环节。鉴于以上优点，静电吸盘现已在集成电路制造领域被广泛采用。

随着集成电路制程设备和制程工艺的发展，传统的以有机高分子材料和阳极氧化层为电介质的静电吸盘逐步被陶瓷静电吸盘替代。陶瓷静电吸盘拥有良好的导热和抗腐蚀性等特性，广泛应用于集成电路核心制程工艺中，在高真空等离子体或电子特气环境中起到固定晶圆和控制温度等作用，更是离子注入、刻蚀等关键工艺的核心零部件之一。

由于静电吸盘采用氮化铝等陶瓷材料，因此包含内部电极、冷却气体孔等精细结构，对表面处理技术的掌握与应用的要求也比较高。同时，静电吸盘的研制过程涉及600℃静压热处理等特殊工艺，需要多种特制设备，是研发难度较高的集成电路设备核心零部件。

2. 制冷机

制冷机是将具有较高温度的被冷却物体的热量转移给环境介质，从而达到制冷效果的机器。集成电路产业当中，由于工艺复杂性与装备精密性，温度控制技术需要满足宽温区、大功率、超精密等严格的要求。例如，在刻蚀设备中，由于各种刻蚀方法所需要的反应温度不同，冷却系统要能够精确输出-20～80℃的温度。因此，制冷机的选择和精度直接决定了各工艺的稳定性、经济性、复杂性等指标。

制冷机的制冷原理主要分为3种：第一种是利用物质相变的吸热效应实现制冷；第二种是利用气体膨胀产生的热效应实现制冷；第三种是利用半导体的热电效应实现制冷。其中，以物质相变和半导体的热电效应为原理制成的制冷机应用比较普遍。

典型的基于物质相变原理的制冷机是蒸气压缩制冷机，它由压缩机、冷凝器、气液分离器、干燥过滤器、示液镜、膨胀阀和蒸发器组成。蒸气压缩制冷机通过介质相变过程中的吸热效应制备而成，适合的制冷温度可以达到-20℃。这类制冷机具有制冷效率高、冷却温度低等特点。

基于热电效应制冷的制冷机的工作原理是直流电经过不同类型的半导体时会发生热量转移。由于该制冷技术可以通过调节电流大小来实现冷量的调节，因此具有调节精度高、制冷功率小等特点，被广泛应用于光刻设备的超精密温度控制当中。但由于制冷效率与冷、热面的温差相关，因此该制冷技术的应用有一定局限性。

3. 温控仪

温控仪又称温度控制器，主要配合制冷机来控制集成电路工艺系统的温度，从而保证工艺温度保持在所需要的温度点附近。集成电路制造设备所使用的温控仪主要是电子式温控仪，它是先利用热电偶等温度传感装置将温度信号转变为电信号，再通过控制电路操作制冷机进行温度调控。

4. 国内外代表性企业情况

静电吸盘的国外代表性企业包括应材、Lam、Shinko、TOTO、NGK、NTK等，国内的潜力企业包括海拓创新、君原电子等。制冷机的国外代表性企业包括SMC、ATS等，国内则有北京京仪自动化等潜力企业。温控仪的国外代表性企业包括 MKS、山武（azbil）、霍尼韦尔等，国内则有厦门宇电自动化等潜力企业。

7.3.3 气体流量控制系统

在集成电路沉积工艺当中，需要不断控制气体物质的进出，从而实现物质从原物质到薄膜的可控原子转移。在刻蚀工艺中，湿法刻蚀与干法刻蚀也需要控制工艺当中的气体环境。因此，在沉积与刻蚀工艺中，精确控制反应气体或环境气体的流量是决定工艺成败的重要因素之一[17]。下面对构成气体流量控制系统的气体流量计、气体喷淋头、气体阀等关键零部件进行简单介绍。

1. 气体流量计

气体流量计［见图 7.29（a）］是一种用于测量气体流量的仪表，多被安装在气体管路中，以实现对不同工艺气体的流量检测和控制。在集成电路沉积与刻蚀工艺当中，气体流量计可以用来对真空腔体内的气体反应物进行精确定量控制，保证工艺的稳定性、可重复性和产业的良率。集成电路制造设备和工艺线使用的气体流量计多为质量流量控制计（Mass Flow Controller，MFC）。质量流量控制计通过感应气体带走的热量来检测气体的流量，可以广泛应用于高纯度气体质量流量的检测与控制。

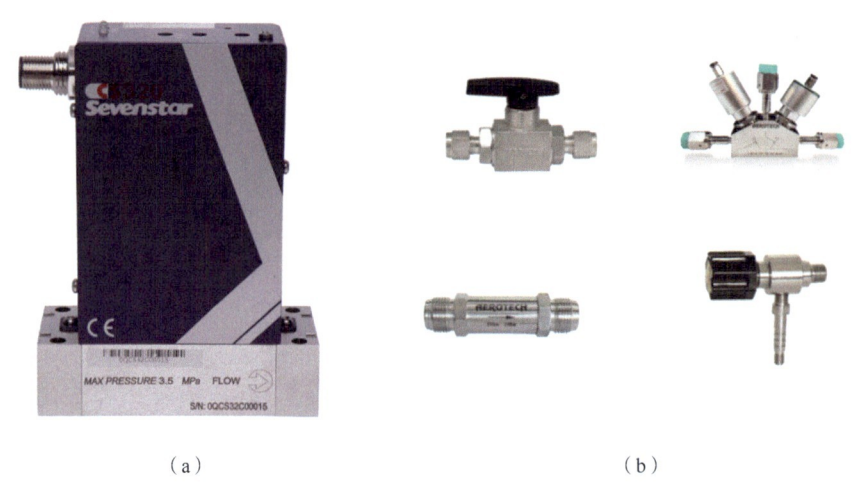

(a)　　　　　　　　　　　(b)

图 7.29　气体流量计及气体阀门实物

(a) 气体流量计　(b) 各种气体阀门

2. 气体喷淋头

在沉积与刻蚀工艺中，气体喷淋头（见图 7.30）是一种可以将薄膜生长所需气体均匀喷射到真空腔体中，进而控制沉积原子层厚度、沉积时间等工艺参数的特殊喷头。气体喷淋头可按照结构组成的不同分为闭式喷淋头、开式喷淋头；或者按照灵敏度的不同分为早期抑制快速响应喷头、快速响应喷头、特殊响应喷头等。气体喷淋头的制造一方面涉及结构设计和机械加工，另一方面需要考虑材料选择和表面处理的问题，后者是喷淋头制造的关键技术问题。

图 7.30　气体喷淋头

3. 气体阀

气体阀大量应用于设备的气路和真空系统中，大都采用超高纯材料，用于控制气体管路。按照应用场景的不同，气体阀可以分为减压阀、隔膜阀、球阀、单向阀、针阀、气体计量阀等。其中，气体计量阀可以配合流量计，精确控制气体进入反应腔体的流量。通过转动主轴，通过气体计量阀阀口的气体流量与主轴旋转角度呈特征曲线表示，因此更多应用于需要精确控制气体流量的场合。

4. 国内外代表性企业情况

气体流量计的国外代表性企业包括 Horiba、Brooks、MKS、Fujikin 等，国内潜力企业包括北方华创、万业企业（Comparts）等。气体喷淋头的国外代表性企业包括 UMS、NHK、AMAT 等，国内潜力企业有江丰电子、靖江先锋等。气体阀的国外代表性企业包括 Fujikin、VAT、MKS、Swagelok、Hamlet 等，国内潜力企业有中科艾尔、靖江佳佳等[18-19]。

7.3.4　晶圆传送系统

随着当前集成电路产业的工艺复杂度与精度不断提高，为避免人身体上的有机与无机物对产品线造成污染，同时为了进一步提高产品良率与生产效率，集成电路产业线的绝大部分工艺已经实现自动化操作。其中，晶圆传送系统主要用于实现晶圆在扩散区、刻蚀区、薄膜区等不同生产区域的无人运输，能够在提高生产效率的同时保证产品良率[20]。

集成电路产业中的传送系统作为设备的前端模块（Equipment Front End Module，EFEM），可以在高洁净环境下，将晶圆通过精密机械手传送至工艺、检测模块，是集成电路制程和检测设备必不可少的核心子系统。晶圆传送作为集成电路制造过程的重要环节，与之相对应的传送系统主要包括晶圆装载系统、晶圆运输系统（机械手）以及晶圆对准系统三大部分。从产品类型和技术层面来看，设备前端模块一般分为二工位、三工位、四工位。对于传送系统，高洁净度、高稳定性、高传输效率、高定位精度、高兼容性、可定制化皆是其关键特点,也直接影响了芯片制造的良率和生产效率。其中,装载端口设计、振动抑制、传输进度优化、密封和净化、整体架构设计是相应的关键技术。

下面对晶圆传送系统中的机械手、电机等相关零部件进行介绍。

1. 机械手

集成电路设备依靠机械手实现晶圆的传送,因此对机械手的稳定性、传片速度和准确度要求很高。在集成电路制造中,机械手可以避免人体直接接触到工艺中的化学品、晶圆的成品及半成品,有效地防止了人为污染,提高了产品的良率和生产效率。机械手的应用范围十分广泛,被应用在光刻、刻蚀、封装、沉积等多个工艺线,大致可以分为片盒传送机械手、晶圆传送机械手及倒片机械手。具体地,片盒传送机械手主要负责片盒在仪器设备、生产线和各工艺区之间的调度搬运工作;晶圆传送机械手主要负责晶圆在各设备内部之间的搬运,常用于晶圆前端传输系统[见图7.31(a)];倒片机械手主要负责片盒之间或片盒内部的晶圆的替换或中转等操作。

目前,我国集成电路产业在机械手的国产化方面也有一定突破。沈阳新松机器人自动化股份有限公司联合上海交通大学、哈尔滨工业大学等国内著名高校,采取产学研合作方式进行联合攻关,成功研制出真空机械手产品,推进了集成电路装备机械手的国产化进程,如图7.31(b)所示。

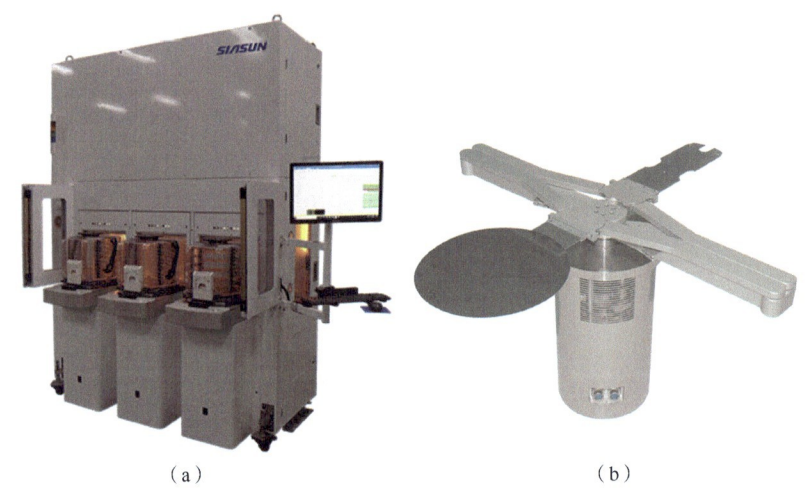

图7.31 沈阳新松机器人自动化股份有限公司的晶圆前端传输系统和真空机械手
(a)晶圆前端传输系统 (b)真空机械手

2. 电机

电机(又称马达)能将电能转化为机械能并做功产生动能,从而驱动其他装置。在集成电路相关设备中,通常利用电机为机械手提供动力,以实现片盒和晶圆的传送。因此,集成电路相关设备对电机的稳定性和准确度要求很高。集成电路相关设备使用的电机包括步进电机(Stepping Motor)、伺服电机(Servo Motor)、齿轮电机(Gear Motor)、无刷电机(Brushless DC Motor)、有刷直流电机(Brushed DC Motor)、交流电机(AC Motor)、直线电机(Linear Motor)等。与上述电机相匹配,还需要有相应的驱动芯片和控制器,以实现对电机工作状态的精准控制。

3. 国内外代表性企业情况

机械手的国外代表性企业包括 Brooks、MKS 等,国内潜力企业包括新松机器人等。电机的国外代表性企业包括 Nidec、Atlas、Orientalmotor、三菱等,国内潜力企业包括雷利电机等。传送系统的国外代表性企业包括 Brooks、Rorze 等,国内潜力企业包括果纳半导体、锐洁机器人、华卓精科等。

7.3.5 射频电源及其匹配系统

在刻蚀工艺中,刻蚀设备利用低压放电产生的等离子体,使用离子或自由基对待刻蚀材料进行物理轰击或发生化学反应。因此,产生等离子体的射频电源及其匹配系统是保证刻蚀工艺稳定性、精确性及效率的关键零部件[21]。下面对射频电源和匹配器进行介绍。

1. 射频电源

射频电源主要作为电源用来产生等离子体。例如,在 ICP 刻蚀设备中,射频电源产生高频电流输送给电感线圈。射频电源的关键指标包括工作频率、输出功率,以及频率和功率的稳定性。射频电源和匹配器是 PECVD 设备、ALD 设备、PVD 设备、反应离子刻蚀设备、离子注入设备等高端集成电路制造设备的工艺电源,是设备的关键子系统。

射频电源的主要部件包括射频信号产生模块(直流供电电源模块、振荡电路模块)、驱动电路、功率放大模块及功率检测模块。其中,射频信号产生模块用于产生特定频率射频信号,所输出的射频信号直接决定了射频电源能否稳定工作。驱动电路的主要功能是实现射频信号的降噪和整形。射频功率放大模块主要实现信号的功率放大,功率检测模块则对放大后的信号进行功率检测。射频功率放大模块的发展经历了电子管和晶体管两代。其中,电子管存在很多问题:首先是体积大,这限制了相应射频电源在某些精密领域的应用;其次是电子管射频电源的寿命短,不到晶体管射频电源的一半。与电子管射频电源相比,晶体管射频电源(又称固态射频电源)的体积小、功率控制精密、输出稳定、频率精度高、开机无须预热,同时它的损耗低、寿命长、发热少。

2. 匹配器

在刻蚀设备能量传输过程中,匹配器通过调整负载阻抗与传输线阻抗的大小使其相等(匹配),从而减少传输过程中的信号反射,达到最大的输出功率。一般而言,匹配器分为改变阻抗力与调整传输线两种类型。在集成电路产业中,匹配器作为提高能量利用效率的关键零部件,在等离子刻蚀、离子注入等设备中发挥了重要作用。

3. 代表性企业情况

目前,Advanced Energy、MKS 等企业已经垄断了射频电源及匹配器高端市场,国产化需求迫切。国产射频电源的主要技术问题在于电源电压和频率等参数尚不够稳定,较国外企业有一定差距,特别是大功率、高稳定性射频电源技术需要突破。北方华创、北京赛德凯斯、恒运昌、神州半导体等国内企业前期取得了一些研发进展,但是仍然需要结合集成电路设备及工艺的需求,上下游联动,进行设备改进和功能验证。恒运昌的射频电源和匹配器实物如图 7.32 所示。

图 7.32 恒运昌的射频电源和匹配器实物

7.3.6 原位监测系统

在沉积与刻蚀工艺中,需要对薄膜沉积和刻蚀的进程进行监测,以实现对薄膜厚度、刻蚀终点的精准控制。因此,原位监测系统是保证沉积与刻蚀工艺稳定性、精确性及效率的关键零部件。下面从石英晶体振荡器(简称晶振)、光学监测组件、质谱监测组件3个方面对原位监测系统进行介绍。

1. 石英晶振

在沉积与刻蚀设备中,石英晶振用于检测膜层厚度,主要是利用了石英晶体的压电效应和质量负荷效应。石英晶体的固有频率 f 不仅取决于几何尺寸和切割类型,而且还取决于厚度 d,即 $f=N/d$,N 是取决于石英晶体的几何尺寸和切割类型的频率常数。对于温度补偿角(Angle Cut for Temperature,AT)切割的石英晶体,$N=fd=1670 \text{Kc·mm}$。

使用石英晶振厚度增量参数表达的晶体频率变化为 $\Delta f = -\dfrac{N\Delta d}{d^2}$,即若厚度为 d 的石英晶体的厚度变化为 Δd,则晶振频率变化为 Δf。式中的负号表示贴片晶振的频率随着膜厚增加而降低。然而在实际镀膜时,沉积的是各种膜料,而不都是石英晶体材料,所以需要把石英晶体厚度增量 Δd 通过质量变换转换成膜层厚度增量 Δd_M,即

$$\Delta f = -\frac{\rho_\text{M}}{\rho_\text{Q}}\frac{f^2}{N}\Delta d_\text{M} \tag{7.1}$$

其中,ρ_M 为膜层密度;ρ_Q 为石英密度,$\rho_\text{Q}=265\text{g/cm}^3$。

于是,令 $s = -\dfrac{\rho_\text{M}}{\rho_\text{Q}}\dfrac{f^2}{N}$,$s$ 为变换灵敏度,则 $\Delta f = s\Delta d_\text{M}$。

对于一种确定的镀膜材料,密度为常数,在膜层很薄(沉积的膜层质量远小于石英芯片质量)时,固有频率变化不会很大。因此,可以近似地把 s 看作常数。于是,石英晶体频率的变化(Δf)与 Δd_M 呈线性关系,因此可以借助检测石英晶振的固有频率实现对膜厚的监测。石英晶振和膜厚仪如图 7.33 所示。

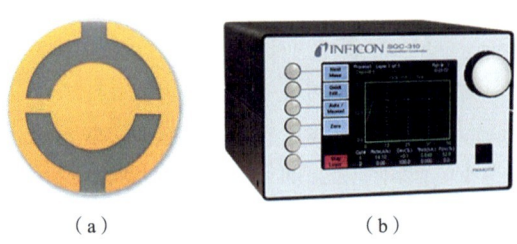

(a)　　　　　　(b)

图 7.33 石英晶振和膜厚仪实物

在镀膜过程中，使用石英晶振监测沉积速度具有明显的优势。随着膜层厚度的增加，石英晶体的频率单调线性下降，不会出现光学监控系统中控制信号的起伏，且容易通过微分操作获取沉积速度的信号。使用石英晶振监测膜层厚度时，沉积速度的稳定性在膜材折射率的一致性和膜层的均匀性、重复性等方面提供了有力的保证。膜厚仪具有非常高的灵敏度，可以达到亚埃数量级。石英晶体的基频越高，控制的灵敏度也越高。然而，当基频过高时，石英晶振会变得过薄，从而变得易碎。因此，通常选择的石英晶振频率范围为6~10MHz。在沉积过程中，允许石英晶振的基频下降2%~3%，约为几百千赫兹。如果基频下降太多，膜厚仪无法稳定工作，会出现跳频现象；如果继续沉积膜层，可能会导致膜厚仪停止工作。为了确保振荡的稳定性和高灵敏度，在沉积一定厚度的膜层后，应更换新的石英晶振。

综上所述，石英晶振作为一种监测沉积速度的重要部件，在镀膜过程中具有重要作用。它能够提供稳定的信号和高灵敏度，确保膜层的均匀性和质量，并为薄膜制备过程提供准确的控制手段。

2. 光学监测组件

基于光学方法实现膜厚监测的零部件，大致可以分为光学膜厚仪、光学发射光谱（Optical Emission Spectrum，OES）组件、激光干涉终点检测（Interferometry Endpoint Detection，IEP）组件和质谱检测组件。

（1）光学膜厚仪。该部件适合沉积光学膜层。使用光学膜厚仪进行原位监测，可以实时监测镀膜厚度和膜层光学性能。它的监测原理（见图7.34，图中 d 表示材料的厚度，n 表示材料的折射率，k 表示材料的热导率）是当指定波长范围的光照射到薄膜上时，从不同界面上反射的光相位不同，从而引起干涉导致强度相长或相消。而这种强度的振荡是与薄膜的结构相关的，通过对这种振荡进行拟合和傅里叶变换就可获得样品厚度和相关的光学常数。这种方法只适合针对沉积透明材料的情况，特别是在镀光学膜层（如高反膜、高透膜）时，可以实时监测镀膜情况。

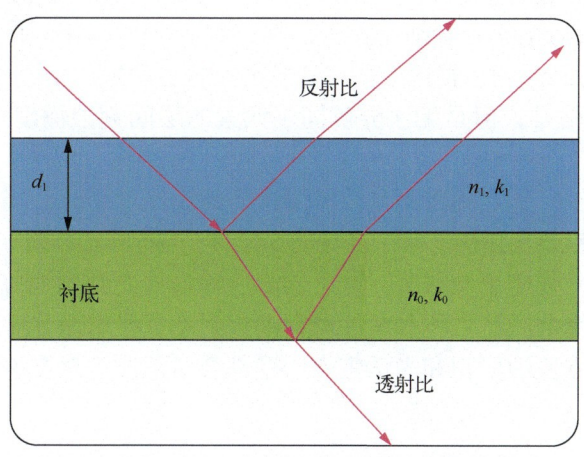

图 7.34 光学膜厚仪监测试原理示意

（2）OES组件。刻蚀工艺过程中的等离子体通常在真空系统中使用射频电源来产生，由于等离子体中不同的化学元素和化合物有不同的发射或吸收光谱，因此可以通过观察各个波长下光谱的时间变化情况(峰强、峰宽、峰位、斜率)来识别、判定对应元素的浓度、温度及刻蚀反应速度等,从而实现工艺控制。因此,在实践中需要有效的等离子体监测部件来收集、分析及判断数据。

当前,对等离子体监测技术的研究主要集中在刻蚀工艺参数监控和光学检测方式两个方面。刻蚀工艺参数监控因精度受限,容易被刻蚀设备状态干扰,已经很少使用。目前主要使用的是基于光学的非侵入技术,主要有 OES 技术和 IEP 技术,如图 7.35 所示。

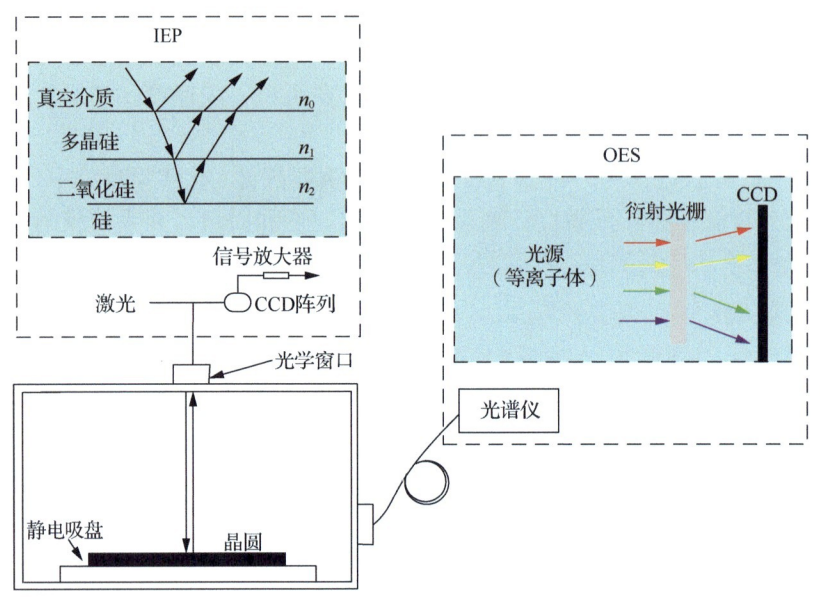

图 7.35 OES 和 IEP 刻蚀监测原理示意

OES 作为一种非侵入式等离子体检测技术,可以提供实时、原位分析,并且不会对等离子体工艺本身及工艺过程产生干扰,具有良好的时间和空间分辨率。但是,不同原子能级状态包含不同的能量,所以一种元素具有不止一种光发射的可能性。另外,并非所有与 OES 输出相关的化学元素都有助于过程控制。目前,OES 的监测对象一般为等离子体激发的 200~800nm 波段原子光谱,属于元素的主动发射谱。OES 监测可以非常精确地探测不同元素的信号,但是无法分辨同一元素的层间刻蚀深度无法,需采用 IEP 进行监测。

(3) IEP 组件。IEP 是利用激光光源监测透明薄膜厚度变化,当厚度变化时,则意味着刻蚀厚度的改变。但是,IEP 也存在自身的局限性。随着刻蚀面积/图形面积的比例不断缩小,刻蚀终点的信号强度也会减弱,终点检测过程容易受到刻蚀薄膜材料的影响,并且检测过程过度依赖选择的测试点位和刻蚀材料的折射率,要求激光必须聚焦在晶固被刻蚀的点位上,并且所选点位的面积和光学焦点问题都会对监测产生影响。

3. 质谱监测组件

对于刻蚀系统,相应的质谱监测组件主要为二次离子质谱仪(Secondary Ion Mass Spectrometry,SIMS)。该组件基于质谱成分分析技术,连续采集分析刻蚀过程中产生的二次离子成分,比照待刻蚀样品的膜层结构,进而判断干法刻蚀的进程,实现刻蚀过程监测。在刻蚀过程中,反应气体形成的等离子体连续轰击待刻蚀样品表面,待刻蚀样品的多层纳米厚度膜层材料会先后与反应等离子体发生物理或化学反应,在待刻蚀样品表面连续产生与被刻蚀膜层的成分相关的气态生成物。由于存在浓度梯度和真空泵的抽气,这些气态生成物将被质谱仪进行分析测试。因此,通过连续检测真空腔体内的气体成分,可以确定正在被刻蚀的膜层材料。

7.3.7 其他关键组件

除了真空系统、热管理和温度控制系统、气体流量控制系统、晶圆传送系统、射频电源及其匹配系统、原位监测系统,沉积与刻蚀设备还需要将上述系统构成一个整体以实现具体的功能,因此需要其他关键的组件[22-23]。下面对石英件、陶瓷件、硅/碳化硅电极和密封圈等关键组件进行简单介绍。

1. 石英件

石英材料具有透光性好、耐磨耐刮、机械强度高、热稳定性好等优点,是半导体生产过程中的重要材料。在集成电路工艺中,石英制品具有广泛的应用:作为单晶硅生长容器的石英坩埚,用于硅片成型与清洗设备的石英清洗槽和石英舟,用于氧化、扩散设备及工艺的石英法兰、石英钟罩、石英管,用于光刻设备及工艺的石英玻璃基片,用于刻蚀设备及工艺的石英环,用于离子注入设备及工艺的石英扩散管等。因此,石英件的质量、加工精度直接影响半导体产品良率。

2. 陶瓷件

无论是先进的半导体制造、封装还是应用,先进的陶瓷工艺都发挥着重要的作用。在刻蚀与沉积环节,陶瓷件可以用于制备很多刻蚀设备的关键零部件,如晶圆抛光基板、静电吸盘、加热器、耐等离子部件等。

3. 硅/碳化硅电极

电极是等离子体刻蚀设备的关键零部件,主要用于加速由射频电源产生的等离子体。不同集成电路刻蚀工艺对等离子体的速度、能量及方向性等都具有相应的要求,硅/碳化硅凭借较好的晶格特性、热稳定、导电性及低廉的价格等优势,成为等离子体刻蚀机射频电极制备的关键材料。

4. 密封圈

集成电路制造设备通常基于真空腔体搭建,真空管道、真空计等组件通过腔体上的真空接口与腔体实现连接,为了避免接口漏气,影响腔体真空度,需要在接口处使用密封圈。在特定的集成电路工艺中,会使用大量含氟、含氢的气体,在高温环境下容易引起密封圈表面化学及物理反应,因此对密封圈的超洁净、耐高温、抗腐蚀性能要求很高,使用的材质一般是氟橡胶、无氧铜等。

5. 国内外代表性企业情况

石英件的国外代表性企业包括 Wonki、Ferrotec 等,国内潜力企业包括凯德石英等。陶瓷件的国外代表性企业包括 Kycoera、CoorsTek 等,国内潜力企业包括苏州柯玛等。硅/碳化硅电极的国外代表性企业是日本 Tokai Carbon,国内潜力企业包括神工半导体等。密封圈的国外代表性企业包括美国杜邦(Dupont)等,国内潜力企业包括芯之翼、芯密科技等。

7.4 技术供应

随着半导体产业的发展，沉积与刻蚀与设备已经成为半导体制造中的核心设备之一，它的技术供应情况也日益受到关注。目前，全球沉积与刻蚀设备市场主要由美国、日本、欧洲等国家和地区的企业主导，如 AMAT 材料、泛林、MSK、Edwards、Advanced Energy。这些企业拥有先进的沉积与刻蚀设备，以及相应的零部件技术，占据了相当大的市场份额。同时，这些企业也在不断推出新技术和新产品，以满足不断变化的半导体制造需求。虽然目前中国在半导体设备技术和市场上还有很大的提升空间，但越来越多的本土企业已进入相关领域，这些企业通过引进国外先进技术或自主创新，不断提升自身技术水平和竞争力，随着技术的发展和市场的扩大，未来有望取得更大的突破和进展。

7.4.1 AMAT

AMAT 成立于 1967 年，并于 1972 年在纳斯达克上市，总部位于加利福尼亚州硅谷圣克拉拉，是世界上最大的半导体设备供应商之一。

该公司的主营业务主要分为 3 个模块：半导体系统（Semiconductor System）、全球应用服务（Applied Global Service）、显示器及相关市场（Display and Adjacent Market）。其中，占据收入大头的半导体系统主要开发、制造和销售用于制造半导体芯片的各种设备，包括沉积（CVD、PVD 等）、离子注入、刻蚀、快速热处理、CMP、计量检验等。全球应用服务主要提供一系列提高晶圆厂效率的解决方案及软件服务，显示器及相关市场主要生产用于制造 LED、OLED 和其他显示器件的设备。按产品来看，该公司主要有 PVD、CVD、ALD、CMP 等多种工作平台和解决方案，为客户提供从单体设备到解决方案的全品类服务。

该公司在离子刻蚀和薄膜沉积领域都是行业中的佼佼者，尤其是在早期就专注的薄膜沉积领域。例如，该公司的产品占全球 PVD 设备市场近 55%的份额，占全球 CVD 设备市场近 30%的份额。

在工艺系统更新方面，在 2011 年，该公司研发了 Centura 系统，在 ALD 时一次可只沉积一层原子；2014 年，研发了 Endura 系统，能够完成连续的薄阻挡层和种子层的 TSV 沉积。2018 年，该公司推出采用全新设计的新型 Centura 200mm 常压厚硅外延反应室 PRONTO，该反应室专为生产工业级高质量厚硅（厚度为 20～150μm）外延膜而设计，能使当前的外延膜生产效率最大化（一次只对一个晶圆实施外延工艺）。在刻蚀领域，该公司研发的 Etch 系统能够实现先进 FinFET 的原子级刻蚀控制，进一步缩减了 3D 逻辑芯片和存储芯片的特征尺寸。

在 MRAM 的制造方面，AMAT 的全新整合式材料解决方案拥有超过 10 种材料，可堆叠沉积超过 30 层薄膜。部分薄膜层的厚度仅达数埃，相当于一颗原子的大小。控制这些薄膜的厚度、沉积均匀性、界面品质等参数非常关键，因为在原子层任何极小的缺陷都会影响器件效能。这些新型存储器装置的效能和可靠性，取决于在硅上沉积和整合新兴材料的能力。AMAT 制造 MRAM 的 Endura® Clover™ MRAM PVD、制造 PCRAM 和 ReRAM 的 Endura® Impulse™ PVD，以及内建的机载计量技术，皆可支援这些新型器件的量产制程。

7.4.2 泛林集团

泛林集团创办于 1980 年，主要设计和构建半导体制造设备，涵盖薄膜沉积、等离子体刻蚀、光刻胶玻璃和晶圆清洗工艺，这些技术有助于构建晶体管、互连、高级存储器和封装结构。

泛林集团的创始人是生于广东花县（现广东省花都区）的林杰屏（David K. Lam）。林杰屏虽然出生在中国，但他很早便移民美国。20 世纪 70 年代，他先后在德州仪器、惠普等代表性企业工作，积累了丰富的半导体行业经验。随后，他创建了用自己姓氏命名的公司——泛林集团，主攻并坚持从事等离子体刻蚀设备领域，同时非常有前瞻性地将数字技术用于设备控制。专业、注重技术研发，是泛林集团取得成功的根本原因。

另外，全球半导体行业的高速增长，反过来推动包括泛林集团在内的半导体设备厂商不断发展扩大。从 20 世纪 80 年代开始，泛林集团便开始全球性扩张，先后进入欧洲、韩国、新加坡、中国等市场。可以说，伴随着全球半导体行业的高速发展，泛林集团将业务遍布全球，尽享行业红利。这也是它成长为全球排名前三的半导体设备厂商的关键因素之一。泛林集团的刻蚀设备产品图谱如图 7.36 所示。

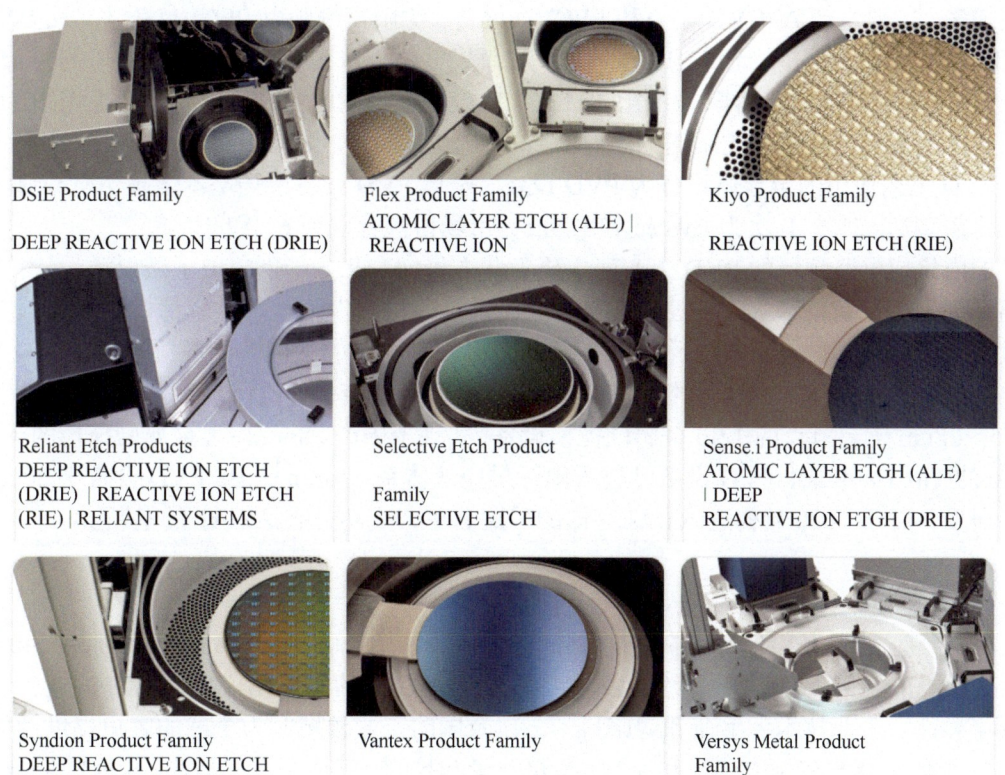

图 7.36　泛林集团刻蚀设备产品图谱（来源：泛林集团官网）

与 AMAT 的全方位产品布局战略不同，泛林集团"战略聚焦"于刻蚀设备，并逐步向前道薄膜沉积和后道清洗设备延伸，公司发展速度远超行业龙头 AMAT。如今，这家华人创办的半导体设备企业，已在全球刻蚀机市场占据半壁江山，在刻蚀细分领域的市占率位居全球第一。

7.4.3 国内半导体设备公司

国内的刻蚀设备企业主要有中微、北方华创、屹唐半导体科技股份有限公司（简称屹唐半导体）和中电科。其中，中微、北方华创和屹唐半导体均以生产干法刻蚀设备为主；中电科除生产干法刻蚀设备外，还生产湿法刻蚀设备。除上述企业外，国内还有创世微纳、芯源微和华林科纳等企业生产刻蚀设备。

中微在介质刻蚀领域较强，相关产品已在包括台积电、SK 海力士、中芯国际等芯片生产商的 20 多条生产线上实现了量产；5nm 等离子体刻蚀设备已成功通过台积电验证，用于全球首条 5nm 工艺生产线。2020 年，中微约占干法刻蚀市场的 1.37%。

北方华创在硅刻蚀和金属刻蚀领域较强，它的 55nm/65nm 硅刻蚀设备已成为中芯国际的 Baseline 机台，28nm 硅刻蚀设备已进入产业化阶段，金属硬掩模刻蚀设备已攻破 14nm 制程。2020 年，北方华创约占干法刻蚀市场的 0.89%。

国产 CVD 设备企业主要有北方华创和沈阳拓荆。其中，薄膜沉积设备以北方华创的种类最多，主要生产 APCVD 设备和 LPCVD 设备；沈阳拓荆则以 PECVD 为主。北方华创的 PECVD 设备主要进入光伏、LED 领域，在集成电路领域已有所突破。沈阳拓荆的 65nm PECVD 设备已实现上市销售。中微的 MOCVD 设备在国内已实现国产替代。根据 2021 年中国国际招标网的数据，沈阳拓荆已有 3 台 PECVD 设备进入长江存储。

PVD 工艺使用的半导体设备为 PVD 设备，全球 PVD 设备市场基本上被 AMAT 垄断，市场份额高达 85%，其次为 Evatec 和 Ulvac，市场份额分别为 6%和 5%。

国内集成电路领域的 PVD 生产商主要为北方华创。北方华创突破了溅射源设计技术、等离子产生与控制技术、颗粒控制技术、腔室设计与仿真模拟技术、软件控制技术等多项关键技术，实现了国产集成电路领域高端薄膜沉积设备零的突破，设备覆盖了 90～14nm 工艺节点。北方华创自主设计的 exiTin H630 TiN 金属硬掩模 PVD 设备是国内首台专门针对 55～28nm 工艺节点的 12in 金属硬掩模设备，实现了国产 28nm 后道金属硬掩模的突破；28nm 的 TiN Hardmask PVD 设备已进入国际供应链体系；14nm CuBS PVD 设备于 2016 年开始研发，并于 2020 年初进入长江存储的采购名单，成功打破 AMAT 的垄断。

7.4.4 MKS

MKS 建立于 1961 年，本部位于美国马萨诸塞州。在 2021 年，MKS 已经拥有 5400 名雇员，公司市值 110 亿美元，营业收入的 60%来自其销售的半导体仪器。MKS 的业务领域包括半导体、工业技术、生命和健康科学，以及国防工业领域，为全球的客户提供过程控制解决方案。MKS 在压力测量和控制、流量测量和控制、气体和蒸气运输、电子控制技术、活性气体方面持有多项专利，在众多领域掌握关键技术。

在半导体市场上，MKS 是重要的半导体设备制造商及半导体器件生产商，在 2021 年、2020 年和 2019 年，MKS 的净收入分别有 62%、59%和 49%来自半导体设备制造。该公司的产品主要用于半导体加工，如在硅晶圆上沉积薄膜、刻蚀、清洁等工艺。在晶圆制造设备生态系统的子系统供应商中，MKS 占据 85%以上的市场份额。

在射频电源、气体流量计及机械手等高端市场,MKS 占据了明显的技术优势。例如,MKS 生产的真空计及相关传感器,可以提供 $10^2 \sim 10^{-6}$Pa 的精确、可靠的真空测量,牢牢占据了高端设备的市场份额。同时,MKS 致力于向全球的电子市场提供高性能、高科技的生产设备,面向消费市场中的通信设备、智能手机、计算机等电子消费品提供元器件、电子电路以及生产设备等产品。MKS 围绕晶圆制造设备的零部件供应情况如图 7.37 所示。

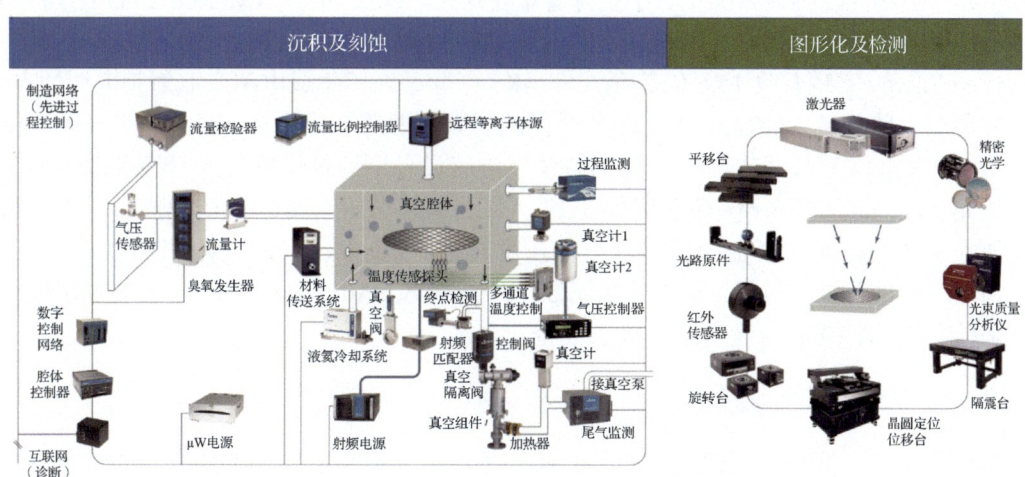

图 7.37　MKS 围绕晶圆制造设备的零部件供应情况

7.4.5　Edwards

Edwards 成立于 1919 年,拥有 100 多年的悠久历史,以真空设备起家,1975 年就已经覆盖全球 75 个国家或地区。该公司发展比较关键的节点是 1984 年推出了干泵,产品的应用领域主要有分析仪器(电子显微镜、质谱仪、实验室等)、化工、食品加工、电力、工业、半导体、平板显示、可再生能源(太阳能、LED 照明、储能)等。

Edwards 公司于 2014 年被另一家设备巨头 Atlas 收购,成为 Atlas 旗下的真空部门。截至被收购前的公开数据表明,在它的各部门营收当中,半导体真空泵占比为 37.3%、通用真空泵占比为 28.4%、新兴技术领域真空泵占比为 7.0%,服务收入占比达到 27.3%。从收入规模看,Edwards 收入增长与半导体设备市场规模的增长高度一致,收入增长的最大动力来自半导体领域。Edwards 真空相关产品情况如图 7.38 所示。

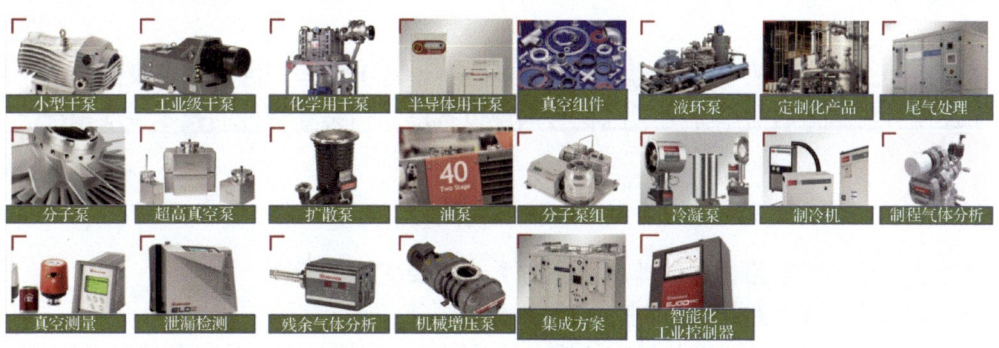

图 7.38　Edwards 真空相关产品情况

7.4.6　Advanced Energy

Advanced Energy 成立于 1981 年，在北美、亚洲和欧洲地区开展运营，并通过直接办事处、代表和分销商为全球的客户提供销售和支持，同时在美国、欧洲、非洲和亚洲拥有生产设施。该公司生产的高端射频电源采用了复杂半导体和薄膜工艺技术，在半导体生产的诸多工艺（如干法刻蚀、剥离和沉积）中发挥着重要作用。2021 年，Advanced Energy 与 MKS 在半导体射频电源领域的总营收的市场占有率合计达到了 68%，共计 26 亿美元。其中，Advanced Energy 实现营收 14.6 亿美元，与 MKS 一起垄断了集成电路产业射频电源的市场。

在集成电路领域，Advanced Energy 提供的射频电源等产品为离子注入、半导体测试等复杂的工艺提供关键技术支持，同时为各集成电路设备厂商提供维修、升级和改装服务。不仅如此，Advanced Energy 还在诸如 5G、人工智能、云计算等未来产业进行布局，为射频电源在上述高新领域产生的新需求进行技术升级。Advanced Energy 将销售收入的 10% 以上用于产品的开发和升级。正是凭借不断的研发投入，Advanced Energy 在射频领域掌握了众多核心技术，并成为该领域的代表性企业。

7.4.7　国内零部件公司

本节前文已对沉积与刻蚀设备相关的核心子系统（核心零部件）供应商的情况进行了介绍，其中既包括 MKS、Edwards、Advanced Energy 等国外代表性企业，也包括北方华创、Comparts、江丰电子、锦州神工半导体股份有限公司（简称神工股份）、昆山新莱洁净应用材料股份有限公司（简称新莱应材）等国内潜力企业。下面进一步对神工股份、新莱应材等国内零部件公司的情况进行简要介绍。

神工股份的产品包括大直径单晶硅材料（最大为 19in）、硅电极零部件等。其中，硅电极零部件由公司全资子公司精工半导体制造及销售。神工股份经过 2021 年全年的市场推广，在多家 12in 芯片生产厂商获得送样评估机会。为了更好地满足国内较大的市场需求，该公司已开始进行硅电极的产能储备。新莱应材的半导体产品则主要是气体系统，面向国内外众多客户[包括 AMAT 和泛林集团，国内的北方华创、中微、长江存储、合肥长鑫、无锡海力士、中芯国际、正帆科技、上海至纯洁净系统科技股份有限公司（简称至纯科技）、亚翔集成等知名企业]，提供半导体真空系统相关产品。

7.5　本章小结

本章主要介绍了集成电路中的沉积与刻蚀设备，对沉积与刻蚀设备涉及的核心子系统进行了逐项分析，最后简单介绍了沉积与刻蚀设备以及相关零部件的技术供应情况。

思考题

（1）请简述集成电路相关的薄膜沉积种类及主要应用场景。
（2）请简述集成电路相关的刻蚀设备种类及原理。
（3）请简述沉积与刻蚀设备相关的核心子系统（核心零部件）及其在整机当中的功能。
（4）请对比说明刻蚀设备与沉积设备之间的相同组件和不同组件都有哪些。

（5）请简述在薄膜沉积和刻蚀中常用的实时监测方法和原理。
（6）请回顾沉积与刻蚀设备及核心零部件的供应厂商情况。

参考文献

[1] 叶志镇, 吕建国, 吕斌. 半导体薄膜技术与物理[M]. 杭州: 浙江大学出版社, 2014.
[2] 萧宏. 半导体制造技术导论[M]. 北京: 电子工业出版社, 2013.
[3] 张亚非. 半导体集成电路制造技术[M]. 北京: 高等教育出版社, 2006.
[4] 曹健. PECVD 的原理与故障分析[J]. 电子工业专用设备, 2015(2): 4.
[5] WU DI. Application and development of physical vapor deposition technology [J]. Mechanical Engineering & Automation, 2011(4): 214-216.
[6] 周乔君. 热力膨胀阀氦质谱自动检漏系统的研制[D]. 杭州: 中国计量学院, 2014.
[7] 吴宜勇, 李邦盛, 王春青. 单原子层沉积原理及其应用[J]. 电子工业专用设备, 2005, 34(6): 6.
[8] 力伯曼 M A, 里登伯格 A J. 等离子体放电原理与材料处理[M]. 北京: 科学出版社, 2007.
[9] 张海洋. 等离子体蚀刻及其在大规模集成电路制造中的应用[M]. 北京: 清华大学出版社, 2018.
[10] TAMURA H, TETSUKA T, KUWAHARA D, et al. Study on uniform plasma generation mechanism of electron cyclotron resonance etching reactor[J]. IEEE Transactions on Plasma Science, 2020, 48(10): 3606-3615.
[11] FANG C, CAO Y, WU D, et al. Thermal atomic layer etching: mechanism, materials and prospects[J]. Progress in Natural Science: Materials International, 2018, 28(6): 667-675.
[12] 胡园园, 陈杭. 设备零部件: 研究框架[EB/OL]. (2022-03-15)[2024-07-05].
[13] 胡园园, 陈杭. 设备零部件: 需求测算（附深度）[EB/OL]. (2022-03-15)[2024-07-05].
[14] 中银杨绍辉团队. 半导体零部件深度报告: 高度依赖进口, 核心零部件进入投资元年[EB/OL]. (2022-03-15)[2024-07-05].
[15] 朱晶. 半导体零部件产业现状及对我国发展的建议[J]. 中国集成电路, 2022, 31(4): 10-17+36.
[16] 赵巍胜, 潘彪, 尉国栋. 集成电路科学与工程导论[M]. 2 版. 北京: 人民邮电出版社, 2022.
[17] 王阳元. 集成电路产业全书[M]. 北京: 电子工业出版社, 2018.
[18] 雷震霖. 泛半导体装备与零部件[J]. 第四届粤港澳大湾区真空科技创新发展论坛暨2020 年广东省真空学会学术年会论文集. 2020:1.
[19] 王晓红, 郭霞. 新冠疫情后我国产业链外移及产业链竞争力研究——以集成电路产业链为例[J]. 国际贸易, 2020, 467(11): 18-27.
[20] 张晴晴. 北京市半导体装备产业发展现状与对策分析[J]. 集成电路应用, 2021, 38(1): 6-7.
[21] 柯建波. 近期国产半导体设备的观察与思考[J]. 电子工艺技术, 2021, 42(5): 249-254.
[22] 王光玉. 集成电路产业的核心工艺装备及其真空零部件[J]. 第十四届国际真空科学与工程应用学术会议论文（摘要）集, 2019: 3.
[23] 吴科任. 半导体设备公司订单饱满零部件交付延迟"拖后腿"[N]. 中国证券报, 2022-06-01(A06).

第 8 章　化学机械抛光

化学机械抛光（CMP）技术广泛应用于晶圆制造、工艺制程和先进封装中。随着集成电路晶体管密度的不断提高，CMP 的技术标准也越来越高，成为半导体制程中不可缺少的重要一环。本章将围绕抛光的基本概念与层次、抛光技术的应用场景与分类，CMP 的工艺原理、质量评价指标、质量影响因素、关键工艺参数和终点检测技术，CMP 的设备与耗材，CMP 的应用，以及 CMP 的质量测量与故障排除进行介绍。

本章重点

知识要点	能力要求
抛光技术	1. 掌握常用抛光技术的核心指标与应用场景 2. 了解抛光技术的发展历程
CMP	1. 掌握 CMP 的工艺原理及关键工艺参数 2. 了解 CMP 的工艺控制和优缺点
设备与耗材	1. 掌握常见 CMP 设备的组成 2. 了解 CMP 涉及的主要耗材

8.1　抛光的基本概念与定性术语

随着半导体技术的发展，从超大规模集成电路到巨大规模集成电路，单芯片内集成的晶体管数量越来越多。例如，Intel Core i7 处理器中集成了 14 亿个晶体管。晶体管集成密度的快速提升，促使半导体制造技术往更小的特征尺寸（横向）和更多层的布线集成（纵向）发展。这导致芯片在制造过程中会出现更高的台阶及更深的沟槽，台阶覆盖及沟槽填充难度的提升对芯片制造工艺的精确控制提出了更严峻的挑战。

8.1.1　抛光的基本概念

图 8.1 所示为未经抛光处理的集成电路芯片结构剖面模型，无论是晶体管器件层、材料间的介质隔离层，还是互连金属层，在微观层面都存在表面起伏。随着集成电路规模的迭代，先进的芯片需要多达十多层的金属层布线，更多的器件层、介质层及金属互连层会导致膜层表面起伏更加显著，起伏的层与层之间形成的台阶及间隙会严重影响到芯片的性能与可靠性。主要原因是芯片在向更多层的布线集成发展的同时，器件加工的特征尺寸也越来越小，因此在光刻工艺中，随着分辨率的提升，透镜系统的景深在变小，成膜及掺杂工艺中也需要更精细的膜层均匀性控制能力。显然，更严重的膜层表面起伏、台阶及间隙会为保证工艺精确性带来更严峻的挑战，进而影响到芯片性能与可靠性。

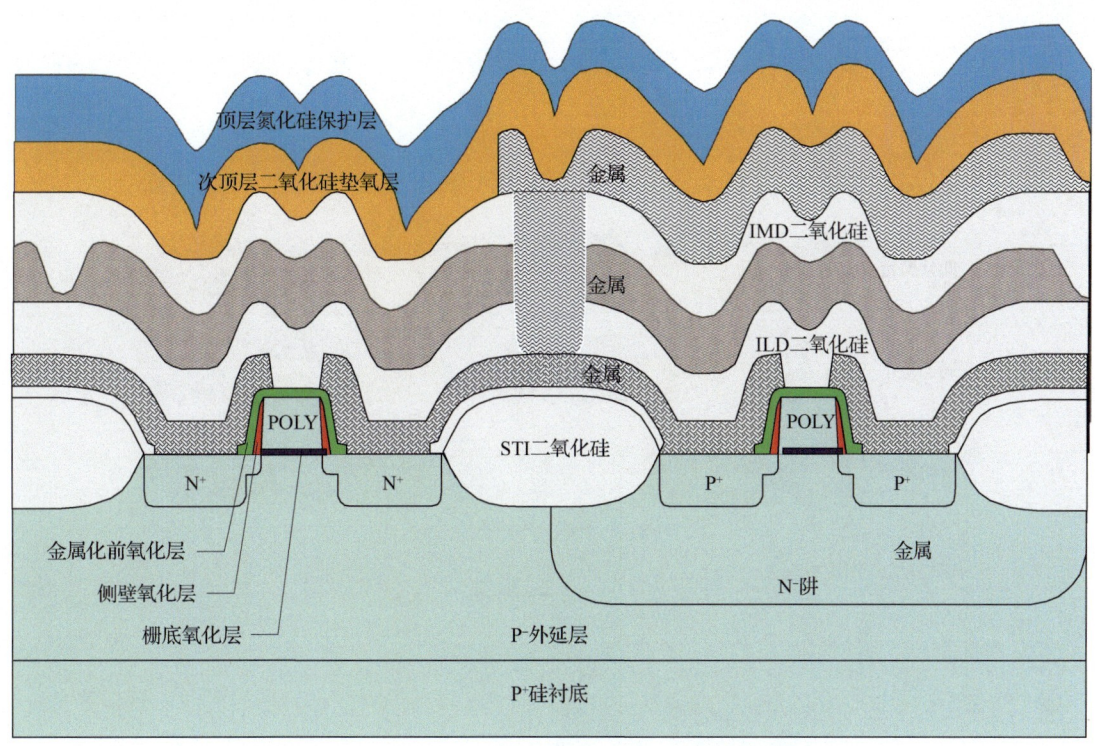

图 8.1 未经抛光处理的集成电路芯片结构剖面模型

分析可知，表面起伏会对芯片加工工艺，尤其是光刻工艺产生较大的影响。为了降低对工艺质量的影响，进而提升器件性能，有必要对膜层及结构进行抛光处理。除此之外，在进行半导体前道工艺前及后道封装时，对晶圆表面和对 TSV 等结构的抛光处理也尤为重要。抛光是指把晶圆表面起伏的各种材料及结构，采用物理化学的方法将高的部分去除或填充低的部分，从而使晶圆表面保持良好的平整度和均匀性的工艺方法。

8.1.2 抛光的层次

根据对晶圆表面材料及结构的平整度和均匀性的控制结果，抛光主要分为 5 个层次：未抛光、平滑化、部分抛光、局部抛光、全局抛光，如图 8.2 所示。

这 5 个层次的定性描述如下。

（1）未抛光：明显存在台阶及孔隙等结构，表面高度起伏、不平整。

（2）平滑化：台阶的尖锐结构圆滑，孔隙得到填充，侧壁倾斜，高度未显著降低。

（3）部分抛光：平滑且台阶高度局部降低。

（4）局部抛光：晶圆表面局部区域达到抛光标准，各区域间仍有高度差。

（5）全局抛光：整个晶圆表面达到抛光标准。

下面用定量的方式对这 5 个层次进行描述。平整度和均匀性是对晶圆表面材料及结构的几何形状的描述，因此可以通过台阶结构的平坦长度 L 和平坦角度 θ 对抛光层次进行标记，如图 8.3 所示。

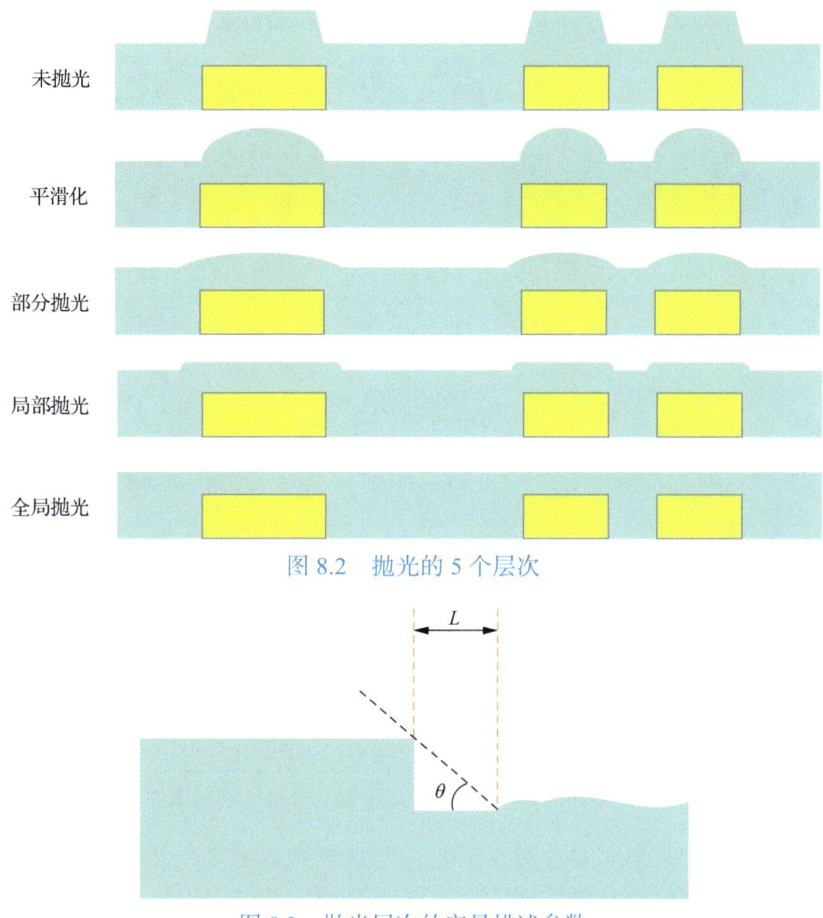

图 8.2 抛光的 5 个层次

图 8.3 抛光层次的定量描述参数

（1）未抛光：$0.1\mu m < L < 2.0\mu m$，且 $\theta > 45°$。
（2）平滑化：$0.1\mu m < L < 2.0\mu m$，且 $30° < \theta < 45°$。
（3）部分抛光：$0.1\mu m < L < 2.0\mu m$，且 $0.5° < \theta < 30°$。
（4）局部抛光：$2.0\mu m < L < 100\mu m$，且 $0.5° < \theta < 30°$。
（5）全局抛光：$L \gg 100\mu m$，且 $\theta < 0.5°$。

8.2　抛光的应用场景与分类

集成电路产业发展至今，已成为一个产品种类十分庞大的产业群，包括 CPU、GPU 等运算处理芯片，DRAM、SRAM、DADN 等存储芯片，蓝牙、Wi-Fi、USB 接口等数据传输芯片，传声器、加速度计、微电机等传感动力芯片。无论是哪种芯片，都是由晶体管等微型结构器件组成的，但是面对不同的应用需求会涉及不同的材料、尺寸和工艺加工难度。根据所处理材料及器件尺寸的不同，可以选择差异化的抛光技术。如图 8.4 所示，根据是否有机械切削作用的参与，抛光技术可以简单地分为非机械抛光技术和机械抛光技术。非机械抛光技术包括反刻、玻璃回流、旋涂膜层、电化学腐蚀抛光，机械抛光技术包括研磨抛光、砂轮抛光、刀尖铣抛光、CMP。

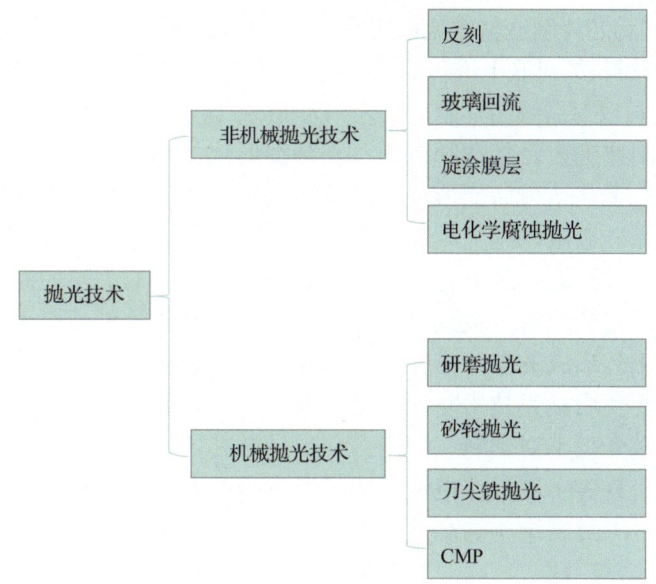

图 8.4 主要抛光技术分类

8.2.1 抛光的应用场景

抛光技术在半导体工艺制程中应用非常广泛,且随着芯片制造工艺的迭代,在集成电路生产流程中使用的频率也在逐渐增加。它主要应用于薄膜沉积后、光刻工艺前,可以认为每一层图形化膜层的制备过程都有抛光技术的存在。抛光技术主要涉及以下 3 种应用场景,如图 8.5 所示。

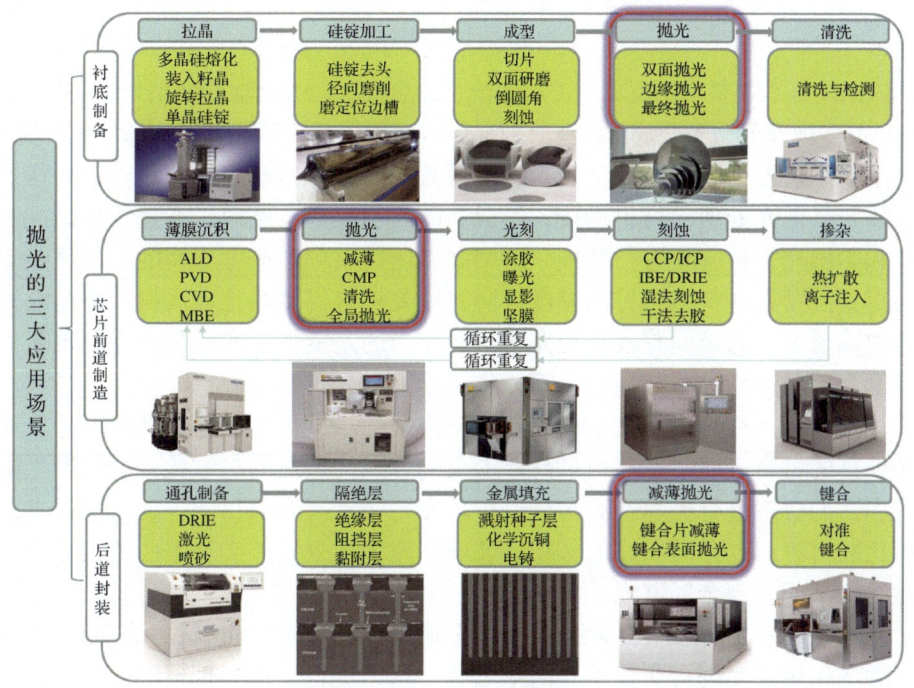

图 8.5 抛光技术的主要应用场景

（1）衬底制备作为芯片制造整体流程的最初始阶段，是抛光技术非常重要的应用领域。芯片制造过程是在硅等材料的衬底上进行的，因此具有良好的表面均匀性和粗糙度、低缺陷、低表面沾污、大尺寸的衬底对后续芯片制造工艺尤为重要，这些关键指标都是由抛光技术决定的。

（2）芯片前道制造工艺是指薄膜沉积、光刻图形化、刻蚀图形转移及掺杂工艺重复循环的过程。前道制造工艺结束后便形成了具有功能的裸片。抛光技术在该环节中的使用最广泛，如晶体管多晶硅栅极的抛光处理、STI 二氧化硅的抛光、层间介质 ILD 二氧化硅的抛光、钝化层氮化硅的抛光、铜互连层的抛光、阻挡层钛（Ti）层的抛光等。因此，抛光技术对芯片前道制造工艺流程中关键结构、介质层、金属层的形成至关重要。

（3）经过前道工艺形成的裸片需要进入芯片后道封装环节。在封装环节，为了缩小芯片的整体尺寸，需要使用抛光技术对裸片进行背减薄，封装裸片所用的框架背板等在生产过程中也需要使用抛光技术对塑料、陶瓷、介质材料进行处理。先进封装 TSV、玻璃通孔（Through Glass Via，TGV）基板在电镀完成后形成的高密度异质孔结构同样也离不开表面抛光，以保证先进 3D 封装结构的高质量电连接、气密及键合面强度。可见，抛光技术在封装环节的使用也非常广泛[1-2]。

传感芯片及生物芯片作为有别于传统 CMOS 的芯片类型，在人们的日常生活中广泛存在。它们所依托的 MEMS、光电、生物等技术在很大程度上依赖集成电路制造工艺的发展，同时所涉及的尺寸结构通常更大、材料种类更多。因此，抛光技术在传感及生物芯片等领域的应用有其特殊性，往往需要进行调整，以满足各种金属、有机物、硅及硅化物、光电端口、台阶等特殊材料和结构应用的需求[1-2]。

综上可知，抛光技术具有应用范围广、处理材料种类多、尺寸多样的特点，因此需要根据所需抛光处理的具体要求选择最合适的抛光工艺类型。

8.2.2 非机械抛光

非机械抛光技术主要包括反刻、玻璃回流、旋涂膜层、电化学腐蚀抛光等，但这 4 种抛光技术往往只能实现部分抛光或局部抛光，对晶圆表面膜层的台阶覆盖及沟槽填充的能力有限。

（1）反刻。首先，用一层较厚的光刻胶或其他介质材料对起伏的表面上的沟槽间隙进行填充，并与需抛光处理的材料拼接，形成新的完整表面。然后，通过干法刻蚀的方式对填充材料和需抛光材料一起进行刻蚀。利用高点比低点刻蚀速度更快的特性逐步实现表面的抛光，直到需抛光材料达到目标厚度，同时填充材料仍然填充着沟槽及表面低处。在该抛光工艺中，所填充的光刻胶或其他介质材料充当的是牺牲层的角色。反刻工艺只能实现表面相近的台阶及沟槽的局部抛光，不能实现全局抛光。

（2）玻璃回流。首先采用 CVD 的方法将掺杂的二氧化硅材料（如硼磷硅玻璃）沉积在需抛光处理的材料表面，然后通过高温退火的方式使掺杂的二氧化硅材料发生流动，进而对起伏表面的台阶进行覆盖，对沟槽进行填充，达到抛光的目的。在该抛光工艺中，掺杂的二氧化硅材料起到介质填充的作用。玻璃回流工艺也只能实现表面相近的台阶及沟槽的局部抛光，不能实现全局抛光。

（3）旋涂膜层。首先采用旋涂的方式将光刻胶或树脂等液态材料溶液旋涂于起伏表面，通过离心力的作用来实现台阶覆盖及沟槽填充，然后进行烘烤处理使溶液中的溶剂挥发，留下二氧化硅等固态物质覆盖在晶圆表面，最后使用 CVD 的方法在晶圆表面再沉积一层二氧化硅，以进一步覆盖晶圆表面的缝隙。在该抛光工艺中，溶液材料起到介质填充的作用。旋涂膜层工艺的抛光能力受诸多因素的影响，如溶液的化学组成、成分比例、温度、热膨胀系数等，也只能实现表面相近的台阶及沟槽的部分抛光，不能实现全局抛光，但是在制作低介电常数介质的膜层方面具有非常广泛的应用。

（4）电化学腐蚀抛光。首先，将待抛光晶圆的金属材料作为阳极，接电源正极，将材料相同的不溶性金属作为阴极，接电源负极。然后，将阳极与阴极同时浸入电化学槽的电镀液内，电镀液一般为磷酸等酸性溶液，电源通电流而使阳极金属溶解，阴极金属生长。电化学腐蚀抛光的过程正好与电镀的过程相反，通过控制电镀液的成分及浓度、电源电流及波形、pH 值等参数即可实现对阴极和阳极金属生长及腐蚀的控制。与机械抛光技术相比，电化学腐蚀抛光工艺具有材料剥离选择性强等优点，可以对体工艺无法到达的腔体结构内的材料进行抛光。但是，电化学腐蚀抛光处理不同材料需要的溶液及电参数不同，且工艺控制精度低。另外，电化学腐蚀抛光也只能实现表面相近的台阶及沟槽的局部抛光，不能实现全局抛光。

电化学腐蚀抛光工艺实现对阳极材料抛光的原理可以通过图 8.6 所示的阳极极化曲线来说明：A 点为可激发阳极金属失电子的最低电位；AB 段的电流密度随阳极电位的升高而增大，阳极溶解速度越来越快；B 点为阳极金属溶解速度与溶解产物向电解液内部扩散速度相等的电位点；在 BC 段，阳极电位继续升高，阳极金属溶解速度大于溶解产物向电解液内部扩散的速度，使得溶解产物开始在阳极表面积累，积累的溶解产物会与电镀液中的磷酸等成分结合，生成金属盐黏性薄膜，覆盖在阳极表面；黏膜层电阻较大，会使阳极的实际电流密度下降，直到 C 点阳极表面液层中溶解的金属盐浓度达到饱和，黏膜层的厚度保持不变；在 CD 段，阳极金属的溶解速度完全被阳极溶解产物向电解液内部扩散的速度控制，因此电流密度与阳极电位增加几乎无关；到 D 点后，电极上有了新的反应发生，如电解水 OH—放电等，阳极上有气体开始析出；在 DE 段，电流密度又随着阳极电位的升高而迅速增加。待抛光粗糙膜层表面的台阶及沟槽就类似于凸点及凹点，电极表面凸点与凹点相比有更强的场强分布，因此凸点有比凹点更强的电化学金属腐蚀强度，同时凸点的离子扩散和电牵引的输运能力比凹点更强，因此凸点与凹点相比更不容易形成溶解产物积累及黏膜层覆盖，即凸点形成的黏膜层更薄、受黏膜层电阻增加影响更小。因此，通过参数控制，电极材料表面凸点的有效电流密度更大、溶解更快。随着工艺过程的进行，凹凸点就不断接近，进而实现抛光。

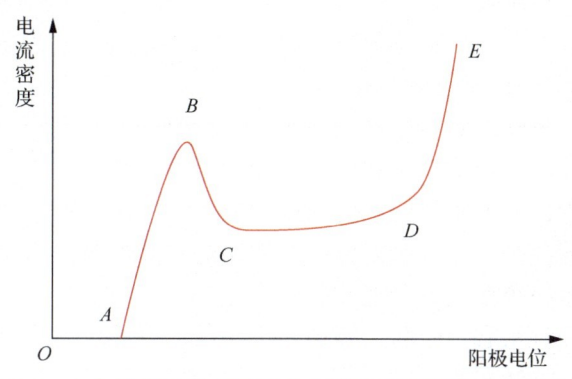

图 8.6　电化学腐蚀抛光工艺中电流密度和阳极电位的关系

8.2.3 机械抛光

机械抛光技术主要包括研磨抛光、砂轮抛光、刀尖铣抛光、CMP。这4种工艺中都存在材料间的机械切削作用，且研磨、砂轮及刀尖铣都只存在物理作用。CMP则存在物理及化学双重作用，可实现晶圆表面膜层的全局抛光处理。接下来对这4种工艺一一进行介绍。

研磨抛光就是先将待研磨晶圆固定在研磨头上，然后和研磨头一起贴在研磨盘上。研磨盘整面均为可研磨接触面，因此研磨盘与晶圆的接触为面接触。在工艺过程中，待研磨晶圆表面一直保持全覆盖于研磨盘的状态，在它们引入研磨料，并在它们之间施加一定的压力，同时使研磨盘和待研磨晶圆做自转及公转运动。在待研磨晶圆和研磨盘做相对运动的过程中，磨料中的微细颗粒就像无数浮动的且运动方向可不断改变的刀刃，对待研磨晶圆表面的材料产生挤压和切削的物理作用，进而从待研磨晶圆表面除去薄薄的金属或非金属材料，就可以获得具有精确目标尺寸、准确几何形状、良好表面平整度及粗糙度的晶圆。需要注意的是，用磨料去除待研磨晶圆表面材料的过程，是通过微细颗粒对待研磨晶圆表面材料的挤压和切削作用实现的，对原子的挤压作用会在待研磨晶圆表面表层产生亚损伤层，切削作用会在待研磨晶圆表面产生沟槽划痕，因此在研磨抛光工艺中，往往都会采用降低磨料颗粒粒度梯度的方法。一般认为微细颗粒所产生的沟槽划痕及亚损伤层尺寸是微细颗粒粒径的 20%~40%，因此通过降低粒度梯度的方法形成的亚损伤层及沟槽划痕会一序比一序浅，从而获得具有更薄亚损伤层、更好平面度、更小粗糙度的晶圆表面。

研磨抛光具有可加工材料种类广泛、加工精度和质量较高等优点，但也存在着一些缺点。

（1）待研磨晶圆外周与内周的运动线速度不同，且离心力作用下磨料在待研磨晶圆表面外周与内周的分布不均匀，这些会造成对待研磨晶圆切削量的不均，进而影响晶圆研磨平面度的控制。

（2）在研磨过程中，切削做功会产生热量，温度的升高会导致研磨盘中心微凸起，进而影响对晶圆研磨平面度的控制。

（3）在研磨过程中，待研磨晶圆在研磨盘表面产生研磨作用的区域分布容易不均，导致对研磨盘各区域磨损状况不同，引起研磨盘面型变差，因此需要经常对研磨盘进行修整，而修盘需要面型测量及对研，对操作人员要求较高。

（4）磨料散置于研磨盘与研磨头之间，因此研磨盘及研磨头的转速不能太高，以免磨料飞溅，这对加工效率有所限制。

（5）从待研磨晶圆上磨下的碎屑与磨料混在一起，碎屑可能会导致对待研磨晶圆表面的损害，同时磨料不能充分发挥作用。

（6）研磨过程中，较硬的磨料容易嵌入较软的待研磨晶圆表面，进而影响晶圆性能，因此需要根据待研磨晶圆表面材料的硬度选择硬度合适的磨料。

（7）在研磨过程中，大尺寸颗粒承受的压力较大，小尺寸颗粒承受的压力较小，甚至不受力，大尺寸颗粒的存在会导致亚损伤层及切削沟槽更严重，影响表面质量。因此，需要对磨料颗粒尺寸分布一致性进行严格控制。

（8）研磨工艺需经过粗磨、中磨、细磨3个阶段，以逐步消除亚损伤层并提高表面粗糙度，每次切换都需要重新调整设定工艺参数，比较烦琐。

（9）为避免将上一道研磨工序中所用的大颗粒磨料带到下一道研磨工序中，影响下一道小颗粒磨料的研磨质量，在每道研磨工序后都要对晶圆进行严格清洗。

研磨抛光设备实物如图 8.7 所示。

图 8.7　研磨抛光设备实物

砂轮抛光对晶圆的作用力比较激烈，可能会导致晶圆翘曲甚至破裂，并且所产生的硅化合物碎屑可能会对晶圆正面器件造成沾污。因此，需要首先将晶圆贴在一张薄紫外蓝膜上以保护晶圆，在抛光过程结束后，通过紫外线照射即可降低蓝膜对晶圆的黏合力，从而将蓝膜剥离。接下来，将贴了蓝膜的晶圆吸附在承片台上进行旋转，表面固定有金刚石颗粒的砂轮与晶圆背面接触并以较高的速度做自转及公转运动，在砂轮与晶圆间施加压力，即可将晶圆背面硅材料磨削去除。砂轮为只在外周表面有金刚石颗粒的中空轮状圆环，因此砂轮与晶圆的接触为线接触。在工艺过程中，晶圆背面只有被砂轮外环覆盖的区域才会受到金刚石的磨削作用，因此需要通过晶圆及砂轮的不断旋转及移动实现金刚石颗粒对晶圆表面的全覆盖。砂轮抛光工艺是集成电路封装工艺中的关键工艺之一，目的是将晶圆表面多余的硅材料去除，以减小芯片封装厚度，提高芯片的散热性能，提高芯片可靠性。砂轮抛光工艺分为粗磨、中磨、细磨 3 道工序，抛光后晶圆表面形貌及表面粗糙度与砂轮金刚石粒度有关，粒度越小，产生的亚损伤层越小、表面越平整、粗糙度越小。在粗磨阶段，使用粒度较大的金刚石砂轮及较快的进给速度，快速去除晶圆背面 90% 的去除量；在细磨阶段，采用粒度较小的金刚石砂轮及较慢的进给速度，将粗磨时产生的亚损伤层去除，并达到目标减薄厚度。砂轮抛光工艺过程中，影响晶圆表面质量的因素如下。

（1）工艺中砂轮主轴与承片台之间的角度和平行度控制。

（2）砂轮环形金刚石面的平面度。

（3）承片台真空吸附面的平面度。

（4）砂轮表面金刚石微粒的粒径一致性。

（5）粗磨、中磨、精磨阶段的金刚石粒度分布梯度。

（6）工艺过程中晶圆表面的清洁度，以及是否及时清洗残渣。

（7）砂轮与晶圆的切入角、接触线长度、接触面积。

（8）砂轮与晶圆间的压力。

（9）砂轮转速与晶圆转速。

（10）砂轮相对于晶圆的进给速度。

（11）工艺过程中温度的控制。

砂轮抛光设备实物如图 8.8 所示。

图 8.8　砂轮抛光设备实物

刀尖铣抛光同样需要将晶圆背面贴在蓝膜胶带上。在抛光完成后，通过紫外线照射即可将蓝膜剥离。将贴了蓝膜的晶圆吸附在承片台上进行旋转，表面固定有突出金刚石刀的机构与晶圆表面接触并以较高的速度做自转运动，同时相对于晶圆做直线进给往复移动，金刚石刀尖的每次往复都可在 Z 轴方向上以最小 1μm 的步进精度逐步将晶圆表面的材料去除。金刚石加载机构为表面有一个突出金刚石刀的中空轮状圆环，因此金刚石与晶圆的接触为点接触。在工艺过程中，晶圆表面只有与金刚石刀接触的点才会受到铣削作用，通过晶圆及金刚石刀的不断旋转及移动实现对晶圆表面的全覆盖。因为点接触铣削工艺对金属延展性有较强的适应性和控制能力，该工艺主要用于晶圆表面金属材料的去除。刀尖铣抛光设备实物如图 8.9 所示。

图 8.9　刀尖铣抛光设备实物

CMP 是一种晶圆表面全局抛光工艺，相关设备实物及组成如图 8.10 所示。首先，将待抛光晶圆通过气囊吸附在抛光头上，然后与抛光头一起贴在贴有抛光垫的抛光盘上，晶圆与抛光垫之间的压力通过气囊各分区气压控制及保持环对晶圆边缘区域的压力控制进行调节。抛光垫整面均为可抛光接触面，因此抛光垫与晶圆的接触为面接触。在工艺过程中，晶圆表面一直保持全覆盖于抛光垫的状态，在待抛光晶圆与抛光垫之间引入抛光液，给待抛光晶圆和抛光垫之间施加一定的压力，同时使抛光盘和待抛光晶圆做自转及公转运动。在待抛光晶圆和抛光盘做相对运动的过程中，抛光液中的氧化剂及酸碱成分对待抛光材料产生化学作用并生成易去除的膜层材料，同时抛光液中的微细颗粒对生成的膜层材料产生物理作用并将其去除。通过对压力、转速、温度、终点检测等重要指标的精密控制，最终实现纳米级别的膜层均匀性及表面粗糙度加工。

CMP作为一种全局抛光工艺，与研磨抛光、砂轮抛光、刀尖铣抛光相比具有更高的加工精度。一般地，评价研磨抛光、砂轮抛光、刀尖铣抛光表面平坦度的指标为总厚度变化（Total Thickness Variation，TTV），评价CMP后表面平坦度的指标为片内不均匀度（With-In Wafer Non-Uniformity，WIWNU）和片间不均匀度（Wafer-To-Wafer Non-Uniformity，WTWNU），它们指晶圆衬底以上膜层材料厚度的不均匀程度，可通过椭偏仪等测量膜层厚度的变化情况而获得。CMP的TTV指整个晶圆衬底材料及衬底上膜层材料的总厚度，可通过测厚仪测量获得。与其他3种机械抛光技术相比，CMP的调控精度更高，更关注膜层的厚度均匀性及表面形貌。

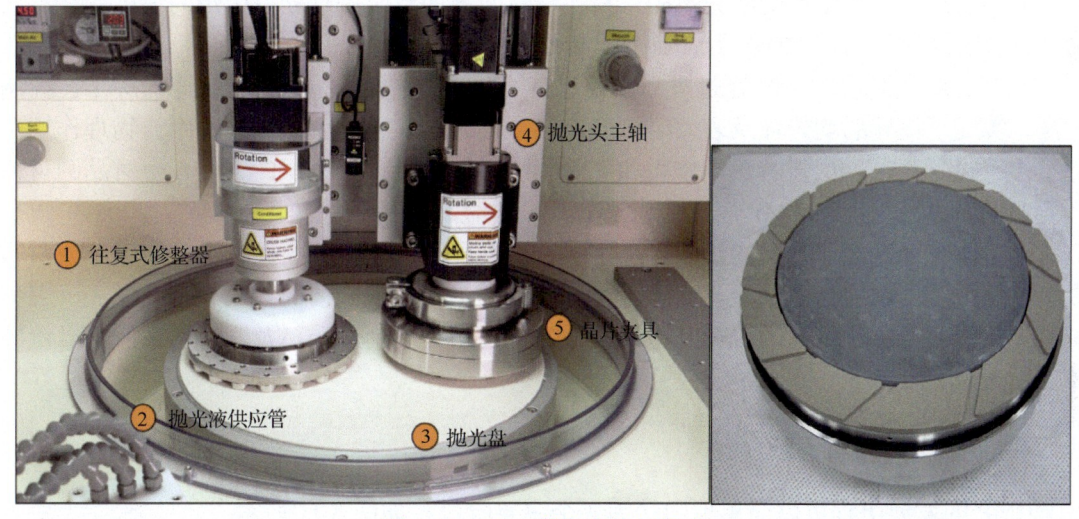

图8.10 CMP设备实物与组成

根据技术原理的不同，上述4种机械抛光技术都有各自的优缺点。

研磨抛光工艺的微颗粒悬浮于研磨液中，在磨削的过程中微颗粒可以向各个方向移动，因此偏柔性的工艺处理过程使研磨抛光工艺具有对晶圆材料亚损伤小的优点。缺点：研磨抛光工艺是面接触工艺，研磨盘的面型会复制到晶圆表面，如果研磨盘因为前期使用损伤或温度变化的形变导致面型较差，会导致晶圆表面面型较差。同时，在研磨抛光工艺中，晶圆整面都在同时进行切削作业，在自转过程中晶圆的外周与中心相比因半径更大而具有更大的线速度。在离心力作用下，磨料在晶圆外周比在晶圆中心的分布也要更多，会导致晶圆外周比中心研磨速度更快。因此，研磨抛光工艺的晶圆整面面型均匀性控制较差。除此之外，在用研磨抛光工艺处理金属材料时，由于金属具有延展性，往往容易出现研磨颗粒嵌在金属材料内的现象，这会导致研磨后金属材料内含有杂质并且颜色发乌。

砂轮抛光工艺是通过砂轮环上固定的金刚石颗粒对材料进行切削的，因为颗粒是固定在砂轮表面不动的，在受到晶圆材料的纵向作用力的同时无法自由地横向移动，对晶圆材料的作用过程偏刚性，因此缺点是容易在晶圆材料内部造成亚损伤。但是，砂轮抛光是线接触工艺，通过接触线的移动累积实现对晶圆整面的加工，因此晶圆面型不容易受到砂轮环的面型影响。同时，砂轮抛光工艺中晶圆表面只有与砂轮接触的地方才存在切削作业，因此晶圆边缘与中心区域的线速度差异很小，并且颗粒固定在砂轮表面随着砂轮移动，不存在由于离心力作用而在晶圆外周比中心分布更多的情况，晶圆外周与中心的切削速度基本一致。因此，砂轮抛光工艺的晶圆整面面型均匀性控制效果更好。砂轮抛光工艺不适用于金属材料的切削，因为金属有延展性，金属残屑很容易嵌套在这些金刚石颗粒之间的缝隙内，导致出现工艺问题。

在刀尖铣抛光工艺过程中，只有一把金刚石尖刀与晶圆表面材料发生接触，所以它是点接触工艺。在对金属材料进行刀尖铣抛光时，金属残屑不会嵌套在切削机构表面，因此刀尖铣抛光工艺非常适用于金属材料的切削。但是，该工艺的缺点是不能用于异质材料结构的抛光，因为延展性材料（如金属）和脆性材料（如硅的异质结构）在进行刀尖铣抛光时，刀尖在不同材料中所受阻力不同，易在材料间界面台阶侧壁处发生瞬间速度变化，对脆性材料瞬间作用力过大而导致晶圆整体碎裂。

作为面接触工艺，CMP 通过盘面温控、多气囊压力调控、抛光垫在线修调等工艺控制方法，实现了优异的均匀性及表面粗糙度控制。同时，在 CMP 工艺过程中，物理作用和化学作用同时存在，更强的化学作用和更弱的物理作用保证了 CMP 工艺不会对晶圆材料产生亚损伤，同时也使 CMP 工艺非常适合处理对金属材料的抛光。

上述 4 种抛光工艺不同的优缺点决定了各自不同的应用：研磨抛光主要用于异质材料嵌套的晶圆器件面的减薄及抛光，砂轮抛光主要用于晶圆封装前的背面减薄及抛光，刀尖铣抛光主要用于金属结构的减薄及抛光，CMP 主要用于高精度金属及非金属膜层的微量减薄及抛光。

8.2.4 CMP 的发展历程

CMP 的发展历程可以简单地归纳为 3 个主要阶段，如图 8.11 所示。

研发阶段：1983 年，IBM 开发出 CMP 工艺；1986 年，氧化物 CMP 工艺开始线上试运行；1988 年，钨 CMP 工艺开始线上试运行。

成熟阶段：1991 年，CMP 工艺在 64Mbit DRAM 产线上试运行；1992 年，CMP 工艺正式出现在国际半导体技术路线图中；1994 年，中国台湾半导体厂商首次将 CMP 工艺应用于生产；1998 年，IBM 首次在铜互连大马士革工艺中使用 CMP。

优化阶段：2007 年，AMAT 及 Ebara 推出低介电常数介质、低压力型 CMP 设备；2012 年，FinFET 结构及 TSV 结构成功使用 CMP 工艺进行抛光处理。

截至本书成稿之时，CMP 仍是应用于集成电路产线上最可靠的纳米级全局抛光技术，在 28nm、14nm 及 7nm 工艺产线上的 CMP 设备没有显著的差异，主要是对个别模块技术的优化，且全球 CMP 相关的专利申请数量没有显著的增加。因此，CMP 技术在接下来较长的时间内总体应该会保持相对较稳定的技术发展。

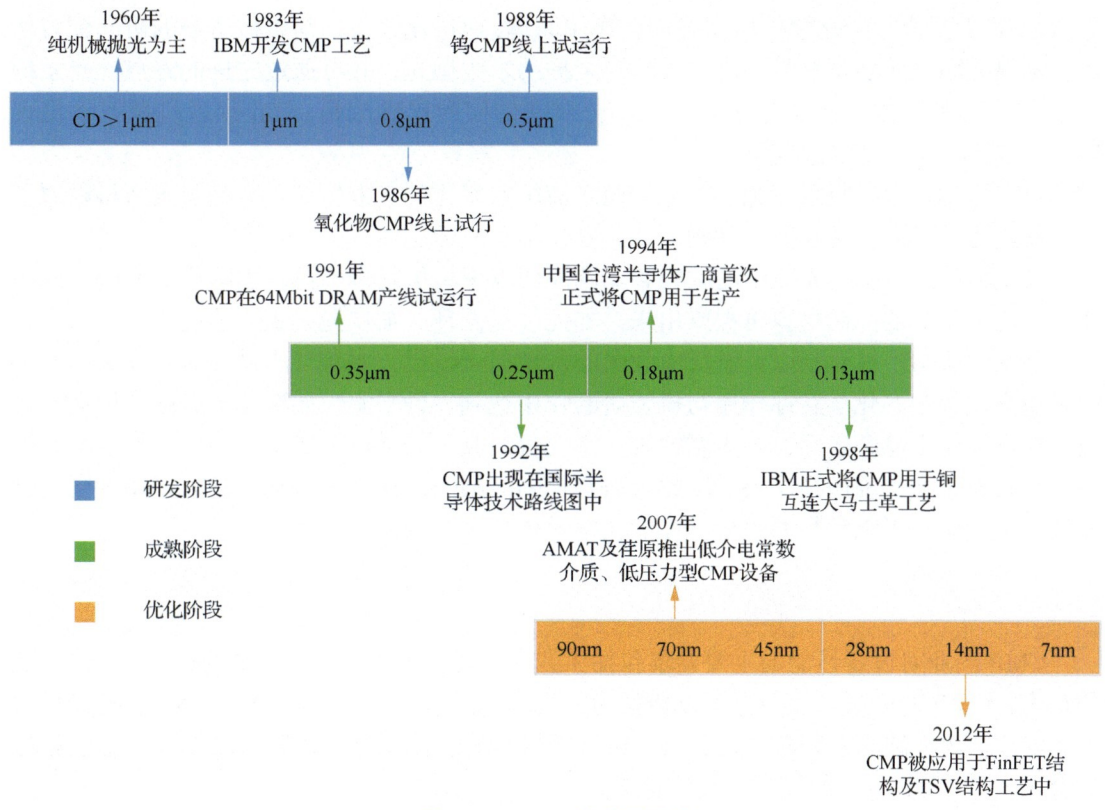

图 8.11　CMP 的发展历程

8.3　化学机械抛光

作为晶圆制造、工艺制程和先进封装的关键工艺之一，CMP 可以通过化学腐蚀与机械研磨的协同配合作用，实现晶圆表面多余材料的高效去除与全局纳米级抛光。通常，经 CMP 后的器件材料损耗要小于整个器件厚度的 10%，也就是说 CMP 不仅要使材料被有效去除，还要能够精准地控制抛光去除速度和最终效果。CMP 主要需实现四大目标：纳米尺度"抛得光"、晶圆全局"抛得平"，抛光动作"停得准"，以及抛光后纳米颗粒"洗得净"。本节重点介绍 CMP 的相关原理及方案。

8.3.1　CMP 的工艺原理

CMP 的工作过程是将晶圆固定在抛光头下方，抛光时，旋转的抛光头以一定的压力压在旋转的抛光垫上，由亚微米或纳米磨粒和化学溶液组成的抛光液在晶圆表面和抛光垫之间流动[3]。抛光液在抛光垫的传输和离心力的作用下，均匀分布在抛光垫上，在晶圆和抛光垫之间形成一层抛光液薄膜。抛光液先利用其中的化学成分与晶圆表面材料产生化学反应，将不溶的物质转化为易溶物质，或将硬度高的物质软化，生成一层相对容易去除的表面层，然后通过磨粒的微机械摩擦作用将这些化学反应物从晶圆表面去除，溶入流动的液体中带走，在化学去膜和机械去膜的交替过程中实现抛光的目的[4]。

CMP 主要依托于化学机械动态耦合作用原理，通过化学腐蚀与机械研磨的协同配合作用，实现晶圆表面多余材料的高效去除与全局纳米级抛光，并可通过先进的终点检测系统对不同材质和厚度的膜层实现 3～10nm 分辨率的实时厚度测量，防止出现过抛或不足现象[5]。主要的物理化学过程如下。

（1）化学过程：吸附在抛光垫上的抛光液中的氧化剂、催化剂等与晶圆表面材料原子发生氧化还原反应，生成易去除物质，这是化学反应的主体。

（2）物理过程：抛光液中的磨粒和晶圆表面发生机械物理摩擦，去除化学反应生成的物质，使未反应的晶圆材料再裸露出来，如此往复循环，加快抛光去除速度[6]。

晶圆的 CMP 过程是以化学反应为主的机械抛光过程，要获得质量好的晶圆表面，必须使抛光过程中的化学腐蚀作用与机械研磨作用达到一种平衡。如果化学腐蚀作用大于机械研磨作用，则晶圆表面易产生腐蚀坑、橘皮状波纹。如果机械研磨作用大于化学腐蚀作用，则表面易产生高压损伤层。因此，需要根据晶圆表面薄膜的材料特性，采用不同的抛光液、抛光垫、工艺参数的组合，才能获取最佳的工艺结果。

8.3.2　CMP 的质量评价指标

CMP 产业对设备性能的主要要求包括工艺一致性、生产效率、可靠性等，从工艺参数的角度，CMP 的质量评价指标可以概括为抛光去除速度、WIWNU、WTWNU、抛光后表面粗糙度、表面缺陷及颗粒残留，以及对不同材料的选择比等，如图 8.12 所示。上述指标综合反映了 CMP 效果的优劣，具体含义如下。

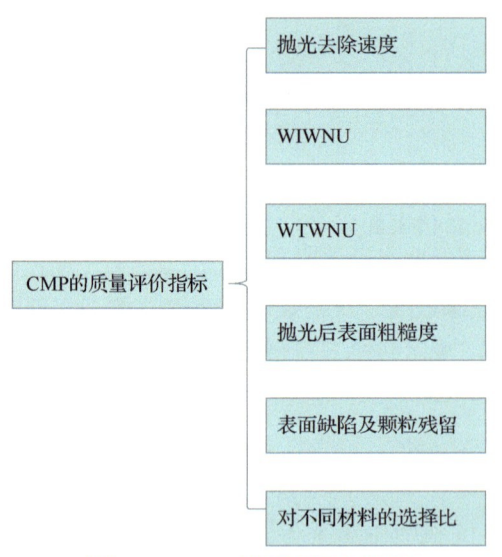

图 8.12　CMP 的质量评价指标

（1）抛光去除速度：单位时间内被研磨样品表面被去除的总量。
（2）WIWNU：同一晶圆研磨速度的标准方差和比值。
（3）WTWNU：不同晶圆在同一条件下研磨速度的一致性。
（4）抛光后表面粗糙度：经过 CMP 后晶圆表面具有的较小间距和微小峰谷的不平度，即两波峰或两波谷之间的微观几何形状或距离。

(5)表面缺陷及颗粒残留:主要包括表面颗粒、表面刮伤、研磨剂残留,这些将直接影响产品的良率。

(6)对不同材料的选择比:研磨液确定时,在同样条件下对两种不同的薄膜材料进行抛光时的抛光去除速度之比。

以上质量评价指标在工艺、设备和产业化层面应用广泛,是保证产品良率,提高加工速度的有效手段。

8.3.3 CMP 的质量影响因素与关键工艺参数

对 CMP 来说,影响工艺质量的参数可分为设备参数、晶圆参数、抛光液参数和抛光垫参数 4 类,见表 8.1。这 4 类参数共同作用于 CMP 的加工制备过程,可根据实际产业化条件进行调整[7]。

表 8.1 CMP 质量影响因素与关键工艺参数

设备参数	晶圆参数	抛光液参数	抛光垫参数
抛光头摇摆幅轨迹	材料种类	磨料种类	抛光垫硬度
抛光头转速	物理硬度	磨料粒径	抛光垫弹性
抛光盘转速	化学性质	磨料浓度	抛光垫密度
晶圆下压力	厚度	活性剂下磨料凝聚度	抛光垫气孔状态
晶圆背压均匀性	图形密度及分布	氧化剂种类及含量	抛光垫表面纹理分布
抛光时间	温度(会影响晶圆的面型)	酸碱度	抛光垫面型修整状态
温度(会影响抛光头和抛光盘的面型)		抛光液供给速度	温度(会影响抛光垫的面型)
		抛光液的选择比	
		温度(会影响抛光液的物理化学性能)	

(1)设备参数。设备参数指 CMP 设备工作时的机台控制参数,主要包括抛光头摇摆幅轨迹、抛光头转速、抛光盘转速、晶圆下压力、晶圆背压均匀性、抛光时间和温度。设备参数直接决定速度、粗糙度和缺陷等重要面型指标,因此在进行生产制造前,需调整 CMP 设备参数至最佳状态,以提高工艺效果。

(2)晶圆参数。晶圆参数是指 CMP 过程中晶圆材料的特征,包括材料种类、物理硬度、化学性质、厚度、图形密度及分布和温度等。其中,现有的 CMP 晶圆种类不局限于硅基材料,金属等材料也是 CMP 技术的主要应用对象。此外,图形密度及分布会影响片内及片间均匀性等指标,因此在设计时,要尽可能保证图形密度及分布的均匀性,可以适当引入陪片牺牲层(又称 Dummy 层)金属填充晶圆,以提高工艺稳定性。

(3)抛光液参数。抛光液参数主要包括磨料种类、磨料粒径、磨料浓度、活性剂下磨料凝聚度、氧化剂种类及含量、酸碱度、抛光液供给速度、抛光液的选择比和温度等。上述参数共同影响了 CMP 工艺的质量和效率。抛光液是 CMP 工艺过程的重要一环,通常情况下,针对不同类型的介质,需要对抛光液做相应的调整,以满足 CMP 技术的要求。

(4)抛光垫参数。作为抛光液附着的有效载体及磨削力实际作用的平面,抛光垫也对 CMP 工艺质量有重要影响。抛光垫参数主要包括抛光垫硬度、抛光垫弹性、抛光垫密度、抛光垫气孔状态、抛光垫表面纹理分布、抛光垫面型修整状态和温度等。根据实际需要选用适合的抛光垫，可以有效提高抛光去除速度，改善表面粗糙度。

需要强调的是，温度对 CMP 的效果有非常显著的影响，如在设备参数方面，温度会影响抛光头和抛光盘的面型；在晶圆参数方面，温度也会影响晶圆的面型；在抛光液参数方面，温度会影响抛光液的物理化学性能；在抛光垫参数方面，温度影响抛光垫的面型。因此在 CMP 工艺过程中，需要严格控制温度，以提高工艺精度。

8.3.4 温度控制

1. 热量产生机制

CMP 工艺过程中所使用的抛光液，无论是酸性液体还是碱性液体，与晶圆材料的化学反应几乎都是放热反应，会导致温度的上升，同时在工艺过程中，由于抛光头与抛光盘在压力作用下做旋转的运动，所以会有能量的释放，也会导致温度的上升，如图 8.13 所示。温度直接影响了 CMP 的加工精度和质量，因此在实际工艺过程中，需要将温度控制在合理的范围内，保证 CMP 的顺利进行。

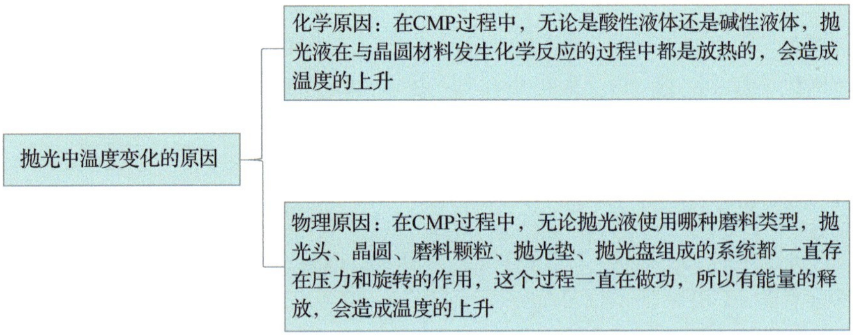

抛光中温度变化的原因
- 化学原因：在CMP过程中，无论是酸性液体还是碱性液体，抛光液在与晶圆材料发生化学反应的过程中都是放热的，会造成温度的上升
- 物理原因：在CMP过程中，无论抛光液使用哪种磨料类型，抛光头、晶圆、磨料颗粒、抛光垫、抛光盘组成的系统都一直存在压力和旋转的作用，这个过程一直在做功，所以有能量的释放，会造成温度的上升

图 8.13 CMP 的热量产生机制

2. 温度及盘面凹形补偿

在先进的 CMP 设备中，抛光盘都集成了复杂紧密的温控系统，可将工艺面温度波动控制在±0.5℃的范围内，以保证工艺的精度及稳定性，除此之外，对于兼容大尺寸晶圆的超精密设备，还通过盘面凹型控制对工艺稳定性和一致性提供了进一步保障，即将抛光盘修整为中间微凹、边缘微凸的面型，以适应工艺过程中温度的微量升高。因为温度上升导致材料发生尺寸形变时，圆形的盘面会出现从外周到圆心，凸出越来越严重的变化趋势，因此将盘面修整为中间微凹的面型，可有效补偿温度升高带来的面型不均匀变化的趋势，在工艺过程中实现盘面外周到圆心整体高度一致、面型均匀的效果，从而保证 CMP 工艺的稳定性和一致性。

8.3.5 压力控制

1. 晶圆线速度及磨料分布

在 CMP 工艺过程中，抛光头与抛光盘分别都在高速自转，且在做往复摆动运动，从晶圆外周到圆心的运动线速度越来越小，即单位时间内有效抛光路径越来越短。同时，由于旋转运动过程中,抛光液在离心力的作用下,在晶圆的外周分布更密集,而在圆心的分布较稀疏,因此晶圆的外周抛光去除速度相对更快,内周抛光去除速度相对更慢,会造成晶圆面内切削量的不均,进而影响晶圆片内及片间均匀性。

2. 气囊分压控制及抛光头凸形补偿

由于晶圆外周与内周存在运动线速度及抛光液分布不均匀的问题,外周材料的抛光去除速度与内周相比更快,因此在实际的工艺过程中,需要调整其他的工艺参数,以补偿抛光液分布和晶圆线速度不同带来的面型不均匀的问题。晶圆表面受到的压力、晶圆表面抛光过程中的相对运动速度、晶圆表面有效抛光液的量是确保 CMP 正常进行的主要影响因素。因此,可通过对晶圆表面不同区域所受到的压力进行控制,实现对抛光液分布和晶圆线速度不同带来的面型不均匀问题的补偿。对于硬质抛光头,可将抛光头吸附面修整为中间略凸、边缘略凹的面型;对于气囊式抛光头,可通过分区气囊压力控制,使晶圆内周与外周相比在工艺过程中受到更大的局部压力,从而获得更快的局部抛光去除速度补偿,整体实现晶圆圆心、内周、外周局部 CMP 速度一致,最终保证晶圆片内及片间的均匀性和一致性。

3. 压力与抛光去除速度关系曲线

通常情况下,压力与抛光去除速度成正比。依据大量 CMP 实验数据积累的 Preston 方程式,有利于协助预测抛光去除速度、片内均匀性、片间均匀性和粗糙度,对提高 CMP 的工艺精度、了解物理化学互作用机制具有较强的启发性。Preston 方程式可以被用来说明 CMP 过程中的基本参数之间的关系,可表述为:$R=K_{p}PV$。其中,R 代表抛光去除速度;P 代表施加在晶圆上的压力;V 代表相对线性速度;K_{p} 是常数,抛光垫参数、抛光液参数、设备参数和晶圆参数等都与 K_{p} 有关。以典型的二氧化硅膜层 CMP 为例,因为抛光去除速度与压力成正比,所以在 CMP 过程中,需要选用合适的压力,防止压力过大导致晶圆碎裂。同时,为提高抛光去除速度,压力不宜过小。需通过公式推导或实验数据积累,选择最优的压力值,以提高 CMP 工艺控制精度和效率。

8.3.6 转速控制

转速与抛光去除速度的关系同样满足 Preston 方程式,在施加固定的压力的情况下,抛光去除速度与平台转速的关系呈线性但非正比关系。它的误差源自转速不同,磨料的分布也会发生变化,整体过程并不处于完美且稳定的状态。因此,转速与抛光去除速度的关系,会因设备参数、晶圆参数、抛光液参数和抛光垫参数的区别而有所改变。

8.3.7 终点检测

CMP 工艺是用物理和化学的方式对材料进行处理,在对材料进行定量去除的同时使材料表面获得极佳的均匀性及表面粗糙度。因此,如何判断材料去除的终点、确保工艺停留在所需要的位置,对后续进一步的加工测试非常重要。终点检测即为通过各种技术方式对被抛光膜层的材料种类及厚度进行监测,进而准确判断 CMP 工艺终点的检测方法。终点检测对器件性能、可靠性、产品良率都至关重要,直接影响到芯片的成本与市场竞争力。

CMP 终点检测技术可以简单地分为离线终点检测技术和在线终点检测技术。离线终点检测技术即以基于经验获得的时间为丈量标准,在固定的工艺时间内,将晶圆转入表征设备进行测量,主要应用在 6in 及以下且对膜厚控制精度要求较低的晶圆 CMP 工艺中。在 8in 及以上且对膜厚控制精度要求较高的晶圆 CMP 处理设备中,往往都集成有各种在线终点检测技术,可以实现纳米级的精度控制,从而保证膜层的力学、光学、电学等性能符合设计要求,提高良率[8]。

在线终点检测技术主要有异质层界面停止和同质层固定膜厚停止两种类型,如图 8.14 所示。异质层界面停止包括电机电流终点检测、光谱成像终点检测等,同质层固定膜厚停止包括光学干涉终点检测、红外成像终点检测等。其中,电机电流终点检测应用最广泛。对不同的薄膜材料进行抛光时,由于抛光垫与材料间的摩擦系数不同,会使抛光头回转扭力发生变化,进而抛光头驱动电机的电流也会发生变化,因此可以通过抛光头电机电流的变化判断是否到达了 CMP 工艺终点,这就是电机电流终点检测。图 8.15 所示为电机电流终点检测及光谱成像终点检测示例。

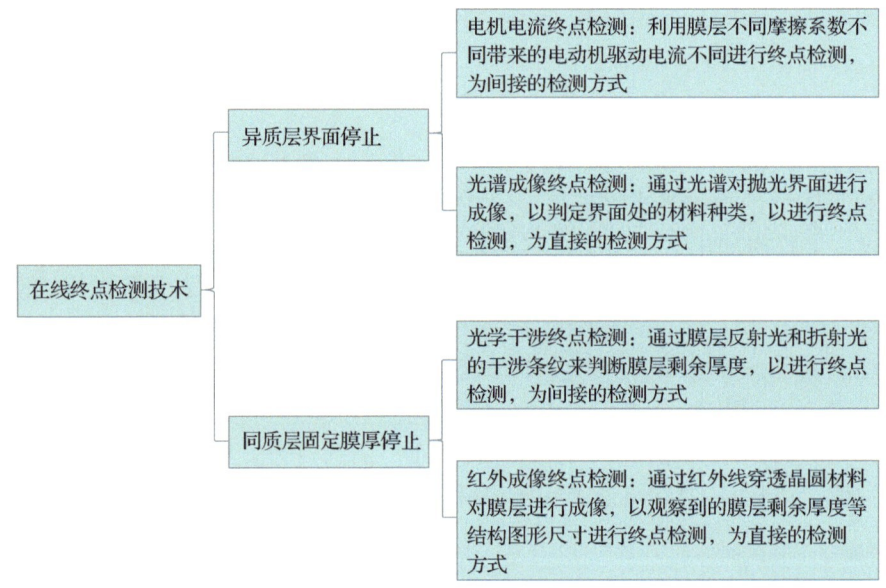

图 8.14 在线终点检测技术

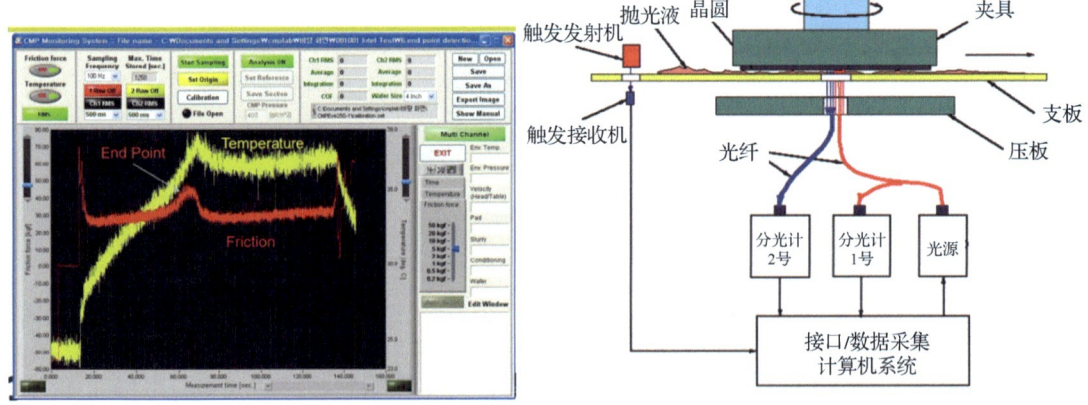

图 8.15 电机电流终点检测(左)和光谱成像终点检测(右)示例[9]

8.3.8　CMP 后清洗

CMP 后清洗即在 CMP 工艺制程结束后，对晶圆表面进行清洗以去除有机物、颗粒、金属离子、氧化层及抛光液等残留杂质和沾污的过程。随着晶体管集成密度的不断提升，CMP 后清洗工艺的重要性不断提升。传统的 CMP 后清洗工艺主要包括 4 个步骤：双面 PVA 滚刷物理刷洗、酸/碱溶液化学漂洗、兆声波去离子水清洗、旋转甩干氮气吹干异丙醇脱水，如图 8.16 所示。

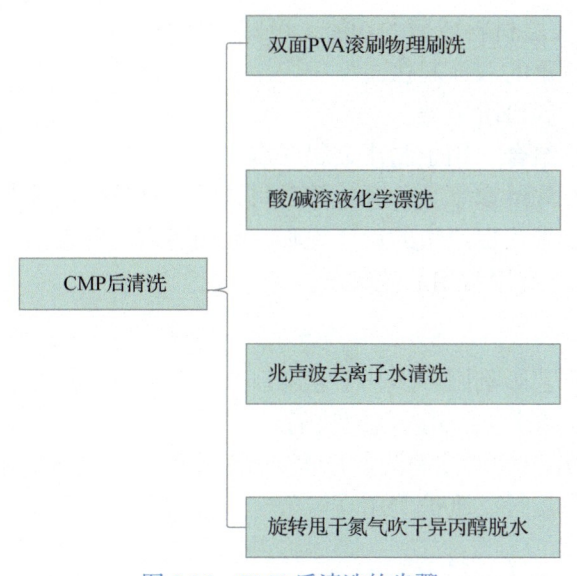

图 8.16　CMP 后清洗的步骤

随着集成电路特征尺寸的不断缩小，对 CMP 清洗后晶圆表面的缺陷及颗粒物残留的要求呈指数级上升，与此同时需要被 CMP 工艺处理的材料种类的增加，以及抛光液配方的复杂化，也导致 CMP 后清洗工艺的难度越来越高。因此，需要 CMP 后清洗模块具有更强大的清洗功能来实现更彻底的清洗效果，同时不会对晶圆表面纳米级结构产生伤害。CMP 后清洗技术主要经历了 5 代的发展。

第一代 CMP 后清洗技术主要是离线+分立的方式，即 CMP 工艺设备与 CMP 后清洗设备是两台分立的设备。在抛光工艺全部结束后，再将整盒晶圆统一放置到后清洗设备中进行清洗。

第二代 CMP 后清洗技术主要是在线+分立的方式，即 CMP 工艺设备与 CMP 后清洗设备仍然是两台分立的设备，清洗仍然是在独立的清洗设备中完成，但是清洗设备与工艺设备之间有机械传送装置，晶圆可在线传送到清洗设备中进行清洗。

第三代 CMP 后清洗技术主要是在线+集成的方式，即将 CMP 后清洗模块集成到 CMP 设备内，晶圆的工艺处理及后清洗在同一台设备内完成，实现了干进干出的效果。

第四代 CMP 后清洗技术主要是将旋转甩干技术更换为异丙醇脱水干燥技术，该技术提升使 CMP 清洗后的晶圆表面缺陷与传统干燥技术相比大量减少，并提高了干燥效率。

第五代 CMP 后清洗技术主要是对核心技术模块进行了升级，并增加了设备内集成的抛光及清洗模块数量，大大提升了 CMP 后清洗的效率。

8.3.9 CMP 的优缺点

CMP 与其他抛光工艺相比具有以下优点和缺点[10]。

1. CMP 的优点

（1）能实现全局抛光，台阶高度可控制在 50Å 以内。
（2）对各种各样的材料都能实现抛光处理。
（3）可在同一次抛光过程中对同时有多种材料的结构实现抛光。
（4）CMP 具有对表层材料减薄的功能，可减少表面缺陷。
（5）可有效处理严重的表面起伏。
（6）可有效改善金属台阶覆盖。
（7）可与其他工艺结合，用于制作金属图形。
（8）对特征尺寸 0.5μm 以下器件和电路的可靠性、速度、良率提升非常有效。
（9）允许芯片制造采用更严格的设计规则并采用更多的互连层。
（10）工艺过程中不使用常用的危险气体。

2. CMP 的缺点

（1）抛光质量的工艺影响因素多，工艺窗口窄、工艺变量控制精度需继续提高。
（2）进行 CMP 的同时也会引入新的缺陷。
（3）CMP 厚度及均匀性的控制测量技术仍相对局限，终点检测技术尚有待完善[11]。
（4）昂贵的设备及运行、维护费用。

8.4 CMP 的设备与耗材

CMP 设备与耗材是 CMP 工艺的基础，是确保工艺正常进行和工艺精度的关键。本节介绍 CMP 设备的关键组成部件、常用耗材，以及设备市场和主流厂商。

8.4.1 设备组成

CMP 设备大致由机械传送臂、超精密电机、多气囊抛光头、抛光液蠕动管路、流量计、抛光垫、抛光盘、原位修盘器、温度传感器、冷却及加热自动温度控制系统、电机电流传感器、PVA 清洗刷、兆声源、电气控制系统、计算机软件控制系统等部件组成。

总体而言，CMP 设备可以分为七大系统：自动上下片传送系统、超精密抛光头系统、抛光液供给及流量控制系统、抛光盘旋转及温度控制系统、同步修盘系统、终点检测系统及超洁净后清洗系统[12]。

自动上下片传送系统即晶圆自动传入设备，是在设备内负责各模块间传递，以及工艺后移出设备全过程的系统。目标是实现晶圆自动进出的效果，主要采用机械臂传送的方式实现，目前主要的发展趋势是实现多片同时自动上下片及传递过程。

超精密抛光头系统即夹持晶圆并对晶圆所受压力及转速进行控制的系统，为 CMP 设备中最核心的系统，主要由抛光头数量、运动轨迹、驱动方式和气囊数量 4 个部分构成。抛光头数量可以是单头也可以是多头同时工作；运动轨迹主要有轨道、线性、及旋转轨迹；驱动方式分为皮带间接传动方式和电机直接驱动方式两种；气囊数量根据晶圆大小及面型控制需求分为单分压气囊及多分压气囊，一般常见量产机型为七气囊，可在晶圆对应的多个环状区域实现超精密压力控制。通过对各区域不同的压力控制，补偿晶圆自转存在的边缘与中心区域抛光去除速度不同的问题，从而使晶圆抛光后获得超高平整度及表面粗糙度。

抛光液供给及流量控制系统即将抛光液从贮液罐定量且均匀地输运到晶圆表面的系统，蠕动泵运输为常见的输运方式。抛光液持续搅拌防沉淀、抛光过程中多种抛光液快速切换，都是抛光液供给系统的工作。

抛光盘旋转及温度控制系统即表面贴有抛光垫且可持续稳定旋转，并与晶圆发生相对运动的系统。优质的抛光盘系统一般都会配置精密的温度监测及控制系统，以保证抛光盘不会在工艺过程中由于温度变化而使面型发生变化，进而影响到晶圆抛光面型。

同步修盘系统即对抛光垫表面材料及微孔进行修整，以保持抛光垫表面具有良好的抛光液均匀蓄积能力的系统，常见的有离线修盘及在线修盘两种方式。

终点检测系统即对晶圆表面膜层材料进行监测，保证在到达目标材料及目标厚度时工艺可即时停止。主要的方法有电机电流终点检测、光谱成像终点检测、光学干涉终点检测、红外成像终点检测。随着芯片特征尺寸的逐步缩小，更精密的终点检测方式成为 CMP 设备重要的考察指标。

超洁净后清洗系统即在 CMP 工艺完成后对晶圆表面进行及时、彻底的清洗，以保证晶圆表面的颗粒残留及缺陷尽可能少，主要通过物理刷洗、化学液腐蚀、兆声清洗等物理化学方法完成。后清洗技术提升是目前 CMP 设备的重要发展方向之一，只有更少的颗粒残留及缺陷才能满足越来越精密的芯片加工要求。

8.4.2 抛光液

1. 抛光液成分

抛光液的质量直接影响抛光表面的质量，是 CMP 的关键要素之一[13]。通常，抛光液的成分主要有磨料（超细固体粒子研磨剂）、络合剂、表面活性剂、氧化剂、pH 剂等，这些成分对待抛光材料的作用既包括物理作用也包括化学作用。抛光液的成分和浓度直接决定了抛光去除速度和工艺精度等质量指标，需要根据实际材料和参数进行调配，如图 8.17 所示。

（1）络合剂：能与金属离子形成络合离子的化合物，在 CMP 中的主要作用是与表面的氧化物结合生成可溶性物质，防止抛光表面产生划伤。

（2）表面活性剂：以适当的浓度和形式存在于环境（介质）中时，可以减缓或加速材料腐蚀，达到较好的表面抛光效果。

（3）氧化剂：能够快速地在加工表面形成一层软氧化膜，表面膜的存在可以降低表面的硬度，便于后续的机械去除，从而提高抛光效率和表面平整度。

（4）pH 剂：决定了最基本的抛光加工环境，会对表面膜的形成、材料的去除分解及溶解度、抛光液的黏性等方面造成影响。

（5）磨料：磨料的尺寸、形状、在溶液中的稳定性、在晶圆表面的黏附性和脱离性对抛光效果都有着重要的作用。

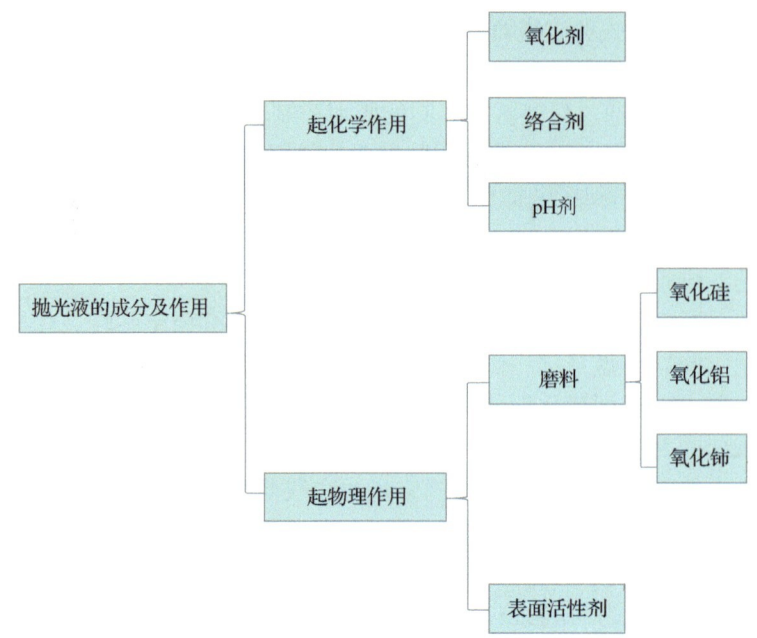

图 8.17 抛光液的成分及作用

通常，介质和金属的抛光液会有区别。对常用介质的 CMP 来说，可以使用 SiO_2、CeO_2、ZrO_2、Al_2O_3、Mn_2O_3 作为基础磨料，通过添加 KOH 或 NH_4OH 调整工作环境为弱碱性，pH 值在 10～12 之间，可提高抛光去除速度，确保 CMP 效果；对金属的 CMP 而言，不同材质有不同的磨料需求，常用的磨料包括 SiO_2、Al_2O_3、Mn_2O_3 等。金属抛光液的 pH 值多处于 2～6，为弱酸性区间，通过添加 H_2O_2、KIO_3、$Fe(NO_3)_2$ 可进一步提高 CMP 工艺精度、确保工艺正常进行。

以常用的 SiO_2 抛光液为例，常用制备方法主要包括分散法与凝聚法。分散法的主要流程如下：首先，纳米 SiO_2 颗粒在液体中润湿形成团聚体；然后，团聚体在机械搅拌力作用下被打开，形成独立的原生粒子或较小的团聚体；最后，通过添加适当的化学试剂使原生粒子或较小的团聚体保持稳定状态，阻止再次发生团聚。分散法是最常用的抛光液制备方法，具有浓度高、颗粒均匀性好、纯度高、黏度较小等优势，但是用这种方法调配的抛光液受磨料质量影响较大。其中，所用的 SiO_2 颗粒多采用四氯化碳（$SiCl_4$）在 1800℃的温度下与高纯度的氢、氧作用烧结而成，可以获得具有较高纯度及分布均匀性的颗粒。通过燃烧条件的控制，即可调整微粒的尺寸。与其他 SiO_2 颗粒的制作方式相比，高温烧结可拥有较窄的粒径尺寸分布，有利于获得精确的粒度控制。

凝聚法是通过化学反应在水溶液中，利用成核、生长或摆脱杂质离子的方式，制备抛光液。采用此方法制备的抛光液磨料粒径均一、形状规整，纯度与浓度也较高，且原料便宜、生产成本低。但该工艺路线复杂，工艺控制较难。凝聚法依据反应的类型和机理，主要分为离子交换法和醇盐水解法。离子交换法是以硅酸钠为原料，根据离子交换原理及结晶学原理进行制备。醇盐水解法是在醇介质中通过催化水解 TEOS 来制备分散 SiO_2 磨料。不同厂商采用的方案和工艺各不相同，需结合工艺要求，选择最适合的抛光液种类。

2. 作用机理及成分复配

（1）化学作用机理。多数抛光液的化学作用机理过程，多是利用氧化剂的强氧化能力。首先将材料氧化，如产生 Ga_2O_3，然后产生的氧化物与酸反应变成离子（如 Ga^{3+}），或者与碱反应变成负氧离子（如 GaO_3^{3-}），从而变成容易被物理作用去除的蓬松软材料。在实际工艺过程中，需根据材料性质选择具有不同浓度、不同氧化性强度的氧化剂。以 H_2O_2 与 $K_2S_2O_8$ 为例，不同氧化剂中有效氧化因子的半衰期不同，半衰期短的氧化剂在材料表面易形成较小的氧化膜，半衰期长的氧化剂在材料表面易形成较大的氧化膜，因此有效氧化因子半衰期短的 H_2O_2 的抛光去除速度比 $K_2S_2O_8$ 更慢，同时形成的表面粗糙度更小。如果使用两种氧化剂的复配溶液，两种氧化剂的有效氧化因子同时存在，会在材料表面形成混合氧化膜，H_2O_2 形成的小块状氧化膜弥补了 $K_2S_2O_8$ 形成的大块状氧化膜未作用到的间隙，整体抛光去除速度更快。同时，形成的表面粗糙度介于二者单独作用时的表面粗糙度，因此复配溶液与两种任一氧化剂单独使用相比，往往具有更快的抛光去除速度，而形成的表面粗糙度介于二者之间。

（2）物理作用机理。利用磨料颗粒将化学作用产生的蓬松软材料依靠物理切削作用去除，同时表面活性剂的存在可以帮助磨料颗粒更均匀地作用于材料表面。此外，还可以助力切削下来的材料更均匀地消散，发挥润滑的作用。其中，磨料要比被磨掉的材料软，以避免晶圆表面出现较严重的机械损伤，常选用不同浓度、不同粒径、不同硬度的 SiO_2、Al_2O_3。颗粒粒径及硬度对物理作用机理强弱的影响较大，粒径小、硬度低的材料在材料表面会产生较小的切削凹坑，粒径大、硬度高的磨料在材料表面产生的切削凹坑较大。因此，粒径小、硬度低的 SiO_2，比粒径大、硬度高的 Al_2O_3 的抛光去除速度慢，但是形成的表面粗糙度好。如果使用两种颗粒磨料的复配溶液，两种颗粒粒径及硬度不同的磨料同时作用于材料表面，会形成混合切削作用。小粒径且低硬度的 SiO_2 对材料表面的切削作用，弥补了大粒径且高硬度的 Al_2O_3 未作用到的间隙，即同时有大颗粒高硬度与小颗粒软硬度的切削作用存在，同时形成大粗糙度和小粗糙度的表面，因此复配溶液与任一磨料单独使用相比往往具有更快的抛光去除速度，而形成的表面粗糙度介于二者之间。

3. 抛光液的种类

抛光液的种类随抛光介质的不同而不同，抛光液的化学成分、浓度，磨粒的种类、大小、形状，抛光液的黏度、pH 值、流速、流动途径对抛光去除速度都有影响。在实际进行 CMP 的过程中，抛光液的颗粒要按照浓度梯度渐变的方式，逐渐改善表面的粗糙度。可以依据加工精度将抛光液分为粗抛光液和精抛光液两类，依次进行 CMP 工作。磨料主要是石英、二氧化铝和氧化铈，其中的化学添加剂则要根据实际情况加以选择，这些化学添加剂要被除去的材料进行反应，弱化其和硅分子的联结，这样使得机械研磨更加容易进行。在应用中的通常有氧化物磨料、金属钨磨料、金属铜磨料以及一些特殊应用磨料。抛光液的最终目标是找到化学作用和机械作用的最佳结合，确保抛光去除速度快、平面度好、膜厚均匀性好及选择性高。此外，还要考虑易清洗性、对设备的腐蚀性、废料的处理费用及安全性等问题。

表面活性剂在硅晶圆抛光中起着非常重要的作用，它不仅影响着抛光液的分散性、颗粒吸附后清洗难易程度以及金属离子沾污等问题，更重要的是可以提高抛光去除速度，以提高晶圆表面平整度，还能降低表面张力、降低损伤层厚度等。表面活性剂，可以分为非离子型表面活性剂和离子型表面活性剂。为确保整条工艺线不受金属离子污染，通常情况下使用非离子型表面活性剂。非离子表面活性剂有如下优点：在水溶液中稳定性好，不受强电解质和酸碱的影响；反应后不易吸附；兼容性强，可混合使用。在 CMP 完成后，需要先用去离子水进行抛光，然后进行 CMP 后清洗，这个过程要保证衔接速度以防晶圆表面的悬浮物变干，降低后期清理难度。

以蓝宝石抛光液为例，常用的蓝宝石抛光液以高纯度硅粉为原料，是一种经特殊工艺生产的高纯度、低金属离子型抛光产品，主要用于蓝宝石衬底的抛光，还可广泛用于多种材料的纳米级抛光，如硅片、化合物晶体、精密光学器件、宝石等的抛光加工，具有高抛光去除速度、高纯度、高平坦度加工等优势[1]。

在抛光液的产业化层面上，抛光液对抛光效率和加工质量有着重要的影响，但由于具有很高的技术要求，目前商业化的抛光液配方处于完全保密状态。现有的抛光液供应企业包括美国 Rodel、美国 Dupont、美国 Cabot、美国 Eka、日本 Fujimi、日本 Hinomoto Kenmazai Co. Ltd、韩国 ACE 高科技株式会社和浙江安吉等。现有的抛光液供应商主要集中在美国、日本、韩国等地。这也导致在我国半导体硅抛光片加工中，所使用的抛光液绝大多数都要靠进口。尽管我国抛光液行业正在努力追赶，但是真正涉足硅片抛光液制造、研发方面的企业很少。无论是在产品质量方面、还是在市场占有率方面，国内企业都与国外厂家有相当大的差距。

8.4.3 抛光垫

抛光垫是输送抛光液的关键部件，主要作用是将晶圆微凸部分削平，以实现全局抛光的目标。通常情况下，抛光垫采用多孔结构，表面有特殊沟槽，可以提高抛光的均匀性。抛光垫上有时开有可视窗，便于在线检测。抛光垫的机械性能（如硬度、弹性、剪切模量、毛孔的大小及分布、可压缩性、黏弹性、表面粗糙度）对抛光去除速度及最终工艺平坦度起着重要作用。根据实际工作环境，需要选用不同硬度的抛光垫，以满足 CMP 的需求。在异质结构 CMP 工艺中，硬垫可获得更好的片内均匀性，软垫可获得更好的表面粗糙度。为了获得较快的抛光去除速度、较好的表面形貌及较小的表面粗糙度，可组合使用软垫及硬垫。

常用的抛光垫包括聚氨酯抛光垫、带绒毛的无纺布抛光垫等。聚氨酯抛光垫的主要成分是发泡体固化的聚氨酯，它的表面有许多空球体微孔封闭单元结构，如图 8.18 所示，这些微孔能起到收集加工去除物及传送抛光液的作用，有利于提高抛光均匀性和抛光效率。聚氨酯抛光垫由于硬度较大，能够得到较高的抛光去除速度和较好的抛光均匀性，但是容易产生划痕。带绒毛的无纺布抛光垫以无纺布为基体，中间一层为聚合物，表面层为多孔的绒毛结构，当抛光垫受到挤压时，抛光液会进入空洞中，而在压力释放时会恢复到原来的形状，将旧抛光液和反应物排出，并补充新的抛光液。这种抛光垫硬度小、压缩性大、弹性好，可获得较好的表面粗糙度，但是抛光均匀性和抛光去除速度一般。抛光垫使用过程中必然会出现损耗，且会出现"釉化"现象，造成抛光去除速度下降、不稳定等问题，工艺过程中需要对抛光垫进行修整，以恢复抛光垫的粗糙面，改善其容纳浆料的能力，从而使抛光去除速度得到维持并延长抛光垫的寿命。

抛光垫在使用过程中还需要注意以下情况：碎片后为防止对晶圆表面进一步产生缺陷，需及时更换抛光垫；根据晶圆表面结构特点优化抛光垫选择，以取得更好的均匀性和表面粗糙度；运用集成的闭环冷却系统对抛光垫温度加以精确控制；孔型垫设计、表面纹理化、集成微流道都有利于抛光液的输送；CMP 工艺前需要对抛光垫进行充分的修整，且工艺中也需要有规律地对抛光垫用刷子或金刚石修整器做临场和场外修整[1]。

图 8.18　CMP 抛光垫和单元结构

8.4.4　设备市场及主流厂商

与 CMP 相关的市场业务主要有 CMP 设备销售，CMP 零部件及耗材销售，晶圆再生及 CMP 工艺外协代加工，设备及零部件维修保养等。CMP 设备是一种使用耗材较多的设备，抛光液、抛光垫、清洗刷等都为单次使用型耗材，需要大量储备以备消耗。除此之外，抛光头、保持环、修盘器等部件在使用过程中也会存在损耗，必须进行定期维修保养，以保证设备稳定运行。晶圆再生即通过抛光清洗等工序，使再生晶圆表面平整且无缺陷及颗粒残留的处理过程。出于成本考虑，再生晶圆已大量应用于产线，以晶圆再生为主的 CMP 外协代加工也成为 CMP 相关的主要市场业务之一。

根据 SEMI 统计数据，2021 年全球半导体设备市场总规模约为 1020 亿美元，而 CMP 设备占生产线上设备总额的比例约为 3%（见图 8.19），且在更先进制程中 CMP 设备所占比例进一步增加[14]。

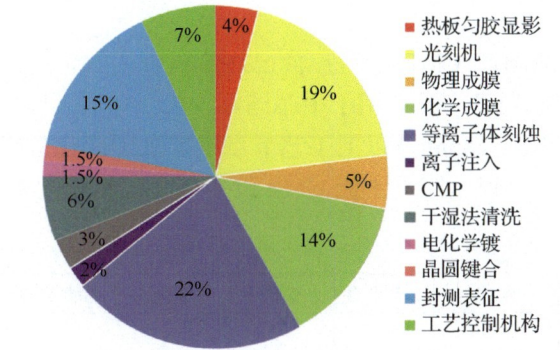

图 8.19　全球各类半导体设备占生产线上设备总额的比例

目前在14nm及以下工艺节点的高端市场，国内CMP设备仍主要依赖进口，市场份额主要被美国AMAT及Ebara两家占据，它们的产品已实现5nm工艺节点的成熟工艺应用。在28nm及以上的成熟制程市场，国产品牌华海清科股份有限公司（简称华海清科）打破了国外巨头垄断的状况，已在产线占据40%左右的市场份额。在科研院所实验级CMP设备市场领域，主要是G&P和LOGITECH等品牌。

在CMP技术发展早期，全球有20多家CMP设备厂商，竞争非常激烈，直到美国AMAT于1997年推出MIRRA机型。该机型上市后，快速占领市场份额，IPEC和SpeedFam等设备厂商随之被市场逐步淘汰。截至本书成稿之日，全球主流CMP设备厂商有美国AMAT与Ebara，这两家公司合计占有全球90%的CMP设备市场份额。

美国AMAT是全球最大的半导体设备商之一。在CMP设备领域，AMAT主打MIRRA和REFLEXION两个系列（见图8.20），分别对应8in及12in需求，主要用于硅、STI二氧化硅、金属钨和铜的CMP工艺处理。升级版本的REFLEXION LK PRIME将最新的抛光、清洗、干燥技术集成在设备中，是市场上唯一的三转盘式顺序抛光设备。

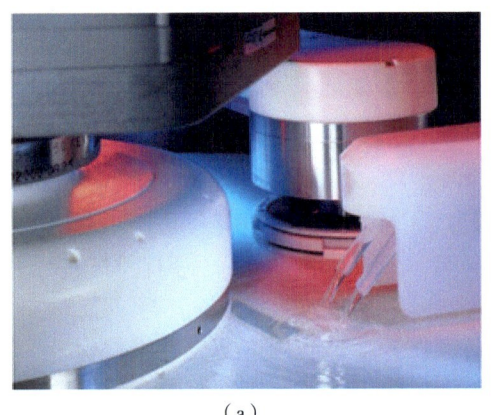 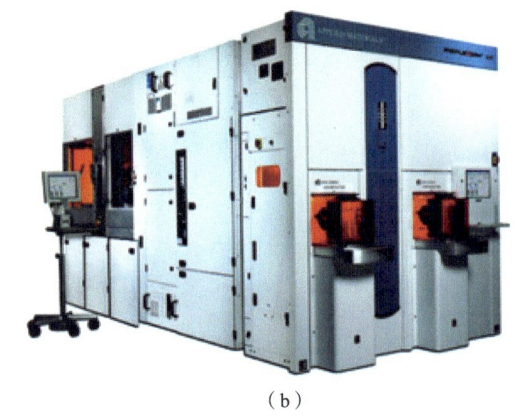

(a) (b)

图8.20 MIRRA系列和REFLEXION系列设备实物
(a) AMAT MIRRA 系列 (b) AMAT REFLEXION 系列

Ebara在CMP设备领域占据全球29%的市场份额，仅次于AMAT。Ebara最先开发出干进干出型设备，其独立研发的F-REX系列可满足8in及12in 10nm以下工艺节点的CMP工艺需求。干进干出清洁模块被集成在设备内，可将干晶圆在清洗干燥后输送到后续工艺。

以华海清科为代表的国产CMP设备厂商已逐步占据了一定比例的市场份额。华海清科的UNIVERSAL系列机型已广泛应用于中芯国际、长江存储、华虹集团等行业内领先的集成电路产线，成功在12in 28nm及以上工艺节点中实现国产化替代。目前，5nm制程也正在进行线上试运行验证。以上三大主流CMP设备厂商各机型配置及性能对比见表8.2。

表8.2 主流CMP设备厂商各机型配置及性能对比

厂号	型号	尺寸	工艺节点	结构	气囊分区	驱动方式	终点检测	清洗干燥
AMAT	MIRRA MESA REFLEXION LK REFLEXION LK PRIME	6in、8in、12in	5nm	4抛光头、4抛光台	7分区	电机直驱	电机电流	提拉干燥技术

续表

	型号	尺寸	工艺节点	结构	气囊分区	驱动方式	终点检测	清洗干燥
Ebara	F-REX EAC UFP	8in、12in	部分材质 5nm	2 抛光头、 2 抛光台	7 分区	电机直驱	电机电流	水平刷洗技术
华海清科	UNIVERSAL-300 UNIVERSAL-200 VERSATILE-GP300	8in、12in	14nm	4 抛光头、 4 抛光台	7 分区	电机直驱	归一化抛光终点识别	VRM 竖直干燥技术

8.5 CMP 的应用

CMP 工艺在集成电路制造过程中有非常广泛的应用，如衬底制备、膜层沉积、封装工艺中都需要对晶圆材料进行抛光处理，且随着芯片特征尺寸的不断缩小，CMP 工艺在流片过程中的应用次数也逐步增加。

从 CMP 工艺的应用领域来说，主要有：衬底制备，包括各种材料衬底切片后 CMP 处理及晶圆再生 CMP 处理；芯片前道制造工艺，包括对晶体管、金属布线，及绝缘介质的 CMP 工艺处理；芯片后道封装工艺，包括传统封装及先进封装；非传统晶体管类器件制备，包括多种 MEMS 及光电传感器的 CMP 处理。从 CMP 工艺处理的材料种类来说，主要有硅、二氧化硅、氮化硅等硅化物，如 STI 二氧化硅、ILD 及 IMD 层间介质二氧化硅、衬底及 MEMS 体结构；多种金属及合金材料，如 Al 互连线、Ti 黏附层、Cr 阻挡层、Cu 大马士革工艺；玻璃、陶瓷、塑料等特殊材料，如衬底及塑封材料；有机材料，如过程工艺中光刻胶膜层及生物兼容器件中有机结构。当前，CMP 已经广泛应用于集成电路制造中多种材料、多种应用场景下的高精度抛光处理，见表 8.3。

表 8.3 CMP 工艺材料处理的具体应用

应用领域	类型	材料	应用
衬底制备	衬底	硅、玻璃、蓝宝石、化合物	衬底
芯片前道制造工艺	晶体管	多晶硅	多晶硅栅极
	金属布线	Cu	互连
		W	钨塞
		Al	互连
		Cu 合金	互连
		Al 合金	互连
		Ni	凸点球
		Ti	阻挡层、黏附层
		Ta	阻挡层、黏附层
		TiN、TiN$_x$C$_y$	阻挡层、黏附层
	绝缘介质	SiO$_2$	STI（晶体管与晶体管间的隔离）
		SiO$_2$	层间介质 ILD（晶体管与金属层间的隔离）

续表

应用领域	类型	材料	应用
芯片前道制造工艺	绝缘介质	SiO$_2$	金属间介质 IMD（金属层与金属层间隔离）
		PSG	ILD
		BPSG	ILD
		Polymer	ILD
		Si$_3$N$_4$、SiO$_x$N$_y$	钝化层、阻挡层
芯片后道封装工艺	传统封装	塑料、陶瓷	封装
		高介电常数介质	封装、电容
		高 Tc 超导体	封装
	先进封装	Cu	TSV、TGV 填充金属
		Ti、W	TSV、TGV 过渡层金属
		SiO$_2$	TSV 绝缘层
其他	其他	硅及硅化合物	MEMS 结构
		金属	MEMS 结构
		有机材料	MEMS 结构
		SOI	高级器件、电路
		光电材料	光电器件端口等
		ITO	平板显示屏

8.6　CMP 的质量测量与故障排除

在 CMP 过程中，可能会遇到多种工艺问题，如抛光去除速度过慢、抛光均匀性差、表面粗糙度差、表面有残留物、图形结构台阶界面处有高度误差及横向缺损等，见表 8.4。引起这些问题的原因是多方面的，包括压力、转速、磨料、温度、化学剂的使用等因素。通过研究这些因素的影响作用机理，调整并优化相关工艺参数，可以有效提高 CMP 的质量，同时降低设备故障率。下面对这些问题进行讨论，分析可能的原因并探讨相应的解决办法。

表 8.4　CMP 质量问题、可能的原因及解决办法

CMP 质量问题	可能的原因	解决办法
抛光去除速度过慢	1. 晶圆所受压力不足 2. 晶圆对抛光垫相对转速偏慢 3. 磨料种类、粒径或浓度不合适 4. 活性剂选择不合适 5. 氧化剂、酸碱度选择不合适 6. 抛光垫变得平滑	1. 适当增加晶圆所受压力 2. 适当增加头、盘转速和轨迹复杂性 3. 选择硬磨料、提高磨料粒径、浓度 4. 调整表面活性剂，提高磨料的分布均匀性 5. 更换氧化剂及酸碱剂，提高腐蚀性 6. 用修整器修整抛光垫或更换抛光垫

续表

CMP 质量问题	可能的原因	解决办法
抛光均匀性差	1. 抛光头的垫膜破损，晶圆不能保持为一个平面 2. 晶圆所受到的气囊背压设置不合适，中心所受压力没有比边缘所受压力更大 3. 抛光液流量不够或黏滞度不正确 4. 抛光垫不平整导致中间快、中间慢，或其余边缘问题 5. 抛光盘温度偏高，导致盘面型改变	1. 更换、维护抛光头垫膜 2. 抛光过程中晶圆外周比中心的线速度大，而且外周比中心的抛光液分布多，因此需要调节气囊内压力分布，使晶圆中心受到的压力比边缘受到的压力更大以补偿抛光去除速度 3. 增加抛光液流量，调整表面活性剂成分，增加磨料在晶圆表面的分布一致性 4. 用修整器修整抛光垫或更换抛光垫 5. 抛光过程中化学反应及物理做功都会产生热量，容易使温度升高，且抛光盘为圆形，中心比外周更不容易消化形变量，因此温度升高会导致整体面型中心向外凸，进一步导致抛光均匀性差，需要在工艺过程中注意控制抛光盘温度不变，以免影响抛光的均匀性
表面粗糙度差	1. 抛光液有别的种类微粒污染 2. 磨料在管路内壁变干，又掉入抛光液 3. 抛光液时间太长，磨料颗粒沉积结块 4. 抛光液供给设备没有充分搅拌混合 5. 抛光液中磨料分布均匀性不好 6. 只用了大颗粒度抛光液抛光，没有进行可减少亚损伤微擦痕的降粒度梯度抛光液二次缓冲抛光	1. 不可混用不同抛光液液路系统 2. 及时清洗抛光液的液路系统 3. 抛光液即用即配 4. 抛光过程中抛光液需一直在线搅拌 5. 调整表面活性剂，提高磨料分布均匀性 6. 大颗粒度抛光液抛光后，需采用降粒度梯度的抛光液继续进行二次缓冲抛光以去除亚损伤层及微擦痕
表面有残留物	1. 磨料过硬、过多，嵌入待抛光材料 2. 抛光过程只进行了抛光液抛光，未进行去离子水抛光作业 3. 压力偏大，横向切削金属延展过多 4. 物理作用较化学作用偏强，匹配不合适，化学腐蚀未完即被物理切削 5. CMP 后清洗不到位 6. 滚刷存在不同实验交叉污染 7. 化学清洗剂选用不恰当	1. 降低磨料硬度 2. 必须在抛光液抛光后，紧接着用去离子水抛光以去残留 3. 减小压力，减少横向切削 4. 增强化学作用，减少物理作用，使强度正好匹配 5. CMP 后清洗严格按照四步流程进行 6. 检查滚刷是否有交叉化学品污染 7. 确认是否用了合适的清洗化学药品
图形结构台阶界面处有高度误差及横向缺损	1. 不同材料硬度及化学属性带来的抛光去除速度、选择比不同 2. 磨料产生的横向物理切削作用偏强，导致台阶横向侵蚀	1. 选用硬度更高的抛光垫，减少抛光垫凹处的弯曲量 2. 增加抛光液化学作用强度，减少抛光液物理作用强度，使物理作用对抛光的影响略弱于化学作用

1. 抛光去除速度过慢

晶圆所受压力不足及抛光垫变得平滑，都会导致抛光面上摩擦力不足，进而无法进行有效的抛光；晶圆与抛光垫相对转速偏慢，也会影响抛光的工作效率，导致抛光去除速度过慢；此外，磨料的种类、粒径或浓度，表面活性剂、氧化剂、酸碱度的选择等因素，也会间接影响抛光的效果和最终质量，这些抛光液成分的选择和配比也是影响抛光工艺质量的关键参数，不合适的工艺参数也会大大降低抛光去除速度。

解决该问题，需要从原因入手进行针对性的改进，包括：适当增加晶圆所受压力；适当增加抛光头数量、抛光盘转速和轨迹复杂性；选择硬磨料；提高磨料粒径、浓度；调整表面活性剂，提高磨料的分布均匀性；更换氧化剂及酸碱剂，提高腐蚀性；用修整器修整抛光垫或更换抛光垫等。通过综合调整上述工艺参数，可以获得稳定、高效的工艺菜单，从而优化工艺效果并提高抛光去除速度。

2. 抛光均匀性差

造成非均匀性抛光的原因，就是在抛光过程中，晶圆发生了局部形变，不能确保整个面型的平整。与保持面型平整度有关的关键部件有抛光头的垫膜、晶圆接触的气囊、抛光垫、抛光盘等。从部件来说，抛光头的垫膜出现破损，晶圆就不能保持为一个平面；晶圆所受到的气囊背压设置不合适，中心所受压力并没有比边缘所受压力大，无法有效补偿抛光去除速度不均匀的问题，从而导致抛光的不均匀；抛光垫不平整也会导致中间部分和边缘部分的抛光去除速度并不一致；抛光盘温度偏高容易导致抛光盘面型发生改变，使晶圆片的抛光失去参考的基准，最终影响抛光的均匀性。从抛光液来说，抛光液流量不够或黏滞度不正确也会影响抛光均匀性。

解决上述问题的方案有以下4种。

（1）更换、维护抛光头垫膜。由于抛光过程中晶圆外周比中心的线速度大，而且外周比中心的抛光液分布多，因此需要调节气囊内压力分布，使晶圆中心受到的压力比边缘更大，以补偿抛光去除速度的不均匀。

（2）增加抛光液流量，调整活性剂成分，增加磨料在晶圆表面的分布一致性。

（3）定期使用修整器修整抛光垫或直接更换抛光垫，确保抛光垫的平整和均匀性。

（4）在工艺过程中注意控制抛光盘温度，使其面型保持稳定，以免影响抛光的均匀性。

3. 表面粗糙度差

抛光工艺完成后，理想情况是得到一个表面平整、光滑，没有擦痕、沟壑和损伤的低粗糙度均匀平面。然而实际场景中，会出现各种意外因素，造成表面质量的下降。根据经验，会有以下4种影响表面的情况。

（1）抛光液有其他种类的微粒污染，这就导致抛光液微粒一致性差，进而出现划伤等缺陷。

（2）可能存在磨料在管路内壁变干后掉入抛光液的情况，或抛光液存放时间过长，磨料颗粒沉积结块的情况，这不仅会影响抛光液的均匀性，还会导致磨料颗粒出现大小差异。

（3）抛光液供给设备如果没有进行充分搅拌混合，会导致抛光液中磨料分布均匀性不好。

（4）抛光液选取和配合使用的问题，若只用了大颗粒度抛光液抛光，没有用降粒度梯度抛光液进行二次缓冲抛光，就会有存在亚损伤和微划痕的可能性。

要解决上述问题，需要注意以下5点。

（1）不可混用不同抛光的液路系统。

（2）及时清洗抛光液的液路系统。

（3）抛光液需要做到使用时即用即配。

（4）抛光过程中，抛光液需一直在线搅拌，必要的话，可以通过调整表面活性剂成分提高磨料分布均匀性。

（5）在大颗粒度抛光液抛光后，需采用降粒度梯度抛光液继续进行二次缓冲抛光，以去除亚损伤及微划痕。

4. 表面有残留物

一般来说，磨料的硬度和用量的选择需要根据工艺需求预先确定一个大致范围。若是磨料过硬、过多，容易嵌入待抛光材料，最终在表面形成颗粒物残留。此外，抛光过程除了需要进行抛光液抛光，还需要进行去离子水的抛光作业，否则容易有颗粒物残留。对于金属延展等形成的残留物，基本原因是抛光过程设置的压力偏大，导致横向切削金属延展过多。同时，如果整个过程中物理作用比化学作用强，二者匹配不合适，化学腐蚀未完全即被物理切削，也会导致出现金属延展残留物。需要强调的是，CMP 后清洗是一个十分关键的过程，清洗不到位也会导致沾污等残留物无法有效去除，同时若用同一机台连续开展多个后清洗工艺，滚刷存在不同样品的交叉污染，也会引入各种残留物。在不同后清洗工艺过程结束后，如果没有选取合适的化学清洗剂进行清洗，残留物通常无法被有效去除。

针对上述问题，有以下 5 种解决方案可供参考。

（1）降低磨料硬度，避免磨料过硬对金属材料造成切削和延展损伤。

（2）抛光工艺过程中需要注意，必须在抛光液抛光后，紧接着用去离子水抛光以去残留。

（3）适当减小对待抛光晶圆施加的压力，从而减少横向切削。

（4）适当增强化学作用，通过化学作用对金属延展残留物进行适当的腐蚀去除，并酌情减少物理作用，原则是调整化学和物理作用，使二者强度正好匹配。

（5）一般来说，CMP 后清洗需要严格按照 4 步流程进行，同时重点检查滚刷是否存在交叉化学品污染，确认是否采用了合适的清洗化学药品。

上述解决方案可综合确保工艺过程结束后，晶圆表面不存在残留物。

5. 图形结构台阶界面处有高度误差及横向缺损

这个问题一般出现于同一晶圆表面结构存在两种及以上不同材料的情况。由于不同种材料硬度及化学属性不同，在同一抛光工艺参数设置下，抛光去除速度和选择比也会不同。如果磨料产生的横向物理切削作用偏强，会导致台阶横向侵蚀现象的出现，在不同材料交界处形成图形结构台阶界面高度误差及横向缺损等现象。要解决这个问题，可以选用硬度更高的抛光垫，减少抛光垫向凹处弯曲量，同时增加抛光液化学作用强度，减少抛光液物理作用强度，使物理作用略弱于化学作用对抛光的影响。

8.7 本章小结

CMP 技术是晶圆制造、工艺制程、先进封装领域的重要技术，是保证集成电路和封装可靠性、信号完整性、稳定性的可靠方案。本章介绍了集成电路抛光的定义和术语、现有的抛光技术、常用的 CMP 工艺原理、控制方式、终点检测及优缺点等。基于此，分析了现有国内外 CMP 设备及耗材的具体情况和 CMP 的应用实例，为集成电路先进封装提供相应的参考。

思考题

（1）CMP 工艺具体应用在衬底制备、前道工艺、封装工艺过程中的哪些环节？
（2）为何 CMP 工艺设备采用气囊的方式对晶圆进行压力控制？
（3）对含有多种材料的异质嵌套结构而言，有哪些方式可以降低抛光工艺的选择比？
（4）CMP 工艺常用的终点检测方式有哪些？
（5）CMP 后清洗工艺的常规工艺流程是什么？

参考文献

［1］GHODSSI R, LIN P. MEMS materials and processes handbook［M］. Berlin: Springer Science & Business Media, 2011.
［2］ZHANG Z, CUI J, ZHANG J, et al. Environment friendly chemical mechanical polishing of copper［J］. Applied Surface Science, 2019, 467: 5-11.
［3］LEE H, LEE D, JEONG H. Mechanical aspects of the chemical mechanical polishing process: a review［J］. International Journal of Precision Engineering and Manufacturing, 2016, 17(4): 525-536.
［4］ZHAO G, WEI Z, WANG W, et al. Review on modeling and application of chemical mechanical polishing［J］. Nanotechnology Reviews, 2020, 9(1): 182-189.
［5］TSENG W T, WU C, HAGAN J, et al. Microreplicated CMP pad for RMG and MOL metallization［C］//2017 IEEE International Interconnect Technology Conference (IITC). NJ: IEEE, 2017: 1-3.
［6］TSENG W T, MOHAN K, HULL R, et al. A microreplicated pad for tungsten chemical-mechanical planarization［J］. ECS Journal of Solid State Science and Technology, 2016, 5(9): P546.
［7］赵欣，牛新环，王建超，等. 不同抛光参数对蓝宝石衬底 CMP 质量的影响［J］. 微电子学, 2018, 48(2): 274-279.
［8］张继静，李伟，宋婉贞. 化学机械抛光终点检测技术研究［J］. 电子工业专用设备, 2016 (12): 10-15.
［9］YI J, XU C S. Broadband optical end-point detection for linear chemical-mechanical planarization (CMP) processes using an image matching technique［J］. Mechatronics, 2005, 15(3): 271-290.
［10］SEO Y J, KIM S Y, LEE W S. Advantages of point of use (POU) slurry filter and high spray method for reduction of CMP process defects［J］. Microelectronic Engineering, 2003, 70(1): 1-6.

[11] LI Y. Why CMP[M]. Hoboken: John Wiley & Sons, 2007.
[12] PATE K, SAFIER P. Chemical metrology methods for CMP quality[M]//Advances in Chemical Mechanical Planarization (CMP). Cambridge: Woodhead Publishing, 2022: 355-383.
[13] ZHANG Z, LIAO L, WANG X, et al. Development of a novel chemical mechanical polishing slurry and its polishing mechanisms on a nickel alloy[J]. Applied Surface Science, 2020, 506: 144670.
[14] TAKENO Y, OKAMOTO K. New market trend in CMP equipment/material for the "More than Moore" era[C]//2018 International Conference on Electronics Packaging and iMAPS All Asia Conference (ICEP-IAAC). NJ: IEEE, 2018: 423-425.

第 9 章　其他关键工艺设备

集成电路制造工艺中应用最多、价值最高的光刻、刻蚀及沉积设备大约占全部制造设备市场规模的 74%。本章重点介绍集成电路制造工艺中所用到的其他主要设备,包括离子注入机、热氧化设备及清洗设备。

本章重点

知识要点	能力要求
离子注入机	了解离子注入机的工作原理、工艺应用、系统组成、关键技术
热氧化设备	了解热氧化设备的工作原理、工艺应用、系统组成、关键技术
清洗设备	了解清洗设备的工作原理、工艺应用、系统组成、关键技术

9.1　离子注入机

利用掺杂物控制半导体材料的导电率是半导体工艺中最重要的步骤之一。在集成电路制造过程中,需要使用 N 型掺杂物或 P 型掺杂物对半导体材料(如硅、锗或Ⅲ-Ⅴ族化合物半导体)进行掺杂,采用的方法一般为热扩散和离子注入[1]。20 世纪 70 年代之前,一般应用热扩散技术进行掺杂;目前的掺杂过程则主要通过离子注入实现。离子注入是指用高能量的电场把离子加速,打入半导体材料的过程。

9.1.1　概述

离子注入机具备精确控制能量和剂量、掺杂均匀性好、纯度高、低温掺杂、不受注射材料影响等优点,目前已经成为 0.25μm 特征尺寸以下和大直径硅片制造的标准工艺[2]。在集成电路领域,离子注入机包括 3 个类型:中低束流离子注入机、低能大束流离子注入机和高能离子注入机,见表 9.1。全球离子注入机以低能大束流离子注入机为主,占全部市场的 60%以上。

表 9.1　离子注入机的分类

离子注入机种类	能量范围	束流范围
中低束流离子注入机	束流能量一般小于 180keV	10～2000μA
低能大束流离子注入机	束流能量一般小于 120keV	2～30mA
高能离子注入机	束流能量超过 200keV	30～200mA

此外,根据下游应用的不同,离子注入机还可以分为集成电路用离子注入机和光伏离子注入机。以 AMAT 为代表的美国企业几乎垄断了全球离子注入机市场,其中仅 AMAT

一家就占全球市场规模的 70%以上。

我国近年来也逐步重视离子注入机研发，代表企业有凯世通和北京烁科中科信电子装备有限公司（简称烁科中科信）。上海凯世通半导体股份有限公司（简称凯世通）的低能大束流重金属离子注入机、低能大束流超低温离子注入机都已经进入产线应用，如图 9.1 所示。烁科中科信也已成功实现离子注入机全谱系产品国产化，包括中束流、大束流、高能、特种应用及第三代半导体等离子注入机，工艺节点覆盖至 28nm。国内外集成电路用离子注入机对比见表 9.2。

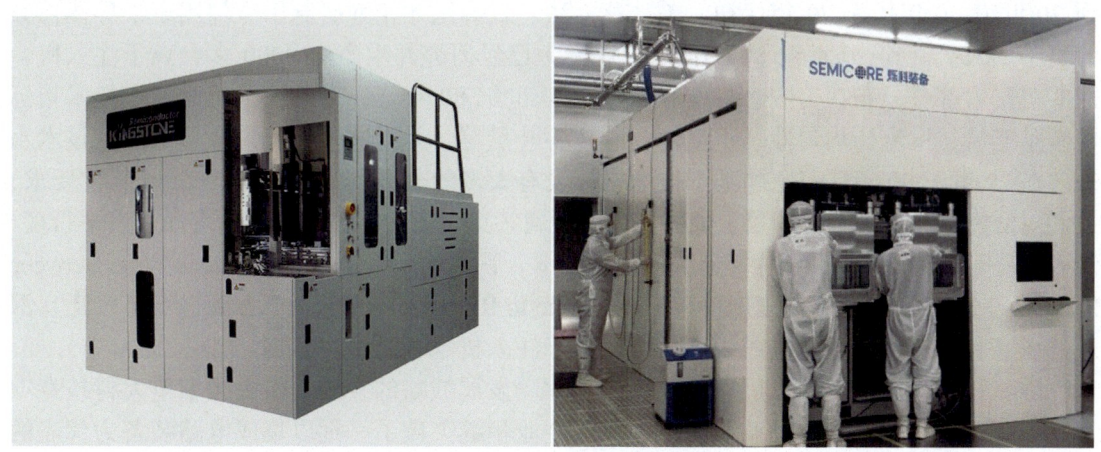

图 9.1　凯世通离子注入机（左）和烁科中科信离子注入机（右）

表 9.2　国内外部分集成电路用离子注入机对比

企业名称	所在国家	应用领域
烁科中科信	中国	集成电路
凯世通	中国	太阳能、集成电路、有源矩阵有机发光二极管（Active-Matrix Organic Light-Emitting Diode，AMOLED）
日本 Nissin	日本	集成电路
日本 SEN	日本	集成电路
日新离子机株式会社	日本	AMOLED
AMAT	美国	集成电路
Axcelis	美国	集成电路
维利安半导体设备公司	美国	集成电路
Varian	美国	集成电路

9.1.2　离子注入机的发展现状

离子注入机是集成电路制造前道工艺中的关键设备，因此它的发展与半导体制造技术的发展息息相关。

近年来，为适应半导体器件高性能的需要，离子注入技术逐渐取代热扩散技术成为将杂质掺入半导体片中的主流技术。离子注入技术的原理是用电场加速掺杂离子，利用具有一定能量的离子的动能,使离子注入固体材料晶格中,改变固体材料的组分和性质,经适当温度的热处理,以形成结或欧姆接触。离子注入的剂量取决于束流值和时间,注入深度取决于加速电场。与热扩散技术相比,离子注入技术虽有处理温度低、易作浅结突变结、可注入各种掺杂剂、结深和掺杂浓度容易控制等显著优点,但它无法完全取代热扩散技术,二者互相补充、各有所长。

随着离子注入技术在半导体器件制造技术中的应用日益广泛,离子注入机的研制和生产也得到了一定的发展。初期的离子注入机大多是由核物理实验用的加速器改装而成。直到 20 世纪 60 年代末 70 年代初,美、英、法、日等国才相继研制出专门用于半导体掺杂的离子注入机。到 20 世纪 80 年代末,国际上已经研究并生产出 3000 多台离子注入机,这些机器大部分分布在美国、日本和西欧。20 世纪 80 年代,离子注入机的基本技术指标通常是能量、束流、均匀性、重复性、硅片吞吐量等,并以这些指标来衡量机器的技术水平。在 20 世纪 90 年代,这些基本技术指标没有太多的改进,但是根据 0.35μm 工艺要求,人们对低能端束流、电荷积累、尘埃污染、金属污染、能量污染、离子源寿命、束平行度、注入量精确控制、无夹具硅片传递、全自动操作、平均无故障工作时间(Mean Time Between Failure,MTBF)、平均修复时间(Mean Time to Repair,MTTR)等方面进行了广泛、深入的研究和改进,这些改进成为评价当代离子注入机水平的重要依据。

随着我国科学技术的发展以及国家创新驱动发展战略的实施,借由国家重大科技专项及其他军民领域科技项目的持续支持,我国企业相继突破了一批以集成电路装备为代表的半导体制造关键设备,扭转了中国高端半导体制造装备基本空白的被动局面,解决了从无到有的问题,使我国半导体产业生态得以基本建立[3-5]。我国高端半导体制造装备始终紧跟国际技术发展方向,如中电科已成功实现 28nm 离子注入机全谱系国产化,可为全球芯片制造企业提供离子注入机一站式解决方案。14nm 设备进入工艺验证阶段,部分 7nm 设备进入研发阶段。此外,凯世通也是全球唯一一家产品覆盖了全领域离子注入设备的公司,光伏、芯片、AMOLED、IGBT 等领域的离子注入机都在研发,而且在光伏领域全球市占率第一。

9.1.3 离子注入机的工作原理

离子注入机的基本原理是:在离子注入中,掺杂原子被挥发、离子化、加速、按质荷比分离,并被引导到半导体衬底上。掺杂原子进入晶格后,会与衬底原子碰撞,失去能量,最后停留在衬底内的某个深度,并引起材料表面成分、结构和性能发生变化,从而获得需要的特性。离子注入后,离子分布深度的平均值称为平均穿透深度,由掺杂剂、晶圆材料和加速能量决定。离子注入的能量范围从几百到几百万电子伏,因此离子的平均穿透深度为 10nm~10μm。剂量范围(原子数)为 $10^{11} \sim 10^{18}$ 个/cm^2。

9.1.4 关键组成与技术

离子注入机的关键组件包括离子源、质量分析器(磁铁、质量分析狭缝)、加速/减速管(离子加速柱)、聚焦系统(磁性四极透镜)、工艺腔(终点吸收站)、电子扫描系统等,如图 9.2 所示。

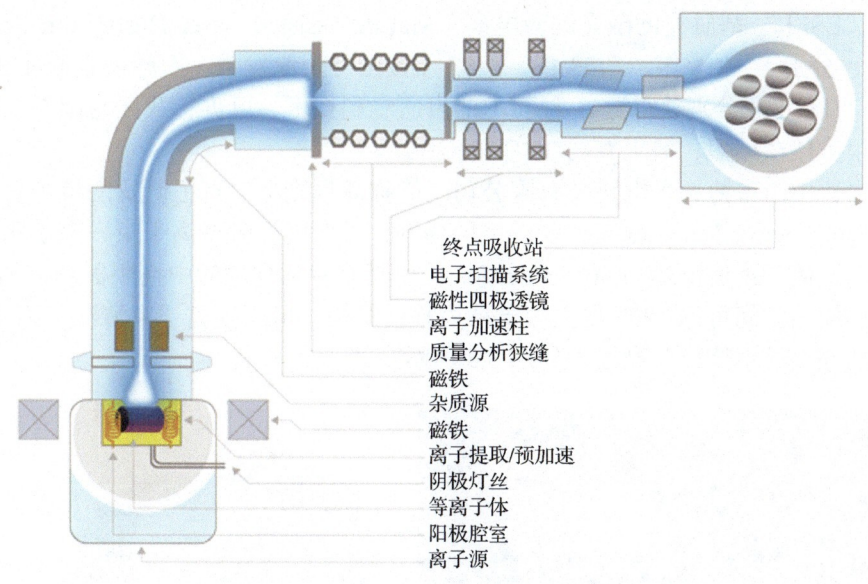

图 9.2　离子注入机结构示意

1. 离子源

离子源模块用于离子束的产生，一般通过阴极放电产生包含所需离子种类的等离子体，并通过外加电场将离子从等离子体中引出，形成离子束，引出的离子束形态为斑点状或较宽的带状。根据离子产生的结构的不同，离子源可以分为以下 3 类：①气体放电引起的电子冲击电离，属于此类的电子源有高频放电型、电子击型、潘宁（Penning）放电型、尼尔松（Nielson）型、电子振荡型和双等离子体源等，电弧放电和溅射技术相结合的溅射型离子源也可列入这一类；②电离电压低的气体冲击，在功函数比较大的金属固体表面上引起的表面电离（表面电离型）；③从高温固体表面上发射的热离子（热离子发射型）。

离子源是离子注入机的核心部件，广泛应用于原子物理、核物理、等离子化学等多个领域，是各种类型的离子加速器、质谱仪、离子注入机、离子束刻蚀装置、受控聚变装置中的中性束注入器等设备不可缺少的部件。离子源是用来获得离子束的装置，使用最多的是等离子体离子源，主要有射频离子源、微波离子源等，主要参数由等离子体的密度、温度及引出系统的质量决定。此外，使用较多的离子源还有电子碰撞型离子源，主要应用于质谱仪器中。

虽然我国在努力发展离子注入机技术，在一些方面（如离子束抛光）拥有了自主研发的离子源，但离子源因为长期依赖进口，受到国外限制，在其他方面（如离子束溅射）仍存在空白，导致我国的高端装备与工艺方面受制于人[5]。溅射是制备薄膜材料的主要技术之一，它是在真空环境中对离子源产生的离子进行加速、聚集，形成高速的离子束流，并用离子束流轰击固体表面，使离子和固体表面原子发生动能交换，从而使固体表面的原子离开固体并沉积在晶圆表面。而溅射所需要的射频离子源，甚至是其使用的栅网，目前我国仍严重依赖进口。离子源具备多种类型，适用于不同形态的物质，目前应用最广泛与最成熟的离子源技术分别为电子电离（Electron Ionization，EI）、电喷雾电离（Electrospray

Ionization，ESI）、基质辅助激光解吸电离（Matrix Assisted Laser Desorption Ionization，MALDI），分别于 1918 年、1968 年、1987 年被国外企业发明，而国内企业在 2015 年、2016 年、2018 年才分别获得这 3 种技术的自研专利技术。可见，我国与国外的离子源领域研发差距虽然在缩短，但仍有约 30 年的差距。

在国内，中山市博顿光电科技有限公司（简称博顿光电）自主研发的特种直流离子源可配备 1.5cm、3cm、5cm、6cm 孔径的多层栅网，可发射汇聚型离子束，离子能量范围为 50～1500eV，离子束流范围为 30～300mA，使用具有专利技术的中空阴极结构和耗材，发热小，连续使用时间可达 100h 以上，支持可移动结构，可用于离子束清洗、离子束辅助、离子束刻蚀和离子束修形及抛光，如图 9.3 所示。

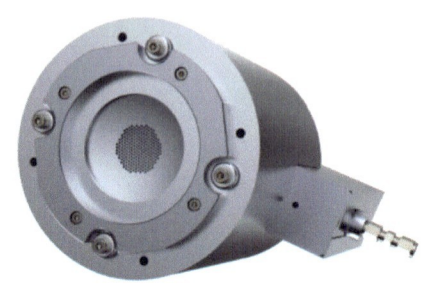

图 9.3　国产博顿光电直流离子源实物

美国 KRI 霍尔离子源 eH 系列设计紧凑，具备高电流（可以提高镀膜沉积速度）、低能量（能够减少离子轰击对表面的损伤），以及宽束型的设计（有效提高了吞吐量和覆盖沉积区），能够提供原子等级的细微加工能力，以纳米精度有效地处理薄膜及表面，满足科研及半导体工业应用，并且容易操作与维护。美国 KRI 霍尔离子源 eH 400 实物如图 9.4 所示。

图 9.4　美国 KRI 霍尔离子源 eH 400 实物

德国 DREEBIT 是全球重要的离子源厂商之一，主要产品包括 Dresden EBIT 和 Dresden EBIS-A 离子源，如图 9.5 所示。Dresden EBIT 离子源的特点为设计紧凑、电子电流低、离子阱长度为 20mm，可以精确地控制电子束的性能，且该产品具备低成本设计的特点，最初设计用于 X 射线光谱，在对离子源要求不高的应用场景中，可以作为产生低、中、高能离子的选择之一。Dresden EBIS-A 离子源是一种电子束离子源，能够产生周期表中几乎所有元素的高电荷态离子，可以输送质子束、α 粒子、各种高电荷离子及分子碎片。

图 9.5　德国 Dresden EBIT 离子源（左）和 EBIS-A 离子源（右）实物

2. 质量分析器

由于从离子源中引出的离子束一般包含不止一种离子，所以需要通过质量分析器筛选出所需的特定离子种类。质量分析器一般为偏转磁铁，通过不同质荷比的离子在磁场中的偏转半径不同实现特定离子种类的筛选。

3. 加速/减速管

离子以一定能量（一般为 40~100keV）从离子源引出后，会由加速/减速管赋予最终能量。因此，该模块是不同离子注入机的主要特征性模块之一。各离子注入机中加速/减速管的主要特征如下。

（1）对于低能大束流离子注入机，一般通过离子束产生与控制子系统末端的减速管实现最终能量，离子束在减速管前保持较高能量以实现较高的传输效率，有利于获得较大流强的低能离子束；另外，减速管往往还附带偏转功能，以消除减速过程中产生的能量污染。

（2）对于中能大束流离子注入机、中束流离子注入机和高能离子注入机，需通过加速管将离子束能量进一步提升至较高的目标能量，同时加速管也可工作于减速模式以获得较高流强的低能离子束。

（3）中能大束流离子注入机和中束流离子注入机一般采用常规的静电加速结构，高能离子注入机采用射频加速或串列式（Tandem）静电加速结构。其中，射频加速方式由于具有流强大、可靠性和稳定性较好、能量拓展性较好等优点，为目前高能离子注入机采用的主流技术。

4. 聚焦系统

聚焦系统包括各种结构的磁性四极透镜（有时还包括静电透镜），用于辅助控制离子束尺寸和角度。

5. 工艺腔

工艺腔包括放置硅片的靶盘、扫描系统、带真空锁的硅片装卸终端台、硅片传输系统和计算机控制系统。

6. 电子扫描系统

电子扫描系统构成了离子束与硅片之间的相对运动，为了使硅片上的杂质呈均匀分布，避免因离子长时间地轰击局部一点而过热，造成不可恢复的损伤，硅片的离子注入都采用扫描方式。基本的扫描方式有两种：机械式扫描和电磁式扫描。机械式扫描采用的是硅片移动的方法，即靶盘带动硅片运动。电磁式扫描是用电磁场偏转离子束，以实现扫描。另外，有的注入机还会采用混合方式，即机械和电磁两种方式相结合。

本节简单介绍了离子注入机的特点、发展历程，以及基本工作原理和关键零部件构成。目前，我国离子注入机市场基本被美国和日本垄断，并且从零部件供应商来看，关键零部件的主要来源依然是国外。基于上述现实，我们应加大对离子注入机的研发投入，尽快打破国外的技术垄断。

9.2 热处理设备

9.2.1 概述

热处理设备在集成电路制造中主要应用于退火（Annealing）、氧化（Oxidation）和扩散（Diffusion）3种工艺。

1. 退火的主要原理与应用场景

退火主要应用于硅片离子注入掺杂之后。在离子注入过程中，杂质粒子以高能量进入硅晶格内，会破坏硅片的晶格结构，并在表面形成杂质粒子富集的无定形区，在内部形成位错、层错、空位等大量晶格缺陷[6]。为此，需要在离子注入工艺后，将晶圆放入热处理设备中进行高温退火，工艺原理如图 9.6 所示：通过高温促进表面无定形区域重结晶，修复晶格缺陷，同时促进杂质粒子向硅晶格内部扩散，并进入晶格激活杂质-硅键，起到施主或受主作用。退火过程在惰性气体（N_2）氛围下进行。

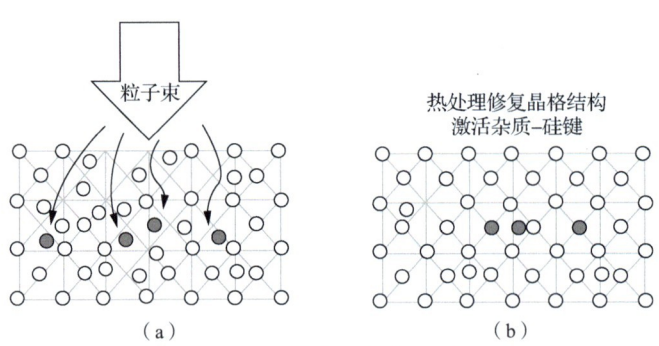

图 9.6 退火工艺的原理

（a）注入过程造成硅晶格损伤 （b）热退火之后的硅晶格

热处理设备的主要参数为硅片尺寸、单管片数、升/降温速度、单点温度稳定性、温度范围（通常为 200～1300℃）[7]。根据注入过程中杂质离子质量、入射能量和注入剂量等条件的不同，离子注入对硅片的损伤类型、损伤区域均会有所影响。针对不同的损伤情况，退火时需要选取不同的温度范围。300℃的退火温度主要针对低剂量注入（如锑）造成的低密度缺陷；550～600℃的退火温度主要针对非晶区域的再结晶，以及杂质原子的电激活。800℃的退火温度主要用于减少重结晶过程产生的位错，以及新结晶界面的界面失配。1100～1200℃的退火温度可以控制杂质的再分配，获得低表面浓度和较深的结深。硅片尺寸越大，对热处理设备腔体的尺寸要求越高。同时，在单次退火中，单管片数直接关系到设备产能，目前主要在400～1200片/管。升/降温速度不仅决定每炉时间，还会影响晶圆的表面应力情况。通常，升温速度为5～30℃/min，而降温速度为2～10℃/min。为了使同批次所有晶圆受到相同的处理，整个加热过程必须严格控制管内的温度分布，通常要求800～1300℃时晶圆加热区的温差在±0.5℃以下，而单点温度稳定性要求≤±0.5℃/24h。

热处理设备的主要指标及参数见表9.3。

表9.3 热处理设备主要指标及参数

指标	参数
硅片尺寸	6in、8in、12in
单管片数	400～1200 片/管
升温速度	5～30℃/ min
降温速度	2～10℃/ min
单点温度稳定性	≤±0.5℃/ 24 h
温度范围（控温精度）	800～1300℃（≤±0.5℃）
	400～800℃（≤±1.0℃）
	200～400℃（≤±2.0℃）
	900～1200℃（≤±0.5℃）
充气调压	正压5～70 Pa 可调，精度为±3Pa
气路过滤	≤0.003μm
气体流量精度	±2%×总量程
管路要求	尾气收集处理与防腐

2. 氧化的主要原理与应用场景

氧化工艺主要用于在晶圆表面形成 SiO_2 氧化膜，起表面钝化、掺杂掩模层、电绝缘等作用。氧化反应有多种方式，在半导体制造中，主要通过干氧氧化和湿氧氧化这两种方式来完成。干氧氧化是在腔室内通入高纯 O_2，使 Si 与 O_2 在900～1200℃下直接反应生成 SiO_2。而湿氧氧化为将高纯 O_2 先通过95～98℃的去离子水，带出一定水蒸气后，再与 Si 反应，温度同样为900～1200℃，从而生成 SiO_2。

SiO_2 层的厚度 T_{ox} 在小于 100nm 时线性增加，可表示为

$$T_{ox} = (B/A)t \tag{9.1}$$

其中，B/A 为随温度与氧气气压（O_2+H_2O 气压）变化的线性常数，t 为反应时间。

当 SiO_2 层的厚度大于 100 nm 时，厚度进入抛物线阶段，可表示为

$$T_{ox} = (Bt)^{1/2} \tag{9.2}$$

其中，B 为随温度与气压（O_2 或 O_2+H_2O）变化的抛物线常数。

氧化的主要原理如图 9.7 所示。

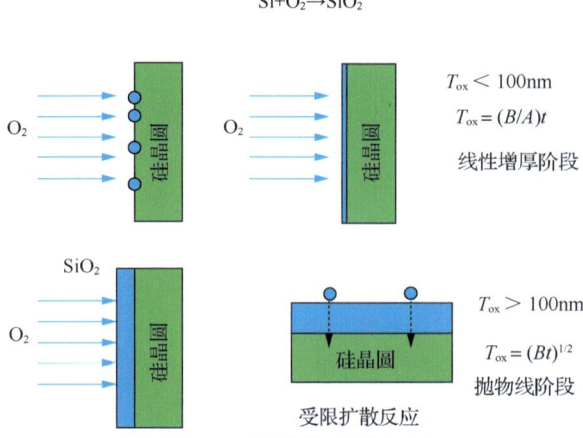

图 9.7 氧化的主要原理

根据氧化原理可知，反应过程对气氛条件是有要求的。因此，氧化过程要在退火已有参数的基础上，增强对气压和气体纯净度的要求。在气压方面，要求保证内外压差为定值，且正压在 5~70Pa 范围可调，误差≤±3Pa。同时，要求气路过滤器的过滤精度≤0.003μm。

3. 扩散的主要原理与应用场景

扩散主要应用于将杂质掺入晶圆中的特定区域，达到改变硅片电学性能的目的，可用于在晶圆上制备 PN 结、电阻或减小界面的接触电阻等。扩散反应根据杂质相态的不同可分为气相、液相和固相扩散，主要发生在 1000℃左右。扩散的主要原理如图 9.8 所示。

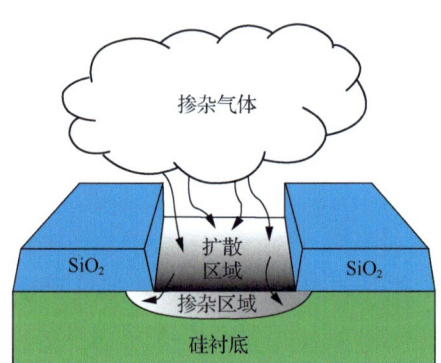

图 9.8 扩散的主要原理

根据菲克（Fick）第一定律可以获得，扩散粒子流密度 $J(x,t)$ 可表示为

$$J(x,t) = -D\frac{\mathrm{d}N(x,t)}{\mathrm{d}x} \tag{9.3}$$

其中，比例常数 D 除了取决于粒子本身性质，还受到扩散反应温度的影响，因此控温精度也是扩散反应的重要参数之一；杂质粒子梯度 $\dfrac{\mathrm{d}N(x,t)}{\mathrm{d}x}$ 对扩散程度也有重要影响，因此扩散设备对气氛环境具有与氧化设备相当的要求。

通过扩散获得的 PN 结,要求方阻≥90Ω/sq,均匀度≤5%。在此基础上,由于扩散中最常用的两种杂质源——受主杂质硼和施主杂质磷在扩散反应中使用的杂质源 BBr_3 和 P_2O_5 均具有腐蚀性,因此热处理设备还需要对管壁进行耐腐蚀处理,并对反应废气、废液进行收集处理。

9.2.2 发展现状与未来趋势

热处理设备最初是在 20 世纪 50 年代初期开发的,当时设备制造商正在寻找在半导体中创建 PN 结的方法。与大多数早期半导体加工设备一样,热处理设备首先由工艺工程师开发和建造。热处理设备的发展是最先进技术从工具转移到工作站并最终转移到能够以"黑匣子"方式处理晶圆的完整系统的主要例子。

早期的热处理设备在衬有耐火砖的室内使用碳化硅辉光棒加热元件。晶圆被放置在插入该组件中心的石英管中。线圈的电力由可饱和铁心变压器提供,温度是通过将热电偶插入晶圆批次之间的石英工艺管中来测量的。过程气体流量控制是通过放置在输入气体管线中的针阀完成的。蒸汽氧化过程是通过在热板上煮沸去离子水并将蒸汽输送到石英管的末端来完成的。

到 20 世纪 70 年代后期,热处理设备供应商开始构建完整的系统。工艺工程师在尝试集成顺序工艺并减少晶圆翘曲时,先将晶圆装入低温炉中,再逐渐升温,使整个热处理设备以精确控制的方式达到工艺温度。在随后的步骤中,热处理设备可以先升高到不同的温度水平并注入不同的工艺气体混合物,然后降低到起始温度,并且以非常慢的速度将晶圆拉入装载区,以便精准控制冷却过程。

20 世纪 90 年代之前,高温炉管主要应用于离子注入工艺后的晶圆退火处理过程。根据腔体大小不同,高温炉管在热处理过程中每批次可处理数百片晶圆,通常是在惰性气体(氮气)或氧气气氛下将晶圆加热至 800~1300℃的高温范围,退火时间在 30min 上下浮动。高温处理过程易产生应力,导致晶圆弯曲,需要高精度控温,并设置程序调控晶圆的缓慢推进与拉出。现在主流的热处理设备按照结构主要分为三大类:卧式炉、立式炉和快速热处理设备,如图 9.9 所示。其中,卧式炉是最先被应用的热处理设备,而立式炉从 20 世纪 90 年代开始发展,目前已在多道工艺中取代卧式炉。

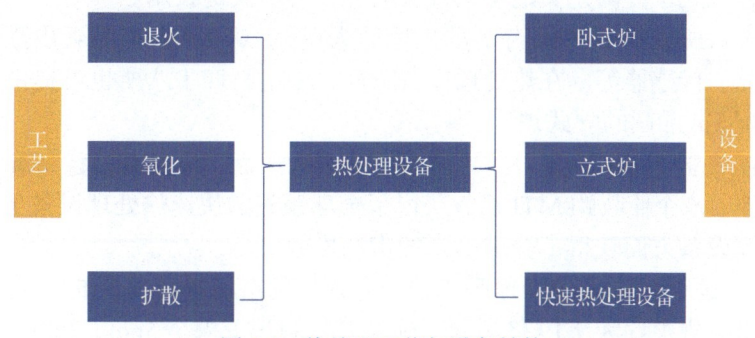

图 9.9 热处理工艺与设备结构

现在的热处理设备已经成为真正的集成处理系统。其中,几乎所有垂直系统和一些水平系统都是盒式到盒式。水平系统的完整盒到盒自动化需要复杂的材料处理,因此自动化晶圆处理还没有像在垂直系统中那样普及。归根结底,水平和垂直热处理系统本质上是相同的，二者都使用多区（三区或五区）加热元件，都使用相同的温度控制器，并且都通过使用放置在石英工艺管外部的热电偶，以及放置在扩散管本身内部晶圆轴上的温度曲线或过程控制热电偶来控制。这两种系统都使用相同的气体分配系统或"气体面板"，主要区别在于装载、晶圆加工石英器皿，以及在某些情况下的最大晶圆负载。另一个主要区别是，独立的垂直热处理系统不再需要大型管道清除系统来将管道彼此隔离。所有这些事实结合在一起，使得垂直热处理系统的占地面积比水平热处理系统小得多。4个独立的垂直热处理系统所需占地面积约为单个四管水平热处理系统的40%。

目前，6in以下的工艺多采用卧式炉，而8in以上需要使用立式炉。进入21世纪，快速热处理设备开始发展起来，它主要利用热辐射源对晶圆进行加热。传统的卧式炉与立式炉每次可对上百片晶圆同时进行退火，需要数小时，而快速热处理设备为单片晶圆加热，整个过程仅需数秒。这也使快速退火过程所产生的热应力相对更低，有利于获得更优秀的处理效果和晶圆性能，更适应先进制程的工艺要求。

全球范围内的热处理设备仅由以AMAT为首的少数代表性企业供货。近年来，AMAT、TEL和日立国际电气这3家企业的市场占有率超过了80%[8]。其中，AMAT和TEL是整个半导体设备领域的巨头，他们的产品链覆盖了集成电路制造产线的整个流程，而日立国际电气在热处理设备领域也早已深耕多年。2020年，热处理设备的全球市场规模达到15.37亿美元，而其中AMAT一家的市场份额就超过了60%。

对国内的半导体制造厂商而言，热处理设备是国产化率推进相对成功的环节之一，目前国产化率可以达到约20%[9-10]。截至本书成稿之时，国内半导体热处理设备厂商已攻克6in以下晶圆使用的卧式炉，基本实现自给自足[11-12]。该领域的国内知名厂商包括北方华创、中国电子科技集团公司第四十八研究所（简称中电科四十八所）和屹唐半导体等。对于8in以上晶圆使用的立式炉，国内北方华创和中电科四十八所近年来均推出了自己的产品，但半导体制造业中仍以进口设备为主。

北方华创的前身为七星华创和北方微电子，这两家企业在经过多年的合作后，最终在2016年进行战略重组。主营业务包括半导体设备、锂离子电池装备、真空系统及各类高精密电子元器件等。对于热处理设备，北方华创至今已积累了超过20年的研发经验，在卧式炉和立式炉领域处于国内龙头地位，且已攻克了多项关键技术。

中电科四十八所成立于1964年，研发团队人员超1000人，产品聚焦微电子与半导体设备、光伏产品、传感器等。在热处理设备方面，中电科四十八所也可提供适配6in晶圆的卧式炉和适配8in晶圆的立式炉。

屹唐半导体成立于2015年，主要从事干法去胶产品、干法刻蚀设备和快速热处理设备的研发与生产。该企业收购MTI后，获得了全球领先的快速热处理设备生产能力，并借此在快速热处理设备方面获得了全球第二的市场份额。

Gartner统计显示，2020年全球卧式炉与立式炉的市场规模约为5.52亿美元，而快速热处理设备的市场规模约为7.19亿美元。随着芯片制程下探至5nm、3nm，行业对热处理工艺流程的精细度要求也逐渐提高到严苛的程度。未来随着半导体产业的发展，更小的热应力和更精确的温区会是热处理设备的发展方向，而快速热处理设备正是针对此类需求应运而生。可以预见，随着技术的进一步成熟，快速热处理设备也将进一步占据更多工艺流程与市场空间。

9.2.3 关键组件与技术

热处理设备的关键组件包括温度控制模块、气体分配模块、尾气处理模块、晶圆传输模块和软件控制模块等。

1. 温度控制模块

为了实现退火、氧化或扩散过程的精确控制和高度均匀性,热处理设备对温度控制模块的要求极高。因此,温度在空域的均匀性与在时域的稳定性是热处理设备的核心指标之一。

热处理设备的温度控制模块主要由温度传感器、加热系统和控温核心组成。为了准确获得炉体内的温度分布状况,通常厂家会在炉体中布置大量耐高温的高精度热电偶(温度传感器)。这些热电偶如同热处理设备的神经系统,将温度信号实时发送到控制核心。此外,为了确保发送到控制核心的数据能够准确反映炉体内的温度分布,热电偶的布设位置也必须精细设计。由于温度传感器仅能布置在炉体内壁附近,而不能布置在炉体中心区(晶圆片所在的确切位置),因此,在炉体设计之初就必须严格确定每个热电偶的布置点,并预料测温点与炉体中央可能存在的温差。为了应对复杂温度环境,实现快速响应和精准电控,热处理设备的控温核心由专业的工控机构成。对这部分的要求:可通过编程分段调控温度梯度,且可实现 PID 温度整定,能根据热电偶反馈温度数值规划不同区域的 PID 值与温度补偿,并且可以完成各温区的自动分布。接收到控温核心发出的电流指令后,由分布在炉体内不同区域的加热线圈构成的加热系统会即时调整输出功率,以达到精确控温的目的。中心区域的温度均匀性最好,因此晶圆会被置于炉体中心区域,以确保温度数值、温度稳定性、温度均匀性达到参数要求。图 9.10 所示为卧式炉加热系统的结构示意。

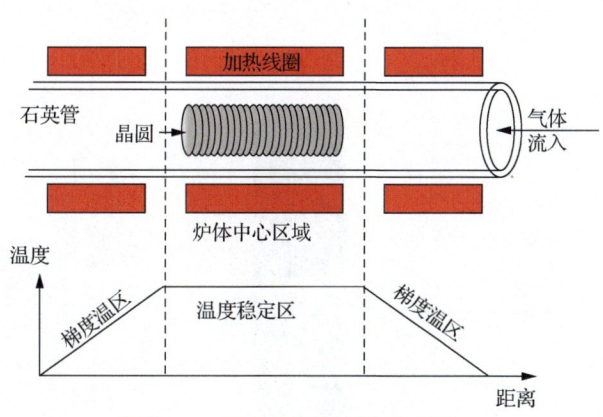

图 9.10 卧式炉加热系统结构示意

不仅如此,在热处理设备的使用过程中,也要经常对设备进行维护。就测温系统而言,维护过程主要包括温度传感器发向控制核心的温度数据是否能准确反映炉体内部的温度,这一过程通常需要额外布置测温点与设备测温数值相互比对调试。同时,对加热模块的响应度也要进行修正,确保设备任何时刻的响应时间都满足控温需求。

2. 气体分配模块与尾气处理模块

热处理设备不仅需要对反应室进行多段加热,还需要在进气管道加装高精度的流量计和气体过滤器。反应室的气压通过压力传感器进行监控，内外压差由温度控制模块进行调控。此外，还要对废气、废液进行收集和排酸处理。图 9.11 所示为卧式炉气体分配模块和尾气处理模块示意。

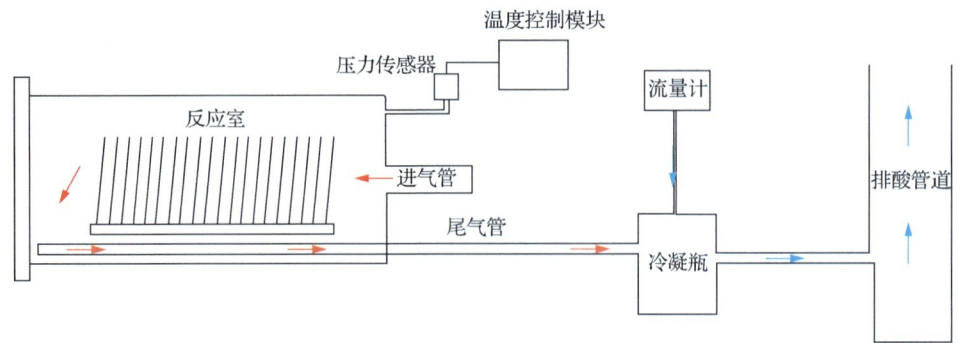

图 9.11　卧式炉的气体分配模块与尾气处理模块示意

3. 晶圆传输模块和软件控制模块

在批量化生产过程中，要兼顾每批次的高精度热处理和总体产能，因此热处理设备对软件控制模块的可靠性要求极高，并需要对炉内温度、晶圆的自动装卸、气体流量精准调控和设备中大量的阀门进行全自动调控。

图 9.12 所示为北方华创的 HORIS D8572A 卧式炉实物。在温控方面，该设备通过控温软件和大量控温模块实现高精度控制，并可进行高精度的气流控制和尾气定向收集，可实现高度可重复的腔室压力数值和百级洁净度的净化氛围，因此能够同时满足退火、干氧氧化、湿氧氧化和不同杂质源的热扩散工艺等多种工艺需求。该设备的整体平均无故障时间可达 900h 以上。

图 9.12　北方华创 HORIS D8572A 卧式炉实物

图 9.13 所示为中电科四十八所生产的卧式炉。该设备同样配置了高稳定度的工控机以实现整个工艺流程自动化；工作温度为 600～1300℃，精度≤±0.5℃，且恒温区的长度可达到 300～800mm；1100℃下的单点温度稳定性为±0.5℃/24h；配置了故障自动诊断的软件系统，可自动诊断对温度失控、气体流量偏差等故障并自动报警，还可设置设备保护功能。

图 9.13 中电科四十八所卧式炉实物

与卧式炉相比,立式炉的气体是纵向流动的(见图 9.14)。因此,当立式炉用于氧化工艺中时,具有更好的均匀性。立式炉的体积更小,因此可以有效节省空间。与卧式炉相比,立式炉的关键技术还包括微氧/微正压的调控技术。在进行晶圆传输时,进出反应室的前后都会受到微环境中的 O_2 分子影响,从而造成晶圆表面一定程度的氧化层生长。为此,需采用氧含量分析仪和气体流量控制器配合高纯氮吹入来稀释微环境氧气含量,还必须控制微氧控制中环境的压力变化范围。

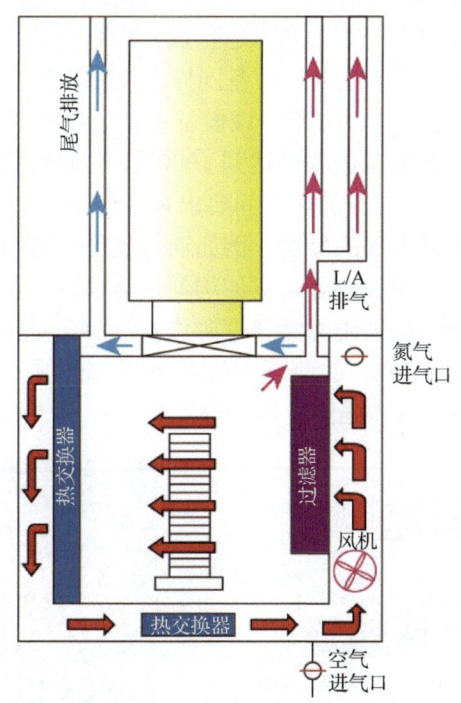

图 9.14 立式炉结构示意

由北方华创生产的 THEORIS 302/FLOURIS 201 立式炉实物如图 9.15 所示，它采用了以 PLC 为基础的阶梯式窗口程序控制模块对微环境的气氛和压力状态进行协同调控，可确保微正压系统对氧气含量的精确控制和系统整体的可靠运行，有效地填补了国内立式炉市场的空缺。

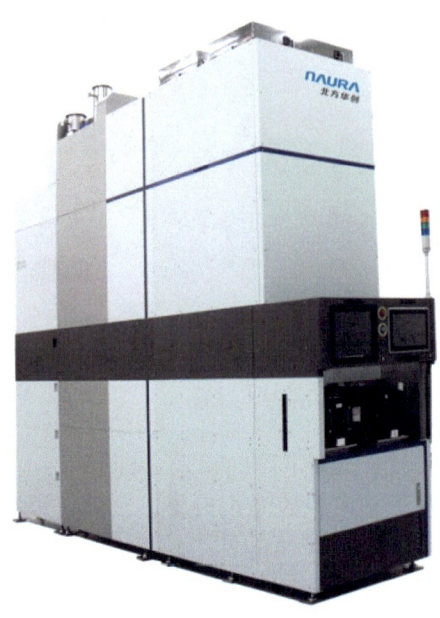

图 9.15　北方华创 THEORIS 302/FLOURIS 201 立式炉实物

与沉积设备、刻蚀设备相比，卧式炉和立式炉的技术门槛相对较低。然而，近年来，快速热处理设备在世界前沿的生产线上越来越普及，而它的技术门槛相对来说则高得多。

与卧式炉和立式炉相比，快速热处理设备同样也要求温度高度稳定且均匀[13]。图 9.16 中左图所示为快速热处理设备的基本结构。该设备主要通过卤钨灯、激光等光源辐照方式，对单片晶圆进行瞬间加热，升/降温速度可达到 1000℃/s，而温度范围在 200～1300℃可调，温度均匀性参数要求不大于 0.5℃，加热时间要求在 1ms 级可控。在关键技术方面，反应室的设计结构将影响光路在其内部的反射，例如通过设计漫反射式的反应室结构以增强光路的随机化，从而使辐照在晶圆表面分布更加均匀。目前，一流的快速热处理设备为了实现超快速加热和高精度控温，会采用蜂窝状灯源作为热源（见图 9.16 中右图），辅助配置 5 个以上的温度测试点和 100Hz 的闭环温度控制系统。同时，晶圆在反应室内会以 200rad/min 以上的转速旋转，以增强温度均匀性。

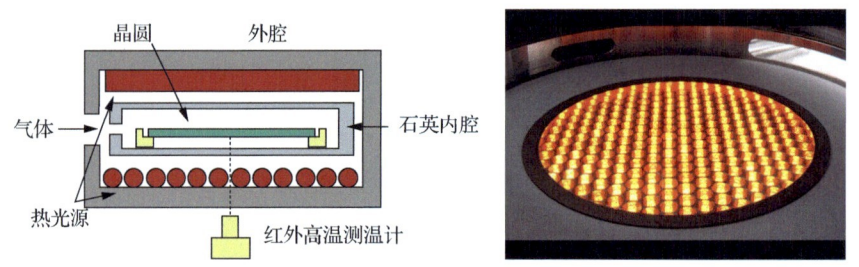

图 9.16　快速热处理设备的基本结构（左）和 AMAT 的 Vulcan™ RTP 设备的反应室（右）

AMAT 在快速热处理领域也占据着不可撼动的地位。高德纳（Gartner）的统计数据显示，2020 年，AMAT 在快速热处理设备方面的市场占有率达到 70%。在快速热处理领域，AMAT 也的确向世人展示了多种先进的快速升温合并精确控温技术，如采用激光技术进行加热的动态表面退火系统（Astra DSA）。通过激光器，该款快速热处理设备能够在短至 1ms 的时间内将晶圆暴露在最外层的几个原子层加热到 1000℃，将整个系统从低于 100℃加热到反应温度，并实现同等级别的快速冷却，整个系统控温速度达到 100 万℃/s。这种超高速控温大大减少了 CMOS 工艺中出现在源极和漏极上的缺陷，显著优化了产品良率。

对快速热处理而言，32nm/28nm 工艺节点及以下先进制程的主要挑战是最大限度地减少因芯片内辐射能量吸收的变化而引起的温差，即减少模式加载效应（Pattern Loading Effect，PLE）。AMAT 在快速热处理设备——Vulcan^{TM} RTP 中，通过使用晶圆下方的加热灯最大限度地减少 PLE，从而实现了卓越的温度均匀性。除了卓越的温度均匀性，该设备还提供从超低温到超高温（150～1300℃）的广泛工艺范围。因此，Vulcan^{TM} RTP 系统不仅能够提供非常均匀的加热效果，还能支持多种不同的处理步骤，如亚秒级退火、超低温退火，以及适用于不同金属的金属退火。它特别设计了一种名为"快速尖峰"的冷却技术，该技术能有效缩短传统加热处理后的冷却时间。这样做的好处是可以避免长时间冷却给高性能、低能耗的电子元器件带来的负面影响，从而提升这些元器件的最终性能。此外，Vulcan^{TM} RTP 系统还在不断推进相关技术的发展，以支持更高密度、更小尺寸的电路设计（高级缩放）。为了确保处理过程中温度的一致性和控制的精确性，该系统采用了一个复杂的温度监控网络，即使在接近室温的条件下也能实现精准的温度控制。这保证了每一片晶圆在处理过程中的表现都是一致的，提高了生产效率和产品的可靠性。对那些需要将镍等新型材料与硅结合的应用来说，Vulcan^{TM} RTP 系统的低温处理功能尤其重要。通过优化这些新材料与硅之间的接触面，可以生产出更薄、性能更好的硅化物层，同时还能增加生产良率。

在快速热处理设备领域中，我国的屹唐半导体目前已达到了全球领先水平，2020 年在市场占有率方面仅次于 AMAT，超过 10%。该企业开发的晶圆双面辐射加热快速热退火技术在技术性能上与 AMAT 无明显差异。图 9.17 所示为屹唐半导体的 Helios$^®$ XP 快速热处理设备实物。该设备通过上下光源同时完成晶圆两面加热，显著降低了晶圆高温处理中的应力集中使晶圆受热弯曲的问题。更进一步地，该设备特有的非对称加热工艺可有效克服晶圆上紧邻的不同器件在高温作用下温度不均造成的图形效应，

图 9.17　屹唐半导体 Helios$^®$XP 快速热处理设备实物

Helios$^®$ XP 具有先进的温度测量和控制系统，并采用了针对不同晶圆发射率的主动补偿算法。Helios$^®$ XP 可满足制造不同特征尺寸（130～5nm 及以下）半导体器件的技术要求，还拥有可靠性高、平均清洁间隔时间较长，以及在大规模生产中总体成本降低 20%～30%的优势。

图 9.18 所示为屹唐半导体的 Millios®闪光毫秒级退火设备实物，设计基础为拥有自主知识产权的氩气水壁电弧灯，可根据工艺需求调整退火过程中的升温曲线，且可有效降低晶圆上的热应力，实现器件电性能指标的优化。

图 9.18　屹唐半导体 Millios®闪光毫秒级退火设备实物

9.2.4　主要原材料与零部件

1. 控温模块与高精度热电偶

热处理工艺过程中的高精度控温主要建立在控温模块与测温热电偶协调配合的基础上。通常，反应室内每段区域均需配置独立的管内热电偶和管壁热电偶，热电偶不仅要耐受 1300℃的高温，还要具备 0.1℃的高精度。同时，需要匹配控制精度超过 0.1%的控温模块（高端的热处理设备甚至使用控制精度超过 0.05%的控温模块）。目前，我国高端的高精度热电偶和控温模块均依赖进口。

2. 光源

快速热处理设备需要高强度光源，且加热光源的波长分布以 0.4～1μm 范围最佳，以控制晶圆的光吸收度。因此，通常采用的光源包括高强度的卤钨灯、电子束、聚焦激光或惰性气体长弧放电灯。同时，为了实现高温度均匀性和可重复性，要求光源的电源具有高度稳定和可重复性。其中，卤钨灯通常仅需要采用交流电源，但这也造成卤钨灯电源系统的可控程度较低，而惰性气体长弧放电灯等则需要兼具高强度与高稳定性的直流电源搭配水冷系统。目前，屹唐半导体已研发出拥有完全自主知识产权的氩气水壁电弧灯，填补了国产设备在该方面的空白。

3. 气体与液体流量控制系统

该系统包括气体与液体流量计、流量控制器和系统废液排液泵等零部件。在热氧化与热扩散过程中，除加热外，均涉及各类气体或液体的输送，以及气氛环境下晶圆表面的高温反应。与一般工业设备不同，半导体快速热处理设备对反应过程的控制要求极高。因此，流量控制系统必须采用高精密零部件。同时，由于此类零部件的加工难度高，但市场空间小，全球范围内仅少数零部件企业能满足生产需求，而国内设备厂商也主要依赖进口零部件。

9.3 清洗设备

9.3.1 概述

清洗的作用是去除前一步工艺中残留的杂质，为后续工艺做准备，同时提升良率[14]。清洗工艺是芯片良率的重要保障，在所有工艺步骤中占比最高（30%以上）；清洗的工序数也在随着工艺节点的演进而增加。

半导体工艺中，杂质的存在会导致崩溃电压降低、氧化速度改变、电学性质改变等问题，进而导致成品良率下降。需要处理和清洗的杂质种类繁多，主要包含颗粒、离子有机物、金属、微粗糙和氧化物5类。微粒包含聚合物、光刻胶和刻蚀杂质，这些杂质吸附在晶圆表面，影响器件光刻工序中几何图形的形成及电学参数等。有机物杂质包括细菌、机械油、光刻胶、清洗溶剂等，来源广泛，会在晶圆表面形成薄膜，妨碍清洗、加工等操作，因此通常会先被清洗。常见的金属杂质包括铁、铜、铝、铬等，源自各种工艺和设备，如加工用设备和化学试剂等。微粗糙通常源自原材料和化学品，会影响电学性质。氧化物是半导体晶圆表面因暴露在空气和水的环境中而形成的，会妨碍半导体生产线上的许多工序，并形成电学缺陷[15]。

常用清洗技术有湿法清洗和干法清洗两大类，目前湿法清洗仍是工业中的主流，而干法清洗作为更加清洁的技术正不断发展。二者相互补充，是目前清洗工艺乃至半导体产业的支柱技术。

湿法清洗是指采用具有腐蚀性和氧化性的化学溶剂进行喷雾、擦洗、刻蚀和溶解随机缺陷，使晶圆表面的杂质与溶剂发生化学反应，生成可溶性物质、气体或直接脱落，并利用超纯水清洗晶圆表面并进行干燥，以获得满足洁净度要求的晶圆。为了提高硅片清洁效果，可以采用超声波、加热、真空等辅助技术手段。湿法清洗包括纯溶液浸泡、机械擦拭、超声/兆声清洗、旋转喷淋等。

相对而言，干法清洗是指不依赖化学试剂的清洗技术，包括等离子体清洗、气相清洗、束流清洗等[16]。等离子体清洗是先向等离子体反应系统中通入少量氧气，在强电场作用下生成等离子体，再利用等离子体使光刻胶迅速氧化，生成可挥发性气体，最后抽走可挥发性气体，达到清洗的目的。等离子体清洗具有高效、操作方便等优点，适合应用于去胶后清洗工序。

湿法清洗虽然目前仍在晶圆清洗中占主导地位，但存在着必须使用化学试剂的缺陷，会对晶圆本身造成一定的损伤，并且会污染环境。干法清洗能够有效清除晶圆上的颗粒、有机物等，有着很好的发展前景。但是，干法清洗的技术和成本要求较高，暂时难以大面积推广和发展。

9.3.2 发展现状与未来趋势

迪恩士（简称DNS）是世界著名的半导体设备制造企业，总部位于日本，最初成立于1868年，并于1975年开发出晶圆刻蚀机，正式开启半导体设备制造之路。在随后的40多年里，DNS专注于半导体制造设备，尤其是清洗设备的研发与推广，开发出了适用于多种环境的各类清洗设备，并在半导体清洗的3个主要领域均获得了最高的市场占有率，依靠技术创新成为清洗设备代表性企业[17]。

日本东京电子于1963年成立，主要从事汽车收音机的出口和半导体制造设备的进口。1968年，该企业开始生产半导体制造设备，并在1981年成为顶级半导体制造设备厂商，主要从事半导体设备的研发、生产和销售，主要产品包括涂胶显影设备、热处理成膜设备、干法刻蚀设备、CVD设备、湿法清洗设备及测试设备等。

美国固态半导体主要为先进封装、MEMS及化合物半导体等领域提供单晶圆湿法清洗设备，2014年被美国维易科（Veeco）收购。Veeco主要从事薄膜加工设备的设计、制造和销售，主要产品包括MOCVD设备、先进封装领域光刻设备、晶圆检测系统等。

在国内，盛美半导体设备（上海）股份有限公司（简称盛美半导体）主要从事单晶圆湿式清洗设备、先进封装领域用涂胶显影设备及单晶圆湿法设备等的研发、生产和销售。北方华创主要从事电子工艺装备（包括半导体设备、真空设备、锂电设备）和电子元器件（如电阻器、电容器、晶体管等元器件）的研发、生产和销售。北方华创生产的半导体设备主要包括干法等离子体刻蚀设备、PVD设备、CVD设备、热处理设备、清洗设备及气体质量流量控制器等。其中，该企业自主研发的12in清洗机累计流片量已突破60万片大关。作为湿法清洗设备的代表性企业，至纯科技已与中芯国际、华虹集团、华为等下游企业展开合作。

北方华创全自动槽式清洗设备和盛美半导体SAPS兆声波清洗设备实物如图9.19所示。

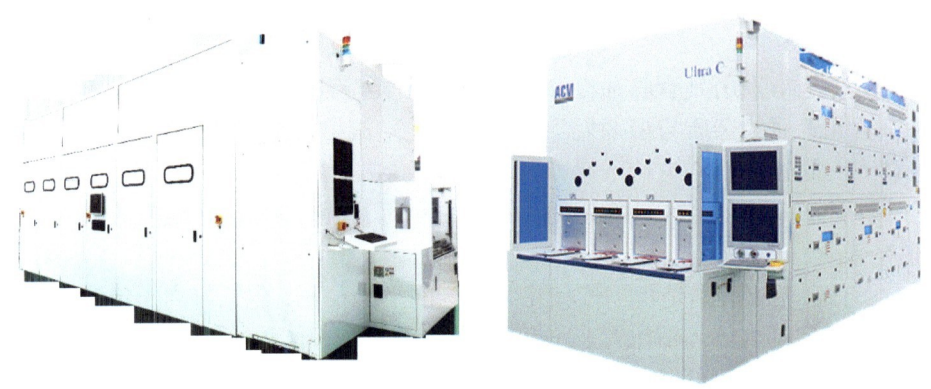

图9.19 北方华创全自动槽式清洗设备（左）和盛美半导体SAPS兆声波清洗设备（右）实物

9.3.3 关键技术

截至本书成稿之日，行业内的先进单片式颗粒清洗技术主要有高压喷淋、多流体喷射和兆声波清洗。

高压喷淋清洗技术是利用增压泵对去离子水或其他相关清洗液进行增压，通过增压后液体的较大冲击力克服晶圆表面污染物的附着力，从而将污染物剥离、冲走，并在离心力作用下被液体甩出晶圆表面，达到清洗目的。

多流体喷射技术是通过生成粒径分布集中的微液滴，并以可控的速度喷向晶圆表面，以便通过动能转换将晶圆表面的颗粒污染物冲击松动，最后在离心力作用下将颗粒污染物随液体甩出晶圆表面，达到清洗目的。

兆声波清洗技术是利用喷嘴形成从喷嘴到晶圆表面的连续液流，并利用兆声波使晶圆与喷嘴间的液体产生"空化效应",形成大量微小气泡。气泡的爆炸会对液体产生瞬间加速,冲击晶圆表面。这样,就可以通过声压波动的物理方法使颗粒污染物从晶圆表面脱离,达到清洗目的。表 9.4 所示为国内外清洗设备厂商在技术层面和产品应用领域的对比。

表 9.4 国内外清洗设备厂商在技术层面和产品应用领域的对比

公司名称	技术层面	产品应用领域
DNS	主要通过纳米喷射的方式将高密度液滴通过氮气喷射至晶圆表面,达到去除颗粒的目的	产品系列比较完整,可用于集成电路制造领域 7nm 及以上工艺节点的单片物理清洗、单片化学清洗及槽式化学清洗等
TEL	主要通过纳米喷射的方式将高密度液滴通过氮气喷射至晶圆表面,达到颗粒去除目的	可用于集成电路制造领域 14nm 及以上工艺节点的单片物理清洗、单片化学清洗及槽式化学清洗(含高温化学品工艺)等
盛美半导体	主要通过独创的空间交变相移兆声波清洗(SAPS)技术和时序能激气泡振荡兆声波清洗(TEBO)技术,达到去除颗粒目的并减少晶圆损伤	可用于集成电路制造领域 40nm 及以上工艺节点的单片式化学清洗领域(不含高温化学工艺)
北方华创	主要通过兆声波清洗的方式达到去除颗粒目的	可用于集成电路制造领域 28nm 及以上工艺节点的单片式化学清洗(不含高温化学工艺)、集成电路后道先进封装、MEMS 等领域

9.3.4 主要原材料与零部件

(1)浸入式湿法清洗槽。该部件要根据化学液的浓度、酸碱度、使用温度等条件选择相应的槽体材料。从材质上来说,一般有 NPP、PVDF、PTFE、石英玻璃等。PVDF、PTFE、石英玻璃等一般用于需加热的强酸强碱清洗,其中石英玻璃不能用在 HF 清洗中;NPP 一般用于常温下的弱酸弱碱清洗。槽内溶液可加热到 180℃甚至更高,它一般由石英内槽、保温层、塑料(PP)外壳组成。石英槽加热可以通过粘贴加热膜或者直接在石英玻璃上涂敷加热材料实现。石英槽内需安装温度和液位传感器,以实现对温度的精确控制及槽内液位的检测,防止槽内液位过低造成加热器干烧,结构示意如图 9.20 所示。

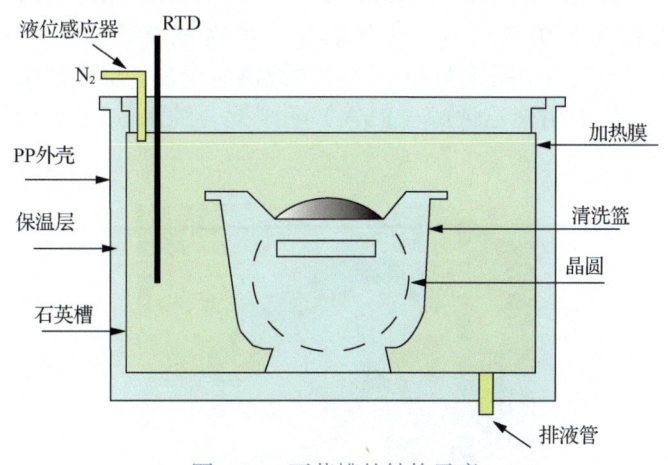

图 9.20 石英槽的结构示意

（2）兆声清洗槽。用兆声能量配合 RCA 清洗或改进的 RCA 清洗是目前使用非常广泛的清洗方法，称为兆声清洗。该方法可大幅降低溶液的使用温度并缩短清洗时间，且清洗效果更好。兆声清洗的常用频率为 800kHz～1MHz，兆声功率为 100～600W。兆声换能器有平板式、圆弧板式等形式，石英内槽则可以采用水浴的方式。兆声换能器安装于外槽底部，这样可以避免清洗液对兆声换能器的侵蚀。兆声清洗槽的结构如图 9.21 所示。

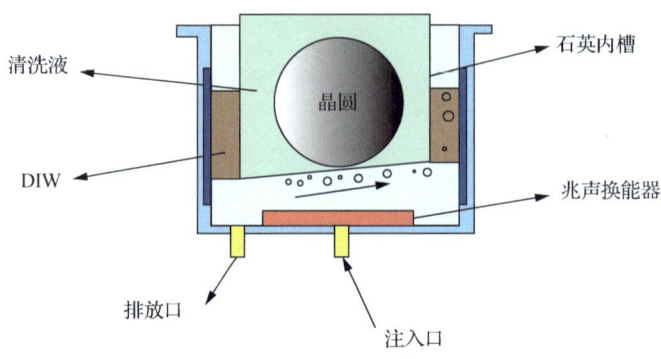

图 9.21　兆声清洗槽的结构

为了减少清洗过程中产生的气泡对兆声能量的损耗，石英内槽缸底部一般要有 10°～15° 的倾斜角度。外槽可根据不同的需要采用不锈钢槽、石英槽等。

（3）旋转喷淋清洗系统。该系统一般包括自动配液系统、清洗腔体、废液回收系统。喷淋清洗在一个密封的工作腔内一次完成化学清洗、去离子水冲洗、旋转甩干等过程，减少了在每一步清洗过程中由于人为操作因素造成的影响。在喷淋清洗中由于旋转和喷淋的效果，使得晶圆表面的溶液更加均匀，同时，接触到晶圆表面的溶液永远是新鲜的，这样就可以做到通过工艺时间设置，精确控制晶圆的清洗腐蚀效果，实现很好的一致性。密封的工作腔可以隔绝化学液的挥发，减少溶液的损耗以及溶液蒸气对人体和环境的危害。各系统分别贮存不同的化学试剂，在使用时到达喷口之前才混合，使其保持新鲜，以发挥最大的潜力，这样在清洗时会反应最快。用 N_2 喷时使液体通过很小的喷口，使其形成很细的雾状，至晶圆表面达到更好的清洗目的。

（4）刷洗器。主要用于晶圆抛光后的清洗，可有效地去除晶圆正反两面 1μm 以及更大的颗粒。主要配置包括专用刷洗器、优化的化学清洗液及超纯水或 IPA。一个典型的 POST-CMP 清洗装置包括两个刷洗箱和一个兆声波清洗模块。早期使用的尼龙毛刷易造成晶圆的损伤，现在一般采用聚乙烯醇（PVA）毛刷配合纯水。PVA 毛刷的结构如图 9.22 所示。

图 9.22　PVA 毛刷的结构

9.4 本章小结

本章重点介绍了离子注入机、热处理设备及清洗设备的工作原理、应用特点及分类。其中,离子注入机是通过高能量电场将离子加速并注入半导体材料,以控制材料的导电率,适用于精细特征尺寸芯片的制造。热处理设备用于在半导体表面形成高质量的氧化层,是制作绝缘层和栅极氧化层的重要设备。清洗设备则是确保半导体制造过程中晶圆表面清洁,避免污染物影响器件性能的关键设备。

思考题

(1)请简述离子注入机的工作流程,包括离子源产生、离子加速、质量分析、束流控制等步骤。
(2)请列举并比较不同类型离子注入机的特点及其适用场合。
(3)请分析离子注入技术与热扩散技术相比的优势,以及离子注入技术在哪些情况下更加适用。
(4)请简述当前国内外离子注入机市场的竞争状况,包括主要的市场参与者及其优势。
(5)请说明热处理设备在半导体制造过程中的重要性及具体应用。
(6)请解释退火工艺的目的,并描述其实现过程中的关键参数和技术要点。
(7)请列举离子注入机的关键组成部分(如离子源、质量分析器、加速/减速管等),并说明每个部分的功能。

参考文献

[1] 陈勇军, 史庆南, 左孝青, 等. 金属表面改性——离子注入技术的发展与应用[J]. 表面技术, 2003, (6): 4-7.
[2] 谭俊, 杜军. 离子束表面工程技术的进展[J]. 中国表面工程, 2012, 25(5): 6-14.
[3] 李先军, 刘建丽, 闫梅. 我国集成电路设备的全球竞争力、赶超困境与政策建议[J]. 产业经济评论, 2022, (4): 46-61.
[4] 朱在稳. 浅谈半导体设备行业发展概况[J]. 厦门科技, 2021, (6): 10-14.
[5] 吴晓波, 张馨月, 沈华杰. 商业模式创新视角下我国半导体产业"突围"之路[J]. 管理世界, 2021, 37(3): 123-136+9.
[6] 翁寿松. 摩尔定律与半导体设备[J]. 电子工业专用设备, 2002, (4): 196-199.
[7] 朱祖昌. 热处理技术发展和热处理行业市场的分析[J]. 热处理, 2009, 24(4): 11-24.
[8] 张希颖, 王艺环, 吴佳钧, 等. 中国半导体设备行业发展研究——基于美国出口管制视角[J]. 北方经济, 2021, (7): 40-43.
[9] 潘健生, 顾剑锋, 王婧. 我国热处理发展战略的探讨[J]. 金属热处理, 2013, 38(1): 4-14.
[10] 李弯弯. 国内半导体设备发展综述[J]. 广东科技, 2018, 27(7): 55-57.
[11] 柯观振. 我国金属热处理的现状与发展趋势探讨[J]. 中国金属通报, 2018, (1): 56-57.

[12] 赵晋荣, 韦刚, 侯珏, 等. 集成电路核心工艺装备技术的现状与展望[J]. 前瞻科技, 2022, 1(3): 61-72.

[13] 蒋玉雷. 快速热处理设备温度场控制技术研究[D]. 北京: 北方工业大学, 2013.

[14] 刘传军, 赵权, 刘春香, 等. 硅片清洗原理与方法综述[J]. 半导体情报, 2000, (2): 30-36.

[15] 林晓杰, 刘丽君, 王维升. 半导体硅片清洗设备研究进展[J]. 微处理机, 2012, 33(4): 25-27+36.

[16] 王锐延. 半导体晶圆自动清洗设备[J]. 电子工业专用设备, 2004, (9): 8-12.

[17] 马磊. 我国半导体清洗设备国产化之关键部件市场研究[J]. 现代化工, 2019, 39(4): 6-12+14.

第 10 章　工艺量检测设备

第 2 章介绍了半导体制造过程中的缺陷会影响良率、可制造性和可靠性，缺陷的影响甚至超过制造过程中遇到的大多数问题。随着电路集成度的提高和关键尺寸（又称特征尺寸）的缩小，缺陷对半导体制造的影响越来越大，而随着晶圆洁净程度的要求越来越高，曾经允许的缺陷在更高的要求下也成为致命缺陷，这极大地限制了先进半导体技术发展。正如第 3 章所展示的，半导体制造的流程十分复杂，要保证产品的良率，需要在各个工序之间做好缺陷检测工作，通过在两道工序之间添加在线的缺陷检测，及时剔除具有缺陷的晶圆，防止其流入下一道工序，可节约大量生产成本。此外，对缺陷进行分类和追溯来源，制定相应减少缺陷的方法，能够进一步保证生产的可靠性，提升产品的质量和生产效率，从而降低芯片的生产制造成本，增强芯片制造商的竞争力。

本章重点

知识要点	能力要求
工艺量检测设备分类	掌握芯片制造过程中工艺量检测设备的基本分类和应用场景
工艺量检测设备基本原理	1. 掌握工艺量检测的基本物理原理 2. 理解缺陷检测设备的基本原理
设备上游关键技术	了解工艺量检测设备上游的关键技术和背后的物理原理
全球产业链情况	了解工艺量检测设备的技术供应情况

10.1　应用场景与基本分类

随着半导体产业的发展，工艺量检测设备扮演了越来越重要的角色。这些设备具备优化制程、提高良率和效率，以及降低成本的关键功能。预计未来，我国的工艺量检测设备市场将呈现广阔的发展前景，这一趋势主要由以下原因推动。首先，当前复杂的地缘政治形势促使国内对国产替代的需求变得迫切。其次，国家政策的大力支持使得集成电路产业得以快速发展。同时，半导体产业的重心正在逐渐从国际市场向国内转移，为国内工艺量检测设备市场带来了难得的机遇。实际上，我国已成为全球最大的工艺量检测设备市场之一。此外，新的应用领域不断涌现和新器件性能的不断迭代为芯片设计公司提供了发展机遇，也使得芯片的集成度不断提高，进一步增加了半导体行业对工艺量检测设备的强烈需求。

广义的半导体检测设备可分为前道工艺量检测设备和后道测试设备。前道工艺量检测设备用于半导体加工制造环节，目的是检查各工艺环节后产品的参数是否达到设计要求，以及是否存在缺陷。这种检测是针对物理性的因素进行的。半导体后道测试设备则主要用于晶圆加工之后的封测环节，目的是检查芯片的性能是否符合要求，进行电性能检测[1]。半导体行业中广义的工艺量检测设备分类及其应用设备分类如图 10.1 所示。

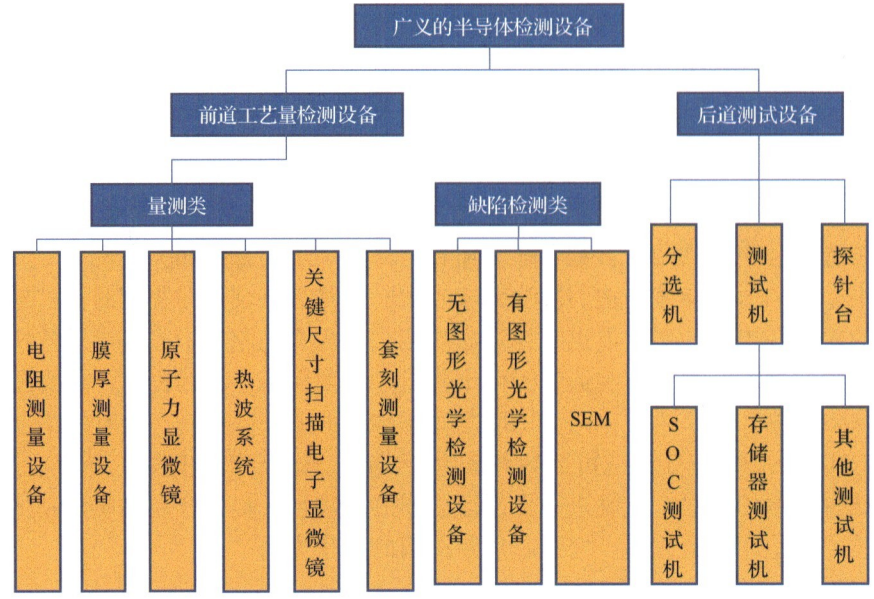

图 10.1 半导体行业的广义检测设备分类及其应用

前道工艺量检测设备的主要功能是在集成电路生产过程中，对经每一道工艺的晶圆进行定量测量，以保证工艺的关键物理参数满足指标如膜厚、关键尺寸、膜应力、掺杂浓度、套刻误差等。半导体制造的上千道工序中，如果每一个环节的良率均为 99.9%，那么最后成品的良率将只有 36.8%，所以在工序进行中的关键环节上通过检测及早发现问题，对提升最终的良率非常重要。

前道工艺量检测设备主要从物理性的角度进行检测，注重监控制造过程中的工艺参数。根据功能的不同，这些设备可以分为两类：量测类和缺陷检测类。量测类设备主要用于测量膜厚（包括透明膜厚、不透明膜厚）、膜应力、掺杂浓度、关键尺寸、套刻误差等指标。为了满足这些需求，常用的设备包括电阻测量设备（如四探针设备）、膜厚测量设备（如椭偏仪）、原子力显微镜（Atomic Force Microscope，AFM）、热波系统、关键尺寸扫描电子显微镜（Critical Dimension Scanning Electron Microscope，CD-SEM）和套刻测量设备。缺陷检测类设备主要用于检测晶圆表面的缺陷。这些设备可以分为无图形和有图形光学检测设备，以及用于纳米级缺陷检测的 SEM 这 3 种类型。光学检测设备可以用于观察和识别一些较大的缺陷，SEM 则能够提供更高的分辨率，用于检测微小缺陷和表面形貌。

根据应用场景的不同，工艺量检测设备可分为量产工艺线设备和研发线设备。

量产工艺线设备的主要目的是对量产工艺线上的半成品进行监测，及时淘汰不合格的产品，从而降低后续加工的成本浪费。有些量产工艺线设备能够对缺陷原因进行简单分析。量产工艺线设备主要是一些光学缺陷检测设备，如明/暗场光学图形缺陷检测设备、光刻板光学缺陷检测设备、光刻板空间成像检测设备、无图形晶圆激光扫描表面检测设备和光谱椭偏仪（Spectral Ellipsometer，SE）。

研发线设备主要是指用于研发过程中，能够对样品进行细致观察，从而帮助研发人员萌发创新思路的分辨率较高、成本较高的工艺量检测设备。这类设备由于分辨率高，还能够对缺陷产生原因进行深入分析。例如，SEM、透射电子显微镜（Transmission Electron Mictroscope，TEM）、聚焦离子束（Focused Lon Beam，FIB）显微镜、X射线衍射（X-Ray Diffraction，XRD）分析仪、AFM等。

10.2 基本技术内涵

工艺量检测设备的测试参数主要有电阻、膜厚、膜应力、折射率、掺杂浓度、关键尺寸、套刻标记、无图形表面缺陷、有图形表面缺陷。表10.1所示为这些测试参数对应的测试阶段、主要技术与设备。其中，量测类设备对薄膜性质、套刻误差、关键尺寸等各类参数进行测量；缺陷检测类设备是基于量检测对晶圆表面的缺陷进行检测，可以视为对量检测结果一种的分析与运用。

表10.1 工艺量检测设备测试参数对应的测试阶段、主要技术与设备

工艺过程	注入	扩散	薄膜		抛光	刻蚀	曝光	主要技术和设备
			金属	电介质				
质量检测			膜厚					光学薄膜测量设备、X射线荧光光谱分析（X-Ray Fluorescence，XRF）技术、光声技术（金属薄层）
		电阻						四探针电阻测试仪
			膜应力					扫描激光束技术、分束激光束技术、X射线衍射光谱仪、薄膜应力测试设备
			折射率					干涉技术、椭圆偏振技术
		掺杂浓度						四探针法（高掺杂浓度）、热波系统（低剂量）、二次离子质谱仪
			无图形表面缺陷					光学检测显微镜、光散射缺陷检测设备、无图形晶圆表面检测系统、宏观缺陷检测设备、缺陷分析SEM
						有图形表面缺陷		明场光学有图形缺陷检测设备、暗场光学有图形缺陷检测设备、宏观缺陷检测设备、电子束图形缺陷检测设备、缺陷分析SEM
						关键尺寸		CD-SEM、光学关键尺寸（Optical Critical Dimension，OCD）测量设备
						台阶覆盖		表面台阶仪
							套刻误差	自动套刻测量仪、套刻误差测量系统

10.2.1 工艺量检测原理

在介绍工艺量检测设备之前，简要介绍电阻、掺杂浓度、膜厚、膜应力、关键尺寸、套刻误差等参数的基本原理。

1. 电阻测量原理

（1）四探针法。四探针法是一种常用的电学测试技术，用于测量薄膜材料或半导体器件的电阻性质。四探针法测量样品电阻的原理如图 10.2 所示，在待测试的薄膜或器件表面，通过 4 个相互独立的探针接触，形成一个四边形或直线的电流通路。外侧的两个探针作为电流引入端，施加一个恒定电流，而内侧的两个探针则用于测量电压。这种配置可以有效地消除接触电阻对测量结果的影响，是目前集成电路行业内主流的电阻测量方法。

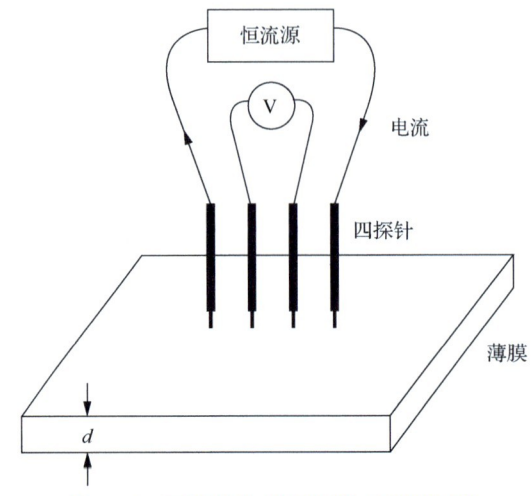

图 10.2　四探针法测量样品电阻的原理

假设四探针等间距排成直线，根据理论推导[2]有

$$\rho = \frac{\pi}{\ln 2} \frac{V}{I} d \tag{10.1}$$

其中，ρ 是薄膜电阻率，V 是电压值，I 是电流值，d 是膜厚。

式（10.1）给出了薄膜电阻率和膜厚之间的关系。当薄膜衬底是绝缘体时，若已知膜厚，可以通过该式计算薄膜电阻率，从而计算方块电阻 R。

（2）涡流测量技术。涡流测量技术是一种用于测量导电薄膜电阻的非接触式技术。

如图 10.3 所示，通过线圈施加时变电流，产生时变磁场，当靠近导电表面时，会在该表面感应出时变（涡流）电流。这些涡流反过来会产生自己的时变磁场，该磁场与探针线圈耦合，产生与样品的薄层电阻成正比的信号变化。[3]

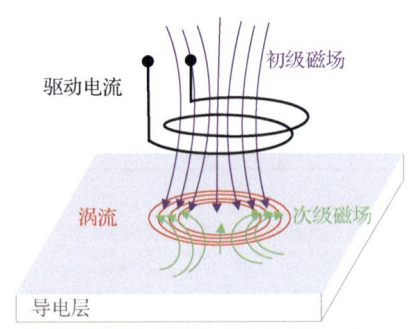

图 10.3　涡流测量技术测量电阻的原理

电阻测量在集成电路行业中的应用非常广泛,特别是在半导体材料的表征和质量控制方面。它可以用于测量半导体材料的电阻率,确定掺杂浓度和载流子迁移率等关键参数。此外,四探针法还被用于研究薄膜材料的电导性质和热电性能,以及评估半导体器件的电性能和可靠性。

2. 掺杂浓度测量原理

用于芯片制造的半导体材料,实际上并不是纯度极高的本征硅,而是掺杂了少量杂质,如磷(P)、砷(As)和锑(Sb)等施主杂质或硼(B)、铝(Al)和镓(Ga)等受主杂质。施主杂质和受主杂质的掺入可通过适当的制备方法和工艺控制,以实现对半导体材料的电学性质和导电类型的调控。掺杂浓度测量对半导体材料和器件的制备、性能调控、质量控制和研究具有重要的意义。它是实现半导体器件性能和功能要求的关键步骤之一。

目前,工业上用于对杂质浓度进行在线检测的常见技术为四探针技术和热波技术。

(1)四探针技术。对于已知尺寸的样片,结合材料的尺寸信息,通过测量掺杂后半导体样品的电阻值,可以反推出杂质的浓度。四探针技术在前文已有介绍,这里不再赘述。电阻率与杂质浓度的关系可以通过仿真计算来获得,也可通过理论推导得知。根据理论推导[2],关系如下。

对于P型硅,有

$$N = \frac{1.330 \times 10^{16}}{\rho} + \frac{1.082 \times 10^{-17}}{\rho \left[1 + (54.56\rho)^{1.105}\right]} \quad (10.2)$$

其中,N为掺杂半导体的掺杂浓度,ρ为半导体材料的电阻率。

对于N型硅,有

$$N = \frac{6.242 \times 10^{18}}{\rho} \times 10^{z} \quad (10.3)$$

其中

$$z = \frac{A_0 + A_1 x + A_2 x^2 + A_3 x^3}{1 + B_1 x + B_2 x^2 + B_3 x^3} \quad (10.4)$$

其中,$x = \log_{10} \rho$,$A_0 = -3.1083$,$A_1 = -3.2626$,$A_2 = -1.2196$,$A_3 = -0.13923$,$B_1 = 1.0265$,$B_2 = 0.38755$,$B_3 = 0.041833$。

通过电阻率测量和上述电阻率与掺杂浓度的关系,可计算出半导体的掺杂浓度,实现对半导体掺杂浓度的检测。

(2)热波技术。热波技术是在微电子工业制造过程中广泛应用的一种监测杂质离子注入剂量的方法。该技术利用激发光在半导体内的加热效应,引起另一束探测光的反射系数发生变化。这种变化的幅度与半导体中杂质和缺陷的浓度有关。通过将晶格缺陷的数量与离子注入条件关联,并与定标数据进行比较,可以得到半导体的掺杂浓度。

热波技术的原理是利用激发光在半导体表面产生热波,这种热波会传播到半导体内部并与杂质离子相互作用。这种相互作用会导致半导体的折射率发生变化,从而引起探测光的反射系数发生变化。这个变化的量值与半导体中杂质离子的浓度成正比。

通过测量探测光的反射系数变化,可以得到半导体中杂质离子的浓度。为了实现这一目标,需要先建立一个与晶格缺陷数量相关的标准曲线或者定标数据,再将实际测量得到的反射系数变化与定标数据进行比较,从而确定半导体的掺杂浓度。

图 10.4 所示为热波系统 TP 500 的光学原理。该系统采用 785nm 二极管激光器诱导热波和等离子体波,并采用 670nm 固体激光器测量调制后的反射率和相位信号。

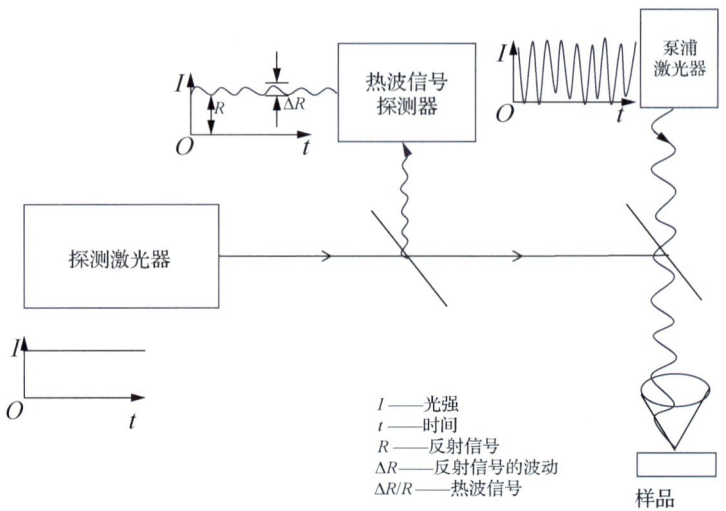

图 10.4 热波系统 TP 500 的光学原理[4]

图中的泵浦激光器(Pump Laser)一般要调制在 1MHz,以诱导测量材料中的热波和等离子体波。这些波在材料表面下方传播数微米,并与晶格中的点缺陷相互作用。探测激光器(Probe Laser)用来探测由振荡热波和等离子体波引起的反射率变化。

3. 膜厚测量原理

膜厚测量方法主要分为两类,即探针法和光学法。

(1)探针法是通过监测精细探针经过薄膜表面时的偏移来测量膜厚及粗糙度。探针法在测量速度和精度上受限,并且测量膜厚时需要薄膜中存在"台阶",或者可以通过适当损坏样品获得"台阶"。探针法通常是测量不透明膜(如金属膜)的首选方法。常见设备有台阶仪(Stylus Profiler)、AFM 等。台阶仪又称为轮廓仪,是用于检测表面形貌的接触式设备。工作原理是探针轻轻滑过被测表面时,样品表面微小的起伏会使触针在滑行时产生上下运动。探针运动过程中的高度变化反映了样品表面的轮廓情况。由于不可避免的环境噪声的影响,探测到的电信号还需要经过降噪和放大处理,才能形成与探针位移成正比的高度变化信号。

(2)光学法是一种通过测量光与薄膜相互作用来获取薄膜特性的方法。它可以用来测量膜厚、粗糙度及光学常数(折射率和消光系数)。光学法具有快速、准确、无损的特点,并且通常只需要对样品进行很少或者根本不需要特殊处理,因此在测量各种透明介质膜、半导体薄膜和非常薄的导电类薄膜时,常常是首选的方法。

尽管反射法和透射法等传统光学法在许多情况下已经足够使用,但在面对极薄或具有复杂结构的薄膜时,它们可能无法提供足够的分辨率或准确度。此时,椭圆偏光法因卓越的敏感性和对薄膜微小变化的检测能力崭露头角。基于椭圆偏光法的椭偏仪的基本结构如图 10.5(a)所示,包含激光光源、起偏偏振片、波片、样品台、检偏偏振片、CCD 探测器。

光作为在空间传播的横波，具有偏振状态。图 10.5（b）所示为光的 3 种偏振状态，红色曲线表示的是光的电场强度的变化。当通过样品表面发生反射时，光的偏振状态会发生改变。图 10.5 中的激光光源产生入射光，起偏偏振片和波片可以调节入射光的偏振状态，CCD 探测器可以探测反射光。通过反复调节，可以将入射光调节到特定的偏振状态，使得反射光变成线偏振光，通过右边的装置可以验证反射光是否已经是线偏振光，因为当检偏偏振片处于特定方向时可以滤除线偏振光而不透光。如果反射光还不是线偏振光，则继续调节起偏偏振片和波片，直到反射光是线偏振光。通过此时起偏偏振片和波片的状态，便可以推算出膜层的厚度。

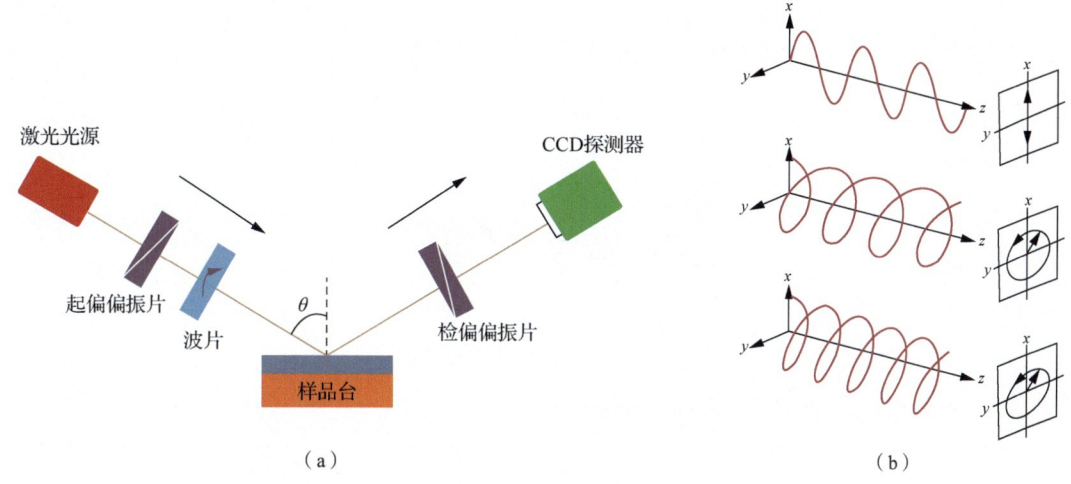

图 10.5　椭偏仪的基本结构及光的 3 种偏振状态[5]
（a）椭偏仪的基本结构　（b）光的 3 种偏振状态

4. 膜应力测量原理

膜应力是影响器件性能、寿命和可靠性的重要因素，通过测量和控制膜应力，可以优化器件性能、提高可靠性，并减少薄膜失效的风险。此外，膜应力的测量对薄膜制备和工艺优化至关重要，可帮助调整工艺参数，提高薄膜的质量和均匀性。在材料选择和设计方面，膜应力测量有助于选择合适的材料组合和设计方案，减少应力不匹配的问题，提高器件的稳定性和性能。膜应力测量为半导体行业提供了关键工具，用于优化器件性能、提高制备效率和保证产品质量。

膜应力的计算方法通常为曲率法，测量方法包括机械法和干涉法，主要通过测量基体受应力作用后弯曲的程度测量薄膜应力。

曲率法的原理：在薄膜残余应力的作用下，镀有薄膜的衬底会发生挠曲，挠曲的程度就反映了薄膜残余应力的大小。基于斯托尼（Stoney）公式，二者之间的关系为

$$\sigma_f = \left(\frac{E_s}{1-\nu_s}\right)_s \frac{t_s^2}{6rt_f} \quad (10.5)$$

其中，t_f 和 t_s 分别为膜厚和衬底厚度；r 为挠曲的曲率半径，可通过测量得到；E_s 和 ν_s 分别是衬底的弹性模量和泊松比。

根据该计算方法，人们探索出各种薄膜应力的测试方法。

（1）机械法，又称悬臂梁法，原理是将薄膜镀到衬底上，并通过观察衬底的弯曲程度来推断薄膜的应力状态。当膜应力为压应力时，衬底表面呈现凸面形变；当膜应力为张应力时，衬底表面则呈现凹面形变。为了实现测量，需要构建一个机械式悬臂梁装置，如图10.6所示。该装置由一个夹具固定衬底一端，另一端为自由端，装有一个测试装置，用于观测自由端的变形量。测量的原理是将激光照射在自由端的一个点上，并在衬底表面镀膜后再次进行相同的测量。通过计算和修正后的Stoney公式，我们可以得到自由端的位移量，进而计算出膜应力。在对膜应力进行测试时，也可以采用电容法（适用于金属片）测量衬底自由端的位移量。

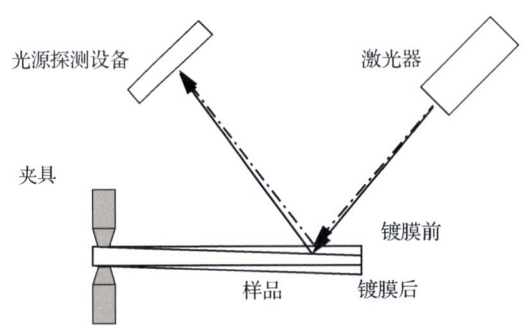

图10.6　机械式悬臂梁装置示意

采用机械法测量时，修正后的Stoney公式为

$$\sigma_\mathrm{f} = \frac{E_\mathrm{s} t_\mathrm{s}^2 \delta}{3(1-\nu_\mathrm{s}) t_\mathrm{f} L^2} \quad (10.6)$$

其中，E_s为弹性模量（又称杨氏模量），t_s和t_f分别为衬底厚度和膜厚，δ为衬底自由端的扰度，ν_s和L分别为衬底的泊松比和长度。

这种测量方法适用于衬底弹性好、厚度均匀、膜厚与样品长度的比值较小的样品。

（2）干涉法，又称衬底曲率法，主要适用于圆形或长方形的衬底。在干涉法中，当薄膜沉积到衬底上时，薄膜与衬底之间存在2D界面应力，导致衬底发生微小的弯曲。当薄膜样品具有平面各向同性时，圆形衬底近似呈现球面弯曲，而长方形衬底近似呈现圆柱面弯曲。通过测量衬底在镀膜前后的曲率变化，可以得到膜应力的信息。

假设实验前将衬底的曲率半径看作R_0，镀膜后曲率半径变为R。当衬底的厚度t_s比R小得多时，膜应力的Stoney公式为

$$\sigma_\mathrm{f} = \frac{E_\mathrm{s} t_\mathrm{s}^2}{6(1-\nu_\mathrm{s}) t_\mathrm{f}} \left(\frac{1}{R} - \frac{1}{R_0} \right) \quad (10.7)$$

若E_s、ν_s、t_s、t_f为已知量，则只要测出R和R_0，便可以计算出膜应力。

测量R与R_0的方法主要有牛顿环法，激光干涉法等。牛顿环法是利用光的等厚干涉原理来计算衬底的曲率半径。激光干涉法则是利用干涉仪，根据相位移求出镀膜前后的衬底曲率半径。

5. 关键尺寸测量原理

关键尺寸是衡量半导体器件或线条最小可控尺寸的指标。通常，人们会在光掩模制

造及光刻工艺中设计、制备若干列专用线条，这种特定的线条图形反映了集成电路特征线条的实际宽度，是确保关键尺寸制造精度和质量的重要参考。关键尺寸测量的方法有很多，如 OCD 测量法、AFM 测量法（简称 CD-AFM 法）、SEM 测量法（简称 CD-SEM 法）、TEM 测量法（简称 CD-TEM 法）和 FIB 测量法（简称 CD-FIB 法）。

（1）光学散射测量法本质上是一种基于模型的测量技术，通过测量周期性纳米结构的散射信息，求解逆问题来重构待测纳米结构的 3D 形貌。关于光学散射测量法的详细介绍见 10.3.6 小节。

纳米结构正向散射模型的数值求解方法有很多，如有限元法（Finite Element Method，FEM）、边界元法（Boundary Element Method，BEM）、时域有限差分（Finite-Difference Time-Domain，FDTD）法、严格耦合波分析（Rigorous Coupled-Wave Analysis，RCWA）。其中，RCWA 又称傅里叶模态法（Fourier Modal Method，FMM），由于其数值求解过程比较简单、计算速度快、实现相对容易，因而在光学散射测量中获得了广泛应用。

（2）CD-AFM 法。AFM 通过探针针尖与样品的相互作用力来感知样品表面的起伏与粗糙度。它的工作模式一般可分为 3 种，即接触模式（Contact Mode）、非接触模式（Non-contact Mode）和敲击模式（Tapping Mode）。

接触模式中，探针直接与样品表面接触，感知二者的原子力交换作用。由于直接接触样品，对样品会造成一定的损伤，尤其是柔性材料。这个作用的大小是可调节的，通常较大的力可获得更好的分辨率，但也更容易损伤样品。

非接触模式利用的是范德瓦耳斯力，探针不用与样品直接接触，也就不会损伤样品。但范德瓦耳斯力下的距离变化较小，因此需要良好的信号调制与降噪技术。该模式在空气中的分辨率有限，一般可达到 55nm；在真空中可达到原子级分辨率。

敲击模式是非接触模式的改良方案：拉近探针与样品的距离，通过敲击的方式，在波谷与样品轻微接触，样品表面的起伏会导致敲击振幅的变化。该模式的分辨率介于接触模式和非接触模式之间，几乎不损坏样品。

AFM 的基本结构可划分为 3 个主要部分：力检测模块、位置检测模块和反馈系统。

力检测模块是 AFM 的关键组成部分。它利用微悬臂上的探针针尖来检测原子间的相互作用力。微悬臂具有特定的几何尺寸和弹性特性，如长度、宽度和弹性系数，针尖的形状也是根据样品的特性和操作模式选择的。通过测量微悬臂在作用力变化下的弯曲或振动，可以获取有关样品表面特性的信息。

位置检测模块用于检测微悬臂的位置变化。当探针针尖与样品发生相互作用时，微悬臂会发生位移或摆动。这里采用激光照射在微悬臂上，并通过检测反射光来放大位置变化，并转化为电信号进行位置检测。这种方法能够高精度地测量微悬臂的运动，从而实现对样品表面的纳米级别扫描。

反馈系统在 AFM 中起到关键的作用。它利用激光检测器记录信号，并将其作为反馈信号传递给内部的控制系统。根据反馈信号，反馈系统可以调整扫描器（通常由压电陶瓷制成）的位置，以维持样品与针尖之间的恒定作用力。这种反馈机制使得 AFM 能够实时调整扫描器位置，以保持良好的力控制，并获得高质量的表面拓扑图像。

综上所述，AFM 通过集成力检测模块、位置检测模块和反馈系统，实现对样品表面特性的呈现，原理如图 10.7 所示。

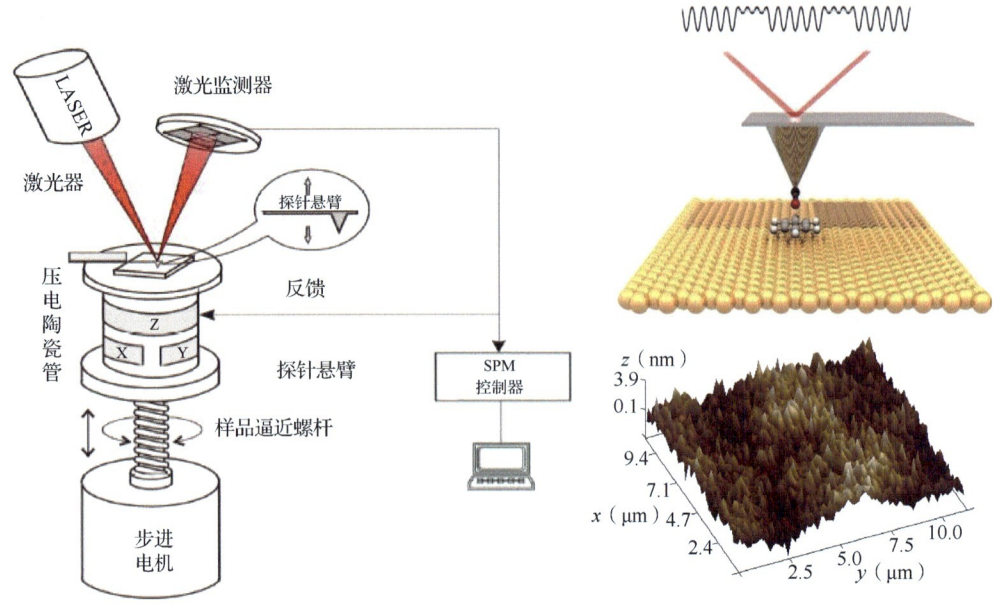

图 10.7　AFM 的原理

（3）CD-SEM 法。与光学散射测量法相比，CD-SEM 可以实现更高的精度，能够实现沟槽中的深槽和孔的底部尺寸，以及 3D NAND Flash、2D NAND Flash、FinFET 等 3D 结构的测量。缺点是测量速度较慢。

图 10.8 所示为 SEM 的实物及基本结构。它包括由电子枪、加速阳极、磁透镜等组成的电子柱，以及包含样品台、探测器的样品室。

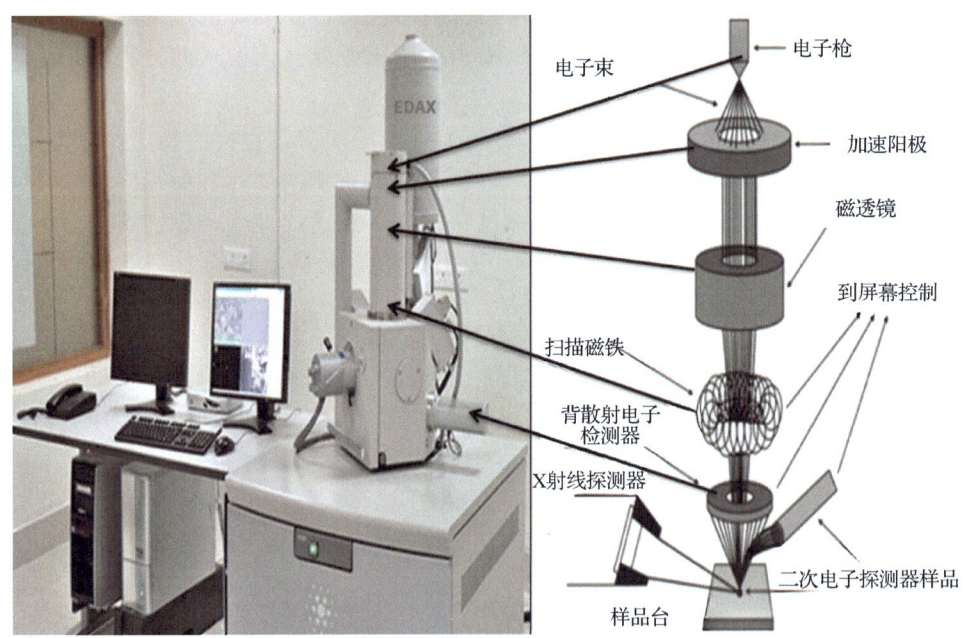

图 10.8　SEM 的实物及基本结构[6]

电子束由电子枪产生，并利用正电位向试样加速。电子束被金属孔和磁透镜聚焦成一束薄的、聚焦的、单色的光束。电子束中的电子与样品中的原子相互作用（见图10.9），产生包含其表面形貌、成分和其他电学性质信息的信号。这些相互作用和影响被探测器检测并通过数据处理转化为图像。

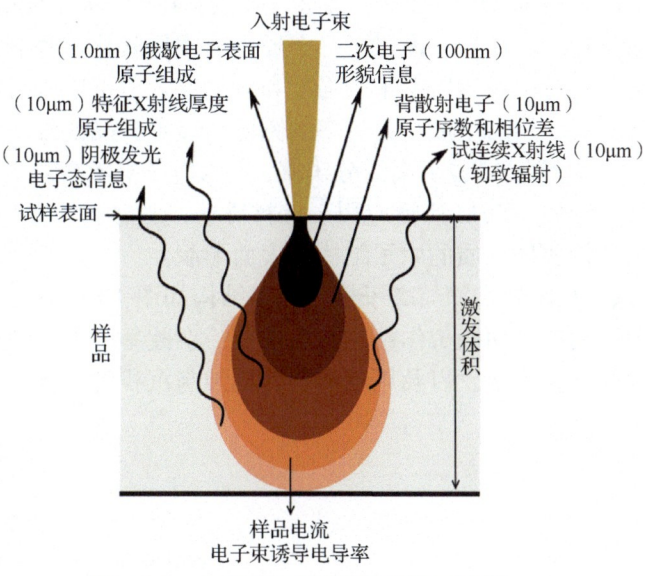

图 10.9　电子束与样品相互作用示意[6]

电子束与样品之间的能量交换会导致高能背散射电子的弹性散射反射、低能次级发射，俄歇电子的非弹性散射发射，以及电磁辐射（X射线和阴极发光）的发射，每一种都可以被各自的探测器探测到。被样品吸收的束流也可以被检测并用于创建样品电流分布的图像。各种类型的电子放大器用来放大信号，探测器则将信号转换为数字图像并显示在计算机显示器上。

（4）CD-TEM法。TEM是一种基于电子束的显微镜，通过使用电子束而不是可见光来展示样品的细节。与光学显微镜不同，TEM利用电子的波动性和与物质相互作用的方式来获得高分辨率的图像。图10.10所示为TEM中的电子光路示意[7]。

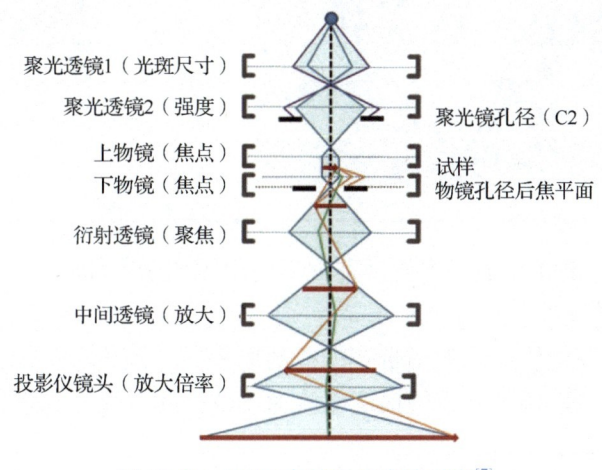

图 10.10　TEM 中的电子光路示意[7]

TEM 主要由电子源、准直系统、样品台、二级放大系统、探测器组成。TEM 使用电子源产生高能电子束。常见的电子源是热阴极，其中电子通过热电子发射的方式产生。电子束从电子源出射后，通过准直系统进行聚焦和准直。准直系统包括一系列电磁透镜，它们通过调节电流来产生磁场，从而对电子束进行聚焦和控制。为了使电子束能够透过样品，样品通常是非晶态薄片。样品后方设置了一个投影屏或像素化探测器，用来记录透射电子的强度和能量变化。通过记录透射电子的强度和能量变化，可以进行图像重建。计算机先对数据进行处理和分析，然后生成高分辨率的图像，显示样品的细节和结构。

TEM 能够提供比光学显微镜更高的分辨率，因为电子具有较短的波长，可以更好地穿透样品并揭示其微观结构。TEM 广泛应用于材料科学、生物学、纳米技术等领域，可以帮助研究人员观察和分析各种物质的原子结构和表面形貌。

（5）CD-FIB 法。FIB 的实物与离子柱的基本结构如图 10.11 所示。FIB 主要包括离子柱、工作腔室、提供用户界面的工作站这 3 大部分。在此基础上，还会有保证离子柱和工作腔室内部真空度的真空系统，以及用于选择性刻蚀与沉积的气体系统。

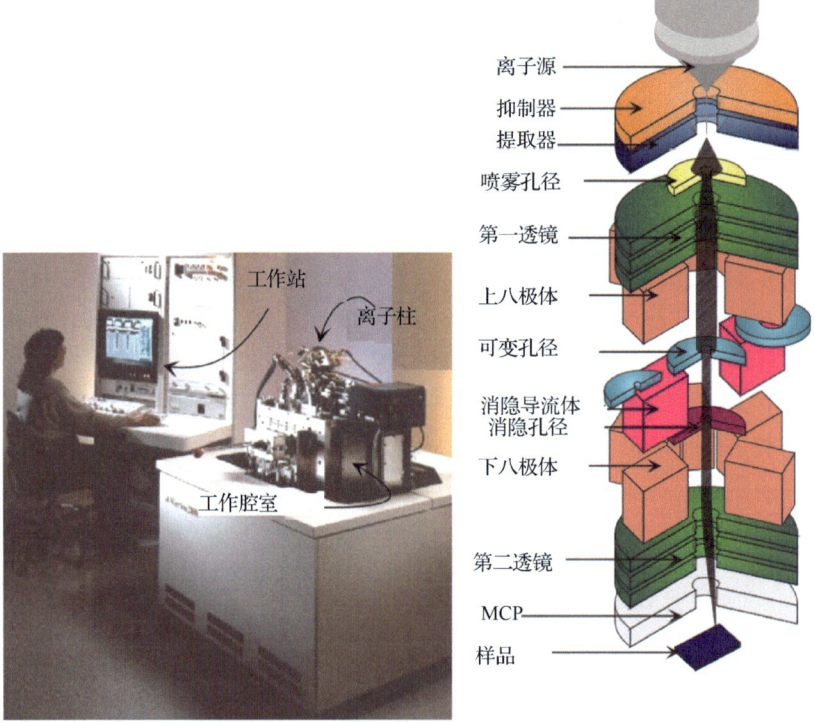

图 10.11　FIB 实物与离子柱的基本结构[8]

离子柱的结构与 SEM 相似，主要区别在于使用镓离子（Ga^+）束而不是电子束。柱内保持约 1×10^7 mbar[①]的真空。它通过施加强电场，从液态金属离子源（LMIS）产生离子束。这种电场导致从液体镓锥体中发射出带正电荷的离子，该锥体在钨针尖上形成。典型的提取电压为 7000V，正常操作条件下的提取电流为 2μA。通过喷雾孔进行第一次细化后，离

---

① 1mbar=100Pa。

子束首先在第一透镜中聚集，然后到上八极体调整光束的像散。离子束能量通常为 10～50keV，束电流在 1pA～10nA 之间变化。使用可变孔径机制，束电流可以在 4 个数量级范围内变化，因此离子束既可以是在敏感样品上进行高分辨率成像的细束，也可以是进行快速和粗略铣削的重束。通常可选择 7 个束电流值：1pA、5pA、32pA、99pA、672pA、1.5nA 和 8nA。离子束的消隐由消隐导流体和消隐孔径完成，而下八极体用于以用户定义的模式对样品进行光栅扫描。在第二透镜中，离子束被聚焦到一个微小的点上，在亚 10nm 范围内实现最佳分辨率。多通道板（Multi-Channel Plate，MCP）用于收集二次粒子进行成像。

样品安装在工作腔室内的电动五轴工作台上。在正常操作条件下，该不锈钢室内保持 10^{-7} mbar 的低真空。为了维持离子柱内和工作腔室内的真空度，需要一套真空系统。前置泵与涡轮泵配合使用，用于泵送工作腔室。离子柱额外配置有一个或两个离子泵。在大多数 FIB 上，有一个系统可以将各种气体输送到样品表面。为此，包含所有适用气体的气体柜存在于工作腔室外部。气体柜内的气体容器通过适当的管道系统连接到工作腔室内所谓的喷嘴组件。气体用于更快和更有选择性的刻蚀，以及用于材料的沉积。

对 FIB 的各项操作（如样品的装卸、操作工作台、控制阀送气、开启和关闭泵，以及操纵离子束等）都可以通过软件进行，完整的用户界面是由工作站提供的。

如图 10.12（a）所示，在 FIB 成像过程中，精细聚焦的离子束在样品上进行光栅扫描。当样品中产生的二次粒子（中性原子、离子和电子）离开样品时，电子或离子被收集到一个偏压探测器（MCP）上。探测器偏压为正或负电压，分别用于收集二次电子或二次离子。不可避免的是，在 FIB 操作过程中，会有少量的 Ga^+ 注入样品，大量的二次电子离开样品。为了防止表面正电荷的积累，样品可以设置单独电子源，防止由于静电放电而造成损坏，并提高可靠性。

除了成像，FIB 还可利用高离子流束造成样品材料的物理溅射，用于样品材料的去除，如图 10.12（b）所示。通过扫描样品上方的离子束，可以刻蚀出任意形状。FIB 还可以实现金属和绝缘体材料的局部无掩模沉积[见图 10.12（c）]，利用的原理是 CVD，发生的反应与激光诱导 CVD 相似。主要区别在于 FIB 的分辨率较好，但沉积率较低。

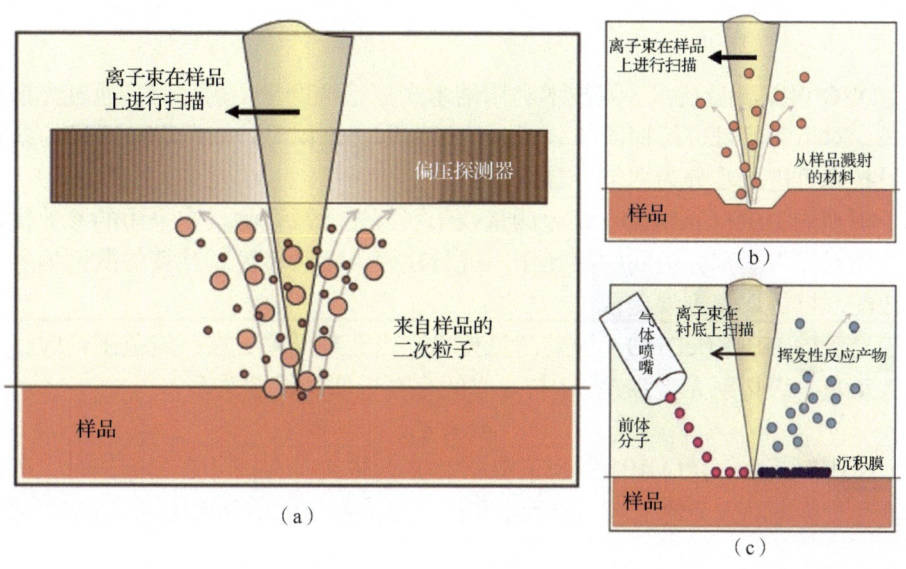

图 10.12　FIB 成像、刻蚀、沉积示意[8]

CD-AFM、CD-SEM、CD-TEM 都是先通过相应的成像技术成像后，再对芯片上的关键尺寸进行测量，统称为成像测量法。成像测量法的特点是精度高、成像时间慢、成本较高，因此不利于实时在线检测，一般用于前沿研究与制造。

6. 套刻误差测量原理

在集成电路制造中，需要对晶圆的当前层图形与参考层图形进行对准。对准时会存在不可避免的偏差，这一偏差分 x 方向和 y 方向，称为套刻误差。理想情况下，套刻误差应该为 0。在实际应用中，套刻误差小于关键尺寸的 1/5～1/3 是可以接受的，这可以保证上下层稳定连接。对套刻误差的迅速检测与评估是控制产品良率的必要条件。基于光学的套刻误差测量技术可以分为两类：一类是基于成像的套刻（Imaging-Based Overlay，IBO）误差测量技术，另一类是基于衍射的套刻（Diffraction-Based Overlay，DBO）误差测量技术。

（1）IBO 误差测量技术。该技术利用具有图像识别和测量功能的高分辨率明场光学显微镜，通过测量专门设计的套刻标记中图形位置的偏差来实现套刻误差的测量。图 10.13 为 IBO 误差测量技术中的典型套刻标记结构示意，从左至右依次是框中框（Frame-in-Frame）标记、盒中盒（Box-in-Box）标记、条中条（Bar-in-Bar）标记、先进成像计量标记和花朵标记。

通过判断显微图像中分别位于前层与当前层的内外层图形的中心在 x 与 y 方向的偏移，即可确定两个方向的套刻误差值。

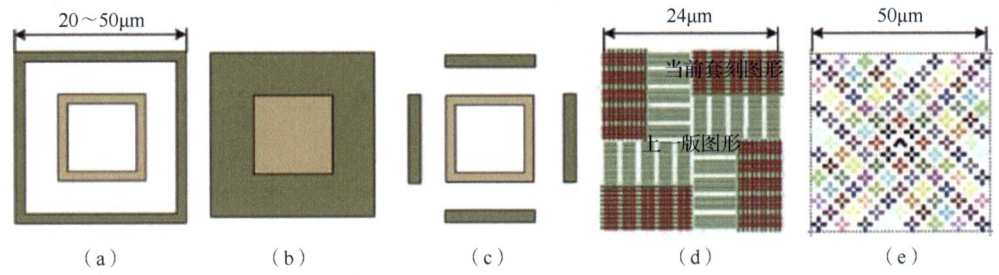

图 10.13　IBO 误差测量技术中典型的套刻标记结构示意[9]

（2）DBO 误差测量技术。该技术利用纳米光栅结构产生衍射信号，通过光谱或角分辨谱等方式，对衍射信号进行探测与分析，从而提取套刻误差。依据提取方式的差异，DBO 误差测量技术可进一步分为两类，具体如下。

基于模型的 DBO（mDBO）误差测量技术：与光学散射测量中采用的参数提取方法相似，即首先对光与套刻标记间的相互作用进行建模，然后将模型计算的散射信号与测量数据进行匹配，以提取套刻误差值。

基于经验的 DBO（eDBO）误差测量技术：当套刻误差 ε 在一定范围内时，周期性套刻标记的正负一级衍射光光强差 ΔI 与 ε 之间存在近似的线性关系：

$$\Delta I = K\varepsilon \qquad (10.8)$$

其中，K 为比例系数。在应用中，为了消除对 K 的依赖，在设计套刻标记时，可以在上下两层光栅套刻标记间人为地引入一对大小相同、方向相反的偏移量（$+d$ 和 $-d$），如图 10.14 所示。

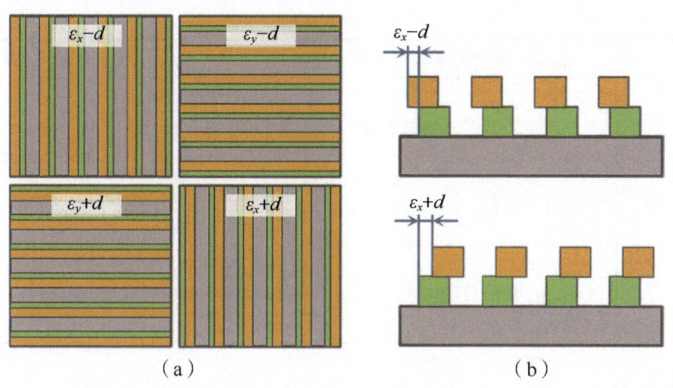

图 10.14　DBO 误差测量技术的套刻标记结构

显然，此时两组套刻标记中的总套刻偏差分别为 $\varepsilon+d$ 和 $\varepsilon-d$。根据式（10.8）可以分别得到这两组套刻标记对应的正负一级衍射光光强差 ΔI^+ 和 ΔI^-：

$$\begin{cases} \Delta I^+ = K(\varepsilon+d) \\ \Delta I^- = K(\varepsilon-d) \end{cases} \quad (10.9)$$

于是，可得套刻误差值为

$$\varepsilon = d\frac{\Delta I^+ + \Delta I^-}{\Delta I^+ - \Delta I^-} \quad (10.10)$$

从式（10.10）可以看出，为了使套刻误差最小，需要尽可能使得 ΔI^+ 和 ΔI^- 等大且反向，操作上尽可能让二者的光照强度相近。

由于 eDBO 误差测量技术的测量过程无须求解正向散射模型，可以实现套刻误差的快速测量，因此该技术已成为目前工业界重要的套刻误差测量技术之一。

10.2.2　量测类设备

量检测原理与对应的量测类设备对照见表 10.2。

表 10.2　量检测原理与对应的量测类设备对照

量检测原理	量测类设备	代表性产品
四探针法	四探针电阻测量设备	KLA 的 CAPRES microRSP 系列测量系统、OmniMap 系列电阻率测绘系统等
台阶法测膜厚	台阶仪	KLA 的 Tensor P-17，日本小坂 KOSAKA 台阶仪
椭圆偏光法测膜厚	椭偏仪	KLA 的 SpectraFilm，JA Woollam 的 Vase
曲率法测膜应力	膜应力测量设备	kSA 的 MOS，Supro 的 FST1000
XRD 测膜应力	X 射线衍射仪	Malvern Panalytical 的 X'Pert³ MRD，日立的 FT110A X 射线荧光测量仪
热波系统测掺杂浓度	离子注入/退火计量系统	KLA 的 Therma-Probe 系列
综合椭圆偏光法、四探针法等	薄膜计量设备	KLA 的薄膜计量系统 Aleris 系列，ASET-F5x Pro 系列
综合椭圆偏光法、台阶法等	晶圆几何和纳米形貌测量系统	KLA 的 PWG 系列

续表

量检测原理	量测类设备	代表性产品
光学散射法	光学关键尺寸测量设备	上海睿励的 TFX3000 OCD；Nanometric 的 Atlas 系列、Impuse 系列；KLA 的 SpectraShape 系列；Nova 的 HelioSense 系列；VIEW 的 MicroLine
电子束成像法	CD-SEM	东方晶源的 SEpA 系列；日立的 CG/CV 系列；AMAT 的 VeritySEM 系列
基于衍射或成像	套刻对准设备	KLA 的 Archer 系列（基于成像）、ATL 系列（基于散射）；Nanometrics 的 CALIPER 系列；ASML 的 YieldStar 系列（基于衍射）

1. 电阻测量设备

电阻测量设备分为在线电阻测量设备和离线电阻测量设备。一般地，离线电阻测量设备可以提供更高的精度和更多的信息，而在线电阻测量设备的实时性更高，更适合流水线作业。电阻测量设备包括探针、探针控制台与样品台、计算机系统。下面主要介绍探针的制作与计算机系统中软件的功能。

对于采用四探针法测量电阻的设备，关键技术难点在于探针的制作。下面介绍一种常见的制作方法：以负性光刻胶 SU8 为基材，设计制作用于薄膜电阻率测量的微观四点探针 μ4PP，如图 10.15 所示（右上方是四点测量原理图，d 是探针之间的间距）。

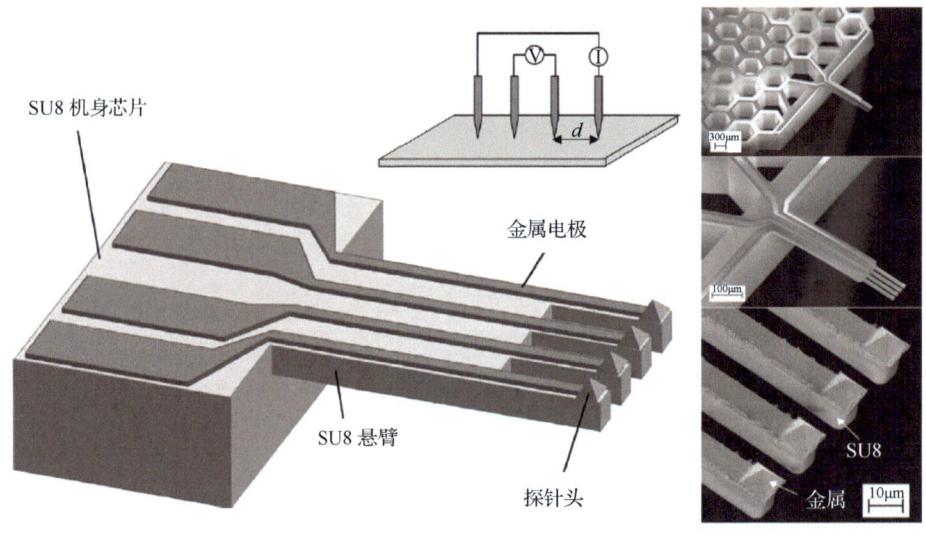

图 10.15 μ4PP 示意[10]

该探针由 4 根悬臂组成，每根悬臂支撑着末端的探针头。SU8 的高灵活性确保了样品和探针头之间的稳定电点接触，即使在粗糙表面上也是如此。采用该表面微加工工艺可制备探针间距为 10～20 μm 的 μ4PP。

用这样的探针在 Au、Al 和 Pt 薄膜上进行电阻率测量，测得的薄膜电阻率与一般商用宏观电阻率计测得的电阻相比，误差小于 5%。

该探针的制作工艺示意如图 10.16 所示。

第 10 章 工艺量检测设备　　333

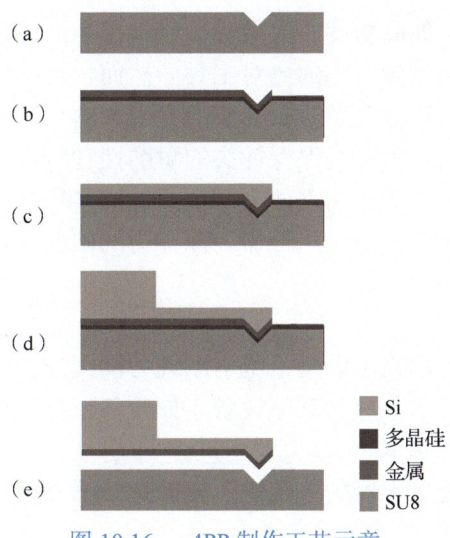

图 10.16　μ4PP 制作工艺示意

（a）针尖模具 KOH 刻蚀的制备　（b）湿法氧化和多晶硅沉积，金属层（50nm Pt/20nm Ti/300nm Al）通过 Cl 干法刻蚀
（c）悬臂用厚度为 10μm 的 SU8　（d）机身芯片用厚度为 200μm 的 SU8　（e）SF_6 释放刻蚀

电阻测量的代表性设备有 KLA 的 CAPRES microRSP 系列测量系统、OmniMap 系列电阻率测绘系统等。CAPRES microRSP 系列测量系统提供在线晶圆电阻表征，使用悬臂宽度低至 500nm 的电极阵列，是第一款可在 300mm 晶圆尺寸上使用的非破坏性电阻测量工具。OmniMap 系列电阻率测绘系统基于成熟的行业电阻率测绘标准，提供 45nm 及以上的准确且可靠的薄膜电阻测量，具备先进的自动化和改进的边缘性能等功能，能够满足当今 300mm 晶圆生产的要求。

2. 膜厚测量

（1）台阶仪

台阶仪[11]是一种高精度自动化表面形貌测量仪器，如图 10.17 所示。它配备了金刚石材质的探针头，半径可达 0.05μm。通过校准探针的压力，台阶仪能以 $5×10^{-7}$N 的力与晶圆表面接触，并以极缓慢的速度移动，绘制出膜层剖面的形貌图。该仪器可根据不同半径的探针头和压力进行匹配，并通过使用标准阶梯片进行校准，测量台阶的高度范围可达到 ±3.2～±13μm，甚至可以应用于具有 50nm 粗糙表面形貌的样品。

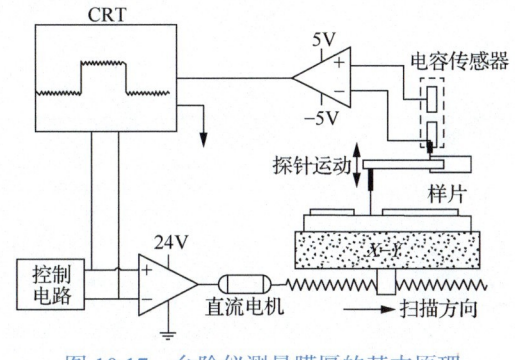

图 10.17　台阶仪测量膜厚的基本原理

台阶仪具有许多优点，如高精度、大量程、稳定可靠的测量结果及良好的重复性。此外，它还可以用作其他形貌测量技术的比对工具。然而，台阶仪也存在一些难以克服的缺点。首先，探针头与样品的接触会导致探针头的变形和磨损，因此在使用一段时间后，仪器的测量精度会下降。其次，为了确保探针头的耐磨性和刚性，探针头不能设计得非常尖锐。如果探针头的曲率半径大于被测表面上微观凹坑的半径，必然会导致该位置的测量数据偏差。此外，为了延长探针头的使用寿命，探针头的硬度通常很高，因此不适合对精密零件和软质表面进行测量。

（2）椭偏仪

椭偏仪是测量膜厚的常用光学设备，基本原理为椭圆偏光法。除了作为单独的设备进行膜厚测量，椭偏仪也常常被集成到其他设备（如几何形貌测量系统、薄膜计量系统等）中，用于膜厚测量与折射率测量。

椭偏仪的关键在于激光发生器的单色性、偏振片的滤光性是否足够好，以及计算机信号处理是否足够快。

采集椭偏仪数据的主要工具包括：光源、偏振发生器、样品、偏振分析仪和检测器。偏振发生器和偏振分析仪由控制偏振的光学组件构成，如偏振器、补偿器和相位调制器。常见的椭偏仪配置包括旋转分析仪、旋转偏振器、旋转补偿器和相位调制。

非偏振光源通过偏振器来发送偏振光。偏振器只允许具有特定电场取向的光通过。偏振器的轴被定向在 p 平面和 s 平面的交线，以确保两个方向的光都能到达样品表面。当线偏振光从样品表面反射时，它会变成椭圆偏振光，并通过一个连续旋转的检偏器。检偏器相对于来自样品的电场"椭圆"的方向决定了通过的光的强度。我们使用一个检测器将光转换为电子信号，以确定反射偏振的性质。通过将检测到的反射偏振与已知的输入偏振进行比较，可以确定样品反射引起的偏振变化。该偏振变化通常使用两个参数来描述，即 ψ 和 $\varDelta$，测量原理如图 10.18 所示。

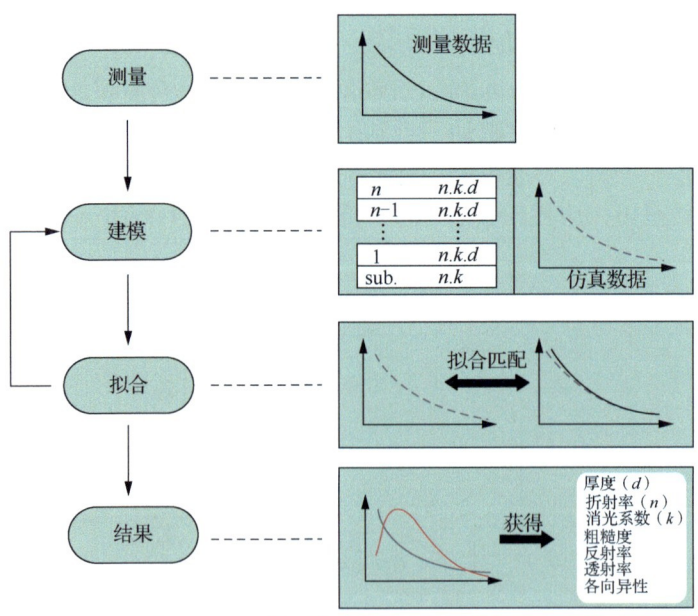

图 10.18　基于模型的椭偏仪测量原理

在进行样本测量之后，可以构建一个模型来描述样本的特性，该模型用于计算菲涅耳方程的预测响应，而菲涅耳方程描述了材料的厚度和光学常数。如果对样本的厚度和光学常数缺乏准确的先验知识，可以先使用估计值来进行初始计算。然后，将计算结果与实验数据进行比较。通过比较实验数据和计算值，可以确定任何未知材料的属性，并改进实验与计算之间的匹配。在建立模型时，我们需要注意未知属性的数量不应超过实验数据所提供的信息量。例如，使用单波长椭偏仪产生的数据点(ψ, Δ)最多可以确定两种材料特性。通过回归等方法，我们可以寻找模型和实验之间的最佳匹配。通常会使用诸如均方差（Mean Square Error, MSE）之类的估计量来量化曲线之间的差异。未知参数可以进行调整，直到达到最小的 MSE。最佳答案对应于最低的 MSE 值。

虽然从原理上，只需要单波长椭偏测量就能够实现膜厚测量，但实际应用中往往会使用多波长的光谱椭偏测量。光谱椭偏测量有多种优势，如提供更确切的唯一答案、提高对材料特性的敏感性和提供感兴趣波长的数据。

第一，提供更确切的唯一答案。在早期椭偏仪中，激光被用来收集单一波长的数据。使用两个测量值(ψ, Δ)只能确定两个未知的样品特性。即使在简单的情况下，也不能从已知样品上的单层薄膜唯一确定膜厚和折射率。如果薄膜具有吸收性、分层或较粗糙，则会出现不正确的结果。即使对于完美透明薄膜的理想情况，单波长椭圆偏振测量的循环特性也会导致产生多个答案，如图 10.19 所示。

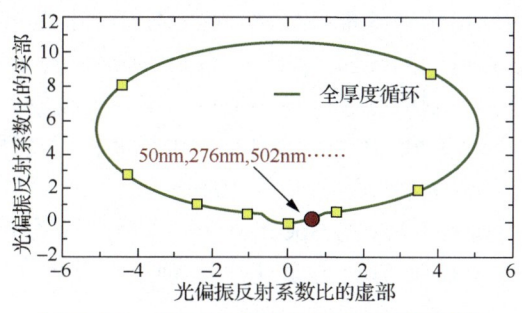

图 10.19　单波长椭圆偏振测量的循环特性

对于这种情况，光谱椭偏仪可以确定膜厚。虽然折射率取决于波长，但厚度保持不变。因此，100 个波长产生 200 个数据($\psi, \Delta \times 100$)，只有 101 个未知数。光谱测量通过消除正确答案以外的所有内容来快速消除"周期性"问题。以上面对单波长循环的前 3 个可能的解决方案证明了这一点。注意，虽然数据在 500nm 的单波长处是相同的，但光谱响应是完全独特的，如图 10.20 所示。

第二，提高对材料特性的敏感性。测量特殊材料特性通常需要特定的波长范围。例如，透明导电氧化物薄膜的导电性会表现为对红外线的强烈吸收并拖尾进入近红外线。可见波长无法测量透明导电氧化物薄膜的电导率，但需要确定膜厚。分子键合信息只能在中红外波长处获得，其中较慢的频率能够振动材料中的原子。紫外光谱通常是电子跃迁的焦点，其中包含有关材料结构的信息。例如，硅膜的紫外吸收形状可用于确定层结晶度。如果薄膜是无定形的，则吸收变宽而没有临界点特征。随着结晶度的增加，紫外光的吸收特征变得更加明显。借助具有广泛光谱覆盖范围的光谱椭偏仪，可以同时获得所有波长的优势。这就是光谱椭偏仪的趋势是在更宽的光谱范围内提供更多波长的原因。

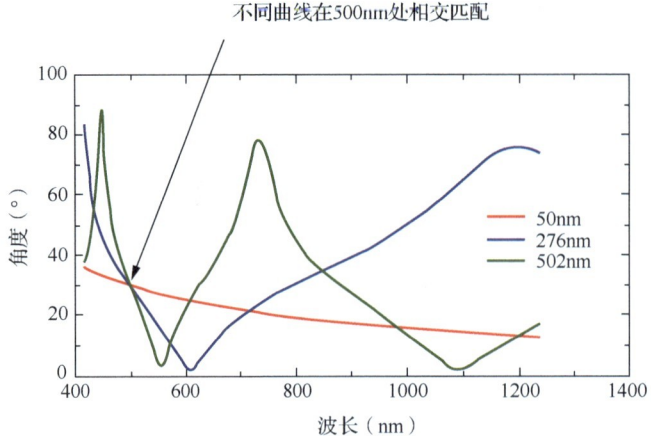

图 10.20 通过曲线相交匹配测量膜厚示意

第三，提供感兴趣波长的数据。许多应用需要特定波长的光学特性。例如，半导体行业对需要在 UV 波段（157nm、193nm、248nm 等）进行椭偏测量的光刻技术感兴趣；显示器行业对可见光谱感兴趣。光学涂层需要在其设计波长下进行测量，无论是可见光、近红外还是中红外波长。光谱椭偏仪覆盖了宽光谱范围，提供了更高的灵活性，能够满足更多的应用要求。椭偏仪通常用于厚度范围从亚纳米级别到微米级别的薄膜。当薄膜厚度超过数十微米时，干涉振荡变得越来越难以分辨，除非使用更长的红外波长。厚度测量还要求一部分光穿过整个薄膜并返回到表面。如果这种材料吸收光，用光学仪器测量的厚度将局限于半透明的薄层。这种限制可以通过将测量目标定在吸收较差的光谱区域来克服。例如，有机膜可以强烈吸收 UV 光和 IR 光，但是在中可见波长保持透明。对于能够吸收所有波长光的金属，能够确定的最大膜厚通常约为 100nm。

膜厚测量的代表性设备有 KLA 的 SpectraFilm 薄膜计量系统。它能够为各种薄膜提供高精度膜厚测量，有助于在亚 7nm 逻辑芯片和前沿存储器工艺节点实现严格的工艺公差。

3. 膜应力测量

膜应力测量设备是利用曲率法和 Stoney 公式来测试能反射激光的各种刚性样品表面上的薄膜残余应力。这类设备具有以下主要特点。

（1）高重复精度：采用光杠杆曲率放大的结构设计，确保了样品曲率半径测试结果的高精度，通常误差在±1%以内。

（2）高度智能：全自动控制，可自动查找定位样品中心，测量高效、方便。

（3）高适应性：针对表面抛光的样品（如不锈钢、钛合金等），考虑到表面曲率的不一致性，这类设备开发了"对减计算"模式，能有效校正样品表面的影响，并测试此类样品表面薄膜的残余应力。

膜应力测量设备的结构与光路如图 10.21 所示。光学器件直接安装在真空室或工艺室视口上，包括激光束阵列光学器件和带有专利自动转向镜的相机光学器件，以确保激光阵列直接位于相机中心。腔室集成可以是单端口（法向入射）或双端口（镜面观察口），并为原位膜应力测量提供多种好处。光学器件简单固定，在初始设置期间需要对准和校准。

由于激光光斑以相同的频率一起移动,因此不会将样本偏移或倾斜检测为曲率变化。通过使用简单的图像处理和快速的数据分析算法,可以检测相机上光斑位置的微米级变化,也就是 20~50km 范围内的曲率半径分辨率,这足以检测由沉积在样品表面的单层材料引起的应力。通过监测整个光束阵列,可以以实时测量和工艺控制所需的足够速度获得 2D、动态的样品薄膜的曲率半径和应力分布。

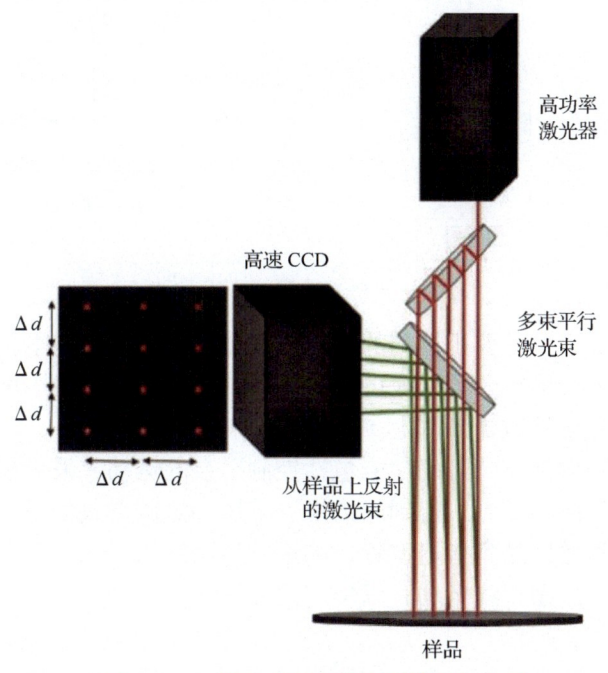

图 10.21　膜应力测量设备的结构与光路

膜应力测量广泛应用于泛半导体产线中原位应力监测和控制,包括金属薄膜溅射、高性能电介质和滤光涂层(PVD)、300mm 半导体芯片加工、薄膜电池研究、MBE 和 MOCVD 期间的外延层生长,以及退火期间的热应力监测。相关产品有 kSA 的 MOS、Supro 的 FST1000。

X 射线衍射仪被用于分析晶格结构和测量膜应力。通过 X 射线衍射仪测得衍射图样的信息,并利用相关公式进行计算分析,也可以得到膜应力。相关产品有 Malvern Panalytical 的 X'Pert³ MRD、日立的 FT110A X 射线荧光测量仪等。

4. 掺杂浓度测量

掺杂工艺通常通过离子注入的方式实现。离子注入过程监测方法一般基于热波技术,它是一种非接触、非破坏性的技术,不需要特殊的样品制备或处理,即使在低剂量下也具有高灵敏度,并提供 1μm 的空间分辨率能力。这种方法允许直接监测集成电路晶圆及测试晶圆上的关键离子注入过程。

热波系统的结构框图如图 10.22 所示,可分为光路系统(包括激光器光源、选择性反射镜、聚焦物镜、极化分束器、滤光片、光电检测器等)、电路信号系统(包括调制器、锁相放大器、预放器等)、机械扫描系统(由计算机控制的驱动器和 2D 扫描平台)和显示器。

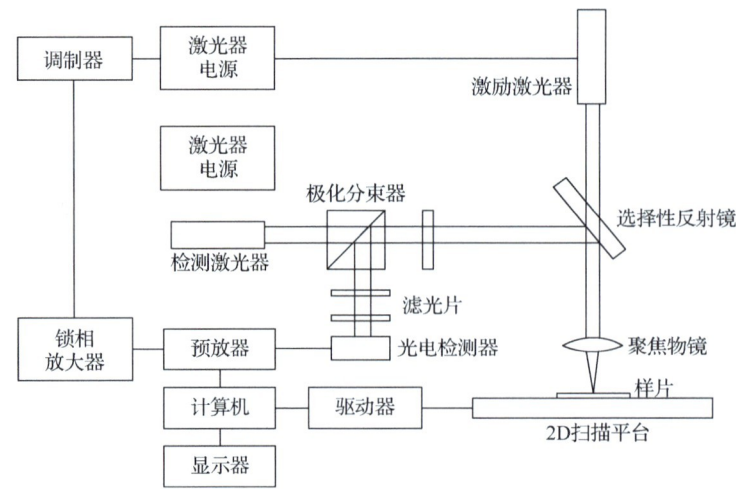

图 10.22 热波系统的结构框图

机械扫描系统是一个由计算机控制的步进电机驱动的 2D 扫描平台,试件和高度微调平台被固定在该平台上。该平台的最大可控行程达 10cm 左右,最小可控行程通常为微米级别,扫描速度一般达每秒数毫米以上。

计算机系统在专用软件支持下的功能包括控制平台的运动、采集锁相放大器的输出信号、输出,以及显示不同测试方式得到的结果。采用的测试方式如下[12]。

(1)单点测试。移送样品到指定位置,测量并显示结果。

(2)直线测试。样品做直线运动,以均匀间隔进行多次测量,显示测量值沿距离的分布曲线。

(3)等值线测试。在样品表面按均匀网格取点测试,对测量结果进行线性插值,显示测量值的等值线图。

(4)图像测试。对样品在小范围内进行光栅式的逐点扫描,测量结果以不同的亮度或颜色表现为一幅高分辨率的热波图像。

此外,计算机系统还提供图像处理的功能,如对比度均衡、消除回差、图像对比、二维傅里叶变换及空间数字滤波等。

掺杂浓度测量的代表性设备是 KLA 的 Therma-Probe 系列。Therma-Probe 680XP 离子注入/退火测量系统可实现 2xnm/1xnm 工艺节点的在线剂量监测,可生成有关离子注入剂量和轮廓、离子注入和退火均匀性,以及范围末端损伤的关键工艺信息。Therma-Probe 500(TP 500)能够对晶圆进行全自动、实时测量。它结合了模式识别系统,可以快速、轻松地定位和测量晶圆上任何小至 10μm×10μm 的位置。新的 TP 500 系统在监测注入剂量和能量方面具有良好的灵敏度。

5. 薄膜计量设备

薄膜计量设备提供关于薄膜计量的全面功能,主要包括膜厚、膜应力、折射率、掺杂浓度等参数的测量。这类设备通过将椭偏仪、膜应力测量仪、四探针等设备的功能集成到一个设备中来实现薄膜计量的综合功能。

薄膜计量的代表性设备有 KLA 的 Aleris 系列、ASET-F5x Pro 系列和 MOS 系列等。

6. 晶圆几何和纳米形貌测量

晶圆几何和纳米形貌测量系统的主要功能是在相关单项工艺过程后为晶圆提供全面的纳米形貌检查，包括变形、内部应力、局部形貌、平整度、边缘状态等，如图 10.23 所示。

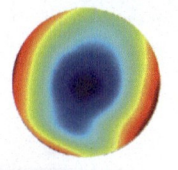
变形
CVD、PVD、退火、刻蚀、CMP

内部应力
CVD、PVD、退火、刻蚀、CMP

局部形貌
CMP

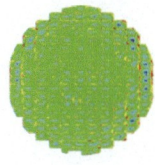
平整度
CVD、PVD、CMP

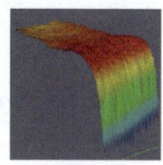
边缘
CVD、PVD、CMP

图 10.23　晶圆几何和纳米形貌测量系统的功能

这是一种整合解决方案，用于精准反馈由应力引起的晶圆变形、由晶圆形状引起的图形重叠误差，以及绘制晶圆正反面的纳米级形貌和测量厚度变化。它能够通过薄膜、刻蚀、CMP 和 RTP 等关键工艺的实时在线监控，数据前馈，以及光刻窗口控制，帮助产线实现更快的工艺导入速度和更高的产量，从而优化整个制造流程并提升产品质量。

相关的代表性设备是 KLA 的 PWG 系列。

7. 关键尺寸测量

根据射线类型的不同，关键尺寸的测量方式可分为光学测量和电子束测量两种。

由于可见光波段的衍射限制，相应光学测量方法难以直接对纳米级结构成像，通常通过测量具有特定周期性结构（如光栅）的图形线宽来间接获得信息。这种方法被称为光学散射法（Optical Scatterometry），它可以用来测量线宽、轮廓、线高度、沟槽深度及侧壁角度等重要参数，从而全面确定截面轮廓。与电子束测量不同，光学散射法不需要在真空环境中操作，并且是非接触式的，不会对样品造成损坏，因此得到广泛使用。

光学散射法通常采用宽频带光源（白光），相应反射光的特性会随着波长（颜色）、偏振状态和入射角的变化而改变。强光源和高灵敏度检测器的使用，使得测量速度非常快，可产生高信噪比的结果。由于光与样品的相互作用是已知的，因此散射信号的解释与其他计量技术相比更加准确。

用光学散射法测量关键尺寸示意如图 10.24 所示。首先，宽带光源聚焦在样品上，反射光被聚焦到分色器中，该装置能够将反射光分离成光谱数据（每个波长的信号水平）和偏振分量。随后，偏振分量被专门的检测器转换成电信号，光谱数据则被传输到处理器，利用描述物质与光相互作用的物理学原理（如麦克斯韦方程）和机器学习模型，处理单元评估与测量结果最匹配的样品属性。尽管这些尺寸远小于所使用的光的波长，但通过复杂的光学散射测量方法，依然能够反映这些亚波长的尺寸。此外，关键尺寸测量不仅要求精度高、速度快，还需要能将光线聚焦到非常小的区域。这些要求通常被认为是相互矛盾的，但可以通过巧妙的目标设计、使用宽光谱带、复杂的光学设计、控制光的偏振及应用复杂的算法等方法来实现。这些方法共同确保了关键尺寸测量的准确性和效率。

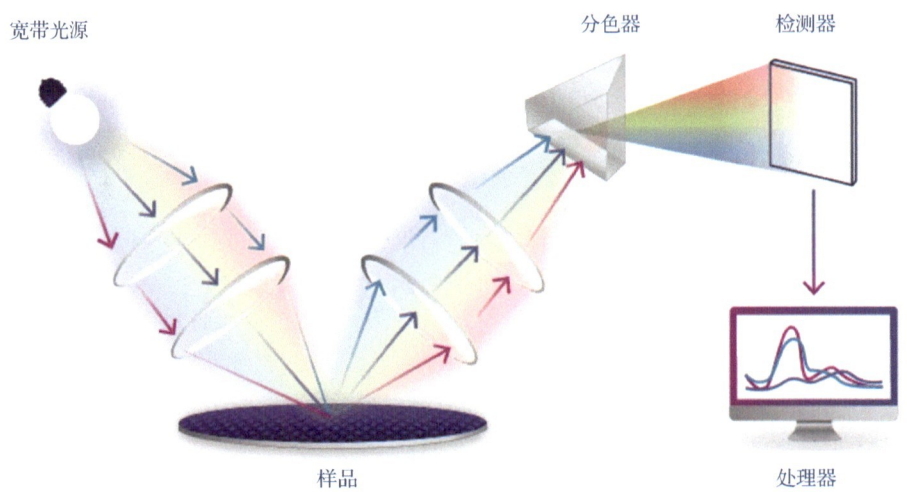

图 10.24　用光学散射法测量关键尺寸示意

光学散射测量的代表性设备有：上海睿励的 TFX3000 OCD，Nanometric 的 Atlas 系列、Impuse 系列，KLA 的 SpectraShape 系列，Nova 的 HelioSense 系列，以及 VIEW 的 MicroLine。

电子束测量通过测量物体轮廓来测量关键尺寸，可测量沟槽、孔等深槽的底部尺寸，以及 3D NAND Flash、FinFET 和 2D NAND Flash 等 3D 器件的结构。在 SEM 图像中，物体的轮廓以及其他特征通常以不同的灰度级别呈现。

CD-SEM 主要用于半导体电子器件的生产线。它与通用 SEM 不同的 3 个主要功能：①照射到样品上的电子束具有 1keV 或以下的低能量，较低的电子束能量可以减少充电或电子束照射对样品造成的损伤。②CD-SEM 的测量精度和可重复性通过最大限度地提高放大倍数校准得到保证，其中测量重复性约为测量宽度的 1%3σ（σ 为标准差）。③晶圆上的精细图形测量是自动化的。精细图形测量的大致过程：将晶圆样品放入晶圆盒内，并将该晶圆盒放置在 CD-SEM 设备上，将测量条件和程序预先输入程序中；当测量过程开始时，CD-SEM 会自动将样品从盒中取出，装入 CD-SEM 并测量样品上所需的位置；测量完成后，样品将被送回盒中。

CD-SEM 使用的是 SEM 图像的灰度级（对比度）信号。首先，光标（位置指示器）指定 SEM 图像上的测量位置。然后，获得指定测量位置的线轮廓。如图 10.25 所示，线轮廓基本上是指示测量特征的地形轮廓变化的信号，用于获取指定位置的尺寸。CD-SEM 通过计算测量区域中的像素数自动计算尺寸。临界尺寸测量主要包括晶圆制造过程中的以下 3 个操作：显影后光刻胶图形的尺寸测量、测量接触孔直径/通孔直径，以及刻蚀后的布线宽度。

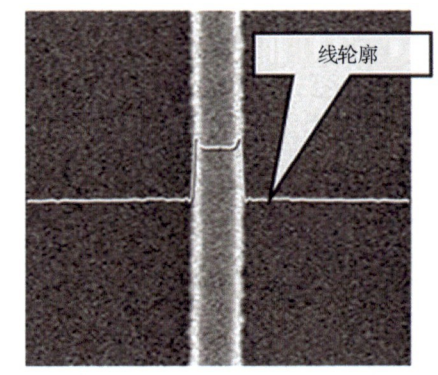

图 10.25　条状结构（如光刻步骤中形成的光刻胶线）的 SEM 图像与线轮廓

电子束测量的代表性设备有东方晶源微电子科技（北京）股份有限公司（简称东方晶源）的 SEpA 系列、日立的 CG/CV 系列，以及 AMAT 的 VeritySEM 系列。

8. 套刻测量原理

在硅晶圆制造中，套刻控制是指对制造硅晶圆所需的图形与图形对齐的控制。在硅晶圆制造的每个阶段，都需要在晶圆上放置一种材料图形。这样，所有由不同材料制成的晶体管、触点等都被铺设。为了保证芯片能正常工作，这些单独的图形（如触点、线路和晶体管）必须全部正确对齐。套刻控制在半导体制造中一直发挥着重要作用，有助于监控多层器件结构上的层间对齐。任何类型的位错都可能导致短路和连接故障，进而影响晶圆厂的产品良率和利润率。

光刻套刻需要对叠加的两个图形实现精密的空间平面对准检测。根据对准原理的不同，套刻测量设备大致分为两类：基于成像的套刻测量设备和基于散射的套刻测量设备。基于成像的套刻测量设备在晶圆和掩模版上方架设显微镜，通过对比上下层的图像中心是否对齐来实现对准。基于散射的套刻测量设备则是通过获取上下两层叠加的光栅结构的衍射信号，利用不同对准情况下衍射效果的不同，测量上下两层叠加光栅的对准情况。

套刻测量的代表性设备有 KLA 的 Archer 系列（基于成像）、ATL 系列（基于散射），Nanometrics 的 CALIPER 系列，ASML 的 YieldStar 系列（基于散射）。

10.2.3 缺陷检测原理

晶圆缺陷检测设备的作用是检测晶圆上的异物和图形缺陷，并确定缺陷的位置坐标。根据晶圆是否有图形，缺陷检测可分为有图形缺陷检测和无图形缺陷检测。根据检测射线类型与探测方式的不同，缺陷检测可分为光学缺陷检测（光学明场散射缺陷检测、光学暗场散射缺陷检测）和电子束检测（Electrons Beam Inspection，EBI）。

缺陷包括随机缺陷和系统缺陷。随机缺陷主要是由异物黏附等引起的。系统缺陷是由掩模或曝光过程的条件引起的，可能发生在所有转移模具的所有同批次电路图形的同一位置。有图形晶圆缺陷检测设备通过比较图形与附近的电路模式形状来检测缺陷。因此，通常有图形晶圆缺陷检测设备可能无法检测到系统缺陷。

1. 有图形缺陷检测与无图形缺陷检测

在有图形的情况下，电子束和光沿芯片阵列捕获晶圆上的图形。如图 10.26 所示，检测缺陷时，设备会将要检查的芯片的图形（2）与相邻的前一个芯片图形（1）进行比较。图像彼此进行数字处理并相减，如果没有任何缺陷，结果为"0"。在芯片图形（2）与芯片图形（1）的差图形（3）中，缺陷图形会被保留。这时，缺陷检测设备就可以检测出缺陷，并将其与位置坐标一起记录下来。

在没有图形的情况下，可以直接检测缺陷，无须比较图形，如图 10.27 所示。

激光光束先照射到旋转的晶圆上，然后沿径向（相对）移动，照射到晶圆的整个表面上。当激光光束击中缺陷时，探测器会检测到散射光，从而检测到缺陷，并根据晶圆的旋转角度和激光光束的半径与位置确定缺陷的坐标位置，最后进行记录。晶圆上的缺陷不仅包括异物，还包括晶体缺陷。

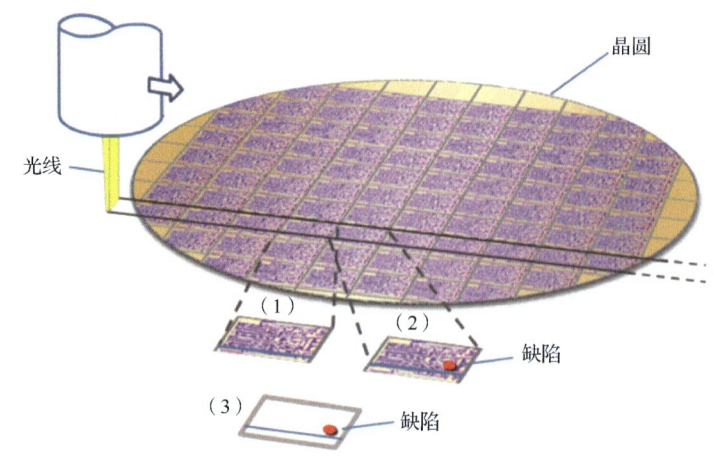

图 10.26　有图形晶圆缺陷检测原理[13]

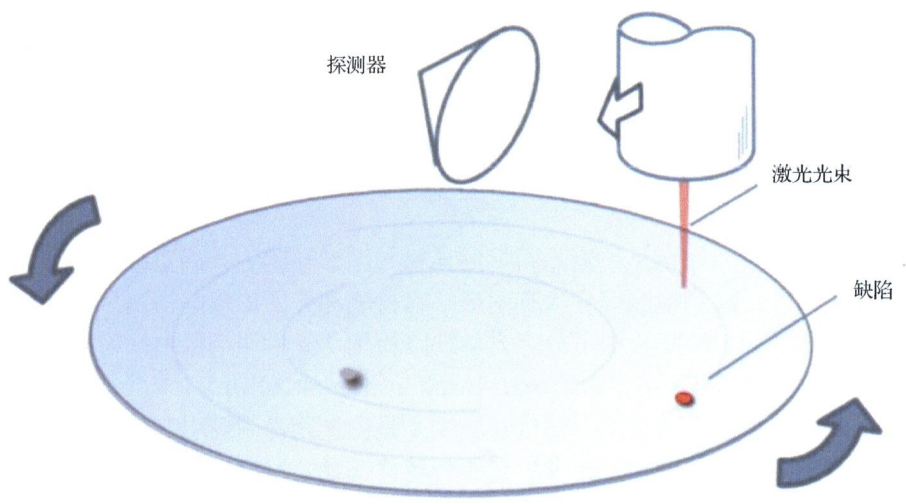

图 10.27　无图形晶圆缺陷检测原理[13]

2. 电子束缺陷检测设备与光学缺陷检测设备

从技术原理上看，电子束缺陷检测与光学缺陷检测是用于定位晶圆缺陷的两项主要技术，二者在检测流程上功能互补，各有优缺点。目前，晶圆厂的主力缺陷检测技术为光学缺陷检测技术，它在集成电路生产高级节点上已经达到极限的分辨率，然而基于电子成像的图像检测比 DUV 光学检测图形成像具有更高的空间分辨率。

现阶段，电子束缺陷检测多用于研发团队的工程分析，光学缺陷检测多用于晶圆厂的在线检测，未来在尺寸较小且光学分辨率有限的情况下，电子束缺陷检测将发挥更大的作用。

与光学缺陷检测设备相比，虽然电子束缺陷检测设备在性能上占优，但逐点扫描的方式导致其检测速度太慢，所以不能满足圆片厂对吞吐能力的要求，无法大规模替代光学设备承担在线检测任务，目前主要用于先进工艺的开发。

3. 缺陷检测复检

在一些关键的生产工艺之后，需要对缺陷进行复检。刚加入缺陷检测站点时，先使用光学明场、光学暗场缺陷检测设备或电子束缺陷检测设备对晶圆表面进行检测，缺陷检测设备会根据扫描区域的图形信号特征对比，发现并标记潜在缺陷的坐标信息。缺陷管理系统再将缺陷坐标信息传入缺陷分析 SEM，后者根据导入的坐标信息找到对应位置的缺陷，通过高倍率电子显微镜观测缺陷的形貌特征、尺寸、缺陷所在位置的背景环境，并通过能量色散 X 射线光谱分析的方法确定缺陷的元素成分，从而判断缺陷产生的原因及对应的工艺步骤，并进行针对性的缺陷改善。

（1）光学明场缺陷检测。典型的光学明场缺陷检测设备的光路原理如图 10.28 所示[9]。光学明场缺陷检测是一种常用的表面缺陷检测方法，它通过光学显微镜和适当的照明条件来观察和分析样品表面的缺陷。

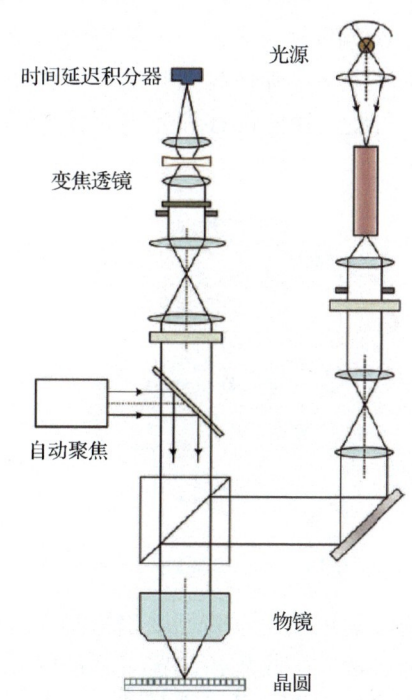

图 10.28 光学明场缺陷检测设备的光路原理

下面介绍光学明场缺陷检测的基本原理。

光源照明：使用合适的光源照射样品表面，常用的光源包括白光光源、卤素灯、LED 等。照明光源的选择会影响到缺陷的检测效果，需要根据具体应用来确定合适的光源。

显微镜观察：在光源的照明下，使用显微镜观察样品表面。光学明场显微镜使用透射光学系统，允许透过样品的光线通过物镜和目镜进入观察者的眼睛。物镜通常具有高放大倍数和高数值孔径，以便观察到更细微的缺陷。

缺陷显示：在光学明场显微镜下，样品表面的缺陷会引起光的散射、吸收或反射，从而在观察图像中形成明暗区域。缺陷的形态、大小和位置可以通过观察这些明暗区域来确定。一般来说，缺陷越大、越深或越突出，在图像中的明暗区域就越明显。

缺陷分析：通过观察缺陷的形态、大小和分布，可以对样品进行缺陷分析。根据具体的应用需求，可以确定缺陷的可接受范围，并进行分类和计数，该步骤往往通过计算机处理，利用图像差分、机器学习等智能算法，对缺陷进行识别与分类。

总的来说，光学明场缺陷检测利用光源照射样品表面，通过显微镜观察样品表面的缺陷，并根据缺陷引起的光学变化来分析和检测缺陷。这种方法简单直观，广泛应用于各种材料的缺陷检测和质量控制领域。

目前，美国 KLA 开发的高端 K39XX 系列和 K29XX 系列明场光学缺陷检测装备能够实现亚 30nm 的缺陷检测灵敏度，适用于 1xnm 及以下工艺节点生产线上的硅片结构图形缺陷检测。

（2）光学暗场缺陷检测。光学暗场缺陷检测作为一种非接触、高分辨率的快速在线缺陷检测方法，被广泛应用于无图形晶圆表面缺陷的检测。光学暗场缺陷检测的基本原理如图 10.29 所示，激光以入射角 α 投射到晶圆表面，缺陷会使入射的激光发生散射，去除反射光并利用光学系统收集角度 θ 内的散射光，即可获得缺陷信号。由于晶圆尺寸与入射激光光斑相比大得多，因此需通过运动台旋转晶圆并沿径向移动，使激光能够对整个表面进行检测，后续根据晶圆的旋转角度、径向位移和光斑直径即可计算出缺陷的位置坐标，从而还原晶圆表面的缺陷分布。

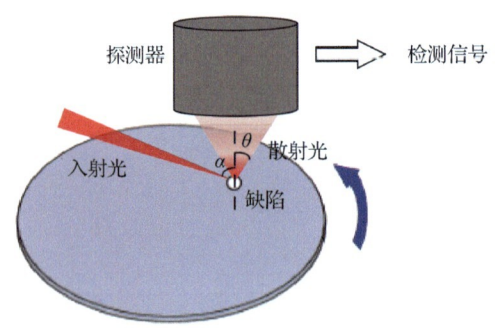

图 10.29　光学暗场缺陷检测原理

光源的入射角和散射光的收集角是光学暗场缺陷检测系统的两个关键参数。入射角决定了缺陷被照明后的散射场分布特性，收集角决定了系统能收集的散射场的角度。合适的入射角和收集角有利于提升系统分辨率。考虑到晶圆表面缺陷的种类和尺寸的多样性，光学暗场缺陷检测系统通常需要设计正入射和斜入射两路照明光路，以充分发挥不同入射状态对不同类型和尺寸缺陷的检测优势，以及实现缺陷分类。此外，缺陷的散射场分布还取决于光源的偏振态和缺陷尺寸等因素。因此，无图形晶圆表面缺陷建模和散射场分布特性分析对确定系统参数十分重要。

（3）电子束检测用于半导体元件的缺陷（Defect）检验，以电性缺陷（Electrical Defect）为主，形状缺陷（Physical Defect）次之。

电子束检测的检测方式是利用电子束扫描待测元件，得到二次电子成像的影像，根据影像的灰阶值，以计算机视觉比对辨识，找出图像中的异常点，视为电性缺陷。例如，在正电位模式下，亮点显示待测元件为短路或漏电，暗点则为断路。

电子束检测的工作原理是利用电子束直射待测元件，大量的电子瞬间累积于元件中，改变了元件的表面电位,当表面电位大于 0(相对于元件的衬底电位),称为正电位模式,反之则称为负电位模式。

采用电子束检测时,入射电子束激发出二次电子,通过对二次电子的收集和分析捕捉到光学检查设备无法检测到的缺陷。例如,当接触或通孔等高纵横比(High Aspect Ratio,HAR)结构未充分刻蚀时,由于缺陷在结构底部,因此很难用光学暗场或明场缺陷检测设备检测到,但是因为该缺陷会影响入射电子的传输,所以会形成电压反差影像,从而检测到由于 HAR 结构异常而影响到电性能的各种缺陷。此外,由于检测源为电子束,检测结果不受某些表面物理性质(如颜色异常、厚度变化或前层缺陷)的影响,因此电子束检测技术还可用于检测很小的表面缺陷,如栅极刻蚀残留物等。

随着半导体器件特征尺寸的不断微缩,电子束检测技术的发展非常迅速,将电子束检测用于生产过程控制的呼声也越来越高,但是电子束检测的问题是速度太慢,因此关键是如何尽快提高检测速度。半导体技术的发展要求新一代缺陷检测技术能够满足检测速度、检测灵敏度和成本等要求。为了更快更好地解决缺陷问题,可以综合使用光学暗场、光学明场和电子束检测技术并优化检测站点比例。

10.2.4 缺陷检测类设备

缺陷检测原理与代表性设备对照见表 10.3。

表 10.3 缺陷检测原理与代表性设备对照

原理	光学缺陷检测代表性设备	电子束检测代表性设备
无图形缺陷检测	Viscom 的 MX100IR,KLA 的 Surfscan SP 系列、Candela 系列、ZetaScan 系列	—
有图形缺陷检测	天准科技的 Argos 系列,KLA 的 Voyager 系列	KLA 的 eSL10、eDR 系列

缺陷检测设备涵盖了芯片和晶圆制造环境中的所有良率应用,包括来料工艺工具认证、晶圆认证、研发,以及工具、工艺和生产线监控。有图形与无图形缺陷检测系统可发现、识别和分类晶圆正面、背面和边缘上的颗粒和图形缺陷。这些信息使工程师能够检测、解决和监控关键的良率偏差,从而提高生产良率。

1. 无图形缺陷检测设备

无图形缺陷检测针对无图形晶圆表面、薄膜晶圆表面等进行检测。基于光学明场缺陷检测原理进行检测具有相对较高的检测效率,是目前国际上主流的无图形缺陷检测方式。

无图形缺陷检测设备是检测裸晶圆、芯片、MEMS、晶圆键合、SOI 和倒装芯片,以及光伏领域应用的解决方案。检测的晶圆可以由多种材料组成,如硅、砷化镓、Ⅲ-Ⅴ族材料等。

该设备可利用透射和反射光为各类晶圆的加工过程提供结构分析和异物数据;提供图形用户界面以使程序生成和维护变得简单快捷;基于专门的检测算法来定位缺陷,包括空洞、黏合宽度、分层等,并提供统计分析过程控制。

缺陷晶圆图采用颜色代码显示晶圆上每个缺陷的位置。缺陷帕累托图表显示每一种缺陷类型的数量。缺陷检测摘要显示整片晶圆上的缺陷统计数据。缺陷记录文件显示位置、像素大小、面积和缺陷类型等详细信息,同时显示按尺寸分类的缺陷数量及总缺陷数量。

检测报告和缺陷记录文件都可以存档以进行生产审查。

检测系统提供了多种检测模式以满足各种应用的需求：高通量、标准分辨率和高分辨率。其他工程工具包括：虚拟芯片网格叠加分析（确定特定缺陷类型影响的晶圆面积百分比）；缺陷尺寸、表面均匀性、前后检测数据对比分析（用于缺陷溯源与传递路径分析），基于合格/不合格标准进行晶圆分级；缺陷标记（划线定位缺陷坐标）以及设备间自动化系统集成。

无图形缺陷检测设备有专为手动装载和小批量检测而量身定制的（如 Viscom 推出的 MX100IR），也有适用于工艺流水线上的（如 KLA 的 Surfscan SP 系列）。

KLA 在晶圆缺陷检测设备领域一直处于领先地位，该公司推出的 Surfscan SP 7 缺陷检测设备可检测 7nm 的缺陷。该设备有倾斜和垂直两个入射角，以及"宽"和"窄"两个信号收集通道，它们两两组合，形成 4 种检测模式。由于散射信号的强度分布与缺陷的形状、尺寸、材料及晶圆薄膜有关，因而可依据入射光和收集通道的模式不同对缺陷进行分类。KLA 在新的缺陷检测设备中将收集通道改为透镜，并对入射光和出射光的偏振态进行调制，以提高检测分辨率和缺陷分类能力。

2. 有图形表面缺陷检测设备

有图形表面缺陷检测是针对具有图形的晶圆表面或掩模版表面的缺陷检测。根据射线源的不同，这类设备主要分为两大类：光学缺陷检测类型和电子束缺陷检测类型。

光学缺陷检测对晶圆表面重复区域进行快速成像扫描，通过将每个芯片的图像信号与参考芯片的图像信号进行比较，获得缺陷的尺度、分布和分类等信息。光学缺陷检测分为明场检测和暗场检测，明场检测的非图形区域是亮的，暗场检测的非图形区域是暗的。

激光扫描检测系统支持高级逻辑芯片和存储芯片制造的量产爬坡缺陷监控。采用深度学习算法，将关键 DOI（感兴趣的缺陷）与模式滋扰缺陷分开，以提高重要缺陷的整体缺陷捕获率，包括独特的、细微的缺陷。倾斜照明和灵敏度更高的光学传感器芯片可在诸如用于 EUV 光刻的显影后检测（After Develop Inspection，ADI）和光刻单元监测（Photo Cell Monitoring，PCM）等应用中为精细光刻胶层的低剂量检测提供更高的吞吐量和更好的灵敏度。

相关的设备有天准科技的 Argos 系列，KLA 的 Voyager 系列等。

电子束缺陷检测是用聚焦电子束扫描样品表面产生图像，将样品信号与参考芯片的图像信号进行对比，获得缺陷的尺度、分布和分类等信息，包括单电子束技术和多电子束技术。例如，ASML 的 HMI eScan 1100 采用了多电子束技术，能够在大批量制造中使用。

电子束缺陷检测设备可捕获高分辨率的缺陷图像，从而准确表示晶圆上的缺陷群；通过多样化的电子光学配置和专用镜内检测器，相关设备可支持跨工艺环节的缺陷可视化检测，包括对缺陷敏感的 EUV 光刻层、高深宽比沟槽结构，以及基于电压对比（Voltage Contrast）模式的检测。

电子束缺陷检测相关的设备有 KLA 的 eSL10、eDR 系列等。其中，KLA 的 eSL10 可以检测深孔和沟槽的底部缺陷（见图 10.30），发现低于 5nm 的图形缺陷。eSL10 的最大工作电压为 30kV，能够通过收集背散射信号到达深层结构底部，多通道同时工作提供表面和形貌。其中，背散射提供材料对比度和深层结构信息，二次电子提供表面缺陷信息。该设备具有小光斑、大束流的特点，可同时实现高通量、高灵敏度。

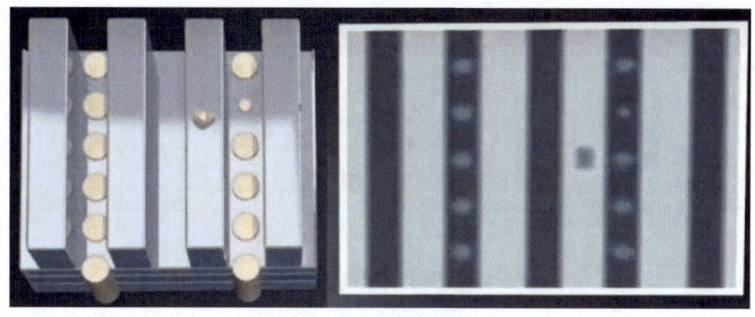

图 10.30　底部缺陷示意

10.3　上游关键技术

10.3.1　运动控制与定位技术

精密运动控制是提高生产效率、提高产品质量、实现复杂运动模式、增加安全性和可靠性，实现精细化加工，以及推动科学研究和创新的重要工具，广泛应用于精密工程、微纳制造和生物医药技术领域。国内精密运动控制技术发展较晚，应用产品和领域主要集中在中低端制造业，亟待发展高端精密运动控制技术。

运动控制系统主要依靠电机作为动力源，通过实时管理机械运动部件的位置、速度等，实现对物体的角位移、速度和转矩等物理量的控制从而达到按照预定的控制方案实现期望的机械运动控制的目的。因此，运动控制系统不仅局限于电机本身，而是一个综合性的控制系统。

典型的运动控制系统由上位机（人机界面与通信接口）、运动控制器、功率驱动装置、电机、执行机构（减速机构、传动机构、机械装置等）和反馈检测装置（光栅、编码器等）等部分组成，如图 10.31 所示。这些组成部分协同工作，可以实现精确的运动控制和位置调节。

（1）上位机。上位机是系统的主要控制单元，负责运行控制软件、处理用户输入指令、监控系统状态等。它与其他部分之间通过通信接口进行数据交换。

（2）运动控制器。运动控制器是实际执行运动控制任务的核心部件，通常采用专用的硬件或嵌入式系统。它接收来自上位机的指令，通过内部的运算和控制算法，生成合适的控制信号发送给功率驱动装置。

（3）功率驱动装置。功率驱动装置将来自运动控制器的控制信号转换成适合驱动电机的电力信号。这些装置通常包括电子调速装置、伺服放大器、驱动器等，用于调节电机的速度、力矩或位置。

（4）电机。电机是运动控制系统的执行器，它将电能转换为机械能。根据具体应用需求，可以使用不同类型的电机，如直流电机、交流电机、步进电机等。

（5）执行机构。执行机构是与电机相连的机械装置，用于将电机的运动转化为系统需要的线性或旋转运动。它可以是传动系统、连杆机构、导轨等。

（6）反馈检测装置。反馈检测装置用于监测系统的实际状态，通常通过传感器获取有关位置、速度、力矩等方面的反馈信号。这些信号会被反馈给运动控制器，用于实时调整控制算法和纠正系统误差。

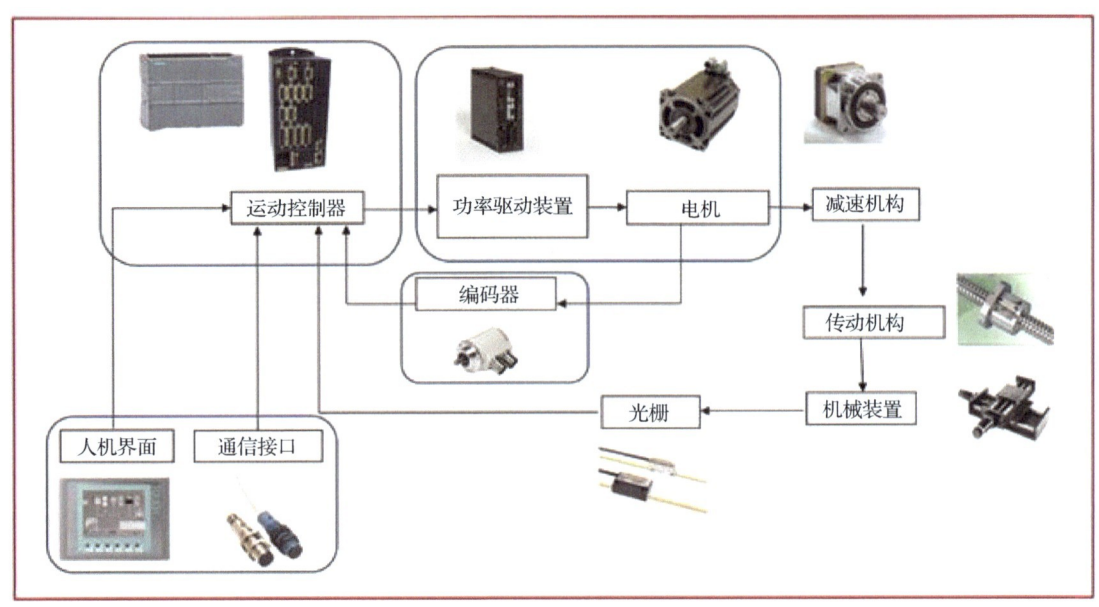

图 10.31 运动控制系统

精密运动控制技术的核心材料之一是压电陶瓷材料，压电陶瓷材料具有压电效应，即在施加电场时能够发生机械变形，反之亦然。这使得它们成为制作制造压电致动器的理想材料，具有响应速度快、控制精度高、成本低等优点，近年来得到了广泛的应用。虽然压电陶瓷具有严重的迟滞非线性特性，使得对其建模和控制困难，但以压电致动器为控制对象，利用迟滞非线性系统中的系统重复性，设计迭代学习控制器来进行迟滞补偿，可以实现纳米级精密跟踪控制。AFM 中样品与探针之间原子尺度距离的运动控制就是通过压电陶瓷实现的。

提供精密运动控制技术的企业有 TI、Allied Motion、Physik Instrumente 等。

10.3.2 激光器

激光器被广泛地运用在各类半导体生产的工艺量检测设备中，如椭偏仪、套刻对准设备、双频激光干涉仪、光学缺陷检测类设备等。

激光器作为一种产生激光光束的装置，具有以下特点。

（1）相干性好。激光器产生的光是相干光，光波振动具有高度的同步性。相干性使得激光能够形成细长、集中的光束，具有高度的定向性和狭窄的光束发散角，能够有效地聚焦在一个小的区域内。

（2）单色性好。激光器产生的光具有非常纯净的单一频率。相较而言，其他光源（如白炽灯）产生的光包含多种频率的光波。

（3）亮度高。激光器的亮度（功率密度）非常高，能够在远距离传输并保持较高的能量密度。

激光器主要由 3 个组件组成：激光介质，可以是固体（晶体或半导体）、液体（有机染料）或气体（或气体混合物）；激发系统或"泵"，向激光介质提供必要的能量，为光放大创造条件；光学谐振器，最简单的形式是两个镜子，这两个镜子的排列可使光子沿着激光介质的长度来回传递。通常，一面镜子是部分透明的，以允许光束射出。

激光介质由具有质子和中子中心核的原子组成，原子核被离散轨道壳层中的电子包围。当原子吸收或释放外部能量时，这些电子在不同的能级之间移动。激光的产生存在吸收、自发辐射和受激辐射3种不同的机制，如图10.32所示。

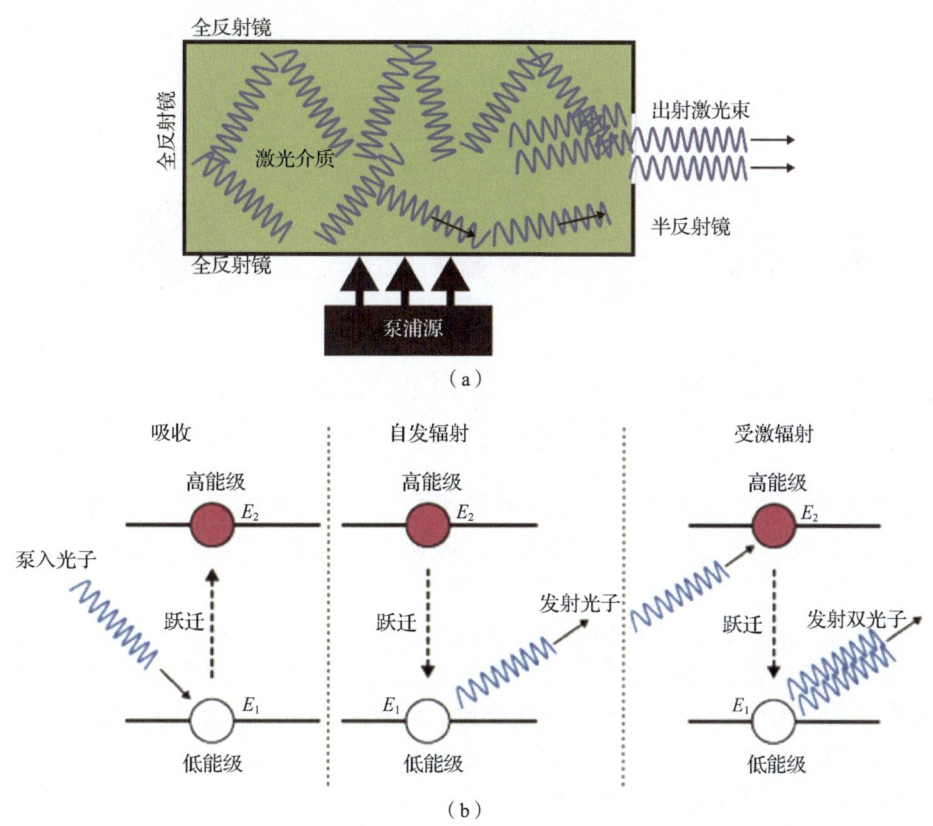

图 10.32 激光器的结构及激光的产生机制[14]
（a）激光器结构组成 （b）激光的产生机制：光子和原子外层电子的相互作用

为了使激光器发挥作用，条件必须有利于受激辐射而不是吸收和自发辐射，所以需要使激发态电子比基态电子更多（粒子数反转）。这是通过泵输入能量来实现的；既可以通过连续地输入能量来实现稳定激光，也可以通过间歇地输入能量来实现脉冲激光。

在激光器中，当一个光子刺激一个处于激发状态的原子或分子时，会促使这个原子或分子发射出一个具有相同特性的新光子，这个过程称为受激辐射。光学谐振腔由两个反射镜组成，其中一个通常为部分透明（输出耦合镜），它们的布置使得光子在谐振腔内沿同一轴线来回反射，从而导致更多的光子通过受激辐射产生，最终实现光的放大或光学增益。在这个过程中，一部分增强后的光束会从部分透射的镜子中射出，形成激光。

10.3.3 电子源

电子因波长远小于光的波长，被用于纳米尺度的观察。电子束对广泛应用的各类电子显微镜和电子束缺陷检测设备具有重要意义。

假设有两个对象，它们彼此分开且相距很远，则可以很容易地分辨。让我们取两个圆盘，它们被光晕包围（见图10.33），光晕的半径为$1.22F\lambda/d$（其中，F是焦距，λ是波长，d是圆盘直径）。在极限情况下，如果它们以一个圆盘的最大值与另一个圆盘的第一个最小值重合，根据光学系统分辨率的瑞利准则，可以分辨两个点[7]。

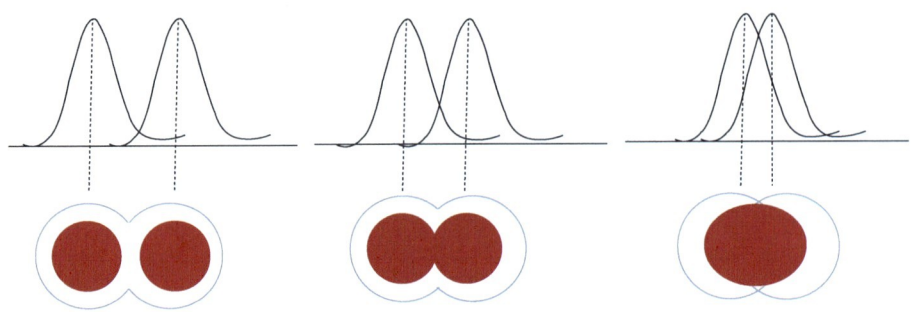

图 10.33　瑞利准则[15]

最小可分辨距离d_0或分辨率ρ（分辨能力）由式（10.11）给出：

$$d_0 = \rho = \frac{1.22\lambda}{2}(n\sin\alpha) = \frac{0.61\lambda}{n\sin\alpha} = 0.61\lambda/\text{NA} \tag{10.11}$$

其中，λ是波长；n是折射率；α是试样的半角；NA 是数值孔径，$\text{NA}=n\sin\alpha$。根据式（10.11），分辨能力将受到一些因素的限制，如果想提高分辨能力，λ是最重要的因素。

由量子物理中德布罗意（De Broglie）波的概念可知，电子的波长λ是由发射它们的灯丝上的加速电压决定的。移动电子具有作为移动带电粒子或具有相关波长的辐射的双重特征，并且电子的λ与电子的动量$p=mv$成反比，即$\lambda=\hbar/(mv)$，其中λ是电子的德布罗意波长，$\hbar$是普朗克常数，m是电子质量，v是电子的速度。因此，如果使用电子束作为光源，波长将非常短，可以通过以下关系计算：$\lambda=0.61/v$。

因此，电子束作为照明物对高分辨率很重要。基本上，SEM通过检测样品表面聚焦的高能电子（初级电子）撞击产生的不同信号来对样品表面进行成像。这些电子具有非常短的波长，且可以根据施加的高电压而变化[15]。

电镜中，电子源一般根据产生电子的原理分为两类：热发射电子源和场发射电子源。

1. 热发射电子源

热发射电子源（见图10.34）主要的物理机制可以用式（10.12）来描述：

$$J = AT^2 e^{\frac{W}{kT}} \tag{10.12}$$

其中，A为与电子源材料有关的常数，T为电子源的温度，W为电子源的溢出功，k为玻尔兹曼常数。

通常，整个电子源由 3 个部分组成：阴极（发射电子）、栅极（筛选和汇聚阴极发射的电子）、阳极（加速电子至给定的能量）。

最后，在一定角度范围内的电子就从阳极射出，进入后续的照明系统。为了获得明显的热发射，需要逸出功较低的材料。目前，热发射电子源的常见材料有 W、LaB_6、钡钨合金等。

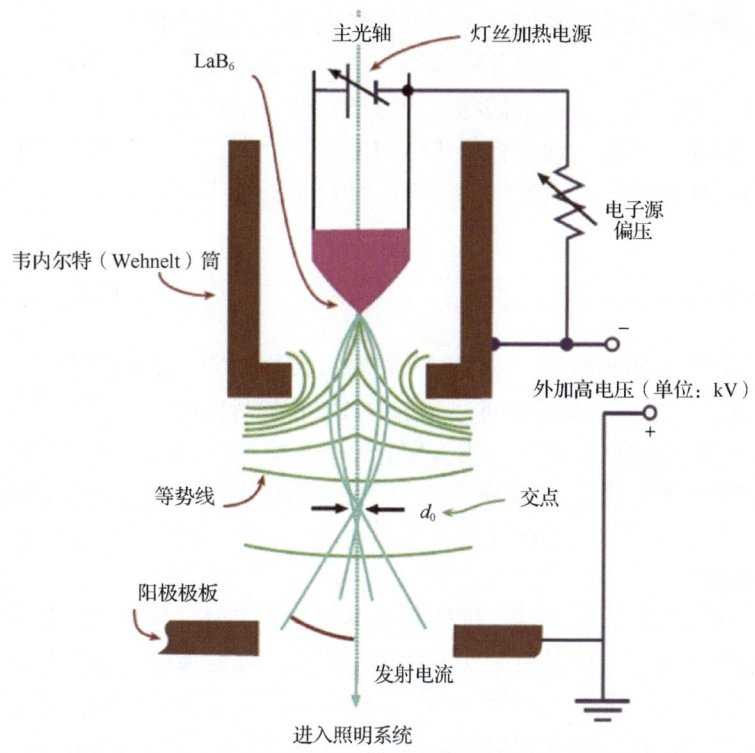

图 10.34 热发射电子源的基本结构及原理

2. 场发射电子源

在外场的作用下,功函数会被降低。在给定的电压下,如果使用"针"形的阴极,那么阴极处的电场将会被极大地加强:

$$E \sim V/r \tag{10.13}$$

其中,V 是阴极上的电势,r 是该处的曲率半径。

场发射电子源(见图 10.35)通常有两个阳极。阳极一(First Anode)带数千电子伏的正电压,可促进阴极"针尖"处的电子向阳极逸出;阳极二(Second Anode)带数百电子伏的电压,用于对电子进行加速,从而获得所需的电子。

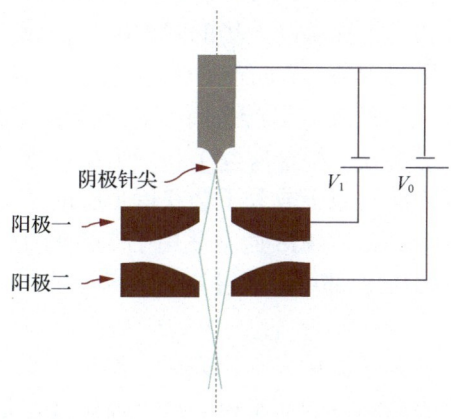

图 10.35 场发射电子源的基本结构及原理

经过两个阳极后,电子束被汇聚在一处,形成等效的电子源。

场发射电子源的"针尖"需要保持清洁,超高真空环境可以实现这一点。这时,电子源就可以在室温下进行工作了,我们称之为冷场发射。除此之外,如果对"针尖"进行加热,则不需要超高真空环境,通过将氧化锆附着在"针尖"表面即可实现电子束反射,称为热场发射过程。这样的电子源被称为热场发射(Thermal Field Emission,TFE)源或肖特基电子源。

10.3.4 X射线源

在进行晶格结构观测和膜应力测量时,常常会使用到 X 射线光源。X 射线的波长在 $10^{-3} \sim 10$nm 范围内,能够观测到可见光观测不到的微观特征。

X 射线一般通过加速后的电子撞击金属靶产生。X 射线管由阴极和阳极组成,内部是真空环境。当高电压施加在 X 射线管上时,阴极发射出电子,经过加速后撞击阳极。在撞击的过程中,部分电子的能量会转化为 X 射线辐射。这些 X 射线会通过 X 射线管的金属壳体发出,形成束流。

X 射线产生辐射的形式有两种,即连续辐射和特征辐射。连续辐射是指当高速电子通过物质时,它们与物质原子中的电子相互作用并减速。在减速的过程中,电子会发射出连续范围的能量,形成连续谱的 X 射线辐射。连续辐射的能量范围从较高能量到较低能量连续分布,没有明显的峰值。特征辐射是由电子束撞击物质原子的内层电子产生的。当电子撞击原子内层电子时,后者可能被击出原子。当原子内层电子离开后,外层电子会填补这个空位,并释放出能量。这种能量释放就形成了特征辐射。特征辐射具有离散的能量峰值,这些峰值对应原子内层电子的能级差异。在 X 射线谱中,连续辐射和特征辐射同时存在。特征辐射的能量峰值可以用来识别物质的成分,而连续辐射则提供了额外的信息,可用于测量物质的密度和厚度等参数。

10.3.5 离子源

离子源是 FIB 系统中产生离子束的组件,它通过电离原子或分子产生带电的离子。

通常使用的离子源是离子源发射器,其中最常见的是场发射离子源(Field Emission Ion Source,FEIS)和热发射离子源(Heating Emission Ion Source,HEIS)。FEIS 基于场发射原理,通常由一个尖端电极和一个提供高电场的附加电极构成。在高电场的作用下,FEIS 尖端的材料会发生电场增强发射现象,从而产生带电的离子束。FEIS 通常能够提供高亮度和高能量的离子束,因为场发射过程可以产生高速、高能量的离子。HEIS 则基于热发射原理,包含一个加热元件(通常是一根金属丝)和一个提供辅助电场的附加电极。当加热元件被加热至高温时,材料表面的原子或分子会获得足够的热能以克服束缚力,并从材料表面发射出来,形成带电的离子束。HEIS 通常适用于产生低能量的离子束,具有较高的稳定性和较长的寿命。FEIS 和 HEIS 都可以通过调节电场和加热参数来控制离子束的能量、流强和成分。

在 FIB 系统中,离子束从离子源中发射出来后,经过一系列的聚焦透镜和电场控制,最终聚焦到极小的直径,形成高能量的离子束。这个聚焦过程是通过对离子束施加电场和磁场来实现的。离子源的性能对产生高质量、高分辨率的离子束至关重要。

离子束的高能量和高聚焦度使得 FIB 系统在微纳加工、材料修复、器件修改等领域具有广泛的应用。离子源的稳定性、亮度和寿命等性能指标对 FIB 系统的性能和可靠性至关重要。因此，离子源是 FIB 系统中的关键部件之一。

10.3.6 光学散射中的正问题与逆问题

在光学方法无法直接观测到的纳米尺度上，利用光学散射及建模的方法可以推测微观结构的某些部分尺寸，从而实现测量的目的。基于模型的光学散射测量技术，通过测量纳米周期性光栅结构散射的光信号，求解逆问题，即考虑什么样的结构会导致这样的散射信号，来重构待测结构的形貌。例如，在光学关键尺寸测量和光学散射法套刻对准中，都有对这一方法的运用。

如图 10.36 所示，实际工艺中，通常在芯片的划线槽内加工出一系列具有周期性特征的目标光栅，这些目标光栅所在区域的大小通常小于 100μm×100μm。在芯片制造过程中，光学散射仪的实际测量对象就是这些目标光栅。

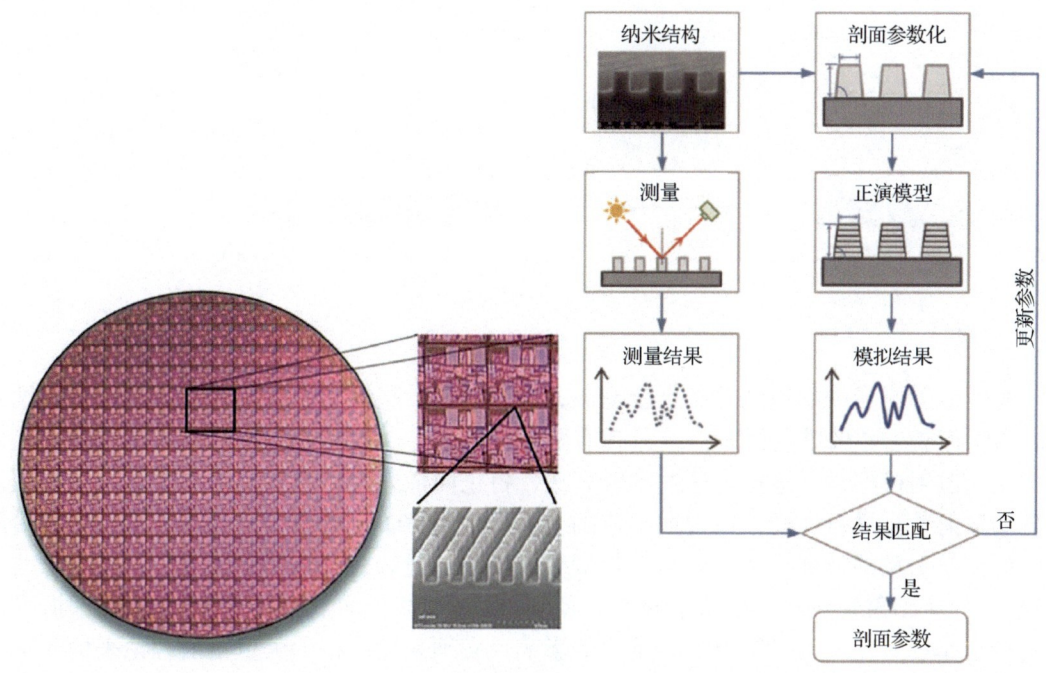

图 10.36 光栅纳米结构与光学散射测量流程[9]

光学散射法可分为两部分：正问题和逆问题。正问题是指通过散射测量装置获取待测纳米结构的散射信息；逆问题则是指从测量得到的散射数据中提取待测纳米结构的 3D 形貌参数。

首先，根据先验知识对待测纳米结构 3D 形貌进行参数化表征；然后，对光与纳米结构间相互作用进行建模，构建正向散射模型，将散射信号与待测形貌参数关联起来；最后，通过求解逆问题来提取待测形貌参数值，目标是寻找一个最优的散射模型输入参数，使得该形貌参数计算出来的散射数据能够最佳匹配测量数据。散射信号分布完全由式（10.14）决定：

$$\sin\theta_i + \sin\theta_m = m\frac{\lambda}{\Lambda} \tag{10.14}$$

其中，θ_i 为入射角；θ_m 为第 m（$m=0,\pm1,\pm2,\cdots$）级衍射光对应的衍射角；λ 为入射光的波长；Λ 为光栅的周期。

许多不同类型的光学散射装置已被用于收集待测纳米结构的衍射信息，大致分为两类，即角分辨散射仪和光谱散射仪，如图 10.37 所示。

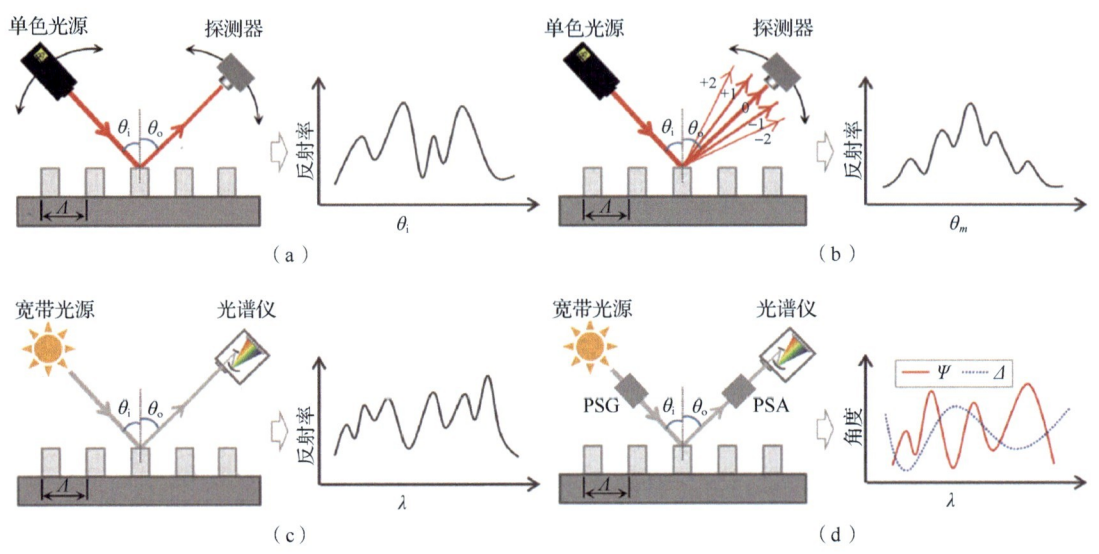

图 10.37　散射测量装置
（a）、（b）角分辨散射仪　（c）、（d）光谱散射仪

光学散射测量中的逆问题的求解是该方法的核心，指的是从散射测量数据到待测纳米结构 3D 形貌参数的映射过程。该过程有两个关键点：①构建光与待测纳米结构间相互作用的正向散射模型；②选择合适的求解算法，将正向散射模型计算出来的散射数据与测量得到的散射数据进行匹配，以提取出待测纳米结构的 3D 形貌参数。由于光学散射测量所面临的测量对象的特征尺寸一般为波长量级或亚波长量级，沟槽深度较大（达到数个波长量级），标量衍射理论中的假设和近似已不再成立。此时，光的偏振性质和不同偏振光之间的相互作用对光的衍射结果具有重要的影响，必须采用严格的矢量衍射理论来构建纳米结构的正向散射模型。矢量衍射理论基于电磁场理论，需在适当的边界条件下严格地求解麦克斯韦方程组。

在套刻对准时，待测对象也是一排排纳米光栅，因此基于模型的 mDBO 误差测量技术应运而生。mDBO 误差测量技术中的套刻标记采用专门设计的纳米光栅结构，先测量套刻标记的衍射信号（如光谱或角分辨谱等），再进行逆问题的求解，即可提取出套刻误差。mDBO 误差测量技术的套刻误差提取方法与光学散射测量中采所用的参数提取方法相似，即首先对光与套刻标记间相互作用进行建模，然后将模型计算的散射信号与测量数据进行匹配，以提取套刻误差值。

10.4 技术供应

10.4.1 国际情况

KLA 是半导体领域最大的量检测技术与设备企业之一,在半导体工艺控制方面表现出色。该企业的产品线覆盖了前道工艺过程控制的全流程,包括晶圆制造、光罩制造、半导体封装、PCB 和 LED 等领域。在 2021 财年,KLA 在半导体工艺控制方面的收入占比高达 82.9%,实现了 573 亿美元的收入,同比增长 20.8%。

KLA 在缺陷检测领域具有较高的市场占有率,市场份额显著超过了竞争对手。根据 Gartner 的数据,2021 年,KLA 在前道工艺量检测设备领域的市场占有率为 52%,在晶圆形貌检测、无图形晶圆缺陷检测和有图形晶圆缺陷检测领域分别占有 85%、78% 和 72% 的市场份额,展现了在这些领域的垄断优势。

除了 KLA,该领域的其他代表性企业包括 AMAT、日立高新技术集团(简称日立高新)和 Onto 等。这些企业在工艺量检测领域的市场占有率合计约为 27%,其中 AMAT 占据约 12% 的市场份额,日立高新占据约 11% 的市场份额,Onto 占据约 4% 的市场份额。

10.4.2 国内情况

国内生产工艺量检测设备的企业起步较晚,全球市场份额不足 1%,国内代表性存储晶圆企业项目中工艺量检测设备国产化率低于 10%,国产设备有很大的增长和替代空间。

在国内工艺量检测领域,涉及膜厚测量、光学关键尺寸测量、电子束检测等不同领域的企业都在积极推动国产工艺量检测设备的发展。下面介绍一些代表性企业及其在各个领域的产品。

在膜厚及 OCD 检测领域,上海精测是一家专注于椭圆偏振技术的企业,已经推出了多款膜厚检测设备和 OCD 检测设备。它们自主研发的电子束检测设备(eViewTM)在半导体前道工艺量检测中具有超高分辨率和自动检测工艺缺陷的能力。值得一提的是,这是国内首款拥有完全自主知识产权的半导体前道工艺量检测设备(见图 10.38)。

图 10.38 国内首款自主知识产权前道工艺量检测设备[13]

在光学膜厚测量和光学缺陷检测领域，上海睿励是一家技术领先的企业。它们推出的 12in 光学测量设备 TFX 3000 系列产品已成功进入国际生产线，并在国内多家芯片生产企业中获得认可。

中科飞测在 3D 封装量检测、晶圆表面缺陷检测和智能视觉检测等领域表现强劲。该公司的产品包括 SKYVERSE-900 3D 封装量检测系统、SPRUCE-600 晶圆表面缺陷检测系列和智能视觉检测系统，为不同企业的生产线提供可靠的工艺量检测解决方案。

在电子束检测领域，东方晶源在国内取得了显著的成就。该公司开发的电子束检测设备 SEpA-i505 提供了纳米级缺陷检测和分析解决方案，并已通过产线验证。此外，该公司还推出了 12in 和 8in 工艺量检测设备 CD-SEM，满足国内制程需求。

这些企业在不同领域中都展现出了国产工艺量检测设备的技术实力和市场竞争力。他们的产品和技术能力得到了国内外业界的认可，并在国内一线存储厂商和其他芯片生产企业的生产线上得到了成功应用。随着国内量检测领域的不断发展，这些企业有望进一步扩大市场份额，并提升国产工艺量检测设备的国际竞争力。

10.5 本章小结

根据功能的不同，工艺量检测设备可分为量测类设备和缺陷检测类设备两大类。根据应用场景的不同，又可分为研发线设备与量产工艺线设备。本章从工艺量检测设备的基本分类、基本原理、相关设备、上游关键技术、全球产业链等方面展开，着重阐述了电阻测量、膜厚测量、膜应力测量、折射率测量、掺杂浓度测量、关键尺寸测量、套刻误差测量，以及各类型缺陷检测的基本原理，并介绍了一些相关的工艺量检测设备。

思考题

（1）结合不同类别的工艺量检测设备，探讨量检测在半导体制造过程中的关键作用。
（2）热波系统技术在检测杂质浓度方面的优势有哪些？
（3）AFM 在测量关键尺寸时有哪些工作模式，分析它们的适用场景。
（4）描述 DBO 误差测量技术机制及其优势。
（5）请列举在使用椭偏仪的过程中可能遇到的挑战，并讨论如何克服这些挑战以提高测量的准确性和可靠性。
（6）在半导体制造过程中，随机缺陷和系统缺陷的区别是什么？在检测和纠正这些缺陷时采取的方法有何不同？
（7）对比光学缺陷检测与电子束缺陷检测在晶圆表面缺陷检测中的特点，分析它们的适用场景。
（8）在有图形缺陷检测中，如何通过算法优化提高缺陷检测的准确性和效率？
（9）如何通过对相关设备进行合理组合乃至融合来提高晶圆检测效率和准确性？
（10）请举例说明激光光源在工艺量检测设备中的具体应用及重要性。
（11）如何通过改进电子源的设计来提高电子显微镜的分辨率？

（12）在光学散射测量中，逆问题的求解面临着多解性问题，请探讨解决这个问题的方法和技术。

参考文献

［1］ 王华军，丁健，赵晋. 全产业链视角看半导体检测设备［R］. 上海：国金证券，2020.
［2］ 王蕊，牛立刚，贺媛，等. 四探针法测试半导体掺杂浓度的实验研究［J］. 吉林大学学报（信息科学版），2019，37(5)：507-511.
［3］ KEEP LOADING AHEAD. 续写KLA产品创新的光辉历史［EB/OL］. (2023-10-04)［2024-07-06］.
［4］ PEARCE N, ZHOU L, GRAVES P, et al. Production implant monitoring using the Therma-Probe 500［C］//Proceedings of 11th International Conference on Ion Implantation Technology. NJ: IEEE, 1996: 206-209.
［5］ PARK SYSTEMS. Principles of nulling and imaging ellipsometry［EB/OL］. (2023-10-31)［2024-07-06］.
［6］ KANNAN M. Scanning electron microscopy: principle, components and applications［J］. A Textbook on Fundamentals and Applications of Nanotechnology, 2018: 81-92.
［7］ FRANKEN L E, GRÜN K, BOEKEMA E J, et al. A technical introduction to transmission electron microscopy for soft‐matter: Imaging, possibilities, choices, and technical developments［J］. Small, 2020, 16(14): 1906198.
［8］ REYNTJENS S, PUERS R. A review of focused ion beam applications in microsystem technology［J］. Journal of Micromechanics and Microengineering, 2001, 11(4): 287.
［9］ 陈修国，王才，杨天娟，等. 集成电路制造在线光学测量检测技术：现状、挑战与发展趋势［J］. 激光与光电子学进展，2022，59(9)：413-436.
［10］ KELLER S, MOUAZIZ S, BOERO G, et al. Microscopic four-point probe based on SU-8 cantilevers［J］. Review of Scientific Instruments, 2005, 76(12): 125102.
［11］ 谢忠仁. 集成电路生产中膜层厚度的测量方法［J］. 计量技术，2012(9)：5.
［12］ 乐光启，聂云刚. 热波检测及热波成像系统的实验研究［J］. 清华大学学报（自然科学版），1993，(4)：93-100.
［13］ 李哲，江磊. 从KLA成长路径看半导体检测设备国产替代进程［R］. 深圳：安信证券，2021.
［14］ THOMAS G, ISAACS R. Basic principles of lasers［J］. Anaesthesia & Intensive Care Medicine, 2011, 12(12): 574-577.
［15］ SHARMA S K. Handbook of materials characterization［M］. NY: Springer International Publishing, 2018.

第 11 章 芯片封装与测试

完整的半导体产业链涵盖了设计、制造及封装与测试（简称封测）三大环节，本章主要讲述芯片的封装与测试，包含封装工艺、封装设备、测试设备，以及产业链中的封装材料和相关的技术供应情况。首先介绍封装与测试的技术类型和应用场景，然后对传统封装的核心工艺进行详细讲解，主要涉及减薄划切、引线键合、倒装焊、芯片黏结、底部填充、塑封等工艺。接着，对封装设备和测试设备进行了介绍。最后，分析封装所涉及的载体材料、黏结材料、热界面材料、包封保护材料，并介绍封装与测试涉及的设备厂商、材料厂商等上下游供应链的情况。

本章重点

知识要点	能力要求
封装类型	1. 掌握常见的封装类型和基本分类 2. 了解封装发展的历史
封装工艺	1. 掌握引线键合工艺原理和倒装焊工艺原理 2. 了解减薄划切、黏结、底部填充和塑封等工艺
封装设备	1. 熟悉引线键合设备 2. 熟悉倒装焊设备 3. 了解减薄、划切设备 4. 了解塑封、贴片、底部填充等设备
测试设备	1. 了解测试机台测试原理 2. 了解分选机和探针台的关键核心部件
封装工艺材料	1. 熟悉封装载体材料的分类和不同的应用场景 2. 熟悉芯片黏结材料类型 3. 了解热界面材料 4. 了解包封保护材料

11.1 封装与测试的技术类型与应用

在集成电路产业链中，封测环节是实现芯片产品应用的最后一步，也是必不可少的一步，芯片封装的作用是实现芯片的电源分配、信号分配、散热管理、机械支撑和环境保护。芯片封装是先将半导体前道工艺加工完成的晶圆经过减薄、切割、粘贴、键合等方式加工后，再用保护材料进行包覆，达到保护芯片并利于在 PCB 上的组装装配。封装后的芯片要求良好的电气性能、较强的机械性能和散热性能。芯片测试是指利用专业设备，对产品进行功能和性能测试。晶圆制造完成后首先进行的是晶圆可接受度测试（Wafer Acceptance Test，WAT），通过 WAT 的晶圆方可进行后续封装。进入封装后的测试又分为中测和终测。中测是对晶圆上的裸片进行逐一测试，目的就是在封装前找出并剔除残次品，降低后续封装的成本。封装完成后的产品还需要进行终测,通过终测的产品才能成为合格的芯片。

11.1.1 封装的类型与基本分类

封装技术一直是向高密度、高脚位、薄型化、小型化的方向发展,以满足电子产品小型化、轻量化、高性能的需求。在发展过程中,产生了数十种不同的封装形式,半导体行业对芯片封装技术水平的划分也存在不同的标准。封装技术的发展历程如图 11.1 所示,大体上可划分为 4 个阶段[1-2]。

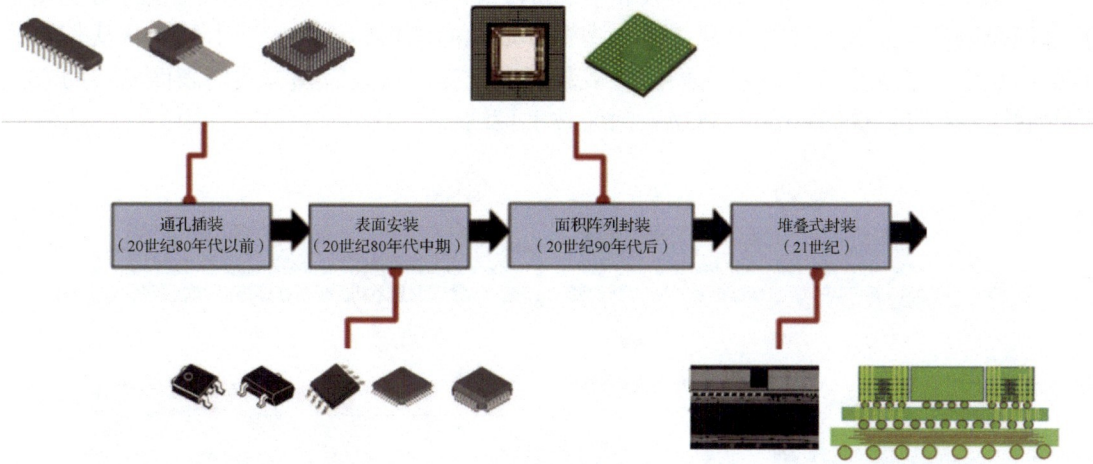

图 11.1 封装工艺发展历程

第一阶段,即 20 世纪 80 年代之前,主要采用通孔插装型封装。这一阶段的典型封装形式包括最初的晶体管外形(Transistor Outline,TO)封装,以及后来的陶瓷双列直插封装(Ceramic Dual-In-Line Package,CDIP)、玻璃密封的 CDIP、塑料双列直插封装(Plastic Dual-In-Line Package,PDIP)等。特别是 PDIP,因具有性能出色、成本低及适合大批量生产的特点,成为这一时期的主流封装形式。

第二阶段,即 20 世纪 80 年代后,电子封装从通孔插装型逐渐转向表面安装型,同时从平面双边引线型发展为平面四边引线型。表面安装技术带来了电子封装领域的重大革新,得到了快速发展。在这个阶段,适用于表面安装技术的封装形式迅速涌现,如塑料有引线芯片载体(Plastic Leaded Chip Carrier,PLCC)封装、塑料四面扁平封装(Plastic Quad Flat Package,PQFP)、塑料小引出线封装(Plastic Small Outline Package,PSOP),以及塑料四面扁平无引线封装(Plastic Quad Flat No-leads Package,PQFNP)等。在这些新型封装中,PQFP 因具有密度高、引线间距紧凑、成本低及适合表面安装等特点,成为这个时期的主流封装形式。

第三阶段,即 20 世纪 90 年代后,半导体行业步入面积阵列封装时代。在这个时期,半导体发展进入了超大规模集成电路时代,特征尺寸已达 0.18~0.25μm。这导致半导体封装向密度更大、速度更快的方向发展。在这一背景下,封装技术的引线方式由平面四边引线型发展为平面球栅阵列型,引线技术则从金属引线发展为微型焊球。球阵列(Ball Grid Array,BGA)封装随之迅猛发展,成为主流封装形式。BGA 封装根据封装基板的不同分为塑料球阵列（PBGA）封装、陶瓷球阵列（CBGA）封装以及倒装芯片球阵列（FC-BGA）封装等。目前，CSP、BGA 封装、WLP 等主要封装形式已进入大规模生产，全球半导体封装技术正处该阶段，并快速向前发展。

第四阶段，即 21 世纪以来，堆叠式封装开始出现，多芯片组件、3D 封装、系统级封装等一系列封装形式随之涌现。封装工艺也从后道逐步进入前道。可以看出，目前封装技术正处在有线连接向无线连接、从芯片级封装向晶圆级封装、从 2D 封装向 3D 封装，以及从元器件封装向系统级封装转变的快速发展阶段。这一阶段涌现出各种先进封装技术，呈现多样的发展态势。

图 11.2 和图 11.3 所示为第一阶段和第二阶段应用最广泛的封装形式及常见芯片类型。在这两个阶段，封装材料主要从金属、陶瓷、玻璃向塑料转变；封装引脚形状从长引线直插向短引线或无引线的安装发展；封装装配方式则从通孔直插方式向表面安装的方式[如插针阵列（Pin Grid Array，PGA）封装技术]发展。

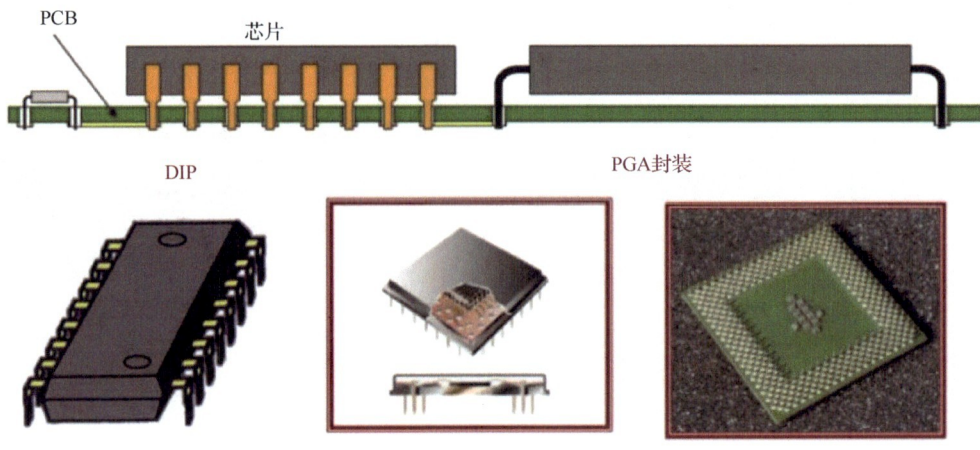

图 11.2　通孔插装方式和常见芯片类型

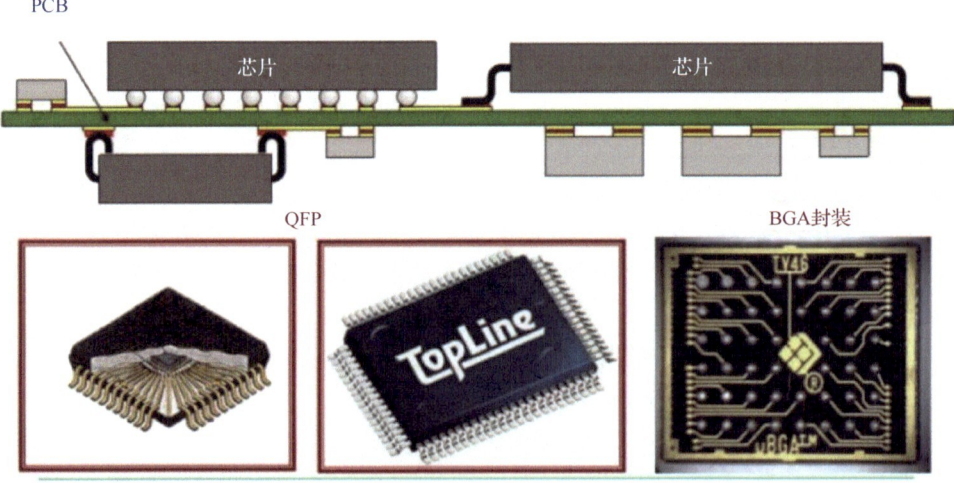

图 11.3　表面安装方式和芯片类型

在集成电路封装互连中,芯片和引线框架(或封装基板)之间的连接用于电源和信号的分配,为电路连接提供了基础。实现内部连接的常见方法有 3 种,分别是引线键合、倒装焊及带式自动键合(Tape Automated Bonding,TAB)。

引线键合是通过细金属丝将芯片焊盘与相应封装体上的焊盘一一连接,每次键合只连接一根金属丝[见图 11.4(a)]。引线键合是一种简单的芯片电气互连技术,按电气连接方式分类属于有线键合。由于所需设备简单、无须额外工艺,适用于 I/O 数量较少的芯片,可大大降低封装成本。引线键合的工艺具有灵活性,成本较低,投资成本也相对较低,使用方便。因此,到目前为止,引线键合仍然是芯片互连的主流技术,在芯片电学互连中具有重要地位。

倒装焊技术由 IBM 于 20 世纪 60 年代开发并应用[3],是将芯片的有源面朝下与载体或基板进行连接,芯片和基板之间的互连通过芯片上的凸点结构和基板上的键合材料来实现,同时为了提高互连的可靠性,在芯片和基板之间加上底部填料。结构如图 11.4(b)所示。倒装焊可以同时实现机械互连和电学互连,具有良好的电性能和热性能、较多的输入输出引脚,以及较小的封装尺寸和较低的成本等,非常有利于高密度的芯片封装,是目前芯片电学互连的主流技术之一,也是先进封装形式的一种。

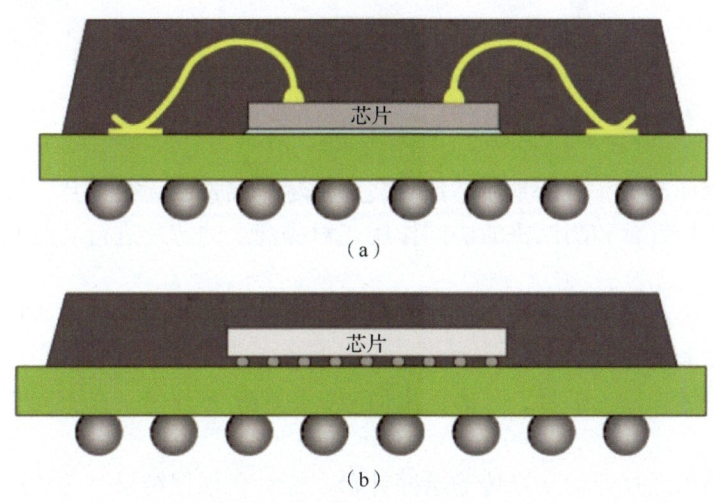

图 11.4 引线键合与倒装焊封装示意
(a)引线键合 (b)倒装焊

TAB 技术于 20 世纪 70 年代由美国通用电气公司(简称 GE)研制[4]。它是一种将芯片安装和连接到柔性金属化聚合物载带上的封装技术。载带中的内引线键合到芯片上,外引线键合到常规封装或 PCB 上,整个过程均采用设备自动完成,按照电气连接方式来看属于无线键合方法。但是,由于芯片需要设计和制作相匹配的载带,在性价比、可靠性、可扩展性和热管理等方面存在缺点,难以在高密度、高性能的芯片上应用,目前逐渐被倒装焊取代,只在某些特定应用场景下存在少量应用。

11.1.2 测试的应用场景与基本分类

芯片测试在生产过程中扮演核心角色。通过分析测试数据,能够确定工艺中的失效原因，进而改进设计、生产和封测工艺，以提升良率和产品质量，流程如图 11.5 所示。测试的主要步骤：将芯片的引脚与测试机的功能模块连接，施加输入信号并检测输出信号，以评估芯片的功能和性能是否达到设计要求。芯片测试通常分为两个主要环节：晶圆检测（Circuit Probing，CP）和成品测试（Final Test，FT）。

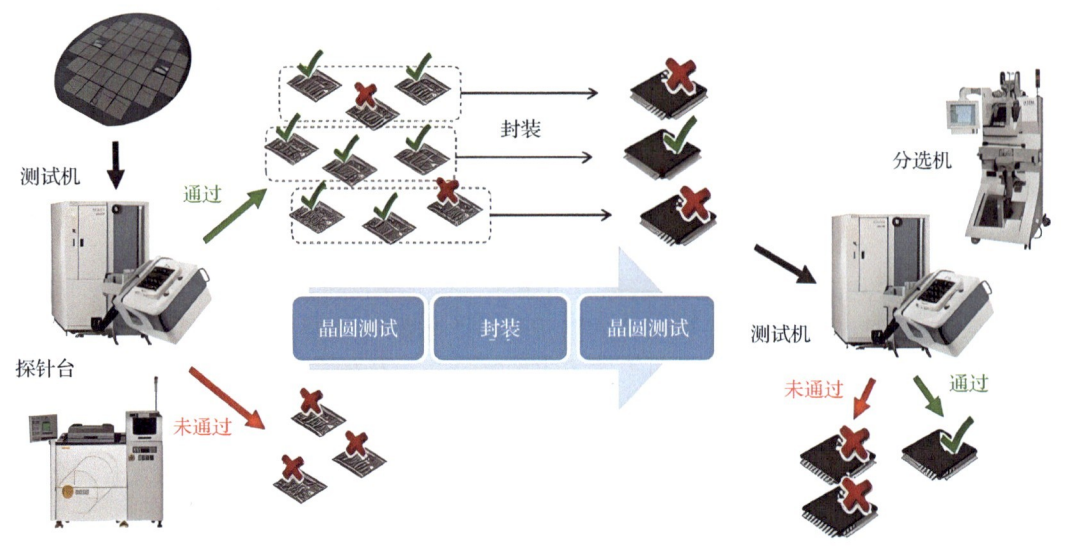

图 11.5　晶圆检测和成品测试

在晶圆检测环节中，目标是在芯片封装之前尽早筛选出无效芯片，以节约封装成本。这一环节是通过探针台和测试机的协同作用，对晶圆上的芯片进行功能和电参数测试，具体步骤如下。

（1）探针台将晶圆逐片自动传送至测试位，通过探针和专用连接线连接芯片的电极触点与测试机的功能模块。

（2）测试机施加输入信号，采集输出信号，以判断芯片是否在不同工作条件下符合设计规范。

（3）测试结果通过通信接口传输给探针台，探针台根据结果对芯片进行打点标记，形成晶圆的映射图。

成品测试的目标是确保每个芯片在出厂前的功能和性能指标符合设计规范。这一环节由分选机和测试机协同工作，对封装完成的芯片进行功能和电参数测试，具体步骤如下。

（1）分选机将被测芯片逐个自动传送至测试工位，通过基板和专用连接线连接芯片的引脚与测试机的功能模块。

（2）测试机施加输入信号，采集输出信号，以判断芯片是否在不同工作条件下符合设计规范。

（3）测试结果通过通信接口传输给分选机，分选机根据结果进行标记、分选、收料或编带等处理。

芯片测试过程中的关键设备有测试机（又称自动化测试系统）、分选机和探针台，如图 11.6 所示。其中，测试机在整个测试过程中扮演决定性角色，是主要组成部分。

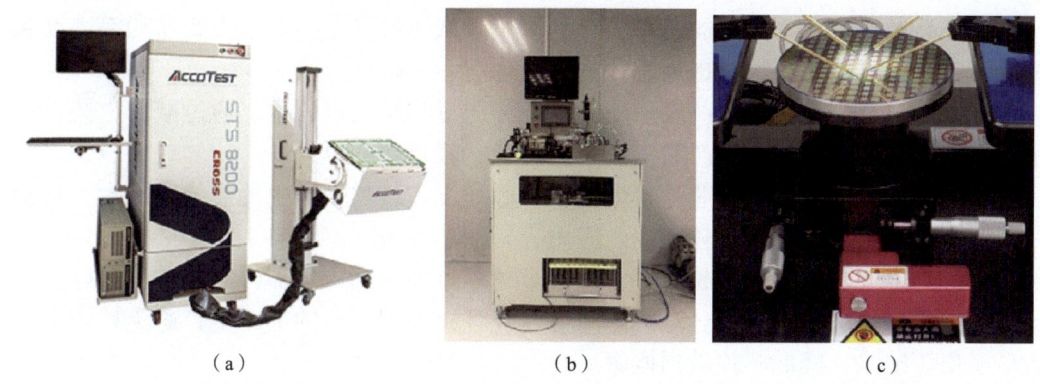

图 11.6　芯片测试过程中的 3 种关键设备
（a）测试机　（b）分选机　（c）探针台

11.2　封装工艺

封装处于半导体制造的后道工序，目的是为半导体芯片安装外壳。封装在功能上不仅是为了安放、固定、密封和保护芯片，还起到沟通芯片内部与外部电路的桥梁作用。它通过将芯片上的接点与封装外壳的引脚或触点相连接，进而通过导线或其他金属方式，将这些引脚或触点与 PCB 上的导线及其他器件连接起来。因此，对芯片而言，封装技术是实现芯片功能至关重要的环节。封装技术的形式和类型多种多样。目前，影响较大的封装形式包括 DIP、QFP、PGA、BGA 等几十种，如图 11.7 所示。

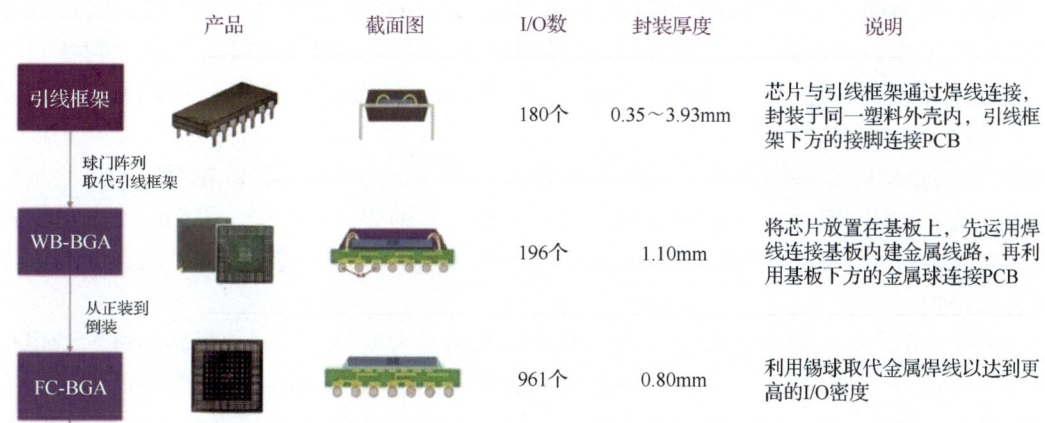

图 11.7　常见的封装形式

11.2.1　减薄划切工艺

1. 减薄工艺

衬底材料需要保证一定的厚度。目的是保证晶圆在制造、测试和运送过程中有足够的强度。图 11.8 所示为晶圆减薄划切工艺流程，其中减薄工艺的作用是对已完成功能的晶圆背面的衬底材料进行磨削，去掉一定厚度的材料，利于满足后续封装工艺的要求以及保证芯片的物理强度，散热性和尺寸要求。晶圆减薄的主要目的如下。

（1）提高散热效率。较薄的芯片更有利于热量从衬底导出。对于需要高功率密度和散热性能的应用，减薄晶圆可以提高芯片的热管理能力，降低温度。

（2）减小封装体积。在一些应用中，尺寸和质量都是关键因素。通过减薄工艺，可以减小芯片的厚度，从而在最终产品中实现更小巧、轻量化的设计。

（3）减少芯片内部应力。芯片厚度越厚，芯片工作过程中产生的热差异越大，这会使芯片背面产生的内应力增加，较大的内应力容易使芯片破裂。

（4）提高电气性能。晶圆越薄，背面镀金越靠近地平面层，器件高频性能越好。

（5）提高划切加工成品率。减薄晶圆可以减轻封装划切时的加工量，避免划切中产生崩边、崩角等缺陷，降低芯片破损概率。

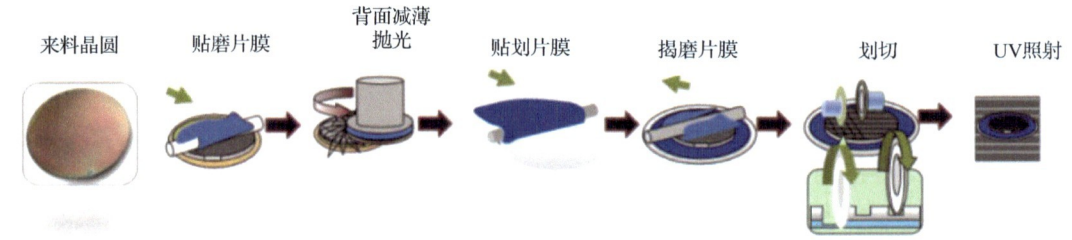

图 11.8　晶圆减薄划切工艺流程

当前主流晶圆减薄机的整体技术采用了 In-Feed 磨削原理[5-7]。这种技术利用晶圆自旋、磨轮系统和低速进给方式来进行磨削。具体步骤：先将待加工的晶圆黏附到减薄膜上，然后将减薄膜及上面的晶圆利用真空吸附到多孔陶瓷承片台上；接下来，将杯形金刚石砂轮的工作面的内外圆轴中线调整到晶圆的中心位置，随后通过晶圆和砂轮各自的轴线旋转，开始磨削过程。针对预期厚度大于 50μm 的晶圆，背面减薄过程可以分为以下 3 个阶段。

（1）粗磨阶段。在这个阶段，使用颗粒较大的金刚石砂轮磨料，砂轮每转的进给量较大，单个磨粒的切削深度大于临界切削深度。这是典型的脆性域磨削。采用较高的进给速度以提高加工效率。这一阶段约占总减薄量的 94%。然而，这个过程会导致较大的晶格损伤和边缘破损。

（2）精磨阶段。在这个阶段，所使用的砂轮磨料的力度很小，砂轮每转的进给量也很小。部分磨粒的切削深度小于临界切削深度，属于延性域切削。另一部分磨粒的切削深度大于临界切削深度，属于脆性域切削。进给速度降低，以消除粗磨阶段产生的损伤和破损。这个阶段约占总磨削量的 6%。

（3）抛光阶段。最后数微米采用精磨抛光，磨削深度小于 0.1μm，已进入延性域加工范围。此时，材料加工表现为先变形、再撕裂的化学变化方式。这种抛光工作可以减少晶圆与抛光垫之间的摩擦，从而使表面更加光滑。

当晶圆减薄后的厚度要求为 50μm 或更小时，一般会采用先划片后减薄（Dicing Before Grinding，DBG）的方法，即在第一次研磨之前，先将晶圆切割一半，按照"划片→研磨→划片"的顺序，将芯片从晶圆安全地分离出来。此外，还有使用临时键合的有载片的研磨方法。

晶圆减薄的质量要求有晶圆完整性（无破损）要求、达到晶圆厚度精度及超薄化能力要求、晶圆表面 TTV 值要求、晶圆表面粗糙度要求、晶圆亚表面损伤（Sub-Surface Damage，SSD）层厚度要求、晶圆厚度一致性要求等[8]。

根据晶圆减薄的质量要求，主要关注的减薄工艺参数有正向压力、砂轮粒度、砂轮结合剂、砂轮转速、晶圆转速、磨削液黏度及流量等。

2. 划切工艺

晶圆划切（又称划片）是将晶圆分离成单独的芯片，一般一个晶圆包含数百个芯片，每个芯片都用划线标出，划片机沿着这些划线切割晶圆。目前，划片机主要以刀片、激光和等离子体方式实现，其中刀片划片机是使用最广泛的切割工具。对于厚度不到 100μm（相对较薄）的晶圆划切，采用激光切割可以减少剥落和裂纹等现象，从而获得更优质的芯片，但晶圆厚度为 100μm 以上时，生产率将大打折扣。当晶圆厚度小于 30μm 时，等离子体方法以化学反应气体为原料，可以通过复杂的刻蚀过程，实现一次性划切，且与刀片划切、激光划切相比，等离子体划切不会给晶圆表面造成损伤，从而可以降低不良率，获得更多的芯片，但它需要晶圆厚度较薄，工艺流程相对较烦琐，成本高，并没有大规模应用。

刀片划切是一种基于强力磨削原理的切割方法，核心是使用空气静压电主轴驱动砂轮，以 3×10^4rad/s 左右的速度旋转[9]。同时，晶圆被放置在工作台上，工作台沿着刀片与晶圆接触点的切割线方向以一定的速度直线移动，从而切割晶圆，并将产生的碎屑通过冷却水和刀片的熔屑槽带走。然而，由于硅材料的脆性，刀片划切过程会在晶圆的正面和背面产生机械应力，进而导致正崩和背崩现象。这些现象会削弱芯片的机械强度，甚至在后续的封装工艺或产品使用过程中引发芯片断裂，导致电性失效，因此，在刀片划切工艺中，需要选择适当的切割刀具、调整切割参数，并进行合适的工艺设定，以减少正崩和背崩对最终芯片性能的影响。

刀片划切工艺主要涉及的参数有主轴转速、进刀速度、划切高度、刀片磨耗调节量、冷却流量情况、划切方式等，这些工艺参数均可能影响到划切质量。另外，划切刀具的参数不仅直接影响划切线宽，还会直接影响划切的崩边等情况。划切刀具一般由金刚石颗粒通过黏结剂黏结而成，根据材质和安装方式可以分为软刀和硬刀。软刀需要法兰盘夹持，使用前需要磨刀，刀具露出量大，适合较厚的晶圆。硬刀可以独立安装使用，但通常露出量较小，不能加工较厚的产品，有一定的局限性。刀具选择的基本原则是：硬的材料划切选软的刀体材料，软的材料划切选硬的刀体材料。避免用硬刀具划切硬脆材料，硬碰硬会导致背崩、背裂的现象。因此，需要根据划切材料性质和崩边要求结合刀具的黏结材料软硬度、集中度，金刚石颗粒大小等选择合适的划切刀。

激光划切是利用高能激光束照射在晶圆表面，使被照射区域局部熔化、气化，从而达到划切的目的。激光经专用光学系统聚焦后成为一个非常小的光斑，能量密度高，且加工是非接触式的，对晶圆本身无机械冲压力，晶圆不易变形，热影响极小，划切精度高。另外，还有一种激光划切方式为激光隐形切割（Stealth Dicing，SD），它是先使用激光焦点聚焦并切割晶圆内部，再向黏附在背面的胶带施加外部压力，使其断裂，从而分离芯片。当向背面的胶带施加压力时，由于胶带的拉伸，晶圆将被瞬间向上隆起，从而使芯片分离。

相对传统的激光划切法因不产生硅的碎屑且切口窄,所以可以获得更多的芯片,但这种划切方式不是所有材料都适合,如特定材料可能对激光能量的吸收和反射性有限制,导致划切效果不佳,甚至无法划切。

11.2.2 引线键合工艺

引线键合是一种常用于芯片封装中的连接技术,主要目的是将芯片上的金属引线(通常是金或铝)连接到封装基板或引脚上,以实现电气和信号连接。

引线键合技术分为热压键合、超声键合和热压超声键合3种主要方法。其中,热压键合是通过热压头对引线进行温度和压力的控制,使焊线金属发生变形。通过精确控制压力、温度和时间等工艺参数,焊线和焊盘的金属之间产生原子扩散,从而形成坚固的焊接连接。超声波键合则是将超声频率的弹性振动施加在焊线和焊盘之间,从而破坏氧化层并产生热量,实现键合。热压超声键合是将上述两种方法结合,主要用于金丝和铜丝的键合。该方法使用超声波能量,但与超声键合不同,需要外部加热源。在键合时,焊线不需要磨蚀掉表面氧化层。外部加热的作用在于激活材料能级,促进两种金属的有效连接,以及金属间化合物的扩散和生长[10]。

引线键合工艺包括球形键合工艺与楔形键合工艺。

(1)球形键合工艺。如图11.9所示,球形键合工艺是先将键合引线垂直插入毛细管劈刀工具中,再通过电火花的作用对引线进行加热,使其逐渐熔化成液态。由于表面张力的影响,熔化的引线会逐渐形成球状。在视觉系统的引导和精密控制下,毛细管劈刀向下移动,使得球状键合引线与芯片上的键合区接触。通过加压,球与焊盘金属之间形成冶金连接,从而完成焊接过程。接着,劈刀开始向上移动,沿着预定的轨迹形成弧形路径。当到达第二个焊盘位置时,通过施加压力和超声能量形成呈月牙状的焊点。最终,劈刀的垂直运动截断键合引线的尾部,完成两次焊接和一个弧线循环的全过程。球形键合具有高速键合的优点,并且键合过程不受方向限制,第二次键合位置可以是相对于第一次键合的任意方向。然而,球形键合的密度较低,不能键合超低线弧,通常使用金线作为键合引线,而键合方式可以是热压键合或热压超声键合。

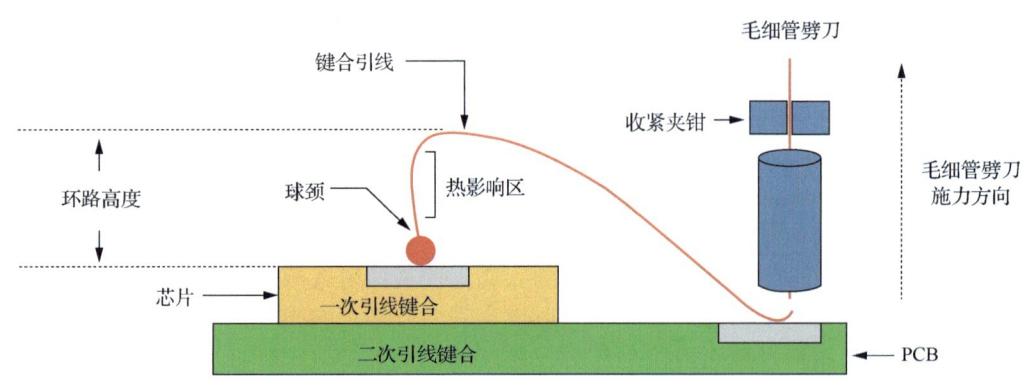

图11.9 球形键合工艺的原理

(2)楔形键合工艺。楔形键合工艺的步骤是将键合引线穿过楔形劈刀背面的微小孔,使得键合引线与芯片的键合区形成 30°～60° 的角度。当楔形劈刀下降到焊盘键合区时,它将键合引线压在焊盘表面,通过超声或热压的方式,实现第一个焊点的键合。随后,劈刀开始抬起,并沿着与劈刀背面孔对应的方向,按照预设的轨迹移动。当到达第二个焊盘位置时,通过压力和超声能量形成第二个焊点。接着,劈刀垂直运动,截断键合引线的尾部,完成两次焊接和一个弧线循环的过程,如图 11.10 所示。楔形键合可用铝线、铜线或金线。尽管楔形键合速度较慢,但间距键合能力较小,适用于键合带状线。通常,楔形键合采用超声波键合,也可以是热压或热压超声键合。楔形键合的优势是适用于窄间距焊盘、低线弧、线长可控且可实现低温键合等。

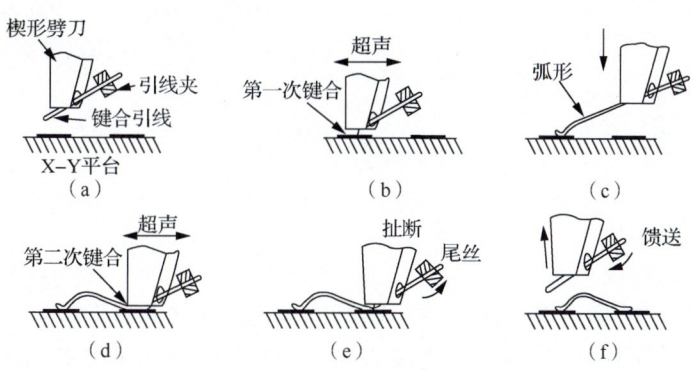

图 11.10　楔形键合工艺的原理

(a)劈刀下降　(b)键合第一点　(c)牵引到第二点　(d)键合第二点　(e)扯断键合引线　(f)准备下一焊点

11.2.3　倒装焊工艺

倒装焊是将芯片上的引脚与基板上的连接点直接相连。与传统的芯片连接方式相比,倒装焊在引脚密度、性能和可靠性方面具有显著优势。在倒装焊中,芯片上的引脚通过微小的凸点(通常是焊球或焊盘)直接连接到基板上,具有更优秀的高频、低延迟、低串扰的电路特性,适用于高频、高速的电子产品[11-12]。它在满足高性能、小尺寸、高可靠性和高集成度要求的应用中具有重要地位。在倒装焊工艺中,根据电气连接要求,主要涉及凸点制备工艺和倒装焊接工艺。

1. 凸点制备工艺

凸点制备工艺涉及光刻、电镀等数道芯片制造工艺,适合采用晶圆级加工方式,直接利用整片晶圆,在晶圆表面的所有芯片上加工制作凸点,提高制造效率、常用凸点材料的形成工艺有蒸发、印刷和电镀等,其余制作工艺基本相似。

以焊球电镀形成凸点的工艺流程如图 11.11 所示。

(1)采用溅射或其他 PVD 的方式在晶圆表面沉积一层 Ti/Cu,作为电镀所需种子层。

(2)在晶圆表面旋涂一定厚度的光刻胶,并运用光刻曝光工艺形成所需要的图形。

(3)进行电镀工艺,通过控制电镀的电流大小、脉冲方式、时间等参数,在光刻胶开窗图形的底部生长并电镀出一定厚度的金属层,作为凸点下金属工艺(Under Bumping Metallization,UBM)。

(4)通过去除多余光刻胶、UBM 刻蚀及回流工艺实现凸点的制作。

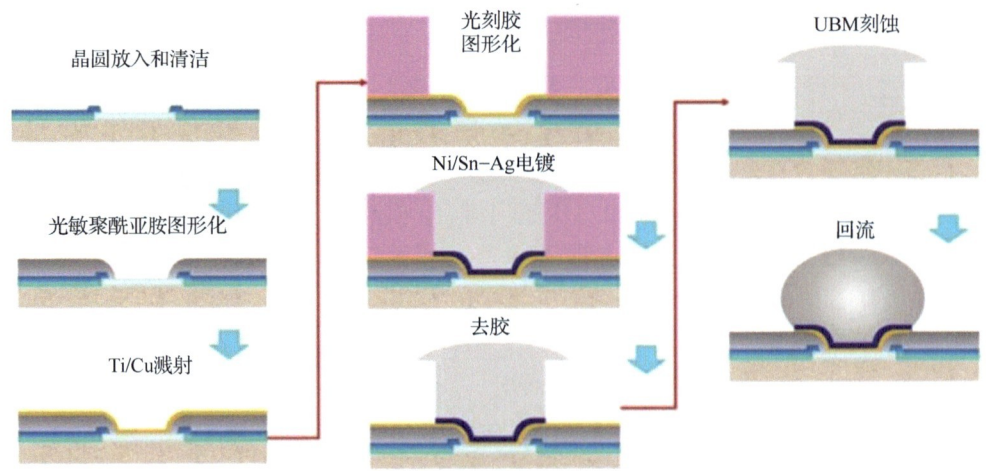

图 11.11　以焊球电镀形成凸点的工艺流程

2. 倒装焊接工艺

倒装焊接工艺包括热压焊、回流焊、环氧树脂光固化法和各向异性导电胶黏结法。

热压焊是一种将凸点与基板焊区连接的方法，通过带有超声波的加热焊接头来实现。此过程中，承片台同时对基板进行加热，经过设定的时间，焊接完成。这种方法的优势在于，超声波能量的引入使得焊接压力和温度相对较低，从而对基板和芯片起到保护作用。不同种类的凸点材料，如金凸点和铝凸点，都可以应用于此方法。热压焊工艺简单，是无铅焊接方式，对人体和环境无害。

回流焊又称 C4（Controlled Collapse Chip Connection）技术，意为控制塌陷芯片连接。这种技术是一种用于回流焊锡铅钎料凸点的高密度、高可靠性的芯片封装和连接方法，可满足现代集成电路中的高性能和高可靠性要求。回流焊的流程如图 11.12 所示，它的优点是工艺成熟，焊球回流熔化时能够自对准，从而降低了贴装的精度要求。

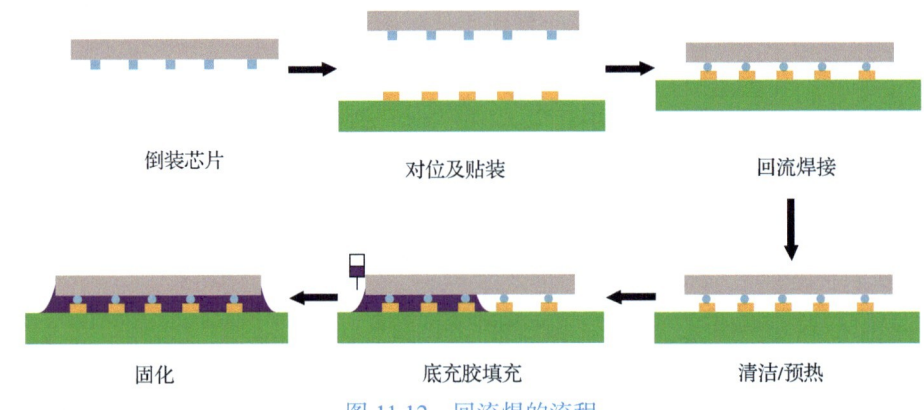

图 11.12　回流焊的流程

环氧树脂光固化法是利用光敏树脂光固化时的收缩力，将凸点与基板上的金属焊区紧密连接，实现"机械接触"而非传统的"焊接"。操作步骤包括：在基板上涂抹光敏树脂，将芯片凸点与基板金属焊区对齐贴装，施加压力的同时使用 UV 光固化，最终实现倒装焊。

各向异性导电胶黏结法是一种使用各向异性导电胶填充凸点下方代替钎料的方法。该材料在一个方向上导电，而在另外两个方向上是绝缘的。胶料可直接应用于键合区，芯片放置在其上方。由于垂直方向的导电性，芯片与基板之间能够建立电气连接，同时不会与相邻连接点短路。各向异性导电胶黏结法的主要优势是无铅、无须助焊剂、低工艺温度及无须下部填充。然而，这种方法相对较低的性能和较小的热应力导致其应用场景受限。

11.2.4 其他工艺

1. 芯片黏结工艺

芯片黏结工艺是将芯片安装在基板上时采用的工艺，一般包括以下 4 种方法。

（1）Au-Si 合金共熔法。该方法要求在芯片背面沉积 Au 层，并在待固定的基板上也涂覆金属层（通常是 Au 或 Pd-Ag）。采用合金共熔法时，可将多个芯片一同放入 H_2（或 N_2）保护环境的烧结炉中进行烧结，也可以逐一对芯片与基板进行超声熔焊。

（2）Pb-Sn 钎料合金片焊接法。该方法适用于芯片背面涂有 Au 层或 Ni 层的情况，基板导体可以是 Au、Pd-Ag，也可以是 Cu。钎料合金片焊接需要在保护气氛炉中进行烧结，烧结温度需根据焊料合金片的成分而定。

（3）导电胶黏结法。该方法使用具备良好导热和导电性能的含银环氧树脂作为导电胶。与其他方法相比，该方法不需要芯片背面和基板有金属涂层。一旦芯片被黏结，只需要按照导电胶的固化温度和时间进行固化，可在洁净的烘箱中完成，操作相对简单。

（4）有机树脂黏结法。对于不同尺寸的集成电路，该方法只需确保芯片与基板之间的黏结牢固即可。一般而言，有机树脂黏结法使用低应力树脂材料。

2. 底部填充工艺

底部填充工艺是在填充剂（通常为聚合物或液态的环氧树脂）通过回焊炉后，先把它填入 PCB 上芯片的下方，接着加热 PCB，使得填充剂透过毛细作用，流入芯片的底部，如图 11.13 所示。底部填充工艺可有效减缓焊接点的压力，并均化热胀冷缩的应力。底部填充剂能让芯片与底层 PCB 接合得更加稳固，使得压力均匀释放于芯片及 PCB 表面，而非集中在焊接点上，从而使设备更耐用。

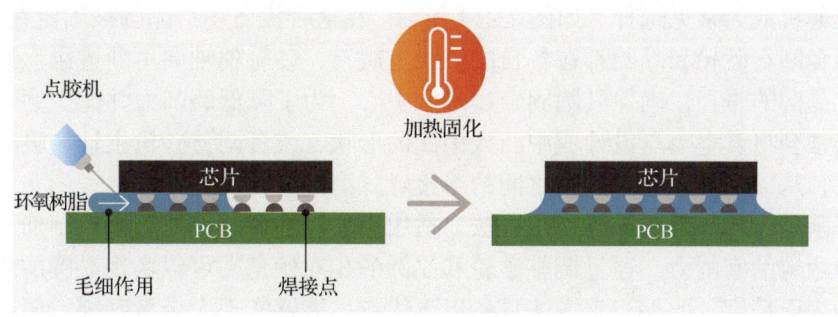

图 11.13　底部填充示意

底部填充材料与包封芯片的环氧树脂不同，是一种特殊的材料，黏滞性高，影响电性能的离子含量小。该填充材料由热固性聚合物和石英填料构成，填料的颗粒尺寸决定流动特性以及该材料能够填充的间隙尺寸，颗粒尺寸一般小于间隙高度的 1/3。底部填充材料一般是通过热固化来变硬的,但也有使用 UV 光或微波进行固化的。

3. 塑封工艺

塑封(Molding)主要是把芯片和金线用塑胶密封起来,使其不受外界环境的影响而失效。塑封前一般会采用等离体对基板进行清洗,以增加结合力,提高产品的可靠性和使用寿命。塑封时,使用注塑机将预热后的环氧塑封料(Epoxy Molding Compound,EMC)从注塑口投入投料罐中,注塑杆加压后,熔化后的塑封料流入并充满模腔,将芯片和焊接金线包封起来,同时模腔内的空气经空气口排出,待填充 EMC 硬化后,开模脱模,取出封好的成品。完成塑封后,要把塑封后的产品放在烤箱内,加热到 175~500℃并保持 2~8h,主要作用是使 EMC 完全硬化,并消除塑封时产生的内应力。

EMC 是一种热固性树脂,主要成分为环氧树脂及各种添加剂(固化剂、改性剂、脱模剂、染色剂、阻燃剂等),为黑色块状,低温存储,使用前需先回温。EMC 中的环氧树脂等高分子成分,在高温下会发生交联反应,生成网状的结构而硬化。在塑封后,交联反应还没有进行完全,烘烤可以使交联反应进行彻底,达到完全硬化。

除上述工艺外,在封装过程中还可能涉及切筋、电镀、成型、植球、激光打标、镜检、可靠性测试等工艺,这些工艺相对简单,不再一一介绍。

11.3 封装设备

封装是半导体制造中的重要环节,它能够将芯片与外部电路进行连接,保护芯片免受环境影响和机械损伤。传统封装设备主要包括减薄划切设备、引线键合设备、倒装焊设备,以及辅助以上设备的贴膜、贴片、注塑等设备。

11.3.1 减薄划切设备

1. 减薄机

减薄机的结构多种多样,包括转台式磨削、硅片旋转磨削及双面磨削等方式,可以满足大尺寸晶圆制备和背面减薄的需求,并确保高水平的表面精度。其中,基于 In-Feed 磨削原理的减薄机成为常见选择,如图 11.14 所示。在这种设备中,晶圆被固定在工作台上,同时,杯形金刚石砂轮和晶圆都在各自的轴线上旋转,砂轮朝轴向不断进给。砂轮的直径大于被加工晶圆的直径,确保其圆周经过晶圆中心。为了降低磨削力并减少磨削过程中的热影响,通常会将真空吸盘设计成中凸或中凹的形状,或者调整砂轮主轴与吸盘主轴轴线之间的夹角,从而实现砂轮与晶圆之间的半接触式磨削。

旋转磨削是一种高效的晶圆加工方法,适用于大尺寸晶圆,能有效控制加工区域和切入角,保持稳定的磨削力。通过调整砂轮和晶圆的相对倾角,可以实现晶圆的精确磨削,达到优异的表面精度。此外,该方法具备以下优点:能够实现大余量磨削,便于厚度和表面质量的在线监测与控制;设备紧凑且易于多工位集成,从而提升磨削效率。为满足半导体生产线的需求,产线用的磨削设备基于晶圆旋转磨削原理,采用多主轴多工位结构。这种结构使得一次装卸就能完成粗磨和精磨加工,同时配合其他辅助设施,实现了晶圆的全自动干进/干出(Dry-in/Dry-out)和片盒到片盒(Cassette to Cassette)的加工过程。

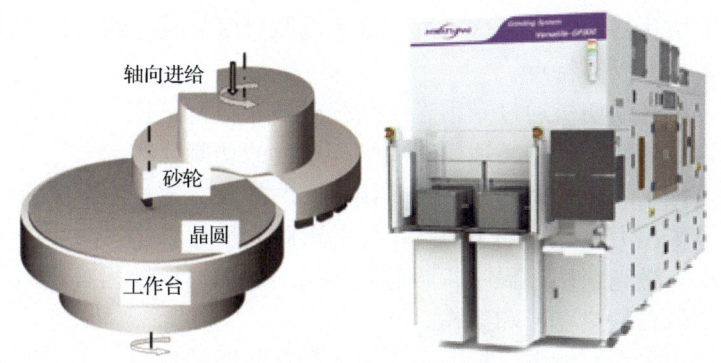

图 11.14　In-Feed 磨削原理和华海清科的 Versatile-GP 300 减薄机实物

国外晶圆精密减薄机技术先进，主要是日本、美国、德国等发达国家生产的晶圆精密磨床技术比较成熟，如日本迪斯科（简称 Disco）、冈本（简称 Okamoto）等生产的减薄机在加工大尺寸、超薄化晶圆时仍具有高精度、高集成化和高自动化的能力。目前，国内华海清科、中电科装备已有相应设备机台，但市场占有率还有待提升。

2. 划切机

刀片划切机和激光划切机是常用于晶圆划切加工的两种设备，它们各有特点和应用范围。晶圆划切场景与中电科装备生产的刀片划切机实物如图 11.15 所示。刀片划切仍然是当前主流的划切方式，适用于较厚材料的切割，效率高、切割成本相对较低、材料应用广泛，通过更换不同性能的刀具和划切参数可以实现硅、铌酸锂、砷化镓、蓝宝石、氧化铝、氧化铁、石英、玻璃、陶瓷、太阳能电池片等多种材料的划切。刀片划切机根据晶圆划切自动化程度的不同可分为全自动划切、半自动划切（包含自动识别、手动识别）、手动划切设备。主要核心参数为：主轴转速、功率和扭矩，工作台转角，X/Y 轴向和 Z 轴向的量程、分辨率、重复定位精度等。

图 11.15　晶圆划切场景与中电科装备的刀片划切机实物

激光划切机是一种利用高能激光束进行切割加工的设备，它利用激光束的高能量，将光束聚焦在晶圆表面或内部的特定区域。当激光束照射到该区域时，由于能量密度极高，被照射的物质局部熔化甚至气化。这一过程导致被照射区域发生物质的相变,从而达到切割的目的。该设备具有以下特点。

(1)高精度。激光划切机通过专用光学系统对激光进行聚焦,使得光斑尺寸极小。因此,能够实现非常高的切割精度,适用于要求高精度的切割任务。

(2)非接触式加工。激光划切是一种非接触式的加工方式,不需要机械接触,从而避免了对工件的机械冲压力。这有助于保持工件的形状和尺寸稳定,防止变形。

(3)热影响小。激光划切过程中,照射区域的加热和热扩散相对较小,激光划切的热影响较小,减少了材料的热变形和损伤。

激光划切机常用于太阳能电池板、薄金属片和薄晶圆的划切,主要涉及激光的波长、功率、束斑直径、光束质量、振镜重复精度和分辨率、划切速度、刻线宽度、刻线深度、工作台三轴重复定位精度和分辨率等核心参数。

目前,全球刀片划切机市场由日本企业垄断,DISCO为全球划切机代表性企业,份额占比高达70%。例如,国内封测行业的代表性企业江苏长电科技股份有限公司(简称长电科技)所使用的划切机主要由DISCO和东京精密设备(上海)有限公司(简称东京精密)两家提供。国内的刀片划切机技术起步晚、核心零部件国产率低,目前制造刀片划切机的企业主要有中电科四十五所、光力科技、沈阳和研科技等企业。对于激光划切机,国内的华工科技、大族激光科技产业集团股份有限公司(简称大族激光)等企业均有产品推出。

11.3.2 引线键合设备

引线键合设备是一种用于半导体芯片封装过程中的关键设备,用于将芯片的引线与封装载体上的引线框架(金属或合金)连接起来,设备实物如图11.16所示。这个过程通常涉及使用高温、压力和超声波能量,以及金属线(通常是金线或铝线)来创建可靠的电气连接,实现芯片与基板间的电气互连和芯片间的信息互通。理想条件下,引线和基板间会发生电子共享或原子扩散互混,从而使两种金属间实现原子量级上的键合。常见的引线键合设备分为手动型、半自动型、全自动型,主要技术指标有支持的引线材质和直径、球形键合时的成球直径、超声键合功率范围、热压键合力、键合台的温度、夹持方式、键合尺寸范围、键合时间控制精度、键合腔深、键合精度和键合效率等。

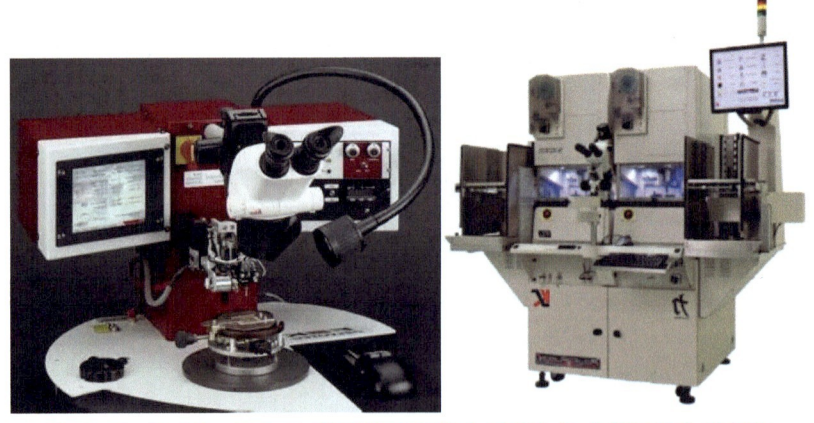

图11.16 Kulicke & Soffa科研级手动键合机和全自动高速键合机实物

从技术层面上，高速、高精度引线键合机对精密机械、电子硬件、实时软件、运动控制、机器视觉和键合工艺都有极其严苛的要求。目前，引线键合在所有封装键合技术中仍占主流地位，因此必须具备稳定、高速、高精度等技术特点，才能满足日益发展的封装要求。

引线键合设备的生产商主要有 Kulicke & Soffa、ASM Pacific Technology 等，这两家企业在全球市场中份额占比高，处于主导地位。由于技术壁垒高，国内全自动高速引线键合机依然依赖进口，但奥特维、德沃自动化、凌波微步等国内企业正在加快引线键合机研发步伐，且已实现部分进口替代。

11.3.3 倒装焊设备

在倒装焊设备中，常用的是回流焊炉。按照回流焊的加热区域，回流焊炉可以分为两大类：一类是整体加热进行回流焊，包括热板回流焊、热风回流焊、热风加红外回流焊、气相回流焊；另一类是局部加热进行回流焊，包括激光回流焊、红外回流焊、聚焦红外回流焊、光束回流焊、热气流回流焊。图 11.17 所示为热风回流焊炉结构示意和设备实物。

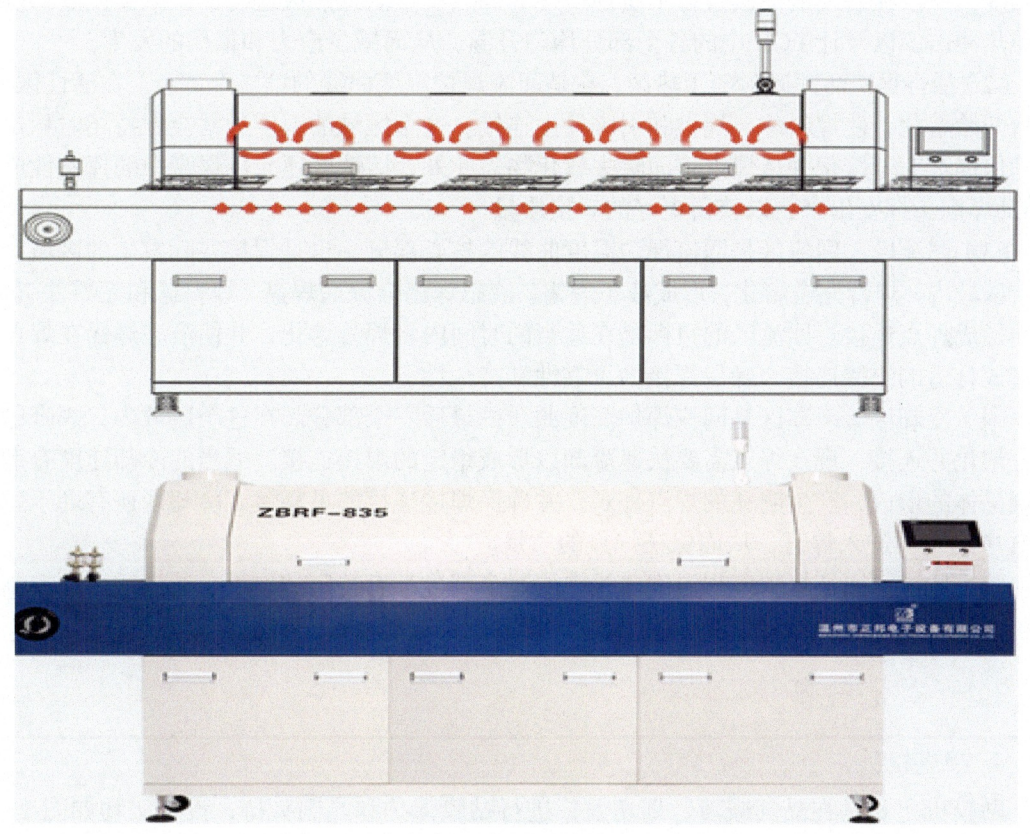

图 11.17　热风回流焊炉结构示意和设备实物

回流焊炉的理想温度曲线由 4 个主要部分组成，每个部分都有特定的作用，以确保在芯片封装过程中获得较高的焊接质量。这 4 个部分分别是预热区、活性区、回流区和冷却区，如图 11.18 所示。

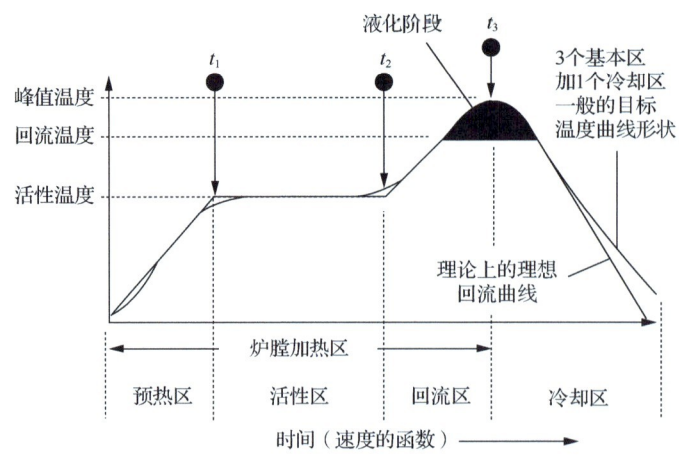

图 11.18 回流焊工艺温度曲线

（1）预热区。预热区是回流焊炉温度曲线的起始部分。在这个区域，PCB 从环境温度逐渐升温到所需的活性温度。预热的主要目的是准备 PCB 和元器件，使它们达到合适的焊接温度，以便在后续的焊接过程中实现良好的焊点质量。预热区还有助于减少温度梯度，避免热冲击，以及让 PCB 中的各个部分均匀升温，从而减少应力和损伤的发生。

（2）活性区。活性区紧随预热区，它是回流焊炉温度曲线的第二个部分。在活性区内，焊膏开始熔化，使焊料球与焊盘和引脚发生连接。这个区域的温度通常会保持相对稳定，以确保焊膏充分熔化并从焊点表面除去氧化物。此外，活性区还允许焊膏中的挥发性成分（如助焊剂）挥发出来，以获得更好的焊接质量。

（3）回流区。回流区是回流焊炉温度曲线的核心部分，也是焊接实际发生的区域。在这个区域内，焊膏完全熔化，形成液态焊锡。液态焊锡会湿润焊盘、焊料球和元器件引脚，从而形成焊点连接。回流区的目标是在适当的时间内将焊膏熔化，并使液态焊锡在焊点周围形成合适的焊接连接，确保焊接的可靠性和持久性。

（4）冷却区。冷却区是回流焊炉温度曲线的最后一个部分。在这个区域内，焊膏已经充分熔化并连接，现在焊点需要快速冷却以形成稳定的焊接连接。适当的冷却速度有助于合金晶体的形成，产生明亮的焊点外观，并确保焊接连接的可靠性。冷却区还有助于避免 PCB 中的杂质进入焊膏，从而保证焊点的质量。

综上所述，回流焊炉理想温度曲线中的每个部分都有特定的作用，通过适当的控制和调整，可以实现高质量的焊接连接，确保芯片封装的性能和可靠性。

11.3.4 其他设备

1. 贴膜机

贴膜机主要是在晶圆减薄、划切前，进行贴膜保护和晶圆夹持，设备实物如图 11.19 所示。晶圆贴膜切割的主要作用是将晶圆上做好的晶粒切割成单个，以便后续的工作。切割之前，要先将晶圆贴在晶圆框架的胶膜上，胶膜具有固定晶粒的作用，避免在切割时晶粒受力不均而造成切割品质不良，同时可确保切割完成后的运送过程中晶粒不会脱落或相互碰撞。

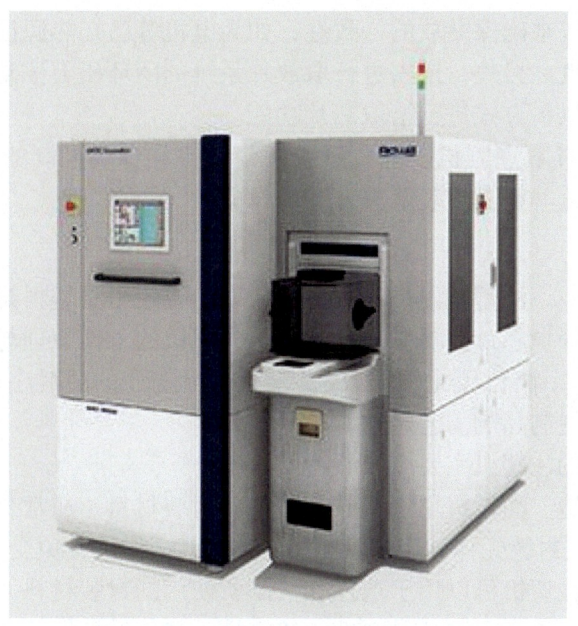

图 11.19　Lintec RAD 3510 全自动贴膜机实物

2. 贴片机

贴片机的作用是为大批量生产实现超高精度、高复杂性芯片的贴片，共晶焊、紫外环氧贴片及倒装芯片装配等原位装配过程都可以通过贴片压力控制、超高精度贴放及片定向等特性实现，确保了贴片过程中的高良率、高质量和高可靠性，设备实物如图 11.20 所示。

图 11.20　MRSI-M3 全自动贴片机实物

贴片机一般采用由无刷直流线性伺服电机驱动的轴系统，附带直线光栅尺编码器反馈，来保证贴片中超高速度和精度的运动。贴片机的核心是设备生产效率及质量，一般需要内置的温度监测系统来确保贴放的一致性,如为电机等已知热源设计气体冷却,以确保热膨胀维持在最低限度。另外,还需进行取放片系统的闭环压力控制,避免碎片或掉片;尽可能多地适用不同供料方式进行拾取芯片功能。

贴片机一般会同环氧点胶机、环氧蘸胶及带刮擦和温度控制的共晶焊等功能融合起来,形成贴片机和固化一整套组装解决方案的设备。

3. 注塑机

在芯片封装过程中,注塑机发挥着关键作用,主要用于将塑料封装材料注入模具中,形成封装壳体,从而保护芯片并提供物理支持。注塑机的工作原理与注射器相似,是借助螺杆(或柱塞)的推力,将已塑化好的熔融状态(黏流态)的塑料注射入闭合好的模腔内,经冷却固化定型后取得制品的工艺过程。

芯片封装中采用的注塑机主要有以下特点。

(1)封装壳体制造。注塑机用于将已经塑化的封装材料(通常是塑料颗粒)注入封装模具,填充模腔,形成封装壳体。这个壳体将包裹芯片,保护其免受外部环境和物理损伤。

(2)材料选择。注塑机可以用于选择和控制所使用的封装材料。不同的芯片封装可能需要不同类型的塑料,具有不同的导电性、绝缘性、热传导性等特性。注塑机可以确保正确的材料被选用。

(3)成型控制。注塑机的控制系统可以精确控制塑料的温度、压力、流量等参数,以确保塑料在模具中均匀充填并形成一致的封装壳体。这对保证封装质量和一致性非常重要。

(4)高效生产。注塑机可以实现高效的自动化生产,可以快速而连续地生产大量芯片封装壳体。这对大规模的芯片生产非常重要。

(5)精确尺寸。注塑机可以控制封装材料的充填和冷却过程,确保封装壳体具有精确的尺寸和形状。这对确保芯片和其他封装元件的正确匹配至关重要。

总之,注塑机通过定量加料、熔融塑化、施压注射、充模冷却、启模取件的循环过程,实现高效、精确、一致的封装过程,保护芯片并为其提供物理支持,从而确保芯片的稳定性和可靠性,设备实物如图 11.21 所示。

图 11.21 ASM IDEALmold 全自动注塑机实物

11.4 测试设备

集成电路测试工程包含硬件设备和软件程序两大部分。硬件指的是自动测试设备、分选机和探针台；软件指的是测试程序。在半导体封测生产流程中，测试通常是指晶圆检测及成品测试，但是如果将范围扩大，也会包括晶圆制造过程中的晶圆接受测试、失效分析测试（Failure Analysis Test，FAT）、特性分析测试（Characterization Analysis Test，CAT）等，这些测试可能会涉及一些质量检测设备。

11.4.1 测试机

测试机的技术核心在于功能集成、精度与速度、可延展性。测试精度的重要指标包括测试电流、电压、电容、时间量等参数的精度，如在电流测量上能达到皮安级的精度；在电压测量上达到微伏量级的精度；在电容测量上能达到 0.01pF 量级的精度；在时间量测量上能达到百皮秒量级；响应速度一般都达到了微秒级。

在效率化方面，主要衡量指标如下。

（1）引脚数。从芯片内部电路引出与外围电路的接线，所有的引脚构成该块芯片的接口。

（2）测试频率。固定时间内能够传输的数据量，表征传输通道中的数据传递能力。

（3）工位数。一台测试机可以同时测试的芯片（成品测试）或管芯（晶圆检测）数量。

测试机的分类及具体应用见表 11.1。

测试机的特点为迭代速度较慢，但主力产品生命周期长，仅需更换测试模块和板卡就可实现多种类测试以及测试性能提升，而不需要更换机器。例如，爱德万 1999 年推出的 V93000 机型，即使在 2019 年仍有单笔超过 30 台的订单。

表 11.1 测试机的分类及具体应用

分类		被测对象	测试引脚数	难点
模拟/混合测试机	功率测试机	IGBT、MOSFET、IPM 模块	较少	耐高电压、耐电流
	模拟测试机	信号放大器、滤波器、电源管理芯片等	<100 个	测试频率要求不高，精度要求较高
	数模混合测试机	DAC、ADC 等	—	—
SoC 测试机		MCU、SoC、IOT、CIS 等	10~1000 个	测试频率（尤其是数字通道测试频率）要求较高
存储测试机		存储器	数万个	高速数字信号通道，引脚间同步性要求高

在发展趋势方面，主要有用于 SoC 器件性能和参数测试的测试机，它具备测试移动 SoC、高性能 HPC、人工智能芯片、内嵌的 MCU/CPU 内核模块、DSP 模块、存储器模块、通信接口模块、ADC/DAC 模块、电源管理芯片（Power Management Integrated Circuit，PMIC）等的能力。另外，还有用于数模混合/数字射频混合芯片测试的测试机，可满足高引脚复杂芯片的测试需求。

11.4.2 分选机

分选机主要用于芯片的测试接触、拣选和传送等。分选机把待测芯片逐个自动传送至测试工位,通过测试机测试后根据测试结果进行标记、编带和分选。根据传送方式的不同,分选机可分为平移式分选机、重力式分选机及转塔式分选机,对应的芯片传送方式分别为水平抓取、重力下滑及器件在转塔内旋转。

实现与测试机的良好配套,满足多样化产品的不同需求,以形成良好的服务能力是分选机企业的核心竞争力,这种附属特性使其形成行业内较分散的格局。目前,全球两大代表性企业为科休半导体和爱德万测试机,韩国的 Techwing 则是全球领先的存储芯片测试分选机厂商。国产化方面,转塔式分选机的国产自给率最低(约 8%),主要原因为转塔式分选机是每小时分选芯片数(Unit Per Hour,UPH)最高的一类分选机,在高速运行下,既需保证重复定位精度,又需保证较低的故障停机比,这对分选机设备开发提出了更高的要求。

不同种类分选机的优缺点对比见表 11.2。

表 11.2 不同种类分选机的优缺点对比

分选机种类	设备优点	设备缺点
重力式分选机	设备结构简单,易于维护和操作;生产性能稳定,故障率低	产量较小;不支持体积较小、球栅阵列封装等特殊封装产品测试
转塔式分选机	产量大,可以实现集成打印、外观检查、包装等功能	对芯片质量和尺寸有限制,不适合大尺寸芯片
平移式分选机	结构简单、可靠性高;适用于质量和体积较大的产品	每小时产量较小;不适用于体积较小的芯片

11.4.3 探针台

探针台的主要作用是晶圆的传送和定位,确保晶圆与探针按顺序接触以完成测试任务。它提供晶圆的自动上下移动、中心对齐、定位等功能,还可以根据预设步距移动晶圆,使探针能够精确地对准晶圆上的特定位置进行测试。根据不同的应用需求,探针台可以分为多种类型,如高温探针台、低温探针台、射频探针台和液晶显示探针台等。

探针台市场目前基本被美、日、韩三国企业垄断,如东京精密、TEL(这两家市占率超过 80%),以及美国 QA Technology、美国 MicroXact、韩国 Ecopia 等。这些企业能够提供多种新兴技术以及多品种测试,如磁学测试(霍尔器件、MRAM、SoC)、微变形接触、非接触测量等。国产厂商代表为中电科四十五所、深圳矽电半导体设备有限公司、杭州长川科技股份有限公司(简称长川科技)等,其中长川科技在现有集成电路分选系统的技术基础上研发出了 8~12in 晶圆测试所需的 CP12 探针台。

探针台的关键技术涵盖以下 3 个方面:①实现微米级别的重复定位精度;②必须将晶圆损伤率限制在 1ppm(百万分之一)以内;③晶圆的检测需要配备多组视觉精密测量及定位系统,同时还应具备视觉相互标定和多个坐标系互相拟合的能力,以及关键模块探针卡(悬臂式、垂直式、MEMS 等)。另外,探针台在设备工作环境方面需要具备较高的洁净度要求,传动机构也要求低粉尘,还需要具备气流除尘等特殊功能。

探针台行业核心技术主要是高精度、快响应、大行程精密步进技术,定位精度协同控制,探针卡自动对针技术,晶圆自动上下片技术,基于智能算法的机器视觉,电磁兼容性设计技术等。上述核心技术聚焦于提升探针台产品综合定位精度,保障产品长期运行稳定性、可靠性,实现高效、全自动的探针测试,通过提高产品的综合性能,以此满足不断升级的半导体测试需求。

11.4.4 封装质检设备

1. 自动光学检测设备

自动光学检测(Auto Optical Inspection,AOI)设备的基本原理是利用影像技术来比对待测物与标准影像是否有过大的差异,从而判断待测物是否符合标准。AOI设备的好坏基本上取决于其对影像的分辨率、成像能力与影像辨析技术。早期AOI设备大多被用来检测芯片封装后的表面印刷是否有缺陷,随着技术的演进,现在则被用于SMT组装线上检测PCB上的零件焊锡组装后的品质,或是检查焊膏印刷后是否符合标准。AOI设备在封装后检测中的应用如图11.22所示。

元件缺陷:芯片极性标识

元件缺陷:芯片脚弯

元件缺陷:芯片脚浮起

元件缺陷:有件/缺件

元件缺陷:极性标识

元件缺陷:立碑

元件缺陷:移位/歪斜

元件缺陷:移位/歪斜

元件缺陷:脚未插入

焊点缺陷:有锡/无锡

焊点缺陷:少锡

焊点缺陷:多锡

焊点缺陷:锡球

焊点缺陷:桥接

图11.22 AOI设备在封装后检测中的应用

AOI设备结合人工智能识别算法可以取代人工目检作业,而且可以比人眼更精确地识别出贴片机生产的不合格产品。目前,AOI设备已经可以做到用多角度的摄影来增加对芯片脚翘的检出能力,并增加某些被遮蔽元件的摄影角度,以提供更多的检出率。但就如同人眼一般,AOI设备基本上也仅能执行产品的表面检查,所以只要是产品表面上可以看得到的形状,它都可以正确无误地检查出来,但对藏在零件底下或是零件边缘的焊点检测能力有限,需要使用X射线探测。

2. X射线探测

X射线作为一种通过使用阴极射线管产生高能电子,并将其与金属靶碰撞,从而在碰撞过程中电子减速并释放出动能，进而产生 X 射线辐射的技术，具有非常短的波长和高能电磁辐射特性。在普通光学显微镜无法利用可见光观察、检测样品时，可借助 X 射线穿透不同密度物质后光强度的变化形成对比效果，生成影像，从而显示出待测物体的内部结构。这种方法让我们能够在不破坏待测物体的前提下，观察其内部是否存在问题。

用 X 射线检测仪来检查 BGA 封装器件的焊点，可以实现对焊点质量快速、准确的检测。通过使用 X 射线检测仪，可以非侵入性地探测焊点之间是否存在桥接现象，以及焊点内部是否有空洞、虚焊现象等。这种检测方法具有非常高的灵敏度，能够在不破坏封装外壳的情况下检测出微小的缺陷。与传统的目视检查或显微镜检查相比，X 射线检测能够更准确地发现隐藏在焊点内部的问题，有助于提高生产质量和产品可靠性。因此，X 射线检测仪在 BGA 封装器件焊点质量检测中的应用，为制造商提供了一种高效、可靠的手段，帮助他们及时发现并解决焊点质量方面的问题，从而确保产品的性能和可靠性达到标准要求。这种技术能够帮助发现潜在的问题，提高检测效率，并确保 BGA 封装器件的质量。X 射线检测仪能够直观、精准地检测芯片封装的产品质量，且结合人工智能的图片识别算法，软件系统能够自动判定不良品，极大地提升了检测效率。蔡司 Xradia 620 X 射线检测仪及测试样品如图 11.23 所示。

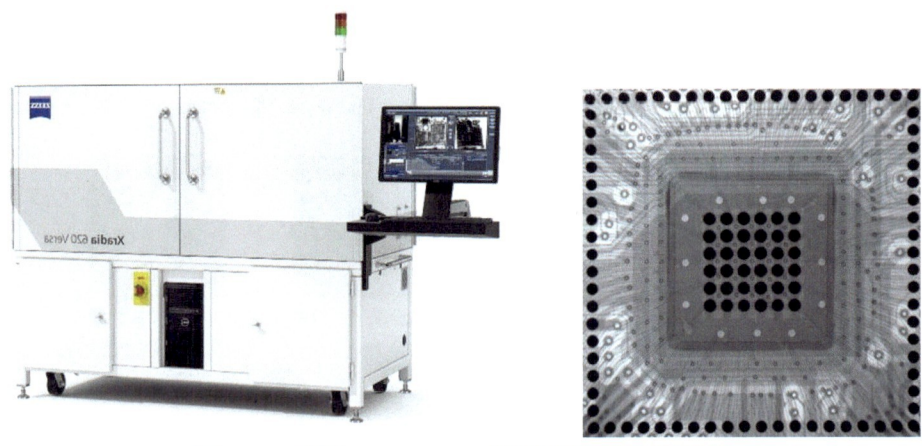

图 11.23 蔡司 Xradia 620 X 射线检测仪及测试样品

3. 拉力剪切力测试仪

拉力剪切力测试仪用于执行多种拉力和剪切力应用，适用于多种测试需求，包括焊线拉力、锡球剪切力、晶粒剪切力、凸块拉力、矢量拉力及镊钳拉力等，其设备实物和测试示意如图 11.24 所示。在评估键合工艺质量时，通常会使用键合拉力测试（Bond Pull Test，BPT）和键合剪切力测试（Bond Shear Test，BST）这两种破坏性实验判定方法。这些测试方法能够帮助判断键合的质量是否合格。

除了确认 BPT 所得的拉力值，还需要确定引线断裂的位置。一般来说，键合断裂的位置最可能位于第一键合点的界面、第一键合点的颈部、第二键合点处，以及引线轮廓的中间位置。在影响 BPT 结果的因素中，除了键合的工艺参数，还包括引线的参数（如材质、直径、强度和刚度）、吊钩的位置、弧线的高度等。拉力剪切力测试仪在评估键合工艺的质量时具有重要作用，能够提供关键的信息，帮助判定键合是否符合要求。

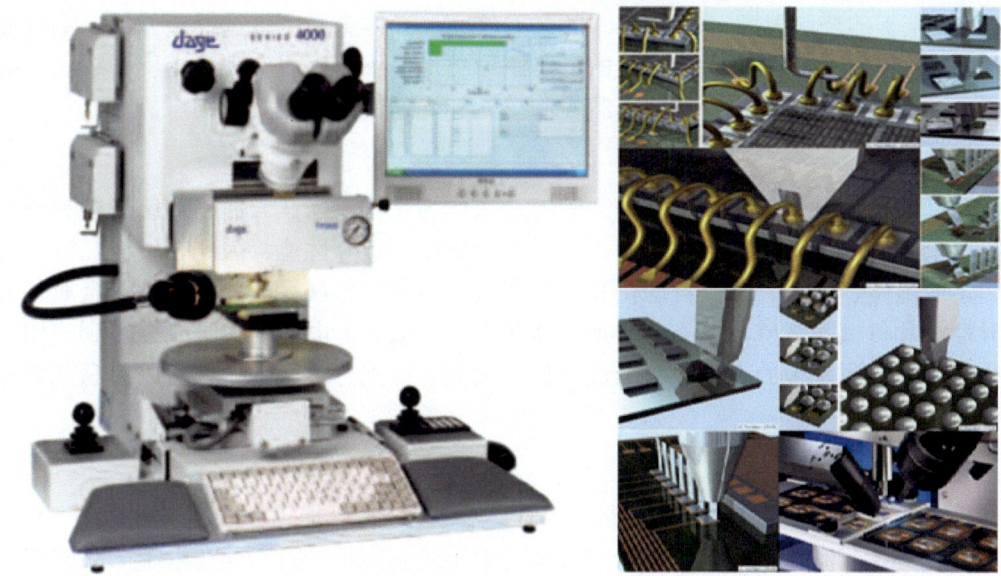

图 11.24　封装拉力剪切力测试仪实物和测试示意

11.5　封装工艺材料

集成电路封装工艺材料作为封测全产业链的上游基础，是实现先进封装工艺的根本和保证。本节介绍集成电路工艺中常见的封装材料，主要包括封装基板材料、芯片黏结材料、热界面材料及包封保护材料。

11.5.1　封装基板材料

基板是连接裸片和外部电路的桥梁，是集成电路封装的关键材料。封装基板材料主要可分为陶瓷基板、金属基板、有机基板和硅基基板等。

1. 陶瓷基板

陶瓷材料是早期被用作封装基板的材料之一。由于陶瓷性能稳定，热膨胀系数接近硅，因此非常适用于气密封装。通常情况下，陶瓷基板会在基材表面制备金属导电图形，并通过烧结工艺将陶瓷与金属紧密结合。根据烧结温度的不同，陶瓷基板可分为高温共烧结陶瓷（High Temperature Co-fired Ceramic，HTCC）基板和低温共烧结陶瓷（Low Temperature Co-fired Ceramic，LTCC）基板。这两类基板的主要区别在于玻璃含量的不同，HTCC基板中玻璃含量低于15%，而LTCC基板通常高达50%以上。添加玻璃可以降低介电常数，有助于制造高速电路，但也可能降低基板的机械强度和导热性能。

HTCC基板的材料包括氧化铝、氮化铝和碳化硅等，烧结温度通常在1500～1900℃之间。氧化铝陶瓷具有硬度高，抗磨损性、化学稳定性、绝缘性和高温性能优异的特点，因此广泛用于高温传感器、熔解槽、陶瓷电容器和其他电子器件的封装等。此外，氮化硅也是一种常见的陶瓷基板材料。与氧化铝相比，氮化硅陶瓷具有更高的强度、更低的热膨胀系数和更好的耐热性能。因此，氮化硅陶瓷广泛应用于制造高温高压传感器、汽车发动机部件、太阳能电池板和其他高温、高压或高耐久性应用领域。

LTCC 基板的烧结温度一般在 850~950℃之间。导体金属可以选择金、银、铜等低电阻率材料，由于温度较低，所以形成的电路图形更加精细，可以实现高密度布线。这类基板材料主要应用于手机天线模块、车载控制单元和光通信接口模块等领域。

2. 金属基板

金属基板是一种采用铝、铜、铁、钼等金属作为基材，在其表面制造绝缘层和导电层的基板。金属基板具有优异的散热性、加工性及电磁屏蔽等性能，因此在发光二极管封装产品、集成电路、汽车、办公自动化和大功率电子器件等领域得到广泛应用。金属基板的热传导性能和机械强度使其在高功率半导体激光器、太阳能电池组件等领域得到应用。在工业生产中，金属基板的表面通常会进行化学镀铜、镀镍、镀金等处理，以提高其导电性能和耐腐蚀性能。

3. 有机基板

有机基板是基于传统 PCB 的制造原理和工艺，经过有机加工而成的一种基板。有机基板的主要优势在于制造成本低、PCB 密度高、加工工艺简单等，因此在电子产品中应用广泛。有机基板在手机、平板电脑、电视、数码相机等消费电子产品中的应用越来越普遍。此外，有机基板也被广泛应用于 LED 照明、电源电路、医疗设备等领域。在制造过程中，有机基板的表面通常会进行化学加工、机械加工、镀金、喷涂等处理，以提高导电性能和耐腐蚀性能。同时，柔性薄膜有机基板还具有可弯曲、可卷曲等特点，在可穿戴设备等领域具有广泛的应用前景。

4. 硅基基板

硅基材料是指以硅作为主要成分的材料。在现代集成电路封装工艺中，硅基基板被广泛应用于制作中介转接层，以连接不同集成电路器件之间的信号和电源。硅基基板具有许多优点，如高强度、耐高温、导热性好、物理性能稳定等，适用于多种不同的封装应用。

硅中介转接层是封装过程中的一个关键步骤，用于将芯片和外部连接器之间的信号和电源线路连接起来。用硅基材料制作中介转接层，可以实现更高的密度和更小的尺寸，从而能够满足现代集成电路器件的高度集成和微型化的需求。同时，硅基材料还具有良好的热传导性能，可以有效地将芯片的热量传递到外部散热器中，从而保证集成电路器件的稳定性和可靠性。在制作中介转接层时，硅基材料还可以通过掺杂等工艺进行优化，以实现更好的性能。例如，可以在硅基材料中掺入不同的杂质元素，从而改变材料的导电性、光学性能等特性，使其更适合不同的封装应用。

11.5.2 芯片黏结材料

芯片黏结材料是一种应用广泛的材料，主要用于芯片与载体之间的黏结。它的性能要求包括机械强度高、化学性能稳定、热匹配好、固化温度低和易操作等。根据不同的黏结方式和材料特性，传统的芯片黏结材料可分为贴片胶（包括导电胶和绝缘胶）、片状胶膜、焊锡材料和低温玻璃等。

贴片胶在封装中应用广泛，虽然具有工艺温度低、成本低和受热应力小等优点，但需要高温固化，工艺时间长，因此热稳定性较差。贴片胶分为导电胶和绝缘胶两类。导电胶是一种黏结剂，具有导电性能，可分为同性导电胶和异性导电胶。导电胶的主要成分是导电填充物（如 Au 或 Ag 导电微粒）和环氧树脂。Ag 被广泛用作导电填料，具有导电率高、物理化学性能优异、价格可接受的优势，且 Ag 氧化物具有导电性能。绝缘胶广泛用于集成电路封装中需要绝缘黏合和灌封的部分，如不需要导电的芯片背面。

片状胶膜是一种超薄型薄膜黏结材料，主要成分是树脂。与导电胶不同，片状胶膜以薄膜的形式应用于贴片过程中，有助于吸收因热胀冷缩而产生的不同材料交界面的应力，有效预防层间分离。片装胶膜可用于连接集成电路芯片与封装基板，也可将芯片与芯片连接在一起，此外还可以通过热焊接的方式实现倒装芯片的封装。根据导电性的不同，片装胶膜分为导电胶膜和绝缘胶膜两种类型。

焊锡材料是焊接法中常见的材料，它利用焊锡的熔点，将焊锡加热至液态状态，使其润湿母材，填充接缝间隙并与母材发生互相扩散，从而实现芯片的黏结。在集成电路封装的各个层级中，焊锡材料被广泛应用，尤其在倒装芯片的结构中，焊点可用于裸片与衬底之间机械连接和电连接，避免了传统的贴片和线缆连接工艺，从而减小了封装体积并降低了成本。

低温玻璃是一种软化温度在 600℃以下的玻璃材料。由于具有较低的软化温度，因此低温玻璃可以用于实现半导体、金属、陶瓷和玻璃之间的相互封闭。以酸性低温玻璃为例，这种玻璃主要由硅酸盐、硼酸盐和铝酸盐等组成，它们在加热过程中能够形成交叉化学键，形成高强度的玻璃。由于酸性低温玻璃具有优异的密封性、化学惰性和耐腐蚀性，所以在芯片封装中应用广泛。

11.5.3 热界面材料

随着集成电路技术的不断进步，芯片正朝着小型化和高度集成化的方向发展。在电子设备的热设计领域，热问题是一项不容忽视的挑战。过度积聚的热量可能对设备的寿命和可靠性产生严重的不利影响，因此热管理问题常常被视为限制电子系统进一步发展的因素之一。研究表明，当芯片的工作温度达到 70~80℃时，每升高 1℃，可靠性就会降低 5%。为了优化集成电路封装的热管理效果，热界面材料（Thermal Interface Material，TIM）得到了广泛的应用。TIM 有时也被称为导热界面材料或界面导热材料。在电子系统的结构中，两种不同的材料之间的接触界面或结合界面会产生微小的间隙，界面表面可能存在不平整的凹凸或微孔等缺陷。TIM 的作用是填充这些间隙和孔洞，减少传热中的接触热阻，从而提升电子器件的散热性能。

图 11.25 所示为典型封装结构中的散热管理，其中芯片产生的热量需要通过数层接触面从内向外传递。不同材料之间的接触会产生界面，而界面会对热流产生阻碍作用。界面热阻是指当热量通过接触界面传递时，产生的间断温度差ΔT。根据傅里叶定律，界面热阻R_{imp}的计算公式为$R_{imp}=(T_1-T_2)/Q$。其中，T_2表示上接触部件的界面温度，T_1表示下接触部件的界面温度，Q表示通过接触界面的热流通量。在接触传热时，由于固体表面的微观不平整，部件之间通过离散的接触点进行传热。研究表明，实际接触面积只占部件表面积的 3%，因此会产生很高的界面热阻。然而，当使用 TIM 填充界面后，实际接触面积会增加，从而使界面热阻数值减小。

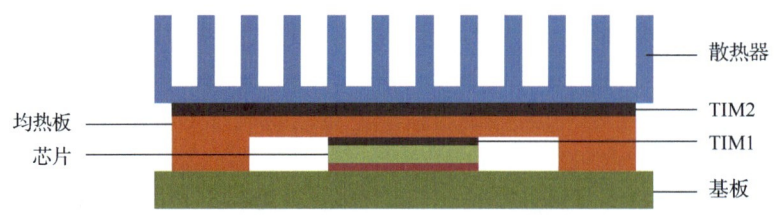

图 11.25　典型封装结构中的散热管理

热界面材料种类繁多，根据特性的不同，可分为导热膏、导热垫片、相变型导热胶、导热凝胶、导热黏胶等。导热膏、导热垫片和相变型导热胶的产量较大，应用也比较广泛。表 11.3 和表 11.4 分别总结了各种热界面材料的特性、优缺点。

表 11.3　各种热界面材料的特性[13]

种类	材料特性
导热膏	一般是在矽油或高分子基材内添加填充剂，增加热传导性。典型的填充剂为氮化铝或氧化锌，也可以是氧化铝、氮化硼或铝粉、银粉等陶瓷粉末及金属粉末
导热垫片	通常用作电子绝缘材料，高温下热稳定性良好
相变型导热胶	以高分子相变材料为主要基材，添加氮化硼或氧化铝等填充剂来改善热传导
导热凝胶	一般是在矽油及石蜡中添加铝粉、氧化铝粉及银粉等填充剂，通常需做熟化处理
导热黏胶	在可熟化的环氧树脂基材内添加银粉之类的填充剂

表 11.4　各种热界面材料的优缺点[13]

种类	优点	缺点
导热膏	1. 具有较高的热传导率 2. 所需扣合压力小且结合厚度薄 3. 黏性较低，基材容易填补接触表面孔隙 4. 无须做固化处理 5. 没有剥层问题	1. 容易产生溢出及相分离问题 2. 具有某种程度的流动性 3. 在制造过程中容易弄脏环境 4. 易干涸
导热垫片	1. 易于操作 2. 热传导率高	1. 接触阻值高 2. 需要很强的压力
相变型导热胶	1. 黏性较强，稳定性佳，无溢出问题 2. 应用及处理上比导热膏容易 3. 不需要做固化处理 4. 没有剥层问题	1. 热传导率一般比导热膏低 2. 表面接触热阻比导热膏高，但可在使用前预热 3. 需要较大的扣合压力来提高散热效率，会导致机械应力增加
导热凝胶	1. 固化之前能适应接触表面的不规则性 2. 不会有溢出及流动问题	1. 需做固化处理 2. 热传导率比导热膏低 3. 黏合力比导热胶差 4. 可能存在剥层问题
导热黏胶	1. 固化之前能适应接触表面的不规则性 2. 不会有溢出及流动问题	1. 需做固化处理 2. 须做剥层的稳定性测试 3. 固化后的环氧树脂具有较高的弹性模量，导致热膨胀系数不匹配而衍生热应力问题

值得注意的是，碳纳米材料已经成为能够提供全新热界面材料应用方案的一类重要材料。研究表明，碳纳米材料具有较高的热导率，其中单层石墨烯的热导率可达5000W/(m·K)[14]，而单根碳纳米管的热导率在 600～3000W/(m·K)之间[15]。然而，碳纳米材料的支撑强度较差，在使用过程中容易发生变形，导致水平方向的热导率过低。因此，为了提高热界面材料的导热性能，碳纳米材料通常被混入普通的热界面材料中作为填料。目前可用作填料的碳纳米材料主要包括碳纳米管和石墨烯等。

11.5.4 包封保护材料

在集成电路封装工艺中，用于封装保护的材料统称为包封保护材料。其中，最常使用的材料是环氧塑封料。通常在塑料封装中，会使用环氧塑封料对芯片及其互连部位进行包封保护，具体操作如图 11.26 所示。而在高可靠性的金属封装和陶瓷封装中，通常采用封盖技术将芯片及其互连部位保护在特殊气氛的空腔内。除了环氧塑封料，集成电路封装中还有其他材料，如注塑料、硅胶和聚四氟乙烯等。这些材料在不同的封装工艺和应用场合中发挥着不同的作用。

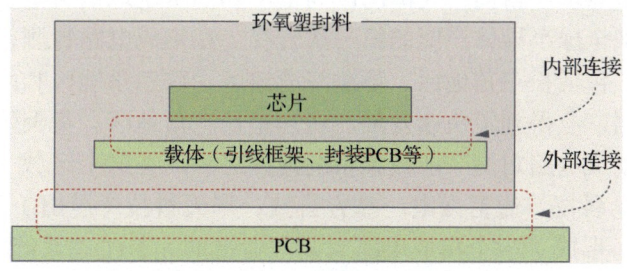

图 11.26 环氧塑封料对芯片的包封保护

环氧塑封料是以环氧树脂为基体树脂（黏结剂），以酚醛树脂为固化剂，加上填料、阻燃剂、促进剂、偶联剂及其他微量组分，按一定的比例经过前混合、混炼（挤出）、冷却、粉碎、磁选、后混合、碾粒成型（打饼）等多道工艺制成。环氧塑封料主要成分和性能见表 11.5。

表 11.5 环氧塑封料的主要成分和性能[16-17]

原材料成分	性能
环氧树脂	环氧塑封料的重要组成部分，起黏结作用。环氧树脂的种类和它所占比例的不同，不仅直接影响环氧塑封料的流动特性，还影响着热性能和电性能
固化剂	主要作用是与环氧树脂反应，形成一种稳定的 3D 网状结构。固化剂和环氧树脂一起影响着环氧塑封料的流动特性、热性能和电性能。目前常用的固化剂为酚醛树脂
填料	环氧塑封料一般选用硅粉（二氧化硅）作为填料，主要有结晶型、熔融型和球型这 3 种类型
阻燃剂	主要作用是使环氧塑封料满足规定的阻燃等级，目前普遍使用溴化环氧树脂及三氧化二锑。环保材料主要使用金属氢氧化物或通过改变填料的添加比例实现阻燃，不添加任何阻燃剂
促进剂	目前实际生产中，成型周期为 20～200s，为使环氧塑封料满足生产需求，达到短时间内硬化的目的，必须添加促进剂以缩短固化时间
偶联剂	主要作用是通过化学反应或化学吸附的办法来改变填料表面的物理化学性能，提高它在树脂和有机物中的分散性，增进填料和树脂等基体界面的相容性，进而提高材料的力学性能、化学性能和电性能
其他微量组分	着色、脱模等辅助作用

11.6 技术供应

11.6.1 封测技术情况

纵观当前全球封测市场，中国台湾地区占据了47%左右的市场份额，中国大陆地区的市场份额约为29%。亚太地区依托制造产能集中和人力成本较低等优势，已经成为全球集成电路封测业的产能集聚地，并吸引了半导体整体产能的转移。中国台湾地区聚集了日月光集团（简称日月光）（已完成对矽品的并购）、力成、欣邦等一批全球最具竞争力的集成电路封测专业代工企业，台积电的先进封装技术更推动了全球超摩尔技术的创新突破。除台湾地区外，我国其他地区在封测领域起步早、发展快，目前也已经达到世界领先水平，长电科技、通富微电子股份有限公司（简称通富微电）、华天科技（昆山）电子有限公司（简称华天科技）等三大封测代表性企业均已在企业规模方面进入全球前十行列，依靠技术的研发与海外优质标的并购，已掌握全球领先的封测技术。[18]

近年来，半导体产业下游发展迅速，消费电子、新能源汽车等产业也给中国半导体产业带来了大量的消费需求。目前，我国已成为生产和消费全球消费电子的主要国家。未来数年，我国有望迎来全球半导体产能的第三次转移。在集成电路封测领域，我国已经形成了多个产业集聚区，包括长三角地区、环渤海湾地区、珠三角地区和西部地区等。在这些地区，集成电路封测产业得到了快速发展。特别是长三角地区，集聚效应非常显著，已经成为我国乃至全球集成电路封测产业最繁荣的地区之一。在这个区域，不仅涌现出了当地代表性企业［如长电科技、通富微电、晶方科技、华天科技（昆山）等］，还吸引了外地企业投资兴建工厂，形成了一个集成电路封测产业链的完整生态系统。据2021年中国半导体行业协会统计，长三角地区贡献了我国集成电路封测产业一半以上的产值。珠三角地区封测企业则以中等规模内资企业与小企业为主，如华润赛美科、佰维存储、赛意法等，约占全国封测产业总产值的14%。西部地区近年来凭借生产成本优势、制造业和上游配套产业发展拉动，成为我国集成电路封测产业的新增长极，拥有约14%的全国封测产值。环渤海湾地区占有全国约13%的封测产能，拥有威讯联合、瑞萨封测厂、Intel大连工厂等相关厂商。这种产业布局不仅体现了我国在封测领域的强大实力，也反映了我国在半导体产业链中日益重要的地位。随着我国不断加大对半导体产业的支持和投资，全球集成电路封测产业有望在我国的带动下取得更大的发展。

11.6.2 封装设备供给情况

目前，高端封装设备被日本、欧洲和美国垄断，像划切、减薄、自动化键合等设备仍存在被断供的风险。不过，国内已有部分企业相继进入封装设备领域，且相当一部分封装设备已能够实现自给自足，并不断朝着高端设备进行迭代研发。随着封装工艺复杂度的提升，封装对象变得更小、更多且更轻薄，这对半导体封装设备的精度提出了更高要求，同时也推动了其需求量的增加。先进封装的发展不仅推动了封装设备需求的增长，还促使传统封装设备"量价齐升"，对封装设备提出了更高的性能要求，并增加了一系列新的设备需求。例如，封装工艺中包含Bump（凸块）、TSV、RDL等新工艺，带来了光刻、回流焊、电镀、键合等一系列新设备需求。而在这些设备中，部分设备（如键合设备）国内目前仍处于落后阶段[19-20]。

11.6.3 测试设备供给情况

测试机所属的封测市场完全被美国垄断的不多,但关键环节还是被美国垄断,包括:①高端 ATE 所用到大量的 ASIC 芯片,包括高速、高精度 ADC 和 DAC 等,例如 ADI 是 MAX9979 引脚电子芯片的独家供应商;②高精度机械模块(如 Microsense 的电容式位移传感器)。

测试机芯片一般制程要求不高,目前常见的工艺节点为 45nm,但是关键在于,ATE 客户需要有清晰的芯片功能需求,才能委托芯片设计公司产出专用芯片。从商业角度来看,还要有足够的需求量或利润量来驱动芯片设计公司做这种芯片的研发、设计、生产、制造。

11.6.4 封装材料供给情况

封测是集成电路产业链中至关重要的环节。对封装产业而言,封装材料扮演着整个封测产业链的基础角色,它是实现封装工艺的关键组成部分。在半导体产品需求不断增长的驱动下,对封装材料的需求也呈现显著增加的趋势。

封装材料市场的增长主要受有机基板、引线框架和键合线领域的推动。带动这波涨势的正是驱动半导体产业的各种新科技,包括大数据、HPC、人工智能、边缘运算、先端存储器、5G 基础设施的扩建、5G 智能手机的采用、电动车使用率增长和汽车安全性强化功能等。

封装材料是上述科技应用持续成长的关键,用以支援先进封装技术,让集高性能、可靠性和整合性于一身的新一代芯片成为可能。根据材料的基本类别和封装对相应材料的需求,封装材料可分为封装基板、引线框架、键合线、封装树脂、封装陶瓷和芯片黏结材料等。其中,封装基板是半导体封装材料中占比最高的耗材,价值量占比接近 1/3。如图 11.27 所示,根据 SEMI 2021 年的数据,全球半导体封装材料前五名分别为封装基板、引线框架、键合线、封装树脂和封装陶瓷,占比依次为 32.5%、16.8%、15.8%、14.6% 和 12.4%[21]。

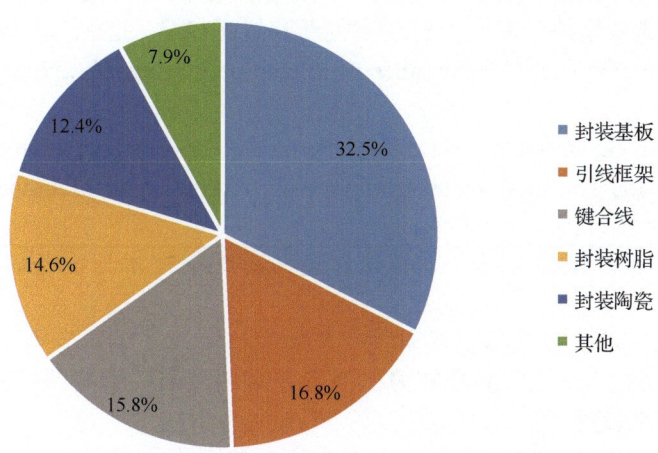

图 11.27 封装材料中的价值占比(2021 年)

全球封装基板厂商主要集中于日韩，主要原因还是高技术门槛和长时间的高研发投入需求。全球前十大厂商欣兴电子、Ibiden、三星电机、景硕、南亚电子、新光电气、信泰、大德、日月光和京瓷，共占比超过80%。封装基板行业与PCB行业相比集中度更高。国产封装基板占全球市场的份额一直较低（占比仅4%），而PCB的市场份额占比已超过50%，相较而言，封装基板的国产化还有很大的发展空间。

11.7 本章小结

本章主要介绍了传统封装所涉及的封装工艺、设备、材料，以及芯片测试的相关内容。首先，简单介绍了封装技术的发展过程和主要应用形式，随后重点阐述了传统封装的工艺、设备，以及测试设备，接着对封装领域常用的材料及性能进行了分类、分析与汇总。最后，简单分析了全球封测产业链的情况，以及国内相关企业的布局与现状。

思考题

（1）请根据芯片与基板连接方式的发展情况，简述封装技术发展历程。
（2）请简述芯片封装的作用，列举几种常见的面积阵列的封装形式。
（3）芯片制造全流程涉及哪些测试环节？测试目的有何不同？
（4）简单介绍减薄划切工艺的基本流程，并列举划切方式。
（5）请阐述球形键合与楔形键合工艺的主要区别和特点。
（6）列举芯片封装测试常用的封测设备。
（7）简单介绍封装过程中封装材料的类别及各自的作用。

参考文献

[1] 毕克允. 中国半导体封装业的发展[J]. 中国集成电路, 2006, 15(3): 1681-5289.
[2] 于燮康. 中国集成电路封测产业链技术创新路线图[M]. 北京: 电子工业出版社, 2013.
[3] HO M T, YI S L, WONG C P. Advanced flip chip packaging[M]. New York: Springer US, 2013.
[4] LING J, TEOH H, SORRELLS D, et al. Reliability assessment of high lead count TAB package[J]. IEEE Transactions on Components, Hybrids, and Manufacturing Technology, 1992, 15(6): 1105-1116.
[5] 朱祥龙, 康仁科, 董志刚, 等. 单晶硅片超精密磨削技术与设备[J]. 中国机械工程, 2010, (18): 9.
[6] 衣忠波, 丛瑞, 常庆麒. 超薄晶圆减薄工艺研究[J]. 电子工业专用设备, 2020, 49(1):6.
[7] 杨生荣, 王海明, 叶乐志. 晶圆减薄抛光工艺对芯片强度影响的研究[J]. 电子工业专用设备, 2020, 49(3):4.
[8] 任超. 磨削减薄工艺下硅晶圆亚表面残余应力的实验研究[D]. 北京: 北京工业大学, 2015.

[9] 文赟, 王克江, 孙敏, 等. 浅析砂轮划片机划切工艺[J]. 电子工业专用设备, 2010 (6): 6.
[10] 王权, 丁建宁, 薛伟, 等. 硅芯片外引线键合的热压焊装置及焊接工艺[J]. 焊接学报, 2006, 27(5): 61-64.
[11] DATTA M. Manufacturing processes for fabrication of flip-chip micro-bumps used in microelectronic packaging: an overview[J]. Journal of Micromanufacturing, 2020, 3(1): 69-83.
[12] NG F C, ABAS M A. Underfill flow in flip-chip encapsulation process: a review[J]. Journal of Electronic Packaging, 2022, 144(1): 010803.
[13] 杨邦朝, 陈文媛, 曾理, 等. 热界面材料的特性及其应用[J]. 2006 年中国电子学会第十四届电子元件学术年会论文集, 2006: 111.
[14] 宋厚甫, 康飞宇. 石墨烯导热研究进展[J]. 物理化学学报, 2021, 38(1): 2101013.
[15] 侯泉文, 曹炳阳, 过增元. 碳纳米管的热导率: 从弹道到扩散输运[J]. 物理学报, 2009, 58(11): 7809-7814.
[16] 成兴明. IC 环氧塑封料性能及其发展趋势[J]. 集成电路应用, 2005 (4): 21-26.
[17] 成兴明. 环氧模塑料性能及其发展趋势[J]. 半导体技术, 2004, 29(1): 40-45.
[18] 赵荣杰, 房超. 芯片领域科技安全现状与对策[J]. 科技导报, 2023, 41(6): 55-61.
[19] 姚海琳, 朱美玲, 谭舒耀. 中国关键战略材料国产化替代现状, 制约瓶颈及对策[J]. 科技导报, 2023, 41(6): 21-33.
[20] 王昶, 何琪, 周依芳. 高端装备国产化替代应用的主要障碍与突破路径[J]. 科技导报, 2023, 41(6): 13-20.
[21] 何刚, 李太龙, 万业付, 等. IC 封装基板及其原材料市场分析和未来展望[J]. 中国集成电路, 2021.

第 12 章 先进封装与集成芯片制造技术

本章首先介绍先进封装技术的概念、类型及应用,随后对先进封装设计要素进行了总体和分项解析,从电、热、机械等方面对封装性能优化提出了设计建议。接着,对实现先进封装所需要的 RDL 工艺、TSV 和 TGV 工艺、键合工艺,以及实现这些关键工艺所需要使用的特色工艺设备进行详细介绍。最后,深入介绍先进封装的中介层、TSV 界面材料及相关设备耗材。

本章重点

知识要点	能力要求
先进封装技术概念	1. 熟悉先进封装的概念、类型和应用 2. 了解不同的先进封装的特点
先进封装设计	1. 熟悉先进封装的总体设计流程 2. 了解先进封装在电学、热学和机械方面的设计要求和特点
先进封装工艺与设备	1. 掌握 RDL 工艺与设备 2. 掌握 TSV 和 TGV 工艺与设备 3. 了解键合工艺与设备 4. 了解等离子体表面改性工艺与设备
先进封装材料与设备耗材	1. 熟悉先进封装的中介层和 TSV 材料 2. 了解电镀材料与临时键合胶等材料

12.1 先进封装技术

先进封装技术出现于 20 世纪 90 年代,主要是依托 XY 平面上实现电气连接和延伸作用的 RDL 技术,Z 轴上实现电气连接和延伸作用的 TSV 技术,以及直接实现同质和异质材料结合的键合技术,通过多种 2D、2.5D、3D 的封装方式实现电气互连及高密度集成。与传统封装相比,先进封装具有设计成本低、加工效率高、系统功能集成度高、产品投放市场周期短等优势。

12.1.1 先进封装的概念

封装作为半导体产业链条的重要一环[1-3],主要作用是实现从晶圆裸片上纳米级线条到 PCB 上亚毫米级线条的连接与过渡,完成信号的传输与控制,并通过电、热、机械等性能的优化提高芯片的可靠性。集成电路封装(见图 12.1)主要分为 3 个层次,分别是晶圆裸片到塑封芯片的封装(称为半导体封装级),塑封芯片到 PCB 的封装(称为器件/PCB 级),以及 PCB 到电气化母板的封装(称为装备/设备级)。通常,先进封装研究的核心内容是晶圆裸片到塑封芯片的封装。

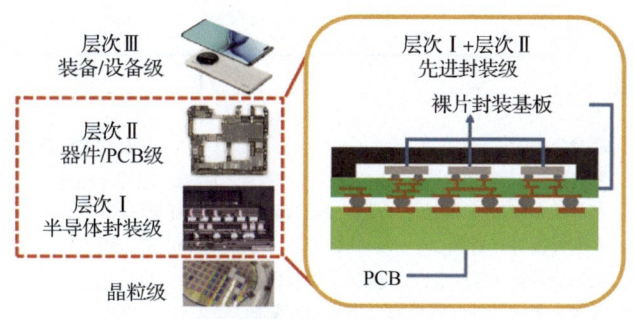

图 12.1　先进封装的概念

随着电子工业技术的发展，市场对电子产品的要求越来越高，希望可以集成更多的功能，具有更高的运算性能，并且功耗可以进一步降低。半导体产业以硅工艺为代表的芯片性能发展一直遵循着摩尔定律，即单位芯片面积上的晶体管数量每 18 个月翻一番。随着集成电路技术的不断发展，晶体管的尺寸不断逼近硅原子的物理极限。目前产业界和学术界认为摩尔定律的发展主要有两个方向，即延伸摩尔（More Moore）定律和超越摩尔（More than Moore）定律。延伸摩尔定律即晶体管特征尺寸继续缩小，集成密度继续提高，面临着较大的技术挑战，相对而言存在瓶颈。超越摩尔定律即将多种功能芯片及 PCB 上的分立器件集成到封装基板或芯片中，形成多样化功能系统集成的效果，将数字、模拟、射频、光学、MEMS、运算、存储、通信等多种功能集成在一个产品中。系统集成包括技术集成、功能集成、产品集成等[4-6]。

目前，系统集成的主要方式有：SoC，即把系统集成在一个芯片上；SiP，即把 PCB 上的有源、无源器件都集成在一个封装基板上[7]；SoP（System on Package），即将 PCB 上的无源器件集成在一个封装基板内部[8]，并将 PCB 上的有源器件集成在同一个封装基板上，从而形成集成的一体化结构。这 3 种系统集成的方式各有优缺点（见表 12.1）：SoC 在系统设计及工艺实现方面面临着较大的挑战，但集成度更高、性能更好；SiP 较易实现且集成方式多样；SoP 与 SiP 相比可实现更高的集成度。实际应用中，可以根据产品对性能的需求、生命周期的长短、成本的考量选择不同的系统集成方式。

表 12.1　各系统集成方式的优缺点及挑战

系统集成类型	优点	缺点及挑战
SoC	1. 传输线短、功耗低 2. 信号延迟小、速度快 3. 可靠性高 4. 尺度更小	1. 系统设计复杂 2. 工艺复杂、制备成本高 3. 投放市场周期较长 4. 不同功能模块很难用同样的硅平面工艺同时在一个芯片上实现 5. 无源器件面积占比大，不易集成在小尺寸芯片上 6. 系统性能验证复杂，成本较高
SiP	1. 尺寸更小 2. 质量更小 3. 互连线短、性能好 4. 各芯片延续原技术路线，投放市场周期短 5. 各芯片设计相对独立，产品升级容易	1. 多种信号混合，对系统设计提出挑战 2. 多种不同类型器件高密度布线

续表

系统集成类型	优点	缺点及挑战
SoP	1. 尺寸更小 2. 质量更小 3. 互连线短、性能好 4. 各芯片延续原技术路线，投放市场周期短 5. 各芯片设计相对独立，产品升级容易 6. 无源器件埋入基板，进一步缩小封装面积 7. 有源、无源器件制备分离，工艺难度降低	1. 基板材料面临热失配及低强度的挑战 2. 电容、电感、电阻薄膜化制造工艺的研究有挑战性 3. 热管理有挑战性 4. 可靠性需改进

SoC 是将系统集成在一个芯片上，即在晶圆制造的阶段就已经实现了系统功能的集成，因此传统的单功能芯片和 SoC 芯片在制造完成后的封装阶段，都只涉及对单一芯片的封装处理，采用传统封装的方式对裸片进行减薄、划切、引线键合（或倒装键合）、塑封、打标、植球、检查等工序，即可完成芯片的封装。SiP 及 SoP 是将系统集成在一个封装基板上，即先将不同功能的芯片在晶圆制造阶段分别按照各自对应的工艺节点加工完成，然后通过 2D、2.5D、3D 的封装方式对多个芯片进行信号连接，实现多功能系统的集成。按照实现系统功能所集成的芯片类型的不同选择相应的封装方式，这些区别于传统封装的封装方式和封装技术统称为先进封装。

12.1.2 先进封装的类型

在诞生之初，先进封装主要是围绕 2D 层面的晶圆级封装技术，后来演变出 2.5D 及 3D 封装技术。由于不同客户对系统集成产品的要求不同，众多封装企业都按照客户需求进行了定制化先进封装技术开发，并将自己研发出的封装技术独立命名及申请专利。因此近年来，先进封装的种类以井喷式增加，但很多先进封装技术间只有很微小的差别，主要实现的效果及使用的技术都具有相似性。接下来，对主要的先进封装类型进行介绍，如图 12.2 所示。

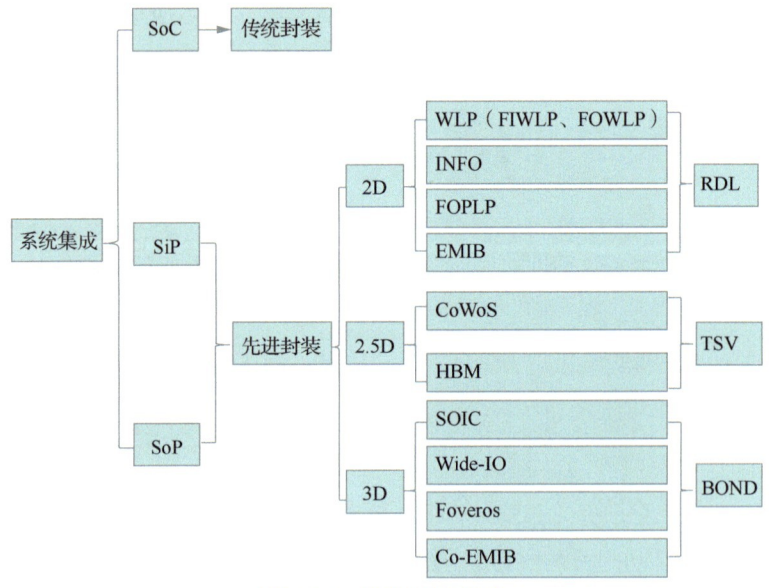

图 12.2 先进封装类型

1. 晶圆级封装

传统封装一般先对晶圆进行划切，再将裸片进行独立封装。晶圆级封装（Wafer Level Package，WLP）由英飞凌率先提出，工艺过程是先将晶圆进行整体封装，再将其划切为单个封装芯片，有 Fan-In（扇入式）和 Fan-out（扇出式）两种类型。

扇入式晶圆级封装（Fan-In Wafer Level Package，FIWLP）是 WLP 的一种，裸片上的信号接口排布就在裸片的面积范围内，直接连接在裸片下方便焊接的位置。为使封装后芯片成品更轻薄，先对晶圆进行减薄加工，再在 RDL 层连接的金属焊盘上植球，以便后续芯片焊接到 PCB 上，最后将封装完成的晶圆进行切割，得到独立的芯片。

扇出式晶圆级封装（Fan-Out Wafer Level Package，FOWLP）也是 WLP 的一种，需要通过 RDL 将裸片上的信号接口引出到裸片的外围，因此需要先将晶圆划切为单个裸片，再将独立的裸片重新布置在新的晶圆载体上，然后进行金属化布线互连、植球，形成最终封装，最后将封装完的晶圆载体进行切割，得到独立的芯片。

2. 整合式扇出晶圆级封装

整合式扇出（Integrated Fan-Out，INFO）晶圆级封装由台积电开发，核心是对 FOWLP 工艺的集成，可以理解为将多个扇出工艺芯片进行集成，提供了更大的封装空间，使更多的芯片直接互相连接。FOWLP 偏重扇出封装工艺本身，INFO 晶圆级封装则侧重扇出工艺的集成。

3. 扇出式面板级封装

扇出式面板级封装（Fan-Out Panel Level Package，FOPLP）采用了比晶圆面积更大的面板，面板材料可以是玻璃或 PCB 等基板。更大的面积得以一次封装更多的器件，因此可以量产数倍于晶圆芯片的封装产品。该技术由三星提出。

4. 嵌入式多芯片互连桥

嵌入式多芯片互连桥（Embedded Multi-Die Interconnect Bridge，EMIB）先进封装技术由 Intel 提出，该技术对不同工艺节点获得的不同功能的芯片，通过晶圆进行局部高密度互连，因为封装结构中没有采用 TSV 工艺，因此属于 2D 先进封装技术。

5. 晶圆基板芯片技术

晶圆基板芯片（Chip-on-Wafer-on-Substrate，CoWoS）技术是台积电推出的 2.5D 封装技术，它是先把多种不同芯片封装到中介层（如硅转接板）上，并在中介层上通过高密度布线将多种芯片进行互连，然后将中介层安装在封装基板上。

6. 高带宽内存技术

高带宽内存（High-Bandwidth Memory，HBM）技术是 AMD 与英伟达主推的 2.5D+3D 封装技术，该技术使用了 2.5D TSV 工艺及 3D TSV 工艺，先通过 TSV 工艺将多块内存芯片纵向堆叠，然后结合 RDL 工艺将堆叠芯片和其他芯片在基板上实现互连，主要针对显卡等高端芯片市场。

7. 宽带输入输出技术

宽带输入输出（Wide Input Output，Wide-IO）技术由三星主推，它是通过 3D TSV 工艺将存储芯片堆叠在逻辑芯片上并与基板相连，具备垂直堆叠 TSV 架构封装优势。

8. Foveros

3D 面对面异构集成芯片堆叠（Foveros）技术与 EMIB 技术都由 Intel 提出。EMIB 是 2D 封装技术，Foveros 则是 3D 封装技术，虽然它们都是将不同功能的芯片封装起来，但是 Foveros 采用了 3D 堆叠技术，因此 Foveros 封装后的芯片体积更小、功耗更低、性能更好。

9. Co-EMIB 技术

Co-EMIB（Foveros+EMIB）技术由 Intel 将 EMIB 技术和 Foveros 技术结合而来。EMIB 技术主要用于实现横向的不同芯片模块间的连接，Foveros 技术主要用于实现纵向芯片模块的堆叠，可以让芯片纵向的堆叠和横向的拼接同时进行，是一种弹性更高的芯片封装集成技术，能够形成更大的芯片系统。

10. 集成片上系统

集成片上系统（System-On Integrated-Chips，SOIC）是台积电提出的一种 3D 多芯片封装技术，创新点在于没有凸点结构，芯片间的互连采用直接键合的方式实现，因此芯片间距更小、集成密度更高、运算性能更强。SOIC 与 SoC 是完全不同的概念，SoC 需要在一个芯片上实现系统的功能，不同功能的电路需要在一个芯片表面同时设计及制造，对设计公司及制造代工厂要求较高。SOIC 则是在集成的多个芯片上实现系统的功能，不同功能的电路可以沿用各自原本的设计及制造工艺，因此在封装阶段只需要将各功能芯片集成即可，对设计及制造的要求较低。

12.1.3　先进封装的应用

先进封装技术已广泛应用于手机、汽车电子、通信设施、计算机、军工等领域，移动与消费电子市场是目前高端性能芯片需求最大的市场，其中以手机及通信设施为代表的产品功能更多、尺寸更小、迭代更快的发展需求，对设备内部电子元器件的集成密度、集成性能及封装尺寸提出了更高的要求，这些都离不开 SIP 等先进封装技术的支持。随着未来物联网、5G、人工智能、AR/VR 和云计算等技术的兴起和发展，先进封装技术的重要性将越来越凸显，是实现不同应用发展和产品多样化的重要手段。

另外，先进封装技术的发展与传统封装技术相比还有一个显著的不同：先进封装技术使芯片制造和封装环节的关联度越来越高。众多 Foundry 厂商和 IDM 厂商也在积极布局先进封装技术，如 Intel 的 Co-EMIB 技术、三星电子的 Wide-IO 技术、台积电的 INFO、COWOS、SOIC 等技术已经在多款产品上完成验证，因此，先进封装技术将成为后摩尔时代的重要发展方向及颠覆性技术之一。随着后道工艺在全产业链中越来越重要，先进封装技术有望成为集成电路产业新的制高点[9]。

12.2　先进封装的设计要素

封装在芯片设计中有安装、固定、密封、保护、连通芯片及增强电热性能等功能，不但对芯片本身的电、光、机械、热性能有直接影响，而且直接决定着整体工艺的可靠性、成本，以及系统的小型化。先进封装设计综合考虑了封装的形式、结构、材料等因素，同时提供了满足电、热、力要求的高可靠性、低成本方案，具有尺寸小、集成度高、功耗低等优势，在新型消费类电子行业具有可观而广阔的应用前景。

先进封装作为前沿的封装技术，与传统封装相比，提高了连接密度、系统集成度与小型化程度，同时在单芯片向更高端制程推进的趋势中延续摩尔定律。与此同时，先进封装设计也面临着很多挑战，如何在布局芯片分布、设计封装结构、选择材料与制程之间找到平衡与解决方案，是改善和提高系统性能的关键[10]。

12.2.1 先进封装的总体设计

封装的方式取决于成本、可靠性和小型化要求。因此，需要依据客户的需求，提供不同工作环境下的高可靠、低成本和可批量生产的封装方案，并转化为实际可加工的工程文件。选择适合的封装方案并完成裸片到封装体的过渡是封装设计的意义所在。

常见的先进封装设计流程如图 12.3 所示。首先，客户依据应用及性能要求提出封装需求，随后设计人员依次进行封装方案的制定、封装建库、原理图设计、设计规则设置、器件布局、封装仿真、布局布线、投版优化、审查投版、工程文件制定，最终实现封装体的组装。

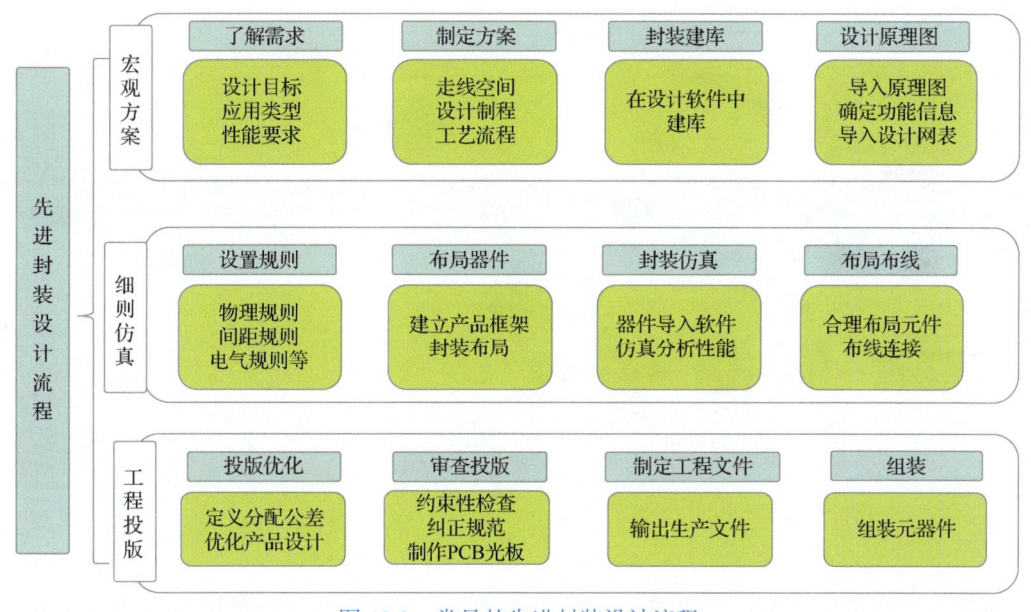

图 12.3　常见的先进封装设计流程

先进封装设计流程中需要依据用户需求和芯片类型选择适合的封装设计方案，重点评估以下要素：裸片物理尺寸、封装尺寸、管脚定义、封装工艺选择、封装结构、封装材料选择、封装测试方案、商业和成本问题等。以 SiP 为例，在进行封装前，需要搜集 SiP 的相关资料，包括原理图、关键信号清单、裸片物理信息和应用场景等。随后，依据收集到的信息确认芯片布局布线、I/O 数量、应力和散热需求。基于上述过程，进一步确定封装管脚图及对应关系。之后，进行加工方案的选择，依据裸片的类型，选择配套的 TSV、堆叠式或键合式等封装手段，并依据电气特性、导热性、成本和可靠性，从有机基板、陶瓷基板或金属基板等材料中选择，最后通过管脚对封装有效性进行测试。

常用的封装设计工具有 Cadence、Mentor 等代表性软件企业出口的工具，同样适用于先进封装领域。完成封装设计后，需要为不同的工艺部门输出基本工程文件、封装工程文件和测试工程文件，依据由封装工程文件转化的内部交流文件，完成不同的封装工艺操作。

由于芯片使用的环境复杂多样，因此在芯片封装时，需要考虑选定封装方案的可靠性。常见的可靠性问题包括：温湿度变化引起的封装材料分层、材料热膨胀系数不同导致的封装基板弯曲、关键布线中键合点或凸点的开裂、布局不均匀导致的基板开裂和封装不易分割等。通常情况下，在封装设计前，需要查阅相关厂商提供的封装规则文件，包括电气规则、物理规则和间距规则等，规避有可能发生的风险；在完成封装后，可以通过可靠性分析方法，从结构、尺寸、电学性能、切片、X 射线、超声、振动等角度进行验证，确保封装结果符合设计要求。最后，需要说明的是，在现有的商业化封装方案中，成本是封装设计的重要指标，在保证性能的前提下，批量化的封装过程往往采用常规的、成熟的封装工艺。封装方案、材料、工艺制程、组装测试等良率控制手段都会反馈在封装成本上。因此，如图 12.4 所示，采用低成本封装材料、常规且成熟的封装工艺、稳定且简单的封装流程和高效率的封装形态往往是厂商考虑的核心。

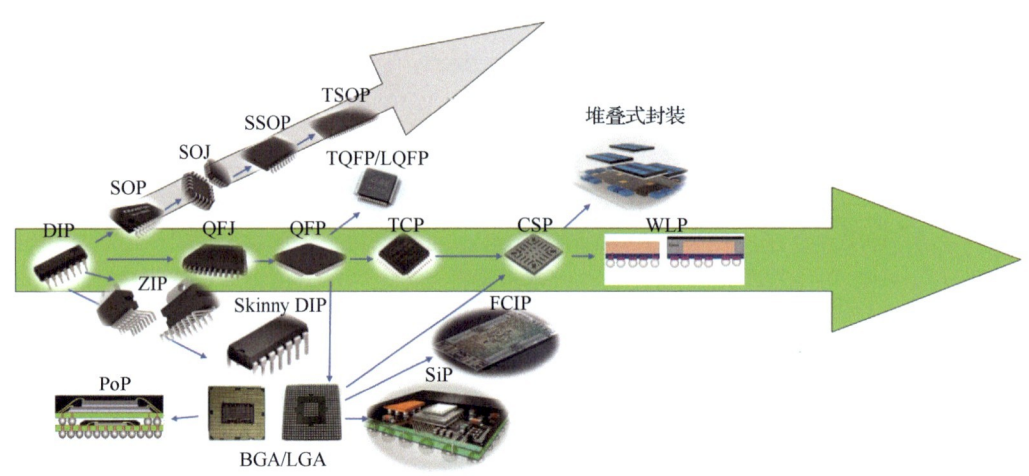

图 12.4 封装的发展历程

12.2.2 电性能优化设计

随着先进封装向小型化、集成化、高密度的方向发展，封装体的电磁环境变得更加复杂，所以对电性能的优化设计也是先进封装中的关键因素之一。以 SiP 为例，封装过程中常常需要考虑的电学问题主要包括：特征阻抗、损耗和衰减造成的传输线的影响；相邻传输线由于电磁耦合造成的信号串扰的影响；高频情况下金属互连线寄生效应导致的电源噪声和电压降波动的影响；外部干扰源导致的电磁干扰影响等。这些电学问题可从以下角度进行分析与优化。

1. 传输线的影响

当传输线阻抗不连续时，信号沿传输线传输时会产生部分反射，带来信号不完整问题。

实际上，在信号传输过程中，媒介阻抗变化会导致在不同媒介界面上产生反射，甚至在媒介两端来回反射。传输线自身存在两种损耗：一种是信号在传输线上感到电流阻力的电阻损耗；另一种是信号通过实际介质产生能量损耗，从而引起衰减和色散导致的介质损耗。传输线损耗会限制信道带宽，色散也会引起不同频率的传输相位差，传输速度增加还会产生更多的码间干扰。对此，可以采用均衡器减少码间干扰，并可在传输线设计阶段进行优化来降低传输线对信号完整性的影响。

2. 串扰分析与优化

串扰指的是在信号传输时，未进行电气连接的一对信号传输线由电磁耦合现象产生的噪声干扰。过大的串扰有时会改变传输线的特征阻抗与传输速度，降低信号质量与噪声余量，影响系统的正常运行。为了改善这个问题，需要同时考虑信号的传输路径和返回路径，实际应用中常见的方法包括以下3种。

（1）3W 规则走线。增加关键信号线之间的间距，至少等于 2 倍的导线宽度，使得导线之间中心距为 3W，缩短线长，尽可能靠近地面，并在信号线之间插入地线隔离。

（2）采用合理的基板分层结构。尽量减小电源和地平面的间距，在规划叠层时，信号层两边最好是电源/地层，并对相邻的两个信号层采用垂直布线。

（3）敏感部分。最好在均匀的介质中布线，高速信号尽可能采用差分传输，同时将敏感部分设置为带状线或嵌入式微带线。

3. 电磁干扰分析与优化

当干扰源通过耦合路径把能量传递到其他敏感元器件上时，会产生电磁干扰，主要形式包括传导、辐射和近场耦合。为了优化电磁干扰情况，可以采取如下措施。

（1）在高频或高速信号线的层间切换通孔周围添加一些接地通孔或旁路电容。

（2）尽量将功能相近的元器件布局在同一区域，以缩小布线长度，同时按不同电压和电路类型增加电源/地的对数。

（3）引入屏蔽结构。

4. 电源完整性分析与优化

电源完整性通常需要从频域（电源平面谐振、阻抗及频谱特性）、时域（噪声波形）和直流（直流电压降及电流密度）3 个方面进行分析。在高速或高频的环境中，电源网络的互连线路上会存在寄生效应和阻抗，这将导致电源输出经过电源网络到达芯片端，产生电源噪声（纹波）和电压降，使芯片无法正常工作。对此，可以通过增大电源走线宽度、电源/地的对数、减小电源/地间距、添加去耦电容来改善。

5. 高速系统板设计的分析与优化

在 SiP 中，改善封装基板叠层、通孔等的设计可以改善电性能，节约成本，方便布线。实际工程应用中，还可以采取以下措施进行优化。

（1）传输线。通过调节通孔、焊球、焊盘尺寸，信号/地间距，来减小传输线回波损耗。

（2）电源网络。添加去耦电容，可以在减小电源阻抗的同时将谐振峰调整到更低的频率处或消除谐振峰。

（3）电磁辐射优化。先进封装中混合封装的数字芯片和射频芯片之间易产生干扰，可以引入共形屏蔽技术和溅射屏蔽工艺。

12.2.3 热性能优化设计

电子元器件的散热能力会极大地影响性能，合理的封装散热方案设计（简称热设计）可以将芯片产生的热量快速、高效地散出。为了更好地分析芯片的散热特性，本节会简述芯片散热的基本原理，并量化地分析芯片封装的散热能力，最后介绍常用仿真模型及优化封装散热性能的具体方式。

1. 热设计

合理的热设计可以通过优化材料及结构设计，并采用合理的散热技术来控制封装体内元器件的温度，从而使元器件正常工作。随着超大规模集成电路的发展，芯片面积不断变小，集成密度及功耗不断增长，同时先进封装的系统化、小型化使多个芯片集成到一个较小的封装内，这些都会导致封装体单位面积内积聚热量提高，因此热设计尤其重要。合理、高效的热设计能降低电子元器件的工作温度，并提高热性能和可靠性。

2. 热量传递

热量传递简称传热，是指在温差存在的情况下，封装内部的热量自发地由高温处向低温处传递。传热作为一种普遍的物理现象，一般有热传导、热对流和热辐射 3 种基本方式，一般情况下，环境中会同时存在这 3 种传热途径。传热的基本理论方程式为

$$Q = KA\Delta t \tag{12.1}$$

其中，Q 为热流量；K 为换热系数；A 为换热面积；Δt 为冷热环境之间的温差。

（1）热传导需要物体内或系统内存在一定的温差，此时热量在物体内或系统内发生传递。为了方便分析热传导过程中影响传热的因素，定义热流量为一定横截面积的物体两侧存在温差时，单位时间内通过该物体所传递的热量。容易得知，随着温度梯度提升以及导热方向横截面积的增大，热传导过程中传递的热流量也会增加。随着传递距离的增加，热流量将会下降。因此，可以通过增加材料的导热系数、增加导热面积、缩短系统内传热距离来增加热流量，从而提高散热能力。

（2）热对流是指流体介质的宏观运动导致流体各部分之间发生相对位移时，冷热流体相互掺混所引起的热量传递过程。一般地，材料导热系数越大、厚度越小，热对流的速度越快、散热效率越高。

（3）热辐射是指物体由于具有温度而辐射电磁波的现象。一切温度高于绝对零度的物体都能产生热辐射，温度越高，辐射出的总能量就越大。并且热辐射通常不需要任何介质。热辐射与环境温度密切相关，不同的环境温度，同一系统的散热情况也不同。

3. 热量传导量化

为了量化热量的传导过程，可以将热量的传导过程类比电流在导线中的传输过程。在半导体封装中，热阻一般用 θ 表示，定义为当物体处于热传导平衡状态下时，进行热阻表征的两个位置之间的温度差与两个位置之间的热量传导功率的比值，单位为 K/W。

$$\theta_{jx} = \frac{\Delta t}{P} = \frac{T_j - T_x}{P} \tag{12.2}$$

其中，T_j 是物体一端的温度，T_x 是物体另一端的温度，P 为两端之间热量传导功率。

热阻表示热量流动的难易程度，热阻越大，热量越难传递。封装热设计的目的就是降

低封装的热阻，使其内部的热量更容易向外界传递，从而降低封装体内元器件的工作温度，使封装体更可靠、高效地工作。一般地，可以通过热阻来衡量不同封装结构的散热性能。

4. 热仿真模型

热仿真模型能用仿真的形式对封装体热性能进行预测，以确保封装体热性能达标，并进一步缩短封装开发周期。此外，还可以使用热仿真模型对整个系统进行系统级的热仿真，并广泛应用到封测领域。热仿真模型主要有 3 种，可按不同的需求选择对应的模型进行模拟仿真。

（1）详细模型。详细模型需要考虑封装中的细节结构，如芯片焊盘基岛、引脚、芯片与芯片之间的结构、中介层、横纵向传热等诸多细节。详细模型能比较准确地模拟芯片散热情况，但是模拟过程比较复杂，计算量较大，无法模拟较大规模的系统。

（2）双热阻模型。作为一种常见的稳态热模型，双热阻模型着重考虑了封装体内芯片和 PCB 之间的热传导，以及封装体内芯片和封装管壳之间的热传导，简化了封装体内芯片细节结构的热传导，可以用来分析封装体与周围环境组成的系统的传热导情况。

（3）紧凑模型。紧凑模型是将封装中详细的基板线路等细节简化为整块的集中结构。模拟过程比较方便，可以模拟较大规模的系统级仿真。

5. 封装散热优化

封装散热主要有两条途径：一条是热量先从热源传递到封装外壳，再由封装外壳直接传递到周围的气体环境中；另一条是热量先由热源传递到金属引脚，再通过引脚直接传递到与之相连的 PCB，最后经 PCB 传递到周围的气体环境中。不同封装体的散热途径不同。现有的散热优化主要是从散热材料及散热结构两方面努力，如减少封装散热路径中的材料热阻、增加封装散热面积、外加散热器等。在实际设计过程中，需要将多种方式混合应用，以最大限度地优化封装散热效果。具体的优化方式如下。

（1）使用导热系数更大的封装体塑封材料。
（2）使用导热系数更大的材料做引线框架材料。
（3）在 PCB 和封装体之间使用导热系数更大的传热材料，以及增加散热片。
（4）降低封装体底部到 PCB 表面的距离。
（5）采用更好的设计，增加基板通孔数量。

12.2.4 机械性能优化设计

集成电路先进封装过程涉及多种材料，如硅、铜、锡、塑封材料和复合材料等。各种材料的物理特性不同，在进行异质封装时，由于温度、压力等外界因素干扰，封装材料呈现的机械属性也不同，有可能随干扰因素出现膨胀、收缩和翘曲等现象，进而因器件内部应力使器件失效与发生形变，损伤芯片或封装体。因此，在进行 SiP 前，需要分析各异质材料的机械特性，寻找适合的材料以减少器件结合时的应力，提高良率。

常见的机械属性有热膨胀系数、弹性模量和泊松比等。其中，热膨胀系数是工艺加工中最常遇到的参数。热膨胀是指物体的长度、面积或体积随温度变化的现象，可以采用热膨胀系数 α 来描述，$\alpha = \Delta L / (L \Delta T)$，如图 12.5 所示。热膨胀系数可分为线膨胀系数和体膨胀系数。线膨胀系数是指温度改变 1℃时，某一方向上长度变化量与该材料在 20℃时的长度的比值。体膨胀系数主要反映 3D 物体 3 个方向上的变化量。总体而言，热膨胀系数表达的是材料在温度变化下发生形变的能力，热膨胀系数越小，材料越不容易在热变化下发生形变。微纳加工过程中，刻蚀、沉积、退火等多道工艺都存在不同的温度梯度，必然会引入热形变量。因此，希望尽可能引入小热膨胀系数的材料，以减少热形变量的产生。常用材料的热膨胀系数有 $2.8\times10^{-6}/℃$（Si）、$1.7\times10^{-5}/℃$（Au）等。

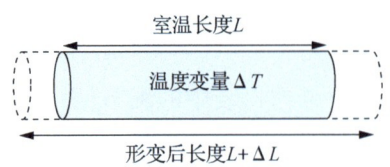

图 12.5　热膨胀系数与形变

此外，弹性模量也是机械性能的重要考虑因素。如图 12.6 所示，通常情况下，材料的弹性模量用拉伸应力与拉伸应变的比值表示，反映了材料在应力作用下抵抗形变的能力，也可称为刚性。弹性模量越大，材料越不容易在应力作用下发生形变。微纳加工中的某些过程，如减薄和 CMP 等，都会引入应力，应力会导致应变的产生，因此希望尽可能引入大弹性模量的材料以减少形变量的产生。

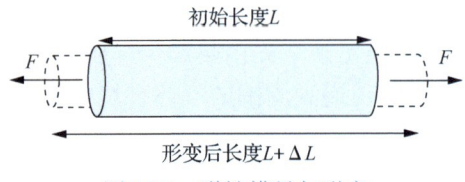

图 12.6　弹性模量与形变

材料在某一个方向的形变，通常伴随着垂直于受力方向的变形。泊松比是在载荷方向上的应变量与垂直于载荷方向的应变量比值的负值。泊松比用来描述材料的弹性性质，通常情况下，泊松比是一个常数。

封装中的应力问题可以通过仿真来预防和优化。首先，确定设计中的关键物理参数，如厚度、尺寸、热膨胀系数、弹性模量等参数，建立相应的网络模型。代入求解后，根据应力分析寻找优化方案以解决制程和封装问题。常用的分析软件包括 COMSOL、ANSYS Mechanical 等，可以完成翘曲仿真、回流应力仿真、机械强度仿真等。根据仿真结果，调整机械特性（如厚度，长度等）或更换可替代的工艺材料，减少机械性能对系统级封装的影响，提高器件性能和良率。

12.3　先进封装工艺及相关设备

系统集成作为后摩尔时代延续摩尔定律的重要技术，无论是 SoC 还是 SiP，核心思想都是将更多的功能模块紧密地集成在一起，从而实现尺寸、性能、热损耗、成本等多方面的优化。在实现多个功能芯片集成的过程中，封装方式与单芯片封装方式相比有诸多技术创新，主要就是在 2D、2.5D、3D 层面互连技术的创新。这些技术的实现离不开工艺方法与相关专业设备的支撑,主要有 RDL 工艺与精密电镀设备、TSV 与 TGV 工艺和深反应离子刻蚀设备、键合工艺与键合设备。需要说明的是,上述每一种工艺实际都需要用到多种设备,根据不同的需求,共同配合实现完整的工艺目标。

12.3.1　RDL 工艺及相关设备

超大规模集成电路芯片的设计需要优先考虑晶圆面积及子功能模块的排布,以优化芯片性能,复杂的设计及布线会导致芯片出现面积不足和功能受限等问题,同时,对 I/O 口分布在芯片边缘的设计而言,引线键合工艺相对简单,但对倒装芯片设计而言,需要通过克服芯片设计 I/O 口不为面阵列的问题,RDL 工艺应运而生。RDL 工艺是一种先进的封装工艺(见图 12.7),通过微纳加工方案在晶圆上利用介电层和金属层形成布线,将芯片内部的部分布线工作通过 I/O 焊盘转移到外部晶圆上来完成,并可将芯片中的 I/O 口转移到新的结构间距宽松的区域,实现芯片线路节点位置的改变。

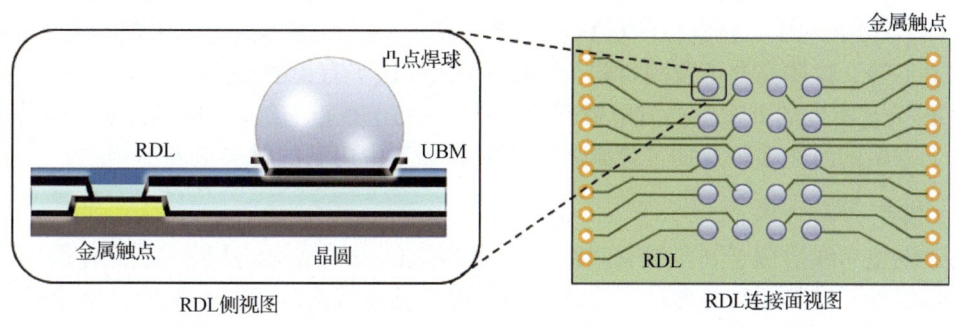

图 12.7　RDL 概述

先进封装的快速发展又进一步促进了 RDL 工艺的广泛应用,如 FIWLP、FOWLP、FOPLP 等。在扇入式封装中,RDL 工艺只能向裸片区域内走线,但在扇出式封装中,RDL 工艺既可以向内走线,也可以向外走线,从而可以实现更多的 I/O 触点及更薄的封装。扇出式封装的成熟促进了 RDL 工艺的发展。RDL 工艺是芯片在 XY 平面的电气延伸和互连,通过与 TSV 等技术的结合,可实现多层集成电路及多种功能芯片的系统封装互连,如图 12.8 所示。

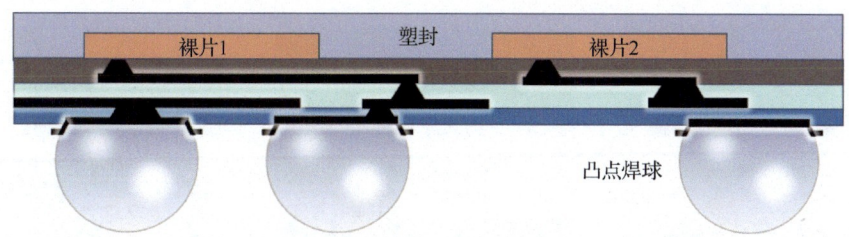

图 12.8　RDL 实现多层集成电路及多种功能芯片的系统封装互连

RDL 工艺具有如下优势。

(1) RDL 工艺可将芯片原来设计的线路 I/O 触点位置改变到其他触点位置,使芯片能适用于不同的封装形式。

（2）RDL 工艺引出的引脚数更多，可以支持多种芯片的互连测试，提高了产品的附加价值。

（3）RDL 工艺可将多种功能芯片进行灵活的系统重构与集成。

（4）RDL 工艺可以有效缩短芯片间信号连接路径的长度，具有提升芯片功能密度、减少热损耗、提升运算性能的优点。

（5）RDL 工艺可以完成芯片的部分布线工作，极大降低了成本。

（6）RDL 可以使 I/O 触点之间的间距调整更灵活，凸点面积更大，使得封装时基板与元器件间的应力更小，增强芯片的可靠性。

常用于 RDL 金属层的材料主要有铝和铜。铝具有出色的导电性，在微纳加工中操作简单，成本低且与氧化层的黏附性好，但是容易腐蚀、熔点较低。通常情况下，使用铝线时需配合阻挡层金属，防止因铝与硅反应而出现连接质量问题。随着半导体工艺密度的增大及芯片尺寸的缩小，铝电路的电气特性逐渐无法满足信息发展的要求，电阻率低、可靠性高、稳定性强且成本低的铜互连工艺逐渐发展起来，成为大功率、高电流、低延迟器件的最佳选择。常用于 RDL 介电层的材料包括聚酰亚胺（PI）、聚苯并恶唑（PBO）、苯丙环丁烯（BCB）等，这些高分子薄膜材料为 RDL 工艺提供了有力的支撑。

RDL 工艺实现的方案主要有电镀铜重布线、大马士革重布线、金属蒸镀剥离重布线等，不同加工方案的线宽线距及加工效果各有不同，加工中用到的材料也各不相同。

1. 电镀铜重布线

电镀铜重布线适用于制备线宽间距在 5μm 以上的布线结构，这种工艺操作简单，具有良好的导电性、导热性和可靠性，广泛应用于电子信息线路的制备和封装，电镀铜重布线的缺点在于制备多层堆叠结构时，线路层受限于加工方式导致平坦度不足，线条变形导致寄生参数发生变化，进而影响产品性能。电镀铜重布线可应用于集成电路制造、晶圆级封装、PCB 制造等领域，基本工艺流程如图 12.9 所示。

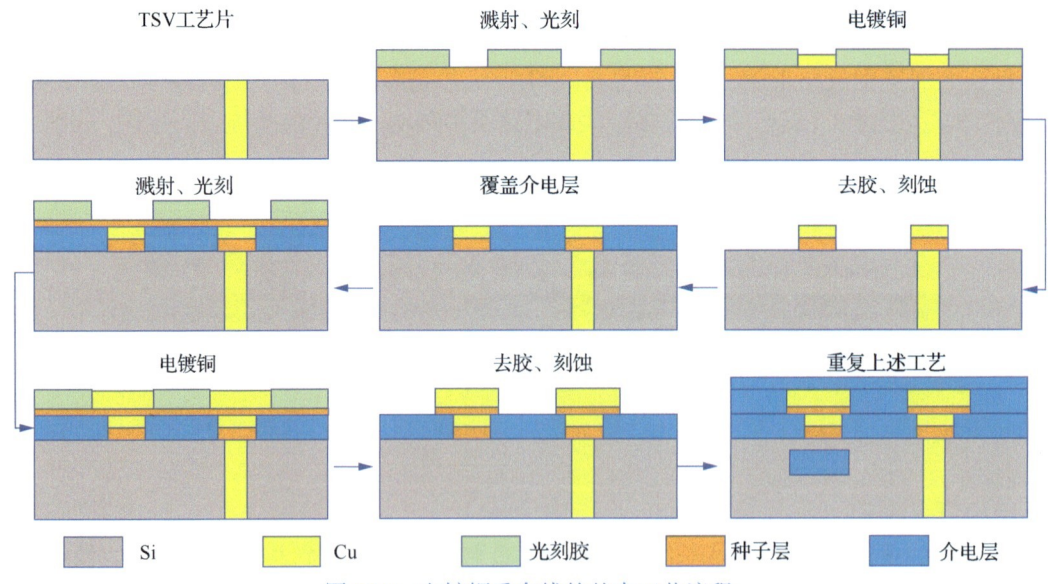

图 12.9　电镀铜重布线的基本工艺流程

2. 大马士革重布线

大马士革重布线与嵌刻技术相似：在介电层刻蚀出所需要的图形结构，采用电镀方式填充金属以实现重布线。大马士革重布线常用于铜制程，解决了铜刻蚀困难的问题。这种工艺制程常用于加工线宽间距小于 2μm 的样品，是当前行业后道制造和封装的重点工艺。大马士革重布线工艺稳定性和可靠性高，是高精度布线的优先选择。与电镀铜重布线相比，大马士革重布线各金属层分布均匀、平坦性好，广泛应用于多层布线结构的工艺中。需要说明的是，大马士革重布线常用的材料包括 SiO_2、聚酰亚胺等。这些材料既可以作为介电层材料，也可以成为图形化工艺的衬底，实现金属的填充。大马士革重布线的基本工艺流程如图 12.10 所示。

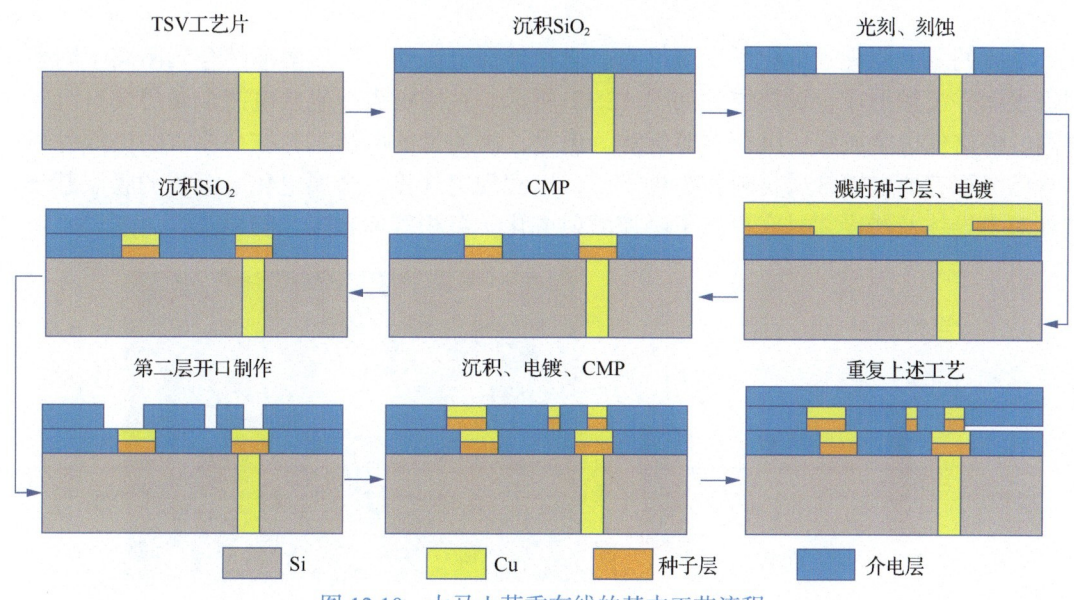

图 12.10　大马士革重布线的基本工艺流程

3. 金属蒸镀剥离重布线

金属蒸镀剥离重布线是一种低成本、高密度的 RDL 工艺方案，常用于 1μm 左右线宽间距的布线。该工艺通过光刻结构及金属蒸镀剥离完成金属布线，对设备、工艺和材料的要求较低。金属蒸镀剥离重布线的基本工艺流程如图 12.11 所示。铝、金、钛、铬等金属线都可以通过此工艺实现，但蒸镀金属的黏附性较差，且所得金属的应力较大。本工艺常用于制备波导、滤波器、超材料等元器件。

RDL 工艺在扇入式和扇出式晶圆级封装，TSV 技术，异质芯片互连，2D、2.5D、3D 混合集成等先进封装领域应用广泛。通过 RDL 工艺，可大幅提高系统模块的密度，实现高度集成化和多功能融合的系统级封装。RDL 工艺在缩小大规模集成电路的体积，简化工艺步骤，提升设计效率和降低成本方面发挥着重要作用。

在设备选择方面，精密电镀设备在 RDL 工艺过程中使用广泛，主要用于芯片等微纳器件中金属材料的沉积，包括芯片电极、射频器件线圈、MEMS 金属结构、先进封装重布线、TSV、TGV 等，是互连线布线及 3D 封装通孔金属填充的核心设备。与其他沉积工艺相比，电镀工艺主要在金属选择性沉积和金属厚膜层沉积方面有显著优势，已在工业产线中广泛应用。

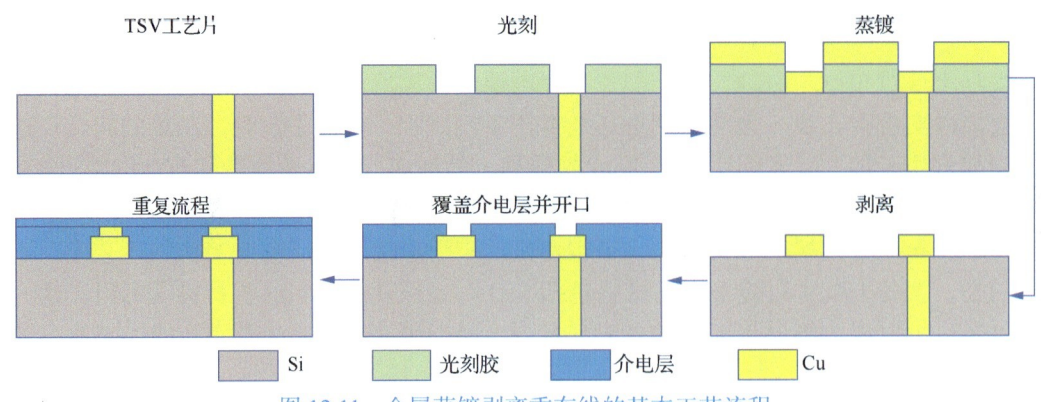

图 12.11　金属蒸镀剥离重布线的基本工艺流程

电镀的基本原理是电化学反应过程。通过外加电流使电解质溶液的金属阳离子附着于阴极表面并沉积形成金属镀层，如图 12.12 所示。在阴极表面生成电镀金属层具有沉积效率高、价格低、金属膜层沉积厚等优势。但是，高质量的电镀工艺往往要求阴极部件表面本身已沉积有要电镀金属材料作为种子层，以实现电连接及金属电化学沉积的膜层基础，这就对半导体及绝缘体衬底提出了磁控溅射或化学沉积等前置工艺的要求。

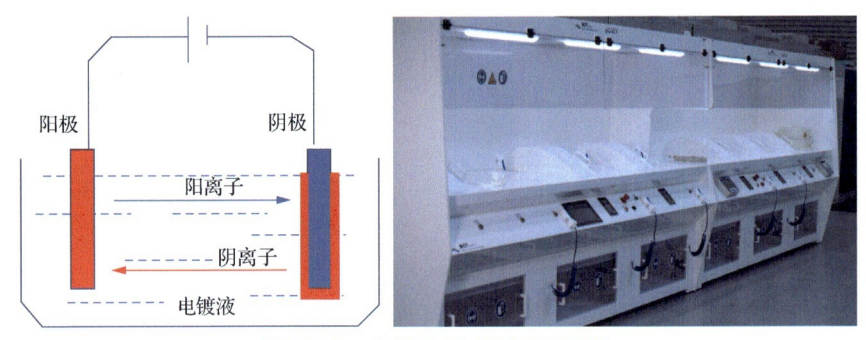

图 12.12　电镀的基本原理和设备

精密电镀设备主要包括真空预润湿前处理系统、酸洗及清洗系统、金属电镀工艺槽体系统、多波形精密电源系统、惰性气体环境控制系统、温度控制系统、溶液循环过滤及补液系统、程序控制系统、排风系统，以及其余工艺参数控制系统等。电镀设备的主要模块组成如图 12.13 所示，主要包括拖缸槽、温控系统、过滤器、pH 计、流量控制系统、夹具、液位控制系统、电镀槽等。其中，拖缸槽可以使溶液充分融合，有效提升有机添加剂性能；温度对电镀工艺质量具有明显影响，温控系统可保证溶液时刻处于最佳电镀状态之下；过滤器可控制溶液中杂质颗粒度；pH 计反馈机制控制酸碱度；流量控制系统用于控制工艺槽中溶液循环速度；夹具用于固定晶圆并实现电连接；液位控制系统实时检测贮液槽液位并显示，且具有自动去离子水及添加剂补液的功能，可有效地将溶液各成分浓度稳定在电镀工艺可接受的波动范围内。电镀槽的电镀模式可以细分为喷液电镀、浸没电镀和多角度旋转电镀等。上述各模块对工艺参数的控制，同时匹配不同电镀工艺需求对应的电镀液，共同实现了应用于集成电路先进制造、先进封装的高性能、高效率、低成本的电镀工艺。在实际应用过程中，需要按照不同的需求选择合适的硬件配置，在满足工艺性能要求的前提下，稳定、易维护、运维成本低是最重要的考量因素。

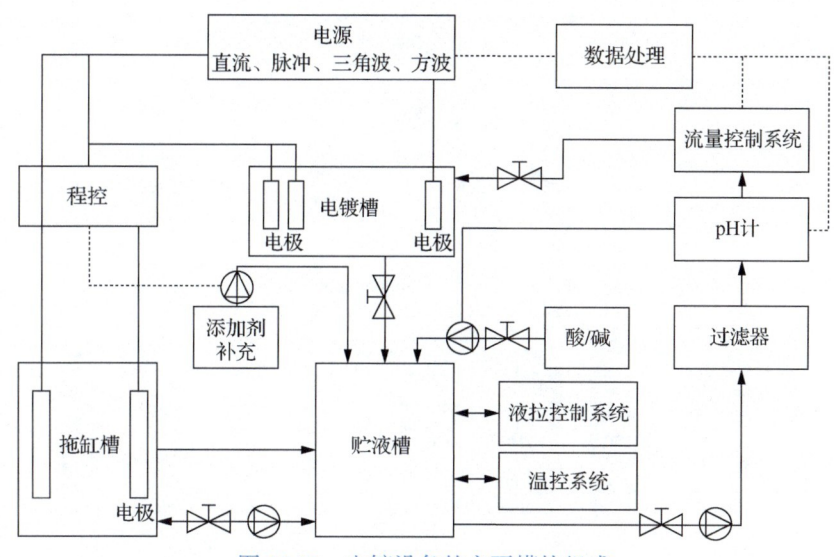

图 12.13　电镀设备的主要模块组成

如图 12.14 所示，电镀过程中的主要工艺参数包括电源、循环流量、温度、电镀液、循环过滤杂质粒度、离子输运和电极等维度。在电源方面，电源波形及复配、电流密度、电流精度、波动度和电流极值等都对电镀结果有重要影响。通常情况下，脉冲波形对宏观尺寸上电镀层厚度均匀性的优化有显著作用；直流波形对微观层面上电镀层表面粗糙度的控制比较明显。在工艺程序中对脉冲波形和直流波形加以复配优化，可以获得尺寸均匀且表面粗糙度较好的电镀效果。此外，电镀液的 pH 值、液位、无机离子（金属离子与根离子）浓度和添加剂（运载剂、整平剂、光亮剂）浓度对电镀层致密性、均匀性、应力、台阶覆盖能力都有直接影响。以铜电镀液为例，通常情况下，电镀液组成包括 $CuSO_4$、H_2SO_4、Cl^-、有机添加剂等，经过这些成分的共同作用才制备出光洁致密的铜电镀层。阴阳电极间的距离、面积和形貌对电镀过程中的电场分布具有较大的影响，扩散效应和电迁移效应对离子输运的影响也是电镀中需要考虑的核心参数。除此之外，待电镀晶圆上器件侧壁及底面的种子层质量（包括台阶覆盖均匀性、致密性、黏附性）也是影响镀层质量的关键参数。以上参数共同决定了电镀工艺质量的优劣，同时也是衡量电镀设备性能的关键要素。

电镀设备方面的国外代表性企业包括德国 MOT、日本 NEXX 和美国 AMAT 等。电镀设备可根据工作模式分为半自动电镀设备和全自动电镀设备，不同企业在片内均匀性、片间均匀性、温控精度、电源输出能力、夹具设计和自动化程控系统方面略有差异。MOT 的 µGalv 系列机型在研发型单位中应用较多，优势在于设备稳定性高、价格较低、设备使用方便灵活、电镀工艺结果良好，可满足设计目标。国内代表性企业主要有上海新阳半导体材料有限公司（简称上海新阳）、盛美半导体等。与国外企业相比，国内企业在电镀设备层面尚有差距，主要体现在对工艺参数的精准控制量级上。在大深宽比微孔内金属电镀填充工艺中，结构尖端位置的电场强度比平坦位置强，深孔内金属离子的输运速度更低，实现无空洞及缺陷的致密金属填充难度较大；在厚金属结构电镀工艺中，产生的应力会导致器件变形，进而严重影响器件性能。因此，与简单的金属电镀相比，在特殊的电镀工艺中，都需要电镀设备能够对多项参数进行精确控制。目前，国产电镀设备的可控制参数量相对较少，工艺的控制效果有待进一步提高。

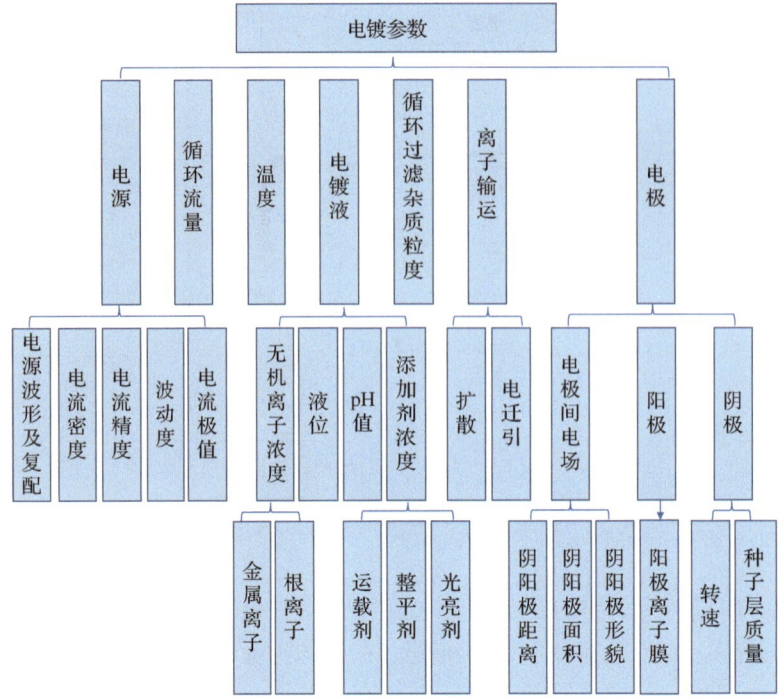

图 12.14　电镀参数的影响

12.3.2　TSV 工艺、TGV 工艺及相关设备

区别于 2D 封装，先进封装技术中的 2.5D 封装和 3D 封装可以实现更高的集成度、更好的电气性能、更短的延迟，以及更短的垂直互连。在集成电路工艺中，TSV 工艺是实现 2.5D 封装和 3D 封装的关键技术。在 2.5D 封装中，各电路模块横向排布，通过 TSV 工艺与底部封装基板或 PCB 相连。而 3D 封装中的电路模块为纵向排布，模块与模块间通过 TSV 工艺垂直互连，如图 12.15 所示。

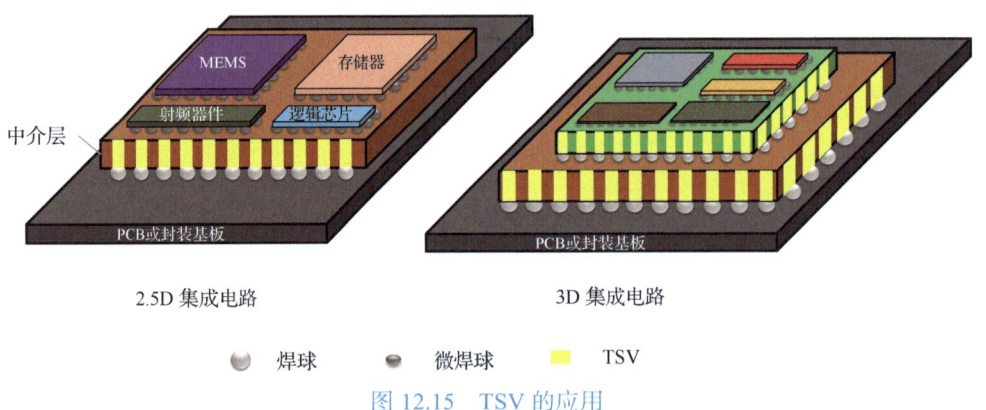

图 12.15　TSV 的应用

此外，TGV 工艺具有电学、光学特性优异，力学稳定性良好和成本低等优势，在 3D 封装、无源器件集成和光电器件集成方面具有广泛应用前景。本小节着重介绍 TSV 和 TGV 这两种工艺。

1. TSV 工艺

TSV 工艺是通过在芯片与芯片之间、晶圆与晶圆之间制作垂直通孔，并在通孔内填充铜、钨、多晶硅等导电材料，实现芯片或晶圆间的垂直电气互连。与传统封装引线键合和使用凸点的叠加技术不同，TSV 工艺的垂直互连方式减小了互连长度并提高了互连密度，可获得更好的互连性能，并能够减小信号延迟，降低电容/电感，使芯片在 3D 方向堆叠的密度更大，外形尺寸更小，从而有效提高芯片运算速度和降低功耗。

TSV 工艺存在于集成电路制造工艺的不同阶段，如图 12.16 所示按制造阶段的不同分为以下 3 类：Via-first TSV 是指 TSV 在晶圆制造的前道工序之前完成，可实现芯片与芯片间的连接，主要作为 SoC 的替代方案，在微处理器等高性能器件上应用较多。Via-Middle TSV 是指 TSV 在前道工序和后道工序之间制备。最后一种是 Via-last TSV 工艺，指 TSV 在后道工序之后加工。优势是可以不改变现有集成电路流程和设计。目前，Via-last TSV 工艺已在 Flash 和 DRAM 领域被采用。

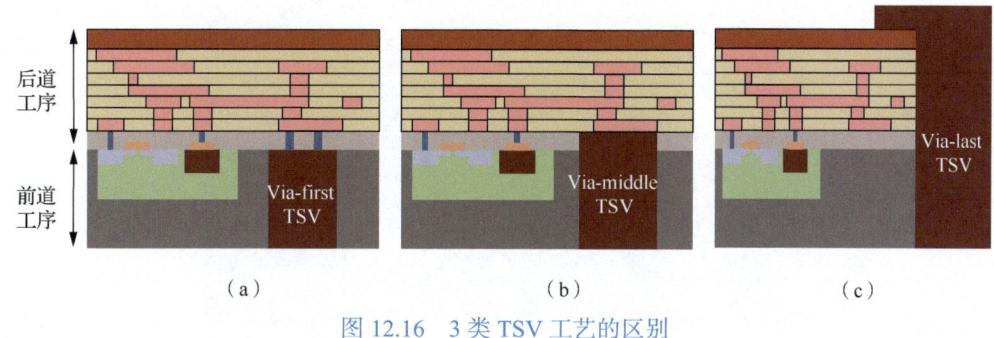

图 12.16　3 类 TSV 工艺的区别
（a）Via-first TSV　（b）Via-middle TSV　（c）Via-last TSV

TSV 工艺的基本流程包括光刻掩模、通孔刻蚀、绝缘层沉积、阻挡层/黏附层/种子层沉积、金属填充、研磨减薄及 CMP，如图 12.17 所示。其中，通孔刻蚀是 TSV 工艺实现的关键。目前，刻蚀工艺主要包括激光打孔、RIE 和 Bosch 工艺。合适的刻蚀工艺选择的核心是如何能实现更高精度的刻蚀轮廓控制、更高的工艺灵活性及更高的性价比。随着 TSV 通孔的分布密度、深宽比和尺寸精度要求的增加，Bosch 工艺已经成为通孔刻蚀的主要技术方案。

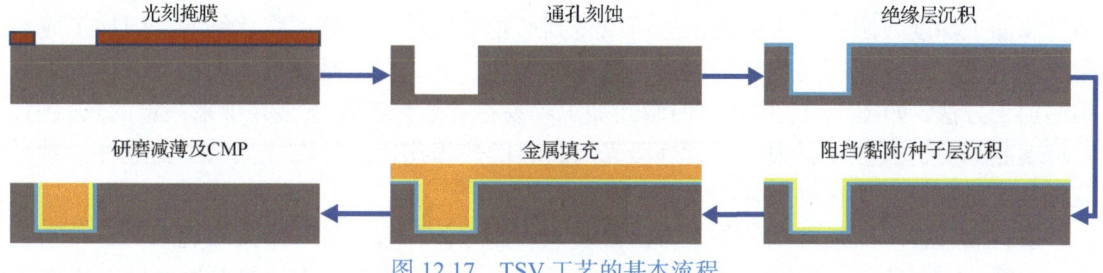

图 12.17　TSV 工艺的基本流程

TSV 工艺已成为先进封装技术中不可或缺的工艺之一，互连能力的提升能够使芯片获得更高的 3D 堆叠密度、更小的外形尺寸，并极大地提升芯片运算速度和降低功耗。但是，TSV 工艺也存在一些亟待解决的问题，如超薄硅晶圆 TSV 加工技术问题、超高深宽比 TSV

加工技术问题、3D 封装与传统封装的兼容问题、高密度芯片互连散热问题，这些问题的解决需要从设计、工艺方法、工艺设备、成本控制、良率控制等多方面入手。

2. TGV 工艺

TSV 工艺所用衬底为硅材料，与传统集成电路制造主流衬底材料相同，但作为一种半导体材料，硅的导体损耗和介电损耗会导致衬底对信号的完整性造成严重影响，同时硅基转接板的加工和组装集成成本较高。因此，TSV 工艺虽然在这些年发展迅速，但在一些应用方面也存在一定限制。而玻璃材料与硅材料相比具有热膨胀系数可调、表面平整度优异、电阻率高及成本低等优点，是一种优异的中介层材料，为先进封装技术提供了另外一种选择。基于玻璃材料的 TGV 工艺正在成为集成电路学术界和产业界的研究热点。图 12.18 所示为一种 TGV 样品。

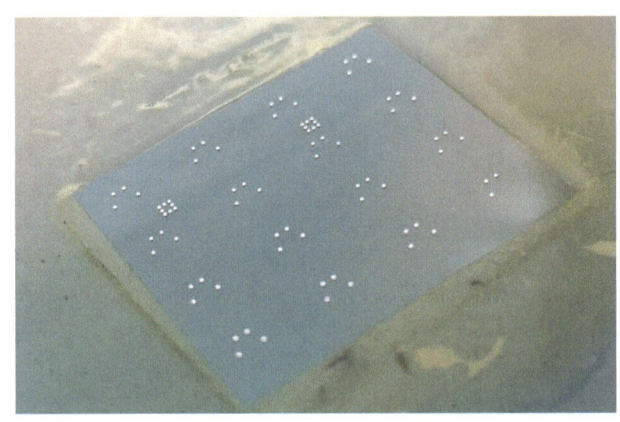

图 12.18　一种 TGV 样品

TGV 工艺与 TSV 工艺的流程相似，同样包括通孔制备、金属填充、CMP 等步骤，其中玻璃衬底的通孔制备是 TGV 工艺的难点。玻璃衬底的通孔制备主要分为减材制造和增材制造两大技术路线。

减材制造技术路线常用的加工方法包括机械加工、刻蚀加工、激光加工 3 类。根据加工方法的不同，玻璃衬底通孔的孔径、间距、深宽比、尺寸精度、表面粗糙度等形貌质量差异很大。机械加工方法有超声钻孔、喷砂钻孔两种，工艺控制较粗糙，难以满足高精度、高效加工的需求。刻蚀加工方法有湿法刻蚀和干法刻蚀两种：湿法刻蚀成本低廉，但加工精度和加工深度有限；干法刻蚀虽然可以得到形貌质量优异的高深宽比结构，但加工成本高、速度慢，且针对石英的深刻蚀设备还不够成熟。激光加工是当前业内制造 TGV 最常用的加工方法，如图 12.19 所示。但激光加工容易在孔边缘产生飞溅并带来一定的热缺陷，对玻璃晶圆的机械强度有损坏，紫外激光对材料的热损伤比红外激光低。除此之外，激光脉宽和束斑直径也是比较重要的参数。

增材制造技术路线常用的加工方法是玻璃回流工艺，这是近年来发展起来的一种新工艺，如图 12.20 所示。玻璃回流工艺主要是通过湿法刻蚀或干法刻蚀来刻蚀晶圆，先在晶圆上刻蚀出所需的结构单元，再将玻璃和刻蚀后的晶圆通过阳极键合结合在一起，最后在高温下使玻璃回流到刻蚀的硅槽中，从而避免了直接加工玻璃所遇到的问题，将加工制造的相关问题置于晶圆的加工工艺上。

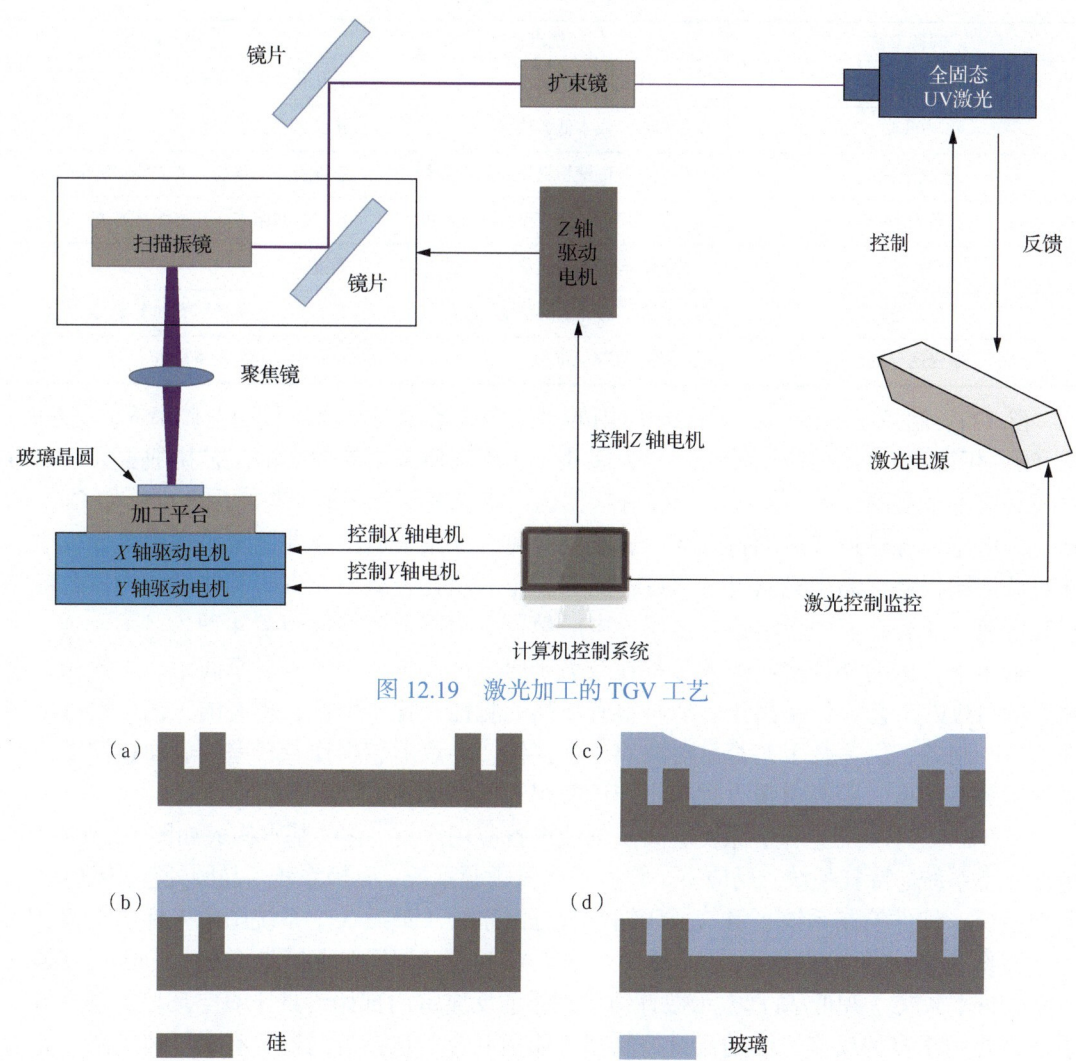

图 12.19　激光加工的 TGV 工艺

图 12.20　玻璃回流技术

现在常用的玻璃回流工艺是指加热玻璃使其达到融化点，在重力和气压的双作用下填充微腔体的工艺。主要步骤包括刻蚀硅、阳极键合、加热回流和 CMP。玻璃回流工艺是一个综合考虑温度、时间的玻璃微加工工艺。更深入的工艺控制还需要考虑玻璃结晶度随环境的变化关系、表面粗糙度优化等问题。

近年来，激光与刻蚀相结合的新型加工工艺——激光诱导刻蚀法成为 TGV 工艺的新方向。该工艺将激光加工与刻蚀工艺结合起来，能快速在玻璃晶圆上进行通孔加工，成孔精度及加工效率均较高。该工艺首先通过激光对石英玻璃进行改性处理，利用波长为 1064nm 的多焦点式短脉宽激光，对需要打孔的部位进行扫描，形成改性区域，然后采用氢氟酸腐蚀液将激光改性区域刻蚀形成 TGV。不同 TGV 制备工艺的优缺点见表 12.2，可以根据玻璃材料的类型（如石英玻璃、钠钙玻璃、无碱玻璃、含碱玻璃）及器件设计要求，选择不同的工艺实现 TGV 结构的加工。

表 12.2　不同 TGV 制备工艺的优缺点

制备工艺	优点	缺点
喷砂	工艺操作简单，快速	通孔孔径大，孔间距大
电化学	设备简单，成本低，快速	孔径大，孔形貌差
等离子刻蚀	通孔边缘及侧壁粗糙度小，形貌好	速度慢，成本高，工艺控制复杂
激光烧蚀	速度快，可加工高密度高深宽比孔	孔侧壁缺陷多，孔边缘易崩边
聚焦放电	成孔快，阵列加工密度高	垂直度差
光敏玻璃	工艺简单，可加工高密度、高深宽比孔	成本高，特殊图形有加工难度
激光诱导刻蚀	成孔快，TGV 无损伤	垂直度欠佳，设备昂贵

除 TGV 制备工艺外，限制 TGV 应用的另一个技术难点是高质量的金属填充。一方面，与 TSV 相比，TGV 孔径比较大且多为通孔，实现高质量金属填充的工艺挑战更大，电镀时间和成本也更高。另一方面，与硅材料相比，玻璃表面更平滑，与常用金属（如 Cu）的黏附性更差，容易造成玻璃衬底与金属层间分离，导致金属层卷曲甚至出现脱落等现象。针对低传输损耗、高填充密度的 TGV 晶圆制作，微孔金属填充方式具体可分为盲孔各向同时电镀、通孔自底向上电镀、金属导电胶填覆、薄层电镀表面覆盖 4 种。

近年来，国内外许多研究人员都在致力于研发低成本、小尺寸、窄间距、无损伤、高效率的 TGV 工艺，但是由于玻璃材料有较高的脆性和化学惰性，现有的工艺虽然可以实现 TGV 制备，但多数工艺都易对玻璃产生损伤，导致形貌损伤及较差的表面粗糙度，同时加工效率偏低，距高质量大规模量产还有很长的路要走。

在 TSV、TGV 工艺中，深反应离子刻蚀设备应用广泛，它的基本构成如图 12.21 所示，包括真空系统、特气系统、反应室、等离子体射频源系统、电极系统、晶圆处理/传送系统、温控系统、软件控制系统、氮气及压缩空气分配系统（最后 3 个系统图中未标出）。其中，真空系统主要由两级真空泵（机械泵、分子泵）、自动压力控制器（Automatic Pressure Controller，APC）和低/高真空示数计组成，保证反应室内部始终处于真空环境。电子特气系统主要用于多种反应气体的流量控制和气体预混合，包括过滤器、有毒气体气路、无毒气体气路、质量流量控制器（Mass Flow Controller，MFC）、质量流量计（Mass Flow Meter，MFM）和气阀。其中，有毒气体气路通常会通过连接氮气气路来助推有毒气体进入反应室。反应室通常由一整块铝制成，且内壁经过氧化处理。反应室包括两个开口：一个开口与晶圆传送系统连接；另一个开口通过自动压强控制（Automatic Pressure Control，APC）阀门与真空系统连接，用于实现深反应离子刻蚀工艺。等离子体射频源系统通常包括反应射频源和压盘射频源（典型频率为 13.56MHz）及匹配电路。电极系统主要包括压盘和升降盘，其中压盘包括一个与射频源、水冷和背氦制冷相连接的电极盘，升降盘包括晶圆升降盘和压盘升降盘。晶圆升降盘主要用于实现晶圆在传送系统与反应室之间的传输，压盘升降盘主要用于将压盘移动到工艺所需的高度。软件控制系统通过多个传感器、PLC 和执行器实现对不同子系统的功能控制和调用。温控系统包括水冷和氦气两种制冷系统和电学加热系统。晶圆处理/传送系统包括晶圆装载模块、机械手和传动模块，用于实现晶圆在反应室的装载和设备内的传输。氮气及压缩空气分配系统用于驱动气路控制阀门、APC、控制电极盘、升降盘和背氦制冷压盘的移动。

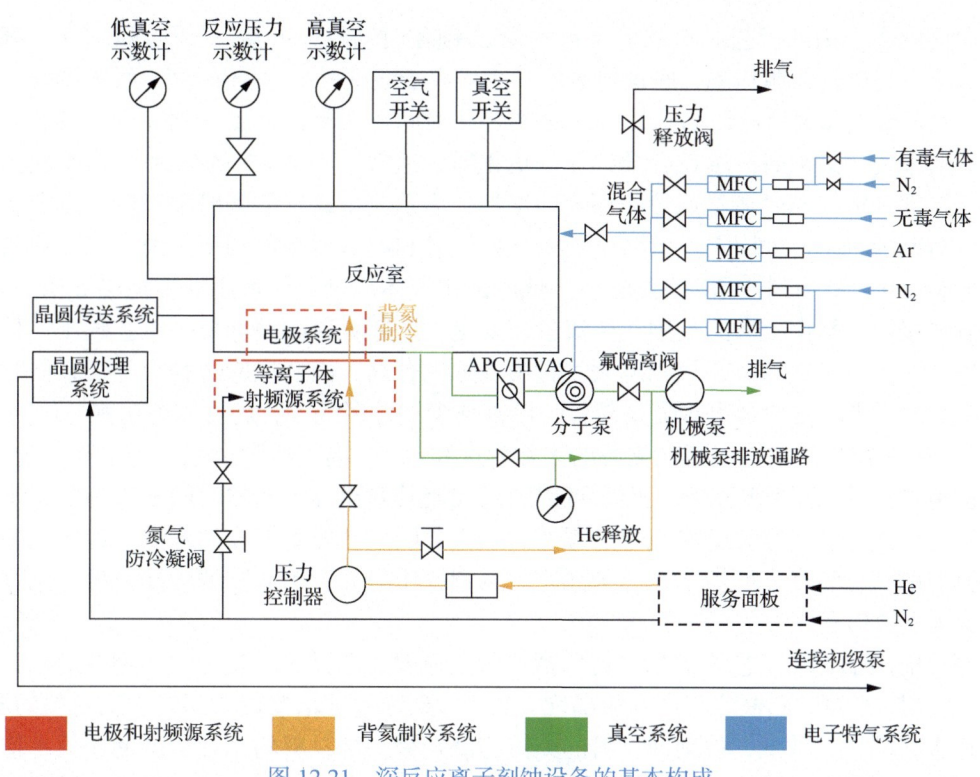

图 12.21 深反应离子刻蚀设备的基本构成

终点检测（End Point Detection，EPD）系统是深反应离子刻蚀设备中非常重要的功能系统。在深反应离子刻蚀过程中，刻蚀层与停止层的材料之间的选择比往往较差，所以需要通过终点检测系统来监控刻蚀过程，判断刻蚀停止的最佳位置，以减少对停止层材料的过度刻蚀。随着半导体器件特征尺寸的缩小，对深反应离子刻蚀工艺控制的要求变得更加严格，因此，终点检测系统对刻蚀终点的精确控制、工艺过程的实时监控和器件良率至关重要。

目前，终点检测技术主要包括光学发射谱、气体分析、光学检测和阻抗检测 4 种手段。其中，光学发射谱是使用最广泛的终点检测手段，它的原理是利用检测等离子体中某些化学基团或挥发性基团所发射波长的光强变化实现终点检测。气体分析技术是通过在反应室或排气系统附近采样，并分析反应气体的组成来判断刻蚀终点。常见的光学检测技术包括近红外技术、光学反射技术和光学干涉技术 3 种。近红外（Near InfraRed，NIR）技术主要针对硅刻蚀工艺，利用硅对红外线的透明特性来实时监控刻蚀过程中硅厚度的变化，从而实现终点监测。光学反射技术是通过白光或激光光源对晶圆进行照射，由于刻蚀层和停止层存在不同的反射率，反射光会随着刻蚀膜厚的变化而产生周期性变化，因此，通过对反射光的检测分析可以实时监控刻蚀终点。光学干涉技术的原理是当光垂直入射薄膜表面时，在透明薄膜前被反射的光线与穿透该薄膜后被下层材料反射的光线会相互干涉。因此，可通过外部光源检测透明薄膜厚度的变化，当厚度变化停止时，意味着到达刻蚀终点。阻抗检测技术有两种：一种是测定刻蚀过程中的电极电压变化，多见于金属刻蚀工艺，金属刻蚀前后电极电压变化的幅度较大，可实现对刻蚀终点的监测，而硅、二氧化硅和氮化硅刻蚀的电极电压几乎不变，很难采用该法判断终点；另一种是采用专用检测探头，将探头插入等离子场中，通过实时监测探头的电流变化判断刻蚀终点。

深反应离子刻蚀工艺的参数主要包括刻蚀/钝化时间比、开启/关闭时间、气体流量、工艺气压、起辉射频源功率、底盘射频源功率、离子线圈开启/关闭时间、线圈温度、腔室温度、底盘温度和氦背冷压力。其中，刻蚀/钝化时间比对刻蚀速度及刻蚀形貌具有极大影响。一般来说，刻蚀时间过长会导致侧壁更粗糙，通常采用 4∶2 的刻蚀/钝化时间比会使侧壁粗糙度平滑，同时随着刻蚀腔深度的增加，为了获得良好的侧壁垂直度，也需要按照深宽比对刻蚀/钝化时间比进行渐变设定。气体流量和起辉射频源功率是两个相互制约的参数，气体流量会影响刻蚀和钝化的速度，低的钝化气体流量会导致侧壁钝化层沉积不完全，引起侧壁侵蚀，然而更大的刻蚀气体流量需要更大的起辉射频源功率。工艺气压也是影响刻蚀速度的关键参数之一，气压越大、自由基浓度越高，因此反应过程会越快，同时，气压越大、离子平均自由程更短能量越低，可以减少侧壁侵蚀。底盘射频源功率一般为35～50W，可用来控制微结构底部钝化层的去除程度和范围。离子线圈类似于一个离子过滤器，可以避免过量的离子到达晶圆表面，可以通过控制其开启和关闭的时间来影响整个工艺的刻蚀和钝化速度。底盘温度对钝化过程的影响十分明显，随着温度的降低，钝化速度会提高，典型的底盘温度一般控制在 0～20℃。氦背冷压力会影响晶圆的冷却效率，典型的压力值为 4～10Torr。

深反应离子刻蚀工艺的指标主要包括：刻蚀速度、选择比、均匀性、刻蚀形貌、侧壁侵蚀、底切、长草、侧壁陡直度和粗糙度。其中，刻蚀速度指单位时间内去除材料的厚度；选择比指在同一条件下，被刻蚀材料的刻蚀速度与另一种材料的刻蚀速度的比值；均匀性指刻蚀工艺在整个晶圆内或晶圆与晶圆间的刻蚀能力差异性。图 12.22 所示为深反应离子刻蚀工艺中刻蚀槽可能出现的形貌。由于深反应离子刻蚀工艺是刻蚀-钝化的循环过程，每个循环都会引起侧壁侵蚀，因此结构侧壁会出现周期性波纹图形，单个波纹尺寸在数十到数百纳米。此外，在刻蚀过程中，底面停止层多为绝缘材料，硅侧壁和底部会累积大量同质电荷，斥力的作用会在刻蚀层和停止层的交界面两侧产生底切。长草是深反应离子刻蚀工艺中常见的异常情况，一种可能是底电极功率偏低导致钝化层去除不完全而引起，另一种可能是反应室的洁净度不达标导致有颗粒黏附而引起。实际工艺中主要通过优化钝化层去除及反应室干法清洗工艺来解决长草问题。表 12.3 展示了关键工艺参数与技术指标之间的影响关系，用于指导工艺调整思路。

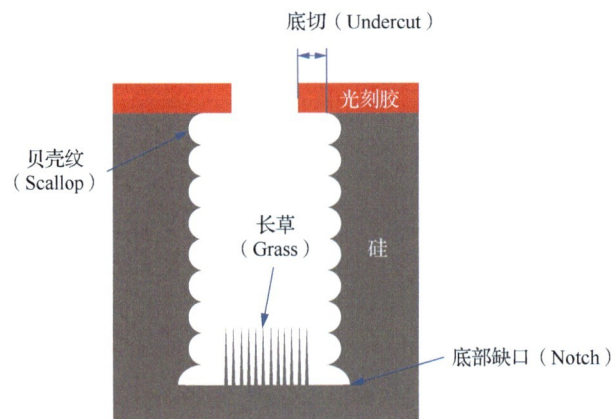

图 12.22　深反应离子刻蚀工艺中刻蚀槽可能出现的形貌

第 12 章　先进封装与集成芯片制造技术

表 12.3　深反应离子刻蚀工艺参数与技术指标之间定性影响关系

工艺参数	刻蚀速度	均匀性	刻蚀形貌（↑负向↓正向）	选择比	底切	长草	侧壁侵蚀	侧壁粗糙度
刻蚀气体流量增加	↑↑	↑↔	↑↑	↑	↑↑	↓	↑	↑
钝化气体流量增加	↓↔	↓↔	↔	↑	↓↓	↑	↓↔	↑
刻蚀/钝化时间比增加	↑	↑↔	↑	↑↔	↑↑	↓	↑↔	↑
腔室压力	↑↑	↑↑	↑	↑	↑	↓↔	↑	↑
钝化功率增加	↓↔	↓↔	↔	↑	↓	↑	↓	↑
刻蚀功率增加	↑	↑↔	↑	↑	↑	↓	↑	↑
偏压功率增加	↑↔	↑↔	↑	↓	↑	↑	↔	↔
离子控制线圈开启时间增加	↓↔	↔	↓↔	↑	↔	↑↔	↓↔	↔
离子控制线圈关闭时间增加	↑↔	↔	↑↔	↓	↑	↓↔	↑↔	↔

注：↑表示增加，↓表示下降，↔表示无影响或微弱影响。

随着先进封装技术的深入发展，TSV 和 TGV 的尺寸也在不断缩小，通孔密度越来越大。在未来封装工艺中，深反应离子刻蚀工艺会越来越重要，参与到各个关键的工艺工序中。此外，在 MEMS 传感器和毫米波/太赫兹器件等领域，深反应离子刻蚀在高深宽比器件（如加速度计、陀螺仪、传声器、无源波导等）的结构形成中也均有重要应用。

12.3.3　键合工艺及相关设备

随着集成电路产业的发展，超越摩尔和延续摩尔成为芯片性能继续迭代的两条主要路径，从微纳米结构到晶圆级材料的键合需求越来越多，包括 SOI 和射频高功率衬底制备中的晶圆面键合，背部照明 CMOS 传感器、声光电传感器、传动传感器等 MEMS 器件的体结构键合，超薄晶圆制备临时载板、引线键合及倒装键合电互连、裸片及 TSV 中介层 3D 堆叠等先进封装复杂异质键合。可以看出，光电器件、SOI、MEMS 器件制备、3D 异质混合集成、先进封装等领域都对键合工艺有广泛需求，尤其是在先进封装产业中，键合技术及设备都有极为广泛的应用。

键合作为实现材料互连的关键技术之一，有很多种类。按照键合方式及处理材料种类的不同，键合工艺可以分为晶圆键合、引线键合、倒装键合三大类（见图 12.23）。晶圆键合用于晶圆级材料的整片键合，引线键合主要用于裸片到封装管壳之间的电连接，倒装键合用于电气性能更好的倒装互连工艺。其中，晶圆键合又可分为两种模式，即直接键合与间接键合。直接键合多为永久键合型工艺，包括硅硅熔融键合、硅玻璃阳极键合、硅金属电化学键合 3 种；间接键合多为临时键合型工艺，包括共晶键合、金属扩散键合、聚合物黏结键合 3 种。

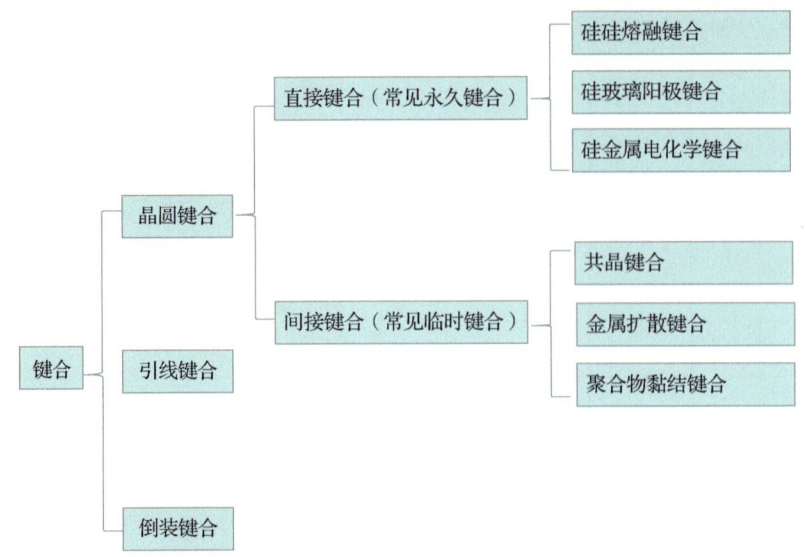

图 12.23 键合的分类

  硅硅熔融键合是首先将两个表面非常洁净且光滑的晶圆在高真空环境下对准并接触，此时两个晶圆会由于界面间存在的范德瓦尔斯力而预键合在一起，但此时的键合是可逆的，因为仅靠范德瓦尔斯力还达不到晶圆键合所需要的强度。然后，在高温环境下将预键合的晶圆进一步退火，退火温度一般在 800~1100℃之间，退火过程会在晶圆之间接触界面形成能量更强的共价键，从而实现高强度的硅硅熔融键合。

  硅玻璃阳极键合是将对准接触的硅玻璃对中的硅片接电源正极，玻璃接电源负极，温度设定在 300~500℃，电压设定在 500~1000V，玻璃中钠离子的含量及晶圆表面状态会影响所需要的具体参数。在电压作用下，玻璃中的钠离子将向负极移动，在紧贴硅片的玻璃界面处形成耗尽层，耗尽层和硅晶圆的界面上会形成硅氧共价键，从而实现硅玻璃阳极键合。

  硅金属电化学键合将对准接触的硅金属对中的金属接电源正极，硅片与溶液接触，在电化学作用下不断生成的硅离子进入电解液。金属中的自由电子不断流向电源正极，在硅和金属界面间形成强大的电势垒，在势垒作用下，实现硅金属电化学键合。

  共晶键合是指在两个晶圆表面有两种或多种金属或非金属膜层，但其中至少有一种是金属，在晶圆间施加压力与温度，此时晶圆间膜层互相接触。从微观层面而言，此时在接触面间存在极微量的微弱扩散形成的合金层。通常，合金材料的熔点要低于形成合金的任一原始材料，因此该合金层很容易处于液相状态，在晶圆界面之间不断扩展，形成新的合金层，从而实现共晶键合。合金共晶的温度比形成合金的原始材料熔点低，因此与金属扩散键合相比，共晶键合具有可以在较低温度及压力下实现键合的优点，同时液相的共晶层使共晶键合对初始键合表面的粗糙度及洁净度要求不高，即使在表面起伏较大或存在颗粒的情况下，也可以形成良好键合。

  金属扩散键合主要是指表面有同种金属层的两个晶圆在高温高压的作用下，金属膜层内原子在界面间不断相互扩散，进而实现键合的方式，如铜铜键合。由于扩散的原子为同种金属原子，因此界面处不会形成合金，不存在合金共晶温度低的优点，需要较高的温度和压力来保证金属原子有较强的扩散运动而实现键合。同时，金属扩散键合对晶圆表面的粗糙度要求也较高，一般要求粗糙度小于 5nm。

聚合物黏结键合是先将聚合物旋涂在一片或两片晶圆表面，对准接触后施加压力，然后通过加热或紫外线照射，使聚合物从液态转变为固态而实现黏结键合。该键合方式所需温度视聚合物材料而异。聚合物多为大分子有机材料（如 BCB），可以在任何材料之间形成键合，且对键合表面的质量要求不高，并可有效吸收键合产生的残余应力。

需要说明的是，临时键合/解键合是键合的一种特殊工艺。临时键合/解键合主要目的是作为超薄晶圆的载片，得到小型化、轻薄化和高性能的芯片，使其适用于扇入、扇出、2.5D 及 3D 封装。目前，临时键合/解键合已应用于 CPU、GPU、MEMS、新型显示器等元器件的制造领域，未来会有更广阔的发展前景。依据键合材料和解键合原理的不同，临时键合/解键合可分为热/机械滑移式临时键合/解键合、化学浸泡式临时键合/解键合、激光式临时键合/解键合等。

1. 热/机械滑移式临时键合/解键合

热/机械滑移式临时键合与解键合工艺主要通过热温度梯度进行操作，借助临时键合胶的黏性实现晶圆间的临时键合。临时键合胶在不同温度下的黏度变化不同，当温度达到临时键合胶的临界点后，通过热滑移或机械滑移实现晶圆间的解键合。热/机械滑移式临时键合/解键合的工艺示意如图 12.24 所示。

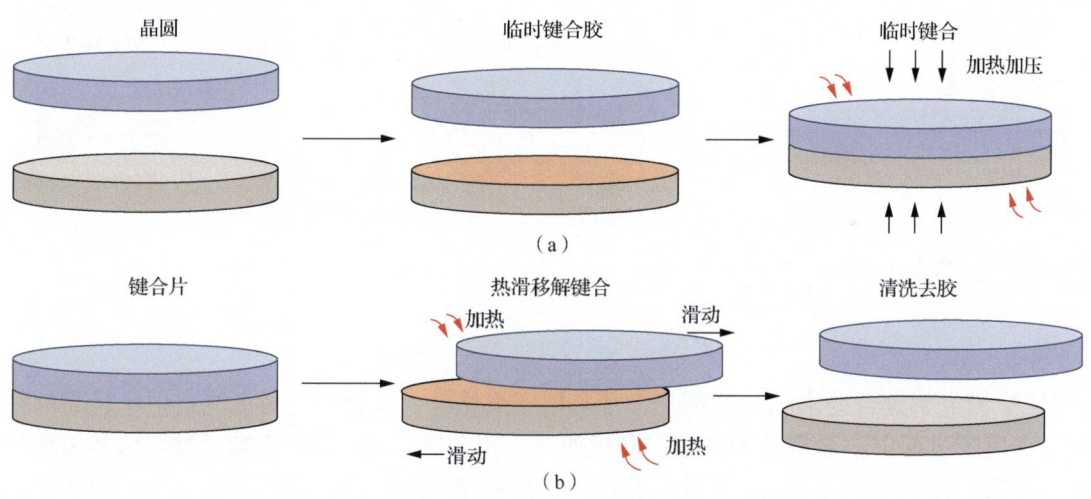

图 12.24　热/机械滑移式临时键合/解键合的工艺示意
（a）临时键合　（b）解键合

热/机械滑移式键合和解键合对温度梯度要求较高，对晶圆和载片无特殊要求。常用的临时键合胶要求满足不同尺寸样品的加工需求，同时具备优异的热稳定性与耐酸碱能力。临时键合后的制程可能会设计高温，湿法等操作环境。需根据实验条件选择临近值不同的临时键合胶。相比而言，热滑移的解键合工艺操作流程简单，无须多步高温过程，但在热滑移过程中晶圆受到的应力存在破片风险，在超薄晶圆加工过程中应用较少。现有的热滑移光刻胶包括化讯的 WLP TB130、WLP TB140 等。热滑移设备厂商包括上海微电子、苏州芯睿等。

2. 化学浸泡式临时键合/解键合

化学浸泡式临时键合的过程与热/机械滑移式临时键合相同，但解键合时是使用化学溶液浸泡的方式去除临时键合胶形成的黏附层。化学浸泡解键合方案对载片和晶圆的要求较低。键合后的晶圆通常可用于后续 250℃ 及以下热阈值的实验，可满足常规的微纳加工过程的要求。但是，不适用于过高温度加工的工艺过程，以免临时键合胶变性导致解键合困难。在解键合的过程中，化学溶液从键合面向中心腐蚀，解键合速度取决于临时键合胶的溶解速度。需要注意的是，如果临时键合胶溶解不充分，可能存在临时键合胶附着在晶圆表面的情况，容易导致后续工艺中出现晶圆碎片的问题。

3. 激光式临时键合/解键合

激光式临时键合/解键合的解键合方式可分为 IR 激光解键合和 UV 激光解键合。当采用 IR 激光进行解键合时，主要发生的是光热转化效应，因为 IR 辐射的能量更多地被分子和原子吸收并转化为热振动；当采用 UV 激光进行解键合时，主要发生的是光化学转化效应，因为 UV 辐射的能量更多地被电子吸收而产生跃迁，电子能级的变化跃迁通常体现为化学键的断裂或分子结构化学性质的改变。目前常用 UV 激光解键合的方案，原理是用 UV 激光照射光敏材料，使其发生化学反应，进而使临时键合胶失去黏附性，实现室温环境下高效、无应力的解键合过程。常用的激光式临时键合/解键合的工艺过程如图 12.25 所示。

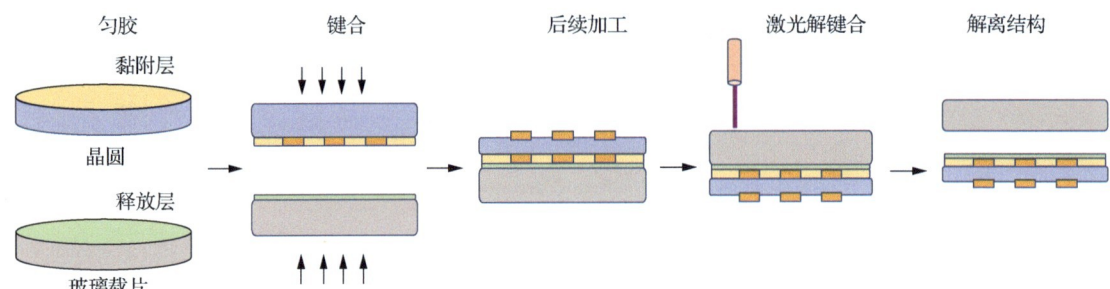

图 12.25 激光式临时键合/解键合的工艺过程

UV 激光解键合要求晶圆需透光，常采用二氧化硅、氧化铝等对激光透射率较高的材料。在匀胶过程中，通常分为黏结层和释放层。在解键合时，UV 激光通过玻璃基板聚焦到黏结层和释放层的界面上，释放层在激光的照射下变性分离，键合界面的黏度随之迅速降低。激光解键合可实现室温下的无应力分离，优异的耐热性和耐化性可以开放更高的温度阈值给后续工艺过程，极大地丰富了工艺的可选择性。激光解键合作为一种高效、高良率的临时键合/解键合方案，受到了越来越多厂商的青睐。

虽然上述键合方式的键合原理及实现效果各不相同，但是键合工作过程及需要控制的参数类型基本一致。首先，通过湿法工艺将需要键合的晶圆表面的沾污清洗干净，然后采用离子或激光的方式对待键合面进行表面激活，接下来将激活后的晶圆表面通过对准系统进行对准并固定，随后利用机械泵和分子泵为键合工艺腔抽真空（较高的工艺腔真空度对良好的键合质量非常重要），最后根据键合种类的不同，对夹具夹爪、针型垫片、中间点电极、上极压板分别进行不同的动作控制，并完成温度、压力、电压、时间参数的控制。

至此，晶圆键合的主要工作已完成，接下来即可通过水冷及气冷方式降低晶圆及工艺腔温度；关闭真空系统并冲入氮气，使工艺腔破真空；将完成的键合对取出并进行表征测试。这样，一个完整的键合工作过程就完成了。

一台功能完备的键合设备的系统组成是非常复杂的，需要多种技术的共同支持。总体而言，主要由以下系统组成：加热及冷却温控系统、电压及电荷量控制系统、压力控制系统、找平及对准系统、显微镜系统、工艺腔系统、机械传送系统、晶圆夹持系统、真空系统、气路控制系统、甲酸系统、软件控制系统。

影响晶圆键合工艺性能的参数主要分为直接参数和间接参数两大类（见图12.26）。直接参数指与键合设备相关的工艺参数，主要包括套刻精度、压力、温度、电压、时间；间接参数指与待键合晶圆相关的状态参数，主要包括氧化层等沾污状况、表面活化能、表面粗糙度、TTV、翘曲度。

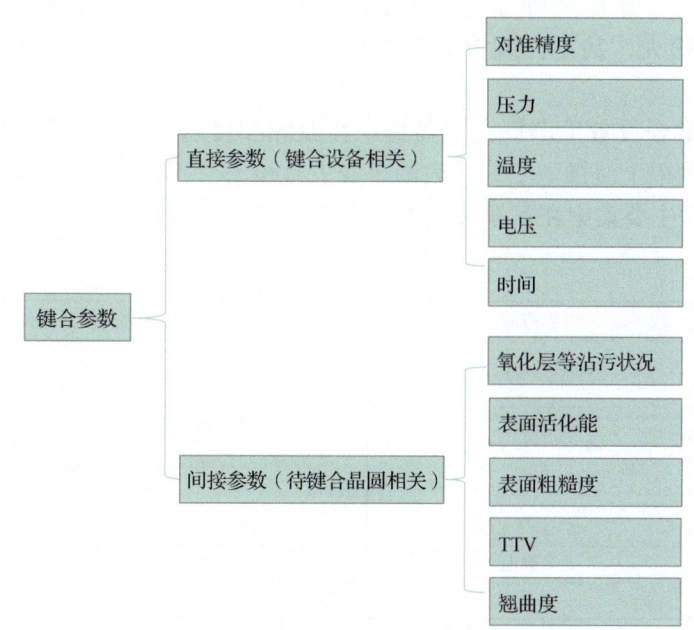

图 12.26　影响晶圆键合工艺性能的参数

洁净的晶圆表面是实现良好的键合工艺的重要前提条件，表面沾污主要包括有机物、颗粒、金属离子、氧化层。有机物会导致晶圆键合强度下降；颗粒会导致键合面间产生空洞；金属离子会影响键合面半导体材料的电学性能；氧化层沾污主要在金属扩散键合和共晶键合中存在，清洗及表面改性后的晶圆表面活化能较高，空气中的氧和水蒸气极易与活化表面的化学键发生反应生成氧化层，氧化层往往会导致键合失败。

在清洗工艺后紧接着进行表面活化是非常重要的。清洗的目的是将晶圆表面的沾污去除，表面活化的目的是提高晶圆表面的活化能。疏水表面悬挂键一般为氟等非极性官能团，表面能较低；亲水表面悬挂键一般为氢氧根等极性官能团，表面能较高。一般来说，亲水表面会获得比疏水表面更优异的键合效果，因此将表面活化成亲水状态是首选。

表面粗糙度是指材料表面具有的微小间距和微小峰谷的不平整度，反映的是最小空间波长处平坦度的变化，属于微观几何形状误差。表面粗糙度常用轮廓算术平均偏差 R_a 来表征，即在取样长度内轮廓偏距绝对值的算术平均值，最佳表征工具是 AFM。AFM 可以检查材料表面是否有颗粒污染，或者较大的划痕等形貌损伤。表面粗糙度是衡量晶圆能否键合的一个非常重要的参数。总的来说，晶圆表面粗糙度越低，表面黏附力就越大，键合也就越容易。

TTV 指晶圆在底面夹紧、紧贴的情况下，距参考平面的厚度最大值和最小值的差值，一般单位为 μm，反映的是晶圆材料本身总厚度的变化值，从数值上一般来说会比粗糙度大 3 个数量级左右。在键合时，应选尽量薄的晶圆。选更薄的晶圆意味着需要克服的应变力更小，由于晶圆的刚度按其厚度的三次方比例缩小，最终直接键合更容易。

翘曲度一般用未紧贴状态下晶圆翘曲形状的曲率半径来表征，一般单位为 μm。键合所要求的两个面应该是越平整越好，两个晶圆之间翘曲的形状对键合性能的影响是非常关键的。例如，在制备一些腔体结构或者沉积膜层时，晶圆由于形变而产生的应变能对键合来说是一个需要外加力量来抵消或纠正的，如果晶圆形变量很大，那么它受到的应力也会很大，甚至出现键合开裂或片子碎裂的情况，这样就极大地提高了键合难度。

目前，国外键合设备生产厂商主要集中在欧洲和日本，如奥地利 EVG、德国 SUSS MicroTec 等，国内以上海微电子为代表的企业也有相关产业布局。从设备消费市场来看，键合设备的供应商主要集中在东亚及欧美，见表 12.4。

表 12.4 晶圆键合设备部分供应商

区域		供应商	市场及产品定位
欧洲	德国	SÜSS MicroTec	直接键合、间接键合、小批量制造（Low Volume Manufacture，LVM）
	英国	AML	直接键合、小批量制造
	奥地利	EVG	直接键合、间接键合、大批量制造（High Volume Manufacture，HVM）
	瑞士	SY&SE SA	研究型、初创企业
亚洲	中国	上海微电子	直接键合、间接键合、大批量制造
	日本	TEL	临时键合、大批量制造
	韩国	EO TECHNCS	临时键合、小批量制造
北美洲	美国	ESHYLON	临时键合、研究型、初创企业

在集成电路产业的加工工艺中，目前薄膜沉积、图形化、刻蚀等表面加工工艺还是占据着主流，但随着先进封装成为先进制程发展的主要技术路径，晶圆键合技术在超薄晶圆制备、3D 芯片堆叠互连、SiP 等先进工艺中的应用越来越广阔，尤其是在转移膜层及 MEMS 体结构加工中具有极强的优势。例如，将 SOI 器件层转移到超薄衬底上，及高深宽比气密结构制备等。因此可以判断，晶圆键合技术及其配套设备未来会持续地发展并不断加深在集成电路制造中的占比。不断提高参数指标和工艺技术能力，满足集成电路等先进制造技术的产业化需求，是晶圆键合设备的关键发展方向。

12.3.4 激光精密加工及相关设备

激光的概念始于 1917 年，1960 年得到了人类历史上的第一束激光则是 1960 年才出现。

早在 1978 年，行业界就有非接触式加工的需求，由于激光进行切割工作时不需要模具，可按照设定的程序直接进行切割，加工品质不会受模具影响，是一种无接触式加工技术，所以一些企业就开始对激光设备进行研发。最早的激光加工设备，可切割厚度薄、切割速度慢。随着激光光源、光路透镜、微振镜、精密控制等技术的发展，激光精密加工设备在各行各业得到了广泛应用。

激光精密加工技术广泛应用于集成电路、MEMS、光电子、医疗、半导体封装等多种产业，它的原理主要是利用高精度控制的激光光束对材料的物理或化学作用，使材料发生物相变化或化学性能的变化，并结合精密定位技术，对材料进行穿孔、切割、焊接等操作的加工技术。随着激光光源、高精度电机、计算机自动控制等技术的发展，各种类型的激光精密加工设备相继出现。激光精密加工技术主要有以下 8 种应用。

1. 激光划切

激光划切是利用高峰值功率的激光束聚焦照射在晶圆表面，使被照射区域局部高温气化，从而达到沟槽划切及晶圆划切的目的。激光划切设备主要有晶圆激光开槽机和晶圆激光全切割机两种。晶圆激光开槽机主要用于芯片封装完成后抗辐照保护隔离槽的划切，晶圆激光全切割机广泛应用于硅、陶瓷、玻璃、金属等多种材料的划切。

2. 激光隐形划切

激光隐形划切技术是先将多焦点的激光束聚集在晶圆内部，使晶圆内部形成改质层，改质层的厚度大约只需要晶圆的 1/3，然后对晶圆施加外力，由于应力的存在，晶圆即可沿切缝解理为小片。因为激光隐形划切的工作原理为使晶圆内部区域变质，因此与刀头划切相比可有效减少划切过程中的颗粒沾污，适用于抗沾污能力差的样品。

3. 激光打标

激光打标为封装过程中常用的工艺，是指通过激光束在树脂、金属、化合物等多种封装材料打上永久的标记。激光打标的原理是利用光能烧掉表层物质露出深层物质，或利用光能使表层物质的化学性质发生变化，从而显示所需刻蚀的图形及文字。

4. 激光打孔

激光打孔多用在 3D 先进封装，以及 TGV 等通孔制备工艺中。由于 3D 互连所采用的通孔多为微型孔，且对通孔结构垂直度和表面粗糙度要求较高，因此激光打孔对激光波长、脉宽、能量密度、束斑直径等参数都有很高的要求。

5. 激光表面改性激活

激光表面改性激活指通过激光光束对器件表面的照射，使材料的表面化学成分、表面能、晶格状态等物理化学性能发生改变，以适应进一步工艺中对表面性质的要求。

6. 激光解键合

随着封装技术的发展，要求封装晶圆越来越薄。对超薄晶圆及脆性材料晶圆而言，很容易在工艺制程中出现碎片等缺陷，因此常先将超薄晶圆通过临时键合胶键合到硬质基板上，在相关工艺流程结束之后，再通过解键合过程将超薄晶圆与硬质基板分离。激光解键合就是使临时键合胶失性的常用方式之一。

7. 激光诱导 3D 纳米打印

这是利用激光聚焦点在纳米材料内部扫描 3D 形貌，通过激发光生高能载流子调控纳米颗粒的表面化学活性，而实现扫描区纳米粒子间化学成键的一种 3D 纳米打印技术。

8. 激光焊接

这是将高强度的激光照射到焊接区，使被焊接区域材料先产生高温熔化再结晶的一种焊接方式。激光焊接的特点是非接触式焊接，焊接质量高，不需要电极和填充材料。

激光精密加工设备的主要组成部件有：可视显微镜图像采集识别系统、真空系统、载物台系统、样品吸盘系统、步进电机位移对准系统、激光光源系统、光路系统、激光振镜扫描系统、气路控制系统、烧蚀颗粒吹扫排气系统、激光功率计量系统、冷却水及温控系统、安全控制系统、软件控制系统等。

激光光源系统是整个设备最关键的部分，常用的激光光源系统主要有固体激光器和气体激光器。激光精密加工设备还有一个重要的组成部分就是光路系统。光路系统用于连接激光光源系统和载物台系统，包括光束直线传输路径、光束反射或折射路径、光束聚焦或发散路径。好的光路系统需要使激光从激光光源系统发出后能准确地到达器件表面需要加工的部位，并满足所需的光斑形状、尺寸及功率密度。激光振镜扫描系统是一种优秀的矢量扫描器件，如图 12.27 所示。该系统的转子上加有复位力矩，振镜线圈通电后会在磁场中产生力矩，转子偏转到一定的角度时，电磁力矩与复位力矩大小相等，即实现定位。该系统采用的光电传感器、温度传感器、位置传感器都具有非常高的分辨率、重复精度及非常小的漂移量。通过激光振镜扫描系统的扫描动作，即可进行扫描区域内的精密激光加工。

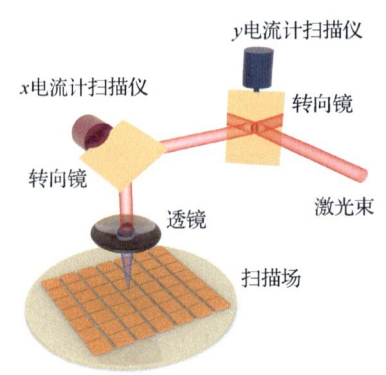

图 12.27 激光振镜扫描系统

激光精密加工设备的主要参数有可视显微镜图形分辨率、工作台区域大小、工作台最大负载、工作台 $XYZ\theta$ 轴移动速度、工作台 $XYZ\theta$ 位移分辨率、激光波长、激光能量密度、激光脉宽、激光束斑直径、激光功率、光束质量 M^2 值[①]、激光振镜分辨率、激光振镜定位精度、激光振镜重复精度等。

与激光光源系统相关的激光波长、激光能量密度、激光脉宽是影响激光热效应，进而影响分辨率的 3 个重要参数。激光波长对材料有不同热效应影响的根本原因是：原子和电

---

① M^2 是一个用于描述激光光束质量的参数，为实际光束的光束参数乘积（束腰半径与远场发散角的乘积）与基模高斯光束的光束参数乘积之比。

子吸收及释放能量的量子化特征频率不同，物质中的原子不停地做振动、旋转等无规则运动，这些原子无规则运动的不同能量状态的主要表现是材料热能的高低；原子中电子在不同能级间跃迁，被激发为自由电子时的表现是化学键的断裂或分子结构化学性质的改变；IR 电磁波能量易被原子吸收而转化为材料热能，表现出来的就是 IR 激光热效应显著；UV 电磁波能量易被电子吸收而导致化学键断裂，表现出来的就是 UV 激光热效应较弱。激光能量密度即单位面积上辐射的能量强度。对热敏感材料而言，需要极低的能量密度，以保证更精密的激光加工效果。激光脉宽即单次脉冲激光照射最短的时间。激光能量传递给材料微观粒子并在晶格中实现热传导需要的时间称为弛豫时间。对于金属等大多数材料，弛豫时间一般为数皮秒到数十皮秒不等，因此使用脉宽达到皮秒及飞秒级的激光源可有效降低对材料的热损伤。

与激光振镜扫描系统相关的激光振镜分辨率、激光振镜定位精度、激光振镜重复精度是影响激光扫描区域图形制备精细程度的 3 个关键参数。简单来说，激光振镜分辨率就是激光振镜扫描系统在电机的驱动下所能产生的最小运动距离；激光振镜定位精度指的是振镜驱动到达控制位置停止，激光光斑的实际到达位置与要求到达位置之间的误差；激光振镜重复精度则是表示多次定位同一个位置时的误差。

长期以来，由于激光器的技术壁垒高，我国激光器主要依赖进口。近年来，以大族激光为代表的国内厂商坚持自主研发，核心零部件正逐步实现国产化。目前，激光器正朝着高功率、短波长、窄脉宽的方向发展，激光精密加工设备也向着更加智能化、数字化、集成化的方向发展，市场发展前景广阔。

12.3.5 等离子表面改性及去胶设备

芯片的制造过程涉及多达上千步工艺，其中如光刻胶等有机材料去胶、成膜前的材料表面清洗及改性、刻蚀过程中材料的选择性剥离等都涉及材料的去除过程。常见的减材工艺主要有以下 6 种。

（1）机械减薄：采用研磨、砂轮、铣刀等机械方式对材料进行物理切削，将材料去除。

（2）激光烧蚀：使用 IR、UV、近绿光等激光使材料发生热物理变化或化学键断裂等化学变化，将材料去除。

（3）湿法刻蚀：使用各种化学试剂与材料发生化学反应，将材料去除。

（4）干法刻蚀：通过 XeF_2、HF 等化学气体与材料发生化学反应，将材料去除，反应产物则由真空泵抽走。

（5）等离子体干法刻蚀：利用 SF_6、CF_4 等气体产生的等离子体对材料产生物理轰击及化学作用，再使用真空泵抽走反应产物，从而达到材料去除的目的。

（6）反向电镀：利用反向电镀过程中作用于阳极材料的电场势能，实现对金属等材料的减材制备。

在实际芯片制备过程中，需要根据去除材料的种类、选择性、前后工艺衔接等因素选择合适的减材方式。其中，等离子体干法刻蚀具有速度可控、选择性高、反应产物易去除等优点，是芯片制备过程中使用频率较多的工艺方式之一。

等离子体作用于材料的机理包含物理作用和化学作用。物理作用即等离子体中带电粒子被加速（赋予很高的动能），同时受到偏置电压的加速作用，可对材料进行轰击，使待去除的部分离开表面；化学作用即等离子体中不带电荷的自由基自身具有极高的化学反应活性，这些活性粒子可与材料发生选择性的化学反应，生成易挥发的物质。最终，物理及化学反应的产物会被真空泵吸走。

干法等离子体去胶机是利用氧及氟等离子体中离子、自由基等粒子对材料表面的物理、化学作用而实现胶体及其他材料去除及表面改性的设备。在半导体制备中，该设备的主要应用有干法去胶、表面改性、硅及硅化合物减薄、提高封装可靠性等。

干法去胶常见于使用氧气、四氟化碳（CF_4）、氮气等离子体对光刻胶等有机胶体材料进行干法灰化去除，尤其是在去除 SU8 等负性强交联厚胶、高深宽比微孔结构去胶，以及对存在悬臂梁等微型脆弱结构及黏附力较差膜层的器件去胶时，应用极为广泛，如图 12.28 所示。

图 12.28　等离子表面改性及去胶设备的应用

表面改性即通过等离子体改变材料的表面能，进而改变表面的膜层黏附性。使用含氧、氮、氢组分的等离子体处理材料表面，会在表面引入如—NH_2、—OH、—COOH 等的极性基团，高表面能使得表面膜层张力较大，进而使材料表现出亲水性；使用含氟组分的等离子体处理材料表面，会在表面引入含氟的非极性基团，低表面能使得表面膜层张力小，进而使材料表现出疏水性。在芯片制备的前道工艺中，等离子体表面改性常集成于多腔设备中，以提高沉积膜层及刻蚀工艺的质量。

硅及硅化合物减薄，即通入 SF_6、CF_4 等气体，利用所产生的高密度等离子体对硅、二氧化硅、氮化硅等材料进行大尺寸各向同性刻蚀，实现晶圆材料的非机械长行程减薄。

在提高封装可靠性方面，干法等离子体去胶也有广泛应用，常在多步封装工艺过程中用于去除材料表面的有机物、颗粒、氧化物等沾污，以提高封装可靠性，如裸片贴片需要洁净的芯片和基板表面，以保证更好的界面接触和热传导；引线键合需要无氧化和污染的电极表面，以保证引线键合强度和成功率；倒装焊底部胶填充前进行表面改性可增强胶体黏附力，减少填充空洞并增加填充速度；塑封型芯片中塑封材料与裸片和管壳也需要良好的黏附力及黏结强度；平行缝焊、储能焊、激光封焊等焊接工艺中，焊接表面需要进行等离子体处理以提高焊缝可靠性，进而保证芯片气密性，如图 12.29 所示。

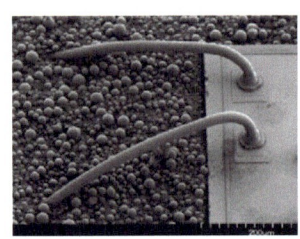
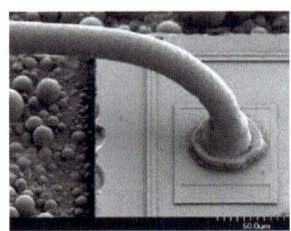

图 12.29　等离子表面改性提高封装可靠性

干法等离子体去胶机与 PVD、CVD、ICP 金属及介质膜刻蚀等真空类设备相似,但是又有特殊之处,如对真空度要求略低、对等离子体密度要求较高、对离子轰击更敏感等。设备组成大致为:气路及流量控制系统、高频信号电源、等离子激发源、法拉第网、工艺室、晶圆载盘、温度传感器、自动温控系统、真空计、真空阀门、高真空分子泵及干泵、尾气处理系统、电气控制系统、软件控制系统。

干法等离子体去胶机采用的等离子体激发源可以分为 4 类,如图 12.30 所示。

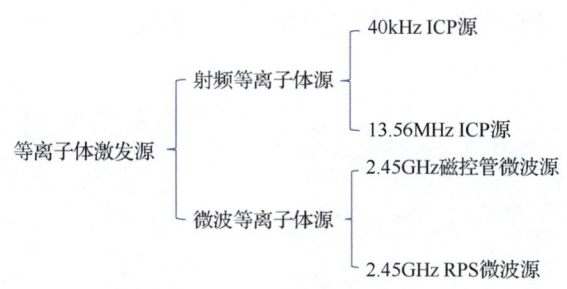

图 12.30　等离子体激发源的分类

1. 13.56MHz ICP 源与 40kHz ICP 源的区别

等离子体对材料的化学及物理作用的强弱与等离子体激发源的频率密切相关,如图 12.31 所示。频率越高,激发产生等离子体的浓度往往越大,自由基的化学作用越强;频率越高,产生的自偏置电压往往越小,等离子体的物理作用越弱。因此,同样是 ICP 源激发产生等离子体,13.56MHz ICP 源与 40kHz ICP 源相比具有更高的频率,可以与晶圆材料产生更强的化学反应活性及更弱的物理轰击损伤。

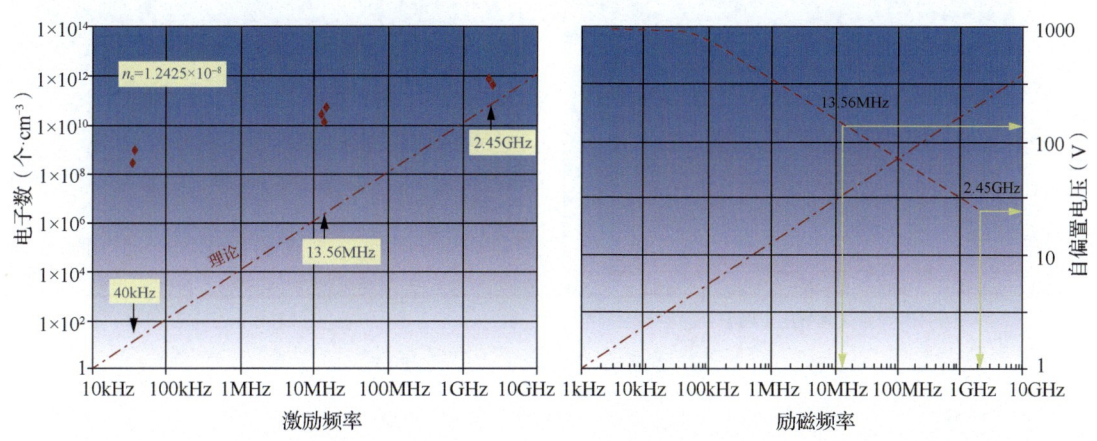

图 12.31　等离子体对材料的化学及物理作用的强弱与等离子体激发源频率的关系

2. 2.45GHz 磁控管微波源与 13.56MHz ICP 源的区别

与 ICP 线圈激发产生等离子体相比,微波激发产生的等离子体中自由基所占比例更大,离子所占比例更小,因此与采用 13.56MHz ICP 源的设备相比,采用 2.45GHz 磁控管微波源的设备对晶圆材料具有更强的化学反应活性和更低的物理轰击损伤。除此之外,微波等离子设备还具有清洗选择性好、对材料热效应小、无电极污染、对高深宽比微结构清洗效果更好等优点。

3. 采用 2.45GHz RPS 微波源与 2.45GHz 磁控管微波源主要区别

磁控管微波源指反应室内置等离子体源，等离子体激发与样品在同一环境下，而 RPS 微波源为远端等离子体源，安装在工艺室外。工艺气体通入 RPS 源内，在 RPS 源内进行激发，RPS 源内置微波耦合天线使等离子体获得最大限度的激发强度。激发产生的等离子体经过离子滤除后被吹入工艺室，对晶圆材料几乎无物理轰击作用。除此之外，RPS 源设备还具有等离子体激发稳定、对金属材料损伤小的优点。

影响干法等离子体去胶速度的参数主要有功率、温度、工作气压、CF_4 的体积百分比 4 种，影响规律如图 12.32 所示。

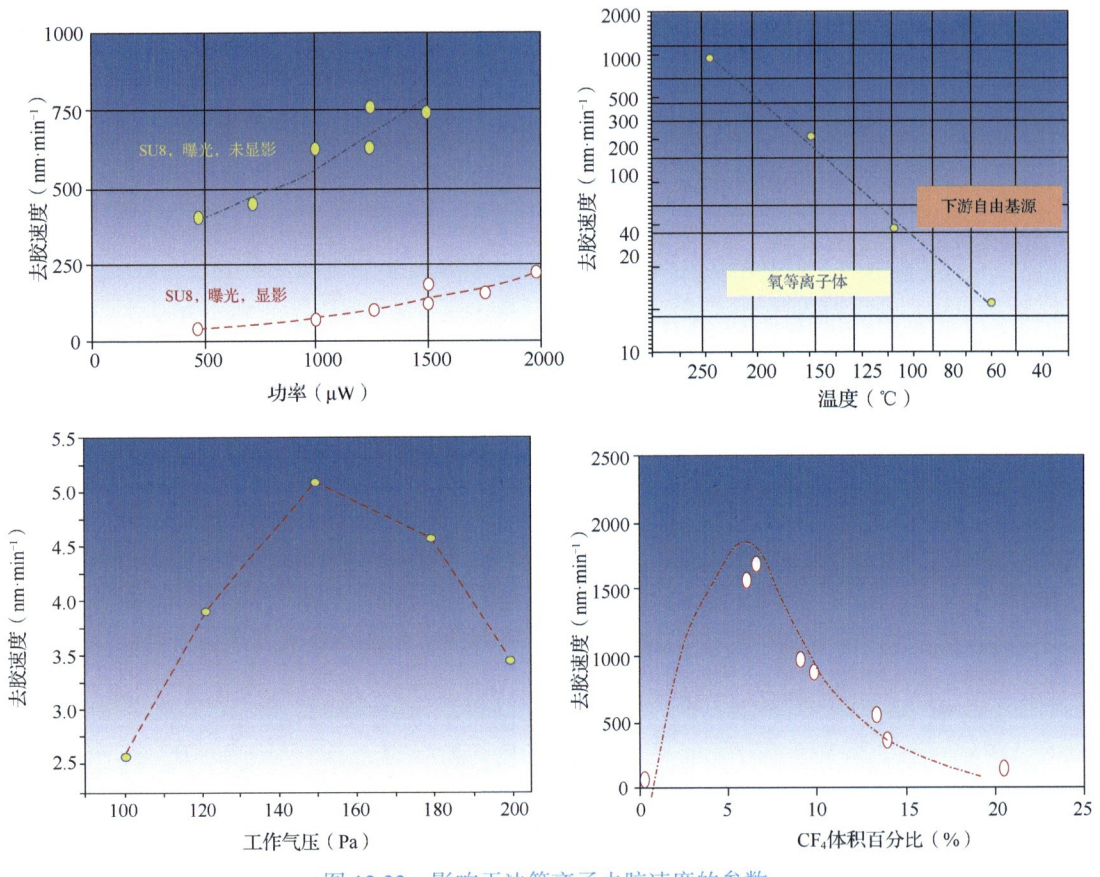

图 12.32　影响干法等离子去胶速度的参数

1. 功率

随着等离子体激发源功率的增加，粒子所获得的能量和，等离子体的激发强度会增加，等离子体自由基对有机胶体的去除速度也进一步增加。因此，随着功率的增加，去胶速度也会提高。

2. 温度

随着反应温度的升高，粒子热运动会更剧烈，粒子间碰撞概率及碰撞强度相应增加，因此等离子体的激发强度也会增加。等离子体激发强度的增加会提高自由基浓度的。因此，随着温度的升高，去胶速度也会提高。

3. 工作气压

当工作气压增加时，微观粒子碰撞概率变大，但微观粒子单周期加速时间变短，粒子平均自由程变短，微观粒子获得的能量变小。因此，随着工作气压的增加，等离子体自由基浓度会先增加再减少，去胶速度也相应呈现先提高再降低的趋势。

4. 气体比例

在产生氟自由基的 CF_4 气体中加入氧气，或者在产生氧自由基的氧气中加入四氟化碳气体，会分别提高等离子体中氟自由基或氧自由基的浓度，进而增加氟自由基对硅及硅化合物的腐蚀速度，或氧自由基对光刻胶等有机物的去胶速度。氧气与 CF_4 在这两种模式中分别扮演了与催化剂相似的角色。因此，随着催化气体比例的逐步增大，去胶速度也会逐步增加。但随着催化气体比例的继续增大，主气所占比例的缩小会导致反应气体原料供应不足，进而导致去胶速度下降。因此去胶过程中，随着 CF_4 气体所占比例的增加，去胶速度会呈现先变快后变慢的趋势，一般速度最快的点位出现在辅助气体占比为 8%~18%的范围内。

干法等离子体去胶机作为一种半导体工艺制程中常用的工艺设备，诸多厂商（如德国 MUEGGE、德国 PVATPLA、美国应材）都有开发多种型号的机型，国内也有许多厂商（如北方华创，上海稷以科技等）。开发了专用设备不同型号设备的主要区别在于所采用的等离子体激发源种类、加工片量、终点检测方式、温控方式，以及是否设计偏置电压等。

12.4 先进封装材料及设备耗材

先进封装需要在一个封装模块中集成多个不同功能的芯片及无源器件，并组成功能完善的高性能系统。先进封装过程会涉及多个层面、多种材料的选择，如实现异质集成常用的中介层材料、2.5D 通孔互连 TSV 界面的多层材料、金属填充工艺中金属电镀所用到的阳极及电镀液材料，还有超薄晶圆临时键合过程中所使用的临时键合胶等。先进封装作为一个由多模块组成的精密系统，其中某一个芯片、器件、模块出现问题，都可能会导致整个微系统失效，因此需要兼顾不同设计、工艺、材料的兼容性问题。本节重点对先进封装中涉及的特殊材料进行介绍。

12.4.1 先进封装中介层

在 2.5D 及 3D 先进封装结构设计中，多采用中介层技术来实现芯片与芯片、芯片与基板之间的 3D 互连，极大地提升了芯片运算速度，并有效降低了芯片成本和功耗。在基于 TSV 中介层的先进封装技术中，中介层先通过通孔互连和 RDL 实现了多个芯片之间的互连，并减少了芯片 I/O 的数量，再整体连接到传统基板或印制电路板上，如图 12.33 所示。先进封装中介层常见于 GPU、现场可编程门阵列（FPGA）及专用集成电路（ASIC）等器件的异质集成领域，有效减少了互连线长度和信号传输延迟与损耗，将相对带宽扩大到了传统封装技术的 8~50 倍。

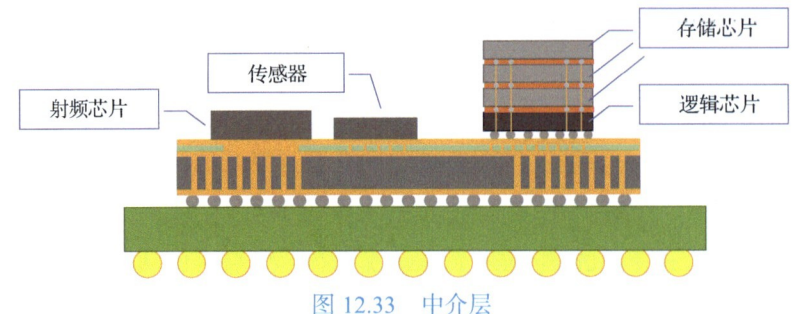

图 12.33 中介层

基于集成电路前道工艺制造的中介层,可以通过光刻图形转移技术实现更精细的布线图形制备。按照基底材料的不同,先进封装技术引入的中介层通常可以分为硅、玻璃、有机材料三大类。中介层材料的选择应遵从散热性能好、热膨胀系数低、介电常数低等特性,中介层与裸片之间良好的热膨胀系数匹配可以大幅减小芯片与基板之间的应力。

目前应用最广泛的是硅中介层及玻璃中介层。硅中介层可实现的互连线线宽更小、布线密度更大,且采用硅做基底材料的中介转接层与芯片间热失配更小,可有效提高芯片的热应力承受能力和可靠性。玻璃中介层则在电学特性和物理性能方面优于硅中介层,但是加工难度相对更高。与传统基板相比,有机基板在基板厚度、布线密度、对位精度等方面表现更好,但更复杂的电气结构导致了更高的制造难度。按照物理特性和应用领域的不同,有机基板可划分为树脂基材的刚性有机基板和薄膜介质基材的柔性有机基板。3 种主流中介层材料的性能对比见表 12.5。

表 12.5 3 种主流中介层材料的性能对比

项目	期望性能	玻璃	硅	有机材料
电学特性	低电导率、低传输损耗	好	差	好
化学特性	稳定度高	差	中	中
热学特性	导热性好、热膨胀系数与芯片匹配	中	好	差
基板特性	更小的 TTV/R_a、更薄的厚度	好	中	中
机械特性	高强度、高弹性模量	中	好	差
加工特性	通孔易得、通孔易填充	差	中	中
成本	端口制造成本低、加工设备成本低	差	差	差

12.4.2 硅通孔界面材料

硅通孔界面材料通常包含绝缘层、黏附层、阻挡层、种子层等,如图 12.34 所示。

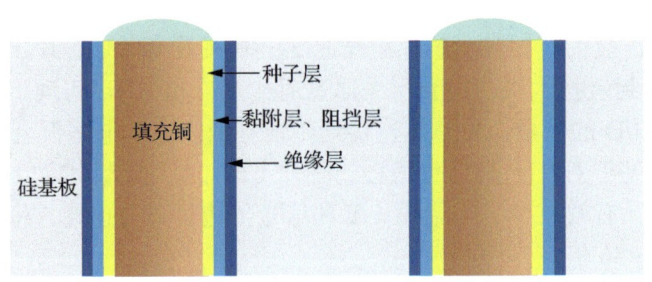

图 12.34 硅通孔工艺各界面材料分布示意

1. 绝缘层

绝缘层作为金属 RDL 的介电层和钝化层，具有阻挡电子迁移、减少化学腐蚀、保护元器件、降低漏电流、阻挡潮气等作用，同时可作为缓冲保护层减少热应力引起的线路断裂。在先进封装中，可在中介层表面和通孔的绝缘层基础上制造多层布线，以提高布线密度、系统集成度，并减小信号传输延迟损耗。常用的绝缘层材料有氮化硅、二氧化硅及高分子聚合物三类。二氧化硅和氮化硅的基本特性见表 12.6。

表 12.6 二氧化硅和氮化硅的基本特性

名称	基本特性	参数
氮化硅	密度	3.2g/cm³
	熔点	1900℃
	相对介电常数	3.9
	分子质量	140.8
	折射率	9.4～9.5
二氧化硅	密度	2.2g/cm³
	熔点	1723℃
	沸点	2230℃
	相对介电常数	3.9
	分子质量	60.084
	折射率	1.6

（1）二氧化硅

纯净且天然的二氧化硅是坚硬、无色透明的固体，化学性质稳定，不易跟水反应，具有较高的耐火、耐高温、耐腐蚀特性，同时也具有低热膨胀系数、高绝缘度及独特的光学特性。作为酸性氧化物，二氧化硅与多数酸溶液均不发生反应，但氢氟酸与二氧化硅会反应生成四氟化硅，且会与热的浓强碱溶液或熔化的碱液体发生反应生成硅酸盐和水。

沉积二氧化硅时，可根据产品对热管理控制的要求来选择最佳的二氧化硅工艺制程。如对于温度没有要求的无源衬底，可选用热氧化工艺在 TSV 侧壁上均匀生长高质量二氧化硅层。若为对温度有要求的有源器件，可选用低温 CVD 的方式沉积二氧化硅，利用流经真空腔的气态前驱体在通孔界面沉积形成无定形态薄膜，通过改变工艺中的压力、流速、衬底温度等参数即可调节二氧化硅薄膜的沉积速度、厚度、薄膜应力、台阶覆盖率等物理特性。在高深宽比通孔中实现高保形绝缘层涂覆，对后续工艺性能的保证十分重要。

二氧化硅的不同沉积工艺及对应性能指标见表 12.7。普通 CVD 沉积二氧化硅的速度太慢，无法获得较厚的二氧化硅膜，且应力较大，当生长厚膜二氧化硅时容易出现裂纹。因此，衍生出 PECVD、SACVD、LPCVD 等沉积二氧化硅技术，可在优化二氧化硅沉积速度的同时结合退火技术生长出具有折射系数及吸收系数优异、厚度均匀、应力小且质量稳定的厚膜二氧化硅。

表 12.7 二氧化硅的不同沉积工艺及对应性能指标

工艺类型	厚度范围（nm）	工艺温度（℃）	反应物	应力（MPa）	台阶覆盖率
热氧化	5～1000	700～1150	O_2，H_2	400～500	高
PECV 氧化	—	150～400	SiH_4，N_2O	150	低

续表

工艺类型	厚度范围（nm）	工艺温度（℃）	反应物	应力（MPa）	台阶覆盖率
PECVD TEOS	50～5000	250～400	$Si(OC_2H_5)_4$，O_2	100～200	中
SACVD ozone-TEOS	150～500	400	$Si(OC_2H_5)_4$，O_3	100～200	高
LPCVD	20～500	650～750	$Si(OC_2H_5)_4$	80～120	高
PSG/BPSG	300～900	400～750	$Si(OC_2H_5)_4$，PH_3，TMB	—	中高

（2）氮化硅

氮化硅是一种无机物，硬度大、耐磨损，具有润滑性，为原子晶体，高温时抗氧化，可以抵抗冷热冲击，常作为结构陶瓷材料。氮化硅与水几乎不发生作用，在浓强酸溶液中会缓慢水解生成铵盐和二氧化硅，易溶于氢氟酸，与稀酸不起作用。在浓强碱溶液中，氮化硅会被缓慢腐蚀，熔融的强碱会与氮化硅快速反应产生硅酸盐和氨。作为一种良好的绝缘体，氮化硅膜层较高的致密性使其比其他多数材料更能抵抗杂质扩散，可以作为氧气和水蒸气的绝佳隔离层。氮化硅膜层多利用 LPCVD 方式获得。

（3）高分子聚合物

高分子聚合物也是一种常用的绝缘层材料，如聚对苯二甲、聚乙烯等，多适用于低功率场景。与二氧化硅和氮化硅绝缘层相比，高分子聚合物绝缘层可以在热循环过程中更好地适应硅和金属填充物之间的不同热应变，从而减小 TSV 结构产生的应力。图 12.35 所示为一种实现高分子聚合物绝缘层制备的工艺方案，即首先在硅晶圆上深刻蚀出一条环形沟槽，然后在沟槽中填充聚合物并将聚合物固化，最后将聚合物环形沟槽中心的固体硅刻蚀去除。

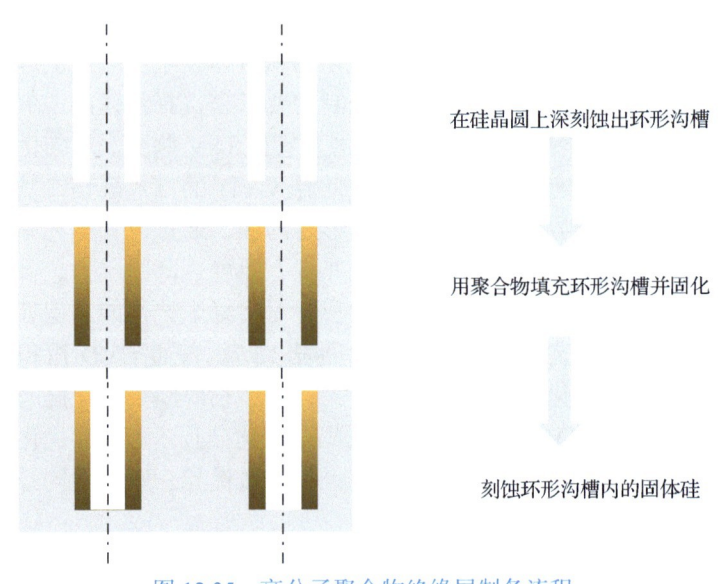

图 12.35　高分子聚合物绝缘层制备流程

2. 黏附层/阻挡层与种子层

在 TSV 工艺中，通孔互连金属多采用铜材料，铜易扩散进入二氧化硅介质，导致介电性能退化，且对载流子会有一定的陷阱效应，扩散到半导体材料中将对集成电路元器件性能产生严重影响，且铜和二氧化硅间的黏附性较差，所以一般需要先沉积一层黏附/阻挡层，起到避免铜扩散、增加铜种子层与衬底黏附力，以及提高台阶覆盖率的作用。黏附层材料多采用 Ti 金属，阻挡层常用 Ti、Ta、TiN、TaN 等材料。

由于阻挡层材料的电阻率往较高，因此不能直接用作电镀基底金属材料。可以将通孔内需填充金属的种子层沉积在阻挡层上，以便于后续的通孔金属填充电镀工艺。因此，在 TSV 电镀填充互连金属前，需先在通孔内壁溅射一层种子层。目前，多采用铜种子层，它的制备通过高纯度铜靶材磁控溅射 PVD 实现。种子层的金属膜层厚度、均匀性及深孔台阶覆盖率都会影响后续电镀填充工艺的效果。

为了保证高深宽比的 TSV 种子层覆盖连续性，除了采用磁控溅射 PVD 成膜技术，还可采用化学镀（Electroless Plating）技术和 ALD 技术等。ALD 技术能在表面均匀、连续地沉积薄膜，通过周期性通入的前驱体（参与反应生成薄膜的气态物质），在表面利用饱和自停止反应逐层沉积薄膜，从而达到控制薄膜厚度、保证连续性、高质量台阶覆盖的目的。

12.4.3　电镀材料

电镀材料在先进封装中主要应用于 TSV、TGV 等通孔金属电镀填充、凸点电镀及晶圆级封装的 RDL 工艺中，主要包括电镀液、电镀阳极材料等。依据所需电镀的金属是单质金属或是合金，电镀材料又可划分为单质电镀体系材料和合金电镀体系材料。图 12.36（a）（b）分别展示了 Cu 电镀和 NiFe 电镀制作的微齿轮器件。本部分重点以通孔铜电镀及凸点电镀为例介绍电镀工艺中主要的电镀材料类型。

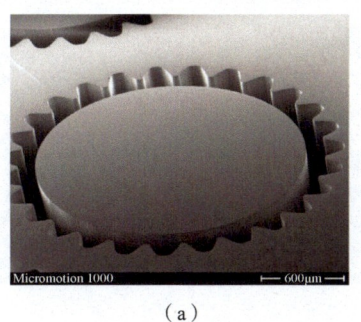
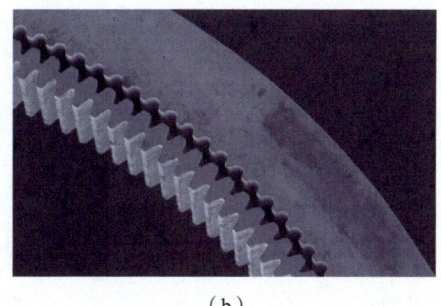

（a）　　　　　　　　　　　　（b）

图 12.36　Cu 电镀和 NiFe 电镀制作的微齿轮器件

（a）Cu 电镀　（b）NiFe 电镀

1. 通孔铜电镀材料

电镀液是电镀过程中最重要的原材料之一，在通孔铜电镀工艺中，电镀液的主要成分包括铜离子、硫酸根离子、氢离子、微量的氯离子等。其中，铜离子主要是以硫酸铜的形式添加于电镀液中，铜离子的浓度会直接影响电镀过程中离子输运的能力，进而影响到表面铜生长致密度及深孔铜填充的能力。硫酸也是铜电镀液中重要的添加成分，主要用于提高电镀液的导电率，增强金属离子的分散能力并提供酸性环境阻止沉淀物的产生。除此之外，氯离子也是铜电镀液中一种非常重要的无机离子成分，氯离子可以用于降低电极的极化率，提高阳极铜的溶解速度。上述铜电镀液中无机离子的浓度需要根据电镀工艺需求适量调配，以优化电镀层的平整度、粗糙度及光洁度。

此外，添加剂也是电镀液中重要的辅助成分，如整平剂、抑制剂、光亮剂等。添加剂主要通过吸附作用聚集在晶圆表面待电镀的位置，通过调控待电镀位置的电场强弱、离子输运浓度、离子扩散系数、表面活化能等因素，来影响晶圆表面不同区域的电镀速度和效果，从而实现不同类型的通孔及平面高质量电镀工艺。需要注意的是，在电镀过程中，添加剂会随电化学反应的进行而逐渐产生损耗，因此需要依据损耗情况适时进行补充，确保电镀过程的顺利进行。

目前，电镀液的国外供应商主要包括上村、安美特、乐思化学、陶氏化学、罗门哈斯等，国内的主要供应商为上海新阳等。在实际工艺过程中，需要依据设备、工艺、材料的匹配需求选择适合的电镀液及电镀参数进行电镀操作。

2. 凸点电镀材料

凸点是先进封装中 2.5D 及 3D 封装的重要互连介质，用于提供封装时电气连接、机械连接和散热通道等功能。实现扇入扇出封装、3D 堆叠封装、倒装封装等形式中的芯片与芯片及芯片与晶圆间的互连。凸点制备的工艺方法主要包括：电镀凸点制备、丝网印刷凸点制备、激光植球凸点制备等。电镀凸点制备具有小型化、高可靠性、易制备等优势，常用于满足高精度、低球径、大批量凸点制备需求。凸点材料通常可分为单质金属凸点材料和共晶合金凸点材料两大类。单质金属凸点材料主要包括铜、镍、锡、金等，共晶合金凸点材料主要包括铅锡、金锡、银锡、锡铜、银锡铜等。通常，电镀凸点的制备流程为：首先电镀铜形成凸点主体结构，然后电镀锡或锡银等合金材料，最后经过真空回流工艺形成凸点结构。图 12.37 所示为常用凸点结构及柱状凸点和球状凸点电镜图。

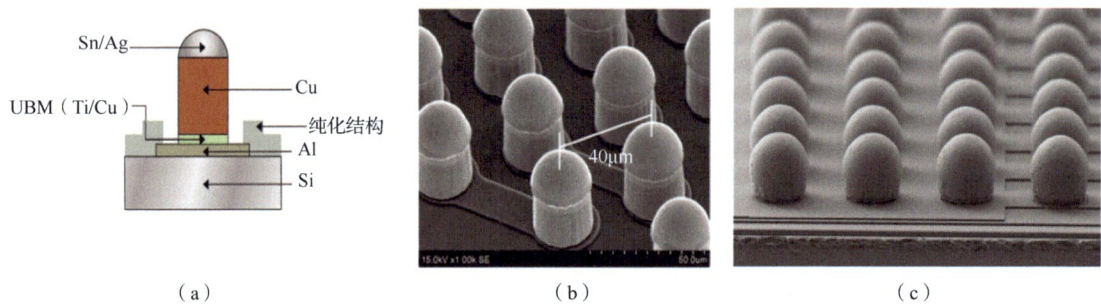

图 12.37　常用凸点结构及柱状凸点和球状凸点电镜图
（a）凸点结构　（b）柱状凸点电镜图　（c）球状凸点电镜图

凸点制备过程中，电镀锡所使用的电镀材料及注意事项与通孔铜电镀相似，所使用的电镀液体系多为基于甲基磺酸的纯锡电镀液，该电镀液可以在较宽的 pH 值范围内实现良好的锡电镀覆盖性和良好的稳定性。纯锡电镀液在使用时需搭配表面活化剂及抗氧化剂等添加剂，以提高电镀效果。

电镀阳极材料也是电镀工艺过程中的重要电镀材料。多数情况下，阳极材料即为阴极电镀层金属的来源，因此电镀工艺中多采用与阴极电镀层金属相同的材料或不溶性的金属材料作为电极。例如，铜电镀工艺中的阳极电极通常就采用高纯无氧铜或磷铜；锡电镀工艺中往往采用纯锡作为阳极材料。合金电镀往往采用合金材料作为阳极，但由于合金中多种金属离子在电镀过程中的损耗速度通常不同，因此需要根据损耗情况进行补充，或采用不溶性材料作为合金电镀的阳极材料。需要注意的是，在电镀工艺过程中，需要重点关注反应过程中阳极产生的阳极泥，采用过滤、清洗等手段将阳极泥及时去除，以提高电镀速度并防止阴极电镀层出现空洞、鼓包、尖刺等缺陷。

12.4.4　临时键合胶

在先进封装及 MEMS 工艺制程中，存在多种超薄裸片封装及超薄微纳结构制备的需求，为了保证超薄晶圆对工艺过程中热、力、腐蚀等作用的承受能力，减少翘曲，保证工艺精度，并尽可能提高良品率，通常采用临时键合的方式，即将超薄晶圆临时键合于载片上进行工艺，并在工艺结束后解键合。临时键合胶作为临时键合工艺中的核心，需要满足的基本要求如下：首先是较强的耐高温性和耐化学性，这是因为临时键合常需要经过热压过程，需要承受一定的工艺温度，同时临时键合体在清洗或腐蚀等湿法工艺过程中，会用到强酸、强碱、强氧化性的化学试剂，因此需要具备一定的耐化学性；然后是较高的强度和机械性能，以满足背面减薄和 CMP 时对机械强度的要求。最后，临时键合胶还需要具有易于涂布且均匀性好的特性，在完成临时键合后，键合界面不能有气泡和颗粒杂质，以保证键合质量。此外，临时键合胶还要具有易解键合、易清洗的特点，以保证较低的碎片率和较高的生产效率。

依据物理化学特性的不同，解键合的方法可分为化学浸泡解键合、机械剥离解键合、热滑移解键合、IR 激光解键合、UV 激光解键合，对应的解键合工艺过程如图 12.38 所示。在实际使用中要结合临时键合前后道工艺衔接、关键尺寸及材料属性容许工艺误差、成本等多因素，综合考虑选择最适宜的临时键合材料及解键合方式。

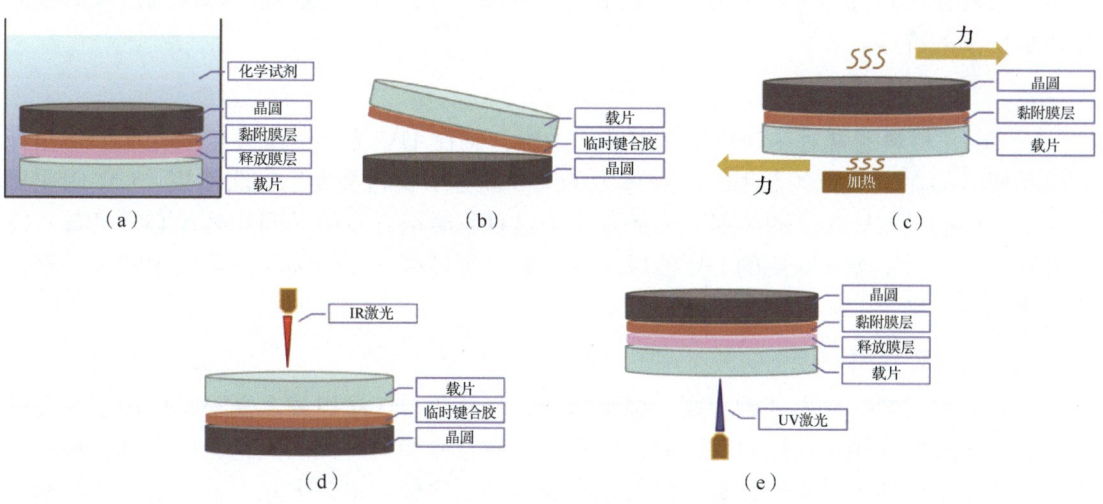

图 12.38　解临时键合工艺类型

（a）化学浸泡解键合　（b）机械剥离解键合　（c）热滑移解键合　（d）IR 激光解键合　（e）UV 激光解键合

临时键合胶有很多种类，但大部分都是有机高分子聚合物，且在常温下普遍具有较好的流动性，以便于高质量旋涂。同时，临时键合胶在被加热到一定温度区间、被化学试剂浸泡或受到激光光源照射时，会发生物理或化学性质的改变，此时在临时键合体上施加一定的机械剥离力，晶圆和载片就会分离，完成解键合过程。表12.8列出了常见的可用于临时键合工艺的临时键合胶，同时针对临时键合工艺需要的材料特性，分别说明了它们的优势与不足。

表12.8 常见的可用于临时键合工艺的临时键合胶

材料种类	物理化学特性
环氧树脂	具有热固性，在两个元件热固化过程中黏附性、稳定性好
UV环氧树脂	可以进行UV热固（该材料对UV透明），黏附性强，足够稳定，并可以和图形化薄膜键合
正性光刻胶	具有热塑性、热熔性，但键合较弱并容易产生空洞
负性光刻胶	具有热固性，还可以通过UV固化，低热即可键合，但是程度较弱，也可以和图形化薄膜键合
聚甲基丙烯酸甲酯	同时具有热塑性和热熔性
苯丙环丁烯	具有热固性，并可以热硫化，产量高，与图形化薄膜键合的强度较高
聚二甲基硅基烷	材料具有弹性，还可以热固化
聚酰亚胺	具有热固性、热塑性、热熔性，在晶圆/芯片工艺下能与图形化薄膜键合，但是在亚胺化期间会产生孔洞
热固性共聚酯	具有热固性
热塑性共聚酯	具有热塑性和热熔性
蜡	材料具有热塑性和热熔性，可以用于临时键合，并在低热状态下稳定
聚对二甲苯	有热塑性、热熔性

1. 热塑性材料

热塑性材料是指在受热时材料形态从固态向熔融态转变，且可根据环境温度发生可逆变化（冷却后固化，受热后再熔）的有机聚合物。用于临时键合的热塑性临时键合胶，通常需要具备在120～250℃之间液化，且随温度升高流动性变好，在温度降回到熔点固化时体积形变小的特点。

2. UV固化材料

UV固化材料通常对热和化学作用并不敏感，它在UV光照射下发生固化的原理与光刻胶相似，即在UV光的照射下，胶体中的某些高分子材料会发生交联作用。UV固化材料因为需要接受UV光波的照射，因此适用于这种临时键合胶的晶圆和载片必须具备一定透光性，至少对于曝光需要的UV波段，透过率必须较高才能使临时键合胶中的分子聚合物发生交联，满足UV固化的条件。

3. 复合胶膜材料

复合胶膜材料一般由基础膜层、黏附膜层、释放膜层3层组成。黏附膜层用于提高键合强度，释放膜层用于后续解键合时进行释放。复合胶膜具有无须固化、应力低、机械强度高、对化学液性质稳定等优势，同时复合胶膜使用比较简单，去除保护层之后使用贴膜机在载片贴膜即可，对配套设备要求较低，可大大降低使用成本。

4. 金属材料

金属材料目前被越来越多地使用到临时键合工艺中，通过热压键合技术可以高效制备金属临时键合层。金属材料具有耐高温高压、延展性好、不易挥发等优势，通过高精度的工艺控制，可实现比其他多数临时键合胶更薄的临时键合层。但是，金属材料临时键合工艺所需要的工艺温度和压力一般较高，对器件要求比较苛刻。

12.5 本章小结

本章主要介绍了先进封装技术、先进封装设计要素、工艺、设备和耗材，并简要介绍了先进封装的类型及应用。先进封装结合了集成电路制造前道工艺的方法，极大地提升了封装芯片的性能，与传统封装相比具有设计成本低、加工效率高、系统功能集成度高等优势。在先进制程、工艺研发和性能提升方面具有重要的应用价值。

思考题

（1）请简述 SoC 与 SiP 这两种系统集成方式的共性和区别。
（2）请简述 2D、2.5D、3D 封装模型之间的主要区别。
（3）请介绍基于铜互连工艺的大马士革工艺的工艺流程。
（4）请简述 TSV 工艺及 TGV 工艺的流程，并思考两种转接板各自的优缺点。
（5）在深反应离子刻蚀工艺中，如果刻蚀腔底部出现了长草的现象，可能的原因有哪些？
（6）共晶键合与金属扩散键合的区别是什么？
（7）思考激光脉宽对材料热效应影响强弱的原理。
（8）请简述微波源与射频源在干法去胶工艺中的优缺点。

参考文献

[1] LEE C, PREMACHANDRAN C S, AIBIN Y. Advanced MEMS packaging[M]. NY: McGraw-Hill Education, 2010.
[2] HSU T. MEMS packaging[M]. Hertfordshire: IET, 2004.
[3] VELTEN T, RUF H H, BARROW D, et al. Packaging of bio-MEMS: strategies, technologies, and applications[J]. IEEE Transactions on Advanced Packaging, 2005, 28(4): 533-546.
[4] O'NEAL C B, MALSHE A P, SINGH S B, et al. Challenges in the packaging of MEMS[C]//Proceedings International Symposium on Advanced Packaging Materials. Processes, Properties and Interfaces (IEEE Cat. No. 99TH8405). NJ: IEEE, 1999: 41-47.
[5] BAUER C E. Packaging mems, the great challenge of the 21st century[C]//Proceedings of the International Microelectronics and Packaging Society Conference. [S.l.]: The Korean Microelectronics and Packaging Society, 2000: 29-33.
[6] PIZZAGALLI A. Lithography technology and trends for more than Moore devices: advanced packaging and MEMS devices[C]//34th European Mask and Lithography Conference. [S.l.]: SPIE, 2018, 10775: 36-38.
[7] LAU J H. Semiconductor advanced packaging[M]. Berlin: Springer Nature, 2021.
[8] TUMMALA R R. SOP: what is it and why? A new microsystem-integration technology

paradigm-Moore's law for system integration of miniaturized convergent systems of the next decade[J]. IEEE Transactions on Advanced Packaging, 2004, 27(2): 241-249.

[9] LAU J H. Recent advances and trends in advanced packaging[J]. IEEE Transactions on Components, Packaging and Manufacturing Technology, 2022, 12(2): 228-252.

[10] PERSSON K, BOUSTEDT K. Fundamental requirements on MEMS packaging and reliability[C]//2002 Proceedings. 8th International Advanced Packaging Materials Symposium (Cat. No. 02TH8617). NJ: IEEE, 2002: 1-7.